中国陆上主要含油气盆地资源潜力与勘探方向

郑　民　白雪峰　王　颖　王延山　姜文亚　钟雪梅　王建伟
范立勇　黄少英　杨海波　朱　华　雷　涛　苟红光　王建国　著

石油工业出版社

内 容 提 要

本书立足于松辽盆地、渤海湾盆地、鄂尔多斯盆地、塔里木盆地、准噶尔盆地、四川盆地、柴达木盆地、酒泉盆地等陆上主要含油气盆地，从油气勘探进展与地质理论认识、油气基础地质条件、油气成藏模式等方面进行评价分析，开展油气资源潜力评价，并通过剩余油气资源潜力分析，明确未来油气勘探的重点领域与方向。

本书可供从事油气资源评价的科研人员、管理人员及大专院校相关专业师生参考阅读。

图书在版编目（CIP）数据

中国陆上主要含油气盆地资源潜力与勘探方向 / 郑民等著 . —北京：石油工业出版社，2021.9

ISBN 978-7-5183-4531-1

Ⅰ . ① 中… Ⅱ . ① 郑… Ⅲ . ① 含油气盆地 – 资源潜力 – 资源评价 – 中国 ② 含油气盆地 – 油气勘探 – 研究 – 中国

Ⅳ . ① P618.130.2

中国版本图书馆 CIP 数据核字（2021）第 024537 号

出版发行：石油工业出版社

（北京安定门外安华里 2 区 1 号　100011）

网　　址：www.petropub.com

编辑部：（010）64253017　　图书营销中心：（010）64523633

经　　销：全国新华书店

印　　刷：北京中石油彩色印刷有限责任公司

2021 年 9 月第 1 版　2021 年 9 月第 1 次印刷

787×1092 毫米　开本：1/16　印张：37.5

字数：890 千字

定价：300.00 元

（如出现印装质量问题，我社图书营销中心负责调换）

《中国陆上主要含油气盆地资源潜力与勘探方向》

撰写人员

科学顾问　贾承造院士

前　言　郑　民

第 一 章　郑　民

第 二 章　白雪峰　付　丽

第 三 章　王　颖　范　晶

第 四 章　王延山　黄双泉

第 五 章　姜文亚　王　娜

第 六 章　钟雪梅　马学峰

第 七 章　王建伟　刘　晓

第 八 章　范立勇　胡新友

第 九 章　黄少英

第 十 章　杨海波　何文军

第十一章　朱　华

第十二章　雷　涛　袁　莉

第十三章　苟红光

第十四章　王建国

序
FOREWORD

  油气资源评价是确定油气勘探方向、制定勘探规划部署方案的前提和基础，是在油气成藏理论及油气分布规律认识指导下，选用合适的资源评价方法与技术，定量估算油气资源量，明确油气资源潜力、富集规律与重点勘探领域的研究过程。面对越来越复杂的油气地质条件与日益严峻的油气勘探形势，资源评价工作不仅要回答油气资源有多少的问题，更要回答油气资源在哪里、油气勘探方向去往哪里的问题。

  近年来，我国石油工业界通过加强科技攻关，加大勘探力度，在成熟探区精细勘探、岩性地层、海相碳酸盐岩、前陆盆地、页岩油气等勘探领域，创新形成了系列重大理论认识，攻关形成了物探钻井等核心勘探技术，助推油气勘探不断获得新发现大突破。同时，随着主要含油气盆地油气勘探程度的不断提高和勘探难度的加大，油气勘探工作面临一系列严峻挑战，复杂构造、复杂岩性、深层超深层及非常规逐渐成为主要勘探对象，我国油气勘探面临战略接替不明、目标准备不足的矛盾。亟需从油气地质认识、油气资源潜力、油气勘探领域等方面，提供油气勘探的思路与方向。

  中国石油具有长期开展全国性油气资源评价的团队和基础，牵头组织了全国第一次资源评价（1987）、第二次资源评价（1994）、第三次资源评价（2003）和第四次资源评价（2015），近年来又作为评价主体参与了自然资源部组织的"十三五"油气资源评价（2019）。

  本书作者团队，是中国石油油气资源评价团队的新生力量，是一支年轻而富有创新精神的科研团队。为满足油气勘探新形势下的生产需要，进一步增强油气资源潜力认识，明确主要含油气盆地未来油气勘探方向，该团队立足于松辽盆地、渤海湾盆地、鄂尔多斯盆地、塔里木盆地、准噶尔盆地、四川盆地、柴达木盆地、酒泉盆地等陆上主要含油气盆地，从油气勘探进展与地质理论认识、油气基础地质条件、油气成藏模式等方面进行评价分析，开展油气资源潜力评价，并通过剩余油气资源潜力分析，明确未来油气勘探的重点领域与方向。

本书全面总结了在资源方法技术、评价参数、评价结果及分布规律等方面的主要进展，是对近年来相关研究成果的凝练和提升。本书的出版将为油气地质研究提供丰富的素材和阶段认识成果，对促进油气勘探快速发展起到重要作用。

中国科学院院士

2021 年 7 月

前言
PREFACE

    油气资源评价是一项长期性的基础研究工作，是确定油气勘探方向、制定勘探规划部署方案的重要基础，长期以来为国家和石油企业所重视并组织开展相关评价工作。油气资源评价工作是在油气成藏理论及油气分布规律认识指导下，选用合适的资源评价方法与技术，定量估算油气资源量，明确油气资源潜力、富集规律与重点勘探领域的研究过程（郑民等，2018；李建忠等，2016）。美国、加拿大、澳大利亚、俄罗斯、挪威、中国等是世界上较早进行油气资源评价的国家，每年或每隔几年就对本国或世界的油气资源进行评价，以便清楚地掌握本国或全球油气资源的潜力和分布状况。从评价方法上来说，近20年来，国外常规油气资源评价主要体现在统计模型的改进，以及注重地质分析的综合评价方法上；非常规油气资源评价是相对较新的一个领域，国外主要采用生产井EUR的类比或统计法计算可采资源量，同时也采用成因法、体积法和随机模拟法等方法。就中国来看，从20世纪三四十年代直至目前，不同机构、部门和专家学者都在持续研究油气资源问题，其中全国性的油气资源评价研究也已开展了三次，历次全国油气资源评价的思路和做法既一脉相承，又各具时代特色。2003年，中国石油组织完成了第三次油气资源评价，获得了新的资源量评价结果与油气资源分布富集规律新认识，明确提出了岩性地层、前陆、叠合盆地中下组合和成熟探区四大重点勘探领域（贾承造等，2008），有效指导了2003年之后十余年的油气勘探工作，推动油气探明储量形成新的增长高峰。

    面对越来越复杂的油气地质条件与日益严峻的油气勘探形势，资源评价工作不仅要回答油气资源有多少的问题，更要回答油气资源在哪里、油气勘探方向去往哪里的问题。从这一个角度讲，油气资源评价工作有几个方面的特点：（1）紧密跟踪油气勘探进展，密切跟踪油气地质理论认识新发展，加强油气基础地质研究、强化油气地质分析，从地质评价上明确油气运聚成藏的可能性和油气分布富集的规律性；（2）针对常规油气与不同非常规油气资源类型，通过成藏规律研究推动适应性油气资源评价方法的创新研发，提高资源评价的技术保障；（3）加大不同类型油气资源刻度区解剖与关键参数取值对比研究，确保资源丰度、运聚系数、可采系数等在横向不同类型盆地之间与纵向不同富油气层系之间取值的合理性；（4）多方法综合运用，获取客观、可靠、权威的评价结果；（5）结合油气勘探阶段、勘探实践、勘探认识等开展油气资源评价结果的合理性分析；（6）系统分析剩余油气资源潜力，总结剩余油气资源的领域分布与有利区带，明确未来油气勘探方向。为满足油气勘探新形势下的生产需要，中国石油天然气集团公司于2013年设立了"中国石油第四次油气资源评价"重大科技专项，提出"总结勘探地质新认识、研发资源评价新技术、客观评价资源潜力、落实剩余资源空间分布、指导油气勘探部署"的工作原则，取得了系列研究成果（李建忠等，2019）。

为了进一步增强油气资源潜力认识，明确主要含油气盆地未来油气勘探方向，本书立足于松辽盆地、渤海湾盆地、鄂尔多斯盆地、塔里木盆地、准噶尔盆地、四川盆地、柴达木盆地、酒泉盆地等中国陆上主要含油气盆地，从油气勘探进展与地质理论认识、油气基础地质条件、油气成藏模式等方面进行评价分析，开展油气资源潜力评价，并通过剩余油气资源潜力分析，明确未来油气勘探的重点领域与方向。全面总结了在资源方法技术、评价参数、评价结果及分布规律等方面的主要进展，是对相关研究成果的凝练和提升。

全书共分为十四章，前言由郑民执笔；第一章全面概要性介绍油气资源评价工作概况及评价方案，总结评价成果及未来油气勘探领域与方向，由郑民执笔；第二章主要介绍松辽盆地北部油气资源潜力与勘探方向，由白雪峰、付丽执笔；第三章主要介绍松辽盆地南部油气资源潜力与勘探方向，由王颖、范晶执笔；第四章主要介绍渤海湾盆地辽河坳陷油气资源潜力与勘探方向，由王延山、黄双泉执笔；第五章主要介绍渤海湾盆地黄骅坳陷大港探区油气资源潜力与勘探方向，由姜文亚、王娜执笔；第六章主要介绍渤海湾盆地冀中坳陷油气资源潜力与勘探方向，由钟雪梅、马学峰执笔；第七章主要介绍渤海湾盆地南堡凹陷油气资源潜力与勘探方向，由王建伟、刘晓执笔；第八章主要介绍鄂尔多斯盆地油气资源潜力与勘探方向，由范立勇、胡新友执笔；第九章主要介绍塔里木盆地油气资源潜力与勘探方向，由黄少英执笔；第十章主要介绍准噶尔盆地油气资源潜力与勘探方向，由杨海波、何文军执笔；第十一章主要介绍四川盆地油气资源潜力与勘探方向，由朱华执笔；第十二章主要介绍柴达木盆地油气资源潜力与勘探方向，由雷涛、袁莉执笔；第十三章主要介绍吐哈、三塘湖盆地油气资源潜力与勘探方向，由苟红光执笔；第十四章主要介绍酒泉盆地油气资源潜力与勘探方向，由王建国执笔。全书由郑民统稿。

　　该项工作研究期间，得到中国石油天然气股份有限公司科技管理部、勘探与生产分公司等相关单位领导大力支持与帮助，贾承造院士、赵文智院士、邹才能院士、李建忠教授等从立项、实施及合理性分析各个方面参与了大量工作，给予项目组大力支持与指导，中国石油16家油气田公司通力合作，共同完成该项研究工作。同时，项目指导专家在研究各个阶段给予了指导和帮助，相关参考文献与研究报告也为该项研究工作的完成提供有益借鉴。在此谨向支持、指导、关心该项研究工作的领导、专家、同事表达最诚挚的感谢！由于油气资源评价涉及油气资源类型多、油气地质学科多、资源评价工作综合性强，加之著者水平有限，书中尚有诸多不妥之处，文献引用及标注不能一一列举，敬请广大读者批评指正。

目录
CONTENTS

第一章　我国油气资源潜力及未来重点勘探领域

油气资源是油气工业的基础，极大地关系到国民经济的发展。近年来，随着油气勘探工作的不断深入，油气勘探形势发生了明显变化，对油气资源评价工作提出三方面需求：（1）风险勘探和油气预探突破了一批新层系、新领域，尤其是海相碳酸盐岩、前陆深层、斜坡区岩性地层以及火山岩、基岩等领域获重大发现，亟待评价落实其资源潜力；（2）成熟探区油气勘探持续发展，探明储量稳定增长，但新增储量品位明显下降，需要加强剩余资源潜力评价及富集区分布研究；（3）非常规油气取得重要进展，致密气、页岩气、煤层气以及部分探区致密油实现工业化开发，需要系统开展资源潜力评价，明确资源总量和发展潜力。2017 年中国石油消费增速回升，全年原油表观消费量为 6.10×10^8t，同比增长 6.0%，增速较 2016 年扩大 0.5 个百分点，以日均消费 100×10^8bbl 排名全球第二。而国内原油产量受低油价影响连续三年下降，2017 年全年石油产量为 1.915×10^8t，同比下降 3.1%（刘朝全等，2018），2018 年全年石油产量为 1.89×10^8t（自然资源部全国油气矿产储量通报，2019），亟须国内油气勘探获得更大突破与长足发展。2018 年 7 月 21 日，习近平总书记作出加大油气勘探开发力度的重要批示，自然资源部、国家能源局联合 4 大石油公司落实批示，制定 7 年行动计划，提出到 2025 年实现石油年均新增探明地质储量（10~15）$\times 10^8$t，年产量 2.0×10^8t 以上，天然气年均新增探明地质储量 1×10^{12}m^3，产量快速增长。

为满足油气勘探开发需要，提供有力资源战略依据，中国石油天然气集团公司早于 2013 年设立了"中国石油第四次油气资源评价"重大科技专项（李建忠等，2016），第四次资源评价工作在充分吸收历次全国油气资源评价研究成果基础上，确定了新形势下开展油气资源评价的基本思路，既要加强常规剩余油气资源及其分布评价，又要系统评价非常规油气资源潜力及可利用性，同时更要依据常规与非常规油气资源具有密切成因联系、有序分布等特点，探索发展常规与非常规一体化资源评价技术，整体把握我国常规与非常规油气资源潜力。

第一节　我国油气资源勘探与开发现状

一、世界油气资源状况

（一）世界石油资源丰富，非常规油气革命可延长石油工业的生命

中国石油全球油气资源评价结果显示，全球常规石油可采资源量为 4879×10^8t，致

密油可采资源量为 413×10^8t，油页岩油可采资源量为 2099×10^8t，重油可采资源量为 1267×10^8t，油砂油可采资源量为 641×10^8t（童晓光等，2014；邹才能等，2015；王红军等，2016），全球待发现石油可采资源丰富，勘探开发利用前景广阔。2018 年全球石油产量为 44.5×10^8t，同比增长 1.7%。其中北美地区的增量最大，高达 9500×10^4t，其次是中东地区，增量为 1600×10^4t，分别增长 12.6% 和 1.1%。北美地区增量主要来自美国，增加 7400×10^4t，中东地区增量主要来自沙特阿拉伯，增加 1500×10^4t（British Petroleum Company，2019）。"石油峰值论""石油衰竭论"等再度破灭，油气不可再生，但非常规油气革命可延长石油工业的生命。

（二）世界天然气资源丰富，勘探开发利用前景广阔

中国石油全球油气资源评价结果显示，全球常规天然气地质资源量为 $980.62 \times 10^{12}m^3$，可采资源量为 $588.37 \times 10^{12}m^3$；页岩气地质资源量为 $650.44 \times 10^{12}m^3$，可采资源量为 $161.50 \times 10^{12}m^3$；致密气地质资源量为 $95.16 \times 10^{12}m^3$，可采资源量为 $15.89 \times 10^{12}m^3$；煤层气地质资源量为 $80.60 \times 10^{12}m^3$，可采资源量为 $49.25 \times 10^{12}m^3$（图 1-1）（童晓光等，2014；邹才能等，2015；王红军等，2016）。全球天然气水合物资源评价结果得到相对普遍认可的结果，是 Kvenvolden 于 1988 年评价得出的 $21000 \times 10^{12}m^3$。上述评价结果显示，世界天然气资源丰富，勘探开发利用前景广阔。

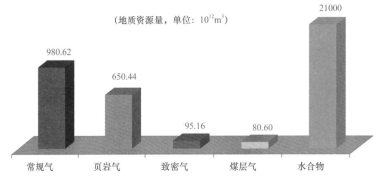

图 1-1　全球常规与主要非常规天然气资源量

（据 CNPC 全球油气资源评价，2017；Kvenvolden，1988）

二、我国油气勘探开发现状

新中国成立以来，我国石油工业经历了 20 世纪 50 年代的恢复与探索、60—70 年代的高速发展、80 年代的稳定增长和 90 年代以来的平缓增长四大发展阶段。1959 年大庆油田的发现，从根本上改变了我国石油工业的面貌，1965 年结束了对进口石油的依赖，实现了自给；在 20 世纪 60—70 年代，胜利、辽河、长庆、华北等油气田的相继发现和开发使全国原油产量迅速增长，1978 年产量突破 1.0×10^8t 大关，我国从此跨入了世界产油大国的行列，2010 年全国石油年产量突破 2.0×10^8t，达到 2.03×10^8t，成为全球第四大石

油生产国（图 1-2）；2017 年石油年产量为 $1.915 \times 10^8 t$，相比 2016 年减少 3.8%，世界排名第七。与此同时，我国天然气工业自 2000 年以来也进入大发展阶段，伴随靖边、苏里格、大牛地、乌审旗、克拉 2、迪那 2、普光、广安、徐深等一批大中型天然气田的发现，天然气年产量以两位数的速度快速增长，2011 年突破千亿立方米大关，2017 年产量达到 $1492 \times 10^8 m^3$，为全球第六大天然气生产国（图 1-2）。

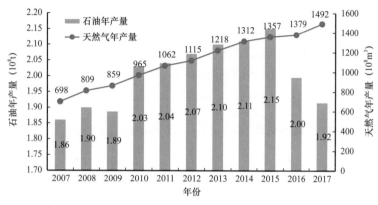

图 1-2　2007—2017 年中国石油与天然气年产量变化

三、我国油气储产量及剩余资源状况

（一）我国油气储量丰富，新增储量维持高基值增长

我国是世界上沉积历史最长、形成的沉积层系最多的沉积区之一，也是构造演化历史最为复杂的地区之一。我国沉积盆地的地质特征，决定了我国油气储量增长具有多高峰和多阶段的特点，储量稳定增长的历史会相当长。经过 60 余年的油气勘探工作，我国已经发现了一批大中型油气田，截至 2017 年底，全国已探明油气田 1009 个（其中油田 734 个，天然气田 275 个），页岩气田 4 个，煤层气田 26 个[1]。我国年新增石油探明储量在 2007—2015 年期间连续 8 年保持在 $10 \times 10^8 t$ 以上，2017 年全国石油勘查新增探明地质储量为 $8.77 \times 10^8 t$，同比下降 4.1%；新增探明技术可采储量为 $1.51 \times 10^8 t$，同比下降 6.6%。新增探明地质储量大于 $1 \times 10^8 t$ 的大油田 2 个，为鄂尔多斯盆地的华庆油田和姬塬油田。2017 年全国年新增天然气探明储量继续在 $5000 \times 10^8 m^3$ 以上，形成了维持时间最长的高基值储量增长高峰期。全国天然气勘查新增探明地质储量为 $5553.79 \times 10^8 m^3$，同比下降 23.6%；新增探明技术可采储量为 $2484.93 \times 10^8 m^3$，同比下降 30.8%。2017 年全国页岩气勘查新增探明地质储量为 $3767.60 \times 10^8 m^3$（2016 年没有新增储量），新增探明技术可采储量为 $848.35 \times 10^8 m^3$。新增探明地质储量超过千亿立方米的页岩气田 2 个，为四川盆地的涪陵页岩气田和威远页岩气田。2017 年全国煤层气勘查新增探明地质储量

---

[1] 自然资源部，2018. 2017 年全国油气矿产储量通报，1-80.

为 $104.80 \times 10^8 m^3$，同比下降 81.8%；新增探明技术可采储量为 $52.41 \times 10^8 m^3$，同比下降 81.8%。

截至 2017 年底，全国石油累计探明地质储量为 $389.65 \times 10^8 t$、累计探明技术可采储量为 $103.09 \times 10^8 t$，已累计采出石油 $67.67 \times 10^8 t$，剩余技术可采储量为 $35.42 \times 10^8 t$。全国天然气累计探明地质储量为 $142194.28 \times 10^8 m^3$，累计探明技术可采储量为 $74591.15 \times 10^8 m^3$，已累计采出天然气 $19370.19 \times 10^8 m^3$，剩余技术可采储量为 $55220.96 \times 10^8 m^3$。全国页岩气累计探明地质储量为 $9208.89 \times 10^8 m^3$，累计探明技术可采储量为 $2208.68 \times 10^8 m^3$，已累计采出页岩气 $225.80 \times 10^8 m^3$，剩余技术可采储量为 $1982.88 \times 10^8 m^3$。全国煤层气累计探明地质储量为 $6344.96 \times 10^8 m^3$，累计探明技术可采储量为 $3192.92 \times 10^8 m^3$，已累计采出煤层气 $167.56 \times 10^8 m^3$，剩余技术可采储量为 $3025.36 \times 10^8 m^3$。

（二）我国剩余石油资源劣质化严重，对外依存度逐渐攀升

我国剩余石油资源劣质化严重，地面与地下条件复杂，剩余资源 60% 以上分布于山地、戈壁、沙漠、黄土塬、滩海、河湖等复杂地面环境，64% 以上目的层埋深大于 2000m，且低渗透比为 73%（小于 50mD）。近年来石油年新增探明储量趋于下降，年新增储量降至 10 年来最低，2016—2018 年连续三年低于 $10 \times 10^8 t$ 以下（图 1-3），并且新增地质储量中低渗、特低渗油气地质储量占比逐年上升（杜金虎，2016；侯启军，2018）。

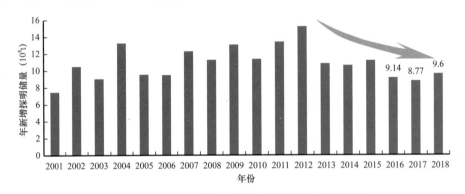

图 1-3　2001—2018 年全国新增石油探明地质储量变化

年新增探明储量下降，新增储量劣质化严重，以及国际原油价格低位震荡，系列原因导致我国原油产量在 2015 年达到 $21455.6 \times 10^4 t$ 产量高峰之后，连续三年出现下降（图 1-4）。2018 年，我国三大石油公司在渤海湾、新疆、川渝、塔里木等地区取得一系列新突破，国内油气产量下降势头得到有效遏制。据国家统计局 2019 年 1 月公布数据显示，2018 年 12 月，主要油田按计划增产，生产原油 $1633 \times 10^4 t$，同比增长 2.0%，增速由负转正（2018 年 11 月下降 1.3%）；日均产量为 $52.7 \times 10^4 t$，环比增加 $0.9 \times 10^4 t$。2018 年全年，原油产量为 $1.9 \times 10^8 t$，同比下降 1.3%，降幅比上年收窄 2.7 个百分点，产量下滑态势得到初步遏制。

国内石油产量下滑的同时，2018 年国内能源消费保持快速增长，石油表观消费量

首破 $6 \times 10^8 t$。我国的原油进口量再创新高，2018 年全年进口原油 $4.6 \times 10^8 t$，同比增长 10.1%，进口量与生产量之比为 2.44：1，原油进口量是自主生产量的两倍以上，石油对外依存度冲高到 71%（图 1-4），若再合并 800 多万吨进口石脑油、$1916 \times 10^4 t$ 进口液化石油气，对外依存度将高达 73%，国内原油供应保障形势非常严峻。

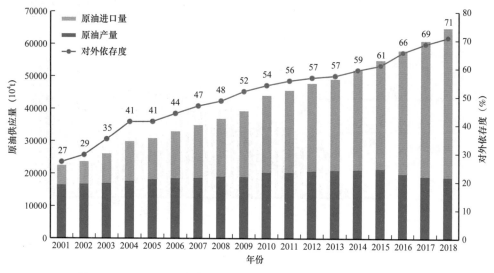

图 1-4　2001—2018 年全国原油产量及进口量结构与对外依存度图

（三）我国天然气资源潜力较大，勘探开发形势良好

我国天然气勘探开发形势良好，截至 2017 年底，中国天然气工业在 12 个盆地 11 套层系发现气田 509 个，其中大型气田 63 个。自 2000 年以来在致密砂岩、古老碳酸盐岩、前陆、火山岩、页岩气和煤层气、海域 6 大领域获得一系列发现，推动储产量快速增长，天然气产量在我国油气产量中占比逐渐增高（图 1-5）。截至 2017 年底，全国累计探明天然气地质储量为 $14 \times 10^{12} m^3$，世界排名第九，目前已开发 $6.25 \times 10^{12} m^3$，未开发 $5.45 \times 10^{12} m^3$。2017 年我国天然气产量为 $1480 \times 10^8 m^3$，上升 $249 \times 10^8 m^3$，在我国油气总产量中占比达到 42%，世界排名第六。"十一五"以来，常规天然气大气田勘探开发实现四个之最，非常规天然气建成六个示范区与产业基地。

我国常规天然气大气田勘探开发实现四个之最：（1）发现并开发了我国单体规模最大的整装海相气田——安岳大气田（震旦—寒武系探明地质储量为 $6576 \times 10^8 m^3$，年产量为 $62.7 \times 10^8 m^3$，建成产能 $110 \times 10^8 m^3$）；（2）发现并开发了我国埋藏最深的生物礁气田——元坝大气田（探明地质储量为 $2199 \times 10^8 m^3$，年产量为 $16.4 \times 10^8 m^3$，建成年产能为 $34 \times 10^8 m^3$）；（3）发现和探明了我国最深的陆相碎屑岩大气田——克深大气田（克深—大北探明地质储量为 $7770 \times 10^8 m^3$，年产量为 $53.9 \times 10^8 m^3$）；（4）高效建成了我国第一个年产能 $100 \times 10^8 m^3$ 大气田——普光大气田（探明地质储量为 $3763 \times 10^8 m^3$，年产量为 $80 \times 10^8 m^3$）。上述勘探开发实践，拓展了古老碳酸盐岩、超深礁滩、前陆深层三大常规勘探领域，推动了天然气储产量高峰增长，2008—2015 年大气田探明地质储量为 $4.8 \times 10^{12} m^3$，占同期新增天然气探明地质储量的 90% 以上。

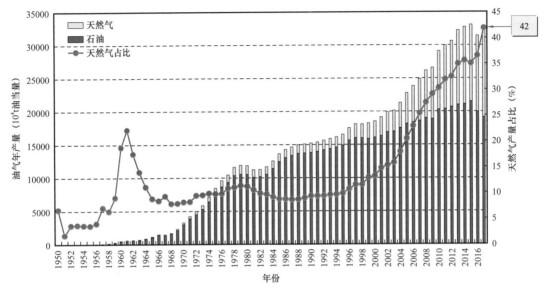

图 1-5　我国石油天然气产量及天然气产量占比

我国非常规天然气建成三类非常规资源六个示范区与产业基地：（1）探明了我国最大的大气田——苏里格大气田（探明地质储量为 $13337 \times 10^{12} m^3$，年产量为 $237 \times 10^8 m^3$），鄂尔多斯盆地苏里格气田致密砂岩气勘探开发时间较长，勘探开发技术较为成熟；（2）页岩气勘探开发方面，建成焦石坝、长宁、威远、昭通四个主力页岩气田，海相页岩气支撑建成四川盆地涪陵、长宁—威远和昭通三个页岩气示范区，探明地质储量为 $5441 \times 10^8 m^3$，2017 年实现产量为 $91 \times 10^8 m^3$，在短时间内实现了快速增长（图 1-6）；（3）煤层气勘探开发实现了快速发展，建成沁水南部和鄂东缘两大国家级煤层气产业基地。建成国内首个中低煤阶的保德示范区块：保德区块日产气已经达到 $155 \times 10^4 m^3$，已具备 $5.5 \times 10^8 m^3$ 以上的年生产能力。开创了我国中低阶煤层气规模开发的先河，推动了国内中低阶煤层气的发展。截至 2015 年末，全国累计煤层气探明地质储量为 $6646 \times 10^8 m^3$，实现年产气量 $44 \times 10^8 m^3$，较"十一五"末分别增长 131%、190%。

四、油气地质理论创新深化了资源潜力认识

（一）陆相石油地质理论与先进勘探技术的发展应用，支撑勘探持续获得重大突破

以陆相生油和复式油气聚集带等理论为核心的陆相石油地质理论，指导发现了一批大型油气田，并支撑了我国石油工业的发展。但随着勘探程度增高，面临勘探深度增大、目标越来越隐蔽和新领域认识越来越难的重大挑战。岩性地层油气藏勘探呈现出从源内向源

上与源下、从常规储层向低渗与致密储层发展的态势，中—高勘探程度盆地油气勘探面临埋深不断增大、构造圈闭越来越小、隐蔽性越来越强、品质不断变差等关键问题。针对上述问题，我国油气地质科研人员进行了大量创新性理论研究工作：

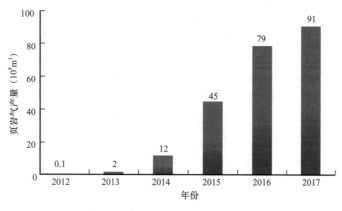

图 1-6　中国页岩气历年产量增长

（1）针对岩性地层油气藏与致密油气两大勘探领域，创建了以大面积岩性油气藏形成机制、主控因素与分布规律为核心的成藏理论，创新发展了连续型油气聚集理论认识（邹才能等，2014）。大面积岩性地层成藏理论以及细粒沉积、遥感沉积学研究新方法（袁选俊等，2015），突破了传统扇三角洲沉积模式与研究方法，将勘探范围从斜坡带拓展到满盆立体勘探，推动发现了鄂尔多斯盆地延长组下组合、准噶尔环玛湖斜坡等岩性大油气区；理论创新与关键技术指导在鄂尔多斯湖盆中心勘探禁区发现姬塬、华庆等多个数亿吨级大油田，新增石油探明储量为 $10.42 \times 10^8 t$，整体规模达到 $20 \times 10^8 t$，为西部大庆建设奠定了雄厚的资源基础。

（2）针对陆上中高勘探程度盆地精细勘探，创新发展了成熟探区富油气凹陷成藏与富集理论和精细勘探关键技术（赵贤正等，2012）。① 揭示了陆相断陷盆地咸化环境烃源岩高效生、排烃机理；② 提出了断陷盆地富油凹陷"油藏分布有序性""油气富集差异"模式，揭示了以"超压—流体—储集性"为核心的断陷盆地控藏机制；③ 形成了"优势岩性序列控储，烃源岩底界控油气藏底界"的断陷盆地基岩潜山油气成藏新认识，深化了基岩油气成藏理论。基础地质研究创新性认识，有效指导了东部富油凹陷精细勘探，共发现 6 个亿吨级、7 个 5000 万吨级和一批千万吨级的规模储量区，新增三级石油地质储量达 $24 \times 10^8 t$，并落实了一批规模增储区带。同时推动了松辽盆地、准噶尔盆地西北缘新规模储量区的发现。

（二）天然气地质理论重大进展提升资源分布规律认识

在勘探开发实践基础上，天然气地质理论取得成烃、成储、成藏、非常规四大方面 6 项地质理论重大进展，进一步提升了资源潜力与资源分布规律的认识：（1）建立了中国古老碳酸盐岩大气田成藏理论。建立了地层孔隙热压生排烃和多介质原油裂解生气模式，提出克拉通内裂陷控制生烃中心新认识和"三灶"供气新模式，提出古老碳酸盐岩成储机制，创建了继承性古隆起控制的古油藏原位裂解成藏模式（赵文智等，2011，2015a，2015b）。（2）建立了超深生物礁大气田成藏理论。形成超深层生物礁优质储层发育机理新认识，建立"三维输导、近源富集、持续保存"生物礁成藏模式。（3）建立了前陆冲断带深层聚集理论。提出前陆盆地构造发育机制，提出深层储层"双应力"造缝、次生溶蚀作用控储新认识，建立了"顶篷构造"控藏的成藏理论。（4）发展完善了低渗—致密天然气成藏理论。创建了"敞流型"湖盆沉积新模式，提出"源储交互叠置、孔缝网状输导、高效聚集"成藏机制，提出 $10 \times 10^8 m^3/km^2$ 生气强度可以形成大气田（李建忠等，2012；邹才能等，2013，2015）。（5）初步建立页岩气成藏超压理论，建立两类页岩气富集模式，评价落实可采资源（邹才能等，2010，2011；董大忠等，2011）。（6）建立不同煤阶煤层气成藏地质理论，以"多源共生"为核心的中低煤阶煤层气富集成藏理论，以"三元耦合"机制为核心的高煤阶煤层气成藏地质理论。

第二节　油气资源潜力分析

为满足油气勘探新形势下的生产需要，全面系统评价我国常规与非常规油气资源潜力，该项评价研究工作以中国石油油气勘查矿权区涉及盆地为主要研究对象，涵盖常规油气与 7 类非常规油气资源，其中常规油气评价 72 个盆地（坳陷或地区），非常规油气评价了 62 个盆地（坳陷或地区），常规与非常规合并评价 105 个盆地（坳陷或地区）。在 72 个常规资源评价盆地基础上，沿用或借鉴国土资源部动态评价（2013）与新一轮资源（2005）中油气勘探进展变化不大的 29 个盆地或地区，汇总完成包含 101 个盆地（坳陷或地区）的全国常规油气资源评价结果，评价层系上包含了自太古宇（AR）至新生界（Cz）第四系（Q）共 15 套层系。

本次评价分盆地（坳陷、凹陷）、区带两大评价层次，采用成因法、统计法、类比法等评价方法进行综合评价，以特尔斐法综合求取各级资源量结果。项目攻关建立形成 12 种常规与 7 种非常规油气资源评价方法体系和关键评价技术（郭秋麟等，2011，2014，2015）。精细解剖 218 个刻度区，建立 12 项资源评价关键参数取值标准，构建常规、非常规油气资源类比评价参数体系。系统开展生烃潜力整体评价，开展 60 余盆地、地区或坳陷 109 个工区的盆地模拟研究，评估各探区生烃总量。在资源量计算方面，常规油气资源开展多方法综合评价，保证评价结果客观可靠；非常规资源开展分级评价，建立资源分级标准，重点评价 I、II 类资源总量和分布，落实现实可利用资源。

一、常规与非常规油气资源评价方法体系

（一）国外油气资源评价方法研究现状

近 20 年来，国外常规油气资源评价方法的进展主要体现在统计模型的改进及注重地

质分析的综合评价方法上。统计分析法是美国、加拿大、挪威等西方国家采用的主要油气资源评价方法，美国主要以历史外推法、概率逼近法、油田储量增长预测法为主；加拿大以石油资源信息管理与评价系统（PETRIMES）、被截断的发现过程模型（TDPM）、非参数最小二乘法等趋势预测法为主；挪威以发现过程模型、马尔可夫链—蒙特卡洛法（MCMC）、地质锚链法为主；澳大利亚采用的油气资源评价方法主要为统计法和类比法，如对数线性模型、地质类比法、AUSTPLAY、SEAPUP 等。而俄罗斯早期的油气资源评价方法强调地球化学方法，其中俄罗斯以成因法、容积系数法、体积速度法、水文地质法和体积统计法为主（李建忠等，2019）。非常规油气资源评价，总体来说是一个相对较新的研究领域，与常规相比评价方法还不成熟，国外主要采用生产井 EUR 的类比或统计法计算可采资源量，同时也采用成因法、体积法和随机模拟法等方法，需要在今后的勘探生产和科研中不断发展和完善。

（二）油气资源评价方法体系的建立

我国从"六五"开始，共开展了四次全国范围的资源评价，每一轮次的评价方法体系都依据当时的地质认识及勘探生产需要，进行了有益的改进、完善和发展，形成类比法、统计法和成因法三大类 20 余种评价方法。本次油气资源评价，借鉴国内外油气资源评价方法研究进展，总结我国历次全国性油气资源评价的特点，分析我国油气资源评价方法体系存在的不足，优选出适合我国勘探现状的评价方法，攻关建立形成 12 种常规与 7 种非常规油气资源评价方法体系和关键评价技术（郭秋麟等，2011，2014，2015）（表 1-1）。

表 1-1　常规与非常规油气资源评价方法体系

类别	常规资源评价方法		非常规资源评价方法	
	方法	适用对象	方法	适用对象
成因法	盆地模拟法（三维运聚模拟）有机碳恢复法	盆地或坳陷	三维三相运聚模拟法、残留烃分布预测法	致密油、致密气、页岩气
	运聚单元分配法	区带		
类比法	资源丰度类比法（刻度区类比法）	区带	分级资源丰度类比法、EUR 类比法	致密油、致密气、页岩气、煤层气
	有效储层预测法	区带		
统计法	油气藏发现过程法油气藏规模序列法广义帕莱托法资源空间分布预测法圈闭加和法	区带	小面元容积法	致密油、致密气、页岩气

类别	常规资源评价方法		非常规资源评价方法	
	方法	适用对象	方法	适用对象
统计法	翁氏旋回法 Compertz 法 饱和勘探法 趋势外推法	盆地或坳陷	体积法、容积法	煤层气、油页岩油、油砂油

二、油气资源评价思路

（一）总体思路

以近年来油气勘探实践及重大科技专项成果为基础，以油气地质理论新认识为指导，本着继承与发展的原则，创新发展常规与非常规油气资源评价方法，强化评价基础，发展关键评价技术，通过统一组织，客观评价主要盆地的油气资源潜力，提供常规与非常规两类资源的权威评价结果。项目参照国内外历次油气资源评价通行做法，结合本次资源评价特点，制定了"四步走"的评价流程：（1）基础地质研究和地质评价，主要包括充分利用新增地震、探井和分析测试资料，重新编制基础图件；开展地质评价，落实评价单元，制定各探区评价方案。（2）发展评价方法，开展刻度区解剖研究，统一参数标准，研发常规与非常规一体化评价软件系统。（3）开展盆地、区带油气资源评价，分析评价结果合理性。（4）汇总全国常规与非常规油气资源评价结果，开展剩余油气资源分布规律研究，优选重点勘探领域和区带，提出勘探决策建议（图1-7）。

（二）常规油气资源评价思路

以地质评价为基础，以资源评价为重点，以资源空间展布为目标，强调四大关键环节：（1）盆地油气基础地质研究与地质评价；（2）分类型典型刻度区精细解剖与关键类比参数求取；（3）盆地资源潜力评价与资源量的区带和层系分配关系；（4）基于资源评价结果和区带地质评价的勘探方向与目标评价。建立多方法综合评价技术开展常规天然气资源评价，通过成因法计算盆地或含油气系统油气资源总量的范围，采用类比法、统计法进行油气资源潜力精细评价，最终采用特尔菲综合法确定盆地或独立含油气系统油气资源潜力（图1-8）。

（三）非常规油气资源评价思路

为突出非常规油气资源的现实性与可采性，本次评价在立足于非常规油气地质评价基础上，运用适当的方法技术，着重开展了分级评价研究和可采性评价研究（李建忠等，2015；王社教等，2016）。小面元容积法采用定源、定储层、定评价区、资源计算"四步法"；分级资源丰度类比法与 EUR 类比法采用确定类比参数、确定评价区、资源量计算"三步法"（图 1-9）。

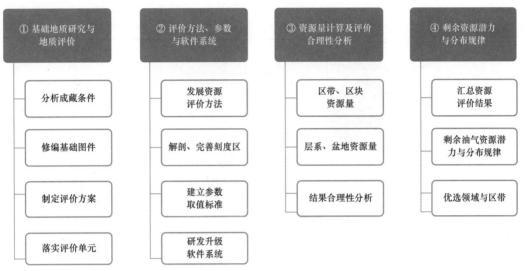

图 1-7　油气资源评价工作流程图（据李建忠等，2019）

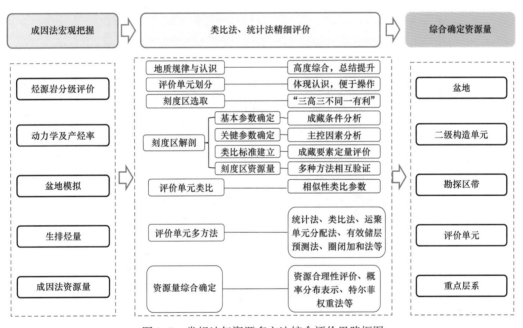

图 1-8　常规油气资源多方法综合评价思路框图

三、评价范围

按照总体评价思路与资源潜力评价技术流程，分盆地（坳陷、凹陷）、区带两大评价层次，常规与非常规两大评价类型，采用成因法、统计法、类比法等多种评价方法对常规与非常规油气资源进行综合评价，以特尔菲法综合求取各级资源量结果。

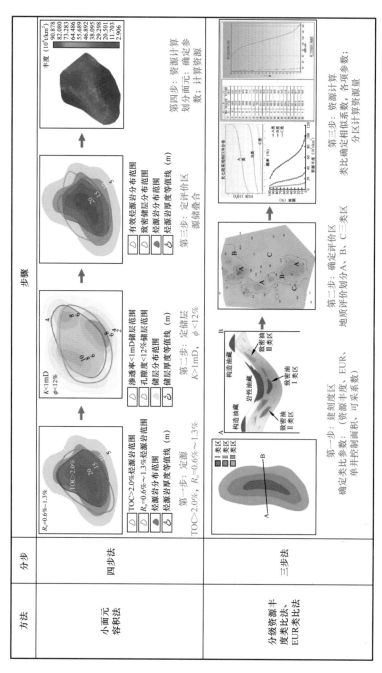

图 1—9 非常规油气资源分级评价与可采资源评价步骤

（一）常规油气资源评价范围

本次评价共涉及全国范围 101 个盆地、坳陷、凹陷或地区，其中中国石油矿权区 58 个，区外 43 个。详细评价盆地共计 72 个，其中陆上 56 个，海域 16 个（表 1–2）。未开展评价的 29 个盆地或地区，其结果沿用国土资源部动态评价数据（2013）与新一轮资源评价（2005）数据。

表 1–2　全国主要含油气盆地及评价单元汇总表

地区		评价单元（含油气盆地、坳陷、凹陷或地区）	数量
陆上	东部区	重点盆地：**松辽**（**松辽北部、松辽南部**、陆西凹陷、陆东凹陷、奈曼凹陷、龙湾筒凹陷）、**渤海湾**（**辽河坳陷**、黄骅坳陷、冀中坳陷、南堡凹陷、济阳坳陷、临清坳陷、昌维坳陷）、**二连、海拉尔** 中小盆地：汤原断陷、方正断陷、伊通、虎林、大杨树、三江、鸡西、孙吴—嘉荫、延吉、勃利、辽河外围（张强、钱家店、白音昆地凹陷、宋家洼陷、元宝山凹陷、建昌中—新元古界）	31
	中部区	重点盆地：**鄂尔多斯、四川** 中小盆地：河套、渭河、巴彦浩特、南华北	6
	西部区	重点盆地：**塔里木、准噶尔、柴达木、吐哈、三塘湖、酒泉** 中小盆地：伊犁、民和、银—额、雅布赖、潮水、焉耆、柴窝堡、库木库里、库米什、花海	16
	南方区	重点盆地：**南襄、江汉、苏北、苏北**（**海安凹陷**）、**北部湾**（**福山凹陷**） 中小盆地：百色、三水、合浦、茂名、鄱阳、洞庭、衡阳、清江、陇川、黔北坳陷、黔南坳陷、桂中坳陷、当阳复向斜	18
	青藏	重点盆地：**羌塘、措勤、伦坡拉** 中小盆地：比如、可可西里、昌都、日喀则、沱沱河、岗巴—定日、拉萨	10
海域	渤海、黄海、东海海域	重点盆地：**渤海湾盆地（渤海海域）、东海盆地** 中小盆地：北黄海盆地、南黄海盆地	4
	南海海域	重点盆地：**北部湾、珠江口、莺歌海、琼东南、中建、中建南** 其他盆地：台西南、万安、曾母、南薇西、南薇东、双峰、北康、礼乐、文莱—沙巴、西北巴拉望	16

注：黑体为本次评价的盆地、坳陷、凹陷或地区。

（二）非常规石油资源评价范围

分析不同非常规石油资源勘探开发现状，在非常规油气地质研究基础上，结合不同非常规油气资源分布范围，确定 3 类非常规石油资源的评价范围（表 1–3）。

（三）非常规天然气资源评价范围

分析不同非常规天然气资源勘探开发现状，在非常规油气地质研究基础上，结合不同非常规油气资源分布范围，确定 4 类非常规天然气资源的评价范围（表 1–4）。

表1-3 非常规石油资源评价范围统计表

类型		盆地	数量
致密油	主要盆地	鄂尔多斯盆地、松辽盆地、准噶尔盆地、渤海湾盆地、三塘湖盆地、柴达木盆地、二连盆地	7
	中小盆地	勃利、大杨树、虎林、鸡西、三江、延吉、银—额天草、银—额查干、雅布赖、巴彦浩特、民和、六盘山、石拐、中口子、武威、民乐、南祁连木里、武川、沁水、伊犁、精河、福海、吐拉	23
油页岩油	东部区	敦密、松辽、柳树河、大杨树、老黑山、林口、罗子沟、杨树沟、依兰—伊通、抚顺、黑山、朝阳、建昌、阜新、丰宁、燕河营、渤海湾、胶莱、济宁	19
	中部区	鄂尔多斯、四川、六盘山	3
	南方区	茂名、那彭、钦州、句容、北部湾、新宁、湘乡、吉安、萍乡、楚雄、思茅—兰坪	11
	西部区	民和、西宁、柴达木、准噶尔、阿坝	5
	青藏区	羌塘、伦坡拉	2
油砂油	东部	松辽、二连	2
	中部	四川	1
	西部	准噶尔、塔里木、柴达木、酒泉、中口子	5
	南方	百色、桂中	2

表1-4 非常规天然气资源评价范围统计表

类型		盆地	数量
致密气	主要盆地	鄂尔多斯、四川、塔里木、松辽、吐哈、渤海湾、准噶尔	7
	中小盆地	勃利、鸡西、三江、延吉、大杨树、虎林、中口子、武威、民乐、木里、武川、沁水、伊犁、精河、福海、吐拉	16
页岩气	海相	四川、滇黔桂、渝东—湘鄂西、中扬子、下扬子	5
	过渡相	四川、南方其他、鄂尔多斯、渤海湾、柴达木、吐哈、准噶尔、塔里木	8
	湖相	松辽、渤海湾、鄂尔多斯、四川、准噶尔	5
煤层气		三江—穆棱河、松辽、伊兰—伊通、延边、敦化—抚顺、浑江—红阳、辽西、豫西、太行山东麓、徐淮、冀中、京唐、豫北—鲁西北、海拉尔、二连、阴山、沁水、大同、宁武、鄂尔多斯、四川、准噶尔、吐哈、三塘湖、塔里木、柴达木、河西走廊、天山、滇东黔西、萍乐、川南黔北、桂中	32
天然气水合物	南海海域	东沙海域、神狐海域、西沙海域、琼东南海域、中建南海域、万安北海域、北康北海域、南沙中海域、礼乐东海域、台西南海域	10
	东海海域	冲绳海槽	1
	陆上冻土	青藏高原、东北地区	2

四、评价实例

（一）实例一：塔里木盆地常规石油与天然气资源评价

塔里木盆地是一个由古生代克拉通盆地与中—新生代前陆盆地组成的大型复合、叠合盆地（谢会文等，2017），盆地地层齐全，厚度巨大，从震旦系到第四系均有分布，残留最大厚度达18000m，岩性由碳酸盐岩、碳酸盐岩与碎屑岩互层以及碎屑岩组成，主要发育碎屑岩和碳酸盐岩两大类储层，碳酸盐岩分布于下古生界寒武—奥陶系，碎屑岩分布于上古生界—新近系，目前在两大类储层中都发现了工业性油气流。塔里木盆地油气资源以常规油气为主。常规石油主要分布在塔中隆起志留系和石炭系、塔北隆起中西部奥陶系及其以上的含油层系、北部坳陷中西部、西南坳陷的麦盖提斜坡和塘古孜巴斯凹陷。常规天然气主要分布为库车坳陷中东部、西南坳陷天山山前构造带、北部坳陷东部、塔东隆起和东南坳陷。在盆地级资源量评价中，首先通过解剖典型刻度区并获取资源丰度、运聚系数、可采系数等关键参数取值标准，在此基础上通过三大类方法进行评价。其中，成因法主要是通过盆地模拟算出盆地的生烃量，再通过刻度区解剖获取的运聚系数转化求得盆地资源量；统计法采用规模序列法计算石油与天然气资源；类比法主要采用区带类比和层系类比法，通过刻度区获取的资源丰度值转化求取评价单元的资源丰度，从而实现石油与天然气评价的目的。

1. 刻度区与关键参数取值

根据塔里木盆地地质特征与油气成藏特点，建立2大类、3亚类、6小类常规油气刻度区分类方案（表1-5）。通过刻度区解剖，建立评价参数体系，获得地质条件定量描述参数、资源量计算参数，如资源丰度、运聚系数等关键参数，为塔里木盆地常规油气资源类比评价提供参考依据。

塔里木盆地石油运聚系数平均为1.27%，碳酸盐岩运聚系数高于碎屑岩，碳酸盐岩大致在0.86%～4.24%之间，而碎屑岩大致在0.16%～0.6%之间。天然气运聚系数平均0.94%，碳酸盐岩大致在0.46%～0.79%之间，碎屑岩跨度较大，大致在0.01%～3.42%。

塔里木盆地石油资源丰度平均为$15.99 \times 10^4 t/km^2$，碳酸盐岩石油资源丰度较高，大致在（15～45）$\times 10^4 t/km^2$之间，平均为$25.31 \times 10^4 t/km^2$；碎屑岩石油资源丰度在（0.46～17.63）$\times 10^4 t/km^2$之间，平均为$6.67 \times 10^4 t/km^2$。天然气资源丰度相对比较均衡，整体在（0.01～4.9）$\times 10^8 m^3/km^2$，平均为$1.44 \times 10^8 m^3/km^2$。

2. 成因法油气资源量计算

对塔里木盆地18个评价层系、11个烃源层进行评价，划分11个模拟分区，将寒武—奥陶系烃源岩划分为10个运聚单元，石炭系划分为10个运聚单元，二叠系、三叠系各划分为7个运聚单元，侏罗系划分为9个运聚单元。在确定盆地模拟关键参数之后，开展地史模拟、热史模拟、成岩史模拟、生烃史与排烃史模拟、油气运移聚集史模拟，评价塔里木盆地烃源岩总生油量为$5135.98 \times 10^8 t$，总生气量为$984.66 \times 10^{12} m^3$。各运聚单元根据地质条件优选相似刻度区的运聚系数，根据运聚单元的运聚系数和生油气量求得各运聚单元资源量，汇总后得到成因法盆地常规资源量，塔里木盆地石油资源量在（25.68～154.05）×10^8t 范围之间，期望值为 97.55×10^8t，天然气资源量在（4.92～19.77）×10^{12}m^3 范围之间，期望值为 17.69×10^{12}m^3。

表 1-5 塔里木盆地油气资源评价刻度区库建设分类统计表

大类	亚类	类型		刻度区名称	个数
构造型	压陷盆地构造型	前陆盆地	前陆冲断带构造型	克拉苏冲断带（E、K）、东秋—迪那构造带（E、N）、柯克亚构造带（N、E）	3
			前陆前缘隆起构造型	牙哈构造带（E、N、K）、却勒1—羊塔构造带（E、K）	2
	克拉通盆地构造型	克拉通内部隆起型		群库恰克构造带（C）、玛扎塔格构造带（C、O）、塔中10号构造带（C、S）	3
岩性型	克拉通型	古隆起	古隆起—岩溶组合	轮南低凸起刻度区（O）、轮古东区带（O）、轮古西区带（O）、新垦—哈6区块（O）、塔中北斜坡碳酸盐岩（O）、中古8-43井区（O_1y）	6
		台缘	台缘—海侵礁滩组合	塔中26-82井区（O_3l）、塔中45-86井区（O_3l）	2
		台内	台内—海侵滩坝组合	哈得逊构造带（C）	1
合计					17

3. 统计法油气资源量计算

盆地级资源量统计法评价主要优选油气藏规模序列法，通过对盆地内9个层系已发现油气藏的探明、控制、预测三级储量进行归类处理，并以此作为统计样本开展油气藏规模序列法评价，计算全盆地石油资源量为 68.40×10^8t，天然气资源量为 8.44×10^{12}m^3。

4. 类比法油气资源量计算

塔里木盆地油气资源评价工作，划分出107个三级区带，并根据储层和油气类型细分为211个层区带进行评价。按照前陆区和台盆区分别开展评价参数体系与取值标准建立、地质风险评价、相似系数计算和资源量计算等四方面工作，根据评价层系地质特点优选相似刻度区分别进行类比评价，并最终汇总形成全盆地资源量。区带类比和层系类比是两种不同参照系的类比评价方法，区带类比法评价得出石油地质资源量为 73.50×10^8t，天然气地质资源量为 11.85×10^{12}m^3；层系类比法评价得出石油地质资源量为 74.35×10^8t，天然气资源量为 11.80×10^{12}m^3。

5. 盆地常规石油与天然气综合资源量

盆地模拟法在计算时范围涵盖盆地所有地区，且在运聚系数范围内给出油气资源量的范围值。盆地模拟计算中运聚系数的求取结合刻度区研究，相对准确；但在低勘探程度地区由于基础资料限制，计算结果也具有推测性，风险性较大。地质类比法是通过与盆地自身勘探程度较高的刻度区进行类比，评价结果较为接近实际。虽然区带划分和层系勘探领域的主观判断均受勘探程度影响，但总体应能反映盆地内资源分布状况和目前的认识，其资源量应该为盆地总资源量的主体部分。统计法在勘探程度较高的地区较为准确，因塔里木盆地总体处于勘探程度中早期，且部分地区因油气藏发现过少无法使用，使得计算结果偏小。根据三种方法的特点以及塔里木盆地油气勘探开发现状，特尔菲综合时对不同方法得到的盆地资源量赋予不同的权重，其中成因法权重为 0.1，层系类比法权重为 0.2，区带类比法权重为 0.5，统计法取权重为 0.2，最终汇总得到塔里木盆地常规石油地质资源量为 $75.06 \times 10^8 t$，天然气地质资源量为 $11.74 \times 10^{12} m^3$。根据可采系数与盆地层系和构造单元的资源量，计算得到塔里木盆地常规石油可采资源量为 $19.12 \times 10^8 t$，天然气可采资源量为 $6.62 \times 10^{12} m^3$。

（二）实例二：渤海湾盆地冀中坳陷石油资源评价

冀中坳陷位于渤海湾盆地西部，北起燕山隆起，南抵邢衡隆起，西邻太行山隆起，东到沧县隆起，整体呈北东—南西走向。坳陷内以大兴凸起—容城凸起—高阳低凸起—藁城低凸起为界，分为西部凹陷带和东部凹陷带两大次级负向构造单元。东部凹陷带包括廊固、武清、大厂、霸县、饶阳、深县、束鹿、晋县等 8 个凹陷，西部凹陷带沿太行山和燕山东缘走向分布，自北而南依次是北京、徐水、保定、石家庄等 4 个凹陷。本次评价的层系为新近系、古近系、白垩系、侏罗系、二叠系、奥陶系、寒武系、前寒武系等 8 套地层，评价重点是古近系生油凹陷及石炭—二叠系煤系地层。

1.资源评价关键参数取值标准

按照冀中坳陷各凹陷类型及成藏组合特征，解剖 23 个常规评价刻度区，建立油气运聚成藏类型及对应关键参数取值标准，共包括运聚系数、储量丰度、资源丰度、圈闭面积系数、含油面积系数、可采系数等（表 1-6、表 1-7），为后续资源类比评价提供参考依据。

表 1-6　冀中坳陷关键参数取值标准

关键参数	类别								
	I	II	III	IV	V	VI	VII	VIII	IX
运聚单元类型	前古近纪中央潜山带	中生代中央背斜	中生代缓坡断阶	中生代中央洼槽	古近纪中央断背斜	古近纪中央断垒	古近纪陡坡背斜	古近纪缓坡断阶	前古近纪缓坡潜山
原油密度（g/cm³）	0.85～0.86	0.85～0.90	0.87～0.90	0.85～0.87	0.85～0.90	0.85～0.90	0.87～0.90	0.87～0.90	0.85～0.86
原油体积系数（%）	1.0～1.1	1.0～1.1	1.0～1.1	1.0～1.1	1.0～1.1	1.0～1.1	1.0～1.1	1.0～1.1	1.0～1.1

续表

关键参数	类别								
	I	II	III	IV	V	VI	VII	VIII	IX
运聚系数（%）	>15	10～15	8～10	8～10	6～8	6～8	6～8	6～8	3～6
含油饱和度（%）	70～80	50～60	50～65	55～65	60～65	50～60	50～60	50～60	65～80
储量丰度（$10^4t/km^2$）	100～400	40～130	50～150	30～90	70～200	50～120	50～120	15～130	20～50
资源丰度（$10^4t/km^2$）	60～70	30～40	25～30	25～30	20～30	25～30	20～30	20～30	15～20
圈闭面积系数（%）	20～40	10～30	50～80	50～80	80～100	80～100	30～80	50～80	10～20
含油面积系数（%）	50～60	70～80	50～60	50～60	20～30	30～40	20～30	50～60	60～70

表 1-7　冀中坳陷可采系数取值标准

岩性	复杂程度	采收率			
		集中范围（%）	样本数	均值（%）	标准差
砂岩	整装	19～22	56	21.8	9.8
	断块	18～21	132	20.1	9.7
碳酸盐岩	潜山型	25～50	6	32	7.2

2. 成因法石油资源量评价

根据盆地类型开展四史反演，按地史、热史、生烃史、排烃史等四个过程，分别选择不同的模拟计算模型，建立模拟所需的各项参数，再现盆地油气形成过程，计算生烃量、排烃量。按照含油气系统的思路和方法，通过油气成藏关键时刻事件组合关系的建立和系统内油气运聚单元的解剖，开展"油气运聚史"模拟，指出油气藏的形成和分布规律，最终实现运聚单元的区带资源量估算和目标评价。通过盆地模拟计算，冀中坳陷总生油量为 336.41×10^8t，总排油量为 160.05×10^8t。

根据冀中坳陷 6 个主要富油凹陷 33 个运聚单元类比打分结果，与相应刻度区类比求取相应的运聚系数，运用生烃量与运聚系数求积计算地质资源量。冀中坳陷 6 个富油凹陷石油地质资源量为 27.35×10^8t，可采资源量为 6.92×10^8t。以饶阳、霸县、廊固凹陷最富集，占全区总资源量的 83%。合并武清、大厂、北京、徐水、保定、石家庄等凹陷资源评价结果，冀中坳陷石油地质总资源量为 28.9×10^8t，总可采资源量为 7.2×10^8t。

3. 统计法石油资源量评价

优选油藏规模序列法、油藏发现过程法、广义帕莱托分布法 3 种方法评价冀中坳陷资源潜力，对每种方法估算的资源量采用特尔菲法，最后给出每个计算单元的不同概率下的地质资源量和可采资源量。截至 2014 年底冀中坳陷共发现油藏 944 个，探明石油地质储量为 115500.47×10⁴t。通过油藏规模序列法计算，预测最大油藏为 9061.25×10⁴t，最小限定为 10×10⁴t，预测油藏总数为 2000 个；预测最大可采油藏为 2487.32×10⁴t，最小限定为 6×10⁴t，油藏总数为 1316 个。通过回归归位，预测石油地质资源量期望值为 21.95×10⁸t，可采资源量期望值为 4.92×10⁸t（表 1–8）。

表 1–8　冀中坳陷统计法石油资源量评价结果

概率（%）	石油地质资源量（10⁴t）	石油可采资源量（10⁴t）
5	180372.4	42905.5
50	219891.5	49224.5
95	259866.5	56247.4
期望值	219525.1	49229.1

4. 类比法石油资源量评价

类比法是国际油公司资源评价中使用最普遍和最成熟的资源量评价方法，也是本次资源量评价主要内容之一。油气资源丰度类比法的基本评价流程如下：（1）类比刻度区的确定与类比刻度区的成油地质条件分析；（2）根据评价区地质条件的分析确定类比内容及标准；（3）进行刻度区与评价区间的地质类比，求出评价区与每一类比刻度区的类比系数；（4）确定评价区的油气资源丰度；（5）评价区的油气资源量计算。在地层区带划分的基础上，优选类比刻度区，确定每个评价区带资源丰度，评价资源潜力，各区带汇总即得出冀中坳陷总石油地质资源量为 24.39×10⁸t，可采资源量为 6.8×10⁸t。

5. 石油资源综合评价

冀中已进入较高勘探程度，新凹陷成藏条件较差、资源规模小，统计法虽保守但对高勘探程度区的计算结果较为可靠。资源丰度类比法兼顾老区与新区，通过分别类比、分别取值计算资源量，评价结果更符合目前勘探形势。因此，最终采用特尔菲法预测资源量时，资源丰度类比法权重系数最高（表 1–9），其次为统计法。最终油气资源预测结果，冀中坳陷石油地质资源量为 24.56×10⁸t，可采资源量为 6.39×10⁸t。

表 1–9　特尔菲法计算冀中坳陷石油地质资源汇总表

资源量	类比法		统计法		盆模法		综合（10⁸t）
	资源量（10⁸t）	权重	资源量（10⁸t）	权重	资源量（10⁸t）	权重	
地质资源量（10⁸t）	24.39	0.5	21.95	0.3	28.9	0.2	24.56
可采资源量（10⁸t）	6.8	0.5	4.92	0.3	7.59	0.2	6.39

（三）实例三：鄂尔多斯盆地延长组长 7 段致密油资源评价

鄂尔多斯盆地延长组长 7 段湖相优质烃源岩发育，烃类供给充足，油源条件优越；湖盆中部发育厚层砂岩，与烃类互层共生，为烃类的充注提供优越的储集空间。本次评价在统一评价标准与方法体系基础上，结合鄂尔多斯盆地延长组石油地质特征，优选建立致密油资源评价方法组合及关键参数取值标准，完成致密油资源评价。

1. 体积法评价致密油资源潜力

体积法计算资源量的关键在于确定储层面积与有效储层厚度，以及来源于已提交的探明地质储量区块其他计算参数（王社教等，2016）。鄂尔多斯盆地延长组长 7 段致密油原油密度为 0.84t/m³、原油体积系数为 1.26，有效孔隙度主要分布在 4%～12% 之间；油层厚度分布范围较广，其中长 7_3 亚段的油层厚度最小，主要小于 5m，长 7_2 亚段次之，长 7_1 亚段油层厚度相对较大。利用测井计算法、压汞法、密闭取心法等确定长 7 段致密油油藏原始含油饱和度取 76.0%。参数确定之后，应用容积法评价，长 7_1 亚段资源量为 14.62×10^8t，长 7_2 亚段资源量为 16.01×10^8t，长 7_3 亚段资源量为 0.53×10^8t，合计为 31.16×10^8t。

2. EUR 法评价致密油资源潜力

EUR 是单井评估的最终可采储量的简称，是指已经生产多年以上的开发井，根据生产递减规律，运用趋势预测方法，评估的该井最终可采储量（王社教等，2016）。通过数值模拟五点井网及七点井网条件下油井生产曲线，根据西 233 井区致密油递减规律，确定长 7 段合理水平段长度为 800m 左右，拟定关井产量为 1.0t/d，预测采收率为 7.52%；优选具有代表性生产井，确定 ABCD 四类 EUR 取值标准，其取值分别为：3.25×10^4t、2.35×10^4t、0.98×10^4t 和 0.25×10^4t（图 1-10）。最终评价长 7 段致密油 A 类区地质资源量为 12.15×10^8t，B 类区为 6.03×10^8t，C 类区为 4.71×10^8t，D 类区为 2.61×10^8t，合计地质资源量为 25.48×10^8t，可采资源量为 2.98×10^8t。

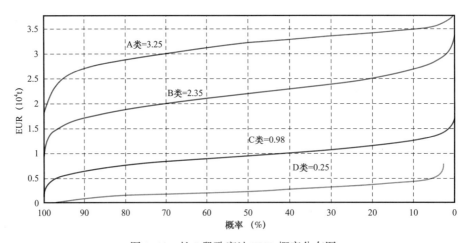

图 1-10　长 7 段致密油 EUR 概率分布图

3. 资源丰度类比法评价致密油资源潜力

资源丰度类比法是根据评价区与标准区油气成藏条件的相似性，由已知区的油气资源丰度推测未知区资源丰度而计算油气资源量的方法。通过西233、安83刻度区的分析，其地质资源面积丰度为 $15.8 \times 10^4 t/km^2$ 和 $6.45 \times 10^4 t/km^2$，可采资源面积丰度为 $1.2 \times 10^4 t/km^2$ 和 $0.48 \times 10^4 t/km^2$，对盆地四个评价区开展类比分析，评价致密油资源量为 $32.97 \times 10^8 t$。

4. 鄂尔多斯盆地致密油资源潜力

本次评价以烃源岩评价为基础，重点分析研究沉积体系、沉积相带和砂体空间展布，通过系统分析总结致密油分布规律，深化圈闭面积、储层厚度、含油饱和度等资源评价关键参数研究，综合运用体积法、EUR类比法和资源丰度类比法，分别求取了鄂尔多斯盆地延长组致密油的资源量，最终利用特尔菲法评价鄂尔多斯盆地延长组致密油的资源量为 $30 \times 10^8 t$，其中Ⅰ类地质资源量为 $22.89 \times 10^8 t$，Ⅱ类地质资源量为 $7.11 \times 10^8 t$。

5. 我国陆上致密油资源分级评价结果

在分盆地致密油资源评价基础上，完成全国主要含油气盆地致密油资源分级评价，评价结果显示我国致密油地质资源量为 $125.80 \times 10^8 t$，其中Ⅰ类为 $61.77 \times 10^8 t$、Ⅱ类为 $31.68 \times 10^8 t$、Ⅲ类为 $32.35 \times 10^8 t$；致密油可采资源量为 $12.34 \times 10^8 t$，其中Ⅰ类为 $6.69 \times 10^8 t$、Ⅱ类为 $3.08 \times 10^8 t$、Ⅲ类为 $2.57 \times 10^8 t$（表1–10）。

表1–10　我国陆上致密油资源分级评价结果表

盆地	层位	面积（km^2）	致密油地质资源量（$10^8 t$）					致密油可采资源量（$10^8 t$）				
			探明地质储量	Ⅰ类地质资源量	Ⅱ类地质资源量	Ⅲ类地质资源量	总地质资源量	探明可采储量	Ⅰ类地质资源量	Ⅱ类地质资源量	Ⅲ类地质资源量	总可采资源量
鄂尔多斯	T_3y_3、长7	78879	1.006	22.89	7.110		30.000	0.11817	2.67813	0.83187		3.510
松辽	K_1q_4、K_2qn_{2-3}	20507	2.588	16.976	5.430	0.000	22.406	0.463	2.055	0.672	0.000	2.727
渤海湾	Es_1、Es_3、Es_4、Ek_2	16703	0.968	11.793	5.937	2.267	19.997	0.146	1.257	0.697	0.246	2.201
准噶尔	P_2l、P_1f、P_2p	8026	0.320	3.291	6.752	9.748	19.790	0.075	0.173	0.354	0.715	1.242
四川	J	53010	0.812			16.128	16.128	0.051			1.288	1.288
柴达木	N_1、N_2、E_3	8050	0.066	4.514	3.165	0.898	8.576	0.009	0.363	0.262	0.073	0.697
三塘湖	P_2t、P_2l	2239	0.330	1.249	1.605	1.777	4.630	0.021	0.069	0.082	0.090	0.240
二连	K_1	896	0	0.934	1.229	0.821	2.983	0	0.082	0.145	0.082	0.310
酒泉	K_1g_{2+3}	231	0.188	0.122	0.454	0.712	1.289	0.030	0.011	0.039	0.076	0.126
合计		188541	6.277	61.769	31.680	32.350	125.799	0.913	6.687	3.083	2.570	12.341

注：探明储量数据统计截至2015年底。

（四）实例四：上扬子海相页岩气资源评价

在页岩气地质评价标准基础上，综合考虑富有机质页岩厚度、地球化学指标、储层指标、压力系数等，建立页岩气资源三级分类评价标准（表1-11）。

表1-11　我国海相页岩气资源分类评价标准（据董大忠等，2011）

参数		Ⅰ类	Ⅱ类	Ⅲ类
富有机质页岩厚度（m）		>50	30～50	<30
地化指标	TOC（%）	>3	2～3	<2
	R_o（%）	1.1～3	3～4	>4
	有机质类型	Ⅰ—Ⅱ$_1$	Ⅱ$_2$	Ⅲ
储层指标	脆性矿物含量（%）	>50	35～50	<35
	孔隙类型	基质孔隙和裂缝	基质孔隙为主，少量裂缝	基质孔隙
	孔隙度（%）	>4	2～4	<2
	裂缝孔隙度（%）	>0.5	0.1～0.5	<0.1
	含气量（m³/t）	>3	1.5～3	<1.5
压力系数		>1.4	1.2～1.4	<1.2

依据分级评价标准，对上扬子海相页岩气区开展详细的基础地质研究（郭旭升等，2017），分别建立寒武系筇竹寺组、志留系龙马溪组地质分类评价，获取资源评价参数体系。在此基础上开展上扬子地区海相页岩气资源分级评价（表1-12）。四川盆地海相页岩气可采资源量为$5.1×10^{12}m^3$，其中Ⅰ类为$3.3×10^{12}m^3$、Ⅱ类为$1.5×10^{12}m^3$；五峰—龙马溪组页岩气可采资源量为$4.4×10^{12}m^3$。

表1-12　上扬子地区龙马溪组与筇竹寺组页岩气分级评价结果表

层位	序号	区块名称	面积（km²）	有效厚度（m）	孔隙度（%）	埋深（m）	含气量（m³/t）	可采资源量（$10^8 m^3$）	评价级别
龙马溪组	1	长宁	4493	40～80	3.4～8.2（5.4）	2000～4500	2.3～5.0（3.5）	3931.38	Ⅰ
	2	威远	2790	20～60	3.9～6.7（5.3）	2600～4500	2.9～4.4（3.0）	2232.00	Ⅰ
	3	富顺—永川	6660	80～100	3.0～7.0（4.2）	3000～4500	2.3～5.0（3.5）	14985.00	Ⅰ
	4	涪陵	2340	60～90	1.2～7.2（4.5）	2200～4500	3.5～6.4（4.5）	2866.50	Ⅰ
	5	内江—大足	3790	40～80	3.4～8.2（5.4）	2000～3500	2.3～6.4（3.5）	3790.00	Ⅰ

层位	序号	区块名称	面积（km²）	有效厚度（m）	孔隙度（%）	埋深（m）	含气量（m³/t）	可采资源量（10⁸m³）	评价级别
龙马溪组	6	璧山—江津	3680	40～80	3.4～8.2（5.4）	2600～4500	2.3～6.4（3.5）	5520.00	I
	I类小计		23753	20～80	1.2～8.2	2000～4500	2.3～6.4	33324.88	I
	7	石柱—利川	2360	60～100	1.2～7.2（4.5）	2200～4500	2.0～3.5（2.8）	2312.80	II
	8	巫山	1660	20～60	1.2～7.2（4.5）	4000～4500	2.2～5.4（3.0）	996.00	II
	9	叙永	300	20～40	3.4～8.2（5.4）	2000～3000	2.0～3.5（2.8）	126.00	II
	10	江安—水富—屏山	3340	60～100	3.4～8.2（5.4）	2000～3500	2.4～5.0（3.5）	5010.00	II
	11	犍为	1910	10～50	3.4～8.2（5.4）	3500～5000	2.0～3.5（2.8）	534.80	II
	12	南川—綦江—习水	1470	20～30	3.4～8.2（5.4）	1200～4500	2.0～3.5（2.8）	411.60	II
	13	江津东线状区块	790	20～40	3.4～8.2（5.4）	4000～4500	2.5～5.0（3.5）	414.75	II
	II类小计		11830	10～100	1.2～8.2	1200～4500	2.0～5.4	9805.95	II
	14	綦江北线状区块	400	20～30	3.4～8.2（5.4）	4000～4500	2.5～5.0（3.5）	175.00	III
	15	江北—邻水	810	20～30	3.4～5.7	3500～4350	2.0～3.5（2.8）	226.80	III
	16	长寿—垫江	980	20～30	3.4～5.7	3800～4500	2.0～3.5（2.8）	343.00	III
	III类小计		2190	20～30	3.4～8.2	3500～4500	2.0～5.0	744.80	III
筇竹寺组	17	威远	6244	20～140	1.2～2.5（1.7）	2600～4500	2.0～3.2（2.8）	5559.66	II
	II类小计		6244	20～140	1.2～2.5（1.7）	2600～4500	2.0～3.2（2.8）	5559.66	II
	18	长宁	3525	70～100	1.5～2.5	2000～4500	1.8～2.5（2.0）	1307.78	III

续表

层位	序号	区块名称	面积 （km²）	有效厚度 （m）	孔隙度 （%）	埋深 （m）	含气量 （m³/t）	可采资源量 （10⁸m³）	评价 级别
筇竹寺组	19	古蔺	1330	80～100	0.95～1.25 （1.1）	1500～2500	2.0～3.0 （2.5）	634.41	Ⅲ
	Ⅲ类小计		4855	70～100	0.95～2.5	1500～4500	1.8～2.5	1942.19	Ⅲ
合计			48872	10～140	0.95～8.2	1200～4500	1.8～6.4	51377.4676	

注：数据格式为最小值～最大值（平均值）。

五、油气资源评价结果

（一）全国常规油气资源评价结果

中国石油第四次油气资源评价工作依据评价技术规范体系（吴晓智等，2016），完成全国主要含油气盆地 109 个工区盆地模拟研究，准确把握盆地或独立含油气系统油气资源总量的范围，同时采用类比法、统计法开展盆地或评价单元石油与天然气资源潜力精细评价，特尔菲综合法实现全盆地石油与天然气资源潜力评价结果的汇总。通过汇总来看，全国常规石油地质资源量为 $1080.31 \times 10^8 t$，常规天然气地质资源量为 $78 \times 10^{12} m^3$（表 1–13）。

表 1–13　全国常规石油与天然气资源评价结果表

主要含油气盆地			石油（10⁸t）				天然气（10⁸m³）			
			地质资源量		可采资源量		地质资源量		可采资源量	
盆地名称		面积 （km²）	探明地质储量	总地质资源量	探明技术可采储量	总技术可采资源量	探明地质储量	总地质资源量	探明技术可采储量	总技术可采资源量
陆上	松辽盆地	260000	75.70	111.37	29.98	36.76	4349.94	26734.89	2039.15	12214.67
	渤海湾（陆上）	133200	109.30	214.94	28.63	54.54	2670.56	23097.11	1434.40	11757.93
	鄂尔多斯	250000	53.87	116.50	9.55	21.78	6877.52	23636.27	4348.72	13959.95
	塔里木	560000	21.29	75.06	3.66	19.12	16921.19	117398.96	10572.79	66236.12
	准噶尔	134000	26.08	80.08	6.39	17.35	2017.49	23071.31	1219.95	10072.04
	四川	200000	0	0	0	0	21557.35	124655.82	14298.33	73859.57
	柴达木	104000	6.23	29.59	1.31	5.54	3612.30	32126.99	1967.86	15899.93
	吐哈	53500	4.11	10.09	1.03	2.26	482.52	2434.57	320.89	1311.74
	二连	109000	3.30	13.39	0.61	2.54	0	0	0	0
	南襄	17000	3.06	5.15	0.98	1.53	11.07	400.00	2.78	100.00

主要含油气盆地			石油（10^8t）				天然气（10^8m³）			
			地质资源量		可采资源量		地质资源量		可采资源量	
盆地名称		面积（km²）	探明地质储量	总地质资源量	探明技术可采储量	总技术可采资源量	探明地质储量	总地质资源量	探明技术可采储量	总技术可采资源量
陆上	苏北	35000	3.54	6.22	0.80	1.40	29.78	600.00	19.94	330.00
	江汉	28000	1.62	5.15	0.49	1.51	0	0	0	0
	海拉尔	79600	2.28	10.10	0.45	2.01	0	841.79	0	336.72
	酒泉	13100	1.70	5.11	0.47	1.09	0	416.09	0	287.10
	三塘湖	23000	0.88	4.48	0.12	0.73	0	0	0	0
	百色	830	0.17	0.42	0.04	0.10	7.00	60.00	1.69	14.50
	其他	1153287	1.23	104.54	0.22	21.89	477.88	34572.35	223.49	17715.64
	小计	3153517	314.36	792.16	84.71	190.16	59014.60	410046.15	36449.99	224095.91
海域	渤海湾（海域）	61800	33.14	110.29	7.55	25.37	679.50	12977.00	418.04	6099.00
	东海	250000	0.27	7.23	0.09	1.48	3154.87	36361.00	1812.42	24753.00
	黄海	169000	0	7.22	0	1.57	0	1847.00	0	1071.00
	南海	1116752	59.71	163.41	19.89	53.93	82683.43	323191.00	58366.28	228439.03
	小计	1597552	93.12	288.15	27.52	82.35	86517.80	374376.00	60596.74	260362.03
合计		4751069	407.48	1080.31	112.24	272.50	145532.40	784422.15	97046.73	484457.94

注：探明地质储量统计截至 2015 年底。

（二）非常规油气资源评价结果

在非常规石油与天然气资源评价过程中，由于每一种非常规油气资源具有相对独特的资源发育与富集特征，在资源评价的适应性方法上存在一定的差异。总体而言，对非常规石油与天然气的分级评价和可采性评价是一致的，分别按照 7 类非常规油气资源评价技术规范（吴晓智等，2016）完成评价（表 1-14）。

表 1-14 七类非常规油气资源评价结果表

资源类型		石油（10^8t）		天然气（10^8m³）	
盆地名称	面积（km²）	地质资源量	技术可采资源量	地质资源量	技术可采资源量
致密油	188541.00	125.80	12.34		
致密砂岩气	324544.00			218643.60	109386.10

资源类型		石油（10^8t）		天然气（10^8m³）	
页岩气	425281.87			802085.82	128501.12
煤层气	385060.55			298211.05	125142.38
油砂油	1492.32	12.55	7.67		
油页岩油	552478.67	533.73	131.80		
天然气水合物	1912269.00			1530560.00	530000.00
合计	3789667.41	672.08	151.81	2849500.47	893029.60

注：致密油与致密砂岩气评价范围不包括济阳、东濮、南襄、苏北等。

第三节　油气资源分布特征

一、全国常规油气资源分布特征

（一）全国油气地质资源海陆分布特征

石油地质资源量为 1080.31×10^8t，其中陆上资源为 792.16×10^8t，占比 73%，海域资源为 288.15×10^8t，占比 27%。陆上石油资源以非青藏区为主，非青藏区含油气盆地资源量占 92%；海域石油资源中，南海为 163.41×10^8t，占比 57%，其中曾母与文莱—沙巴盆地合计为 94×10^8t，珠江口盆地为 25×10^8t。

天然气地质资源量为 78.44×10^{12}m³，其中陆上资源量为 41×10^{12}m³，占比 52%，海域资源量为 37.44×10^{12}m³，占比 48%。陆上天然气资源以非青藏区为主，占比 96%；海域天然气资源中，南海海域为 32.32×10^{12}m³，占比 84%，其中曾母盆地为 12.4×10^{12}m³。

（二）全国油气地质资源大区分布特征

按照我国油气地质情况，划分为东北油气区、华北油气区、西北油气区、华南油气区、青藏油气区 5 大油气区，以及海域，总共 6 大油气区。

陆上常规石油地质资源量主要分布在华北、西北和东北油气区（表 1-15），其中东北区石油地质资源量为 149.55×10^8t，占陆上石油资源的 18.88%；华北区石油地质资源量为 351.08×10^8t，占陆上石油地质资源的 44.32%；西北区石油地质资源量为 214.57×10^8t，占陆上石油地质资源的 27.09%；华南区石油地质资源量为 12.00×10^8t，占陆上石油地质资源的 1.52%；青藏区石油地质资源量为 64.96×10^8t，占陆上石油地质资源的 8.20%。

表 1-15　全国油气地质资源量大区分布表

大区	盆地面积（km²）	发现油气田（个）	石油地质资源量（10⁴t）		天然气地质资源量（10⁸m³）	
			探明储量	总资源量	探明储量	总资源量
东北油气区	552860	油田：108 气田：29	821018.04	1495474.82	4395.68	34111.98
华北油气区	648043	油田：329 气田：13	1668194.95	3510759.28	9581.51	52295.94
西北油气区	1115037	油田：107 气田：39	605724.30	2145727.43	23061.53	177082.52
华南油气区	408605	油田：55 气田：123	48616.15	120035.10	21575.88	131716.71
青藏油气区	428972	油田：0 气田：0	0	649600.00	0	14839.00
陆上合计	3153517		3143553.44	7921596.64	58614.60	410046.15
渤海湾（海域）	61800	油田：66 气田：2	331440.84	1102915.00	679.50	12977.00
北黄海	24000		0	42400.00	0	0
南黄海	145000		0	29801.00	0	1847.00
东海	250000	油田：6 气田：10	2709.50	72304.00	3154.87	36361.00
南海海域北部	566439	油田：79 气田：27	123462.75	476144.00	10055.94	97343.00
南海海域南部	550313		473600.00	1157973.27	72627.49	225848.00
南海海域合计	1116752		597062.75	1634117.27	82683.43	323191
海域合计	1597552		931213.09	2881537.27	86517.8	374376
全国合计（不含南海）	3634317		3477703.78	9169016.64	62448.97	461231.15
全国合计（含南海）	4751069		4074766.53	10803133.9	145132.40	784422.15

　　陆上天然气资源主要分布在西北和华南油气区，其中东北区天然气地质资源量为 $3.41 \times 10^{12} \mathrm{m}^3$，占陆上地质资源量的 8.32%；华北区天然气地质资源量为 $5.23 \times 10^{12} \mathrm{m}^3$，占陆上地质资源量的 12.75%；西北区天然气地质资源量为 $17.71 \times 10^{12} \mathrm{m}^3$，占陆上地质资源量的 43.19%；华南区天然气地质资源量为 $13.17 \times 10^{12} \mathrm{m}^3$，占陆上地质资源量的 32.12%；青藏区天然气地质资源量为 $1.48 \times 10^{12} \mathrm{m}^3$，占陆上地质资源量的 3.62%。

　　海域油气地质资源量以南海海域占比较大，其中南海石油地质资源量为 $163.41 \times 10^8 \mathrm{t}$，占比 57%；南海天然气地质资源量为 $32.32 \times 10^{12} m^3$，占比 84%。但南海石油与天然气资源主要分布在南部（图 1–11）。

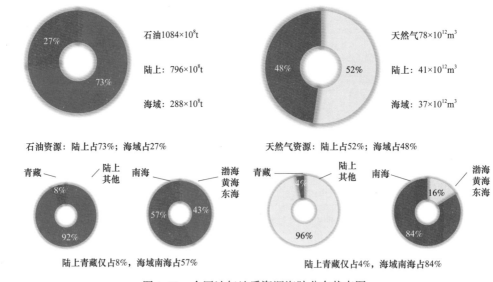

图 1–11　全国油气地质资源海陆分布状态图

（三）全国陆上油气地质资源量的盆地分布

常规石油地质资源量主要分布于渤海湾（陆上）、鄂尔多斯、松辽、准噶尔、塔里木和柴达木等 6 大含油气盆地，这 6 大盆地石油地质资源量为 $627.53 \times 10^8 t$，占陆上常规石油地质资源量的 86%。其中，石油地质资源量大于 $100 \times 10^8 t$ 的有渤海湾（陆上）、鄂尔多斯、松辽等 3 大含油气盆地；地质资源量在（50～100）$\times 10^8 t$ 的有塔里木、准噶尔两大含油气盆地；地质资源量在（10～50）$\times 10^8 t$ 的盆地有柴达木、二连、吐哈、海拉尔等 4 个盆地；其他盆地的石油远景资源量一般小于 $10 \times 10^8 t$（图 1–12）。

常规天然气地质资源量集中分布在塔里木、四川等两大含气盆地，这两大含气盆地天然气地质资源量均超过 $10 \times 10^{12} m^3$，合计资源量为 $24.21 \times 10^{12} m^3$，占陆上总地质资源量的 59%。松辽、渤海湾、鄂尔多斯、准噶尔、柴达木等五个盆地天然气地质资源量均在（2～3）$\times 10^{12} m^3$ 之间，属于第二层次的常规天然气资源潜力盆地（图 1–13）。

二、中国石油矿权区常规油气资源分布特征

（一）油气资源的层系分布

自太古界至新生界，按照 15 个层系开展常规油气资源评价（图 1–14、图 1–15），包括新生界（Q、N、E）、中生界（K、J、T）、上古生界（P、C、D）、下古生界（S、O、ϵ）、元古宇（Z、Ch）、太古宇（AR）。

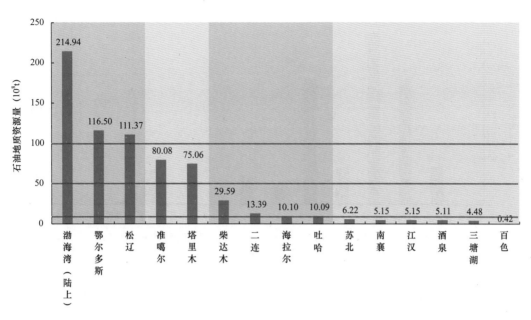

图 1-12　陆上盆地石油地质资源量分布状况

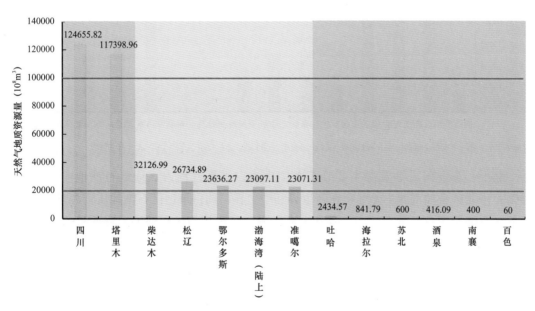

图 1-13　陆上盆地天然气地质资源量分布状况

中国石油矿权区（陆上）常规石油资源集中分布于中、新生界，地质资源量合计为 $423.31 \times 10^8 t$，约占总地质资源量的 82%；常规天然气资源分布层系相对均衡，其中，新生界地质资源量为 $6.66 \times 10^{12} m^3$、中生界为 $11.23 \times 10^{12} m^3$、上古生界为 $4.62 \times 10^{12} m^3$、下古生界为 $7.13 \times 10^{12} m^3$、元古宇—太古宇为 $2.75 \times 10^{12} m^3$。不同地区常规油气资源层系分布有很大差异。

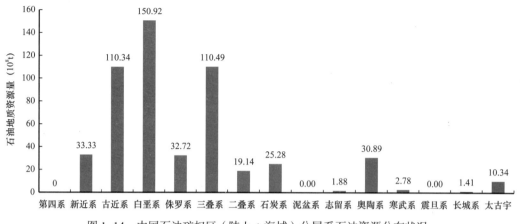

图 1-14　中国石油矿权区（陆上＋海域）分层系石油资源分布状况

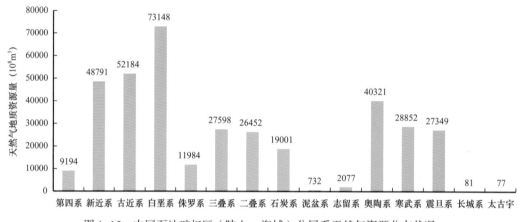

图 1-15　中国石油矿权区（陆上＋海域）分层系天然气资源分布状况

陆上：东北区石油资源主要分布在中生界白垩系，约占该地区石油地质资源量的93%；华北区石油资源主要分布在新生界和中生界，约占该地区石油地质资源量的89%；西北区石油资源主要分布在中生界和上古生界，约占该地区石油地质资源量的62%；华南区石油资源主要分布新生界古近系。东北区天然气资源集中分布在中生界白垩系，约占该区天然气资源量的86%；华北区主要集中在下古生界奥陶系，占比69%；西北区天然气资源集中分布在新生界和中生界，占比78%；华南区天然气资源相对均衡分布于中生界、上古生界、下古生界、元古宇，其中中生界约占22%、上古生界约占31%、下古生界约占23%、新元古界震旦系约占24%。

海域：石油资源集中分布在白垩系、古近系和新近系三个层系，主体集中在新近系和古近系。白垩系石油地质资源量为 $0.40 \times 10^8 t$，占2.7%；古近系为 $6.60 \times 10^8 t$，占45.6%；新近系为 $7.48 \times 10^8 t$，占51.7%。天然气资源同样集中在这三个层系，其中新近系占主体。白垩系天然气地质资源量为 $475.97 \times 10^8 m^3$，占1%；古近系天然气地质资源量为 $8322.66 \times 10^8 m^3$，占19%；新近系为 $25036.99 \times 10^8 m^3$，占80%。

（二）油气资源的深度分布

按照《石油天然气储量计算规范（DZ/T 0217—2005）》，将油气资源的深度分布划分为四个级别，即浅层（<2000m）、中深层（2000~3500m）、深层（3500~4500m）和超深层（>4500m）。中国石油矿权区陆上、海域油气资源按深度分布如下。

陆上：常规石油资源主要分布在浅层、中深层，占比74.8%。其中，浅层石油地质资源量为$200 \times 10^8 t$、中深层石油地质资源量为$185 \times 10^8 t$；深层、超深层石油地质资源量合计$129.69 \times 10^8 t$，占25.2%。常规天然气资源主要分布在深层、超深层，占73.3%。其中，超深层地质资源量为$13.01 \times 10^{12} m^3$，约占40.2%；深层天然气地质资源量为$10.71 \times 10^{12} m^3$，约占33.1%；中深层天然气地质资源量为$6.19 \times 10^{12} m^3$，约占19.1%；浅层天然气地质资源量为$2.46 \times 10^{12} m^3$，约占7.6%（表1-16）。

海域：海域常规石油资源主要分布在中浅层、中深层，两者合计在海域资源中占比88.61%。其中，中浅层石油地质资源量为$9.38 \times 10^8 t$，占比64.73%；中深层石油地质资源量为$3.46 \times 10^8 t$，占比23.89%。海域常规天然气资源分布与陆上不同，仍然主要分布在中浅层和中深层，两者合计占比87.85%。其中，中浅层地质资源量为$2.48 \times 10^{12} m^3$，约占56.36%；中深层天然气地质资源量为$1.39 \times 10^{12} m^3$，约占31.49%（表1-16）。

表1-16　中国石油矿权区常规油气资源深度分布表

含油气区	资源分布深度（m）	石油地质资源量（$10^4 t$）		天然气地质资源量（$10^8 m^3$）	
		探明储量	总资源量	探明储量	总资源量
陆上	浅层	1306593.42	2000076.08	4280.18	24593.38
	中深层	624054.55	1853334.12	5881.94	61881.25
	深层	157654.43	713590.39	13763.42	107050.15
	超深层	73884.61	583296.46	25113.55	130252.09
南海海域	中浅层	624.29	93792.54	0	24834.56
	中深层	1163.57	34618.30	50.16	13873.77
	深层	0	10808.27	0	3271.80
	超深层	0	5681.89	0	2082.88
中国石油矿权区合计	中浅层	1307217.71	2093868.63	4280.18	49427.94
	中深层	625218.12	1887952.42	5932.10	75755.02
	深层	157654.43	724398.65	13763.42	110321.95
	超深层	73884.61	588978.35	25113.55	132334.97

（三）油气资源的地理环境分布

自然地理环境分为平原、草原、戈壁、黄土塬、滩海、沼泽、沙漠、山地和丘陵九类，油气资源地理环境分布特征如下。

陆上常规石油资源主要分布在平原，石油地质资源量为 207.37×10^8t，占 40.26%；其次是戈壁、黄土塬和沙漠，地质资源量分别为 119.29×10^8t、92.14×10^8t 和 43.53×10^8t，分别占 23.16%、17.89% 和 8.45%；山地和滩海石油地质资源量分别为 12.73×10^8t 和 13.80×10^8t，各占 2.47% 和 2.68%。

陆上常规天然气资源主要分布在山地，地质资源量为 17.02×10^{12}m³，占 52.58%；其次为平原区和沙漠区，地质资源量分别为 4.71×10^{12}m³ 和 4.10×10^{12}m³，占 14.54%、12.65%；戈壁、黄土塬天然气地质资源量分别为 3.19×10^{12}m³、2.12×10^{12}m³，分别占 9.84%、6.55%（表 1–17）。

表 1–17　中国石油矿权区常规油气资源的地理环境分布表

含油气区	常规石油资源分布地理环境	石油地质资源量（10^4t）		天然气地质资源量（10^8m³）	
		探明储量	地质资源量	探明储量	地质资源量
陆上合计	平原	1221133.12	2073660.01	4992.88	47060.84
	草原	49773.76	210232.27	0	841.79
	黄土塬	405324.83	921422.79	6877.52	21196.76
	丘陵	110.00	51574.97	3.72	2505.68
	山地	35131.11	127252.08	26043.87	170241.94
	沙漠	80660.44	435300.53	5576.09	40972.30
	戈壁	334438.90	1192863.37	4002.58	31862.57
	沼泽			1451.25	6826.75
	滩海	35614.85	137991.00	91.29	2268.22
南海海域	中浅海	1787.86	21887.00	50.16	189.00
	深海	0	123014.00	0	43874.00

而海域油气资源按水深来区分，石油天然气主要分布在深海，其中深海石油地质资源量为 12.30×10^8t，在海域石油资源中占比 84.90%；深海天然气地质资源量为 4.39×10^{12}m³，占比 99.57%（表 1–17）。

（四）油气资源品位分布

按照《石油天然气储量计算规范（DZ/T 0217—2005）》，将油气资源品位分为特高渗、中高渗、低渗、特低渗四类。陆上以低渗资源为主，石油地质资源量为 208.27×10^8t、天然气地质资源量为 21.56×10^{12}m³（表 1–18）。海域油气资源整体以中高渗为主。

表 1-18　中国石油矿权区陆上常规油气资源的品位分布

资源品位	石油资源量（10^8t）			天然气资源量（10^8m³）		
	探明地质储量	剩余地质资源量	地质资源量	探明地质储量	剩余地质资源量	地质资源量
特高渗	76460.25	75648.13	152108.38	53.69	186.85	240.53
中高渗	638499.54	798270.44	1436769.98	13557.45	46647.40	60204.85
低渗	939613.15	1143135.87	2082749.70	27940.09	187674.40	215614.48
特低渗	507614.04	971054.93	1478668.97	7487.97	40229.03	47717.00

三、非常规油气资源分布状况

（一）致密油资源潜力及分布

我国致密油资源在各地区广泛分布，其中中东部地区资源更为丰富。致密油主要分布在鄂尔多斯、松辽、渤海湾、准噶尔等四大盆地（图 1-16），其中鄂尔多斯盆地致密油地质资源量为 30×10^8t，松辽盆地为 22.4×10^8t，渤海湾盆地为 20×10^8t，准噶尔盆地为 19.79×10^8t，合计 92.19×10^8t，占总资源量的 73.3%。截至目前，已探明致密油地质储量为 6.28×10^8t，剩余地质资源量为 119.52×10^8t。已探明地质储量集中在松辽、鄂尔多斯、渤海湾盆地，其中松辽盆地探明致密油地质资源量为 2.588×10^8t，剩余地质资源量为 19.82×10^8t；鄂尔多斯盆地探明致密油地质资源量为 1.006×10^8t，剩余地质资源量为 28.99×10^8t。致密油剩余资源主要集中在鄂尔多斯、松辽、准噶尔和渤海湾等四大盆地，是今后致密油勘探的重点盆地。

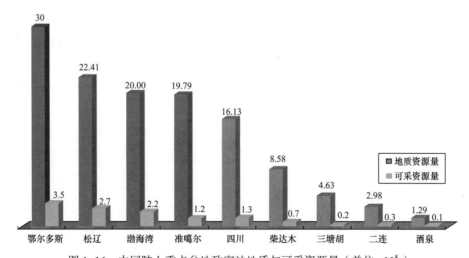

图 1-16　中国陆上重点盆地致密油地质与可采资源量（单位：10^8t）

（二）致密气资源潜力及分布

致密气资源主要分布在鄂尔多斯、四川、松辽和塔里木盆地（图 1-17），其中鄂尔多斯盆地致密气地质资源量为 $13.32 \times 10^{12} m^3$，四川盆地为 $3.98 \times 10^{12} m^3$，松辽盆地为 $2.25 \times 10^{12} m^3$，塔里木盆地为 $1.23 \times 10^{12} m^3$，合计 $20.8 \times 10^{12} m^3$，占总资源的 95%。已探明地质储量集中在鄂尔多斯和四川盆地，其中鄂尔多斯盆地上古生界探明致密气地质资源量为 $6.02 \times 10^{12} m^3$，剩余地质资源量为 $7.3 \times 10^{12} m^3$；四川盆地探明致密气地质资源量为 $1.28 \times 10^{12} m^3$，剩余地质资源量为 $2.7 \times 10^{12} m^3$。致密气剩余资源主要集中在鄂尔多斯、四川、松辽和塔里木等四大盆地，是今后致密气勘探的重点盆地。

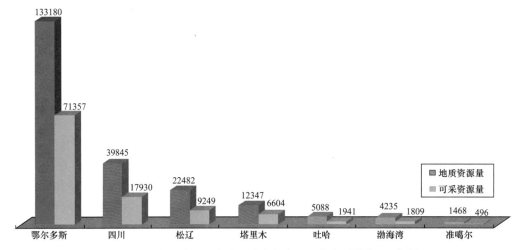

图 1-17　中国陆上重点盆地致密气资源量分布（单位：$10^8 m^3$）

（三）煤层气资源潜力及分布

全国煤层气地质资源量为 $29.8 \times 10^{12} m^3$，可采资源量为 $12.5 \times 10^{12} m^3$，主要集中在东部的沁水、二连、海拉尔，中部的鄂尔多斯、西部的准噶尔、塔里木、吐哈—三塘湖等盆地。煤层气地质资源量以东部最多，占 33%；中部和西部各占 26%；南方最少，占 15%；可采资源量也以东部、西部最高，各占约 30%，中部占 24%，南方最少，占 15%。层系上，全国煤层气地质资源中生界和古生界各占约 50%，新生界地质资源量极少。煤阶上，高煤阶、低煤阶略高于中煤阶地质资源量，但由于渗透率值差异，低煤阶可采资源量明显高于高煤阶和中煤阶。埋深上，风化带至 1000m 最大，占 37%；1500～2000m 次之，占 33%；1000～1500m 最少，占 30%；可采资源量风化带至 1000m 最大占 35%，1000～1500m 次之占 33%，1500～2000m 最少占 32%。高煤阶、低煤阶资源量以 1000m 以浅为主，中煤阶以 1000～2000m 埋深为主（图 1-18）。

（四）页岩气资源分布特征

我国页岩气技术可采资源总量为 $12.85 \times 10^{12} m^3$，以海相页岩气为主。海相页岩气技

术可采资源总量为 $8.82 \times 10^{12} \mathrm{m}^3$，占我国页岩气总资源量的 68.7%。海陆过渡相页岩气技术可采资源总量为 $2.42 \times 10^{12} \mathrm{m}^3$，占我国页岩气总资源量的 18.82%。陆相页岩气技术可采资源总量为 $1.61 \times 10^{12} \mathrm{m}^3$，占我国页岩气总资源量的 12.5%。

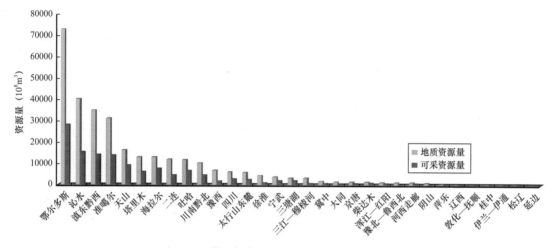

图 1-18　煤层气资源盆地或地区分布评价结果

海相页岩气落实有利叠合面积为 $14.8 \times 10^4 \mathrm{km}^2$，厚度为 20～260m，可采资源总量为 $8.82 \times 10^{12} \mathrm{m}^3$，主要分布在三大领域（图 1-19）：（1）四川盆地，技术可采资源总量为 $5.14 \times 10^{12} \mathrm{m}^3$，占海相页岩气总资源量的 58.3%；（2）四川盆地周边，包括滇东—黔北、渝东—湘鄂西，技术可采资源总量为 $2.75 \times 10^{12} \mathrm{m}^3$，占海相页岩气总资源量的 31.2%；（3）中—下扬子地区，技术可采资源总量为 $0.93 \times 10^{12} \mathrm{m}^3$，占海相页岩气可采资源总量的 10.0%。由此可见，四川盆地及周缘是海相页岩气资源的主体，技术可采资源总量为 $7.89 \times 10^{12} \mathrm{m}^3$，占海相页岩气总资源量的 89.5%。

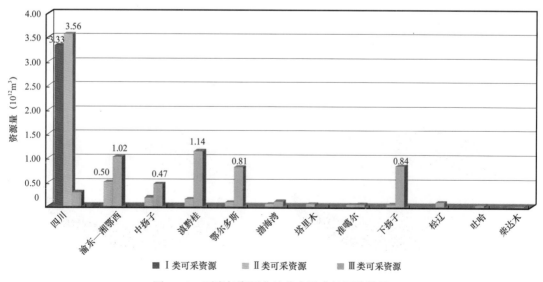

图 1-19　页岩气资源盆地分布及分级评价结果

（五）油页岩资源分布特征

本次评价我国油页岩总资源量（埋深0～1000m）为9734×10^8t，查明资源储量为1122×10^8t，潜在资源量为8612×10^8t。油页岩油总资源量为534×10^8t，查明资源储量为57×10^8t，潜在资源量为477×10^8t。可回收油页岩油总资源量为131×10^8t，查明可回收资源储量为19×10^8t，潜在可回收资源量为112×10^8t。中国油页岩资源集中于松辽、鄂尔多斯、准噶尔、伦坡拉等4个盆地。松辽盆地油页岩资源量为3974×10^8t，占全国的40.8%；鄂尔多斯盆地油页岩资源量为3558×10^8t，占全国的36.5%；准噶尔盆地油页岩资源量为652×10^8t，占全国的6.7%；伦坡拉盆地油页岩资源量为383.98×10^8t，占全国的3.9%。

（六）油砂资源分布特征

全国油砂油地质资源量为59.7×10^8t，可采资源量为22.6×10^8t（国土资源部油气资源战略研究中心，2009）。中国石油矿权范围的油砂点多面广，本次调查评价了大小10个盆地，其中在10个盆地发现了规模不等的油砂出露，共评价出油砂油地质资源量为12.55×10^8t，可采资源量为7.67×10^8t。其中，0～100m埋深的油砂油地质资源量为7×10^8t，可采资源量为4.89×10^8t；100～200m埋深的油砂油地质资源量为5.55×10^8t，可采资源量为2.78×10^8t。

第四节　剩余油气资源状况及重点油气勘探领域

一、常规剩余油气资源与非常规油气资源

（一）全国常规剩余油气资源

全国常规石油剩余地质资源量为672.84×10^8t、剩余可采资源量为160.26×10^8t。其中，陆上剩余石油地质资源量为477.80×10^8t、剩余可采资源量为105.44×10^8t；海域剩余石油地质资源量为195.04×10^8t、剩余可采资源量为54.82×10^8t（图1-20）。

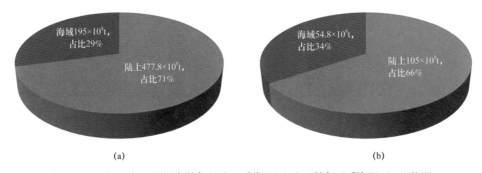

(a)　　　　　　　　　　　　　　(b)

图1-20　全国陆上和海域剩余石油地质资源（a）、剩余可采资源（b）状况

全国常规天然气剩余地质资源量为 $63.93 \times 10^{12} \mathrm{m}^3$、剩余可采资源量为 $38.74 \times 10^{12} \mathrm{m}^3$。其中，陆上剩余天然气地质资源量为 $35.14 \times 10^{12} \mathrm{m}^3$、剩余可采资源量为 $18.76 \times 10^{12} \mathrm{m}^3$；海域剩余天然气地质资源量为 $28.79 \times 10^{12} \mathrm{m}^3$、剩余可采资源量为 $19.98 \times 10^{12} \mathrm{m}^3$（图 1–21）。

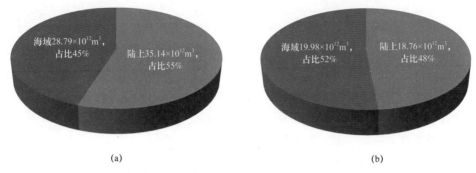

(a)   (b)

图 1–21 全国陆上和海域剩余天然气地质资源（a）、剩余可采资源（b）状况

剩余石油资源主要分布于渤海湾（陆上）、鄂尔多斯、准噶尔、塔里木、松辽、柴达木等六大盆地，剩余石油地质资源量为 $335.07 \times 10^8 \mathrm{t}$，占陆上剩余石油地质资源量的 70%；剩余天然气资源主要分布于四川、塔里木两大盆地，剩余天然气地质资源量为 $20.35 \times 10^{12} \mathrm{m}^3$，占陆上剩余天然气地质资源量的 58%。

（二）非常规油气资源的地位

我国非常规油气资源非常丰富，其中非常规油地质资源量为 $672.08 \times 10^8 \mathrm{t}$，技术可采资源量为 $151.81 \times 10^8 \mathrm{t}$；非常规气地质资源量为 $284.95 \times 10^{12} \mathrm{m}^3$，技术可采资源量为 $89.3 \times 10^{12} \mathrm{m}^3$。非常规油以油页岩油资源潜力最大，可回收油为 $131.8 \times 10^8 \mathrm{t}$，是致密油的 10 倍以上。非常规气以天然气水合物资源量最大，可采资源约为 $53 \times 10^{12} \mathrm{m}^3$，是致密气的 5 倍。但由于油页岩油和天然气水合物勘探程度太低，尽管资源量很大，但目前难以动用，只能为作为未来的战略资源。此外，在非常规油领域，页岩油资源也不容忽视，根据目前的研究和勘探进展，页岩油资源也相当可观，但由于尚未建立资源评价方法，勘探程度低，本次未把页岩油纳入评价的范畴。

从资源的现实性来看，最现实的为致密油、致密气、页岩气和煤层气资源，致密油可采资源量约为 $12.33 \times 10^8 \mathrm{t}$。致密气、页岩气和煤层气可采资源量为 $10.73 \times 10^{12} \mathrm{m}^3$、$12.85 \times 10^{12} \mathrm{m}^3$ 和 $12.51 \times 10^{12} \mathrm{m}^3$，三类资源基本相当。但三类资源的富集成藏特征、储层特性和天然气赋存状态有比较大的差异，页岩气和煤层气是源储一体的成藏类型，致密气为外源型，页岩气和煤层气为游离气和吸附气赋存状态，尤其是煤层气几乎全部为吸附气，致密气为游离气，因此，三类资源尽管可采资源相当，但可开发动用的难易程度必然有很大的不同，这就决定了在现有技术条件下三类非常气资源发展的定位不同。与常规油气相比，非常规油气地质认识深度与勘探开发程度都还很低，资源潜力仍有不断增加的趋势，开发利用前景十分广阔，在未来油气工业发展中将会占据重要地位。资源量是一个动态概念，随着研究认识程度与勘探开发技术的进步，技术可采资源量还会发生变化。

二、重点油气勘探领域

（一）常规油气勘探领域

依据本次资源评价结果，结合近 10 年来油气勘探进展及探明储量状况，对剩余油气资源分布的领域进行了详细分析（表 1-19）。分析结果表明，我国陆上常规剩余油气资源主要分布在岩性—地层（碎屑岩）、复杂构造（碎屑岩）、海相碳酸盐岩、前陆冲断带等四大重点领域。其中，陆上剩余石油资源主要分布在岩性—地层（碎屑岩）、复杂构造（碎屑岩）两大领域，陆上剩余天然气资源主要分布在海相碳酸盐岩、前陆冲断带两大领域。海域油气资源主要分布在构造、生物礁、深水岩性三个领域。

表 1-19　中国常规油气资源勘探领域分布汇总表

含油气区	勘探领域		常规石油资源（10^8t）			常规天然气资源（10^8m³）		
			探明地质储量	剩余地质资源量	总地质资源量	探明地质储量	剩余地质资源量	总地质资源量
中国陆上	岩性—地层（碎屑岩）		152.74	230.39	383.13	4180.92	39580.50	43761.42
	海相碳酸盐岩		16.58	53.96	70.54	33865.69	160930.88	194796.57
	前陆冲断带		21.14	33.69	54.83	10223.23	69237.53	79460.76
	复杂构造（碎屑岩）		99.48	108.58	208.06	4706.23	40644.43	45350.66
	复杂岩性	潜山	15.40	16.20	31.60	924.07	11374.74	12298.81
		火山岩	2.29	12.25	14.54	4398.93	24304.96	28703.89
		湖相碳酸盐岩	1.87	5.35	7.22	7.25	4368.41	4375.66
	滩海		4.86	17.39	22.25	308.28	990.11	1298.39
中国海域	构造		81.50	137.40	218.90	29082.26	145724.01	174806.27
	生物礁		9.56	21.96	31.52	48933.78	70431.73	119365.51
	深水岩性		1.58	29.79	31.37	8380.27	63547.74	71928.01
	基岩潜山		0.49	5.88	6.37	121.57	8154.63	8276.20
合计			407.48	672.84	1080.31	145132.49	639289.66	784422.16

1. 常规石油剩余资源领域分布

我国陆上常规石油剩余资源量为 477.80×10^8t，其中岩性—地层（碎屑岩）领域剩余地质资源量为 230.39×10^8t，复杂构造领域剩余地质资源量为 108.58×10^8t，两者合计剩余资源量为 338.97×10^8t，占陆上剩余石油资源量的 71%。前陆冲断带、海相碳酸盐岩、复杂岩性（潜山、火山岩、湖相碳酸盐岩）、滩海四个领域剩余石油地质资源量合计为 138.83×10^8t，占陆上剩余石油资源量的 29%。

岩性—地层（碎屑岩）领域根据沉积相划分为湖相碎屑岩和海相碎屑岩两类，绝大部分集中于湖相碎屑岩岩性—地层领域。该领域剩余石油地质资源主要分布于我国中部地区鄂尔多斯盆地延长组，东部地区渤海湾盆地沙河街组与松辽盆地萨葡高油层组，西部地区准噶尔与柴达木盆地干柴沟组，以富油气凹陷及富油气区带为主。

复杂构造领域剩余石油资源盆地间分布来看，剩余石油资源量仍然分布在主要含油气盆地，如松辽、渤海湾（陆上）、柴达木、海拉尔、吐哈、二连等盆地，占该领域剩余石油资源的 74%。由于经过 60 多年的勘探，主要含油气盆地碎屑岩构造型油气藏多已被发现与开发，勘探程度均较高。现今在主要含油气盆地富油气凹陷碎屑岩构造型油气藏发现难度越来越大，多以复杂断块构造为主，而众多中小含油气盆地目前剩余的碎屑岩构造型石油资源面临勘探程度低、资源丰度低、分布分散、发现规模储量难度大等问题。

2. 常规天然气剩余资源领域分布

我国陆上常规天然气剩余地质资源量为 $35.14 \times 10^{12} m^3$，其中海相碳酸盐岩领域剩余地质资源量为 $16.09 \times 10^{12} m^3$，前陆冲断带领域剩余地质资源量为 $6.92 \times 10^{12} m^3$，两者合计剩余资源量为 $23.02 \times 10^{12} m^3$，占陆上剩余天然气资源量的 66%。岩性—地层（碎屑岩）、复杂构造、复杂岩性（潜山、火山岩、湖相碳酸盐岩）、滩海四个领域剩余天然气地质资源量合计为 $12.13 \times 10^{12} m^3$，占陆上剩余资源量的 34%。

海相碳酸盐岩领域是天然气勘探的重点领域，剩余地质资源主要集中分布于我国中西部三大海相叠合盆地下组合，四川盆地的川中低隆起区、塔里木盆地塔中与巴楚隆起区、鄂尔多斯盆地伊陕斜坡区的碳酸盐岩礁滩体、风化岩溶带与白云岩溶蚀带。

前陆冲断带领域剩余地质资源主要集中分布于我国西部前陆型叠合盆地，塔里木库车与塔西南坳陷、准噶尔盆地南缘北天山山前坳陷区、柴达木盆地柴北缘与三湖坳陷区。

3. 海域常规剩余油气资源领域分布

我国海域常规剩余油气资源较为丰富，其中常规石油剩余地质资源量主要集中在构造与深水岩性两大领域，构造领域剩余石油地质资源量为 $137.40 \times 10^8 t$，深水岩性领域剩余石油地质资源量为 $29.79 \times 10^8 t$，两者合计为 $167.19 \times 10^8 t$，占中国石油海域剩余石油资源的 86%。常规天然气剩余地质资源量集中于构造、生物礁、深水岩性三大领域，其中构造领域剩余天然气地质资源量为 $14.57 \times 10^{12} m^3$，生物礁领域为 $7.04 \times 10^{12} m^3$，深水岩性领域为 $6.35 \times 10^{12} m^3$，三者合计为 $27.97 \times 10^{12} m^3$，占海域剩余天然气资源量的 97%。

（二）非常规油气勘探领域

通过近几年在非常规油气领域的积极探索，在致密油、致密气、页岩气和煤层气领域均取得较大进展，获得了一批储量和产量，尤其致密气资源，产量已占到我国天然气年产量的三分之一，成为天然气大发展的重要保证。使得这 4 类资源成为我国目前最为现实的可勘探开发利用的非常规油气资源。

致密油领域，目前仅探明可采储量为 $0.91 \times 10^8 t$，剩余可采资源量为 $11.43 \times 10^8 t$。从剩余资源分布来看，可采资源量大于 $1 \times 10^8 t$ 的主要集中在鄂尔多斯、松辽、渤海湾、准噶尔、四川盆地。依据致密油成藏条件的差异，主要勘探领域为鄂尔多斯的长 7 致密油，松辽盆地的扶余致密油，渤海湾盆地的辽河西部凹陷—大民屯凹陷—束鹿凹陷—沧东凹陷—岐北斜坡沙河街组致密油，准噶尔盆地的吉木萨尔致密油等。非常规致密油正在形成石油勘探与开发的接替领域，应立足陆相大型坳陷型盆地优质烃源岩发育区，鄂尔多斯盆地长 7 段、松辽盆地扶余油层、准噶尔盆地二叠系芦草沟组、四川盆地侏罗系、渤海湾盆地沙三一孔二段、柴达木盆地柴西缘。

致密气领域，目前探明可采储量为 $3.96 \times 10^{12} m^3$，已探明总资源量的三分之一多，探明率达到 36.9%，剩余可采资源量为 $6.97 \times 10^{12} m^3$。从剩余资源量分布看，未来致密气的勘探领域仍集中在鄂尔多斯和四川盆地，松辽盆地深层致密气也不容忽视，是潜在的勘探领域。非常规致密砂岩气现已成为天然气勘探与开发的现实接替领域，应立足鄂尔多斯盆地石炭—二叠系与四川盆地三叠系须家河组、侏罗系；积极拓展东部松辽盆地深层断陷，西部准噶尔盆地二叠系、塔里木盆地库车坳陷与吐哈盆地侏罗系。

页岩气领域，目前仅探明可采储量为 $4211 \times 10^8 m^3$，探明程度极低，剩余可采资源量为 $12.7 \times 10^{12} m^3$。从剩余资源量分布看，页岩气资源主要富集在海相地层，尤其是南方寒武系和志留系海相页岩气。未来页岩气勘探领域主要在四川盆地的寒武系和志留系，鄂尔多斯盆地海陆过渡相石炭—二叠系页岩气剩余资源量也比较大，该领域也应给予关注。积极准备非常规页岩气，应立足我国南方中上扬子地台区下古生界海相优质页岩扶余区，四川盆地的志留系龙马溪组。

煤层气领域，目前探明可采储量为 $3167 \times 10^8 m^3$，探明程度很低，剩余可采资源量为 $12.2 \times 10^{12} m^3$。从剩余资源分布来看，主要在鄂尔多斯的石炭—二叠系、准噶尔盆地的侏罗系、沁水盆地的石炭—二叠系、滇东黔西的二叠系，上述这些盆地和地区是煤层气未来重要的勘探领域。积极准备非常规煤层气，应立足我国主要含煤沉积盆地，在努力拓展沁水盆地、鄂尔多斯盆地东缘、东部与南方中小型盆地中高阶煤层气领域的同时，积极准备准噶尔盆地、鄂尔多斯盆地、松辽盆地、海拉尔盆地、二连盆地与吐哈盆地低阶煤。

（三）油气勘探战略选择

我国油气勘探也面临勘探程度越来越高、勘探目标更加复杂以及发现成本不断提高等挑战，分析剩余油气资源潜力对明确重点勘探领域、确定勘探战略和未来勘探方向具有重要意义。依据本次油气资源评价结果及剩余油气资源领域分布特点，提出我国陆上与海域未来 5～10 年油气勘探战略。

总体战略：按照"稳定东部、加快西部、发展海域、探索非常规"的思路，常规以岩性地层（碎屑岩）、海相碳酸盐岩、前陆、复杂构造或复杂岩性和海域为重点，非常规以致密油、致密气、海相页岩气和煤层气为重点，依靠认识、技术和管理创新，努力寻找大发现和规模效益储量，进一步夯实"稳油增气"的资源基础。

陆上：立足常规、发展非常规。常规以岩性—地层、海相碳酸盐岩、前陆、复杂构造或复杂岩性四大领域为重点，东部坚持中浅层富油气凹陷精细勘探，实现储量稳定增长，中西部加强中深层具有战略意义目标风险勘探和甩开预探，寻找重大发现；非常规以致密油气、海相页岩气、煤层气为重点，落实"甜点区"。

海域：南海海域加强前期准备和综合评价，以构造、生物礁为重点领域，寻找战略发现，为长远发展提供优质规模储量。

第二章　松辽盆地北部油气资源潜力与勘探方向

松辽盆地是世界上以油气资源丰富而著名的陆相含油气盆地（侯启军等，2009），地跨黑龙江、吉林、辽宁三省，面积为 $26 \times 10^4 km^2$，以松花江和嫩江为界，南部为吉林探区，北部为大庆探区，面积为 $12 \times 10^4 km^2$，包括中浅层、深层两大勘探领域。中浅层为坳陷盆地，发育青山口组和嫩江组一二段两套分布广、厚度大、有机质丰度高、有机质类型好的优质烃源岩，以生油为主；深层为断陷盆地，沙河子组湖相泥岩和煤层生烃条件优越，以生气为主。盆地形成演化过程中发育多套沉积旋回，依次划分多级层序。其中，一级层序控制了盆地的类型，二级层序控制了两次大的湖泛沉积旋回，三级、四级层序控制了大型三角洲、河流、油页岩及小型湖泊沉积，由上及下构成上、中、下及深部四套含油气组合。河流—三角洲沉积的各类碎屑岩、火山岩以及基岩形成主要的储集体，在嫩江组一二段、青山口组两大区域盖层控制下形成多套生储盖组合。其中，常规油气成藏具有下生上储、上生下储及异地生储 3 种模式，致密油气成藏具有源储一体、源储紧邻和源储分离 3 种模式，有效烃源岩控制了常规油气和致密油气分布。沉积相带、火山岩相控制了常规油气藏类型，储层物性控制了致密油气富集。本书在烃源岩精细评价的基础上，采用盆地模拟法计算石油总资源量为 $101.96 \times 10^8 t$，天然气总资源量为 $16905.67 \times 10^8 m^3$；通过系统解剖 8 个常规油气和 5 个致密油气层区带刻度区，以类比分析为依据，采用类比法精细评价中浅层常规油资源量为 $88.75 \times 10^8 t$，致密油资源量为 $12.72 \times 10^8 t$；徐家围子断陷常规气资源量为 $5866.45 \times 10^8 m^3$，致密气资源量为 $4335.7 \times 10^8 m^3$；指出中浅层的中央坳陷区及深层的徐家围子断陷仍是重点勘探领域，常规油中葡萄花油层、常规气中火山岩气藏、致密油的扶余油层、致密气中的沙河子组砂砾岩气藏是近期勘探的主力层系。

第一节　油气勘探新进展

松辽盆地北部油气勘探包括松辽盆地北部中浅层石油勘探和深层天然气勘探。20 世纪六七十年代，通过发展陆相生油理论和创新陆相油气藏勘探技术，发现了世界上最大的陆相油田——大庆油田。三次资源评价以来（贾承造等，2005；董大忠等，2005；赵文智等，2005），松辽盆地北部中浅层通过创新向斜成藏理论（吴河勇等，2007，2015）、完善大型坳陷湖盆岩性油藏勘探理论、发展火山岩气藏勘探理论（姜传金等，2007），多层位多领域勘探获得快速发展。中浅层不但在长垣以东形成超 $10 \times 10^8 t$ 储量规模的大面积岩性油藏区，而且在西部多个地区形成局部到整体、连片含油的勘探场面，从葡萄花油层到扶杨油层提交了一大批效益储量，带来了大庆油田的第三次石油储量增长高峰期。深层通过不断进行地质规律认识，转变勘探思路，加大新技术应用力度，开创了天然气勘探的新局面。同时，随着油气成藏理论的丰富及油气勘探技术的发展，松辽盆地不断发现新的油气资源类型（金成志等，2014；陆加敏等，2016），致密油气勘探潜力巨大。"十二五"期间，松辽盆地逐步加强致密油勘探，按照"先好后差、先易后难、先浅后深"的致密油勘探思路，开始探索水平井加体积压裂增产技术，垣平1、齐平1、齐平2等井先后获得高产工业油流，扶余、高台子油层致密油勘探取得重要进展，致密油资源具有形成规模储量和有效开发的条件，为油田发展带来新的契机。沙河子组致密气通过深化地质认识，实施水平井大规模压裂技术，宋深9H井、宋深12H和徐探1三口探井获工业气流，进一步明确天然气增储接替领域。

一、发展坳陷湖盆勘探理论，松辽盆地北部石油勘探取得丰硕成果

2003年以来，大庆油田进一步加大了中浅层岩性油藏勘探力度，创新了相带控藏理论，即沉积相带控制着砂体空间分布特征，决定了油藏类型，砂体宏观分布具有连续性，油藏分布也应具有连续性，由此建立了三个成藏带控藏模式，且每个油藏类型带的勘探方法不同。其中，三角洲平原亚相砂地比大于50%的点沙坝砂体区发育构造油藏带；三角洲前缘亚相砂地比20%~50%的分流河道砂体和河口坝砂体区发育构造—岩性油藏和岩性—构造油藏等复合油藏带，该油藏具有无统一的油水界面特征；前三角洲亚相砂地比小于20%的远沙坝和席状砂体区发育岩性油藏带，该油藏具有高压、不含水特征。同时深化向斜区岩性油藏地质理论，在高分辨率层序地层学砂体精细预测基础上，进一步揭示了岩性油藏受沉积、构造、成岩等多因素控制，古龙地区储层由向斜低部位区向高部位储集物性逐渐变好。该区的油藏分布模式为：向斜低部位区致密储层为纯油段（滞留区）；斜坡部位为油水过渡段（半滞留区），油水重力分异不完全；高部位区的常规储层为正常油水段（非滞留区），重力分异完全。常规中高渗透储层中流体渗流主要为达西渗流，而致密储层中流体流动则以非达西渗流方式通过变形才能缓慢流动，产生滞留效应（吴河勇，2007，2009）。总体来看，沉积相带和储层物性制约油藏的分布；油水分布在一定程度上取决于孔隙喉道大小和孔隙内流体被排驱的能力。向斜低部位致密储层中可形成纯油区、油水过渡区，为向斜区大规模勘探提供了理论依据。在上述理论支撑下，石油勘探大胆向徐家围子、他拉哈、古龙等向斜区甩开，在葡西、新肇、卫星、新站、徐家围子、太东、敖南、古龙北等地区提交了油气储量，三角洲前缘相带呈现"满凹含油"态势。勘探成果从三肇凹陷扩大到齐家—古龙凹陷，从扶杨油层扩展到葡萄花油层，坚定了在松辽盆地北部大面积岩性油藏中寻找商业可动用储量的信心，带来了大庆油田的第三次储量增长高峰期，三级石油地质储量连续四年上亿吨，并准备出储量增长的后备目标区。

二、形成火山岩勘探理论，松辽盆地北部深层天然气勘探进展迅猛

松辽盆地北部深层沙河子组烃源岩分布广、生气强度大，生气强度大于 $20 \times 10^8 m^3/km^2$ 的烃源岩面积达 $3350km^2$，具备形成大型气田的物质基础。2003年在经历初期的气层气探索

阶段、中期小型构造气藏发现阶段以后，松辽盆地北部针对深层开展了系统研究评价，认识到徐家围子断陷的资源潜力。勘探重心由断陷边部向"坳中隆"转变，目的层由登娄库组、泉头组向营城组转变，岩性由沉积岩向火山岩转变，在徐中断裂带上部署徐深 1 井获高产工业气流，发现了大庆油田最大的气田——徐深气田，深层迎来了天然气勘探的春天。

通过多年的攻关探索，形成并发展了火山岩气藏勘探理论。一是在火山岩发现大型气田并通过大量的野外勘测和岩心观察，建立了火山岩相模式，划分出 5 个大相、15 个亚相，认识到火山岩储层发育的 4 个有利相带，从而为火山岩勘探建立了新的模式。二是通过储层深入研究揭示，火山岩储层物性受埋藏深度影响小，裂缝发育，物性下限低，火山岩勘探由外向里、由浅入深，转向了广大的断陷中部地区。三是根据成藏条件分析和已开发火山岩油气藏解剖，认识到深大断裂样式控制火山岩喷发方式，决定火山岩体及气藏分布；火山岩体控制火山岩相带的展布空间，决定火山岩气藏规模。四是火山岩相控制储层物性的优劣，决定气层的有效厚度；火山岩储层物性控制气藏类型，决定火山岩油气层产能，提出了松辽盆地火山岩气藏的形成具有"断控体、体控相、相控储、储控藏"的发育模式。火山岩气藏普遍具有"相面控储、断壳运移、复式聚集"的成藏机制。五是确定了天然气来自各套烃源岩的比例，发现气藏与下伏烃源岩具有良好垂向对应关系；在成藏分析基础上建立了气藏成藏模式，揭示出火山岩气藏成藏以近源垂向运移为主。研究表明在沙河子组烃源岩大量排烃期（100—75Ma）活动且沟通烃源岩和火山岩储层的强充注断裂，对气藏分布有明显的控制作用。

在上述理论的支撑下，深层天然气勘探分别在 2005 年、2007 年提交两个 $1000 \times 10^8 m^3$ 探明储量，迎来了新的储量增长的高峰，形成了以"三个三"为核心的火山岩勘探配套技术（冯志强，2009；冯子辉等，2010）。"十一五"期间，深层火山岩勘探目标向隐蔽火山口及火山溢流相转变，勘探难度加大，火山岩勘探进入精细勘探阶段，通过进一步挖潜，向徐东斜坡、徐南、安达凹陷东斜坡甩开部署，净增控制、预测储量 $1605 \times 10^8 m^3$，为探明第三个 $1000 \times 10^8 m^3$ 奠定了基础。

三、攻关新类型，松辽盆地北部致密油成为石油增储上产的接替领域

2010 年以前，按照常规油勘探思路，在扶余油层和高台子油层寻找构造、岩性—构造油藏进行勘探取得一定的成果，已发现储量主要分布在构造高部位或断裂带上。但从成藏条件上看，扶余、高台子油层源储匹配关系优越，保存条件好，具备形成大面积含油的地质条件。2011 年以后，松辽盆地逐步进入了非常规勘探阶段，扶余油层致密油成为重要的接替领域。研究表明，松辽盆地青一、青二段均发育优质烃源岩，青一段优于青二段，优质烃源岩主要分布在齐家—古龙和三肇凹陷，油气沿通源断裂下排，源储匹配关系优越，具备大面积含油的场面，微米级孔隙和喉道构成主要储集空间和渗流通道，油层储集体以各种类型河道砂体为主，多期叠置、横向变化快，连续性较差，砂体规模决定"甜点"大小，有效烃源岩控制区内河道砂体错叠连片发育，大面积含油，三级构造上聚油，地垒块与反向断块富油，三角洲前缘和分流平原亚相为有利靶区。多年来通过深化地质认

识、攻关瓶颈技术，探索形成以致密油"甜点"识别技术、水平井大规模缝网压裂技术为核心的致密油勘探理论，逐渐理清优质烃源岩宏观把控、生烃增压多期充注、储层致密成藏同步、砂体规模决定"甜点"、构造位置影响富集等致密油赋存机理及成藏控制因素，有效地保证了致密油勘探顺利开展并获重大突破。

近年来，按照"预探先行、储备技术，评价跟进、探索有效开发模式"致密油勘探开发一体化思路，针对制约扶杨致密油层勘探的两大瓶颈——河道砂体预测和油层保护技术开展攻关，并取得了较好效果，并逐步发展完善了"水平井 + 大规模体积压裂"和"直井 + 缝网压裂"致密油藏增产改造技术，在大庆长垣南部、三肇、齐家、龙西先后部署水平井和直井，水平井大规模体积压裂 19 口井，均达到了"十立方米排量、千立方米砂、万立方米液"的施工规模，平均初期日产油 35m³ 以上。在大庆长垣葡萄花构造上优选构造位置高、油层厚度大、物性好的葡 611 井区部署垣平 1 井，实现了长水平段成功钻探，日产71.26t 的工业油流。在葡萄花构造带南部，优选构造低部位，油层厚度相对较薄，物性相对较差的葡 318 井区部署葡平 1 井，日产油 40.8m³，累计产油 836.4m³，实现了提产的目标。在齐家地区探索高台子油层三角洲前缘席状砂、河口坝水平井提产效果，针对三角洲内外前缘分别部署了齐平 2 和齐平 1 井，通过大规模压裂技术均获得高产工业油流，证明了松辽盆地北部致密油资源具备提档升级的潜力，对大庆油田增储上产具有重要意义。

四、探索新层系，徐家围子断陷致密气勘探取得新进展

徐家围子断陷沙河子组分布面积广、厚度大，面积为 3731km²，地层厚度一般在500～2000m，最厚超过 2900m，埋深一般在 2800～5000m，最大埋深超过 6000m。该套地层以扇三角洲、辫状河三角洲、湖相沉积为主，不但发育深层主要的烃源岩，断陷周边扇三角洲、辫状河三角洲前缘相带的砾岩、砂岩也是天然气富集的有利储层。该套储层埋藏深，物性差，与有效烃源岩交互发育，生储盖条件得天独厚，具有形成自生自储型致密气藏的有利成藏条件。

"十一五"期间，徐家围子断陷钻穿沙河子组的探井多分布在断陷边缘，见气层井 43口，试气 17 口，低产气流井 14 口，展示了良好的勘探前景。2012 年优选有利目标区部署实施水平井，探索水平井多级压裂工艺，提高致密砂砾岩储层天然气产量，部署的宋深9H 井获 20.8×10⁴m³/d 工业气流，沙河子组致密气首获工业突破。随后，优选安达、徐东部署宋深 12H 和徐探 1 两口探井均获工业气流，沙河子组致密气勘探取得进一步拓展。

第二节　油气地质条件

松辽盆地是太平洋板块向欧亚板块俯冲过程中形成的，具有典型的"上部坳陷、下部断陷"二元结构的大型复合沉积盆地（胡望水等，2005；迟元林等，2012）。自下而上主要发育火石岭组、沙河子组、营城组、登娄库组、泉头组、青山口组、姚家组和嫩江组等8 套地层，沉积环境和发育规模具有较大差异（图 2-1）。其中，断陷期发育泉头组二段以

深地层；沙河子组湖相泥岩厚度大，分布范围广，是主要烃源岩；围绕主力烃源岩发育下生上储、自生自储、上生下储等三套成藏组合；主要含气层系为营城组火山岩、沙河子组致密砂砾岩、营城组四段砂砾岩、登娄库组和基底等。坳陷期发育泉头组三段以浅地层；两次大规模水进形成了青山口组和嫩江组两套烃源岩（高瑞祺和蔡希源，1997）；两次低位体系域形成了泉三—泉四段、姚一段两套区域性分布砂岩，三次高位域形成了青二—青三段、姚二—姚三段及嫩二—嫩三段三套局部分布砂岩，构成上中下三套含油气组合中的黑帝庙、萨尔图、葡萄花、高台子和扶余等五大含油层系。发育齐家—古龙、三肇两大含油气系统，油气主要分布于齐家—古龙、三肇两大富油凹陷内部及边部。

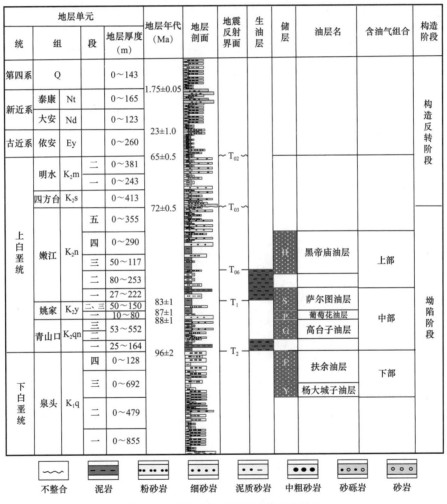

图 2-1　松辽盆地北部地质综合柱状图

一、构造特征

松辽盆地发育在古生代海西褶皱基底之上（侯启军等，2009）。古生代晚期—中生代早期，松辽盆地位于西伯利亚板块南缘、中朝板块北缘各自向外的褶皱增生带上，二叠纪晚期到三叠纪早期板块闭合形成统一的大陆，经过三叠纪和侏罗纪早期的构造运动，成为滨西太平洋构造域的一部分（任延广等，2004；张文婧等，2008），主要经历了成盆先期褶皱阶段、初始张裂阶段、裂陷阶段、沉陷阶段和萎缩平衡阶段共5个构造演化阶段。其中，裂陷阶段发生了沙河子组沉积末期、营城组一段沉积末期和营城组沉积末期三次构造运动。萎缩平衡阶段中的嫩江组沉积末期、明水组沉积末期和依安组沉积末期三次构造事件决定了盆地中浅层的褶皱、反转断层等变形特征，嫩江组沉积末期形成雏形，明水组沉积末期定型，依安组沉积末期最终形成。明水组沉积期末和依安组沉积期末两次事件影响的深度和广度最大，对松辽盆地的油气生成、运移和聚集起了决定性的作用。

深部断裂控制了松辽盆地北部断陷和坳陷的构造格局。深层断陷群主要沿北北东向深部断裂方向延展，发育18个彼此分割的断陷，自西向东可划分为西部断陷带、中部断陷带和东部断陷带（蒙启安等，2001）。断陷结构多以单断式箕状断陷为主，少数为双断的地堑式断陷。其中规模较大的断陷主要分布在徐家围子、古龙和林甸等地区，其他地区规模均较小（图2-2）。中浅层共形成中央坳陷区、北部倾没区、东北隆起区、东南隆起区、西南隆起区、西部斜坡区等6个一级构造单元（图2-3）。其中，中央坳陷区位于盆地中部，是盆地长期的沉降和沉积中心，地层发育齐全，主要由大庆长垣、齐家—古龙凹陷、三肇凹陷组成，是盆地油气主要富集区；东北隆起区和东南隆起区位于盆地东部，随构造抬升地层显著变薄，局部存在缺失。

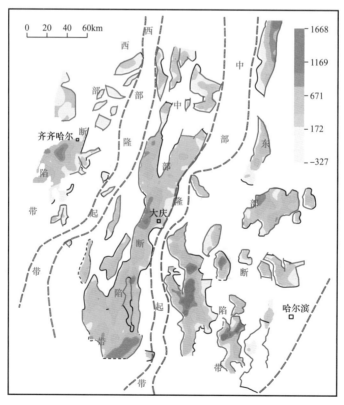

图2-2　松辽盆地北部深层断陷分布图

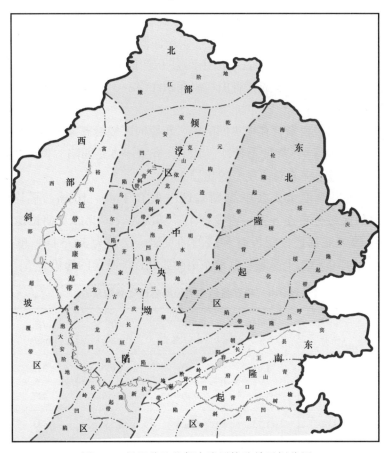

图 2-3　松辽盆地北部中浅层构造单元划分图

二、烃源岩发育特征

白垩纪时期，松辽湖盆发展演化大体经历了淡水湖泊、海侵前近海湖泊、海侵影响的近海湖泊、海退后淡水湖沼四个演化阶段（高瑞祺等，1994）。各阶段由于受生物发育程度、古气候条件、海水侵入导致的咸度变化等因素的影响，形成了性质各异的烃源岩，为松辽盆地丰富的油气资源提供坚实的物质基础。

早白垩世时期，松辽盆地发育多个断陷，淡水湖泊期水体较浅，沉积了沙河子组、营城组烃源岩，该套烃源岩岩性、厚度变化大，以煤系泥岩和薄煤层为主，有机质来源主要是陆源植物和少量的淡水湖生生物，为松辽盆地主力气源岩。

晚白垩世时期，松辽盆地处于大型湖盆坳陷阶段，受海侵影响的微咸水—半咸水近海湖泊期沉积了青山口组和嫩江组地层两套烃源岩，烃源岩具有分布面积大，厚度大，有机质丰度高，类型好为松辽盆地主力油源岩。

（一）油源岩特征

盆地在经历长期坳陷阶段，在青一段和嫩江组一、二段沉积时期发生了两次大规模海侵事件，形成了大面积深湖相暗色泥岩，成为盆地最重要的油源岩（高瑞祺和蔡希源，1997）。海侵时期湖—海沟通，温暖潮湿的气候条件使得湖泊中藻类水生生物发育，处于富营养或超营养状态，具有较高的古湖泊生产力（宁维坤等，2010），较深的水体闭塞缺氧环境，有利于有机质保存，形成了青山口组和嫩江组一、二段两套优质烃源岩。

1. 烃源岩发育及分布

青山口组暗色泥岩主要发育在中央凹陷区，较厚的区域沿齐家—古龙凹陷，经长垣和三肇凹陷南部至朝长地区呈"Y"形特征。其中，齐家—古龙凹陷、长垣凹陷、三肇凹陷及朝长地区青山口组暗色泥岩总厚度一般超过300m。

青一段暗色泥岩厚度大，在中央坳陷区一般介于40～105m，平均厚度为61.5m（表2-1），最厚的区域分布在齐家—古龙凹陷，其次为长垣北部及朝长地区和三肇凹陷（图2-4）；青一段的底部还广泛发育多层的油页岩，层数为3～5层，单层厚度一般为0.1～1.5m，油页岩厚度分布上呈现从盆地东南向西北逐渐减薄的趋势。

表 2-1 松辽盆地主力烃源岩地化参数表

层位	平均厚度（m）	有机碳（%）	氯仿沥青"A"（%）	生油潜量（mg/g）	HI（mg/g）	R_o（%）
嫩江组二段	150.4	1.61	0.059	6.05	250	0.40～0.80
嫩江组一段	90.5	2.36	0.198	13.46	427	0.40～1.00
青山口组二段	133	1.75	0.304	8.55	443	0.48～1.45
青山口组一段	61.5	2.67	0.471	16.71	559	0.50～1.58

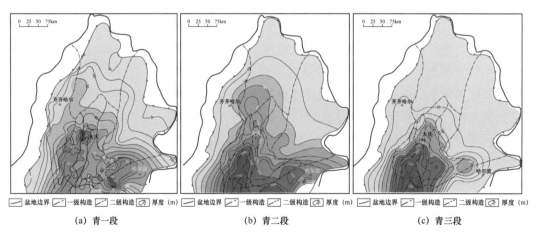

（a）青一段　　　　　　　　　　（b）青二段　　　　　　　　　　（c）青三段

图 2-4 松辽盆地北部青山口组暗色泥岩厚度分布图

青二段暗色泥岩厚度介于0～244m，平均为133m，最厚的区域分布在齐家南—古龙凹陷、长垣凹陷、三肇凹陷及朝长—王府地区，一般大于140m（图2-4）；青三段暗色泥岩厚度介于0～264m，平均为69m，最厚的区域分布在齐家—古龙凹陷、长垣南部及三肇凹陷，一般大于100m（图2-4）。

松辽盆地北部嫩一段暗色泥岩分布呈现三个厚度中心，分别位于滨北、古龙凹陷—长垣中部及三肇凹陷东部—朝长地区（图2-5），厚度一般大于100m，最高可达130m左右。嫩二部暗色泥岩厚度大于嫩一段，主要分布在中央坳陷区、齐家—古龙、三肇地区，厚度超过160m，向盆地边缘暗色泥岩厚度变薄，滨北与嫩一段大体相当（图2-5）。嫩一段及嫩二段中均发育油页岩，其中在嫩一段的上、中、下部均有分布，而在嫩二段只在底部发育一层标志性的油页岩。总体上，嫩一段油页岩厚度大于嫩二段，厚度较大的地区主要分布在长垣、古龙以及三肇地区。

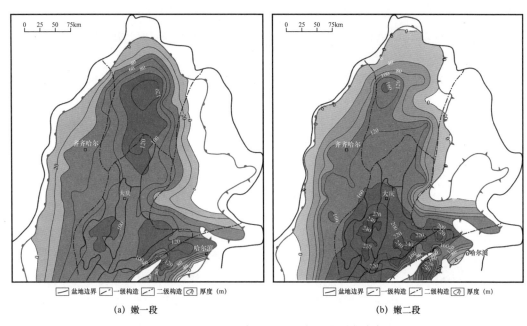

(a) 嫩一段   (b) 嫩二段

图2-5 松辽盆地北部嫩江组暗色泥岩厚度分布图

2. 有机质丰度

青山口组和嫩江组油源岩中的青一段和嫩一段烃源岩各项有机质丰度指标最高，是主力生油层，其次为青二段，为有利的生油层。青三段有机碳丰度较低，嫩二三段总烃含量偏低，为潜在的有利生油层。其他各层有机质丰度指标均较低，生油能力较差。

青一段烃源岩有机质丰度高，TOC含量平均为2.67%，氯仿沥青"A"含量平均为0.471%，生油潜力（S_1+S_2）平均为16.71mg/g，表现出大型湖相盆地优质烃源岩的丰度特征；平面上，在中央坳陷区TOC含量较高，一般多大于2.0%，向盆地的北部和西部烃源岩TOC含量呈降低的特点。为了精细刻画出高丰度烃源岩分布，建立了适合本区的测井计算烃源岩TOC含量方法（霍秋立，2011），获得了烃源岩连续TOC数据。不同TOC厚度统计结果表明，青一段烃源岩TOC含量大于2%的厚度在中央坳陷区主要在20～70m，厚度大的主要分布盆地长垣及其以东地区，如三肇和朝长王府凹陷等，厚度一般大于40m，最厚超过了70m，齐家—古龙凹陷一般多在30～50m。

青二段烃源岩有机质丰度低于青一段，TOC 含量平均为 1.75%，氯仿沥青 "A" 含量为 0.304%，生油潜力为 8.55mg/g。平面上，青二段烃源岩 TOC 含量高值区主要分布在齐家北、龙虎泡阶地、三肇凹陷及长垣南地区，这些地区 TOC 含量一般大于 1.5%，而三肇凹陷东及滨北大部分地区烃源岩的 TOC 含量一般小于 1%。

嫩一段烃源岩有机质丰度高，TOC 含量平均为 2.36%，氯仿沥青 "A" 含量平均为 0.198%，热解生油潜力平均为 13.46mg/g，为高丰度优质烃源岩。平面上，嫩一段烃源岩在中央凹陷区内 TOC 含量一般均大于 2%，反映当时古湖泊沉积时为一个富营养湖，高 TOC 含量烃源岩主要分布在古龙、长垣南和三肇南且大于 2%，在滨北地区 TOC 含量则一般在 2% 以下。在中央坳陷区烃源岩的 S_1+S_2 一般大于 6mg/g，古龙、长垣南和三肇南地区一般大于 20mg/g，反映出这些地区烃源岩丰度高，并且生油潜量没有大量释放。

嫩二段烃源岩整体为中等丰度烃源岩，TOC 含量平均为 1.61%，氯仿沥青 "A" 含量平均为 0.059%，热解生油潜力平均为 6.05mg/g。平面上，在中央坳陷区内 TOC 含量一般在 1%～2%，只局部地方出现烃源岩 TOC 含量大于 2% 的情况。烃源岩氯仿沥青 "A" 含量在中央坳陷区内一般在 0.05%～0.1%，S_1+S_2 一般在 2～6mg/g。

3. 有机质类型

松辽盆地北部青一段、青二段和嫩一段有机质类型以 Ⅰ—Ⅱ$_1$ 型为主。干酪根元素分析表明（图 2-6），松辽盆地湖相主力源岩有机质的 H/C 原子比一般大于 1.2，原始氢指数一般大于 600mg/g，富氢；干酪根碳同位素平均为 -29‰ 左右，Redding 等（1979）认为 Ⅰ 型干酪根碳同位素在 -28.1‰～-31.9‰，傅家谟等（1995）认为干酪根碳同位素在 -28‰～-30‰ 是典型藻类腐泥型干酪根的特点，由此，松辽盆地主力源岩为典型腐泥型干酪根。研究表明青一段烃源岩有机质类型与有机质丰度存在明显的正相关性，有机碳含量大于 2% 时，有机质类型以 Ⅰ 型为主；有机碳含量在 1%～2% 的烃源岩，有机质类型主要为 Ⅰ 型和 Ⅱ$_1$ 型；有机碳含量在 0.5%～1% 时，有机质类型则多为 Ⅱ$_1$ 型和 Ⅱ$_2$ 型；当有机碳含量小于 2% 时，有机质类型非均质性较强，反映陆源碎屑有机质对烃源岩有机质类型的影响。

4. 有机质成熟度

依据实测样品，结合地质构造、地温、剥蚀等因素综合研究烃源岩成熟度演化过程表明，松辽盆地青山口组烃源岩成熟度总体上随深度的增加 R_o 逐渐增大，R_o 一般在 0.3%～1.5% 之间，处于未熟到高成熟演化阶段。从现今青一段、二段烃源岩镜质组反射率平面变化看（图 2-7），青一段烃源岩成熟区主要分布中央坳陷区，其中，齐家—古龙凹陷青一段烃源岩成熟高，一般大于 0.9%，最高可接近 2.0%；三肇凹陷青一段 R_o＞0.9% 的范围主要集中在凹陷中间，分布范围明显小于古龙凹陷，三肇凹陷 R_o 最大可达 1.2%；黑鱼泡凹陷青一段烃源岩 R_o 主要分布在 0.7%～0.8% 之间，在主要生油凹陷中成熟度相对较低。青二段烃源岩 R_o 大于 0.7% 范围主要分布在齐家—古龙凹陷、三肇凹陷、黑鱼泡凹陷南部，王府凹陷烃源岩未成熟，整体上成熟区的范围略小于青一段。

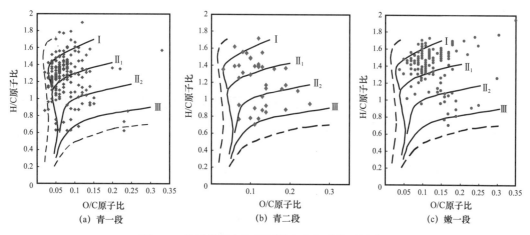

图 2-6　松辽盆地中浅层烃源岩有机质类型划分图

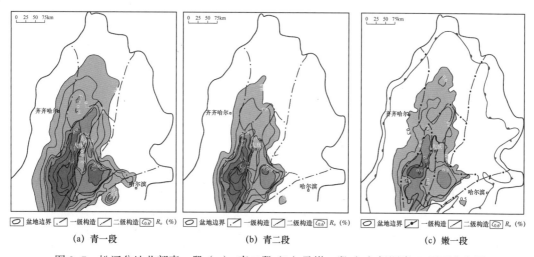

图 2-7　松辽盆地北部青一段（a）、青二段（b）及嫩一段（c）烃源岩 R_o 平面分布图

嫩一段和嫩二段烃源岩埋藏浅，成熟度相对较低，R_o 一般在 0.3%～1.0%，处于未熟到成熟演化阶段。平面上，嫩一段烃源岩的成熟区（$R_o > 0.7\%$）主要分布在齐家—古龙凹陷和三肇凹陷中部，而其他地区均处于未熟—低熟范围，R_o 大于 0.8% 的烃源岩主要分布在古龙凹陷（图 2-7）。嫩二段烃源岩 R_o 大于 0.7% 范围主要分布在古龙凹陷，整体上成熟区的范围略小于嫩一段。由此，嫩一段和嫩二段烃源岩能够大量生油的范围主要在齐家—古龙，且以古龙凹陷为主，受成熟烃源岩控制，黑帝庙油层仅在古龙凹陷有突破。

对松辽盆地青一段和嫩一段低熟的 I 型烃源岩进行化学动力学热模拟实验，结果显示活化能分布集中，与绿河页岩具相似性（Ungerer，1993），反映松辽盆地青一段烃源岩的生油母质比较单一，向油转化所需的温度大致相同。松辽盆地主力烃源岩生烃曲线变化上与采用 Pepper 和 Corvi（1995）报道的典型湖相 I 型烃源岩的平均生烃动力学参数得出的曲线相似，均表现为生烃所需成熟度相对高，对 I 型烃源岩来说，当 R_o 在主要生油范围时，温度较小地增加也会使干酪根转化率明显增加。因此，烃源岩成熟度对油气生成控制作用尤其明显。

（二）气源岩特征

盆地发育初期，断陷湖盆发育。受火山喷发影响，湖平面变化频繁，由此形成多套湖泊、湖泊沼泽沉积。该时期气候湿热，陆地植被发育，成煤事件广泛分布，松辽盆地沙河子组和营城组都不同程度地发育含煤地层，成为盆地重要的气源岩。

1. 有机质发育及分布

沙河子组为典型的煤系烃源岩，是深层主要烃源岩层系，在深层各个断陷均有不同程度的发育（图 2-8）。其中，徐家围子断陷分布范围最广，厚度最大，徐家围子断陷沙河子组暗色泥岩厚度一般为 300～900m，大于 100m 的分布面积达 2125km²，厚度最大的部位位于杏山、升平东地区，其次为安达地区；煤层分布范围面积为 1665.08km²，主要发育于徐东地区，其他只在安达西、徐中北部和南部局部分布，厚度一般在 15～55m，最厚可达 120m。营城组是深层次要烃源岩，纵向上主要分布在营城组四段，平面上分布局限，目前在徐家围子断陷中部及双城凹陷发育该套烃源岩层系。

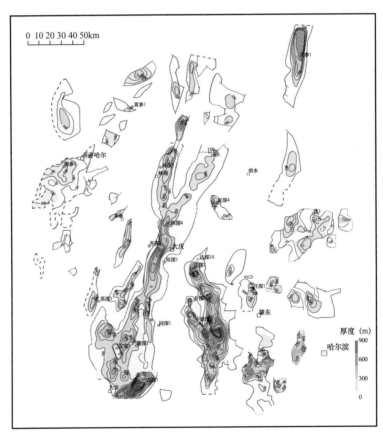

图 2-8 松辽盆地北部沙河子组泥质烃源岩厚度分布图

2. 有机质丰度

徐家围子断陷沙河子组泥质烃源岩的有机质丰度较高，TOC 含量为 0.1%～28.76%，平均为 2.74%，是松辽盆地（北部）断陷层最主要的烃源层。营城组泥质烃源岩的有机质丰度（TOC）为 0.10%～8.53%，平均为 1.37%，低于沙河子组泥质烃源岩有机质丰度。沙河子组煤系烃源岩有机质丰度为 40.72%～84.44%，平均为 59.61%。从 TOC 含量平面分布图上看（图 2-9），沙河子组在断陷北部有机质丰度高于南部，营城组高丰度烃源岩主要分布在徐东凹陷北部和徐西凹陷中部。

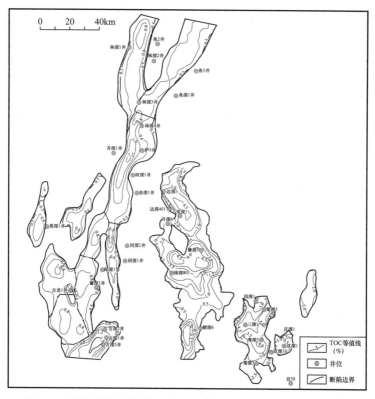

图 2-9 松辽盆地北部沙河子组泥质烃源岩 TOC 含量平面分布图

莺山—双城断陷沙河子组泥质烃源岩有机质丰度（TOC）为 0.15%～17.61%，平均为 2.20%，古龙—林甸断陷沙河子组泥质烃源岩有机质丰度（TOC）为 0.11%～6.67%，平均为 1.34%。根据泥质气源岩评价标准认为是好气源岩。从残余 TOC 平面分布图上看，莺山—双城断陷和古龙—林甸断陷沙河子组泥岩有机质丰度（TOC）分布与泥岩厚度分布一致。其中，莺山—双城断陷北部有机质丰度高于南部。古龙—林甸断陷南部高于北部，机质丰度最高地区位于南部古深 1—古深 3 井区。其他断陷沙河子组烃源岩资料较少。

3. 有机质类型

根据有机元素分析结果（图 2-10），松辽盆地北部深层沙河子组和营城组烃源岩有机质类型为Ⅱ—Ⅲ型，以Ⅲ型为主。干酪根镜检结果与有机元素分析基本一致，沙河子组烃源岩以Ⅲ型为主，徐家围子断陷存在部分Ⅱ$_2$型有机质，古龙—林甸断陷存在Ⅱ$_1$型；徐家围子断陷和莺山—双城断陷营城组烃源岩部分为Ⅱ型。从烃源岩热解参数分析（图2-10），松辽盆地北部深层各断陷沙河子组和营城组泥岩有机质类型以Ⅲ型为主，存在部分Ⅱ$_1$、Ⅱ$_2$型有机质；徐家围子断陷沙河子组煤系有机质类型为Ⅲ型。

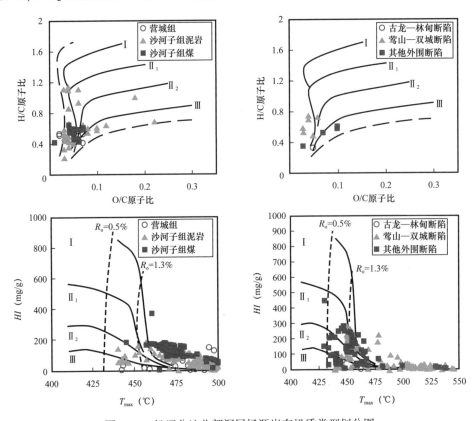

图2-10　松辽盆地北部深层烃源岩有机质类型划分图

综合分析，松辽盆地北部深层沙河子组及营城组烃源岩有机质类型主要为Ⅲ型，部分为Ⅱ型。

4. 有机质成熟度

统计分析松辽盆地北部深层烃源岩的有机质成熟度，沙河子组烃源岩和营城组烃源岩镜质组反射率（R_o）普遍在1.5%以上，处于高成熟—过成熟演化阶段；其中，徐家围子断陷营城组烃源岩R_o为1.5%～2.94%，平均为2.18%，沙河子组烃源岩有机质成熟度（R_o）为1.68%～3.56%，平均为2.60%；莺山—双城断陷沙河子组烃源岩有机质成熟度（R_o）为1.58%～4.91%，平均为3.11%；古龙—林甸沙河子组烃源岩有机质成熟度（R_o）为2.14%～5.05%，平均为3.40%，成熟演化程度最高。从烃源岩R_o成熟度平面分布图可看出（图2-11），各断陷烃源岩的热演化程度均较高，处于高成熟—过成熟演化阶段。

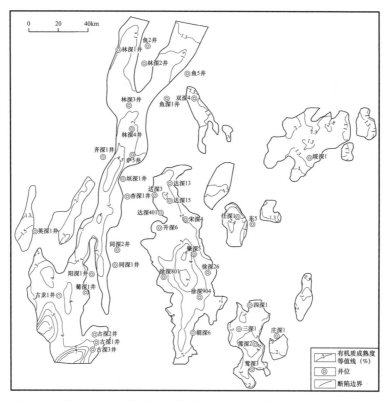

图 2-11　松辽盆地北部深层泥质烃源岩有机质成熟度（R_o）平面分布图

三、储层发育特征

松辽盆地北部以陆相湖盆沉积为主，发育常规砂岩储层、致密砂岩储层、泥岩裂缝储层、致密砂砾岩储层、碳酸盐岩储层、火山岩储层和基岩风化壳等多种类型的储层（冯子辉等，2015）。储层从中生界到上白垩统均有分布，以白垩系砂岩储层为主，范围大，层系多。坳陷沉积中储层岩石类型主要为粉砂岩和细砂岩，局部地区还发育湖相碳酸盐岩和泥岩裂缝储层；断陷沉积中储层岩石类型复杂，碎屑岩类有砂岩、砾岩以及二者的过渡岩类，此外还有火山岩和基岩风化壳等多类型储层。

（一）储层发育与分布

中浅层属于河湖沉积体系，具有多物源、多沉积体系的特征。湖平面频繁波动、湖岸线进退交替变化，导致纵向上形成多级沉积旋回，不同时期、不同类型砂体相互叠置，形成了 6 套油气储层，从上向下分别为黑帝庙、萨尔图、葡萄花、高台子、扶余、杨大城子油层。受后生成岩作用影响，坳陷期发育常规砂岩储层和致密砂岩储层，岩石类型以砂岩、细砂岩和粉砂岩为主。其中，中上部的黑帝庙、萨尔图、葡萄花油层为常规砂岩储层，高台子、扶余油层常规砂岩储层减少，致密砂岩储层增加。

6 套储层发育受沉积相控制明显，主要发育在河流、三角洲前缘相带。黑帝庙油层在中央坳陷区砂岩比较发育，其中在三肇、长垣南的古龙凹陷砂岩厚度大，一般可达到120m以上，个别地区达到200m以上，砂地比为40%～60%；萨尔图油层砂岩发育程度不如黑帝庙油层，砂岩发育的地区主要在滨北地区，厚度为30～100m，砂地比为40%～60%；葡萄花油层砂岩发育厚度相对较小，通常小于20m，局部达到40～50m以上，厚度大的地区主要在大庆长垣（图2-12）。高台子油层砂岩发育，除在三肇湖相区，砂岩厚度小于50m，其他地区砂岩累计厚度在50～150m之间，砂地比为15%～40%，在齐家地区高台子储层为致密砂岩储层。扶余油层砂岩发育程度与葡萄花油层相近，厚度相对较小，为10～30m，储层致密，具有砂体单层厚度小，纵向相互叠置，平面分布范围大的特点。

深层为陆相断陷湖盆沉积夹持着火山沉积，陆相沉积由于碎屑来源复杂、沉积相态多样以及后生成岩作用等影响，形成了各种类型的碎屑岩储层；火山沉积主要以火山喷出岩为主，为油气成藏提供了储集空间。油气勘探结果显示，松辽盆地深层发育5个含油气层，主要为登娄库组、营城组、沙河子组、基底等；发育砂岩储层、致密砂砾岩储层、火山岩储层和基岩储层。

深层碎屑岩储层包括砂岩和砂砾岩两种类型，其中砂岩储层主要发育在登娄库组三段、四段和泉头组一段、二段。砂砾岩储层主要发育在登娄库组一段、营城组和沙河子组，以扇三角洲和辫状河三角洲沉积为主，多为近物源、快速堆积的产物。其中，营城组四段砾岩残余厚度最大为290m，最小为40m，一般在100～250m，断陷中部厚度大，边部薄。沙河子组致密砂砾岩作为深层除火山岩以外重要的勘探层系，有利储层主要发育在扇三角洲、辫状河三角洲前缘相带，以砾岩、砂岩为主，为致密储层。火山岩储层以营城组为主，如徐家围子断陷营城组火山岩全断陷分布，总厚度为200～1500m（图2-13），并具有多期次喷发、相互叠置的特征。火山岩储层岩石类型多样，从酸性的流纹岩到中性的安山岩均见产气层，既有熔岩类，也有火山碎屑岩（邵红梅等，2006；王成等，2006；刘启等，2005；曲延明等，2006；韩刚等，2011）。基岩风化壳储层主要为花岗岩和变质岩储层（杜金虎等，2017）。预测主要勘探区松辽盆地北部古中央隆起带基底岩性以变质岩为主，其中肇州和昌德地区以花岗岩和碎裂花岗岩为主，汪家屯及其周边地区以变质砾岩、千枚岩、片岩为主，同时沿徐西断裂发育糜棱岩带。

（二）物性特征

岩石的储油物性是评价储层储集性质的重要参数，其中孔隙度和渗透率是最重要和最常用的参数。

松辽盆地砂岩储层的孔隙度和渗透率变化范围很大，孔隙度从小于5%至高达35%，渗透率从小于0.01mD至9000mD。储层物性随着埋藏深度的增加物性显著变差。综合分析中浅层六套含油层系中的常规砂岩储层物性特征，上部的黑帝庙油层储层物性好于中部萨尔图、葡萄花和高台子油层，孔隙度主要介于10%～32%，平均为19.6%，渗透率主要分布范围为0.16～2560mD，平均渗透率为209.9mD。储层孔隙度与渗透率具有较好的线性正相关关系（图2-14），较好的孔渗条件有利于油气富集。总体上中浅层以高孔高渗的

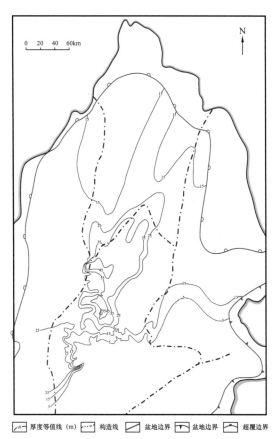

图 2-12　松辽盆地北部葡萄花油层砂岩厚度图

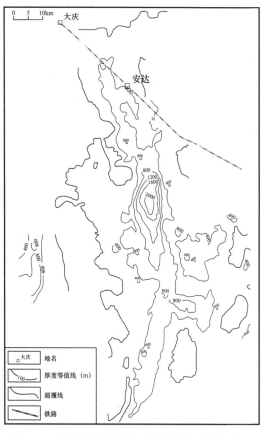

图 2-13　松辽盆地北部徐家围子断陷营城组火山
岩厚度图

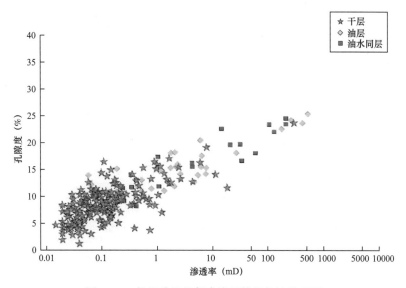

图 2-14　松辽盆地北部中浅层储层物性关系图

储层为主，葡萄花及下部油层的局部地区储层变差，发育中低孔渗储层。其中，黑帝庙油层物性较好的地区主要层位于大庆长垣及以西地区；萨尔图油层以大庆长垣及以北地区物性最好，这与萨尔图油层自大庆以北主要为河流相沉积和河道分布较广密切相关；葡萄花油层储层物性总体差于黑帝庙和萨尔图油层，葡萄花油层物性较好的储层主要发育在中央坳陷区中北部的河流相中，高台子油层则分布在大庆—泰来以北，与河流相或河道分布相符。

受储层埋深和成岩作用的控制，齐家地区的高台子油层和中央坳陷区的扶余油层发育储层致密，储层物性差，孔隙度一般在4%～12%，平均为8.3%，渗透率一般为0.01～1.0mD，平均为0.4mD（林铁峰，2014；张革等，2014），孔隙度与渗透率具有较好的线性正相关关系。因紧邻青山口组厚层优质烃源岩，致密储层中物性相对好的普遍含油，成为勘探开发新的领域。

深层碎屑岩储层埋藏深度大，普遍物性较差。根据20口井砾岩样品物性统计，营四段砾岩储层孔隙度一般低于4%，渗透率低于0.5mD，孔渗随深度增加而减小。沙河子组砾岩储层孔隙度分布范围在0.3%～10%，孔隙度主要集中在0.3%～4%，渗透率分布范围在0.001～10mD，主要集中在0.01～0.1mD。总体上属于低孔特低渗储层。储层中发育有一定规模的次生孔隙发育带（周翔等，2018），相应地改善了储集条件。微裂缝的发育，也使砂砾岩储层在相同孔隙度条件下，渗透率要比砂岩大，有效地提高了储集能力。全直径岩心分析表明，火山岩储层孔隙度、渗透率变化较大，孔隙度为4%～20%，水平渗透率为0.1～122mD，垂直渗透率为0.01～44.4mD，多数储层属低孔低渗储层。其中，流纹岩、火山角砾岩、凝灰岩物性较好，凝灰熔岩、熔结凝灰岩次之，玄武岩、安山岩等中基性火山熔岩、火山集块岩物性相对较差（表2-2）。火山岩储层存在原生孔隙、次生孔隙和裂缝等类型的储集空间（刘成林等，2008；周翔等，2018）（图2-15）。火山岩相控制了气孔的发育，是良好储层形成的基础。此外，后期构造运动和风化淋滤作用对火山岩储集性能具有明显改善作用。基岩储层主要以裂缝或孔隙裂缝为主，古隆起区、断裂发育区、构造形变大的地区长期遭受风化剥蚀作用往往储层较发育。位于古中央隆起带肇州凸起的隆探2井基岩储层以裂缝性储层为主，孔隙度为1.7%～4.7%，含气层主要发育在风化壳及内幕层上部，试气获工业气流。

表2-2 松辽盆地北部深层不同岩石类型物性分布表

岩石类型	火山角砾岩	流纹岩	凝灰岩	凝灰熔岩	熔结凝灰岩	安山岩	玄武岩	火山集块岩
孔隙度（%）	0.4～20.08 7.37（208）	0.1～24.19 7.05（305）	0.08～18.1 6.86（223）	0.17～15.1 6.49（165）	0.4～20.2 6.27（177）	0.2～16.9 6.18（279）	1.1～11.3 4.71（111）	0.5～7 3.55（121）
渗透率（mD）	0.004～4.032 0.196（167）	0.001～52.71 0.998（236）	0.001～17.2 0.594（216）	0.01～8.32 0.267（181）	0.001～5.57 0.232（192）	0.013～4.032 0.196（196）	0.01～51.1 0.125（138）	0.01～2.24 0.288（132）

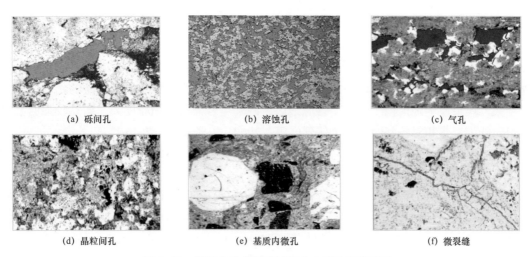

| (a) 砾间孔 | (b) 溶蚀孔 | (c) 气孔 |

| (d) 晶粒间孔 | (e) 基质内微孔 | (f) 微裂缝 |

图 2-15　松辽盆地北部营城组火山岩孔隙类型图

四、盖层发育特征

盖层是指位于储层之上能够封隔储层使其中的油气免于向上逸散的保护层，它是形成油气藏的基本条件，直接决定了油气富集规模（付晓飞等，2018）。勘探实践表明，松辽盆地北部从火石岭组到明水组含油气层位较多，油气分别来自深部的沙河子组—营城组烃源岩和中部的青山口组及嫩江组一、二段烃源岩，青山口组和嫩江组一、二段沉积时形成的两套全盆地分布的暗色泥岩不仅为坳陷期油气成藏提供了充足的油源，也成为松辽盆地北部多套含油气组合良好的区域盖层。此外，登二段、泉一段、泉二段及明水组一段分布局限，以砂泥互层为主，连续性较差，厚度薄，属局部盖层。

（一）盖层发育及分布

青山口组区域性盖层主要形成于半深湖—深湖相，泥岩发育范围广。其中，青一段在齐家—古龙凹陷到三肇凹陷及其以东地区全部为泥岩，泥岩纯，厚度一般大于 60m，最厚达 130m。这套盖层在坳陷区内分布面积广，且泥岩存在孔隙流体超压，岩石可塑性更强，控制了扶余、杨大城子及以下含油气组合。青山口组二、三段泥岩厚度更大，在中央坳陷区一般介于 200～450m；西部斜坡区最大沉积厚度可达到 150m；巨厚泥岩盖层在盆地大部分区域构成有效封盖。

嫩一、二段主要为浅湖—深湖沉积的黑灰、深灰色纯泥岩，沉积稳定，连续厚度在200m 以上，由坳陷中心向四周减薄。其中，嫩二段沉积面积几乎遍布整个盆地，处于早成岩晚期和中成岩早期阶段，是盖层形成的最佳时期，盖层塑性强，不易产生裂隙。这套区域性盖层控制了萨尔图、葡萄花、高台子中部油气层。

上部局部盖层是明水组一段，主要是河流—滨浅湖沉积，发育的两套黑色泥岩较纯，厚度一般在 15～20m 以上，相对较厚。该地层埋深较浅，泥岩塑性高，除在部分地区缺失外，分布很稳定，对其下伏储油空间形成了区域性封盖。

深层的局部盖层主要为泉一段、泉二段和登二段，发育弱补偿条件下的扇三角洲—湖泊沉积体系，泥岩发育，累计厚度在 100~700m 之间。登二段最厚的地区主要分布在徐家围子断陷、古龙断陷和莺山断陷，平面上具有由断陷中心向周边逐渐变薄的趋势；泉一段、泉二段最厚的地区位于古龙、肇源地区，两套泥岩盖层累积厚度大，均具较强的毛细管封闭能力，是相对较好的盖层（任延广等，2009；冯子辉等，2015）。

（二）封盖条件

松辽盆地盖层与油气层的纵向分布关系表明，只有在良好的区域性盖层之下，油气从生成、运移到保存的过程中，才不至于大量散失。盖层的封盖能力的影响因素主要为盖层岩性、厚度、物性、排替压力等（付广等，1998；付广和徐凤鸣，2003）。松辽盆地的盖层分布广，厚度大，具超压，最有利于油气封盖。尤其是青山口组和嫩江组一、二段为黑色、质纯、富含有机质的泥岩，黏土矿物成分以分散状伊 / 蒙混层为主，具有较强的可塑性，是两套优质的封闭层，两套优质盖层在全盆地均有分布，对北部油气的富集保存起了决定性作用。分析松辽盆地盖层渗透率特征可知，各套盖层的泥岩渗透率均较低，除少量样品渗透率大于 0.08mD，其他均在 0.08mD 以下。吸附—压汞法计算及泥岩排替实验实测结果表明，青山口组、嫩江组、泉头组和登娄库组泥岩都具有很强的物性封闭能力，突破压力基本大于 3MPa，最高达 20.6MPa（东 9）；从层位上看，嫩江组泥岩突破压力大于青山口组，嫩江组突破压力平均 4.92MPa，青一段泥岩为 3.81MPa；泉一、二段泥岩突破压力大于登二段，泉一、二段泥岩突破压力平均为 7.6MPa，登二段平均为 6.7MPa，反映出封闭油气柱高度基本大于 300m，因而具有很强的封盖能力。

第三节　常规与非常规油气藏特征与成藏模式

松辽盆地多套优质烃源岩、多种储集类型和广泛分布的区域盖层形成空间上的良好配置关系。已发现的油气藏空间分布特征表明，松辽盆地北部在经历断陷、持续沉降和构造反转三大构造演化阶段后，纵向上形成由下白垩统沙河子组—营城组、上白垩统青山口组和嫩江组烃源岩为主的三大含油气系统，构成上（黑帝庙）、中（萨尔图、葡萄花、高台子）、下（扶余、杨大城子）及深层四大含油气组合和多个含油气层系。不同源储关系、不同构造部位、不同沉积体系决定了各含油气层系发育各具特色的油气藏特征和成藏模式。

一、油气藏特征

60 年勘探证实，松辽盆地赋存石油、天然气、页岩油、油砂、铀矿等多种常规与非常规油气资源，尤以石油和天然气资源为主。其中，松辽盆地北部中浅层已发现油田、油气田 33 个，按含油层系统计有大小不一、类型各异的油藏近 300 个，这些油藏主要分布于中央坳陷区，其次为西部斜坡区和东南隆起区。深层发现气田4个，各类气藏62个，主要分布于徐家围子断陷，其次为古中央隆起带和莺山—双城断陷。常规油藏主要分布于黑帝庙、萨尔图、葡萄花油层，高台子油层和扶余油层分布局限；致密油藏主要分布于高台子、扶余油层；常规气藏主要分布于泉头组一、二段、登娄库组和营城组一、三段；致密气藏主要分布于营城组四段和沙河子组。

（一）常规油气藏特征

松辽盆地北部油气藏分布受烃源岩、储层、构造等多因素空间匹配关系制约，分别呈现不同的成藏特征，总体表现出油气藏的分布层位上"有深有浅"、油气藏中原油的性质"有轻有重"及油气藏成藏时间"有早有晚"等特点。

1. 常规石油成藏特征

松辽盆地北部常规油藏主要分布于上、中部含油气组合的黑萨葡高（黑帝庙、萨尔图、葡萄花、高台子）油层，其中上部含油气组合受生油条件和盖层条件限制，油藏少，规模小，分布零散，以构造油藏、复合油藏为主；中部含油气组合成藏条件优越，油气藏数量多，资源富集程度高，已发现储量占总量的90%，油藏类型以构造油藏为主，其次为复合、岩性油藏。从各含油层系的油藏平面分布来看，整体受区域构造面貌和沉积相带控制明显，普遍呈现围绕生油凹陷，由内及外呈环状分布不同油气藏类型。凹陷中心为岩性油藏分布区，向外逐渐递变为偏岩性的复合油藏、偏构造的复合油藏以及高部位的构造油藏。而较大的构造油藏和复合油藏在区域构造应力的作用下，普遍呈北北东和北东向分布。有效烃源岩、有利沉积相带、与油气生成同期或之前形成的反转构造带及断裂带等对大油气田的形成与分布起到了重要的控制作用。油藏在形成时间上表现为盆地东部早于西部，即油气藏形成呈现了自东向西逐次形成的规律。

2. 常规天然气成藏特征

松辽盆地北部常规天然气藏分布广泛，上至坳陷期沉积地层，下到断陷期沉积地层均有分布。坳陷期以生物气、低熟气和次生气为主，受烃源岩、砂体和断裂三种因素控制，主要分布在大庆长垣、西部斜坡区、长春岭背斜带等二级构造带的黑帝庙油层、扶杨油层和萨尔图油层。断陷期以煤型气为主，发育构造气藏、岩性气藏、构造—岩性气藏、岩性—构造气藏、地层超覆气藏、潜山气藏和砾岩高压气藏等多种类型气藏（门广田等，2009；杜金虎等，2017），以徐家围子断陷发现的类型最多。其中，营城组一、三段火山岩气藏因其紧邻沙河子组烃源岩，具有气源较充足、主力凹陷内普遍含气的特点，是深层主要的、分布最广的常规天然气藏。受徐中、徐东两大断裂控制，营一段以酸性岩为主，营三段南部为酸性岩，北部以中基性岩为主。火口区、近火口区储层厚度大，物性、含气性好，已探明储量主要分布于该类区域。其次为登娄库组、泉头组一、二段的砂岩气藏和基岩风化壳气藏，受源储关系及强充注气源断裂控制，主要分布于昌德、升平、汪家屯等断陷周边的隆起地区，分布局限。常规天然气藏整体呈现围绕生气区呈环带状分布的特点。

（二）非常规油气藏特征

非常规油气藏是指用传统技术无法获得自然工业产量，需用新技术改善储层渗透率或流体黏度等才能经济开采，连续或准连续型聚集的油气资源（邹才能等，2013）。非常规油气有两个关键标志：一是油气大面积连续分布，圈闭界限不明显；二是无自然工业稳定产量，达西渗流不明显。松辽盆地北部非常规油气藏的主要类型有致密油气和页岩油等。这里重点论述勘探进展较大的致密油气藏特征。

1. 致密油成藏特征

致密油藏主要指以吸附或游离状态赋存于生油岩中，或与生油岩互层、紧邻的致密砂岩、致密碳酸盐岩等储集岩中，未经过大规模长距离的石油聚集（贾承造等，2012）。属于源储共生或源储近邻型的连续型油藏，典型特征是储层致密，发育在成熟烃源岩的分布范围内，油水边界模糊，不需要圈闭条件。松辽盆地致密油，以青山口组主力烃源岩为核心，可划分为源内高台子油层致密油和源下扶杨油层致密油两类，其中高台子油层致密油主要分布在齐家—古龙凹陷的高三、高四油层组，分布局限，高台子致密油藏具有油层纵向相互叠置、横向连续分布、油藏压力系数高的特点（1.2～1.58）。扶余油层致密油藏主要发育在中央坳陷区的凹陷—斜坡区的 FYⅠ和 FYⅡ油层组，储集砂体类型主要为曲流河、网状河及分流河道，盆地主体满盆含砂，厚度普遍大于20m；储层表现单砂体规模小，砂体宽度为250～500m，一般为350m，厚度薄，单层砂体厚度为0.8～4m，砂地比在6.0%～45.6%之间；纵向不集中、横向连续性差，为整体错叠连片的"汉堡包"式特点。在齐家—古龙、长垣中南部及三肇凹陷等盆地主体部位具有油气大面积分布，局部富集的特点，物性对油藏具有主要的控制作用。油气沿通源断裂下排，断砂匹配的输导体系控制油气分布，致密油区含油连片，以纯油为主。

2. 致密气成藏特征

致密砂砾岩气是指孔隙度低（<12%）、渗透率比较低（<1mD）、含气饱和度低（<60%）、含水饱和度高（>40%）以及天然气在其中流动速度较为缓慢的砂岩层中的非常规天然气（关德师等，1995），具有地层压力异常、毛细管压力高、气水关系复杂等特征（张晓东等，2014）。深层致密砂砾岩气主要分布于营城组四段和沙河子组，其中沙河子组致密气藏源储匹配关系好，形成了错叠连片、大面积含气、局部富集的岩性气藏，是目前重点勘探目标。该气藏具有源储叠置、近源聚集、持续成藏的特点，属于先成藏后致密型气藏。在徐家围子断陷沙河子组致密气藏与我国西部前陆型、中部克拉通型致密气藏具有相似特征：一是储层物性差，分布面积大；二是资源丰度低，局部"甜点"发育；三是气水关系复杂，不完全受圈闭控制，沙河子组致密气藏不含水；四是普遍存在压力异常，含气性好，沙河子组致密气藏存在局部超压。

二、油气成藏模式

松辽盆地北部，为一长期稳定发育的陆相含油气盆地，构造运动相对稳定，主力烃源岩生排烃期与油气运移期、圈闭形成期相匹配，油气分布受成熟烃源岩、构造断裂及砂体控制。断坳期不同生、储、盖组合的差异性匹配，形成了不同的油气成藏模式。

（一）常规油气成藏模式

基于对松辽盆地油气成藏地质条件、油气藏分布特征以及油气成藏机理的系统分析，结合四套含油气组合中多套的生储盖组合、断坳期不同的构造及其控藏特征，形成了松辽盆地北部常规油气不同的成藏模式，为未来寻找和预测新的油气藏提供重要的参考依据。

1. 常规石油成藏模式

松辽盆地中浅层两套生油层与储层交替出现，形成三套"楔入式"生储盖组合。根据烃源岩与储层的空间配置关系及油气运移方式上的差异，可将常规石油成藏模式划分为3大类（图2-16），即下生上储垂向运移成藏模式、上生下储垂向运移成藏模式和异地生储长距离侧向运移成藏模式。

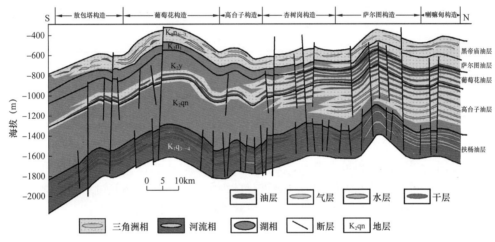

图 2-16　松辽盆地北部中浅层成藏模式图

中央坳陷区的黑帝庙油层，油岩对比证实其原油主要来源于古龙凹陷嫩一段和青一段成熟烃源岩。明水组沉积末期烃源岩大量生排油的同时发生晚期断裂活动，断裂沟通嫩一段和青山口组烃源岩，油气以垂向运移为主。同样，中央坳陷区齐家—古龙凹陷和三肇凹陷内的萨尔图油层和葡萄花油层，原油主要来源于本区下部青山口组烃源岩，油源充足，油气垂向向上进入储层，为典型的下生上储垂向运移成藏模式。

中央坳陷区两大生油凹陷周边斜坡区的扶杨油层发育储层物性较好的常规储层。青山口组一段泥岩生成的油气在源内超压作用下向下，通过 T_2 断裂排烃进入扶余和杨大城子油层后，沿构造趋势做短距离侧向运移，这种以通过断裂向下运移为主的油气运聚方式为上生下储的垂向运移成藏模式。

西部斜坡区萨尔图油层原油成熟度明显高于本地区青山口组烃源岩，油源分析表明原油来源于齐家—古龙凹陷成熟的青山口组烃源岩，油气在储层中发生长距离的侧向运移，最大运移距离近百里，油气运移通道主要为砂体、不整合面，为异地生储长距离侧向运移的成藏模式（图2-17）。

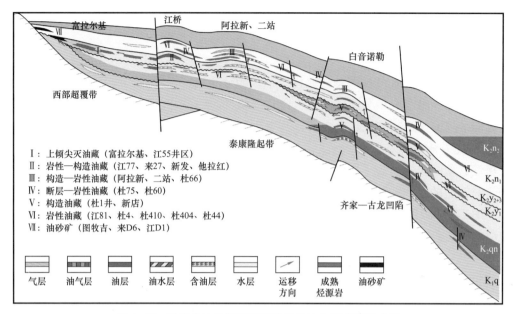

图 2-17　松辽盆地北部西部斜坡区异地生储成藏模式图

2. 常规天然气成藏模式

松辽盆地北部深层具有近源垂向运移成藏的特征。在区域构造控制下，受有效烃源岩、区域盖层、储层分布及断裂等因素的影响，天然气主要在基岩潜山、火石岭组、沙河子组、营城组、登娄库组和泉头组一、二段聚集成藏，其中，沙河子组和营城组是天然气主要富集层系。通过对已发现的天然气藏进行精细解剖，深层天然气可划分为源内火山岩圈闭成藏、基岩风化壳成藏和古隆起带盖层成藏 3 种模式（图 2-18）

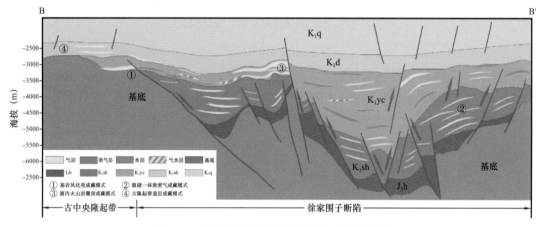

图 2-18　松辽盆地北部深层天然气成藏模式图

徐家围子断陷营城组火山岩沉积时期经历了多期次、多旋回的火山活动及晚期构造运动，形成了火口区、近火口区及远火口区等多种火山岩发育区，控制着不同类型圈闭的形成与分布。沙河子组烃源岩生成的天然气，沿通源断裂向上运移至成熟烃源岩区内火山岩圈闭聚集成藏，形成源内火山岩圈闭成藏模式。

古中央隆起带基岩风化壳储层与徐家围子断陷沙河子组成熟烃源岩紧邻，受徐西断裂控制形成较大的供烃窗口，在供烃充足的条件下，天然气主要沿着断裂、裂缝带及不整合面运移至基岩风化壳储层中聚集成藏，形成如已发现的肇州西、芳深 3 等基岩气藏，为基岩风化壳成藏模式。

紧邻生烃断陷的古隆起带除了基岩可聚集成藏外，其盖层如果发育有效圈闭也可聚集成藏。登娄库组发育河流—滨浅湖相沉积体系，储层物性较好，沙河子组烃源岩生成的天然气沿不整合面、砂体或断层运移至古隆起之上圈闭聚集成藏，如昌德登娄库组、升平登娄库组断背斜气藏，形成古隆起带盖层成藏模式。

（二）非常规油气成藏模式

松辽盆地非常规油气主要为致密油气及页岩油。致密油气勘探目前已取得了一定进展，初步理清了其成藏条件、油气藏特征以及成藏机理。广覆式分布的高成熟度烃源岩、持续生烃与大面积致密储层连片分布是其典型特征（邹才能等，2009，2012）。松辽盆地致密储层与烃源岩通常交互存在或紧邻存在，油气近源聚集，形成"三明治式"和"覆盖式"生储盖组合，发育源储一体型和源储接触型两种致密油气类型；此外还存在一种源储分离型，油气经较远距离运移后聚集成藏。

1. 致密油成藏模式

以青山口组烃源岩为核心，青二段烃源岩内发育高台子致密油且青一段之下发育扶余油层致密油，有效烃源岩与致密储层物性控制两套致密油分布范围，致密油主要分布在青一段烃源岩 R_o 大于 0.75% 范围内。其中，高台子油层致密油主要分布于齐家凹陷，储层为青二、三段的水下分流河道、小型河口坝及远沙坝、席状砂体，埋藏深，物性差，为低孔超低渗致密储层。该套致密油为源储互层共生，具自生自储、近源聚集的特点，青山口组烃源岩生成的油气可直接进入到邻近的高台子油层致密砂岩中，形成源储一体成藏模式。扶余油层致密油主要分布于两大生油凹陷及宽缓斜坡区。储层主要为泉头组四段曲流河点坝、网状河河道、分流河道及前缘席状砂体（张革等，2014；蒙启安等，2014）。储层普遍致密，是目前致密油重点勘探层段。原油主要来源于上覆的青一段成熟烃源岩，青一段烃源岩普遍存在的超压为油气向下运聚提供了动力，广泛发育的 T_2 断裂为油气向下运移提供了有利通道，油气下排深度普遍大于 200m，在局部构造高部位含油深度距上覆烃源岩深度可达 600m，表现为源储紧邻的成藏模式。

2. 致密气成藏模式

松辽盆地北部致密气主要分布于营城组四段和沙河子组，均为扇三角洲和辫状河三角洲前缘沉积的砂砾岩储层，储层总体较致密，孔隙度主要分布在 2%~7%，渗透率分布在 0.1~0.5mD。营四段砂砾岩上覆于营一段火山岩、沙河子组，沙河子组烃源岩生成的油气沿断裂向上运移聚集，砂砾岩大面积含气，形成致密砂砾岩气藏，为源储分离的成藏模式。沙河子组砂砾岩储层纵向上与烃源岩呈"三明治"式接触，平面上储层向湖盆中心延伸，与烃源岩密切接触，气藏具有近源聚集成藏的特点。根据徐家围子成岩阶段划分，沙河子组致密储层属于中成岩阶段 B 期和晚成岩阶段；天然气充注时间为晚成岩阶段，与储层致密期同步，由此形成沙河子组砂砾岩致密气成藏的源储紧邻成藏模式。

第四节　常规与非常规油气资源潜力

十二五以来，随着资源评价技术的不断进步完善，各类地质资料的丰富，松辽盆地北部开展了第四次油气资源评价（2013—2015），此次评价注重层区带评价，首次精细落实了层区带资源，并开展了非常规油气资源的评价，为近期及以后的油气规划战略部署提供了重要依据。多方法评价石油地质资源量为 $101.47 \times 10^8 t$；其中，常规石油资源量为 $88.75 \times 10^8 t$，致密油资源量为 $12.72 \times 10^8 t$。天然气地质资源量为 $16905.67 \times 10^8 m^3$；其中浅层气资源量为 $1120 \times 10^8 m^3$，深层天然气资源量为 $10040.15 \times 10^8 m^3$，致密气资源量为 $5745.52 \times 10^8 m^3$。

一、油气资源评价

目前，国内外常用的评价方法主要有成因法、类比法和统计法三类。本次评价在系统分析各种资评方法优缺点基础上，根据研究区不同资源类型的资料丰富程度，综合建立"成因法宏观把控，类比法精细评价"多方法结合的资源评价体系，达到既遵循地质规律又结合统计学地质模型的效果，为科学评价油气资源奠定了基础。

本次成因法评价加强烃源岩的认识，在传统方法的基础上突出优质烃源岩刻画，以 TOC 为尺度建立了优质烃源岩评价标准，运用 ΔlgR 法剔除暗色泥岩中有机质丰度低的非烃源岩，精细刻画不同 TOC 级别（包括优质烃源岩）的厚度，确保科学、准确地提供烃源岩体积（吴晓智等，2016）。研究表明松辽北部中浅层优质烃源岩的生油量占总生油量的 64%，排油量占总排油量的 76%，优质烃源岩控制资源规模，夯实了资源评价的物质基础。类比法则强调不同含油层系、不同资源类型成藏主控因素的差异性，注重层区带刻度区选取及解剖，以实现评价单元与刻度区高度对应，提高资源认识精度。非常规类比法虽与常规类比法原理相同，考虑致密油资源的非均质性，在具体实施中根据致密油主控因素研究成果，利用物性参数将资源进行分级，以此兼顾致密油资源地质总量和质量的评价（王社教等，2014；孙亮等，2015）。下面以中浅层成因法整体评价和扶余油层致密油类比法精细评价为例简单论述。

（一）中浅层成因法整体评价

利用生烃动力学模拟技术，建立了烃源岩生排烃模式，确定其生烃转化率。松辽盆地中浅层 I 型和 II 型烃源岩为晚白垩世湖相藻类生烃特征，均表现为生烃晚、生烃范围窄的特点。当烃源岩成熟度 $R_o < 0.75\%$ 时，干酪根生烃转化率低，生油量小，满足不了烃源岩吸附，故不能排烃；当 $R_o = 0.75\%$ 时，干酪根的生烃转化率达到 0.12，烃源岩达到排烃门

限，之后随着生烃量增加开始排烃。

通过综合研究有效烃源岩分布、油气生成史、成藏过程分析，总结成藏特征规律，科学准确构建盆地模拟格架。松辽盆地中浅层在晚白垩世末达到生排烃高峰，中浅层烃源岩总生油量为 $1032.55 \times 10^8 t$，总排油量为 $687.58 \times 10^8 t$，总生气量为 $11.288 \times 10^{12} m^3$，总排气量为 $9.17 \times 10^{12} m^3$。

在此基础上，以关键时刻烃源层顶面油势为基础，结合构造、沉积特征等进行综合分析，将松辽盆地北部中浅层划分为五个运聚单元，运聚系数根据刻度区研究成果，确定石油运聚系数为 2.5%～16%，天然气运聚系数为 0.99%。综合计算中浅层石油总地质资源量为 $101.96 \times 10^8 t$，天然气地质资源量为 $1120 \times 10^8 m^3$。

（二）扶余油层致密油类比法精细评价

扶余油层致密储层主要发育在中央坳陷区的凹陷—斜坡区。储集砂体以各类河道砂为主，砂体横向变化快且不稳定，纵向上多层、分散，砂体规模小，横向错叠连片，厚度一般为 20～50m（蒙启安等，2014；金成志，2014）。有效烃源岩控制了油气分布范围，油气在源内超压作用下沿垂向断裂向下运移，储层与优质烃源岩完美匹配，有效排烃范围内整体含油（迟元林等，2000；张雷等，2010）。综合考虑有效烃源岩、致密储层物性及油水关系等因素，确定源下扶余致密油有利勘探面积为 $13232 km^2$；结合构造特征及勘探生产需求，划分为 9 个评价单元（图 2-19）。

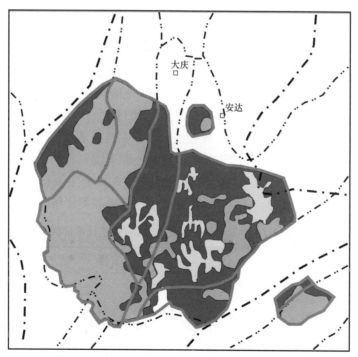

图 2-19 松辽盆地北部扶余油层致密油评价单元划分图

应用扶余油层 2500 个样品，统计储层不同含油产状物性分布情况表明，致密储层含油性和物性具有较好的正相关关系。当孔隙度大于 9%，渗透率大于 0.1mD 时，四种含油产状均有分布，但富含油和油浸样品所占比例明显大于油斑和油迹显示；当孔隙度小于 9%，渗透率小于 0.1mD 时，含油显示主要以油浸、油斑为主，富含油显示基本没有。也就是说含油级别随着储层物性变好呈递增的趋势（图 2-20）。因此，根据扶余油层致密储层物性参数特征对致密油储层进行分级；即以孔隙度 9% 为界，将每个评价单元划分成 I 类资源区（φ＞9%）、II 类资源区（φ＜9%）（图 2-19）。

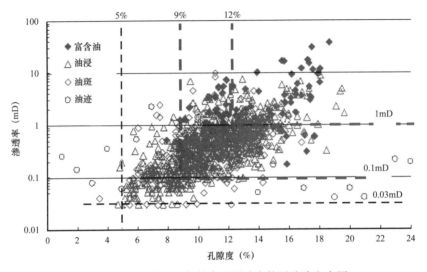

图 2-20 松辽盆地北部扶余油层致密储层孔渗交会图

根据刻度区的"三高"选取原则（胡素云等，2005），优选了具有代表性的两个源下扶余油层致密油刻度区，即长垣南刻度区和肇州刻度区；其中，长垣南为构造背景下的致密油刻度区，肇州为凹陷内致密油刻度区。通过对刻度区的精细解剖和资源量计算，除获得进行类比的基础地质参数、成藏关键参数、建立地质类比参数体系及取值标准（表 2-3），还获得了与资源评价密切相关的刻度区资源丰度、可采资源丰度和运聚系数等参数（表 2-4），从表 2-4 中可以看出刻度区资源丰度的差异主要源于不同构造位置、不同源储关系对它的影响。因此，针对性地建立刻度区是提高类比精度的有效手段。

表 2-3 松辽盆地北部扶余油层致密油地质类比评价标准表

地质条件	参数名称	分值			
		0.75～1.00	0.50～0.75	0.25～0.50	0～0.25
储层条件	储层厚度（m）	＞15	10～15	5～10	＜5
	储层岩性	细砂岩、粉砂岩	粉砂岩、细砂岩	粉砂岩、泥质粉砂岩	泥质粉砂岩
	孔隙类型	基质孔＋溶蚀孔	基质孔＋裂缝	溶蚀孔＋裂缝	裂缝
	有效孔隙度（%）	＞9.0	7.0～9.0	5.0～7.0	＜5.0

续表

地质条件	参数名称	分值			
		0.75~1.00	0.50~0.75	0.25~0.50	0~0.25
烃源条件	烃源层厚度（m）	>50	30~50	10~30	<10
	TOC（%）	>5.0	3.0~5.0	1.5~3.0	<1.0
	R_o（%）	0.9~1.2	0.8~0.9	0.7~0.8	<0.7
	有机质类型	Ⅰ，Ⅱ₁	Ⅱ₁，Ⅱ₂	Ⅱ₂，Ⅲ	Ⅲ
保存条件	封隔层岩性	泥岩、页岩	泥岩、粉砂质泥岩	粉砂质泥岩、含粉砂泥岩	砂泥岩互层
	封隔层厚度（m）	>50	30~50	15~30	<15

表2-4　松辽盆地北部扶余油层致密油刻度区资源评价参数表

资源类型	层系/层位	刻度区名称	类型	丰度（$10^4 t/km^2$）	可采系数
致密油	FY	长垣南	源内背斜区致密油藏	35.3	0.11
	FY	肇州	源内凹陷区致密油藏	26.7	0.11

对各评价单元Ⅰ类资源区和Ⅱ类资源区油气成藏条要素打分，与长垣南、肇州刻度区逐一类比，确定出各评价单元Ⅰ类资源区相似系数在0.63~1.34；Ⅱ类资源区相似系数在0.56~1.14（付丽等，2016）。结合刻度区资源丰度和可采系数，最后计算扶余油层致密油地质资源量为$11.16 \times 10^8 t$，可采资源量为$1.23 \times 10^8 t$；其中Ⅰ类致密油地质资源量$7.57 \times 10^8 t$，可采资源量为$0.83 \times 10^8 t$；Ⅱ类致密油地质资源量$3.59 \times 10^8 t$，可采资源量为$0.39 \times 10^8 t$。

（三）资源评价结果汇总

松辽盆地北部中浅层和深层徐家围子断陷是大庆探区油气勘探的主要领域，勘探程度高，评价方法以类比法为主，成因法为辅；评价结果表明两种方法结果相近，而类比法的优点在于明确了成熟探区内各含油气层系、各级构造单元的油气资源，评价合理可靠，对实际生产部署具有更强的指导意义；因此成熟探区的资评结果取值以类比法为主。其他低勘探程度区采用成因法开展了油气评价。另外，古中央隆起带储层、烃源岩等地质特征认识程度低，仅采用圈闭加和法估算其资源量为$610 \times 10^8 m^3$。综合确定松辽盆地北部石油资源量为$101.47 \times 10^8 t$，天然气资源量为$16905.67 \times 10^8 m^3$（表2-5）。

二、常规油气资源潜力

以青山口组、嫩江组为主力烃源岩的松辽盆地北部常规石油资源为$88.75 \times 10^8 t$，主要分布在坳陷期沉积地层的五大含油层系，储集类型主要以砂岩为主，发育多种油藏类型。目前已探明地质储量为 $61.75 \times 10^8 t$，探明率达 69.6%，勘探程度相对较高，但依然是大庆探区近期增储的现实领域。综合分析各一、二级构造单元的石油资源分布，常规石油资源主要分布于中央坳陷区的长垣背斜带，资源量为 $55.05 \times 10^8 t$，资源占比为 62%，是大庆油田石油储量发现最多的地区；其次为中央坳陷区的三肇凹陷和齐家—古龙凹陷，资源量为 $10.89 \times 10^8 t$ 和 $10.21 \times 10^8 t$，分别占常规油总资源的 12.3%、11.5%；以上三个地区是目前松辽盆地北部石油勘探的主要目标区。除此以外，中央坳陷区龙虎泡阶地、朝阳沟阶地和西部斜坡区的泰康隆起带常规油资源量均在 $1.9 \times 10^8 t$ 以上，有一定的储量发现，是中浅层石油勘探的接替目标区（图 2-21）。纵向上，常规油资源主要分布于中部含油气组合，占总资源的 85.8%；其中，葡萄花油层、萨尔图油层常规油资源为 $37.8 \times 10^8 t$ 和 $26.78 \times 10^8 t$，资源占比最高，分别为 42.6%、30.2%，是常规油勘探的主要层系；其次为扶余油层和高台子油层，常规油资源量为 $10.7 \times 10^8 t$、$11.59 \times 10^8 t$，占比为 12% 和 13%；黑帝庙油层常规油资源量最少，为 $1.89 \times 10^8 t$，主要分布于古龙地区。

表 2-5 松辽盆地北部油气资源综合取值表

油气资源	盆地/断陷	资源类型	层系	地质资源量（$10^8 t$ 或 $10^8 m^3$）		
				类比法	成因法	最终取值
石油	松辽北部中浅层	常规油	H	1.89		1.89
			P	37.80		37.80
			S	26.77	101.96	26.77
			G	11.59		11.59
			FY	10.70		10.70
		致密油	G	1.56		1.56
			FY	11.16		11.16
	合计			101.47	101.96	101.47
天然气	中浅层	常规气	$K_1n—K_1q_{3-4}$	—	1120	1120
	徐家围子断陷	常规气	K_1d+K_1yc	5866.45	10269.26	5866.45
		致密气	$K_1sh+K_1yc_4$	4335.72		4335.72
	莺山—双城断陷	常规气	K_1yc	1790		1790
		致密气	K_1sh		799.80	799.80
	绥化断陷	常规气	K_1yc		393	393
	林甸—古龙断陷	常规气	K_1yc	—	1990.70	1990.70
	古中央隆起带	常规气	基底	610（圈闭加和法）		610
	合计			10202.17	16362.76	16905.67

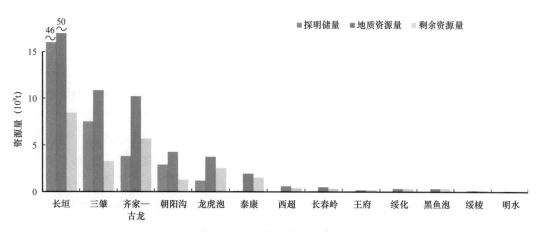

图 2-21　松辽盆地北部各构造单元常规油资源分布图

松辽盆地北部常规天然气资源分布广泛，从上部的坳陷期沉积地层至深部的断陷期沉积地层发育多种类型天然气藏。浅层气以黑帝庙油层为主，包括部分萨葡高、扶杨油层，总资源量为 $1120 \times 10^8 m^3$。深层常规天然气总资源量为 $10650.15 \times 10^8 m^3$，是大庆探区天然气勘探的主战场。以营城组火山岩气藏、登娄库组砂岩气藏和基岩气藏为主；其中，火山岩气藏常规天然气资源量为 $9853.72 \times 10^8 m^3$，占常规气资源总量的 92.5%，目前已探明天然气地质储量为 $1973.05 \times 10^8 m^3$，是近期常规天然气勘探的主要勘探层系。登娄库组砂岩气藏和基岩气藏的常规天然气资源量较少，分别为 $186.43 \times 10^8 m^3$、$610 \times 10^8 m^3$，是未来天然气勘探的准备目标。综合深层各断陷规模、烃源岩厚度及地化参数来看，东部断陷带徐家围子、莺山—双城断陷烃源岩最好，中部断陷带林甸、古龙断陷次之。从各断陷资源规模来看，东部断陷带徐家围子常规天然气资源量为 $5866.45 \times 10^8 m^3$，已提交常规天然气探明储量为 $2025.98 \times 10^8 m^3$，控制储量为 $608.63 \times 10^8 m^3$，预测储量为 $1002.9 \times 10^8 m^3$，是主要勘探领域。林甸—古龙、莺山—双城、古中央隆起带、绥化断陷资源量依次递减，是未来勘探的接替领域（图 2-22）。

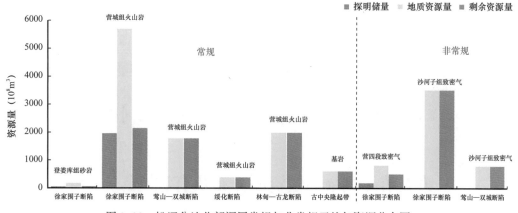

图 2-22　松辽盆地北部深层常规与非常规天然气资源分布图

三、非常规油气资源潜力

松辽盆地北部的非常规油气资源主要为坳陷期的致密油和断陷期的致密气。其中坳陷期发育以青山口组为烃源岩的源下扶余和源内高台子两种类型致密油。其中源下扶余油层致密油满坳含油，受物性控制，主要分布于中央凹陷区，资源量为 $11.16 \times 10^8 t$。目前已探明石油储量为 $0.13 \times 10^8 t$，资源潜力较大，是重点勘探层系。具储层规模小，厚度薄，整体呈错叠连片的"汉堡包"式特点。高台子致密油层受青山口组烃源岩和北部大型三角洲控制，致密油主要分布在齐家地区，资源量为 $1.57 \times 10^8 t$。平面上，致密油资源主要分布于齐家—古龙、长垣中南部及三肇凹陷等盆地主体部位，资源量为 $10.96 \times 10^8 t$，这些地区致密油连片分布，以纯油为主，是致密油勘探的主要目标区（图 2-23）。

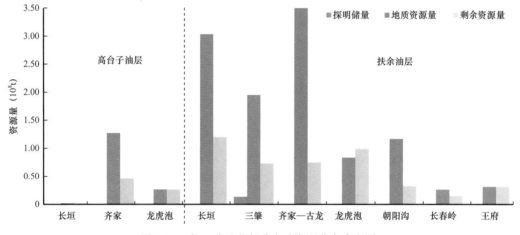

图 2-23　松辽盆地北部致密油资源分布直方图

以沙河子组暗色泥岩和煤层为主力烃源岩的深层致密气资源主要分布于沙河子组和营城组四段。储集类型以砂砾岩为主，发育源上和源内两类致密气藏，总资源量为 $5135.52 \times 10^8 m^3$，已探明地质储量为 $200.11 \times 10^8 m^3$，剩余资源量为 $4821.49 \times 10^8 m^3$，是深层近年来勘探的又一重点。从各层位资源分布来看，沙河子致密气资源量为 $4313.8 \times 10^8 m^3$，占致密气总资源量的 84%，是非常规勘探的主要层系；尤其是徐家围子断陷沙河子组分布面积广、厚度大、烃源岩生气强度大，致密储层处于主力烃源岩内，近源聚集。目前徐家围子断陷沙河子组资源量为 $3514 \times 10^8 m^3$，见气层井 47 口，试气 23 口，工业井 3 口，低产气流井 19 口。整体呈现满洼含气场面，是近期规模增储的主要地区（图 2-22）。

第五节　剩余油气资源分布及有利勘探方向

松辽盆地北部油气资源分布广、类型多，虽然目前勘探程度相对较高，仍是大庆探区剩余资源潜力最大的领域，也是"十三五"期间储量增长的重要基础。通过对剩余资源潜力、勘探领域等方面的系统分析，指出中央坳陷区的常规油和致密油、徐家围子的火山岩常规气和砂砾岩致密气是深化勘探的主要方向。

一、剩余油气资源潜力及分布

松辽盆地北部中浅层资源以石油为主，天然气较少。天然气资源量仅 $1120 \times 10^8 m^3$，按其成因发育生物气、低熟气及次生气藏，盆地内各个二级构造单元、各个含油层系均有发现，目前已提交天然气探明储量 $336.66 \times 10^8 m^3$，剩余资源量为 $457.9 \times 10^8 m^3$，主要分布于大庆长垣的黑帝庙油层和西部斜坡区的萨尔图油层，是天然气勘探的潜在领域。石油资源量为 $101.47 \times 10^8 t$，主要分布于坳陷期沉积地层的五大含油层系。目前已探明石油储量为 $61.88 \times 10^8 t$，剩余资源量为 $30.3 \times 10^8 t$，平面上主要分布于三肇凹陷、古龙凹陷、龙虎泡阶地、齐家凹陷、长春岭和朝阳沟阶地（图 2-21），纵向上主要分布于葡萄花油层、扶余油层和萨尔图油层（表 2-6），是目前石油勘探的主要领域，以常规的岩性油藏、复合油藏以及非常规的致密油藏为主。从资源类型上看，常规油剩余资源量为 $27 \times 10^4 t$，主要分布在葡萄花、萨尔图和黑帝庙油层及盆地边部的高台子和扶余油层，具有油水分布复杂、油藏分散、规模小、"一井一层一藏"的特点。目前勘探主力区主要在大庆长垣以西地区。致密油剩余资源量为 $5.23 \times 10^4 t$，受有效烃源岩与致密储层控制主要分布在齐家中南部（高台子致密油）、中央坳陷区内的大庆长垣、三肇及齐家—古龙凹陷（扶余致密油）等地区（图 2-23），具有相变快、单层薄、"甜点"规模小、物性变化快等典型非均质特征（蒙启安等，2014）。

表 2-6　松辽盆地北部各层系常规油资源分布数据表　　　　（单位：$10^8 t$）

层系	探明地质储量	地质资源量	剩余地质资源量
黑帝庙油层	0.33	1.89	1.16
萨尔图油层	19.28	26.77	6.49
葡萄花油层	27.58	37.80	9.72
高台子油层	7.33	13.15	5.02
扶杨油层	7.36	21.86	7.91
合计	61.88	101.47	30.30

松辽盆地北部深层赋存丰富的天然气资源，具有储层类型多样、分布广泛、气藏类型多等特点。从剩余资源分布情况看，主要勘探断陷徐家围子断陷探明率仅 21.8%，剩余资源量为 $5716.95 \times 10^8 m^3$，莺山—双城、林甸—古龙、绥化断陷、古中央隆起带等外围断陷均未提交储量，剩余资源量为 $5583.5 \times 10^8 m^3$。松辽盆地北部深层具有较大的勘探前景。从各层位资源分布来看，松辽盆地北部深层资源主要分布在营城组火山岩和沙河子组，其中营城组火山岩占总资源的 62.4%，沙河子组致密砂砾岩占总资源量的 27.3%。从剩余资

源量看，营城组火山岩剩余资源量为 $7880.67 \times 10^8 m^3$，占总剩余资源量的 80%，营城组火山岩仍然是下一步勘探的重要领域，沙河子组致密砂砾岩未提交储量，资源量较大，是近年来勘探的重点（图 2-22）。

二、有利勘探方向与目标

根据成藏综合分析及剩余资源分布特点，结合油田勘探需求，优选中央坳陷区的葡萄花油层常规油、萨尔图油层常规油和扶余油层致密油为松辽盆地北部中浅层近期勘探重点领域。徐家围子断陷的营城组火山岩和沙河子组致密气为松辽盆地北部深层近期勘探重点领域。

（一）葡萄花油层常规油

葡萄花油层是常规油精细勘探的主力层系，勘探程度最高，资源量为 $37.8 \times 10^8 t$，提交石油三级储量为 $28 \times 10^8 t$，已发现油藏主要分布在中央坳陷区。受北部和西部物源的控制，葡萄花油层在坳陷中心部位形成大面积分布的低位域三角洲复合体，中央坳陷区由内及外整体呈现湖相—三角洲相的环带状分布格局。葡萄花油层普遍含砂，储层厚度一般在 4～20m，储层物性较好，孔隙度一般在 10%～20%。广泛分布的砂体、埋藏适中的储层、整体良好的物性特征，夹持在泥岩中为葡萄花油层形成了良好的储盖组合。成藏分析表明，葡萄花油层具有相带控藏特征，由凹陷周边到凹陷内划分三个油藏类型带，即构造油藏类型带、构造—岩性复合油藏类型带和岩性油藏类型带。该层系剩余资源量为 $9.7 \times 10^8 t$，主要分布于复合油藏类型带和岩性油藏类型带，复合油藏类型带油水关系复杂，储层较薄，但局部高产。岩性油藏类型带储层较薄，以纯油为主。通过圈闭精细识别与有效性评价，结合烃源岩、储层等地质要素，明确葡萄花油层剩余资源的有利勘探目标区为龙西—杏西、古龙、长垣—三肇、肇源四个有利地区，综合识别优选各类圈闭 995 个，圈闭面积为 1009km²，估算累计圈闭资源量为 $1.85 \times 10^8 t$，是近期提交规模效益储量的主要目标区。

（二）萨尔图油层常规油

萨尔图油层是常规油效益勘探的重点层系，勘探程度较高，资源量为 $26.77 \times 10^8 t$，提交三级储量为 $20.3 \times 10^8 t$，已发现油藏主要分布在大庆长垣及以西地区。萨尔图油层沉积时期是湖进形成的大型湖泊与退积型三角洲沉积，纵向上呈现由水进到高位域体系的沉积变化；砂体主要发育于齐家、龙虎泡、西部斜坡等地区，砂岩厚度一般为 10～30m，孔隙度一般为 10%～20%。西部斜坡大于 20%，储层物性好，砂体主要分布在富油凹陷周边斜坡部位，埋藏浅，成藏受构造控制，具有"小而肥"油藏群分布特征。萨尔图油层油气主要来自齐家—古龙凹陷青山口组优质烃源岩，砂体、断层及不整合面是主要运移通道，北东向断裂构造带油气富集，带间斜坡区小断层、小幅度构造与薄储层匹配成藏，油藏规模小，但产量高，效益好，形成源内和源外两种成藏模式。北东向鼻状构造带及西部砂岩尖灭带是油气富集有利区。萨尔图油层剩余资源量为 $6.49 \times 10^8 t$，主要分布在长垣以西，油藏类型主要为鼻状构造背景下微幅度构造与砂体匹配的复合油藏，局部发育岩性上倾尖灭油藏，分布零散。综合储层及已有勘探成果优选有利区，位于成熟烃源岩区外的有利目标区为泰康地区，烃源岩区内的有利目标区为齐家—龙虎泡地区。综合识别有利圈闭面积为 $647km^2$，估算圈闭资源量为 $1.28 \times 10^8 t$。

（三）扶余油层致密油

扶余油层为常规油、致密油并存的油层之一，是近年来致密油勘探的重点层系。致密油受储层物性控制，广泛发育于中央坳陷区，致密储层与青山口组有效烃源岩紧邻，具满坳含油特点，资源量为 $11.2 \times 10^8 t$，剩余资源量为 $4.5 \times 10^8 t$，潜力较大。致密储层主要为曲流河、网状河及分流河道沉积，单砂体规模小、厚度薄，纵向不集中、横向连续性差，整体错叠连片呈"汉堡包"式特征。平面上存在孤立物性"甜点"，呈断续窄条带状分布。通过精细分析齐家—古龙、长垣中南部及三肇等剩余资源分布区的油层厚度、孔隙度、最大单层厚度等变化规律，识别致密油"甜点"发育区 99 个，面积为 $790km^2$，估算圈闭资源量为 $2.2 \times 10^8 t$，是下步效益增储的现实领域。

（四）徐家围子断陷营城组火山岩

徐家围子断陷营城组火山岩天然气资源量为 $5680 \times 10^8 m^3$，已提交天然气三级地质储量为 $3523.26 \times 10^8 m^3$。随着以徐深 1 井为代表的大规模火山口已钻探完毕，剩余目标主要为层间隐蔽火山口及近火口溢流相，目标更隐蔽、更复杂，已进入精细勘探阶段。隐蔽火口区储层发育，物性好，构造控藏为主，多为正向构造；近火口区大面积分布，物性差，岩性控藏为主，普遍含气。通过纵向细分火山喷发期次，缩小研究单元，应用地震属性和层拉平方法分期次识别隐蔽火口和近火口，在安达、徐西、徐东地区识别一批隐蔽火山口和近火口目标，估算圈闭资源量为 $2400 \times 10^8 m^3$，虽然目标规模小，但效益好，是近期效益增储的现实领域。

（五）徐家围子断陷沙河子组致密气

徐家围子断陷沙河子组砂砾岩总资源量为 $3514 \times 10^8 m^3$，致密储层与有效烃源岩交互发育，具有形成"源储一体"致密气藏的基本条件。通过开展细分层序下的烃源岩、沉积、储层和成藏研究，提出了"有效烃源岩控制气藏发育区、三角洲前缘储层物性最好、储层发育程度控制气藏富集"的三控成藏认识，依据构造埋深、断裂发育程度及沉积相带分布等综合评价，划分两类有利区带，Ⅰ类区孔隙度大于 5.2%，面积为 $475km^2$，主要分布在安达及徐东、徐西构造高部位，为勘探主攻区，计算圈闭资源量为 $1200 \times 10^8 m^3$。Ⅱ类区孔隙度为 2.7%～5.2%，面积为 $1130km^2$，全区均有分布，为逐步拓展区，计算圈闭资源量为 $1500 \times 10^8 m^3$。近年来，主攻Ⅰ类区勘探见好效果。安达地区首次提交致密气控制、预测两级储量超 $800 \times 10^8 m^3$，徐东、徐西也均获突破，展现了致密气广阔的勘探前景。

除上述领域外，中浅层古龙地区的黑帝庙油层和齐家—古龙地区的高台子油层、深层莺山—双城断陷和古中央隆起带都是重要的后备接替领域。

截至目前，松辽盆地北部石油资源探明率为 61.5%，发现率为 71%，已达到较高水平。剩余资源的丰度、品位虽呈现逐渐变差的趋势，但依然是近期勘探的主要领域。常规油通过滚动评价、精细勘探，不断有新的发现，仍具进一步挖潜的能力。致密油随着地震预测、钻井、压裂等配套技术的完善，逐步成为增储上产的接替资源。同时，随着理论技术发展，中浅层页岩油将成为"十四五"重要的勘探接替领域。

天然气资源探明率仅为 17.3%，远远低于石油探明率，表明天然气发展潜力大，勘探前景可期。大力发展有效储层预测技术、隐蔽火山"甜点"及致密气"甜点"识别技术，提高深层勘探配套技术是天然气下步勘探的关键环节。

第三章 松辽盆地南部油气资源潜力与勘探方向

松辽盆地南部油气勘探主要集中于中浅层油和深层天然气两大领域。根据四次资源评价结果，松辽盆地南部中浅层石油资源量为 $32.2 \times 10^8 t$。截至 2018 年底，累计探明石油地质储量为 $15 \times 10^8 t$，剩余石油资源量为 $17.2 \times 10^8 t$。松辽盆地南部深层天然气资源量为 $2.16 \times 10^{12} m^3$，已探明天然气储量为 $1260 \times 10^8 m^3$，剩余天然气资源量为 $2.03 \times 10^{12} m^3$。

综合分析，剩余的石油资源主要分布在松辽盆地南部中浅层的致密油领域，天然气资源主要分布在松辽盆地南部深层的致密气领域。从石油或天然气的剩余可探明资源潜力看，吉林油气勘探前景广阔。

第一节 油气勘探新进展

第三次资源评价后，十余年来在致密油、火山岩气藏、致密气藏勘探等方面取得了多项进展，在油气地质方面也取得了一些新理论认识。

一、中浅层石油进展

松辽盆地南部石油资源主要发育在白垩系泉头组三段及以浅的地层，自下而上分别为泉头组三段、四段、青山口组、姚家组和嫩江组。第三次资源评价时落实了松辽盆地南部石油资源量为 $19.85 \times 10^8 t$，发现资源以构造、构造—岩性型为主，并在多个地区发现了岩性油藏（高瑞祺等，1997）。"十五"之后，先后发现了大情字井等大型岩性油藏，同时证实了扶余油层致密油满坳含油，具有较大的资源潜力，进入"十二五"通过深化富集规律研究，攻关关键技术，致密油获得产能突破，成为吉林油田产量的重要组成部分，进而形成两项新的理论认识，一是三角洲前缘相带控油理论，三角洲前缘带与烃源岩形成良好配置，前缘带砂地比控制了油藏类型，砂地比处于 20%~40% 之间为大面积连片的岩性油藏，这一理论指导了大情字井、英台亿吨级油田和乾安地区岩性油藏富集区的勘探；二是致密油成藏理论，即坳陷中心河道砂体叠置于烃源岩之下，超压使油气垂向幕式排运到储层中，因储层致密，坳陷中心含油包络面以上的油层连片分布，这一理论有效指导了松辽盆地南部扶余油层致密油的发现与突破。

二、深层天然气进展

松辽盆地南部天然气藏主要发育在深层，自下而上发育下白垩统火石岭组、沙河子组、营城组、登娄库组和泉头组一段、二段。20 世纪，吉林探区以寻找构造圈闭为有利勘探目标，先后发现了布海、小合隆、小城子等一批次生碎屑岩气藏，探明天然气储量仅为 $23.3 \times 10^8 m^3$。2005 年长深 1 井营城组火山岩储层测试，获得日产 $46 \times 10^4 m^3$ 高产气流，揭开了松辽盆地南部深层天然气规模勘探的序幕。随后，英台、王府、德惠等断陷火山岩气藏、致密气藏相继获得突破，进一步证实了松辽盆地南部深层天然气巨大的资源潜力。形成了深层火山岩天然气成藏理论，松南深层断陷盆地发育多类型、多火山口、多期次喷发而形成的大型火山岩群，与富烃洼槽相配置，以孔隙和裂缝双重介质为储层形成构造或岩性—构造气藏，指导发现了整装长岭Ⅰ号气田、英台气田等（杜金虎，2010）。

第二节　油气地质条件

松辽盆地是中国东部具断坳双重结构的大型中—新生代沉积盆地，属于弧后裂谷盆地，盆地的形成演化主要受两种动力控制：一是地壳深部地幔物质的热动力，上地幔隆起大陆壳张裂；二是太平洋板块向亚洲大陆俯冲形成的动力。盆地早期发育主要受第一种动力的控制，中、晚期发育主要受第二种动力控制，由于两种动力性质的差异，使盆地在发展过程中表现为早期裂谷、中期坳陷和晚期抬升褶皱的特点。

一、构造特征

松辽盆地是叠置在古生代基底上的大型中—新生代盆地，具有明显的下断上坳的双重结构。白垩纪早期发育断陷期沉积地层，自下而上为火石岭组、沙河子组和营城组，登娄库组为断坳转换期，统称为深层；坳陷期地层为泉头组、青山口组、姚家组、嫩江组，统称为中浅层（图 3-1、图 3-2）。平面上构造单元的划分具有一定差异。根据坳陷期构造和地质特征，综合基底性质、埋深和深层构造，可划分为 4 个一级构造单元，即西部斜坡区、中央坳陷区、东南隆起区、西南隆起区，14 个二级构造单元（图 3-3）。深层划分为三个一级构造单元，即西部断陷带、中部断陷带和东部断陷带，可划分 13 个二级构造单元（图 3-4）。

二、烃源岩发育特征

松辽盆地自下而上发育五套烃源岩，分别为断陷期的火石岭组、沙河子组、营城组和坳陷期的青山口组、嫩江组，其中火石岭组、沙河子组为断陷层主力烃源岩，以生气为主；青山口组为坳陷层主力烃源岩，以生油为主。

（一）中浅层烃源岩特征

松辽盆地南部坳陷层发育青山口组和嫩江组两套烃源岩，其中青山口组烃源岩丰度高，类型好，且已达到成熟，生烃潜力较大。嫩江组烃源岩丰度较高，但一般为低熟，多数未发生排烃，对坳陷层生油贡献较小。

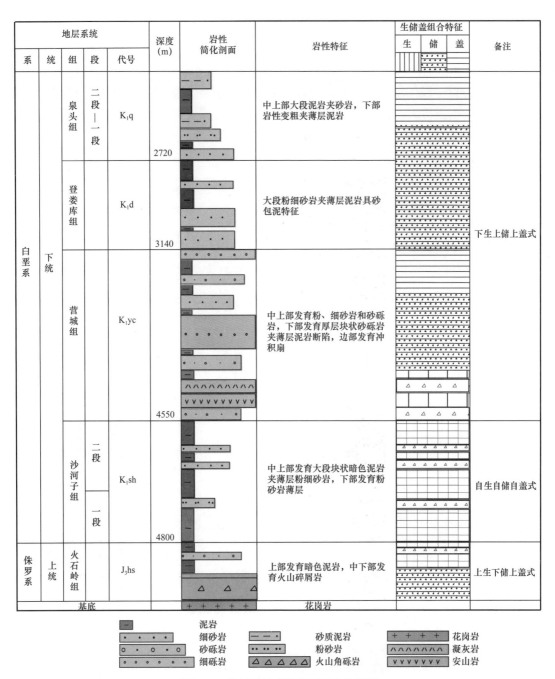

图 3-1　松辽盆地南部深层综合柱状图

1. 烃源岩分布特征

青山口组沉积期是松辽盆地急剧坳陷、盆地扩张、水进体系发育的主要时期，尤以早、中期水进最急，具有明显的"兴急衰缓"的特点。沉积中心处于大安—乾安，南薄北厚，泥岩最大厚度达 400m 以上（图 3-5），泥地比占 30%～50%；青山口组以灰黑、深灰色页岩为主，夹油页岩和灰色砂岩、粉砂岩，通过系统的岩心观察，认为青山口组主要发育正常三角洲沉积，可划分为三段。青一段岩性为油页岩，黑色页岩夹薄层泥灰岩和介壳层，青二段、三段为黑色泥岩、灰绿色泥岩、粉砂质泥岩，夹少量薄层粉砂岩和油页岩。青一段沉积时期，古松辽湖盆发育进入极盛时期，湖水扩张，大部分地区均为湖相沉积；青二段为青一段的继承性沉积，总体沉积环境与青一段类似，但总体上湖水略有退缩，砂体分布范围扩大；青三段沉积时期，全区湖水退缩更加明显，砂体从西向东延伸。岩性主要为紫红色、棕红色泥岩夹不等厚灰色、灰绿色、紫色粉砂岩。

系	统	组	段	代码	厚度(m)	岩性	岩性简述	沉积相	生	储	盖	油层组
		第四系			10～150		黄土状亚黏土、黑色淤泥质亚黏土、砂土及砂砾层，与下伏新近系呈平行不整合—不整合接触	冲积扇				
新近系		泰康组		Nt	0～160		灰绿、黄绿、深灰色泥岩与砂岩、砾岩互层，与下伏地层呈角度不整合接触	冲积扇、河流				
		大安组		Nd	0～140			冲积扇、河流				
白垩系	上统	明水组		K₂m	0～600		灰绿、灰黑色泥岩与灰色、灰绿色砂岩、泥质粉砂岩互层，与下伏四方台组呈整合—假整合接触	冲积扇				
		四方台组		K₂s	0～400		上部红色、紫红色泥岩类少量灰绿色砂岩、泥质粉砂岩；中部灰色细砂岩、粉砂岩、泥质粉砂岩、红色、紫红色泥岩互层；下部浅红色含细砾的砂泥岩夹棕灰色砂岩与泥质粉砂岩，与下伏嫩江组呈角度不整合接触	冲积扇				
		嫩江组	五段	K₂n₅	0～225		以深灰色泥岩为主，夹紫红、灰黑、泥质粉砂岩	三角洲				黑帝庙油层
			四段	K₂n₄	0～350		以灰黑色泥岩为主，夹紫红、棕红色泥岩及灰色粉砂岩、泥质粉砂岩					
			三段	K₂n₃	0～145		灰色、黑色泥岩、泥质岩，偶夹灰色细砂岩					
			二段	K₂n₂	0～180		灰黑色泥岩，底部为油页岩	湖泊+三角洲				
			一段	K₂n₁	0～120		以灰黑色泥岩为主，中部夹油页岩和劣质油页岩					萨尔图油层
		姚家组	二段+三段	K₂y₂₊₃	0～100		灰绿、紫红色泥岩和灰白色含钙粉砂岩、细砂岩互层	河流				
			一段	K₂y₁	0～60		紫红色泥岩，偶夹灰绿色粉砂质泥岩，灰白色粉砂岩					葡萄花油层
		青山口组	三段	K₂qn₃	0～370		紫红色泥岩夹紫色、浅灰色粉砂岩、泥质粉砂岩					
			二段	K₂qn₂	30～190		灰绿、灰黑色泥岩，夹灰色、偶夹灰褐色油页岩、泥质粉砂岩、钙质粉砂岩	湖泊+三角洲				高台子油层
			一段	K₂qn₁	25～150		上部以灰黑色泥岩为主，下部为灰黑色泥岩与灰色粉砂岩、泥质粉砂岩不等厚互层					
	下统	泉头组	四段	K₁q₄	500～1000		灰、黑色泥岩及灰绿、灰白色粉砂岩、泥质粉砂岩不等厚互层，下部泥岩以紫红色为主	河流				扶余油层
			三段	K₁q₃			以紫红色泥岩为主，夹灰绿、灰白色粉砂岩、细砂岩					杨大城子油层

图3-2 松辽盆地南部中浅层综合柱状图

嫩江组为湖盆由极盛转为逐渐衰亡的过程，根据嫩江组残留地层的分布特征，嫩一、二段继青山口组沉积时期后再次坳陷，容纳速率大于堆积速率，水面不断扩大，水体不断变深。在水进过程中，沿盆地周缘广泛发育厚度较薄的浅湖沙坝砂体，为松辽盆地的极盛期。嫩三段沉积之后湖盆开始整体抬升，水体变浅，以三角洲前缘亚相和浅湖亚相为主。

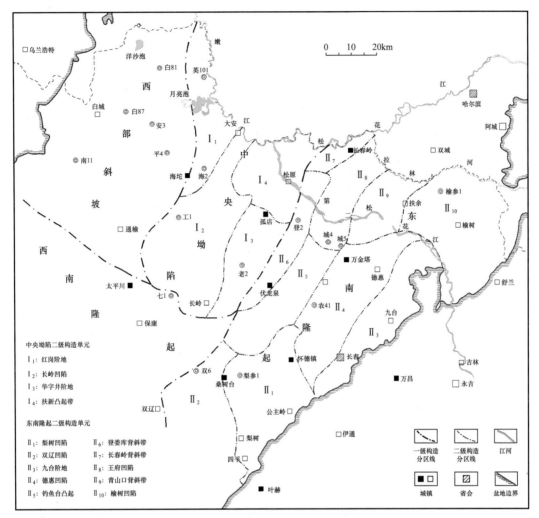

图 3-3　松辽盆地南部浅层构造单元分布图

2.有机质丰度

有机碳是指岩石中存在于有机质中的碳。考虑到碳元素一般占有机质的绝大部分，且含量相对稳定，故残余有机碳（TOC）一直被认为是反映有机质丰度的最好的指标，另外氯仿沥青"A"、S_1+S_2 也常作为评价丰度的重要指标。

从 TOC 直方图上可见青一段 TOC 含量普遍大于 1%，属于好烃源岩和最好烃源岩类，青二、三段烃源岩主要为中等、好、最好三个级别，其中 43.48% 烃源岩 TOC 值大于 1%；氯仿沥青"A"分布直方图显示青一段和青二、三段烃源岩氯仿沥青"A"值普遍大于 0.05%；两个层位烃源岩有机质丰度均在中等以上，青一段更高。

从嫩江组一段、二段的实测地球化学参数直方图上得知嫩一段有机质丰度高于嫩二段，两个层位实测 TOC 值普遍大于 1%，整体上为好烃源岩或最好烃源岩。从 TOC 直方图上可见，嫩一段主要为好烃源岩和最好烃源岩，嫩二段也以好烃源岩和最好烃源岩为主，含少量中等烃源岩。氯仿沥青"A"分布直方图显示嫩一段氯仿沥青"A"大部分大于 0.2%，嫩二段氯仿沥青"A"大于 0.2% 仅占 31.25%，介于 0.1%～0.2% 的占 31.25%，总体而言，嫩一段和嫩二段均有较高的有机质丰度，两者都以好烃源岩和最好烃源岩为主。

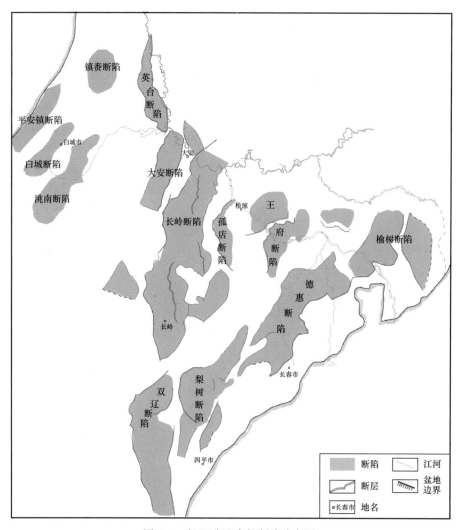

图 3-4　松辽盆地南部断陷分布图

3. 有机质类型

青山口组烃源岩类型以Ⅰ型、Ⅱ₁型有机质为主。红岗阶地、扶新隆起以及华字井阶地青一段和青二、三段均以Ⅰ型为主，少量Ⅱ₂型有机质；而长岭凹陷青一段Ⅰ型和Ⅱ₁型为主，其次为Ⅱ₂型；青二、三段烃源岩则以Ⅱ₁型、Ⅱ₂型为主，存在少量Ⅰ型和Ⅲ型干酪根。

嫩一段基本以Ⅰ型、Ⅱ₁型有机质为主，嫩二段有机质类型也比较好，为Ⅱ₁、Ⅱ₂型，嫩三段有机质类型较差，以Ⅲ型为主。平面上，嫩一段在整个中央坳陷区类型均较好，以

Ⅰ型、Ⅱ$_1$型为主。但在乾安—孤店区以Ⅱ$_1$型为主，西部斜坡区以Ⅱ$_2$型、Ⅲ型为主；嫩二段在红岗大安次凹区及南部黑帝庙区类型最好，以Ⅱ$_1$型为主，部分Ⅰ型，乾安—孤店区以Ⅱ$_2$型为主，西部斜坡区以Ⅱ$_2$型、Ⅲ型为主；嫩三段类型普遍较差，以Ⅱ$_2$型、Ⅲ型为主，仅在黑帝庙地区有部分Ⅱ$_1$型。

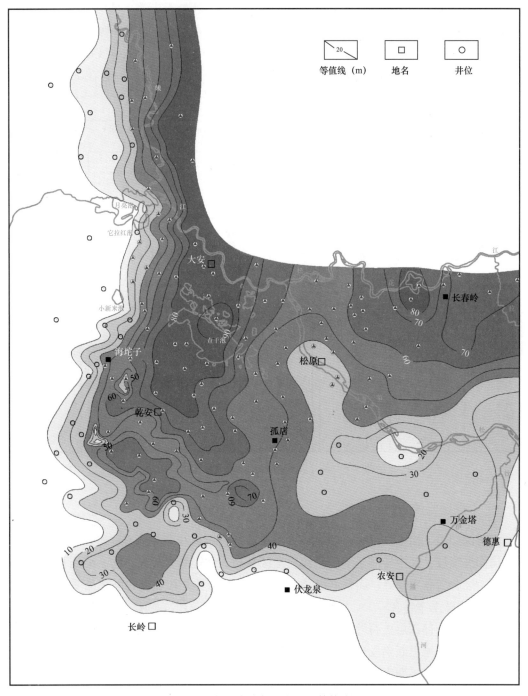

图 3-5　青一段暗色泥岩厚度等值线图

4. 有机质成熟度

松辽盆地南部中浅层烃源岩主要热演化参数随深度增加呈规律性变化（图3-6）。镜质组反射率和 T_{max} 均随深度增加而缓慢增大，表明有机质成熟度随深度增加逐渐升高。氯仿沥青 "A"、总烃、产率指数 $[S_1/(S_1+S_2)]$ 均随深度增加而先增后降，埋深小于1000m时，增加幅度不大，表明该阶段有机质生烃能力不强，还处于未熟—低熟阶段；当埋深达到1500m时，氯仿沥青 "A"、总烃及产率指数均达到最大值，此时烃源岩生烃达到高峰期；随着埋深的持续增大，三项指标均呈现降低的趋势。此外，有效碳（ C_p ）在埋深超过1500m时也呈现降低的趋势。这一现象表明松辽盆地南部中浅层烃源岩在1500m处不仅是生烃达到高峰期，而且也进入开始大量排烃的阶段。

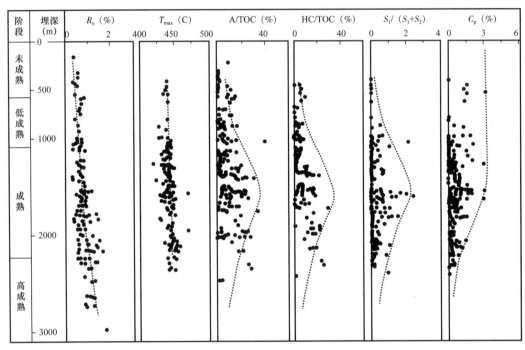

图 3-6 松辽盆地南部烃源岩热演化剖面图

（二）深层烃源岩特征

松南深层自下而上发育火石岭组、沙河子组、营城组三套烃源岩，岩性以暗色泥岩为主，局部夹煤层，其中沙河子组暗色泥岩全区分布，生烃潜力较大；火石岭组目前仅在局部揭示，烃源岩品质较好；而营城组烃源岩一般品质较差，仅在英台断陷品质较好。

1. 烃源岩分布特征

松辽盆地南部深层火石岭组的探井揭示相对较少，从探井和地震资料综合来看，目前仅在王府断陷和德惠断陷发现大面积发育的火石岭组烃源岩。沙河子组发育时期，沉积环境相对稳定，是断陷期水体最深的时期，整体上以湖相沉积为主体，各断陷均发育大套暗色泥岩，烃源岩分布最广。营城组沉积初期和晚期火山活动剧烈，仅在营城组沉积中期发育暗色泥岩，平面上有效烃源岩主要分布于英台、德惠和梨树断陷。

2. 有机质丰度

深层烃源岩由于成熟度较高，烃源岩中残留的液态烃、总烃以及生烃潜力均较低，不适合作为评价烃源岩丰度的指标，而 TOC 值受成熟度影响相对较小。因此，针对松南深层烃源岩有机质丰度，主要依据残留有机碳含量来评价。

松辽盆地南部深层营城组、沙河子组和火石岭组三套烃源岩有机质丰度总体上较好，TOC 值多大于 1%，沙河子组烃源岩和火石岭组烃源岩丰度较高，TOC 值一般为 1%～3%，营城组烃源岩各断陷丰度差异较大。梨树、英台以及榆树营城组好（TOC＞1.0%）烃源岩达到半数以上；沙河子组烃源岩王府断陷丰度最高，其次为德惠断陷；火石岭组揭示的烃源岩评价均较好，孤店和德惠断陷最好，其次为榆树断陷（表 3-1）。

表 3-1　松辽盆地南部不同断陷有机质丰度表

断陷	层位	有机碳（%）	断陷	层位	有机碳（%）
英台	营城组	1.51（454）/0.13～5.53	梨树	营城组	1.57（264）/0.014～5.97
	沙河子组	0.92（204）/0.07～2.43		沙河子组	1.03（88）/0.09～3.43
长岭	营城组	0.91（769）/0.01～5.98	德惠	营城组	1.37（329）/0.01～5.82
	沙河子组	1.18（298）/0.16～6.01		沙河子组	1.91（825）/0.01～5.94
	火石岭组	1.99（97）/0.03～6.01		火石岭组	1.85（335）/0.14～5.73
孤店	营城组	0.40（160）/0.05～2.12	榆树	营城组	1.58（136）/0.08～5.67
	沙河子组	0.47（132）/0.07～5.02		沙河子组	1.32（119）/0.05～5.95
	火石岭组	2.84（47）/0.09～4.7		火石岭组	1.31（51）/0.04～5.94
王府	营城组	0.93（46）/0.14～5.34	双辽	营城组	1.15（265）/0.04～5.75
	沙河子组	2.30（346）/0.39～5.96		沙河子组	1.20（286）/0.08～5.99
	火石岭组	2.11（217）/0.08～5.63		火石岭组	1.23（42）/0.01～4.77

注：数据格式——平均值（样品数量）/最小值～最大值。

3. 有机质类型

松南深层烃源岩多数处于高成熟—过成熟阶段，干酪根元素组成方法已经不适用，采用干酪根显微组分及干酪根类型指数判别有机质类型。各断陷间有机质类型差异较大，总体来看，英台断陷、长岭断陷营城组和沙河子组以 II_1 型和 II_2 型为主，类型较好，王府、榆树、德惠、双辽、梨树等断陷营城组、沙河子组、火石岭组三套烃源岩均以 II_2 型和 III 型干酪根为主，沙河子和火石岭组存在少量 II_1 型和 I 型干酪根。

4. 有机质成熟度

松辽盆地南部、中部断陷带三套烃源岩的埋深相对较大，有机质成熟度基本处于成熟阶段的晚期—过熟阶段，烃源岩以生气为主。但对于英台断陷部分 II_1 型有机质，处在成熟阶段晚期和高熟阶段往往会形成凝析油气（图3-7）。东部断陷带由于抬升剥蚀的影响，三套烃源岩埋深相对较浅，有机质多处于成熟阶段。类型主要为II_2型和III型，以生气为主。德惠断陷和梨树断陷存在部分I型和II_1型有机质，使得烃类气藏中伴随着凝析油的产出。

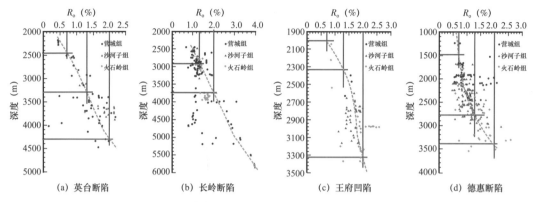

图3-7　松辽盆地南部深层重点断陷烃源岩成熟度随深度演化特征

三、储层发育特征

松辽盆地南部储层主要分布于白垩系，自下而上分布于火石岭组、沙河子组、营城组、登娄库组、泉头组、青山口组、姚家组和嫩江组。石油资源的主力储层主要为泉头组四段、青山口组、姚家组和嫩江组，天然气资源的主力储层为火石岭组、沙河子组、营城组和登娄库组砂岩。其中中浅层储层岩性以砂岩为主，深层储层岩性以砂岩、砂砾岩、火山岩为主。

（一）中浅层储层特征

松辽盆地南部中浅层储层主要为三角洲、河道砂体，西部缓坡带还发育浊流砂体，其中三角洲、辫状河三角洲、浅水三角洲、扇三角洲和河流形成的分支河道、水下分支河道、河口坝和主河道砂体颗粒粗，分选磨圆好，往往发育优质储层。平面上发育西部、西南、东南、东部和北部五大沉积体系（图3-8、图3-9），储层岩性以粉砂岩和细砂岩为主，胶结物以泥质为主，一般含量为6%~10%，埋深1500m以浅属于压实—中成岩阶段。纵向上各油层物性在不同地区储集物性差异较大（表3-2），整体来看物性受埋深影响较大，黑帝庙油层物性最好，扶余油层物性最差，储集空间原生孔隙较为常见，其他油层物性储集空间以混合孔隙为主。与扶余油层相比，杨大城子油层物性相对较好，主要是因为其主要分布于新立等构造发育区，而不是全区发育。按照渗透率1mD为界限划分为常规和致密储层两种，松辽盆地南部中浅层致密储层主要发育在扶余油层，埋深一般大于1750m，孔隙度一般为5%~12%，渗透率为0.01~1mD，储集空间类型以粒间孔、溶孔和微孔为主，孔隙连通性差，中值孔喉半径一般小于0.4μm，储层平面和纵向变化快，非均质性强。

表 3-2　松辽盆地南部中浅层储层综合评价表

油层	孔隙度（%）		渗透率（mD）		主要成岩作用时期	主要孔隙类型	砂体类型	砂体厚度（m）	样品个数
	最大值	平均值	最大值	平均值					
黑帝庙油层	31～33	25～28	1073～2876	140～586	早成岩期B亚期或晚成岩期A亚期	混合孔隙	三角洲	30～100	1149
萨尔图、葡萄花油层	27～35	18～27	15～2818	37～450	早成岩期B亚期或晚成岩期A亚期	混合孔隙	浅湖三角洲	15～70	301
高台子油层	24～28	16～18	150～1673	41～345	早成岩期B亚期或晚成岩期A亚期	混合孔隙	辫状河三角洲和三角洲	10～200	3213
扶余油层	16～30	9～25	5～2108	0.37～505	早成岩期B亚期或晚成岩期A亚期	混合孔隙	河流三角洲	20～70	2066
杨大城子油层	20～31	13～26	24～3413	1.85～765	早成岩期B亚期或晚成岩期A亚期	混合孔隙	河流三角洲	60～160	227

注：混合孔隙指原生孔隙与次生孔隙均发育。

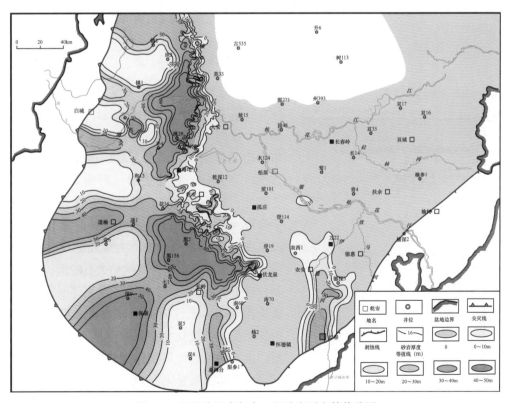

图 3-8　松辽盆地南部青一段砂岩厚度等值线图

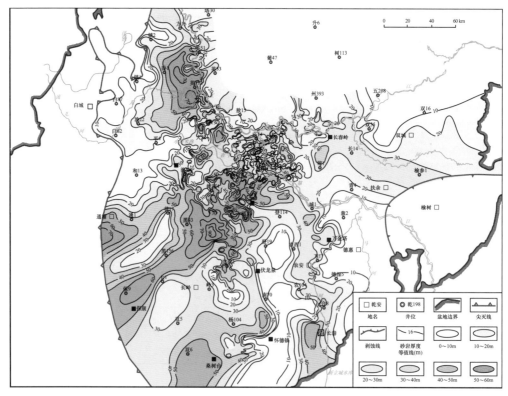

图 3-9　松辽盆地南部泉四段砂岩厚度等值线图

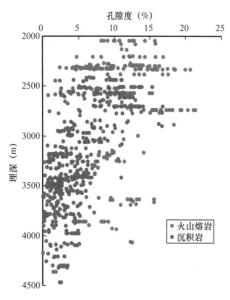

图 3-10　松辽盆地南部不同岩性孔隙度随
埋深关系图

（二）深层储层特征

　　松辽盆地南部深层主要发育碎屑岩和火山岩两种类型储层。其中碎屑岩储层岩性主要为砂岩、砂砾岩，纵向上各组段均有发育，有利碎屑岩储集相为扇三角洲、近岸水下扇、湖底扇。储层埋深为 500～5000m，物性受埋深影响大，2500m 以下孔隙度一般小于 10%，渗透率一般小于 1mD，属于致密砂岩；2500m 以上孔隙度一般为 10%～20%，渗透率一般为 1～10mD，为常规储层。火山岩储层纵向上主要分布于营城组和火石岭组，平面上主要分布于英台、长岭、王府、德惠等断陷。岩性主要为流纹岩、流纹质火山碎屑岩、粗安岩等。火山岩储层物性变化大，孔隙度从 4%～23% 均有分布。由于火山岩抗压实作用较强，与碎屑岩相比，储层物性随埋深变化较小，即使在埋深大于 3000m 处，火山岩仍可成为较好储层（图 3-10）。

第三节 常规与非常规油气藏特征与成藏模式

根据目前勘探现状,松辽盆地南部同时发育常规和非常规油气藏(邹才能等,2011),其中松南中浅层主要发育常规油藏和致密油藏,常规油藏在下部、中部和上部组合中均有发育,致密油藏主要发育于下部组合扶余油层中埋深大于1750m的地层中;松南深层主要发育常规气藏和致密气藏,常规天然气主要为以泉一段和登娄库组为代表的次生碎屑岩气藏和以营城组和火石岭组为代表的火山岩气藏;非常规天然气主要为以营二段为代表的致密砂岩气藏。下面分中浅层油藏和深层气藏分别阐述成藏模式。

一、中浅层油藏特征

松辽盆地南部中浅层发育下部、中部和上部三套成藏组合,发育常规油和致密油两种类型资源。常规油三套成藏组合中均有发育,油藏类型多样,主要包括构造油藏、岩性—构造油藏、构造—岩性油藏、断层—岩性油藏和岩性油藏;致密油藏主要分布于中央坳陷区下部组合的扶余油层,为大面积连片分布的岩性油藏。

(一)常规石油成藏模式

1. 下部成藏组合

下部成藏组合(孙雨等,2013)包括杨大城子油层和扶余油层两套,其中杨大城子油层分布局限,仅在东部扶新隆起区的新木、扶余等地区分布,一直作为兼探层。扶余油层一直以来是吉林油田勘探开发的主力目的层,全区广泛分布,资源量大。扶余油层常规油发育区一般位于构造斜坡带,圈闭发育,具有较好的构造背景,埋深小于1750m,物性较好,孔隙度一般为15%~28%,渗透率一般为5~504mD。油气由凹陷区的青山口组烃源岩生成后,通过砂体、断裂向两侧构造高部位地区阶梯式运移,形成了构造油藏或岩性构造油藏,局部发育构造岩性或断层岩性油藏(图3-11)。

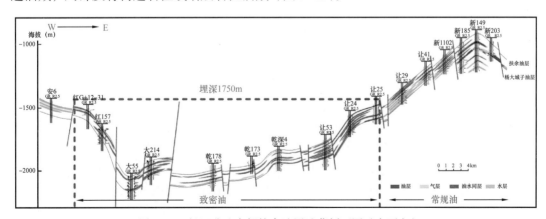

图3-11 松辽盆地南部扶余油层油藏剖面图(东西向)

2. 中部成藏组合

高台子油层是盆地南部中央坳陷区发育最广泛的油层之一，为自生、自储、自盖式生储盖组合，油源充足。从勘探结果看凹陷内部垂向运移起主导作用，青一段暗色泥岩与砂岩的叠合范围，宏观上控制了青山口组油气的分布范围。同时油藏类型受沉积相带控制，从三角洲砂体核部到前缘岩性油气藏的类型呈规律性的变化（葛岩等，2013），砂体核部（砂地比＞40%）以低幅度构造油藏为主，三角洲前缘（砂地比在20%～40%）则以构造—岩性、断层—岩性油气藏为主，至三角洲外前缘（砂地比＜20%）以砂岩透镜体油气藏和薄层岩性油气藏为主（图3-12）。

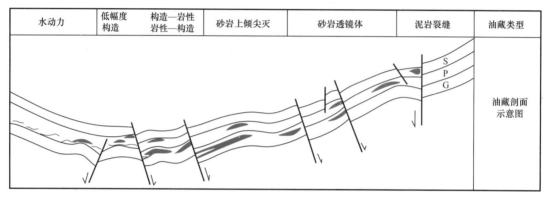

图3-12　西南沉积体系中部组合油气分布模式图

S—萨尔图油层；P—葡萄花油层；G—高台子油层

葡萄花油层主要分布于北部和西南沉积体系，分布范围较小，砂岩横向上不连通，纵向上以单砂体为主，油气藏分布连续性较差。青山口组烃源岩生成的石油通过断层向上运移至储层，形成下生上储型含油组合。构造背景宏观上控制了油气的运移和聚集，鼻状构造背景和反向正断层是油气聚集的有利条件，断层起到了油气封堵作用，油藏类型以构造岩性油藏为主。

萨尔图油层主要分布于西部沉积体系，油气源对比结果表明，萨尔图油层油源主要为中央坳陷区的青山口组烃源岩，以侧向运移为主。油气藏受构造控制比较明显，目前已发现的油藏主要分布于构造发育区，如红岗油田的背斜油气藏、四方坨子地区的低幅度构造油气藏和套保油田的构造—岩性油气藏。

3. 上部成藏组合

上部成藏组合为黑帝庙油层，主要分布于嫩三段和嫩四段，以青山口组或嫩江组一段、二段为烃源岩形成的下生上储型油藏。有效烃源岩分布控制油气藏的形成与分布，已发现的油气藏主要分布在生烃凹陷附近。三角洲前缘砂体与构造背景的合理配置形成构造岩性油藏，断层发育区有利于油气藏的形成，断层在油气成藏早期过程中一方面是沟通烃源岩和储层的通道，另一方面断层在后期起遮挡作用并与岩性圈闭配合形成断层—岩性油气藏（图3-13）。

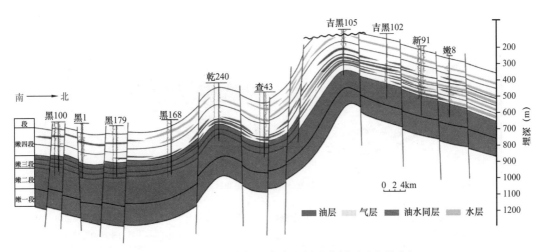

图 3-13　松辽盆地南部黑帝庙油层油藏剖面（南北向）

（二）致密油成藏模式

松辽盆地南部致密油主要分布于中央坳陷区的扶余油层。青一段发育大面积的厚层烃源岩是扶余油层致密油成藏的基础，中央坳陷区烃源岩类型好、有机质丰度高、生排烃强度大。青一段烃源岩厚度一般为 40～120m，分布面积为 13000km^2，有机质类型为 Ⅰ、Ⅱ$_1$ 型，致密油区有机碳丰度一般为 1.0%～2.5%，镜质组反射率主要为 0.7%～1.0%，排烃强度为 $90×10^4$～$400×10^4$t/km^2。中央坳陷区砂体厚度一般为 20～60m，砂地比一般为 35%～60%。（水下）分支河道砂体来回摆动，横向上连通性较差，纵向上相互叠置，形成大面积低渗透储层，在中央坳陷区"满盆含砂"。扶余油层储层物性随深度增加，物性逐渐变差。研究表明中央坳陷区（埋深大于 1750m）扶余油层储层物性差，孔隙度一般小于 10%，渗透率一般小于 1mD。

致密油成藏模式为"上生下储、超压排烃、倒灌成藏"。坳陷中心青山口组优质烃源岩生烃强度大，自嫩江组沉积期末持续至现今，使得坳陷内烃源层普遍存在超压。油气在烃源岩超压作用下，穿过烃源岩底面、侧接面或以断层（微裂隙）为通道，幕式向下排运到扶杨油层后，由于储层较致密，孔隙及喉道狭小，油受到的浮力远小于界面张力，浮力无法驱动油的运移。随埋深和生烃增加，进入储层的油在超压驱动下，以活塞推动方式将可动水和弱束缚水向下和向凹陷周边排挤。上覆青一、二段暗色泥岩厚度和超压控制油气分布范围，形成坳陷中含油包络面以上油层连片分布的致密油藏（图 3-14）。

二、深层气藏特征

从目前的勘探现状来看，松辽盆地南部深层同时发育常规和非常规两类气藏，其中常规天然气主要为以泉一段和登娄库组为代表的次生碎屑岩气藏，以及以营城组和火石岭组为代表的火山岩气藏；非常规天然气主要为以营二段为代表的致密砂岩气藏。

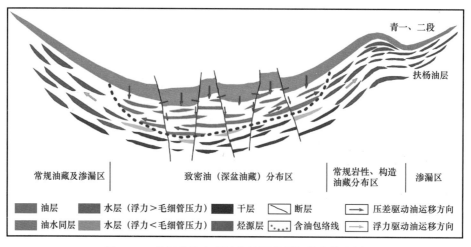

图 3-14　松辽盆地南部扶余油层成藏与分布模式图

（一）常规天然气成藏模式

1. 次生碎屑岩气藏成藏模式

次生碎屑岩气藏指的是断陷层系（营城组、沙河子组、火石岭组）形成的气藏在遭受嫩江组沉积期、明水组沉积期区域构造运动破坏，沿断裂运移至泉一段和登娄库组碎屑岩储层中，再次聚集成藏。该类气藏主要分布于伏龙泉、德惠、王府等后期反转作用较强的区带。储层以粉、细砂岩为主，埋深为 500~2000m，孔隙度一般为 10%~20%，渗透率大于 1mD，泉二段泥岩可作为良好的区域盖层，形成构造气藏或岩性—构造气藏（图 3-15）。

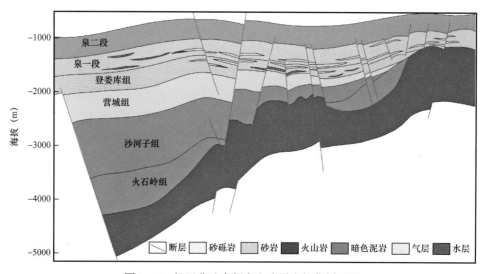

图 3-15　松辽盆地南部次生碎屑岩气藏剖面图

2. 火山岩气藏成藏模式

松辽盆地南部火山岩气藏主要发育于营城组和火石岭组的火山岩相中，平面上以英台、王府、长岭、德惠四个断陷最为发育。根据源储接触特征或天然气运移特征，可将火山岩气藏划分为两种成藏模式：源上火山岩成藏模式和侧源火山岩成藏模式。

源上火山岩成藏模式其特点为烃源岩位于火山岩下部，通过断层或者火山岩自身向上运移至火山岩上部储层聚集成藏（龙深1气藏、长岭1号气藏等）。火山岩储层储集空间类型多，孔隙结构复杂，非均质性强，原生孔隙、次生孔隙和裂缝均有发育。由于火山岩储层裂缝的发育，裂缝内流体较活跃，使得次生孔隙多沿裂缝呈串珠状分布。裂隙不仅是深层天然气存储的重要场所，更重要的是沟通了原生孔隙和次生孔隙，改善了火山岩储层渗流能力，使气藏具有统一的气水界面。由于该类气藏的分布不仅受到火山岩储层物性的制约，还受构造控制，故此为岩性—构造气藏（图3-16）。

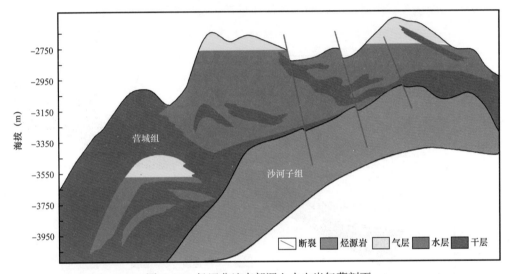

图 3-16　松辽盆地南部源上火山岩气藏剖面

第二种成藏模式为侧源火山岩气藏模式，火山岩储层与烃源岩侧向对接，烃源岩生成的天然气通过侧向运移至火山岩储层中聚集成藏，如王府断陷火石岭组气藏和德惠断陷营城组气藏。以王府断陷火石岭组火山岩气藏为例，火山岩岩性主要为流纹岩、粗安岩和粗安质火山碎屑岩，储层以原生气孔和次生溶蚀孔为主，气源来自侧向的火石岭组和沙河子组烃源岩，烃源岩供烃窗口的高度决定了气层的底界，烃源岩最大埋深之下，主要为水层，储层与烃源岩侧向对接形成岩性—构造或构造—岩性气藏（图3-17）。

（二）致密砂岩气成藏模式

松南深层致密气主要发育在火石岭组、沙河子组和营二段的碎屑岩储层中，埋深一般大于3500m，孔隙度为3%～10%，渗透率为0.01～1.0mD。致密砂岩气藏具有连片成藏、运移距离短的特点，其成藏规模和油气丰度受到源、储品质的共同制约，为典型的自生自储型岩性气藏（赵泽辉等，2016）（图3-18）。以英台断陷营城组二段致密砂岩气藏为例，英台断陷营二段岩性组合为暗色泥岩与沉火山碎屑岩交互沉积，暗色泥岩有机质丰度从0.6%～4.3%均有分布，但一般大于1%，有机质以Ⅱ型为主，镜质组反射率为1.21%～2.2%，一般大于1.35%，处于高熟—过熟阶段，生气强度可达（300～700）×$10^8 m^3/km^2$。沉火山碎屑岩随深度增加，原生孔逐渐减小，溶蚀孔、微裂缝逐渐增多；含砾粗砂岩（含凝灰质）溶蚀孔相对发育，物性较好，孔隙度一般为7%～12%，粒度越细物性越差，如沉凝灰岩孔隙度一般为3%～6%。勘探实践证实，英台断陷营二段在有效烃源岩分布区内整体含气，但不同地区之间气层的厚度及含气饱和度均存在差异。如LS305井位于生烃洼槽内，孔隙度为7%～12%，试气日产$20×10^4 m^3$；LS6井紧邻生烃洼槽，以侧向运移为主，孔隙度为3%～5%，试气日产$0.38×10^4 m^3$，产水$2.04 m^3$。综合分析认为这主要是烃源岩和储层品质决定了含气饱和度和产能，紧邻优质烃源岩的有效储层物性越好，气藏饱和度越大，产能越高；而远离优质烃源岩或有效储层不发育区气层厚度小，饱和度低。

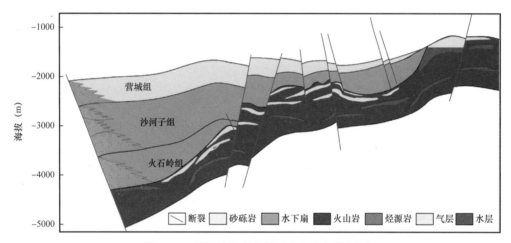

图3-17　松辽盆地南部侧源火山岩气藏剖面

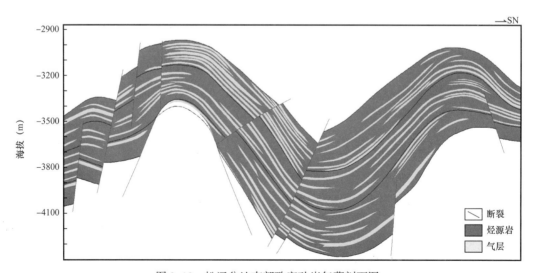

图3-18　松辽盆地南部致密砂岩气藏剖面图

第四节　油气资源潜力与有利勘探方向

本次评价资源类型包括松辽盆地南部中浅层的常规石油和致密油资源，松南深层常规天然气和致密砂岩气资源。资源评价首先要对评价区进行评价单元划分，其次选用合适的资源评价方法开展评价（邱振等，2013），最终确定各资源类型资源潜力。

评价单元的划分主要是针对不同资源的分布特征，以二级构造单元为主要依据，考虑沉积体系及成藏特征，纵向上考虑不同油气类型分布特征，将松南中浅层石油资源共划分为 13 个常规油区带、3 个致密油区带，天然气资源以断陷或洼槽为评价区带，按照碎屑岩、火山岩及致密砂岩气 3 种天然气藏类型划分为 27 个评价区带。

常规油及常规气资源按照区带的勘探程度，分别选择统计法、类比法及成因法（周总瑛等，2005）开展资源评价（金之钧和张金川，1999）；致密油气资源考虑区带的勘探程度，分别选择小面元法、EUR 类比法及分级资源丰度类比法（郭秋麟等，2014）开展资源评价（邬光辉等，2007）。主要评价区带及评价方法见表 3-3。

表 3-3　松南常规及非常规油气资源评价单元及评价方法选取表

资源类型	评价区带	统计法			资源丰度类比法	小面元容积法（油）/快速评价法（气）	成因法
		油气藏规模序列法	油气藏发现序列法	广义帕莱托法	刻度区		
常规油	乾安断层岩性区带 H				乾安大情字井区带		
	黑帝庙岩性区带 H						
	乾安大情字井区带 SPG	是	是	是			
	英台四方坨子区带 SPG	是	是	是	英台—四方坨子区带		
	红岗大安区带 SPG	是	是	是			
	西部斜坡区带 SPG	是	是	是			
	红岗西斜坡区带 FY						
	扶新隆起区带 FY	是	是	是			
	沿江构造岩性区带 H	是	是	是	扶新隆起区带		
	长春岭区带 FY	是	是	是			
	孤店大老爷府区带 SPG	是	是	是			
	扶新隆起区带 SPG	是	是	是			
	孤店大老爷府区带 FY	是	是	是			
致密油	红岗大安海坨子区带				红岗大安刻度区	是	
	长岭凹陷区带					是	
	新北让字井区带					是	

续表

资源类型	评价区带	统计法			资源丰度类比法	小面元容积法（油）/快速评价法（气）	成因法
		油气藏规模序列法	油气藏发现序列法	广义帕莱托法	刻度区		
碎屑岩气藏	英台断陷				英台断陷碎屑岩		是
	德惠断陷						是
	王府断陷						是
	梨树断陷						是
	伏龙泉						是
	镇赉断陷						
	洮南断陷						
	平安断陷						
	白城断陷						
火山岩气藏	英台断陷				英台断陷火山岩		是
	双辽断陷						是
	德惠断陷						是
	王府断陷						是
	前神字井洼槽						是
	查干花洼槽						是
	黑帝庙洼槽						是
	哈什垞洼槽						是
致密砂岩气藏	英台断陷				英台断陷致密气	是	是
	王府断陷					是	是
	德惠断陷					是	是
	梨树断陷					是	是
	榆树断陷					是	是
	孤店断陷					是	是
	大安断陷					是	
	伏双大洼槽					是	是
	乾北洼槽					是	是
	前神字井洼槽					是	是

一、油气资源评价

（一）石油资源评价

松辽盆地南部石油资源勘探程度高，油藏认识相对较清楚。考虑类比法及统计法对高勘探程度地区资源计算效果较好，本次资源评价主要应用统计法及类比法（吴晓智等，2016）。

按照刻度区选取的"三高"原则，即勘探程度高、研究认识程度高及资源探明率高。通过分析油气成藏条件，并借鉴三次资评刻度区，沿用扶新隆起区带、大情字井区带及英台四方坨子区带作为本次常规油资源评价的刻度区，获取关键参数，其中资源丰度为 $13 \times 10^4 \sim 23 \times 10^4 t/km^2$，主体为 $15 \times 10^4 t/km^2$，可采系数为 $18\% \sim 22\%$；致密油考虑到大安地区成藏认识清楚，开发时间长，选取红岗大安作为致密油资源评价的刻度区，资源丰度为 $40 \times 10^4 t/km^2$，可采系数为 18%。

1. 常规油资源评价

1) 类比法

类比法的主要原理是相同地质条件具有相似的油气聚集规律，通过总结评价区的关键地质参数，与刻度区类比，确定评价区与刻度区的相似程度，最终求取评价区资源量。

松南中浅层常规油资源发育三种类型油藏，分别是构造型、岩性型及构造—岩性型，各评价区带分别选择合适的刻度区进行类比评价（表3-4）。

表3-4 松辽盆地南部中浅层石油资源评价单元划分表

盆地	资源类型	层系	成藏组合	评价单元	油藏类型	类比刻度区
松辽盆地南部	常规油	K_2n	上部黑帝庙成藏组合	乾安断层岩性区带 H	构造—岩性、岩性、断层—岩性	乾安大情字井刻度区
				黑帝庙岩性区带 H		
				沿江构造岩性区带 H	岩性—构造、构造	扶新隆起带刻度区
		K_2y+K_2qn	中部萨葡高成藏组合	乾安大情字井区带 SPG	构造—岩性、岩性、断层—岩性	乾安大情字井刻度区
				西部斜坡区带 SPG	岩性—构造、构造—岩性、构造	英台四方坨子刻度区
				英台四方坨子区带 SPG		
				红岗大安区带 SPG		
				孤店大老爷府区带 SPG	岩性—构造、构造	扶新隆起带刻度区
				扶新隆起区带 SPG		

盆地	资源类型	层系	成藏组合	评价单元	油藏类型	类比刻度区
松辽盆地南部	常规油	K_2q_{3-4}	下部扶杨成藏组合	红岗西斜坡区带 FY	岩性—构造、构造—岩性、构造	英台四方坨子刻度区
				扶新隆起区带 FY	岩性—构造、构造	扶新隆起带刻度区
				长春岭区带 FY		
				孤店大老爷府区带 FY		
	致密油			红岗大安海坨子区带	岩性	红岗大安致密油刻度区
				长岭凹陷区带		
				新北让字井区带		

注：H—黑帝庙油层；SPG—萨尔图、葡萄花、高台子油层；FY—扶余、杨大城子油层。

应用类比法，对各个区带进行资源计算，确定常规油 13 个区带资源量合计 228521×10^4t（表 3-5）。

2）统计法

统计法是一类利用历史经验的趋势推断法，通过数学统计分析方法将历史资料按趋势合理的拟合成资源储量的增长曲线，将过去的勘探与发现状况有效的外推至未来或穷尽状态，据此对资源总量进行求和计算。该类方法通常适用于成熟或较成熟勘探地区的中、后期评价阶段。具体的方法包括油藏规模序列法、油藏发现序列法及广义帕莱托法等。松南中浅层各个区带勘探程度较高，提交储量区块较多，可以应用此类方法进行评价计算，其中乾安断层岩性区带黑帝庙油层、黑帝庙岩性区带黑帝庙油层及红岗西斜坡区带扶杨油层三个区带由于储量提交区块较少，勘探程度低，统计法应用效果较差，故仅用类比法进行资源计算（表 3-5）。

3）综合

松南中浅层各个评价区带整体勘探程度较高，通过各类方法计算各个区带的石油资源量差距较小，最后综合确定各个区带的最终资源量时，油藏规模序列法、油藏发现序列法、广义帕莱托法及类比法权重值相同，各个区带的最终结果为各种方法计算结果的平均值，最终确定松辽盆地南部中浅层常规油资源量为 22.5×10^8t。其中上部组合黑帝庙油层资源量为 1.9×10^8t，中部组合萨尔图、葡萄花、高台子油层资源量为 11.5×10^8t，下部扶杨油层资源量为 9.1×10^8t（表 3-5）。

2. 致密油资源评价

松辽盆地南部扶余油层致密油主要按照渗透率为 1mD、0.1mD 划分为三个评价区带，由西向东分别是红岗大安海坨子区带、长岭凹陷区带和新北让字井区带，其中，中部的长岭凹陷区带渗透率一般小于 0.1mD，其余两个斜坡区带渗透率为 0.1～1mD。致密油不同于常规油,油藏呈连续分布,传统的评价方法并不适用,本次针对致密油选取了小面元容积法、资源丰度分类类比法等方法计算资源量(王社教等,2014)。

表3-5 松南中浅层常规油资源量汇总表

序号	区带	区带面积（km²）	地质资源量（10⁴t）					可采资源量（10⁴t）				
			统计法			类比法	最终取值	统计法			类比法	最终取值
			规模序列	发现序列	广义帕莱托	面积类比		规模序列	发现序列	广义帕莱托	面积类比	
1	沿江构造岩性区带 H	1384	10502	10336	8281	10514	9908	2522	2613		2141	2425
2	乾安断层岩性区带 H	425				3087	3087				628	628
3	黑帝庙岩性区带 H	1246				6033	6033				1228	1228
4	西部斜坡区带 SPG	5098	14800	14925		14367	14697	1701	1778		3331	2270
5	英台四方坨子区带 SPG	1255	14080	14240		14147	14156	3028	2963		3280	3091
6	红岗大安区带 SPG	1303	15046	14894	10919	15189	14012	4250	3063		3522	3612
7	乾安大情字井区带 SPG	6680	64513	64873		65695	65027	12437	12514		13373	12775
8	孤店大老爷府区带 SPG	579	4017	3919	4742	4532	4303	482	505	868	1073	732
9	扶新隆起区带 SPG	531	2825	2896	2488	3300	2877	623	614	413	781	608
10	扶新隆起区带 FY	2628	70336	70779			70558	16918	16507			16712
11	长春岭区带 FY	1085	8042	8030		7993	8022	2067	2082		1892	2014
12	红岗西斜坡区带 FY	846				2168	2168				503	503
13	孤店大老爷府区带 FY	1188	9994	10222	9908	10939	10266	1430	1454	1216	2590	1673
	合计						225112					48270

注:H—黑帝庙油层;SPG—萨尔图、葡萄花、高台子油层;FY—扶余、杨大城子油层。

1）小面元容积法

为了精细评价致密油资源，本次将致密油资源进行分类计算。通过统计录井显示数据与储层物性数据（孔隙度、渗透率）的相关性（图3-19）可以看出，低孔隙度、低渗透率的储层以荧光显示为主，有少量油迹显示，而油迹级以上显示均为孔隙度大于5%，渗透率大于0.03mD。考虑致密油储层物性及含油性的这些特征，将油迹级（含）以上的显示厚度作为有效厚度，以孔隙度大小作为分类依据，孔隙度大于9%划分为Ⅰ类，渗透率一般大于0.2mD，孔隙度为5%～9%的划分为Ⅱ类，渗透率一般为0.04～0.2mD，孔隙度小于5%划分为Ⅲ类，渗透率一般小于0.04mD，以此对致密油资源进行分类计算。

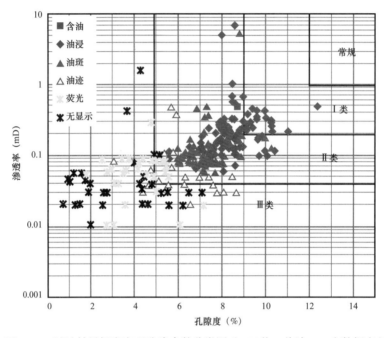

图3-19　试油结果标定宏观孔渗参数分类图（4口井，共计352个数据点）

为了突出致密油资源近期可动用性，更加精细准确的预算评估致密油可动用资源量，我们重点针对三个区带分砂组计算可动用致密油资源量（Ⅰ、Ⅱ类）。

最终计算出扶余油层致密油总资源量为 $9.75 \times 10^8 t$，可采资源量为 $1.15 \times 10^8 t$。

2）资源丰度类比法

致密油资源丰度类比法与常规油气资源丰度类比法的原理完全相同，但是在具体实践过程中存在很大的差异，主要是致密油资源质量相差较大，不仅要评价地质资源的总量，更要评价地质资源的质量（贾承造等，2012）。为此，首先将评价区按资源丰度与地质认识相结合划分为A、B、C三类区，即A类（相当于潜力区、核心区或"甜点区"）、B类（相当于远景区、扩展区或非"甜点区"）和C类（相当于较长时间不能投入的不可动用区），然后分别进行类比评价。统计分析A、B、C类地区各项地质参数，按照地质类比标准分别予以打分，然后与已建立的红岗大安刻度区进行类比评价，求取相似系数，根据相似系数和刻度区的面积资源丰度，求出评价区地质资源量，确定三个评价区带的资源量共 $9.7 \times 10^8 t$。

3）容积法

容积法与小面元法原理相同，计算致密油资源量合计为 $9.6 \times 10^8 t$。

综合对比三种方法，资源量结果相差不大，资源丰度类比法精细考虑到各类参数的取值，分类原则也是基于资源丰度及地质认识，计算结果相对可靠，该种方法权重值稍高，为 0.4；其余两种方法由于原理相同，权重值均为 0.3。最终确定致密油总资源量为 $9.7 \times 10^8 t$，可采资源量为 $1.37 \times 10^8 t$（表 3-6）。

表 3-6 各区带致密油资源结果汇总表

计算单元	小面元法			容积法			资源丰度类比法			各方法综合	
	资源量（$10^4 t$）		权重系数	资源量（$10^4 t$）		权重系数	资源量（$10^4 t$）		权重系数	资源量（$10^4 t$）	
	地质	可采		地质	可采		地质	可采		地质	可采
红岗大安海坨子区带	30418	5044	0.3	33716	5395	0.3	35626	6413	0.4	33491	5697
长岭凹陷区带	28538	2690		29186	2627		26522	4774		27926	3505
新北让字井区带	38337	3764		33072	2976		34964	6294		35408	4540
合计	97526	11498		95974	10998		97112	17480		96825	13742

（二）天然气资源评价

按照松南深层发育的三类气藏类型，各洼槽、断陷具有独立的成藏系统，因此根据气藏类型、断陷、洼槽将松南深层天然气划分为 24 个评价单元。针对勘探程度较低地区资源评价多采用类比法和成因法，本次松南深层天然气资源评价也以这两种方法为主，致密气还采用了蒙特卡罗法。按照"勘探程度高""地质规律认识程度高""油气资源探明率较高或资源的分布与潜力的认识程度高"的原则，建立了英台断陷碎屑岩、火山岩及致密气刻度区。

通过刻度区解剖，建立不同层位、不同油气藏类型的关键参数，主要包括运聚系数、油气资源丰度、可采系数、含气面积系数等（表 3-7），可作为评价区类比的参照标准。

表 3-7 松辽盆地南部深层天然气刻度区关键参数表

类别	各项参数	数值
火山岩	资源量（$10^4 m^3$）	954.3
	运聚系数（%）	1.77
	地质资源丰度（$10^8 m^3/km^2$）	1.67

续表

类别	各项参数	数值
火山岩	可采资源丰度（$10^8m^3/km^2$）	0.68
	可采系数（%）	40
致密气	资源量（10^4m^3）	1950
	营二段沉火山碎屑岩运聚系数（%）	3
	营二段致密气地质资源丰度（$10^8m^3/km^2$）	3.42
	可采资源丰度（$10^8m^3/km^2$）	1.368
	可采系数（%）	40
碎屑岩	资源量（10^4m^3）	431.3
	运聚系数（%）	0.61
	地质资源丰度（$10^8m^3/km^2$）	0.82
	可采资源丰度（$10^8m^3/km^2$）	0.41
	可采系数（%）	50

1. 常规天然气资源评价

常规天然气主要包括15个评价区带，通过对各区带天然气成藏特征分析，总结烃源岩、储层、盖层、成藏条件等相关地质参数，对其地质特征进行综合评价，确定各个评价单元与刻度区的相似系数，结合刻度区的资源丰度等相关参数开展类比法资源量评价。成因法主要应用于长岭、德惠、王府、梨树、双辽、孤店及榆树等7个烃源岩认识相对清楚的断陷，通过"五史"模拟，建立不同类型的产烃率图版，开展生排烃量的模拟计算，并结合类比法求取运聚系数进而计算资源量，各个评价单元的资源量结果见表3-8。

表3-8 松南深层常规天然气资源量汇总表

区带	资源类型	类比法			成因法				资源量汇总（10^8m^3）
		资源量（10^8m^3）	权重系数	相似系数	生气量（10^8m^3）	运聚系数（%）	资源量（10^8m^3）	权重系数	
英台断陷	火山岩								954
	碎屑岩								431
	小计								1385
德惠断陷	火山岩	942	0.6	0.83	62588	1.47	965	0.4	920
	碎屑岩	482		0.96	84707	0.60	496		487

续表

区带	资源类型	类比法			成因法				资源量汇总（$10^8 m^3$）
		资源量（$10^8 m^3$）	权重系数	相似系数	生气量（$10^8 m^3$）	运聚系数（%）	资源量（$10^8 m^3$）	权重系数	
德惠断陷	小计								1408
王府断陷	火山岩	1010	0.6	0.89	63433	1.58	1000	0.4	1006
	碎屑岩	620		0.85	107287	0.50	556		595
	小计								1599
梨树断陷	碎屑岩	1131		0.93	187359	0.60	1063		1104
长岭断陷	前神字井火山岩	1754	0.8	1.09	62000	1.93	1197	0.2	1642
	查干花火山岩	885		0.76	24530	1.35	330		774
	黑帝庙火山岩	559		0.58	27000	1.03	277		503
	哈什坨火山岩	232		0.68	15217	1.20	183		222
	伏龙泉碎屑岩	456		1.11	59621	0.68	404		445
	小计								3624
双辽断陷	火山岩	966		0.72	37982	1.28	485		870
镇赉断陷	碎屑岩	261		0.78					261
洮南断陷	碎屑岩	505		0.83					505
平安断陷	碎屑岩	240		0.77					240
白城断陷	碎屑岩	231		0.80					231
合计									11190

综合来看，常规气藏长岭断陷资源量最大，为 $3624 \times 10^8 m^3$，占常规天然气总资源量的 32%，其次为梨树、王府、德惠断陷，四个断陷占常规天然气总资源量的 69%，是常规气下步勘探的重点领域。

2. 致密气资源评价

国内目前对非常规资源评价方法多借鉴常规资源评价方法，但结合非常规资源特点进一步拓展，如资源丰度分类类比法、成因法等。本次松南致密气资源评价主要应用资源丰度类比法、成因法及蒙特卡罗法计算致密气资源量（郭秋麟等，2011）。

资源丰度类比法主要考虑非常规资源的烃源岩、储层及保存条件相关参数对其资源量的影响，致密气资源量计算考虑资源品质及可动用性开展分类评价；成因法在盆地模拟各区带的生排烃量的基础上，结合类比法确定各区带与刻度区的相似系数，并得出各个评价单元的运聚系数，进而计算资源量；而快速评价法主要是针对勘探程度较低地区，原理同容积法，选取关键参数对致密气资源进行快速评价的一种方法。三类评价方法中，资源丰度类比法综合考虑多个成藏因素，并进行分类评价，评价过程最为精细，而盆地模拟法计算的生气量无法精确分配到各类气藏中，快速评价法考虑参数较少，方法较为简单，因此在综合各类方法确定致密气最终资源量时，类比法权重系数最高为 0.6，其余两种方法权重值均为 0.2，最终计算松南深层致密气地质资源量为 $1.3 \times 10^{12} m^3$，可采资源量为 $0.52 \times 10^{12} m^3$，占总资源量的 2/3，是松辽盆地南部天然气勘探的重点领域（表 3-9）。

表 3-9　松南深层致密气资源量汇总表

区带	资源量（$10^8 m^3$）						
	类比法	权重值	成因法	权重值	快速评价法	权重值	汇总
英台断陷					1950	1	1950
王府断陷	2134	0.6	2726	0.2	2097	0.2	1922
德惠断陷	1799	0.6	1485	0.2	1653	0.2	1706
梨树断陷	5043	0.6	4198	0.2	5823	0.2	914.6
榆树断陷	1396	0.6	1455	0.2	1310	0.2	1391
孤店断陷	1067	0.6	451	0.2	1787	0.2	1088
大安断陷	607	0.8			643	0.2	614
伏双大洼槽	1805	0.6	1556	0.2	2109	0.2	1816
乾北洼槽	545	0.6	473	0.2	596	0.2	541
前神字井	1048	0.6	805	0.2	1180	0.2	1026
合计							12969

二、中浅层石油资源潜力

（一）常规油资源潜力

松辽盆地南部中浅层常规油总资源量为 $22.5 \times 10^8 t$，提交三级储量为 $16.8 \times 10^8 t$，资源发现率为 74.7%，待发现资源量为 $5.7 \times 10^8 t$，主要分布于下部组合的扶杨油层、中部组合的高台子油层和萨尔图油层。

中部组合常规油总资源量为 $11.5 \times 10^8 t$，已提交三级储量为 $7.3 \times 10^8 t$，资源发现率为 63.5%，待发现资源量为 $4.2 \times 10^8 t$，其中高台子油层剩余资源量为 $2.1 \times 10^8 t$，萨尔图油层剩余资源量为 $1.6 \times 10^8 t$。

高台子油层待发现资源主要分布于西南沉积体系大情字井地区三角洲外前缘相带，为烃源岩包夹薄砂岩型的岩性油藏，大面积连片分布，单层厚度薄，一般为 1～5m，砂岩纵向发育多套薄层，累计厚度为4～12m，横向变化快，局部相对稳定，综合评价认为，松辽盆地南部高台子油层有利面积为3000km²，主要分布在西南沉积体系的大情字井地区。

萨尔图油层目前探明储量已全部动用开发，是储量动用程度最高、开发效益最好的目的层系。待发现资源量为1.6×10^8t，主要分布于西部斜坡区，有利区面积为24000km²，分布零散，丰度较低。

（二）致密油资源潜力

松辽盆地南部扶余油层致密油已提交三级储量为5.4×10^8t，主要集中于具有一定构造背景的红岗—大安和乾安地区，待发现资源主要分布于中央坳陷区的余字井、孤店、塔虎城、大情字井等地区，资源量为2.95×10^8t，有利区带总面积为1900km²，与已发现资源相比，这些地区构造不发育，均分布于凹陷区，物性较差，孔隙度一般小于7%，渗透率一般小于0.1mD，砂体厚度一般小于20m，且连续性变差。

三、深层天然气资源潜力

（一）常规气资源潜力

松辽盆地南部目前大中型构造和火山体均已钻探，剩余次生碎屑岩气藏主要分布于主体构造翼部、小构造，剩余火山岩气藏主要为小火山体、埋深较大火山体或远离烃源岩的火山体。

次生碎屑岩气藏待发现资源量为2829×10^8m³，平面上主要分布于德惠断陷、长岭断陷的伏双大洼槽和王府断陷的构造带两翼的斜坡带，分布面积大，隐蔽性强，但埋藏浅（目的层埋深一般小于2000m），物性好，发现即可动用，具有较好的效益勘探价值。

火山岩气藏待发现资源量为2830×10^8m³，主要分布在德惠断陷及长岭断陷，其次为王府、双辽和英台断陷。德惠断陷剩余火山岩资源主要分布于鲍家龙王地区，有利面积为658km²，资源量为950×10^8m³，埋深为1800～2600m，物性较好，孔隙度为5%～12%；长岭断陷剩余火山岩资源主要分布于前神子井，有利面积为450km²，资源量为500×10^8m³，埋深较大，目的层一般为4000～4900m，是近期风险勘探的重点。

（二）致密气资源潜力

松辽盆地南部致密砂岩气藏待发现资源量为1.17×10^{12}m³，根据目前成藏认识和钻井揭示认为松南致密气平面上主要分布于长岭、王府、德惠断陷的营城组、沙河子组和火石岭组。其中，王府断陷沙河子组、德惠断陷的沙河子组和火石岭组储层中火山物质含量较高，储层多发育沉凝灰岩、沉角砾凝灰岩，物性受埋深影响较小，在洼槽中心仍存在好的储层，致密气藏具有相对较好的动用前景，初步评价有利区面积为620km²，资源量为1200×10^8m³，是近期集中勘探的重点。长岭断陷剩余致密气资源分布面积广，区带面积大于1000km²，但埋深较大，一般为4000～5500m，物性差，孔隙度一般小于6%，渗透率小于 0.1mD，目前技术手段动用难度大，是油田中长期储备资源。

四、有利勘探方向与目标

中浅层石油勘探程度较高，剩余资源认识清晰，分布明确。纵向上主要集中于扶余油层、高台子油层，其次为葡萄花油层、萨尔图油层，平面上存在叠置，主要围绕青山口组烃源岩发育区分布，集中于大情字井和乾安地区。大情字井地区纵向上发育黑帝庙油层、葡萄花油层、高台子油层和扶余油层，其中高台子油层分布范围广，资源量大，为该区主力勘探层系。乾安地区包括鳞字井—大遐字井、余字井、孤店等几个区块，目前发现资源主要分布于鳞字井—大遐字井地区，余字井、孤店区块为致密油勘探下步重点，目标是持续攻关提产技术，推进储量落实及动用。西部斜坡区的萨尔图油层待发现资源分布面积广，初步预测有利区面积为 24000km^2，油藏较零散，且主要为二维区覆盖，是中长期攻关的目标。

从成藏条件来看，松辽盆地南部深层重点断陷均揭示两至三套烃源岩，碎屑岩和火山岩两类储层和泉头组二段一套区域盖层，沙河子组和火石岭组是研究区品质较好的烃源岩，火山岩和碎屑岩储层各断陷普遍发育，目前已有资料证实气藏主要围绕烃源岩发育区展布，因此下步勘探重点围绕沙河子组和火石岭组烃源岩发育区开展工作。从资源规模来看，深层天然气总剩余资源量为 1.74×10^{12}m^3，其中致密砂岩气资源量为 1.17×10^{12}m^3，为总剩余资源量的 65%；其次为火山岩气藏和次生碎屑岩气藏。平面上主要分布于长岭、德惠、梨树、王府断陷，占总剩余资源量的 72.5%，因此松辽盆地南部天然气勘探近中期以长岭、德惠、梨树、王府断陷为主攻区带，围绕烃源岩发育区，重点攻关致密砂岩气藏的"甜点"评价，兼探火山岩和次生碎屑岩气藏，实施立体勘探。

第四章 渤海湾盆地辽河坳陷油气资源潜力与勘探方向

辽河坳陷位于渤海湾盆地东北隅，属板内大陆裂谷，油气资源丰富。辽河坳陷是辽河油田勘探开发的主体，地理上位于辽宁省中东部，是渤海湾盆地的一个一级构造单元。按自然地理条件，可划分为辽河坳陷陆上、滩海两大勘探领域。辽河坳陷陆上可以进一步划分为六个二级构造单元，即西部凹陷、东部凹陷、大民屯凹陷、西部凸起、中央凸起和东部凸起。辽河坳陷滩海为葫芦岛、鲅鱼圈连线以北，水深 5m 以内的滩海地区，是辽河坳陷向海域的自然延伸部分。

从 1955 年开始，辽河坳陷开展了大量的地球物理综合勘探和油气钻探，实践中探索建立了复式油气聚集理论和基岩油气藏勘探理论，以及火山岩、致密油气成藏模式。累计探明石油地质储量为 $23.65 \times 10^8 t$，探明率为 57.7%；探明天然气地质储量为 $2118.37 \times 10^8 m^3$，探明率为 50.1%。

近五年来，辽河坳陷常规、非常规油气勘探取得了多项成果：常规油气方面，潜山、岩性及火成岩油藏上报三级储量达 $3.2 \times 10^8 t$；非常规油气方面，西部凹陷雷家含碳酸盐岩页岩型页岩油勘探取得重大进展，大民屯西陡坡砂砾岩致密油勘探出现了好的形势。这展示了辽河坳陷仍具有巨大勘探潜力。

为进一步认识辽河坳陷常规与非常规油气资源规模，在系统研究辽河坳陷基本油气地质条件基础上，突出烃源岩和储层非均质性研究，深化了潜山、火成岩和非常规油气成藏特征研究，建立了常规与非常规油气成藏模式；在盆地模拟基础上，依托刻度区解剖参数，应用成因、类比和统计三大类方法对辽河坳陷油气资源进行了系统综合评价，明确了辽河坳陷剩余油气资源潜力，指出了潜山、岩性、火成岩及非常规油气藏下步勘探方向。

第一节 油气勘探新进展

近五年以来，通过适用成熟盆地规模发现的勘探理论、勘探技术的研究与实践，在潜山、火山岩、岩性、非常规油气藏等领域获得了重大发现和突破，同时深化了常规与非常规油气成藏认识，为产能建设提供了有力支撑。

一、油气勘探进展

（一）潜山勘探获新突破

兴隆台潜山探明亿吨级规模储量，形成了"变质岩内幕油气成藏理论"，按照"富油气凹陷满凹含油"的理念实施全坳陷的"基岩勘探"，大民屯、赵家、茨榆坨和曙光潜山勘探陆续取得了重要进展和重大突破，成为增储上产的主要领域。五年来累计上报三级储量规模达 1.11×10^8t。

（二）岩性油气藏勘探取得重要进展

2014 年以来，在三维地震资料精细采集、处理的基础上，通过开展地层层序、构造格局、沉积储层、油层改造等攻关研究，提升了地层岩性油气藏成藏认识，发展了勘探配套技术，发现了西部凹陷东部陡坡带、西部凹陷西部斜坡带中段、大民屯凹陷西部斜坡带、东部凹陷牛居地区四个千万吨级储量区块。累计上报三级储量 0.86×10^8t。

（三）火山岩油气藏勘探效果显著

火山岩在辽河坳陷东部、西部、大民屯各凹陷均有分布。其中，东部凹陷最为发育，平面上广泛分布。在深化火山岩成藏主控因素认识基础上，按照"近断裂、近油源、近优势相带"的勘探原则，整体部署实施探井 14 口，于 70 等 8 口井获工业油气流。在东部凹陷中南段小龙湾和红星新增控制储量 0.29×10^8t，拓展西部凹陷曙光—雷家房身泡组玄武岩见良好勘探前景。

（四）非常规油气勘探初见成效

开展非常规"七性"关系研究、"三类品质"评价及钻完井和储层改造等工程技术攻关，非常规油气勘探取得重要进展：（1）评价曙光—牛心坨沙四段湖相碳酸盐岩页岩油，雷家地区新增控制储量 4199×10^4t，预测储量 5084×10^4t；（2）探索大民屯含碳酸盐岩油页岩，预测页岩油资源 1.26×10^8t。

二、油气地质理论新认识

（一）变质岩潜山内幕成藏

变质岩潜山内幕具有层状或似层状结构，其中脆性岩层受构造应力作用产生裂缝成为储层。其与邻近烃源岩构成源内、源边和源外成藏组合，形成潜山内幕油气藏。

（二）湖相碳酸盐岩页岩油成藏

洼陷带或斜坡带发育湖相碳酸盐岩，烃源岩与碳酸盐岩为源储一体或源储呈"三明治"互层发育，埋深在生油窗内则形成页岩油藏，如西部凹陷雷家沙四段页岩油。高有机质丰度页岩地层整体含油，其中含碳酸盐岩页岩夹层，油气较为富集。

第二节 油气地质条件

辽河坳陷为渤海湾盆地的一部分，是在华北地台基础上，基于中、新生代区域拉张背景，在地幔上隆和裂陷作用下形成的多旋回中、新生代大陆裂谷盆地。自下而上发育太古宇、元古宇、古生界、中生界、新生界等五套地层。坳陷沉积具有多旋回性，在西部凹陷和东部凹陷发育沙三上亚段和沙一段两个区域盖层，在大民屯凹陷发育沙四段区域盖层。区域与局部盖层相互叠置，决定了各成藏组合生、储、盖的良好配置，也导致了多层次生、储、盖组合的广泛分布，概括起来有新生古储型、自生自储型和古生新储型。迄今已发现太古宇、元古宇、中生界义县组、沙海组、阜新组、孙家湾组、古近系房身泡组、沙四段牛心坨油层、高升油层、杜家台油层、沙三段莲花油层、大凌河油层、热河台油层、沙一二段兴隆台油层、于楼油层、黄金带油层、东营组马圈子油层及新近系馆陶组饶阳河油层等18套含油气层系。

一、构造特征

辽河坳陷东临辽东台隆，西接燕山沉降带、北达内蒙地轴东段与松辽盆地相望，界于各个构造性质不同的大地构造单元之间。辽河坳陷前新生代属于华北板块北缘燕山造山带的一部分，新生代则是渤海湾裂谷系的东北端。其形成和演化与中—新生代纵贯中国东部的郯—庐断裂活动密切相关，受主干断裂控制，辽河坳陷整体呈北东向狭长状展布，具有凹凸相间排列的构造格局。根据辽河坳陷基底性质、盖层构造特点和一级断层的控制作用，辽河坳陷整体划分为"三凸三凹"六个二级构造单元，即西部凹陷、东部凹陷、大民屯凹陷和西部凸起、中央凸起、东部凸起（图4-1）。

（一）断裂对构造圈闭的控制

断裂活动是辽河盆地裂谷期的基本构造运动形式。不同期次、不同性质、不同级别的断裂交错发育和形变组成了辽河盆地复杂的三维构造空间。

辽河盆地断裂十分发育，按其展布方向分为北东向、北东东向、北西向、近南北向和近东西向等；按其发育时间分为沙四—沙三段沉积期、沙二段—东营组沉积期、馆陶组沉积期三个期次；按其性质分为伸展断层、走滑断层、挤压断层三种类型。但是，针对盆地三维构造空间形态而言，一般按其规模的大小和对地层的控制作用分为主干断裂系和派生断裂系两类，其中主干断裂系大致有14条，控制了凹陷的形态特征和二级构造带的特点；派生断裂系有数百条之多，其与主干断裂系组合在一起形成了丰富的局部构造样式（图4-2）。

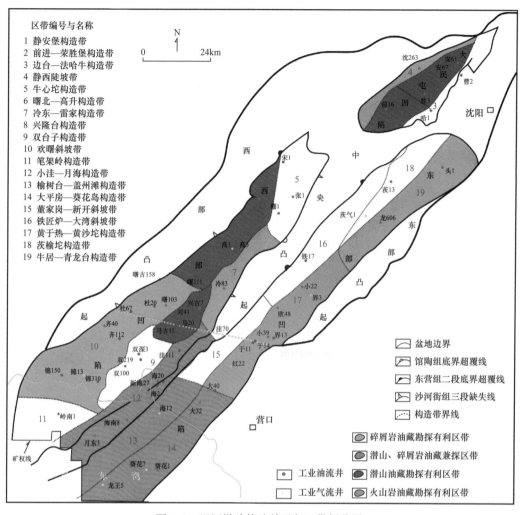

图4-1　辽河坳陷构造单元与区带划分图

（二）传递带对油气圈闭形成的作用

传递带最早由 Dahistrom（1969）提出，指在裂谷盆地中，为保持区域伸展应变守恒而产生的伸展变形构造的调节体系，一般简化为断层位移在三维空间守恒。因此，传递带不仅调节位移，而且调节上升盘之间的高度差。辽河坳陷是由许多传递带使凹陷中各个断块体组合成的一个整体，总的特征是：东部凹陷以平行型传递带为主，并有近东西向横断层调节的传递带；西部凹陷则以近东西向横断层调节的传递带和接近型传递带为主；大民屯凹陷的叠覆型传递带比较发育。

传递带在辽河坳陷油气勘探中起着重要的作用，它以不同的方式作用于盆地构造系统，形成油气圈闭，所产生的不同的构造样式和圈闭比其他地区更多、更集中。辽河坳陷的传递带以伸展、走滑和反转三种形式作用于构造系统，最终形成油气圈闭（谯汉生等，1999）。

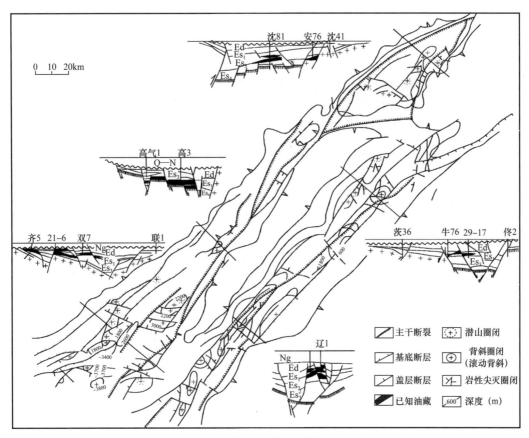

图 4-2 辽河坳陷构造组合特征图

二、烃源岩发育特征

辽河坳陷发育上古生界石炭—二叠系、中生界白垩系及新生界古近系等多套烃源岩。石炭—二叠系煤系烃源岩以生气为主，分布在东部凸起；白垩系烃源岩以生油为主，主要分布在东部凹陷和西部凹陷的外侧；古近系烃源岩厚度大，广泛分布于西部凹陷、东部凹陷和大民屯凹陷之中，既生油又生气，是辽河坳陷主要烃源岩。

（一）油源岩特征

中生界白垩系和新生界古近系是辽河坳陷油源岩发育层系。白垩系生油岩主要发育在东部、西部凹陷外侧。坳陷西部自下而上发育了白垩系九佛堂组、沙海组和阜新组，坳陷东部发育了白垩系梨树沟组（相当于九佛堂组）。白垩系生油岩厚度薄、埋藏浅、分布局限，对石油贡献不大。古近系发育沙四段、沙三段、沙一段和东营组四套油源岩，其中沙四段、沙三段是主力油源岩（张占文等，1995），并且沙四段优于沙三段。

1. 有机质发育及分布

生油岩发育受断裂活动影响，断裂活动的周期性控制了生油岩发育的旋回性。辽河坳陷古近纪深陷期发育了沙四段、沙三段、沙一段及东营组四套生油岩层。断裂的分段性，控制着各旋回生油岩的发育，使其依次变差：早期沙四段、沙三段好，中期沙一段较好，晚期东营组较差。

断裂活动的不均衡性，使各凹陷的生油岩分布有明显的区别。西部凹陷四套生油岩都较发育。东部凹陷只有沙三段、沙一段、东营组这三套生油岩层。大民屯凹陷则主要发育沙四段、沙三段两套生油岩（图4-3）。

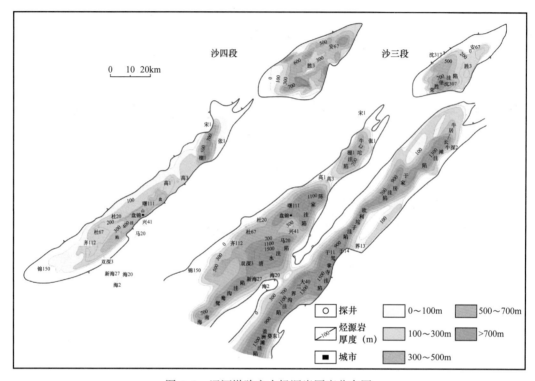

图4-3 辽河坳陷主力烃源岩厚度分布图

沙四段生油岩在西部凹陷呈北厚南薄分布，牛心坨洼陷生油岩厚700m，清水洼陷厚约350m，大民屯凹陷则相反，沙四段厚度一般在400～500m，而南部荣胜堡洼陷厚达700m。

沙三段生油岩厚度大，在西部、东部和大民屯凹陷均有分布。西部凹陷沙三段生油岩南厚北薄，清水洼陷生油岩厚达1200m，台安洼陷厚约800m，其平均厚度为500m。东部凹陷生油岩主要分布在南、北两端的洼陷区，厚达1000m以上。大民屯凹陷沙三段生油岩厚度超过800m的地层占其面积一半，最厚在荣胜堡洼陷达1600m。

沙一段各凹陷生油岩发育都比沙三段差。东、西部凹陷生油岩厚度一般为250m左右，生油岩最厚在长滩洼陷和清水洼陷，厚度均达到600m。

东营组生油岩分布面积较小。在西部凹陷主要分布在南部地区，厚度一般在400m以下，仅在鸳鸯沟、清水洼陷中心厚度达1000m；在东部凹陷主要分布在南部盖州滩洼陷、二界沟洼陷和北部牛居—长滩洼陷，厚度均达到 1000m 以上。

总之，辽河坳陷古近系生油岩分布层位多、面积广、纵向厚度大。丰富的生油岩发育，为石油生成提供了丰富的物质基础。

2. 有机质丰度

1）大民屯凹陷

随着埋深的增加，TOC 呈增大趋势（图 4-4、图 4-5）。沙一段 TOC 含量较小，沙三段和沙四段 TOC 含量较大。沙三四亚段平均为 1.55%，沙四上亚段和沙四下亚段丰度最高平均 1.75% 和 2.45%。

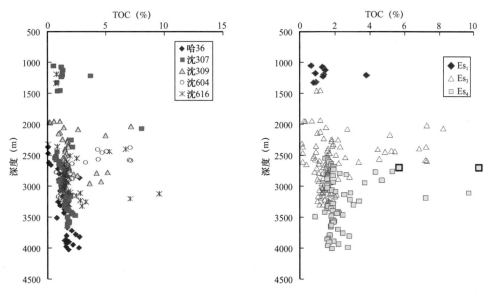

图 4-4　有机碳含量—深度关系图（钻井）　　图 4-5　有机碳含量—深度关系图（层位）

从整体上来看，大民屯凹陷安福屯洼陷和荣胜堡洼陷区沙四下亚段油页岩有机碳含量普遍大于 2.0%，最高可达 15%；沙四上亚段泥岩有机碳含量在 0.5%～2.5%，最高值位于大民屯凹陷西部安福屯洼陷和南部荣胜堡洼陷；沙三四亚段泥岩有机碳含量最高值位于大民屯凹陷西部安福屯洼陷和南部荣胜堡洼陷。

2）西部凹陷

平面上，西部凹陷沙四段烃源岩有机碳含量普遍较高，TOC 含量介于 0.5%～6.3%，平均为 2.4%，主体大于 2.0%。平面上沙四下亚段高值区主要分布在高升—牛心坨地区，最高可达 4.0%，TOC 含量大于 2.0% 的分布面积为 147km²；沙四上亚段高值区主要分布在盘山—陈家洼陷，最高可达 5.0%，TOC 含量大于 2.0% 的分布面积为 624km²。

纵向上，沙四段有机质丰度也呈现明显的非均质性，沙四上亚段上部和下部高升油层组有机碳含量高于中部。例如曙古 168 井，上部页岩 TOC 含量最高可达到 8%，中部 TOC 含量在 2% 左右；S_1+S_2 也呈现类似的变化规律，上部大于 30mg/g，中部小于 16mg/g（图 4-6）。

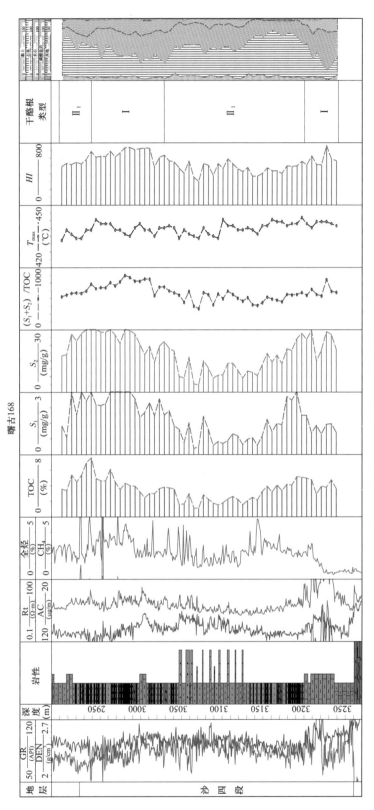

图 4-6 曙古 168 井烃源岩地球化学综合柱状图

平面上，西部凹陷沙三段 TOC 含量介于 0.1%～18.1%，平均为 1.7%，大部分地区 TOC 含量＞1.5%。有机碳含量的分布随着沉积中心的迁移而变化，沙三下亚段高值区分布在陈家—清水洼陷周边，最高可达 5.0%，TOC 含量大于 2.0% 的分布面积为 724km²；沙三中亚段高值区分布在陈家—清水洼陷周边，最高可达 4.0%，TOC 含量大于 2.0% 的分布面积为 693km²；沙三上亚段高值区分布在清水洼陷周边，最高可达 3.0%，TOC 含量大于 2.0% 的分布面积为 319km²。

纵向上，沙三段有机质丰度也呈现明显的非均质性。陈家洼陷陈古 5 井从沙三下亚段主体大于 2%，最大 6%；沙三中亚段中下部类似沙三下亚段；沙三中亚段上部和沙三上亚段，TOC 含量普遍小于 2%。清水洼陷的马深 1 沙三上、中、下亚段有机质丰度没有明显的非均质性；从沙三上到下亚段，进入成熟期后，S_2 变小，S_1 变大；双兴 1 井沙三上、中、下亚段有机质丰度呈现一定的非均质性；沙三上亚段 TOC 含量相对较高，大于 2%，中亚段在 2% 左右，下亚段主体小于 2%（图 4-7）。

3）东部凹陷

沙三下亚段烃源岩均达到好—最好生油岩级别（表 4-1）。相比较而言，中段有机质丰度相对高些，北段次之，南段较低。

表 4-1　东部凹陷烃源岩有机质丰度统计表

层位	地区	S^{2-}（%）		TOC（%）			氯仿沥青 "A"（%）			总烃（μg/g）		
		平均值	块数	分布范围	平均值	块数	分布范围	平均值	块数	分布范围	平均值	块数
D	南部	0.097	25	0.06～3.37	0.525	26	0.0014～0.1533	0.0238	26	4.34～390.76	83.45	18
	中部	0.075	10	0.13～3.02	0.562	11	0.0033～0.0642	0.0183	11	5.77～179.25	41.56	10
	北部	0.019	18	0.06～0.364	0.183	22	0.0021～0.0199	0.006	22	4.77～43.68	17.89	17
S_{1+2}	南部	0.652	61	0.50～5.68	1.531	61	0.0057～0.3804	0.0893	56	18.01～2090.30	361.2	53
	中部	0.426	16	0.54～2.03	1.097	16	0.0136～0.0961	0.0543	13	40.73～460.80	173.22	13
	北部	0.6238	40	0.21～6.83	1.201	43	0.0023～0.2793	0.0421	39	4.38～1152.67	154.75	38
$S_3^{上}$	南部	0.2989	20	0.17～3.71	1.523	20	0.0025～0.1625	0.0583	20	22.31～843.38	268.06	20
	中部	0.1943	51	0.12～7.50	1.522	51	0.0027～0.3959	0.0803	43	9.49～1434.16	326.05	42
	北部	0.1196	48	0.12～4.72	1.283	49	0.0025～0.154	0.0437	49	6.50～844.23	213.66	43
$S_3^{下}$	南部	0.364	16	0.52～5.78	2.039	16	0.0079～0.2183	0.111	16	24.87～1589.15	555.51	16
	中部	0.612	29	0.078～9.14	2.703	37	0.005～0.4074	0.16	40	17.25～1751.01	816	40
	北部	0.434	16	0.317～7.83	2.135	16	0.0132～0.4017	0.13	16	79.81～1933.43	539.3	16

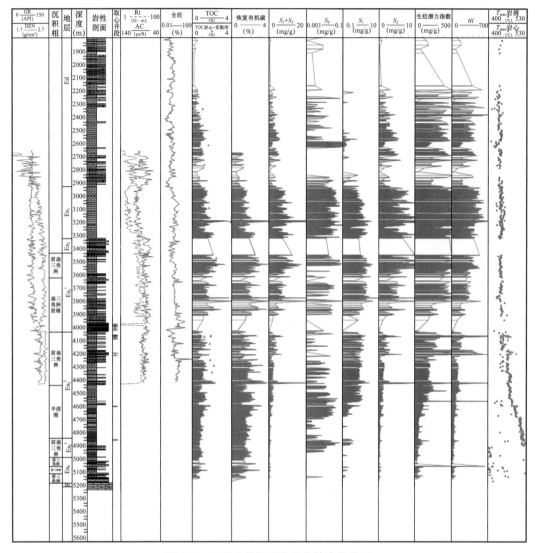

图 4-7 双兴 1 井烃源岩地化综合柱状图

沙三上亚段烃源岩有机质丰度指标亦达到好—最好生油岩级别，但各项指标次于沙三下亚段烃源岩。中段有机质丰度较高，南段次之，北段稍低。

沙一、二段烃源岩有机质丰度次于沙三上亚段烃源岩，以中等—好生油岩为主。其中南段优于北段，北段优于中段。

东营组烃源岩有机质丰度较低，主要为非生油岩及少量较差生油岩。其中北段最差，为非生油岩，南段和中段稍好。

总之，东部凹陷沙三段为主力烃源岩。平面上，东部凹陷沙三中、下亚段烃源岩有机质丰度高，表现为北、中、南段三个中心，中段最高 TOC 含量为 2.7%。TOC 含量大于1.5% 的分布面积为 1361km²。

3. 有机质类型

1）大民屯凹陷

通过镜下鉴定，大民屯凹陷沙三段烃源岩以Ⅱ—Ⅲ型干酪根为主，含少量Ⅰ₁型干酪根。沙四段烃源岩以Ⅰ—Ⅱ型干酪根为主，含少部分Ⅲ型干酪根。岩石热解资料划分有机质类型也显示出类似的特征（图4-8、图4-9）。

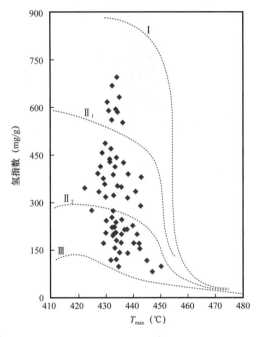

图4-8　大民屯凹陷沙三段有机质类型图　　　图4-9　大民屯凹陷沙四段有机质类型图

2）西部凹陷

西部凹陷沙三段泥页岩干酪根类型以Ⅱ₁—Ⅱ₂为主，腐泥组含量介于1.3%~97.2%，平均为54%；壳质组含量介于1%~68%，平均为4.9%；镜质组含量介于1%~97%，平均为36.7%；惰质组含量介于0.7%~87.2%，平均为6.6%。

沙四段泥页岩干酪根类型以Ⅰ—Ⅱ₁主，腐泥组含量介于3.9%~99.3%，平均为76.3%；壳质组含量介于0~68.2%，平均为3.8%；镜质组含量介于0.9%~90.6%，平均为19.7%；惰质组含量介于0.6%~45.2%，平均为3.5%。岩石热解资料划分沙三、四段有机质类型也显示出相同的特征（图4-10、图4-11）。

3）东部凹陷

沙三段烃源岩腐泥组相对含量介于1%~98.3%，平均为41.6%；壳质组含量介于0~95.4%，平均为18.9%；镜质组含量介于0~93.8%，平均为41%；惰质组含量介于0~84.1%，平均为9.5%，其显微组分含有大量的腐泥组和镜质组，两者数量相当，含少量的壳质组和惰质组。其烃源岩Ⅰ型干酪根占5.6%，Ⅱ₁干酪根占19.6%，Ⅱ₂干酪根占28.4%，Ⅲ型干酪根占46.3%，沙三段烃源岩干酪根绝大部分为腐殖型干酪根。岩石热解资料划分有机质类型显示，沙三段烃源岩仍然以 II_2—III 型干酪根为主，含少量为 II_1 干酪根（图 4-12）。

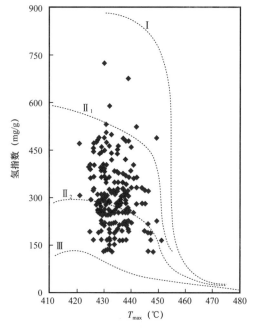

图 4-10 西部凹陷沙三段有机质类型图　　　图 4-11 西部凹陷沙四段有机质类型图

4. 有机质成熟度

1）大民屯凹陷

大民屯凹陷有机质热演化的纵向分布特征明显，具有随埋深加大，地层年代变老，有机质热演化程度逐渐增大的规律。以 R_o=0.5% 为界来区分未成熟和成熟的烃源岩，R_o=0.5% 对应的门限深度为 2300m 左右，可以看出大民屯凹陷中大部分的烃源岩处于成熟阶段（图 4-13）。

从大民屯凹陷沙三段镜质组反射率等值线图可以看出，南部荣胜堡洼陷沙三段的烃源岩，成熟度处于 0.5%～1.2% 之间，洼陷中心的成熟度 R_o 最高值可达 1.7%。沙三段有机质成烃演化处于成熟阶段，成熟烃源岩面积为 $670km^2$。

从大民屯凹陷沙四段烃源岩镜质组反射率等值线图可以看出，沙四段的烃源岩成熟度主体处于 0.6%～1.0% 之间，推测南部洼陷中心大于 4500m 的烃源岩成熟度＞2.0%。整体上看，沙四段有机质成烃演化主体处于成熟阶段，成熟烃源岩面积为 $661km^2$。

2）西部凹陷

西部凹陷有机质热演化的纵向分布特征明显，具有随埋深加大，地层时代变老，有机质热演化程度逐渐增大的规律。据目前实测数据分析，沙三段取样最大深度为 4800m，实测 R_o 值为 1.14%，在深度约 2700m 处达到成熟门限；沙四段已实测 R_o 值的样品最大埋深为 4940m，对应 R_o 为 2.0%（图 4-14）。

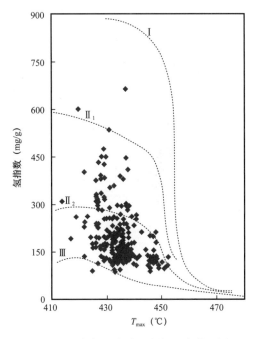

图 4-12　东部凹陷沙三段烃源岩类型图

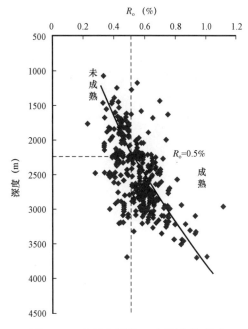

图 4-13　大民屯凹陷 R_o 与深度关系图

沙四段烃源岩主体处于低成熟—成熟期，沙三段烃源岩主体进入生烃高峰期，普遍 $R_o>0.5\%$，局部洼陷深层进入高成熟期，R_o 达到 2.0%。

3）东部凹陷

据烃源岩实测 R_o 数据统计，东部凹陷烃源岩热演化程度大部分处于 0.5%～1.0% 之间，为低熟至成熟阶段（图 4-15）。南北两端地层埋深大的地区，烃源岩热演化程度高，如牛居—长滩达到 2.0%，南部地区热演化程度更高，如二界沟洼陷中心部位，最高可达 3.0%，中部埋深小的地区烃源岩热演化程度低。

（二）气源岩特征

辽河坳陷上古生界石炭—二叠系和新生界古近系是气源岩层系。

石炭—二叠系气源岩主要分布在东部凸起，层位是石炭系本溪组和太原组以及二叠系山西组，烃源岩岩性以海陆过渡相的碳质泥岩和陆表海相的灰质泥岩为主。有机质含量非均质性强，TOC 含量在 2%～15%；有机质类型以Ⅲ型为主，成熟度较高，R_o 一般达 1.8% 以上。该套烃源岩单层连续厚度较大（佟 3、佟 2905 太原组泥岩连续厚度在 20m 左右）且成熟度高、埋藏浅，是探索页岩气的潜在领域。

古近系主要发育沙四段、沙三段、沙一段—沙二段和东营组四套烃源岩，是辽河坳陷主要气源岩。其中仅东营组和东部凹陷沙三上亚段有机质类型以Ⅲ型为主，为典型煤型气源岩，其余的主要是油型气源岩。油型气源岩是辽河坳陷主要气源岩，这也是辽河坳陷探明储量中油多气少，并且探明天然气储量中溶解气占优的根本原因。

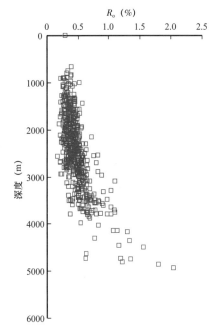

图 4-14　西部凹陷烃源岩热演化程度图

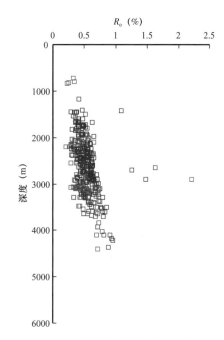

图 4-15　东部凹陷烃源岩热演化程度图

辽河坳陷古近系气源岩大致可分为五个热演化阶段，即未成熟、低成熟、成熟、高成熟和过成熟演化阶段。深度大约在 2350m，温度为 87℃时，烃源岩开始生烃，此时处于低成熟演化阶段；深度在 2700m 左右达到成熟门限，此时温度为 99℃；深度在 4500m 左右达到高成熟演化阶段，温度超过 150℃；深度在 5000m 左右时，R_o 值达到过成熟演化阶段，温度大于 170℃。对应各演化阶段生成了生物气、热催化过渡带气、热解气和裂解气等多种类型的常规天然气。

依据烃源岩生烃模拟资料，油型气源岩在低成熟—成熟阶段以生油为主，进入高成熟阶段才开始大量生气。辽河坳陷大于 3500m 的深层，基本处于成熟—过成熟演化阶段，烃源岩层位主要是沙四段和沙三段，是主要气源岩（图 4-16）。大民屯凹陷南部的荣胜堡洼陷、西部凹陷南部的清水—鸳鸯沟洼陷和东部凹陷南部的二界沟—盖州滩洼陷、北部的牛居—长滩洼陷是主要气源岩发育区。

从目前资料分析，东部凹陷南部的太阳 6 井（$\delta^{13}C_1$ 为 -34.4‰）、荣 66 井（$\delta^{13}C_1$ 为 -34.8‰）可能为裂解气，西部凹陷南部双兴 1 井（$\delta^{13}C_1$ 为 -30.0‰）、马古 1 井（$\delta^{13}C_1$ 为 -32.0‰）可能为高成熟气，也说明辽河坳陷高演化阶段气是客观存在的。

三、储层发育特征

辽河坳陷有多种类型储层。按层系，主要有基岩潜山储层和中生界、古近—新近系储层；按储层岩性，可分为碎屑岩、火山岩、碳酸盐岩和变质岩（混合花岗岩、石英岩和变余石英砂岩）等储层。

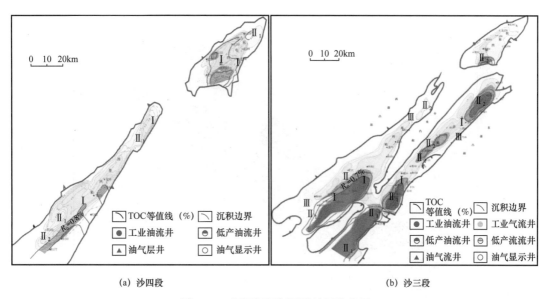

(a) 沙四段　　　　　　　　　　　　　(b) 沙三段

图 4-16　辽河探区气源岩特征分布图

（一）储层发育及分布

古近系碎屑岩储层是最重要的油气储层，分布在三大凹陷边缘直至中心的广阔空间上，横向上变化大（图 4-17）；纵向上主要分布在东营组和沙河街组，层层叠置，叠加连片。由于辽河裂谷块断活动的阶段性、持续性，决定了在裂谷发育的不同时期，形成各有特色的沉积体系，多种类型沉积体系的发育决定了古近系碎屑岩储层类型多样，特征各具特色。它们在平面上自湖盆边缘向中心伸展，在纵向上相互叠置，构成多层次、大面积分布的储层条件。

火成岩储层纵向上主要分布在新生界古近系，其次分布在中生界，在西部凹陷陈古潜山的太古宇中还可少见到中生代侵入的中酸性火成岩储层。古近系火成岩储层平面上主要分布在东部凹陷，以沙河街组沙三段为主（图 4-18），其次为沙河街组沙一段，在西部凹陷曙光地区可见到房身泡组火成岩储层；中生界火成岩储层分布在西部凹陷和东部凹陷的局部地区。

辽河坳陷碳酸盐岩储层纵向上主要分布在显生宇的新生界、古生界和元古宇。新生界碳酸盐岩储层只分布于西部凹陷高升地区、雷家地区、曙光地区等的沙河街组沙四段，分布相对局限；古生界碳酸盐岩储层主要分布在西部凹陷曙光潜山，其次分布在东部凹陷三界泡潜山、东部凸起等；元古宇碳酸盐岩储层主要分布在大民屯凹陷平安堡潜山、安福屯潜山、静北潜山和曹东潜山、西部凹陷曙光潜山等（图 4-19）。

变质岩储层是辽河坳陷最古老的基底储层，主要发育于元古宇和太古宇。元古宇变质岩储层主要分布于西部凹陷杜家台潜山、胜利塘潜山、曙光潜山和大民屯凹陷安福屯潜山、静北潜山等；太古宇变质岩储层是辽河坳陷最重要的一种特殊储层，分布于三大凹陷和中央凸起。

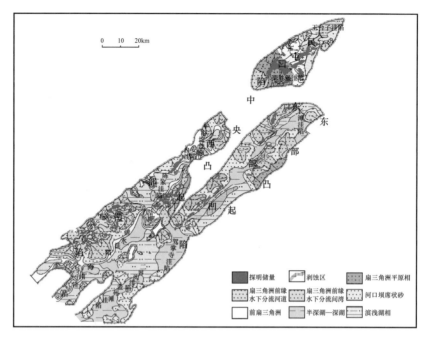

图 4-17 辽河坳陷沙三段沉积相

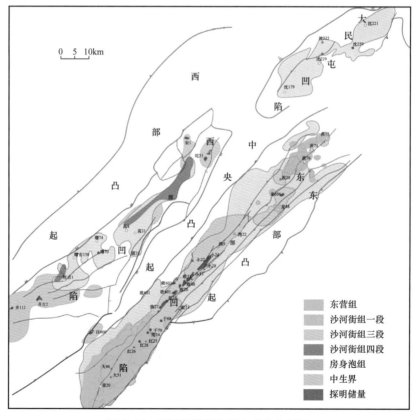

图 4-18 辽河坳陷新生界火成岩分布图

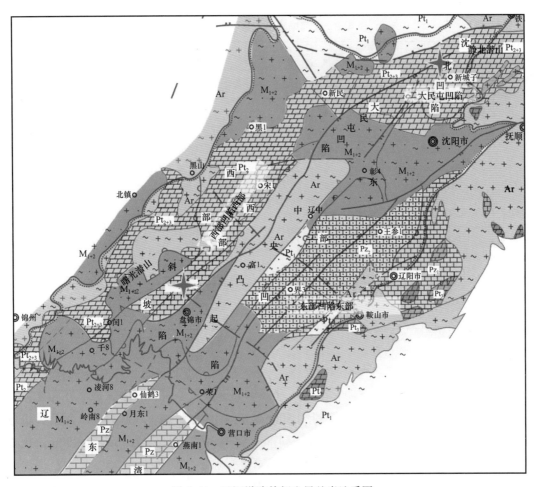

图 4-19　辽河坳陷前新生界基岩地质图

（二）物性特征

各类储层物性总体特征见表 4-2。

1. 碎屑岩储层

关于碎屑岩储层前人进行了大量研究（李晓光等，2006；孙洪斌和张凤莲，2002，2009）。辽河坳陷碎屑岩储层主要指新生界碎屑岩，特别是砂岩储层是坳陷分布最广泛、最重要的储层。辽河坳陷演化的阶段性，形成了各个沉积时期各具特色的沉积体系，根据其形成环境可分为冲积扇相、河流相、扇三角洲相、三角洲相、湖底扇相等（孟卫工等，2009；李春华等，2013）。这些沉积相带构成了众多的储层类型，它们在平面上自湖盆边缘向中心延伸，在垂向上相互叠置，形成多层次、大面积分布的储集砂体。油层组厚度一般在 100~300m，最大厚度可达 600m。中浅层物性较好，储集空间以粒间孔、粒内溶孔为主。但随着埋深增加，砂岩成岩作用增强，物性变差，储集空间以颗粒裂缝、晶间孔及微孔为主，埋深 4000m 左右孔隙度一般小于 10%，空气渗透率一般小于 1mD。

表 4-2　辽河坳陷各类储层特征统计表

储层类型	亚相（亚类）	储层厚度（m）	孔隙度（%）			渗透率（mD）		
			最大值	最小值	平均值	最大值	最小值	平均值
碎屑岩	扇三角洲前缘（中浅层）	100～300	38.5	8.5	25.00	21300	11.000	492.00
	扇三角洲前缘（深层）	30～150	16.0	1.0	10.70（266）	1000	0.020	40.00（149）
潜山	太古宇潜山	100～1500	13.3	0.6	5.10（200）	953	0.530	1.50（200）
	元古宇碳酸盐岩	200～400	4.0	0.5	1.40（39）	250	0.015	2.52（30）
	元古宇变质岩	2～30	14.3	0.8	5.18	25	1.000	7.30
火山岩		200～400	29.2	0.9	9.20	56	0.010	0.23
湖相碳酸盐岩		2～200	21.2	1.7	8.75（84）	1024	0.100	0.80

注：数值（样品数）。

随着埋藏深度加深，各类孔隙都在发生变化，大量镜下观察和物性资料分析表明：孔隙随着埋藏深度而演变，有明显的规律性。例如埋深在1500m以上，原生孔隙受机械压实作用逐渐缩小；最浅的岩心资料为800m，孔隙度大于35%，到1500m深处，机械压实基本消失，保留原生孔隙约25%，局部可保留30%；埋深为1500～4000m，化学压实作用逐渐增强，大量自生矿物析出，使原生孔隙从25%减少到15%左右；埋深为4000～5100m，原生孔隙进一步减少到10%左右。

次生孔隙的演变主要是溶蚀孔隙的变化，其次是微裂缝的发育，其他类型的孔隙对油气影响不大。1200m以浅见到少量的溶孔，少于3%；埋深为1200～1500m，在边缘地带，溶蚀孔隙很发育，如曙一区和曙三区一带，特别是在（鲕）粒屑灰岩发育的高一区，溶蚀孔隙可高达10%；埋深为1500～4000m，是次生孔隙发育带，溶蚀孔隙变动在1%～10%范围内。次生孔隙并不严格随深度增加而增加。只是随深度增加，原生孔隙减少而次生孔隙的比例相对升高。次生孔隙的发育，与多种因素有关，特别是与沉积间断有关，还与地表水渗入有关。在这些地质条件下，次生孔隙就比较发育，出现次生孔隙高峰值。古近系有多层次的局部沉积间断，因此次生孔隙存在多个高峰。叠合的孔隙也存在多个高峰，例如兴隆台的沙一下亚段储层，至少存在两个孔隙发育峰。埋深为4000～5100m，次生溶孔减少，原生残孔也很少，但颗粒裂缝相对发育起来，总的孔隙度仍可达到10%。牛深2井在4445m处孔隙度达到10.8%，双深3井在5010m处孔隙仍然较发育。可见在4000m以深普遍进入低孔渗储层分布段，但仍然还存在有利储层。目前尚未发现深部次生孔隙发育而形成的高孔渗带。

2.潜山储层

1）太古宇潜山储层

太古宇变质岩储层孔隙度最大为 13.3%，最小为 0.6%，平均为 5.1%。其中 1% 以下占 10%，1%～5% 占 49%，5% 以上占 41%。渗透率最大为 953mD，最小为 0.53mD。其中，1～10mD 占 17%，10～100mD 占 13%，1mD 以下占 70%。总的来说，以浅色矿物为主的构造角砾岩、混合花岗岩类、浅粒岩类等储层的储集物性较好。随着暗色矿物含量的增高，储集物性变差（李晓光等，2009）。

同一潜山不同部位储层的储集性能有差异。兴隆台潜山顶部的孔隙度基本高于中深层的孔隙度，但渗透率变化不大，普遍较低，说明微裂缝为其主要的储集空间（表 4-3）。

表 4-3　兴隆台潜山不同部位物性统计表

部位	井号	块数	孔隙度（%）		渗透率（mD）	
			范围	平均值	范围	平均值
潜山顶部	兴古 2	2	5.4～13.3	9.35	0.31～0.32	0.315
	兴古 4	9	1.7～3.9	2.84	0.10～0.56	0.33
	兴 70	4	6.4～8.8	7.48	<1	<1
	兴 229	9	4.5～13.8	7.19	0.24～4.00	1.29
	兴 603	9	2.4～7.2	5.56	0.09～3.74	1.31
	兴古 7	5	5.9～8.4	6.96	0.36～0.84	0.61
潜山中深层	兴古 7	9	0.6～7.8	3.50	0.09～0.36	0.22

不同潜山由于其储集空间的不同造成了储集性能的不同。西部凹陷齐家潜山、大民屯凹陷东胜堡潜山，多以宏观裂缝为主要储集空间，其储集性能具有高渗透的特点，如胜 10 井、胜 11 井的平均渗透率分别高达 224.3mD、373.4mD。而西部凹陷兴隆台潜山、大民屯凹陷静安堡潜山和东部凹陷茨榆坨潜山等，以微裂缝为主要储集空间，其储集性能具有低渗透的特点。

太古宇变质岩储层具有裂缝和基质岩块双重孔隙介质的特点，除考虑上述常规物性表明的基质岩块部分的储集物性外，还要考虑裂缝部分的储集物性。

在西部凹陷兴隆台潜山，根据兴古 7、兴古 10 等 5 口井微电阻率扫描成像测井和井周声波成像测井资料，解释宏观裂缝孔隙度分布在 0.52%～0.76% 之间，平均为 0.63%；用岩心统计法统计的宏观裂缝孔隙度主要分布在 0.3%～0.8% 之间，平均为 0.53%；用多矿物模型法解释的宏观裂缝孔隙度主要分布在 0.3%～0.5% 之间，平均为 0.39%。经过综合分析对比，兴古潜山、马古潜山、陈古潜山的宏观裂缝孔隙度分别确定为 0.3%、0.3%、0.5%。

宏观裂缝孔隙度在不同地区或不同岩石类型的储层中差别很大，主要取决于构造裂缝的发育程度及裂缝开度。例如，大民屯凹陷东胜堡潜山的裂缝孔隙度为 1.0%，而边台潜山的裂缝孔隙度为 0.4%。

2）元古宇潜山储层

元古宇潜山储层主要由碳酸盐岩、石英岩、变余石英砂岩组成。元古宇碳酸盐岩储层具有双重孔隙介质特征，储层的孔渗特征由基质和裂缝两部分构成。孔隙度为基质孔隙度和裂缝孔隙度之和。常规物性分析表明，元古宇变质岩（石英岩）储层物性好于元古宇碳酸盐岩。

3. 火山岩储层

主要集中于中生界和古近系，中生界以安山岩为主，古近系以玄武岩、粗面岩为主，厚度一般在 200～400m，最大可达 1000m 以上。玄武岩分布较广，在西部凹陷和大民屯凹陷玄武岩主要发育在沙四段，东部凹陷各层系都有分布，叠加面积可占凹陷的 70% 以上。粗面岩主要发育在东部凹陷沙三段。火山岩（凝灰岩、粗面岩等）在外力的作用下可以产生很多的裂缝，同时它们还可以具有像砂岩那样的孔隙空间。这些缝洞乃是油气储存的有利场所（胡振华，2014），特别是位于断层附近，又邻近或位于生油岩之中的火山岩，其孔隙度、渗透率受深度影响小于碎屑岩，十分有利于油气成藏。凝灰熔岩、角砾熔岩、角砾化粗面岩、粗面岩储层的储集物性相对较好，例如，欧 8 井 2170.9m 角砾熔岩储层孔隙度可达 21.08%，渗透率达 204mD；欧 26 井 2195.2m 角砾化粗面岩储层孔隙度为 10.63%，渗透率为 1.67mD。

4. 湖相碳酸盐岩储层

主要分布在西部凹陷雷家沙四段杜家台油层和高升油层，为湖相沉积。碳酸盐岩厚度一般在 10～20m，最大厚度大于 200m。杜家台油层储层成层性较好，形成横向连续的地层单元，而高升油层储层受古地貌、沉积环境的影响，分布连续性差。储层岩性主要为石灰岩类和白云岩类。储集空间包括孔、洞、缝三大类型，以裂缝—孔隙型和孔隙—裂缝型储集空间为主，储集物性非均质性较强。在杜家台油层白云岩类储层中，含泥泥晶云岩储集物性最好，其次为含泥方沸石质泥晶云岩；在高升油层白云岩类储层中，泥晶粒屑云岩储集物性最好，其次为含泥含砂粒屑泥晶云岩，泥质泥晶云岩储集物性最差。该类储层总体上为致密储层。

四、盖层发育特征

封盖层是评价含油气远景的重要因素，封闭性能好坏，直接影响着油气的聚集和保存。特别在强烈活动、断裂发育的盆地中，盖层条件的研究更为重要。

辽河坳陷盖层主要是泥质岩、砂质岩及火山岩三大类。泥质岩包括泥岩、页岩、钙片页岩（纹层状钙质页岩）等。分布于各时代的广阔区域，是主要的封盖层。火山岩盖层主要是层状分布的玄武岩，在局部地区构成良好的直接盖层。砂质岩盖层是特殊条件下形成的盖层，主要是致密化的低孔渗砂岩，如富泥粉砂岩，富泥浊积砂岩、高成岩强度的致密砂岩等。

东营组、沙一段、沙三和沙四段的泥质岩盖层是形成区域盖层和直接盖层的主要类型，下面着重介绍泥质岩盖层的分布特点。

沙四段主要分布在大民屯凹陷和西部凹陷。沙四段沉积期发育了牛心坨、高升、杜家台三套地层，下部都以扇三角洲或浅湖相砂层为主，上部都以浅湖相泥质岩为主。泥质岩为泥岩、页岩、灰云质纹层状泥岩。这部分位于上部的泥岩，正是下部砂层的直接盖层。牛心坨泥岩累计厚度可达500m，泥岩段上部有一层含砂量极少的深水泥岩，连续厚度可达30~50m，是良好的直接盖层，形成了牛心坨古潜山油藏和牛心坨油层的油藏。高升泥岩在高升和盘山洼陷地区，累计厚度达50~100m。泥岩段上部有一层质地较纯的深湖相低阻泥岩，厚约20~30m，在高升油田是粒屑灰岩油藏的直接盖层。杜家台泥岩在西部凹陷北起牛心坨，南到齐家、欢喜岭地区广泛分布，累计厚度可达350m。泥岩段上部也有一层深湖相泥岩，连续厚度为30~80m，是其下砂层油藏的直接盖层。曙光油田杜家台油层各个油藏、曙光古潜山油藏、杜家台古潜山油藏、齐家古潜山油藏、齐家—欢喜岭地区的杜家台油层各油藏、兴隆台古潜山气藏等许多油气藏的直接盖层，都是由杜家台泥岩充当。在大民屯凹陷，该泥岩广泛分布，厚度为100~500m，是潜山油气藏和深部油气藏的良好盖层。

西部凹陷沙三段泥岩除凹陷边缘地区外，都属于深湖相泥岩，含砂量很少。包括褐灰色、深灰色泥岩、油页岩、页岩等岩类。岩性组合一般为厚层泥岩夹厚层浊积砂岩。沙三段泥岩全坳陷广泛分布，累计厚度达500~1000m（图4-20）。

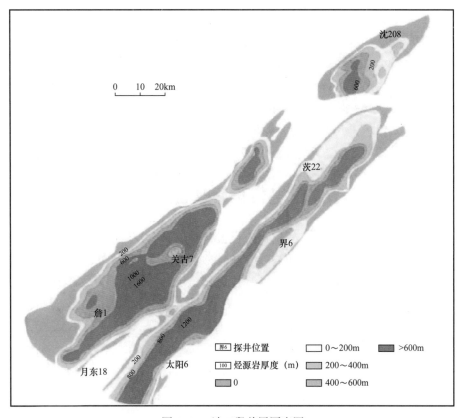

图4-20 沙三段盖层厚度图

沙三中、上亚段的泥岩，质地较纯，连续厚度可达 100～500m，一般大于 200m，是广泛分布的最优区域性盖层。沙三段各类油气藏的直接盖层都是沙三段的优质泥岩，封盖性能良好。东部凹陷的厚层泥岩主要发育在沙三下亚段，连续厚度为 50～200m，累计厚度可达 500m 以上，为区域盖层。在茨榆坨、牛居、青龙台地区，发育连续厚度大于 50m 的厚层沙三中、上亚段泥岩，多为砂泥岩薄互层，泥岩层为 10～30m，连片性差，只能形成局部盖层。大民屯凹陷沙三下亚段较发育，厚层状，分布广泛，沙三中、上亚段则为薄层状，分布局限。

西部凹陷沙一段上亚段为砂泥互层，以砂岩为主。泥岩夹层较薄，一般厚 20～30m，可作为直接盖层，分布很局限，不能成为区域盖层。在台安洼陷、高升、曙光、西八千、冷家堡等凹陷边缘地带，沙一段上亚段泥岩不发育。沙一中、下亚段，泥岩分布广泛，累计厚度 300～500m。连续厚度也比较大，为 100～400m，是优质区域性盖层。这是西部凹陷封盖天然气最多的一个区域性盖层，形成了兴隆台、双台子、齐家、欢喜岭等高产气田。东部凹陷沙一段泥岩盖层连续厚度一般为 20～30m，厚者可达 80m，主要发育于凹陷中段，凹陷南北泥岩盖层变为薄层，与砂岩组成薄互层，封盖条件变差。北部牛居地区和南部二界沟地区较发育。大民屯凹陷沙一段泥岩盖层都很薄，一般厚度为 5～15m，呈薄互层夹于砂岩之中，仅在洼陷深部位和边台地区发现有厚度大于 30m 的泥岩盖层。

西部凹陷东营组是河湖相沉积。在鸳鸯沟洼陷有较大范围的深湖相泥岩，连续厚度可达 300m，可以成为小区域的优质盖层。在清水洼陷和盘山洼陷也有较厚的泥岩夹层，连续厚度可达 20～30m。其余广阔地区，都是以河流相沉积为主，砂岩夹薄层泥岩。泥岩层厚度一般在 5～10m，含砂较多，只能作为直接盖层。东部凹陷中段和南段泥岩盖层较发育，可以在较大范围内连片分布，如黄金带地区东二段的"细脖子泥岩"就是优质盖层，连续厚度可达 20～40m。其他地段多以薄层状夹于砂层之间。大民屯凹陷东营组泥岩多为薄层状夹于砂层之间，含砂量很高。厚度大于 10m 的泥岩层不多，仅在洼陷带有小范围分布。

第三节　常规与非常规油气成藏模式

辽河坳陷油气成藏层系多，广泛分布的烃源岩（沙四段、沙三段），多种类型储集体（变质岩、碳酸盐岩、碎屑岩、火山岩及湖相碳酸盐岩），多期断裂系统（早期反向断裂、晚期同向断裂），多套盖层（沙三段、沙一段区域盖层和沙四段、东营组局部盖层）致使辽河坳陷形成纵向叠置，横向叠加连片立体成藏特征。研究油气藏特征，分析油气藏形成主控因素，建立油气成藏模式，对油气勘探具有重要指导意义。

一、油气藏特征

油气藏是油气勘探的最终目标，根据油气藏是否受圈闭控制，进一步可划分为常规油气藏和非常规油气藏。

（一）常规油气藏特征

辽河坳陷常规油气藏按圈闭的成因和形态可划分为构造油气藏、非构造油气藏等两大类七个亚类共十种油气藏类型（表4-4）。

表4-4 辽河盆地油气藏分类表

大类	亚类	种类		分布地区
构造油气藏	背斜构造	同生背斜	滚动背斜油气藏	锦16、欢26、荣兴屯等
			披覆背斜油气藏	兴隆台、海外河、小洼、大洼、静安堡（古近—新近系）等
			底辟背斜油气藏	沈143
		褶皱背斜油气藏		冷家堡、牛居、黄金带等
	断鼻构造	断鼻构造油气藏		高升、牛56、安76等
	断块构造	断块油气藏		于楼、欢喜岭等
非构造油气藏	地层	地层超覆油气藏		齐家、茨榆坨
		地层不整合油气藏		曙光油田一区
	岩性	岩性油气藏		高3、双18、沈10
	古潜山	古潜山油气藏		曙光、静北、兴隆台、齐家、东胜堡等

1. 常规石油成藏特征

辽河坳陷是一个典型的断陷盆地，由于源储关系和储集性能的差异，以碎屑岩、基岩潜山以及火山岩为主要储集岩划为三类油藏，三大类型油藏具有以下典型特征。

1）碎屑岩油藏具有"围洼分布、多级断阶富集"的特征

碎屑岩油藏以构造、岩性、地层等多类型油藏组合为主，围绕洼陷缓坡、陡坡形成复式油藏聚集带（图4-21）。如西部凹陷西斜坡复式油藏带，扇三角洲沉积体系在翘倾断块山低部位超覆沉积，北东向东掉断层进一步改造和影响，形成堑垒相间的构造格局，由斜坡向洼陷形成扇三角洲—浊积岩沉积体系，构成地层、岩性、断块、断鼻、滚动背斜等复式油气聚集带，形成高升、曙光、欢喜岭三个石油地质储量亿吨以上的油气富集带。陡坡带主要是主干断层持续活动下，形成了以扇三角洲为主要储集体的油藏。

2）潜山"内幕+风化壳双重富集"的特征

太古宇变质岩潜山内幕油藏为裂缝性油藏，储集空间主要为受多期断裂活动影响形成的裂缝体系。裂缝发育带的分布受断裂展布和潜山岩性的控制明显，不同岩性段裂缝发育程度不同。潜山内部多期发育不均匀分布的裂缝带，控制油气纵向上分段分布、平面上叠加连片。纵向上存在多个相对独立的油气藏，在纵向上组成多套油水组合。

3）火山岩油藏具有"近油源、近断裂"集中分布的特征

已发现的油气主要集中在中生界、房身泡组和沙三段中。中生界火山岩油藏在西部凹

陷最为典型，主要分布在兴隆台、大洼和牛心坨地区。该区已发现的火成岩油藏大多数位于或临近生烃中心，具有近油源的特点。油气主要赋存在气孔、溶孔发育的火成岩且被裂缝改造的储层中。房身泡组沉火山岩具有厚度大、分布广的特点，油藏类型主要为断块油藏，玄武岩储层多为溢流相，孔、洞、缝较发育，物性好。其与烃源岩直接接触，有的夹于烃源岩中，油气沿断层在玄武岩储层中聚集成藏。沙三段火山岩油气藏主要分布在东部凹陷的黄沙坨地区、欧利坨子地区和热河台地区，为粗面岩储层，主要储集空间以剪切裂缝为主，形成于东营组沉积末期以后的断层走滑作用。因此，在靠近主要及次级断层的应力集中的部位火成岩油藏较发育（图4-22）。

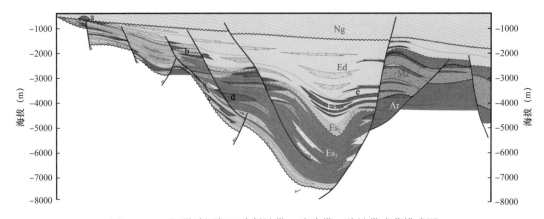

图4-21　辽河坳陷西部凹陷斜坡带—洼陷带—陡坡带成藏模式图

a—地层不整合油气藏；b—上倾尖灭油气藏；c—地层超覆油气藏；d—浊积岩透镜体油气藏；e—陡坡带砂砾岩油气藏

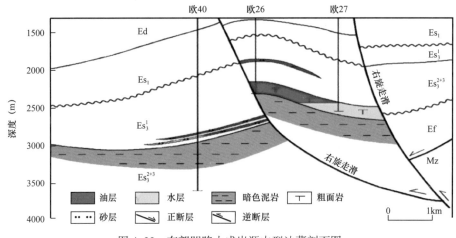

图4-22　东部凹陷火成岩源内型油藏剖面图

2. 常规天然气成藏特征

1）具有"广泛发育，多阶生气"的特征

辽河坳陷有大面积、多层系生（油）气源岩，置于完整的热演化系列之中；更有十分广泛的碎屑岩储层，从凹陷边缘到中心，可多层系叠置连片；有众多类型的圈闭及其组

合体展布在凹陷的各个部位；有多层良好的封盖条件，有利于天然气保存，显示了"整凹陷含油气"的基本特点。不同热演化阶段天然气均有发现，小于1600m以气藏为主，分布有生物气、生物—热解过渡气和来自深层的次生气藏；1600～3500m为气（油）藏，主要是石油、凝析油伴生气和部分未成熟过渡气，这一层段天然气的产出，有纯气藏（夹层气）、气顶气藏（包括凝析气顶气藏）、边水气藏，而以气顶气藏为主；在大于3500m层次，又以气藏为主，主要是凝析气和裂解气。

2）具有"油气共生并存"特征

辽河坳陷具有多种有机质类型，但主要以混合型为主，在相同的热演化条件下，有机质在生油的同时也生成了天然气。这就决定了辽河坳陷是一个油气共源、油气共存的坳陷，也就是说，天然气具有和石油基本相同的分布富集规律。主要表现在两个方面：一方面，天然气的产出常与油层间互，构成气、油、水组合或以夹层气产出，更多的是与油共存，构成大小不一的气顶，如双台子油气田等。按储量统计，坳陷内各种气顶气的储量约占天然气总储量的3/5。另一方面，原油中存在大量的溶解气，截至2018年底，辽河坳陷探明的溶解气地质储量是$1404.52 \times 10^8 m^3$，是已探明气层气地质储量的1.93倍。可见坳陷内发现的天然气，主要是原油伴生气，以多种形式与原油并存，其中溶解气是油气并存的主要形式。

（二）非常规油气藏特征

辽河坳陷发育页岩油、页岩气、致密油、致密气四种非常规油气藏类型。页岩油、致密油已有产能区块，致密气已有出气点，页岩气仅根据岩心解吸实验结果，推测其存在。

1. 非常规石油成藏特征

1）页岩油具有"三段式地层结构、甜点富集"的特征

辽河坳陷页岩油分布在雷家地区沙四段、大民屯凹陷沙四段。雷家地区页岩油藏主力产层是杜三段湖相碳酸盐岩储层，它与上部的杜二段及下伏的高升油层的泥质烃源岩呈"三明治"式夹层状分布。同时在杜三段和高升油层碳酸盐岩致密储层内部，泥质岩与碳酸盐岩也呈高频率的互层发育，致密储层紧邻的上部、下部以及本层段高频互层的泥质岩，都可以对白云岩致密储层提供丰富的油气，属于典型的自生自储配置关系。

2）次生孔隙是页岩油富集的主要储集空间，主要是溶蚀孔和微裂缝

大民屯凹陷沙四下亚段自上而下划分为Ⅰ组、Ⅱ组和Ⅲ组，Ⅲ组次生孔隙最为发育，这与其沉积环境、演化程度和矿物组成等因素密不可分。Ⅲ组的可溶性矿物比例高，如白云石、方解石和长石，这些不稳定矿物在有机酸的作用下，形成大量的次生孔隙，为页岩油的富集提供了有利储集空间。

3）致密储层中岩性、物性控制了致密油富集

大民屯凹陷西陡坡沙四段砂砾岩体中砾岩类、粉砂岩及泥质粉砂岩物性较差，而中粗砂岩和细砂岩物性较好，砾岩类平均孔隙度为7.2%，中粗砂岩和细砂岩分别为9.78%和11.5%。岩心含油性（富含油、油浸、油斑、油迹、荧光、无显示）统计表明，中粗砂

岩和细砂岩油迹以上显示频率分别为 73.45% 和 67.36%。而砾岩类、粉砂岩及泥质粉砂岩油迹以上显示频率分别为 47.51%、18.76% 和 0.89%；物性与含油性分析表明，砂砾岩体致密储层油气显示达到油斑以上级别，要求孔隙度大于 6%，渗透率大于 0.2mD。沈 351、沈 358 等井压裂后获工业油流，其出油井段岩性皆为中粗砂岩和细砂岩，物性相对较好。

2. 非常规天然气成藏特征

辽河坳陷具有致密气、页岩气形成条件，但这类气藏勘探程度较低，目前仅西部凹陷双 225 井和双兴 1 井发现致密气。致密气成藏特征如下：

（1）致密气储层埋藏较深，主要为扇三角洲前缘河道、滑塌扇和浊积扇砂体，岩性为中—细粒、不等粒岩屑长石砂岩或长石岩屑砂岩，分选中等—差；孔隙度平均在 9% 左右，渗透率小于 1mD；储集空间以残余粒间孔和溶蚀孔为主。

（2）源储紧密接触，储层位于烃源岩之上或被烃源岩包裹。

二、油气成藏机理与成藏模式

辽河坳陷具有优越的石油地质条件，油气藏类型丰富，剖析油气成藏主控因素，建立常规与非常规油气成藏模式，对评价油气资源潜力和优选有利勘探区带，具有重要指导意义。

（一）常规油气成藏模式

笔者通过分析辽河坳陷常规油气藏成藏条件和主控因素，建立了常规石油成藏模式和常规天然气成藏模式。

1. 常规石油成藏模式

辽河坳陷复杂构造及沉积演化过程，形成多样类型圈闭，进而形成多种油气藏类型。根据油藏成因及圈闭形态，将辽河坳陷常规油藏划分为构造型、地层型、岩性型和复合型四种类型。笔者通过对已发现油藏的剖析，发现油源来自沙三段和沙四段烃源岩（周陆扬等，2007；韩霞等，2006；朱芳冰等，2004），但不同地区成藏模式差异明显，源储配置关系是关键因素，并据此总结提出辽河坳陷存在 3 大类成藏模式（图 4-23）。

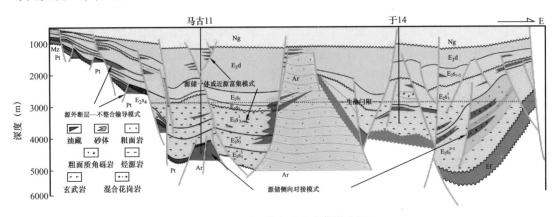

图 4-23　辽河坳陷石油成藏模式图

（1）源储侧向对接型成藏模式：辽河坳陷形成源储有效对接的原因有三种，第一种也是最常见的类型是深大断层持续活动，第二种是走滑运动使无效源储关系形成有效配置，以上两种对接模式是"单侧对接型"，第三种是新生代地层持续的披覆性沉积作用或基底的隆升作用形成"多向对接型"。深大断层作用导致的"单侧对接型"型是陡坡带下盘主要的成藏模式，持续活动的深大断层上盘发育巨厚的烃源岩，埋深大，演化程度高，同时断裂运动也为下盘的中生界、太古宇储层形成裂缝提供了条件，源储直接对接，油气经断层运移至下盘潜山中形成油藏，潜山顶面不整合及新生界披覆地层也属于此类，如赵家潜山内幕型油藏主体及上覆沙三段油藏（小洼—月海构造带北端）；走滑造成的源储单侧对接以东部凹陷火山岩油藏为代表，沙三段喷发的火山岩遭受后期右旋走滑断裂错断与沙三段烃源岩形成有效对接，受断裂改造后的火山岩储层捕获油气形成火山油气藏，如东部凹陷于 70 块（黄于热—黄沙坨构造带）；新生代地层持续披覆性沉积作用形成的源储多向对接型油藏，如兴隆台潜山的"洼中隆"型（兴 41 井），大民屯凹陷东胜堡潜山（胜 3 井）胜东次洼和胜西次洼双侧供源型等。

（2）源外断层—不整合输导型成藏模式：油藏主要发育在缓坡带，油气主要来源于生油门限之下烃源岩，通过新生界及前新生界之间的不整合和断层运移到浅层圈闭中。辽河坳陷缓坡带浅层发育两类油藏：一是太古宇或元古宇顶面不整合面之上新生界由于正向断层遮挡形成断鼻或断阶型油藏，如西部斜坡带杜 67 块油藏；不整合面之下基底反向断层遮挡形成潜山断块型油藏，如曙光高潜山油藏（曙古 158）等。

（3）源内或近源聚集型成藏模式：此类油藏主要发育在陡坡带砂砾岩、缓坡带砂岩及洼陷带透镜体砂岩为主，或者中部花状构造油藏。沙三段沉积早中期陡坡带低位域发育扇三角洲沉积，前缘砂体与湖相泥岩直接接触，烃源岩生烃初次运移至砂体中，形成断层封挡型油藏，如清东陡坡带洼 111 块油藏，大民屯西陡坡沈 263 块油藏；缓坡带形成断层遮挡或者物性封堵（砂体上倾尖灭）的油藏，如西部凹陷锦 310 油藏、东部凹陷铁匠炉铁 17 块油藏；洼陷带发育扇三角洲前缘砂、前扇三角洲砂或浊积扇等砂体，该成因砂体以薄层砂、断续砂和透镜砂为主。储集体为透镜砂体形成岩性油藏（马古 11 沙三段岩性油藏），若薄层砂、断续砂物性致密，且垂向叠置、横向叠加连片分布，则形成砂岩致密油藏（双 219 井区）；中部花状构造油藏以东部凹陷大平房构造（大 40 井）最为典型，该带主干断裂沟通下部烃源岩，油气沿花状断裂向浅层运移，形成垂向叠置、横向连片分布的油藏。

2. 常规天然气成藏模式

辽河坳陷已探明的天然气储量主要分布在中浅层，在深层仅探明双 210、葵花 18 两个含气区块，发现马古 1、双 225、双兴 1 及红 22 等 4 个出气点。中浅层气藏储层主要为砂岩，深层气藏或含气构造储层有变质岩（马古 1）、火山碎屑岩（红 22）和致密砂岩（双 225 和双兴 1）。气源分析认为其主要来自生油门限以深的沙三段和沙四段烃源岩，为伴生气或凝析气，其成藏模式简述如下。

砂岩成藏模式：深部烃源岩热演化处于 R_o 值为 0.5%～0.8% 时，原油大量产出，生气较少。原油和少量溶解气沿断裂向上运移到一定深度后，向侧向砂体内充注。当 R_o 值达 0.8%～1.3%时，液态烃逐渐减少，气态烃逐渐进入产率高峰。天然气先经断裂向上运移，再进入侧向砂体中，溶进早期聚集的原油，达到饱和状态后，多余的天然气就会溢出，这样原来以溶解油相运移天然气将以气相和溶解油相两种方式运移。在进入圈闭后，重力分异作用导致天然气在油层上部逐渐聚集，最终形成带气顶的油藏（双 210 块、齐 62 块等）。

东营组沉积晚期的构造运动使常规天然气成藏过程可能更为复杂。据盆地模拟资料，东营组沉积晚期以前，辽河盆地整体以生油为主，新近纪至今，盆地内整体以生气为主。东营组沉积晚期发生的区域运动一方面使原来的油藏破坏、再分配和成藏；另一方面，形成新的圈闭类型和复杂的网状断裂输导体系，沟通气源和源外浅层储集体，导致天然气在浅层直接形成气层气（大 1 块 N_2m 气藏）和气顶气（图 4-24）。

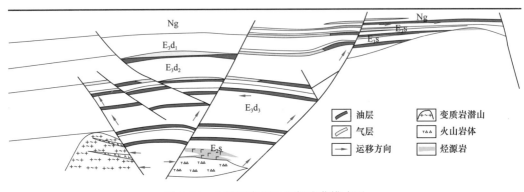

图 4-24　中浅层常规天然气成藏模式图

（二）非常规油气成藏模式

辽河坳陷非常规油气勘探处于起步阶段，勘探程度低。笔者仅对页岩油藏和致密气藏成藏模式进行了简单阐述。

1. 非常规石油成藏模式

源储一体碳酸盐岩页岩油成藏模式：洼陷带或斜坡带发育湖相碳酸盐岩，烃源岩与碳酸盐岩为源储一体或源储呈"三明治"互层发育，埋深在生油窗内则形成页岩油藏，如西部凹陷雷家沙四段页岩油。高有机质丰度页岩地层整体含油，其中含碳酸盐岩页岩夹层，油气较为富集（图 4-25），雷 97 井在 3116.7～3210m 井段压裂后试油获日产油 $6.99m^3$。

2. 非常规天然气成藏模式

辽河坳陷非常规天然气主要包括致密气和页岩气。对致密气而言，洼陷区深层致密浊积砂体和扇三角洲前缘席状致密砂岩是主要储集体。西部凹陷深层与致密储层相伴生的沙三段烃源岩 TOC 平均值为 1.7%（恢复后为 2.38%），有机质类型以 II_1—II_2 型为主，成熟度较高，R_o 在 1.1%～2.0%，处于大量生气阶段。这为与其紧密接触的致密储层成藏提供了充足的气源。西部凹陷双兴1井5028.7～5060.7m井段，压裂后日产气$3.9 \times 10^4 m^3$，已证实致密气藏存在，推测东部凹陷北段牛居—长滩和南段二界沟等地区同样发育该类气藏。上述西部凹陷深层沙三段烃源岩处于大量生气阶段，最大连续厚度可达100m以上，烃源岩层中间部分大量气体难以排出，呈游离态或吸附态残留在烃源岩体内，成为页岩气藏。双兴1井4066.5～4209.5m井段泥岩含气量解吸获得吨岩含气量为$2～4m^3$，证实页岩气存在（图4-26）。

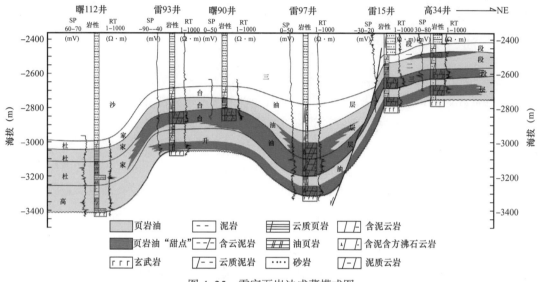

图4-25 雷家页岩油成藏模式图

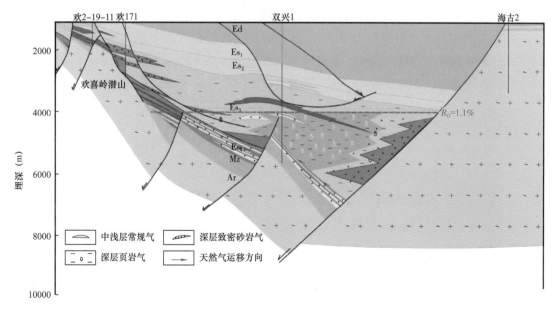

图4-26 辽河坳陷深层致密气、页岩气成藏模式图

第四节　常规与非常规油气资源潜力

辽河坳陷油气资源十分丰富。经过 50 余年的油气勘探与开发工作，累计生产原油 4 亿多吨、天然气 800 多亿立方米，连续 30 年保持千万吨以上高产稳产。目前，虽然辽河坳陷已进入高成熟勘探阶段，但由于坳陷构造复杂，同时还有深层、潜山内幕、火成岩及致密油气等勘探程度较低的领域，剩余油气资源规模较大，仍有较大勘探潜力。

一、油气资源评价

对辽河坳陷常规油气资源（尤其是潜山、火成岩赋存油气资源）和非常规油气资源进行系统的资源评价，评价方法为在成因法中引入含油气系统思路开展盆地模拟研究，总体把握辽河坳陷资源规模；解剖刻度区获得油气资源丰度、运聚系数、可采系数等关键评价参数；应用类比法、统计法（金之钧和张金川，1999）对区带资源进行详细刻画，最终应用特尔菲法给出综合评价结果。页岩油、致密油资源评价选用小面元容积法和面积丰度类比法。下面以东部凹陷牛居—青龙台构造带资源评价为例，阐述评价石油地质资源量采用的资源评价方法和评价过程。

（一）牛居—青龙台构造带地质评价

牛居—青龙台构造带位于东部凹陷北段，与茨榆坨构造带相邻，面积为 456km²。从生、储、盖、圈、运、保条件分析，牛居—青龙台构造带具有较为优越的石油地质条件。按潜山、沙三段、沙一二段和东营组 4 个成藏组合，从烃源岩条件、储层条件、圈闭条件、保存条件和配套条件 5 个大类 23 个因素对其进行量化评价（表 4-5）。量化原则是：区带总分是各成藏组合得分的加；成藏组合的得分是各条件得分之乘积；各条件得分由各因素分值与权值乘积加和获得。牛居—青龙台构造带最终地质评价得分是 0.2562。

表 4-5　牛居—青龙台构造带成藏条件量化表

类比参数		潜山		沙三段		沙一二段		东营组		权值
		参数	分值	参数	分值	参数	分值	参数	分值	
烃源条件	烃源岩厚度（m）	1600	1	1600	1	1600	1	1600	1	0.01
	成熟度（%）	1.5	0.9	1.5	0.9	1.5	0.9	1.5	0.9	0.01
	供烃方式	平行＋半汇聚	0.8	平行＋半汇聚	0.8	平行＋半汇聚	0.8	平行＋半汇聚	0.8	0.05
	供烃面积系数	0.6	0.3	0.6	0.3	0.6	0.3	0.6	0.3	0.1
	生烃强度（m³/km²）	468	0.52	468	0.52	468	0.52	468	0.52	0.4
	运移距离（km）	3	0.6	3	0.6	3	0.6	3	0.6	0.1

续表

类比参数		潜山		沙三段		沙一二段		东营组		权值
		参数	分值	参数	分值	参数	分值	参数	分值	
烃源条件	输导条件	断层	0.6	储层+断层	0.6	储层+断层	0.6	储层+断层	0.6	0.08
	生烃高峰时期	古近纪	1	古近纪	1	古近纪	1	古近纪	1	0.25
储层条件	储层厚度（m）	220	0.3	150	0.8	160	0.75	300	0.85	0.05
	储层百分比（%）	20	0.2	30	0.45	40	0.6	35	0.45	0.3
	孔隙度（%）	2.0	0.25	20.0	0.48	18.5	0.55	22.5	0.6	0.2
储层条件	渗透率（mD）	<1	0.25	45	0.45	585.7	0.75	156	0.65	0.2
	储层埋深（m）	4200	0.2	3500	0.4	2800	0.5	1700	0.4	0.25
圈闭条件	圈闭类型	风化壳+内幕	0.45	构造	0.7	构造	0.8	构造	0.7	0.2
	圈闭面积系数（%）	15	0.25	18	0.65	34	0.7	4	0.2	0.6
	圈闭幅度（m）	260	0.3	260	0.65	150	0.4	60	0.35	0.2
保存条件	盖层厚度（m）	>500	0.5	450	0.9	400	0.8	300	0.6	0.1
	盖层岩性	泥岩	0.5	泥岩	0.7	泥岩	0.7	泥岩	0.4	0.2
	盖层以上不整合数	2	0.5	1	0.7	1	0.65	1	0.5	0.3
	断裂破坏程度	弱	0.6	弱	0.8	弱	0.6	弱	0.6	0.4
配套条件	时间匹配	早或同时	0.7	早或同时	0.8	早或同时	0.75	早或同时	0.45	0.35
	运移方式	垂向	0.7	侧向	0.7	垂向	0.5	垂向	0.25	0.3
	生储盖配置	源边	0.5	自生自储	0.75	下生上储	0.7	下生上储	0.4	0.35

（二）牛居—青龙台构造带油气资源评价

依托辽河坳陷盆地模拟成果，分别应用成因法、类比法和统计法评价牛居—青龙台构造带石油资源潜力，最后利用特尔菲法进行综合评价，给出不同概率下的石油资源量。

1. 成因法石油资源量计算

引入含油气系统思路的盆地模拟法，其基本思路是首先根据盆地模拟方法确定盆地生烃量和排烃量；然后通过含油气系统分析，划分运聚单元，在运聚单元内进一步划分目标区带；最后根据几个典型刻度区的解剖获得运聚系数，并据评价区与刻度区的相似度确定目标区带的运聚系数（表4-6），从而计算区带的资源量。

表 4-6 辽河坳陷区带石油运聚系数类比取值表

区带类型	刻度区	运聚系数（%）	评价区	运聚系数（%）
缓坡型	欢曙斜坡带	10.67	曙北—高升构造带	7.40
			前进构造带	6.72
	铁匠炉斜坡带	5.28	榆树台—盖州滩构造带	5.43
			新开—大湾斜坡带	5.28
陡坡型	冷东构造带	12.62	牛心坨构造带	6.34
	小洼—月海构造带	6.40	静西陡坡带	8.54
			法哈牛—边台构造带	8.46
断裂背斜型	静安堡构造带	13.40	双台子构造带	5.88
	兴隆台构造带	13.32		
	黄于热—黄沙坨构造带	6.25	牛居—青龙台构造带	7.03
			大平房—葵花岛构造带	5.30
披覆型	茨榆坨	8.21	笔架岭构造带	5.52

牛居—青龙台构造带生油量为 $20.31 \times 10^8 t$。运聚系数为 7.03%（与黄于热—黄沙坨构造带类比获得，该刻度区地质综合评分为 0.2279）。生油量与运聚系数乘积，即石油资源量为 $14280 \times 10^4 t$。

2. 类比法石油资源量计算

地质类比法是一种由已知区推测未知区的方法。根据不同的类比条件，地质类比法有多种，既有成藏条件方面的综合类比，也有其他单一地质因素的类比。选择合适的类比条件和相应的刻度区，并确定相应的类比法，是类比评价中最重要的一环。

如果类比刻度区资源为地质资源，则评价结果为地质资源；如果类比刻度区资源为可采资源，则评价结果为可采资源。

地质类比法也称资源丰度类比法，其基本假设条件是：某一评价盆地（预测区）和某一高勘探程度盆地（刻度区）有类似的成油气地质条件，那么它们将会有大致相同的含油气丰度（面积丰度、体积丰度）。本次采用面积丰度类比法。

面积丰度类比法计算资源量的公式：

$$Q = \sum_{i=1}^{n} S_i K_i \alpha_i \tag{4-1}$$

式中 Q——预测区的油气总资源量，$10^8 t$；

S_i——预测区类比单元的面积，km^2；

i——预测区子区的个数；

K_i——刻度区油气资源丰度，$10^4 t/km^2$；由刻度区给出（表 4-7）；

α_i——预测区类比单元与刻度区的类比相似系数，由下式计算得到：

$$\alpha_i = \frac{预测区地质类比总分}{刻度区地质类比总分} \tag{4-2}$$

选择的刻度区仍然是黄于热—黄沙坨构造带，由此石油资源量计算结果：

$$Q=456 \times 32 \times 0.2562/0.2279=16403 \times 10^4 t \tag{4-3}$$

表 4-7　辽河坳陷区带石油面积资源丰度类比取值表

区带类型	刻度区	刻度区资源丰度（$10^4 t/km^2$）	评价区	评价区资源丰度（$10^4 t/km^2$）
缓坡型	欢曙斜坡带	139.95	曙北—高升构造带	47.75
			前进构造带	49.08
	铁匠炉斜坡带	12.47	榆树台—盖州滩构造带	22.72
			新开—大湾斜坡带	12.47
陡坡型	冷东构造带	123.66	牛心坨构造带	24.40
	小洼—月海构造带	76.30	静西陡坡带	55.53
			法哈牛—边台构造带	71.51
断裂背斜型	静安堡构造带	164.64	双台子构造带	21.78
	兴隆台构造带	172.20		
	黄于热—黄沙坨构造带	32	牛居—青龙台构造带	35.97
			大平房—葵花岛构造带	21.29
披覆型	茨榆坨	41.79	笔架岭构造带	14.25

3. 统计法石油资源量计算

统计法是一类利用历史经验的趋势推断法，即利用历史勘探成果资料（包括发现率、钻井进尺、油气产率、油气田规模分布等），通过数学统计分析方法将历史资料按趋势合理地拟合成资源储量的增长曲线，将过去的勘探与发现状况有效地外推至未来或穷尽状态，据此对资源总量进行求和计算。牛居—青龙台构造带石油资源量预测主要采用了油藏规模序列法、油藏发现序列法和广义帕莱托法，计算结果见表 4-8。

4. 特尔菲法综合评价

应用成因法、类比法和统计法 3 大类共 5 种方法预测了牛居—青龙台构造带石油地质资源量。由于这些方法预测的石油地质资源量比较接近，并且与该构造带勘探程度、认识程度比较吻合，赋予它们相等的权值（0.2），进行特尔菲法综合评价，获得 5%、50% 和 95% 概率下石油地质资源量分别为 $16053 \times 10^4 t$、$15005 \times 10^4 t$ 和 $14600 \times 10^4 t$。

表 4-8　牛居—青龙台构造带石油地质资源量计算表

计算方法	地质资源量（10^4t）			
	95%	50%	5%	期望值
油藏规模序列法	9870.91	15728.65	21586.39	15728.65
油藏发现序列法	9264.32	14762.09	20259.86	14762.09
广义帕莱托法	9567.62	15245.37	20923.12	15245.37

二、常规油气资源潜力

（一）常规石油资源潜力

常规石油资源评价是在盆地分析基础上，将辽河坳陷划分为 19 个区带（图 1），以区带为核心开展地质、地球化学数据统计分析，结合刻度区解剖成果，应用前面提到的 3 大类 5 种方法开展石油资源评价工作。最终将 5 种方法获得的结果进行特尔菲法综合评价，得到辽河坳陷常规石油地质资源量为 40.96×10^8t（表 4-9）。这些常规石油资源分布在碎屑岩、潜山和火成岩等储集体中。为应对潜山、火山岩勘探形势，本书在常规石油资源评价中突出了潜山、火成岩资源潜力评价。

表 4-9　辽河坳陷常规石油资源统计表　　　　（单位：10^4t）

凹陷	区带	探明储量	地质资源量	剩余资源量
大民屯凹陷	静安堡构造带	20575.74	27567.48	6991.74
	前进—荣胜堡构造带	4242.03	14952.91	10710.88
	边台—法哈牛构造带	7630.47	12930.69	5300.22
	静西陡坡带	2523.78	8163.25	5639.47
	小计	34972.02	63614.33	28642.31
西部凹陷	牛心坨构造带	2856.72	7490.69	4633.97
	曙北高升构造带	11127.50	21576.88	10449.38
	冷东—雷家构造带	13507.84	19806.85	6299.01
	兴隆台构造带	21374.75	36024.65	14649.90
	双台子构造带	2963.76	7581.07	4617.31
	欢曙斜坡带	96087.01	120428.90	24341.89

续表

凹陷	区带	探明储量	地质资源量	剩余资源量
西部凹陷	笔架岭构造带	738.59	5191.10	4452.51
	小洼—月海构造带	27205.05	54401.44	27196.39
	小计	175861.22	272501.58	96640.36
东部凹陷	榆树台—盖州滩构造带	179.00	10244.32	10065.32
	大平房—葵花岛构造带	4495.03	16711.34	12216.31
	董家岗—新开斜坡带	340.00	2789.74	2449.74
	铁匠炉—大湾构造带	361.54	2459.12	2097.58
	黄于热—黄沙坨构造带	8325.13	17048.40	8723.27
东部凹陷	茨榆坨构造带	5458.58	9248.13	3789.55
	牛居—青龙台构造带	6544.81	15005.39	8460.58
	小计	25704.09	73506.44	47802.35
合计		236537.33	409622.36	173085.02

1. 潜山油藏资源潜力

有关潜山油藏资源潜力研究，没有可借鉴的经验和技术。"十一五"至"十二五"期间，辽河坳陷潜山油气勘探取得丰硕成果，展示了潜山巨大勘探潜力。针对这部分资源，根据源储关系将潜山划分为 10 个区带，首次建立潜山刻度区和潜山评价参数体系和取值标准，并应用资源面积丰度类比法计算了辽河坳陷潜山石油资源量（刘海艳，2015）。辽河坳陷潜山原地资源量为 $11.42 \times 10^8 t$。

2. 火成岩油藏资源潜力

与潜山油气资源评价类似，在辽河坳陷首次选取勘探效果较好、勘探程度和认识程度较高的欧利坨子—黄沙坨火成岩作为刻度区，并参照碎屑岩刻度区建立了火成岩类比参数体系和取值标准，其中在储层条件参数中着重突出火成岩岩相和岩性等参数，在配套条件中着重突出源储配置参数。

在对欧利坨子—黄沙坨火成岩刻度区进行解剖的基础上，应用面积丰度类比法对东部凹陷沙三段大平房粗安岩、红星粗安岩、驾掌寺辉绿岩、欧利坨子粗面岩、大湾玄武岩和青龙台玄武岩 6 个火成岩体（图 4-27）进行资源评价，得到东部凹陷沙三段火成岩石油资源量为 $2.15 \times 10^8 t$。

（二）常规天然气资源潜力

辽河坳陷常规天然气可分为溶解气和气层气，其勘探程度较高，资料较为丰富，资源量采用成因法、类比法、统计法和特尔菲法进行综合评价。

成因法中溶解气地质资源量根据石油地质资源量和油气比计算，气层气地质资源量是生气量（扣除形成溶解气的那部分生气量）乘以天然气聚集系数获得。生气量模拟计算基于先进的生烃动力学模拟实验提供的基础参数，这较以往仅依据油气比对生烃总量进行油气劈分更科学、合理。由计算结果可知，辽河坳陷模拟法估算天然气总地质资源量为 $4614.88 \times 10^8 m^3$，可采资源量为 $2236.70 \times 10^8 m^3$。

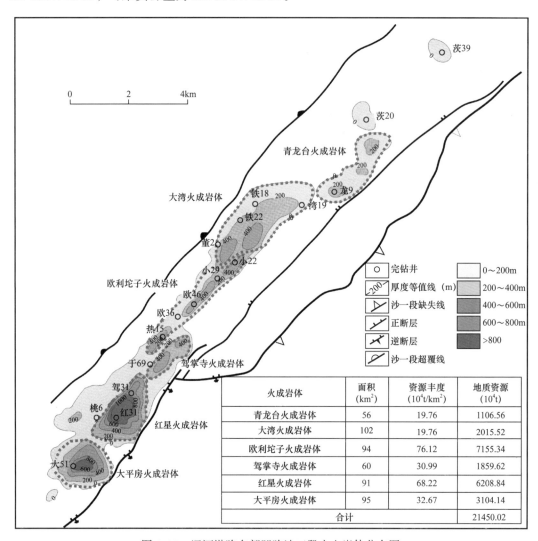

图 4-27　辽河坳陷东部凹陷沙三段火山岩体分布图

火成岩体	面积 (km²)	资源丰度 (10⁴t/km²)	地质资源 (10⁴t)
青龙台火成岩体	56	19.76	1106.56
大湾火成岩体	102	19.76	2015.52
欧利坨子火成岩体	94	76.12	7155.34
驾掌寺火成岩体	60	30.99	1859.62
红星火成岩体	91	68.22	6208.84
大平房火成岩体	95	32.67	3104.14
合计			21450.02

统计法中仅采用油藏规模序列法（王学军，2007）对区带气层气资源量进行预测，溶解气资源量仍采用成因法中的结果。由计算结果可知，辽河坳陷统计法估算天然气总地质资源量为 $3990.68 \times 10^8 m^3$，可采资源量为 $1875.60 \times 10^8 m^3$。

天然气类比法资源量估算同样以区带为计算单元。采用成藏组合打分方法，应用刻度区的气层气资源丰度、评价区带与刻度区的相似度，得到评价区带资源丰度，进而计算评价区带气层气资源量。该方法计算结果为，辽河坳陷天然气总地质资源量为 $4196.99 \times 10^8 \mathrm{m}^3$。

对上述成因法、统计法、类比法估算的天然气资源量进行特尔菲概率加权。获得天然气资源量期望值（表 4-10）。辽河坳陷常规天然气总地质资源量期望值为 $4230.16 \times 10^8 \mathrm{m}^3$，其中大民屯凹陷为 $446.88 \times 10^8 \mathrm{m}^3$，西部凹陷为 $2130.68 \times 10^8 \mathrm{m}^3$，东部凹陷为 $1652.6 \times 10^8 \mathrm{m}^3$；辽河坳陷剩余常规天然气资源量期望值为 $2111.79 \times 10^8 \mathrm{m}^3$，其中大民屯凹陷为 $220.22 \times 10^8 \mathrm{m}^3$，西部凹陷为 $848.62 \times 10^8 \mathrm{m}^3$，东部凹陷为 $1042.95 \times 10^8 \mathrm{m}^3$。

表 4-10　辽河坳陷常规天然气资源量统计表　　　　　（单位：$10^8 \mathrm{m}^3$）

凹陷	区带	探明储量	地质资源量	剩余资源量
大民屯凹陷	静安堡构造带	87.89	128.91	41.02
	前进—荣胜堡构造带	78.01	155.81	77.80
	边台—法哈牛构造带	60.76	96.06	35.30
	静西陡坡带	0	66.10	66.10
	小计	226.66	446.88	220.22
西部凹陷	牛心坨构造带	7.05	30.65	23.60
	曙北—高升构造带	79.72	121.75	42.03
	冷东—雷家构造带	13.22	32.91	19.69
	兴隆台构造带	467.42	678.68	211.26
	双台子构造带	154.50	257.20	102.70
	欢曙斜坡带	445.75	673.75	228
	笔架岭构造带	15.75	97.93	82.18
	小洼—月海构造带	98.66	237.82	139.16
	小计	1282.07	2130.69	848.62
东部凹陷	榆树台—盖州滩构造带	0.90	466.66	465.76
	大平房—葵花岛构造带	132.53	302.84	170.31
	董家岗—新开斜坡带	12.39	53.23	40.84
	铁匠炉—大湾构造带	3.14	39.50	36.36
	黄于热—黄沙坨构造带	210.65	369.33	158.68
	茨榆坨构造带	73.32	172.40	99.08

续表

凹陷	区带	探明储量	地质资源量	剩余资源量
东部凹陷	牛居—青龙台构造带	176.71	248.63	71.92
	小计	609.64	1652.59	1042.95
合计		2118.37	4230.16	2111.79

三、非常规油气资源潜力

（一）页岩油、致密油资源潜力

根据页岩油、致密油形成条件和勘探认识，认为辽河坳陷发育页岩油和致密油。在充分研究其七性关系基础上，圈定了西部凹陷雷家沙四段、大民屯凹陷中央构造带沙四段含碳酸盐岩页岩型和纯页岩型 2 个页岩油有利区和西部凹陷双台子沙三段砂岩、大民屯凹陷西陡坡沙四段砂砾岩致密油 2 个有利区（图 4-28）。利用小面元容积法和体积法获得辽河坳陷页岩油和致密油地质资源量分别为 $4.65 \times 10^8 t$ 和 $1.92 \times 10^8 t$，可采资源量分别为 $0.38 \times 10^8 t$ 和 $0.19 \times 10^8 t$（表 4-11）。

表 4-11　辽河坳陷页岩油、致密油资源量统计表

类别	评价单元	岩性	面积（km²）	厚度（m）	孔隙度（%）	充满系数（%）	含油饱和度（%）	地质资源量（10⁸t）	可采资源量（10⁸t）
页岩油	西部凹陷雷家沙四段	含碳酸盐岩油页岩	401	34.4	11.4	64.5	60	2.30	0.184
	大民屯凹陷中央构造带沙四段		168	60	6.0		40	1.26	0.104
		油页岩	100	65				1.09	0.088
	合计							4.65	0.38
致密油	西部凹陷双台子沙三段	砂岩	60	30.25	8.24	95	71	0.52	0.052
	大民屯凹陷西陡坡沙四段	砂砾岩	211	181.8	12.2	14	55	1.4	0.14
	合计							1.92	0.19

（二）致密气、页岩气资源潜力

根据中国石油非常规油气资源评价技术（赵政璋等，2012）规范和各矿种选区标准，结合辽河坳陷勘探实际，认为辽河坳陷具有致密气和页岩气形成条件。致密气主要分布在西部凹陷鸳鸯沟—双台子，东部凹陷牛居—长滩地区、红星及二界沟地区深层，并首次预测了非常规天然气资源潜力。

1. 致密气

（1）西部凹陷鸳鸯沟—双台子地区沙三段深层致密气。鸳鸯沟—双台子地区处于凹陷沉积中心的位置，为烃源岩沉积的最佳场所，沙三中亚段有效烃源岩最大厚度达300m，TOC含量平均为1.7%（恢复后为2.38%），最高可达4.0%（恢复后为5.6%）。有机质类型以II_1型—II_2型为主。成熟度较高，R_o大于1.1%，处于生气阶段。另外，沙三中亚段沉积时期为湖盆深陷期，在湖盆深水区广泛发育了近、远岸浊积扇，这些扇体垂向叠置、横向连片形成规模储集体。岩性为灰白色砂砾岩、含砾砂岩，储层致密，如双225井4119.86m样品为巨—粗粒长石岩屑砂岩，中—粗粒砂状结构，具颗粒裂缝、晶间孔及微孔，实测孔隙度为8.4%，渗透率为0.33mD。双225井在沙三中亚段3696.9～4469.7m解释气层245m/27层，在4245.9～4206m井段压后8mm油嘴日产气6619m³，证实了致密气的存在。按照I—II型有机质致密气选区标准，采用有机碳含量等值线图、成熟度等值线图和砂岩厚度等值线图三图叠合的方法，在凹陷南部鸳鸯沟—双台子地区沙三中亚段评价出致密气勘探有利区（图4-29），面积约270km²。

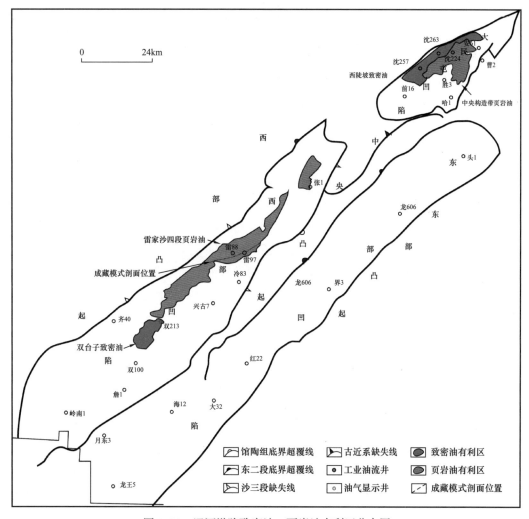

图4-28　辽河坳陷致密油、页岩油有利区分布图

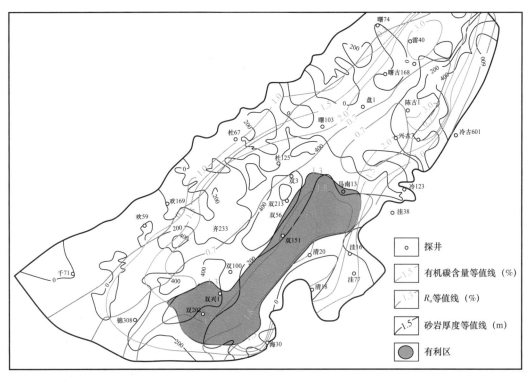

图 4-29　西部凹陷鸳鸯沟—双台子地区沙三中亚段致密气有利区评价图

（2）东部凹陷牛居—长滩洼陷、红星及二界沟洼陷沙三段深层致密气。具备烃源岩条件，沙三中、下亚段湖相烃源岩在牛居—长滩洼陷和二界沟洼陷最为发育，有效烃源岩累计厚度达 1000m 以上；沙三上亚段发育大量碳质泥岩或煤层，有机质丰度高，TOC 含量平均大于 2%，有机质类型以 III 型和 II$_2$ 型为主，成熟度较高，R_o 大于 1.0%。具备形成致密气藏的储层条件，受构造演化控制，沙三段沉积早期，北部牛居—长滩洼槽区发育水下扇砂体或浊积砂体，南部红星及二界沟深水区则发育前扇三角洲席状砂和浊积岩砂体；沙三段沉积晚期，北部牛居—长滩地区发育辫状河水道砂体，南部红星及二界沟发育曲流河水道砂体或三角洲砂体。从牛居油田储层物性统计结果看，沙三段储层岩性为中粗砂岩、细砂岩，孔隙度为 9.2%，渗透率小于 1mD，属于致密储层。东部凹陷沙三段烃源岩有机质类型较差，按照 II—III 有机质致密气选区标准，采用有机碳等值线图、成熟度等值线图和砂岩厚度等值线图三图叠合的方法，进行勘探有利区评价。沙三上亚段在牛居—长滩地区评价出致密气勘探有利区，面积约为 61km^2，在二界沟地区评价出致密气勘探有利区面积约为 116km^2；沙三下亚段在牛居—长滩地区评价出致密气勘探有利区面积约为 102km^2，在红星及二界沟地区评价出致密气勘探有利区面积分别为 95km^2 和 286km^2。

采用体积法对上述致密气有利区资源量进行预测（表 4-12），获得辽河坳陷致密气地质资源量为 2471.7×10^{8}m^3，其中西部凹陷为 1778×10^{8}m^3，东部凹陷为 693.7×10^{8}m^3；辽河坳陷致密气可采资源量为 989×10^{8}m^3，其中西部凹陷为 711.2×10^{8}m^3，东部凹陷为 277.8×10^{8}m^3。

表 4-12　辽河坳陷致密气资源量数据表

凹陷	评价单元	层位	面积（km²）	厚度（m）	孔隙度（%）	充满系数（%）	含气饱和度（%）	地质资源量（10⁸m³）	可采资源量（10⁸m³）
西部	鸳双地区	沙三中亚段	270	55～180	8.4	70	0.75	1778	711.2
东部	牛居—长滩洼陷	沙三中、上亚段	102	17.5～47.6	9.2	70	0.75	212.8	85.1
	二界沟洼陷	沙三中、上亚段	286	17.9～28.2	9.2	70	0.75	386.9	154.8
	红星深层	沙三中、下亚段	95	11.3	9.2	70	0.75	93.9	37.6
合计								2471.7	989

2. 页岩气

（1）辽河坳陷东部凸起石炭系太原组页岩气东部凸起山西组下部和太原组页岩有机质丰度高，类型以Ⅲ型为主，少部分Ⅱ₂型。有机质成熟度较高，R_o一般大于 1.8%，处在高成熟湿气—过成熟干气阶段，可以大量生气；乐古 2、佟 3 井及佟 2905 孔均显示太原组具有明显气测高异常，气测全烃为 1.2%～24.3%，甲烷为 0.76%～15.20%；同时，太原组泥页岩样品中石英含量高，一般在 36.5%～79.1%，平均为 61.4%，易产生裂缝，为页岩气提供了良好的储集条件和储层工程改造条件。采用多图叠合方法预测石炭系太原组有利区面积为 802km²（图 4-30）。

（2）辽河坳陷西部凹陷沙三段深层页岩气双兴 1 井在 4000～5000m 井段，泥岩解吸气量达到页岩气工业开采下限标准。按照有机碳含量下限值 1%，有机质成熟度下限值 1.1%，含气泥岩厚度不小于 30m 的起算条件，预测出沙三中亚段、沙三下亚段页岩气有利区位于鸳鸯沟—双台子地区，有利勘探面积分别为 123km² 和 311km²（图 4-31、图 4-32）。

采用体积法对上述页岩气有利区资源量进行预测（表 4-13），获得辽河坳陷页岩气地质资源量为 3173×10⁸m³，其中西部凹陷为 2434×10⁸m³，东部凸起为 739×10⁸m³；辽河坳陷页岩气可采资源量为 359×10⁸m³，其中西部凹陷为 292×10⁸m³，东部凸起为 67×10⁸m³。

表 4-13　辽河坳陷页岩气资源量数据表

坳陷	评价单元	层系	有效页岩面积（km²）	有效页岩厚度（m）	岩石密度（g/cm³）	总气量（m³/t）	地质资源量（10⁸m³）	可采资源量（10⁸m³）
辽河坳陷	西部凹陷	沙三中亚段	70	275	2.35	2.15	1020	122
		沙三下亚段	270	70	2.36	2.10	1414	170
	东部凸起	石炭系太原组	802	26	2.52	1.38	739	67
	合计						3173	359

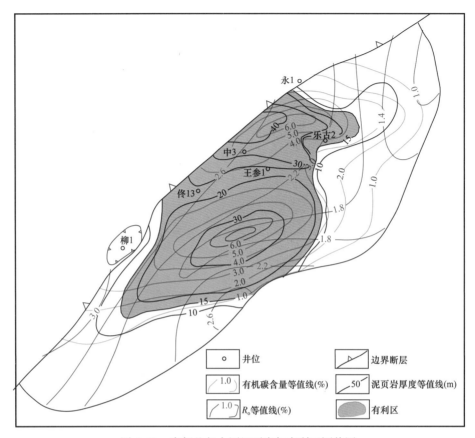

图 4-30　东部凸起太原组页岩气有利区评价图

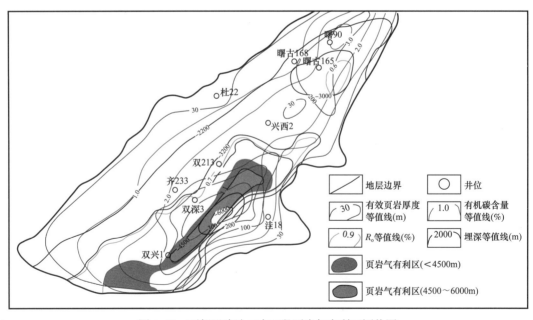

图 4-31　西部凹陷沙三中亚段页岩气有利区评价图

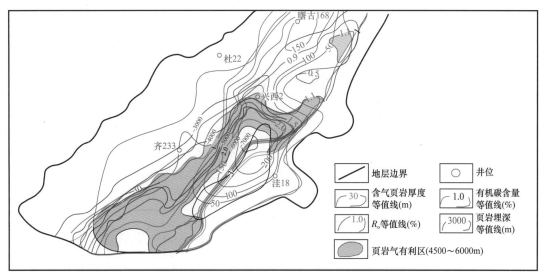

图 4-32　西部凹陷沙三下亚段页岩气有利区分布图

综上所述，辽河坳陷常规石油总地质资源量为 $40.96 \times 10^8 t$，目前探明 $23.37 \times 10^8 t$，探明程度为 57% 左右，还有较大勘探潜力；页岩油地质资源量为 $3.56 \times 10^8 t$，雷家页岩油勘探取得了良好的效果，2013 年以来新增三级储量达 $8910 \times 10^4 t$，展示了页岩油较大的勘探潜力；致密油总地质资源量为 $1.92 \times 10^8 t$，目前仅探明 $617.51 \times 10^4 t$，仍有较大勘探潜力。

第五节　剩余油气资源分布及有利勘探方向

辽河坳陷尽管勘探程度较高，仍具有一定勘探潜力。从剩余石油资源、领域等角度的系统分析，指出了基岩油气藏、地层岩性油气藏、火山岩油气藏及页岩油、致密油深化勘探的主要方向。

一、剩余油气资源潜力及分布

（一）常规油气剩余资源

辽河坳陷常规石油剩余地质资源量为 $17.3 \times 10^8 t$。从凹陷来看，西部凹陷最多，为 $9.66 \times 10^8 t$，其次是东部凹陷为 $4.78 \times 10^8 t$，大民屯凹陷最少，为 $2.86 \times 10^8 t$；从层系来看，前古近系（潜山）剩余石油地质资源最丰富，为 $7.35 \times 10^8 t$，其次是沙三段，剩余石油地质资源量为 $5.08 \times 10^8 t$；再次是沙一、二段，东营组最少；从区带来看，剩余石油地质资源较多的前 11 个区带依次是小洼—月海构造带、欢曙斜坡带、兴隆台构造带、大平房—葵花岛构造带、前进—荣胜堡构造带、曙北—高升构造带、榆树台—盖州滩构造带、黄于热—黄沙坨构造带、牛居—青龙台构造带、静安堡构造带和冷东—雷家构造带，排在第一位的小洼—月海构造带剩余石油地质资源量达 $27196.39 \times 10^4 t$，第十一位的冷东—雷家构造带剩余石油地质资源量仅为 $6299.01 \times 10^4 t$。

辽河坳陷剩余石油资源主要分布在潜山、岩性和火山岩三大勘探领域，滩海剩余油气资源主要分布在潜山、构造和岩性油气藏等勘探领域。

剩余潜山资源主要分布在太古宇变质岩、元古宇变质岩和碳酸盐岩储层内。太古宇变质岩岩性主要为黑云母斜长片麻岩、浅粒岩、变粒岩、混合岩、碎裂岩以及斜长角闪岩，副变质岩中浅粒岩、变粒岩等脆性岩层与斜长角闪岩、黑云母斜长片麻岩等韧性岩层间互，使潜山内幕成藏成为可能，储集空间以裂缝为主；元古宇变质岩主要为石英岩、板岩，其与碳酸盐岩成互层状组合，在油源充足的情况下可形成多个层状油层或块状油藏（断裂发育情况下）。

剩余岩性油藏主要分布在洼陷带或坡洼过渡带，岩性为砂岩、砂砾岩，埋藏较深物性较差，一般为低孔、低渗储层。

剩余火山岩油藏主要分布在东部凹陷，火山岩成藏优势岩性主要为粗面质火山角砾岩、角砾化粗面岩、粗面质角砾熔岩、粗面岩和凝灰质砂岩。火山岩成藏基本条件是火山岩为成熟烃源岩内，或有断层与火山岩沟通，且物性与相应埋深砂岩相比稍好一些。储集空间主要为裂缝。

辽河坳陷常规天然气勘探程度较高，在天然气总资源量中扣除探明天然气储量即为剩余天然气资源。从凹陷来看，截至 2018 年底，东部凹陷探明常规天然气地质储量为 $609.64 \times 10^8 m^3$，剩余天然气地质资源量最多，为 $1042.95 \times 10^8 m^3$。西部凹陷探明常规天然气地质储量为 $1282.07 \times 10^8 m^3$，剩余天然气地质资源量为 $848.62 \times 10^8 m^3$，排在东部凹陷之后。大民屯凹陷探明常规天然气地质储量为 $226.66 \times 10^8 m^3$，剩余天然气地质资源量为 $220.22 \times 10^8 m^3$，排在三大凹陷之末。从区带来看，常规天然气剩余地质资源量排在前 6 位的区带依次为：榆树台—盖州滩构造带、欢曙斜坡带、兴隆台构造带、大平房—葵花岛构造带、黄于热—黄沙坨构造带和小洼—月海构造带，剩余天然气地质资源量分别为 $465.76 \times 10^8 m^3$、$228.0 \times 10^8 m^3$、$211.26 \times 10^8 m^3$、$170.31 \times 10^8 m^3$、$158.68 \times 10^8 m^3$ 和 $139.16 \times 10^8 m^3$。

（二）非常规油气剩余资源

辽河坳陷页岩油主要分布在西部凹陷雷家沙四段、大民屯凹陷中央构造带沙四段含碳酸盐岩页岩中，地质资源总量为 $3.56 \times 10^8 t$，目前仅在雷家地区上报探明储量为 $681.82 \times 10^4 t$；致密油资源分布在西部凹陷双台子致密砂岩、大民屯凹陷西陡坡砂砾岩中，至今仅在大民屯西陡坡砂砾岩上报探明储量为 $617.51 \times 10^4 t$。页岩油、致密油剩余石油地质资源量分别为 $3.49 \times 10^8 t$ 和 $1.86 \times 10^8 t$，勘探潜力较大。

非常规天然气仅在几口井中有发现，未上报探明储量，前面计算的资源量也就是剩余资源量（表 4-12、表 4-13）。可见，无论是致密气还是页岩气，西部凹陷南部洼陷带是剩余天然气资源量最大的地区。

二、有利勘探方向与目标

辽河坳陷常规油气资源中以石油为主，天然气仅占很小一部分。油气勘探工作以石油勘探为主，兼探天然气。常规油气下步勘探方向以区带、层系剩余资源为基础，围绕主力烃源岩，以构造带成藏分析为手段，探索潜山、碎屑岩、火山岩等勘探目标；页岩油、致密油在有利区内加强"甜点"预测，优选勘探目标。

（一）基岩（潜山）油藏

辽河坳陷基底为太古宇、元古宇、古生界、中生界等多层结构组成，纵向上层系多，横向分布广，发育变质岩和沉积岩两大类储集岩类。基岩具有优越的成藏条件。目前钻井揭露潜山25个，探明潜山油藏16个，主要的"山头"型潜山均已钻探。从剩余石油地质资源多和勘探程度低等因素考虑，兴隆台构造带、曙北—高升构造带、荣胜堡构造带和静安堡构造带是潜山勘探有利区带，小洼—月海构造带、大平房—葵花岛构造带、榆树台—盖州滩构造带潜山是兼探目标区带。

（二）碎屑岩油藏

辽河坳陷西部、东部和大民屯三大凹陷的陡坡带和缓坡带砂砾岩较为发育，成藏分析展示其成藏条件好。从剩余石油地质资源和勘探程度考虑，欢曙斜坡带、牛居—青龙台构造带、静西陡坡带和冷东—雷家构造带是主攻区带，小洼—月海构造带、大平房—葵花岛构造带、榆树台—盖州滩构造带碎屑岩是兼探目标区带。

（三）火成岩油藏

辽河坳陷火成岩从中生界到新生界古近系房身泡组到东营组均有发育。基于剩余石油地质资源量和勘探效果分析，东部凹陷黄于热—黄沙坨构造带火山岩具有较好勘探前景。

（四）页岩油、致密油油藏

"十二五"以来，页岩油和致密油勘探分别在西部凹陷雷家地区沙四段含碳酸盐岩页岩和大民屯凹陷西陡坡沙四段砂砾岩体中取得了较好的勘探效果。通过进一步勘探，西部凹陷雷家沙四段页岩油和大民屯凹陷西陡坡沙四段砂砾岩致密油有望成为辽河坳陷现实的接替领域。

（五）致密气、页岩气

辽河坳陷致密气和页岩气剩余资源量较大的区带——西部凹陷南段洼陷带，勘探目的层埋藏较深，受当前经济性和技术水平制约，只能作为后备接替区带。

第五章　渤海湾盆地大港探区
油气资源潜力与勘探方向

自 20 世纪 80 年代以来，经过多轮次资源评价，评价方法体系与关键性参数体系逐渐完善，有效指导了大港油田探区油气勘探工作。但是，随着勘探程度的不断提高、新资料的逐渐丰富、储量的持续增长，资源潜力与发现储量之间的矛盾日益突出，以北大港构造带、孔店构造带为代表的圈闭资源量已经超过了以往评价的区带资源量，资源接替成为制约勘探新发现的主要瓶颈。近二十年来，随着地质认识的逐步深入和工程技术的进步，地层岩性油气藏、致密油气和页岩油气等逐渐成为勘探的主要领域，这些领域的油气资源潜力一直没有认识清楚。依托中国石油天然气股份有限公司重大科技专项开展第四次油气资源评价以来，针对烃源岩非均质性采取了分级细化评价，系统评价了构造、地层岩性等常规油气资源潜力，采用多种方法完善了中—古生界潜山领域、致密油气、页岩油气的油气资源与分布，为中长期勘探部署提供了有力支撑。

第一节　油气勘探新进展

以渤海湾盆地为代表的断陷盆地多具有"三层楼"结构特征，即上部发育新近系断裂构造、中部发育古近系斜坡构造、底部为前新生界潜山构造，这三层结构的形成演化和油气成藏既有关联性又有差异性（图 5–1）。近十几年来，大港探区油气勘探主要围绕下构造层的多层系潜山内幕和中构造层的多类型斜坡区、页岩油气三大领域进行攻关研究，取得了重要创新认识和重大勘探进展。

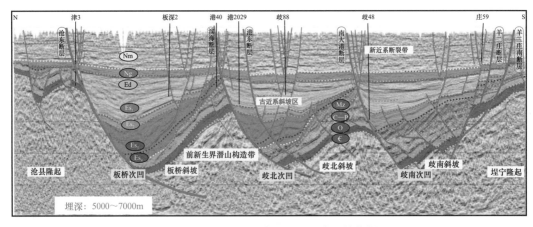

图 5–1　歧口凹陷沧县隆起—埕宁隆起结构剖面

一、多层系潜山内幕油气勘探进展

黄骅坳陷潜山勘探起步较早，但始终处于探索中。在1963—1986年长达23年的勘探过程中，主要围绕大型隆起区探索高部位奥陶系碳酸盐岩潜山的含油气情况，部署实施的64口钻井中，仅北大港潜山的1口井在奥陶系获日产油6.65t、天然气11275m³，由于油藏规模小，储量无法计算上报。1987—2014年期间，根据"新生古储"油气成藏模式，将勘探方向转移到有较好源储对接关系的低位潜山，目的层仍是奥陶系，部署实施的103口钻井中有44口获工业油气流，先后发现了千米桥、埕海、乌马营等潜山油气藏（金凤鸣等，2019）。除千米桥潜山外，多数油气藏因高含硫化氢，开发动用难度大。与渤海湾盆地其他探区相比，大港油田探区潜山层系多，必须依靠理论认识创新才能实现勘探突破。

（一）多层系潜山内幕油气成藏理论新认识

通过对近年来勘探发现的港北潜山、乌马营潜山和歧北潜山油气藏解剖发现，除了以往的"新生古储"型潜山外，还发育古生界"古生古储"型新含油气系统。古生界含油气系统以上石炭统太原组、下二叠统山西组为烃源岩，油气向上、下运移，分别形成上古生界含油气系统、下古生界含油气系统。上古生界含油气系统主要储油气层是下石盒子组与上石盒子组砂岩，上石盒子组—石千峰组泥岩作为区域盖层，下古生界含油气系统主力储层为奥陶系峰峰组及上马家沟组碳酸盐岩储层，以太原组、本溪组泥岩、煤层为盖层。

黄骅坳陷基底为古向斜区，石炭系—二叠系保存完整，烃源岩主要发育在上石炭统太原组、下二叠统山西组，以煤层、碳质泥岩、暗色泥岩为主。该套烃源岩在黄骅坳陷全区均有分布，由于剥蚀量不同造成厚度差异较大，从100m至300m不等，整体上具有北薄南厚的特征（杨池银等，2014）。在北塘地区厚度仅为150m，中部地区在港古1505井、海古1井区厚度较大，为200～300m，南区厚度最大，主要分布在王官屯—南皮地区，厚度达300～450m。上古生界煤岩的有机显微组分以镜质组为主，镜质组的平均含量为56.7%～67.0%，惰质组为19.2%～24.5%，壳质组＋腐泥组一般为12.3%～34.0%，其富氢的壳质组分含量较高。太原组煤层有机质丰度一般大于60%，并且高于山西组，碳质泥岩亦如此。与煤层不同，泥岩有机质丰度差异较大，TOC值为0.25%～14.83%，平均值为4.32%；（S_1+S_2）值为0.45～20.14mg/g，平均值为7.91mg/g，且中等及以下样品较多，占50%以上，总体评价山西组生烃条件略好于太原组。

黄骅坳陷中南部煤系烃源岩热演化程度差别很大，R_o值一般为0.5%～1.5%，部分地区（沧县隆起南段及东光地区）受火成岩侵入影响，R_o值超过2.0%，最大达3.73%。该区热演化程度主要取决于其埋藏过程。通过单井剥蚀厚度恢复和埋藏史、热演化史等研究，认为黄骅坳陷中南部上古生界主要有4种埋藏史类型，即持续深埋型、早抬晚埋型、间歇埋藏型和早埋晚抬型，不同的埋藏史类型同样控制烃源岩的生烃过程，乌马营地区通过WS1井研究，该区石炭—二叠系烃源岩在晚侏罗世—早白垩世埋藏深度为2812m，R_o值已超过0.5%，经历了一次生烃过程。中生代末期遭受抬升剥蚀，生烃停滞，直到古近系孔店组沉积末期才开始进入二次生烃阶段。

上古生界碎屑岩潜山圈闭的形成发育过程与渤海湾地区区域构造变迁有紧密联系，黄骅坳陷中南部上古生界潜山构造演化表现出"三段式"特点，经历了古生代均衡沉降、侏罗纪—白垩纪内幕成型、古近纪反转定型多阶段构造演化叠加成山过程（图5-2）。中生代内幕圈闭定型以及古近纪以来的稳定构造对油气成藏起重要控制作用。

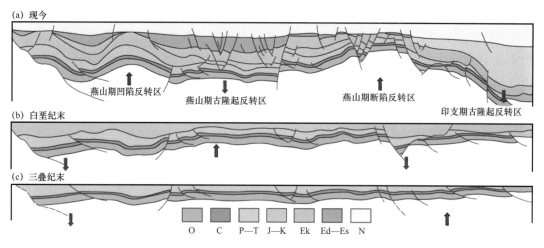

图 5-2　黄骅坳陷中南部地质构造演化剖面图

受三期构造变形两期构造反转的影响，黄骅坳陷中南部上古生界潜山构造呈现出规律性分布的特点，印支期古隆起及相关构造控制着不同构造类型的展布。在印支期古隆起两翼剥蚀区，可见古地貌残丘和断块构造叠合的构造群；在印支期古隆起南翼斜坡发育复杂的逆冲推覆构造和背斜型潜山构造，受燕山期走滑叠置影响，该区上古生界内幕结构最为复杂；黄骅坳陷东南部是印支期古向斜区，该区中生代变形相对较弱，地层残留厚度较大，目前保存的主要是渐新世形成的断块和断鼻构造，是典型后成型潜山发育区。早期定型的内幕构造为潜山成藏提供了有效的圈闭条件。

石炭—二叠系流体包裹体均一温度的分布范围为85~170℃，多数测量值大于120℃，少数为100~120℃，个别小于100℃，结合古埋藏和古地热史分析认为，黄骅坳陷中南部发生过两期油气成藏：第一期为晚侏罗—早白垩世，生烃温度最高约120℃，第二期成藏始于古近纪且持续至今。

结合流体包裹体、自生黏土矿物测年以及埋藏史、地热史、生排烃史分析，认为黄骅坳陷上古生界有两期油气成藏过程：一期为燕山期末（晚侏罗—早白垩世），该期生烃量小，仅形成小规模油气藏，且后期易于遭受破坏；二期为喜马拉雅期（古近纪中期至今），石炭—二叠系煤系烃源岩有机质成熟度高，二次生烃量大，是黄骅坳陷古生界潜山的主要成藏期。该时期形成的煤成天然气沿高角度内幕断裂纵向输导，形成源上古生界原生天然气藏，在存在供烃窗口的地段，古近系原油也有可能沿二叠系砂岩输导层进入潜山内幕侧向运聚至内幕圈闭高点形成"混源"充注油气藏。相对而言，奥陶系成藏组合埋深大，大多缺乏断控供烃窗口，但煤系烃源岩生成的天然气向下运移，导致奥陶系内幕圈闭"上生下储"近源垂向充注成藏，在奥陶系碳酸盐岩缝洞储层中聚集形成规模聚集的天然气藏（侯中帅等，2018）。但是新近纪中末期，石炭—二叠系埋深加大，地温和有机质成熟度大幅度增加，烃源岩进入排烃充注高峰期，该期稳定的构造是黄骅坳陷中南部"古生古储"型原生潜山油气藏形成的保障（王文庆等，2017）。

（二）中古生界潜山主要勘探成果

古生界新含油气系统的发现，有效支撑大港油田潜山领域区带优选与井位部署工作，相继在乌马营—王官屯潜山带、埕海潜山带及歧北潜山带勘探取得新发现。

1. 乌马营潜山

乌马营潜山位于沧东凹陷南部，因埋藏深度大而与古近系烃源岩没有对接，探索与石炭—二叠系煤系烃源岩有供烃关系的奥陶系潜山，是探索古生界自生自储型油气藏的主要方向（赵贤正等，2019）。从20世纪末开始，通过三维地震落实石炭—二叠系烃源岩与奥陶系储层对接的有利圈闭面积达20km²。1998年在该圈闭钻探的WS1井在钻井过程中发现古生界油气显示活跃，达到荧光级别的显示达10余处，针对下古生界奥陶系酸化后获得高产油气流，试油日产气达137279m³，但因硫化氢含量高达6.27%而永久性封井。多数学者认为，奥陶系深潜山容易发生TSR反应（硫酸盐热化学还原作用）形成硫化氢，而碎屑岩因埋深大储层致密不能作为有效储层，因此针对古生界油气勘探长期陷入停滞状态。受港北潜山二叠系勘探突破的启发，2017年重新对乌深1井未作为勘探目的层的二叠系下石盒子组进行取样测试，发现深部碎屑岩在5000m深处仍发育孔隙度高达10%的有效储层，并对4820~5100m井段气测异常段由水层重新解释评价为气层，其厚度可达77m/11层，落实该气层顶面圈闭面积为77km²，计算圈闭资源量为530×10⁸m³。在该圈闭中重新部署钻探YG1井、YG2井、WT1井3口井，在二叠系石盒子组均已发现厚气层。其中YG1井发现二叠系石盒子组气层109m，下石盒子组下亚段4959~4988m井段压裂后试油获得日产油24.26t、气80122m³高产油气流，且不含硫化氢；YG2井下石盒子组揭示纯气层近100m，该层段试油获得日产气178897m³、凝析油18.8t高产油气流（表5-1、表5-2）。乌马营潜山的勘探突破，再次证实上古生界二叠系具有形成非含硫化氢规模原生油气藏的地质条件（韩国猛等，2019）。

2. 歧北潜山

歧北潜山位于歧口凹陷西南缘腹地，是隐伏在古近系斜坡之下的断鼻潜山构造，勘探面积达200km²。以往研究认为，歧北中、古生界潜山与古近系烃源岩有较好的接触关系，具备"新生古储"型潜山有利成藏条件，并部署实施了QG1井等3口探井，在钻井过程中，古生界、中生界均见到活跃的油气显示，奥陶系发现了少量硫化氢。近年来，按照石炭系生烃控源探索古生界含油系统的思路，重新落实古生古储潜山有利圈闭面积为24km²。2017年部署实施了QG8井，该井古生界和中生界共钻遇油气层厚度121.2m，其中奥陶系解释油气层64.9m，峰峰组酸化压裂后获日产气162800m³、油46.3t的高产油气流，且不含硫化氢（表5-1、表5-2）。QG8井钻探的突破，落实"古生古储"天然气圈闭资源量达600×10⁸m³，证实了黄骅坳陷以石炭系煤系为油气源的原生油气藏具有较大的资源潜力。

表 5-1 黄骅坳陷主要潜山石油产量及其物性数据表

地区	井名	深度（m）	层位	射孔厚度（m/层）	日产油（t）	原油密度（g/cm³）*	黏度（mPa·s）*	凝固点（℃）	含蜡量（%）	沥青质+胶质（%）
港北潜山	Z1502	2477～2536	P	26/3	4.15	0.9056	44.87	17	8.01	41.67
		2990～3026	O	24/6	1.16	0.7399	0.49	30		
	GG1505	2338～2363	P	14/3	14.10	0.8590	56.12	27	17.16	15.87
	GG1507	2080～2106	C	23/6	33.10	0.8484	7.36	10	15.68	13.97
	GG1607	2144～2187	P	30/2	3.13	0.8876	82.85	27	26.19	26.18
	GG16101	2853～2856	O	8/3	3.76	0.8692	27.62	26	16.93	16.87
	GG16102	1904～1936	P	9/3	6.43	0.8780	16.19	0	10.91	26.28
歧北潜山	QG8	3835～3842	O	7/4	35.70	0.7723	0.71	30		
埕海潜山	HG102	3869～3942	P	26/5	8.19	0.8359	5.80	25	15.62	12.79
乌马营潜山	YG1	4959～4988	P	25/2	24.26	0.8090	1.36	1	8.04	3.32
	YG2	4703～4734	P	28/3	18.80	0.8048	0.91	8	3.85	7.85

注：* 为20℃时值。

表 5-2 黄骅坳陷主要潜山天然气日产气量及其地球化学特征数据表

地区	井号	深度（m）	层位	射孔厚度（m/层）	日产气（m³）	δC₁（‰）	δC₂（‰）	δCO₂（‰）	C₁（%）	C₂₊（%）	N₂（%）	H₂S（%）	CO₂（%）	干燥系数
港北潜山	Z1502	2478～2536	P	26/3	47406	−39.1	−28.4		83.4	9.52	0.61	0	6.42	0.90
	GG1505	2338～2363	P	14/3	23611	−43.4	−29.1		81.6	16.98	0.21	0	1.22	0.83
	GG1507	2078～2106	C	23/6	3730	−42.2	−29.1		61.3	24.97	0.06	0	13.67	0.71
歧北潜山	QG8	3835～3842	O	7/4	162800	−39.7	−26.7	−5.87	70.6	16.12	0.95	0	12.32	0.81
埕海潜山	HG1	4510～4587	O	33/7	290000	−27.2	−18.7	−7.64	50.4	0.33	3.86	11.8	33.6	0.99
	HG102	3869～3942	P	26/5	1905	−40.4	−28.6	−10.8	77.1	19.13	0.31	0	4.45	0.80

地区	井号	深度（m）	层位	射孔厚度（m/层）	日产气（m³）	δC_1（‰）	δC_2（‰）	δCO_2（‰）	C_1（%）	C_{2+}（%）	N_2（%）	H_2S（%）	CO_2（%）	干燥系数
乌马营潜山	YG1	4959～4988	P	25/2	80122	−36.4	−20.9		80.6	9.30	5.29	0	4.85	0.90
		4789～4874	P	19/8	11554	−33.21	−21.88	−10.8	85.9	6.76	0.36	0	6.99	0.93
	YG2	4703～4734	P	28/3	178897	−33.86	−24.38		79.30	12.50	0.40	0	7.80	0.86
	WT1	4958～4997	P	18/3	35000	−37	−20.3		85.25	7.09	0.74	0	6.92	0.92
	WS1	5460～5496	O	26/7	137279	−38.5	−22.4		86.96	4.87	1.78	6.27	0.12	0.95

3. 埕海潜山、南大港潜山

除乌马营、歧北等潜山外，近年来在南大港潜山、埕海潜山等也发现了厚油气层，试油获得天然气和凝析油高产。埕海潜山构造带位于歧口凹陷南缘，是一个古近纪定型的基岩断裂背斜型潜山构造。古近纪以来发生盆缘断陷作用，古生界、中生界之上又覆盖了3400m厚的渐新统及中、上新统，是一个典型的深埋藏内幕潜山构造。早期评价认为，区内中生界和石炭系保存齐全，岩溶储层不发育，奥陶系潜山成藏条件差，导致埕海潜山油气勘探程度极低。2008年以来，通过系统的构造解释，建立了"黑盖侧运"潜山成藏模式，古近系、石炭—二叠系油气烃源岩与中、古生界潜山普遍对接，供烃窗口大，因此与张北断层、歧东断层相接的构造应是首选勘探目标。部署实施的风险探井HG1井在奥陶系获高产工业气流，日产气量近 $30 \times 10^4 m^3$，但硫化氢含量高，二叠系亦发现良好油气显示。2018年部署实施的HG102井在二叠系获得日产油8.19t、气1905m³的工业油气流。此外，在南大港潜山部署的QG6井分别在奥陶系的峰峰组、马家沟组以及二叠系石盒子组发现了110m厚油气层，钻井气测显示活跃，证实古生界具有较大勘探潜力。

二、多类型斜坡区油气勘探进展

渤海湾盆地是我国东部断陷盆地典型代表，也是主要的含油气盆地类型。随着勘探程度的提高，在古近系寻找构造油气藏的难度越来越大，而地层—岩性油气藏逐渐进入勘探视野（胡见义等，1986）。歧口凹陷是黄骅坳陷最大的富油气凹陷之一，近十年来，通过对全凹陷的整体解剖，明确了斜坡带是其重要的构造单元，也是油气运移的主要方向，有利于形成大规模连片分布的地层—岩性油气藏。因此，斜坡区是成熟探区主要增储领域，也是研究的热点。斜坡区地层岩性油气藏勘探的核心问题是寻找油气富集区带。

（一）斜坡带优势相油气富集理论新认识

根据歧口凹陷斜坡结构形态、坡折发育程度等因素将歧口凹陷的五大斜坡分为4种类型：阶状断裂斜坡、多阶挠曲斜坡、简单斜坡及旋转掀斜斜坡。不同斜坡区内部不同构造部位成藏特征具有较大的差异（赵贤正等，2017）。以歧口凹陷歧北斜坡沙一下亚段为例，在2500m以浅，地层倾角一般在15°以下，发育辫状河三角洲平原亚相，地层压力与孔隙度呈现正常演化趋势，主要以构造油藏为主；2500～4500m，地层开始变陡，主要发育辫状河三角洲前缘亚相，异常高压和次生孔隙开始发育，有机质进入成熟演化阶段，油藏类型以岩性油气藏为主；4500m以深，地层又开始变缓，主要发育深湖细粒相或重力流沉积，异常高压发育，储层变得致密，发育岩性油气藏或致密油气藏。从剖面及空间上看，均在沉降速率、沉积相序、储层物性、生烃演化、地层压力、流体性质、油气藏类型等七方面反映出地质分异特征。按照烃源岩分布、沉积体系和油气藏类型等参数将斜坡带定量划分为高斜坡、中斜坡、低斜坡三个部分，不同斜坡的分异特征对油气藏形成与分布具有严格的控制作用（图5-3）。

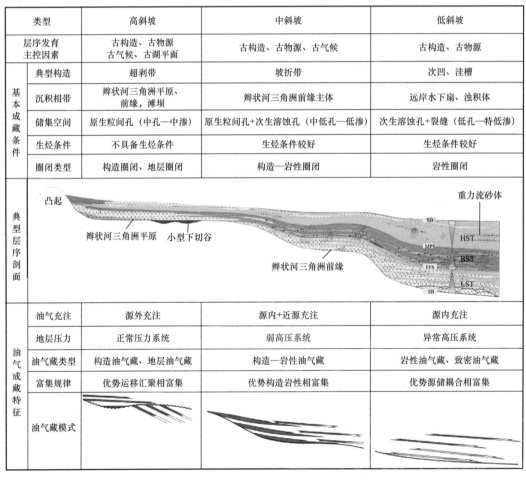

类型		高斜坡	中斜坡	低斜坡
层序发育主控因素		古构造、古物源古气候、古湖平面	古构造、古物源、古气候	古构造、古物源
基本成藏条件	典型构造	超剥带	坡折带	次凹、洼槽
	沉积相带	辫状河三角洲平原、前缘，滩坝	辫状河三角洲前缘主体	远岸水下扇、浊积体
	储集空间	原生粒间孔（中孔—中渗）	原生粒间孔+次生溶蚀孔（中低孔—低渗）	次生溶蚀孔+裂缝（低孔—特低渗）
	生烃条件	不具备生烃条件	生烃条件较好	生烃条件较好
	圈闭类型	构造圈闭、地层圈闭	构造—岩性圈闭	岩性圈闭
典型层序剖面				
油气成藏特征	油气充注	源外充注	源内+近源充注	源内充注
	地层压力	正常压力系统	弱高压系统	异常高压系统
	油气藏类型	构造油气藏、地层油气藏	构造—岩性油气藏	岩性油气藏、致密油气藏
	富集规律	优势运移汇聚相富集	优势构造岩性相富集	优势源储耦合相富集
	油气藏模式			

图5-3　歧口凹陷歧北斜坡高、中、低分异特征

1. 高斜坡优势运移汇聚相富集

在高斜坡区，往往发育古地貌辫状侵蚀沟谷或者受构造控制发育的侵蚀沟谷以及顺坡断槽，这种沟槽是来自隆起区的物源碎屑物质向斜坡中低位置输送，因此，沟槽既是砂体输送通道，也是砂体发育部位。由于高斜坡远离油源，油气从烃源灶到圈闭需要经过较长距离横向运移，在遇到适宜的圈闭时聚集形成油气藏。由于断面、不整合面、砂体等输导体系的非均质性，油气沿斜坡运移强度并非都均匀的，研究表明，断层与构造脊部、连通性较好的砂体为油气优势运移通道（赵贤正等，2016）。目前，高斜坡已经发现的油气藏均处于断裂+不整合面+构造脊+砂岩体组成优势运移汇聚相带。

2. 中斜坡优势构造岩性相富集

在中斜坡区，三角洲前缘砂体和滩坝砂体普遍发育，坡—折体系中的坡—坪带是砂体聚集的重要场所。坡—坪带发育区因古地貌起伏、水动力变化明显，有利于沉积物卸载；另外，低部位的坡—坪带是低位域发育的重要场所，其下倾方向是可容空间形成的重要部位，砂体多在坪台区滞留富集，而在较陡的斜坡区超覆或尖灭，因此，砂体主要受坡折带控制。因此，与断裂相匹配的储层物性较好的圈闭容易被油气充注，从而形成优势构造岩性相控藏的格局。这类油藏具有"含油饱和度高、含油面积大、产量高"的特点，规模效益增储的最现实领域。

3. 低斜坡优势源储耦合相富集

低斜坡区以往被认为是深凹区，主要以深湖—半深湖相为主，砂体不发育，勘探程度低。近年来，随着中高斜坡勘探程度的不断增高，低斜坡区成为勘探的主要方向之一。歧口凹陷盆内、盆外物源供给充足，砂体波及范围广，一直延伸到深凹区。如歧北低斜坡沙三段主要发育远岸水下扇与孤立透镜体等重力流成因砂体，具有一定的储集空间。低斜坡带优势储集体（优质储层）与油源有效沟通形成的优势源储耦合相是油气富集区带，即在优质储层相对发育且与优质烃源岩接触或沟通的配置关系是油气富集相带。如在歧北低斜坡优势源储耦合相带部署的滨深22等几十口井获得了高产油气流，开辟了一个重要的资源接替领域（图5-4）。

（二）斜坡带主要勘探成果

近年来在歧口凹陷的歧北、埕北等斜坡区岩性地层油气藏勘探发现两个超亿吨、整体近 $4 \times 10^8 t$ 整装规模储量区，新增三级储量为 $3.7 \times 10^8 t$（油当量），其中石油探明储量为 $8600 \times 10^4 t$（油当量），控制储量为 $13700 \times 10^4 t$（油当量），预测储量为 $14000 \times 10^4 t$，形成整装规模效益储量区。此外，这些勘探的重要发现显示出斜坡区重大的勘探潜力。

1. 歧北斜坡带

歧北多阶挠曲斜坡三级坡—折控制了砂体分布，具有"断槽输砂、坡折控砂"的特点（周立宏等，2013），来自孔店凸起的辫状河三角洲砂体、港西凸起扇三角洲砂体及沙二段沿岸沙坝砂体在中斜坡区叠置沉积，形成多个岩性地层圈闭。受北部燕山物源影响，歧北低斜坡区沙一下亚段主要发育大型远岸扇沉积，砂体向斜坡高部位减薄尖灭，形成了上倾

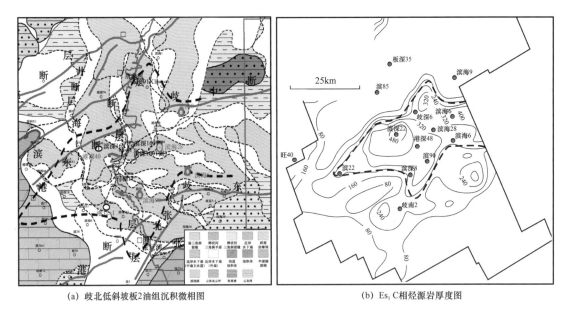

(a) 歧北低斜坡板2油组沉积微相图　　　　(b) Es₁C相烃源岩厚度图

图 5-4　低斜坡优势相油气富集机理（源储耦合）

尖灭岩性圈闭带。歧北次凹古近系发育多套烃源岩厚度大、埋藏深、油气资源基础雄厚，油气沿复式输导体系向斜坡带高部位运移并在形成的有效圈闭中聚集成藏。受构造、储层、油源有效配置作用控制，多层系岩性油气藏大面积叠置连片分布，优势相带控制油气富集高产，形成亿吨级规模储量区（图 5-5）。"十二五"期间，通过中斜坡砂体刻画及低斜坡优质储层分析预测，实现油气勘探由高斜坡向中低斜坡拓展（周立宏等，2011），歧北中斜坡新增探明储量 6200 多万吨，低斜坡新增控制储量 5200 多万吨，歧北斜坡带勘探实现了含油连片。

2. 埕北断坡带

埕北多阶断裂斜坡连接埕宁隆起与歧口主凹，"十一五"之前仅在中斜坡埋藏较浅的部位有所发现，中高斜坡经过多轮次勘探未获得重大突破（袁淑琴等，2011）。"十二五"期间，通过深化多阶断裂斜坡油气成藏条件研究，认识到南部埕宁隆起物源沿高斜坡区的侵蚀沟槽向断阶缓坡区低部位输送，形成大面积辫状河三角洲前缘沉积，并且波及范围广，可持续延伸到歧口主凹陷区。从高斜坡到低斜坡，砂体大面积叠置发育，主河道砂体储层物性好。高斜坡带砂体分布明显受古沟槽控制，形成一系列岩性圈闭。中斜坡和低斜坡发育的三角洲前缘砂体与近东西向展布的大型断裂相互配置，形成断块、断鼻与岩性地层等多种类型圈闭，具备形成多种油气藏的条件（李忠梅等，2014）。同时，埕北断坡紧临歧口主凹和歧南次凹两大生烃凹陷，是油气运移的指向区（图 5-6），形成了多层系、多类型、连片分布的含油格局。较歧北斜坡而言，其含油层系更多，含油范围更广，高斜坡和中斜坡均具有较大的勘探潜力。"十二五"期间，高斜坡带新增探明储量 4600 多万吨，中斜坡新增控制储量 1.12×10^8t，实现了歧口海域勘探的新突破。

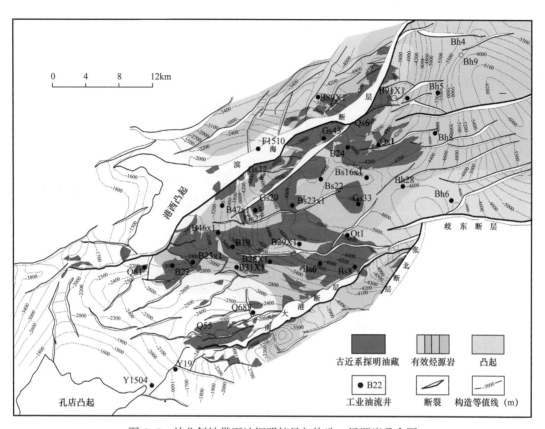

图 5-5 歧北斜坡带石油探明储量与构造、烃源岩叠合图

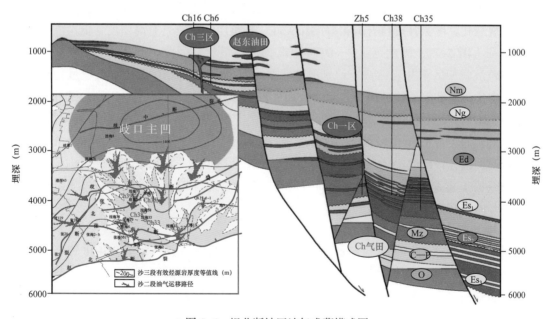

图 5-6 埕北断坡区油气成藏模式图

三、陆相页岩油勘探进展

美国海相页岩油气勘探突破开辟了油气勘探的重大接替领域，改变了世界能源供应的格局。我国东部老油区勘探程度高，寻找后备资源接替成为油田稳产的关键，页岩油气无疑成为主要接替领域之一。与勘探突破的海相页岩油气相比，我国陆相页岩油气生烃母质年代新、非均值性强、演化程度较低，勘探开发难度大（赵贤正等，2018），在十几年探索中，一直未取得突破性进展，核心是富集规律不清，"甜点"优选难度大。本书以大港探区沧东凹陷为例，探讨页岩油富集机理。

（一）陆相页岩油优势组构相——超越效应富集机理

1.页岩组构划分与控藏机理

通过系统取心进行薄片观察，发现细粒岩石页理发育，具有典型页岩组构特征；通过矿物成分—场发射扫描电镜 AmicScan 分析，也发现微米—纳米级矿物纹层发育。对 G108-8 井 495m 岩心精细描述及 958 块薄片观察表明，孔二细粒段页岩共发育 3630 个页理，其中厚度小于 1cm 的共 2432 层，占 68%，具有典型页岩组构特征。此外，通过密集取样进行全岩 X 衍射定量分析，发现孔二段陆源碎屑、碳酸盐、黏土及其他矿物组成复杂，没有优势矿物组成，其中碳酸盐矿物平均占 34%，陆源碎屑矿物占 34%，黏土及其他矿物占 32%。根据矿物组成，识别出长英质页岩、混合质页岩、云灰质页岩、灰云岩等岩石类型。统计结果表明，孔二段页岩层系黏土含量平均仅为 16%，脆性矿物平均高达 50% 以上，有利于压裂改造获得高产。

细粒沉积岩虽然岩性比较复杂，但是其每类岩性内矿物成分与对应的声波、密度、中子等常规三孔隙度测井资料有着很好的相关性，长英质等矿物具有高密度、低声波的电性相应特征（图 5-7），因此与 AC—DEN 距离相关性最佳。因此，利用 AC—DEN 距离建立了细粒沉积相区测井岩性快速识别的"绿模式"，即 AC—DEN 距离，可定量判断细粒沉积岩中长英质和碳酸盐的组分含量，进而实现对细粒相区岩性的定量识别。统计结果显示，AC—DEN 交会形成的"绿模式"频率结构与纹层发育程度存在明显的正相关关系，能够识别出厚度＞0.5m 的纹层较为发育的页岩段。利用上述方法可以将孔二段页岩层系划分为四种组合，即纹层状长英质组构、纹层状混合质组构、薄层状灰云岩组构和厚层状灰云岩组构（蒲秀刚等，2019）。不同组构页岩含油性差异较大，纹层状长英质组构、纹层状混合质组构页岩含油性最好。

2.湖相页岩生排烃特征与超越效应

以往泥页岩作为烃源岩进行评价，多注重生烃潜力评价以及热演化程度等指标，特别是通过热模拟技术，获得烃源岩生排烃的演化模型，用于估算油气资源量。但对页岩油而言，残留的部分赋存状态尤为重要，是寻找富集"甜点"必须解决的核心问题（周立宏等，2018）。近年来，国外一些学者将溶胀的理论引入到油气地质研究，尝试探讨油气的赋存状态。本章在地层孔隙生、排烃实验基础上对高 TOC（TOC＞5%）和低 TOC

模式	结构构造	岩性组合	测井响应				曲线典型特征
			RT	AC	DEN	CNL	
纹层状长英质页岩组构相（M1）	测井薄层状单层厚度<1m	混合质岩（官西地区）长英质页岩（官东地区）	中高电阻	中高	低	中高	"M"声波
互层状混积岩组构相（M2）	单层厚度<1m	灰云质页岩、混合质页岩、长英质页岩各占1/3	中高电阻	中高	中低	中低	高频锯齿状声波
薄层状灰云质页岩组构相（M3）	单层厚度1～2m	灰云质页岩为主，夹混合质页岩、长英质页岩	中低电阻	中低	中低	低	锯齿状声波
厚层状灰云质页岩组构相（M4）	测井中厚层状单层厚度>2m	厚层灰云质岩为主，夹混合质页岩、长英质页岩	低电阻	中低	中高	低	电阻"斜坡"

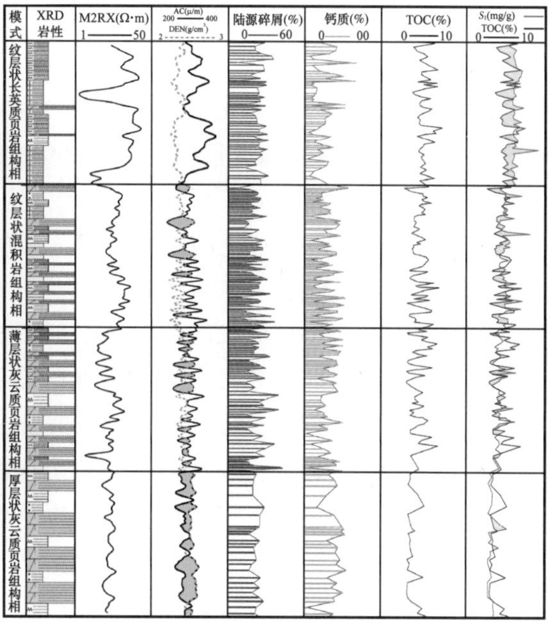

图 5-7 沧东凹陷孔二段页岩层系组构相划分

（TOC<2%）两种不同丰度的烃源岩，进行了不同成熟度序列的干酪根溶胀实验分析。测试结果表明，高 TOC 的油页岩样品系列滞留油能力整体均高于低 TOC 的样品系列。两类样品均具有较高的初始滞留油能力，而且滞留油的组分以 NSOs 杂原子化合物为主。滞留油能力随温度或成熟度的增加而减小，在 350℃的生油高峰时达到最低，之后再增大的一个变化过程。滞留油又可以分为两部分，即干酪根溶胀吸附滞留油和有机质周围矿物颗粒间滞留的部分，后者中的可动烃类对页岩油气勘探最有意义。按照模拟实验结果建立了湖相页岩演化模式（图 5-8），从该模式中可以看出，中低热演化程度（R_o 介于

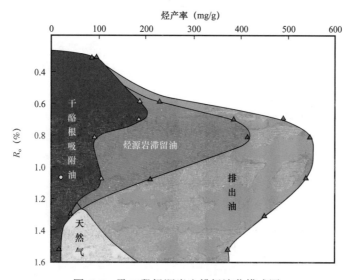

图 5-8 孔二段烃源岩生排烃演化模式图

0.6%～1.2%），烃源岩中残留的可动油含量超过了干酪根吸附的部分，是页岩油"甜点"发育的主要演化阶段。

通过泥页岩生排烃演化曲线看，R_o 达到 0.8% 时，烃源岩残留部分液态烃达到最大值，是页岩油最富集的演化阶段。因此，在中低演化阶段，总体规律是烃源岩埋深大，热演化成熟度高，更利于页岩油的富集高产。通过统计沧东凹陷官东地区取心井官东 14 及官西地区取心井官 108-8 井的资料发现，官东地区埋深平均比官西地区深 1000m，官东地区 R_o 平均为 1.03%，官西地区 R_o 平均为 0.76%，热演化成熟度差异较大。通过统计该套页岩顶部 Ek_2^1 小层长英质页岩、灰云质页岩以及混合质页岩三大岩类的 S_1 及 S_2 平均含量发现，官东地区埋深分布在 4075～4140m，长英质页岩的 S_1 平均为 3.61mg/g，S_2 平均为 10.36mg/g；灰云质页岩 S_1 平均为 2.03mg/g，S_2 平均为 4.31mg/g；混合质页岩 S_1 平均为 2.96mg/g，S_2 平均为 6.4mg/g。以长英质页岩中滞留的游离烃 S_1 含量最高，主要原因是官东地区热演化成熟度高，TOC 含量高的岩类将生成更多的烃类，同时该地区储集物性相对偏差，因此游离烃多滞留于优质的烃源岩中，灰云质页岩 TOC 相对较差，因此滞留的游离烃相对较少，同时可能存在少量其他烃源岩运移而来的烃类。官西地区埋深分布在 2900～2990m，长英质页岩的 S_1 平均仅为 0.54mg/g，S_2 平均为 35.47mg/g；灰云质页岩 S_1 平均为 1.1mg/g，S_2 平均为 13.45mg/g；混合质页岩 S_1 平均为 0.52mg/g，S_2 平均为 25.85mg/g，以灰云质页岩中滞留的游离烃 S_1 含量最高，但也仅为 1.1mg/g，但由于灰云质页岩 TOC 最低，所以分析认为官西地区灰云质页岩中游离烃主要来自以烃源岩为主的长英质页岩和混合质页岩中。总体来说，官西地区 S_1 平均值较低，官东地区 S_1 平均值较高，官东地区滞留的游离烃是官西地区的 6～7 倍，官西地区 S_1 高值集中在灰云质页岩，官东地区 S_1 三类岩性均较高，以长英质页岩最高，进一步证实了较高的热演化成熟度对应着较高的游离烃含量，热演化成熟度是控制页岩油富集高产的主要因素。

（二）陆相页岩油勘探开发进展

在前期钻探 G108-8 及 GD14 两口系统取心井获得 565m 连续岩心的基础上，开展了岩性、物性、生烃性、含油性、工程力学等方面上万块次分析联测，明确了 7 个"甜点"层的分布，预测有利分布面积为 260km²，"甜点"资源量为 $6.8 \times 10^8 t$。2017 年底，部署实施 2 口水平井 GD1701H 井、GD1702H 井，实际钻探水平段长度 1200～1400m，油层钻遇率 100%，日产油最高达 75.9m³，目前日产油稳定在 20～30m³，已经连续稳产超过 500 天，取得重大勘探突破。在预探突破的基础上，按照评价建产官东、预探评价官西的部署原则，编制沧东页岩油开发总体方案。计划动用储量 $2 \times 10^8 t$，规划 18 个井场、钻井 380 口，到 2023 年建产能 $100 \times 10^4 t$。为提高开发效益，制定了多层系超大井组立体开发方案，大幅减少建设用地，实现工厂化作业，提升开发效率。截至 2019 年 12 月底，按照"建产增储一体化，地质工程一体化；纵向层接替，横向块接替；水平井 + 体积压裂"的部署思路，已完钻水平井 25 口，其中压裂完投产的 5 口井日产油稳定在 80m³ 以上，计算单井 EUR（单井评估的最终可采储量）为 3.1×10^4t，经济下限 EUR 为 1.5×10^4t，单井平均回收期为 4.6 年，60 美元 /bbl 油价下实现了效益开发。

第二节　油气地质条件

一、构造特征

黄骅坳陷以大港滩海区沿岸变换带为界分为东、西两部分，西部以北北东向凸起右阶斜列为特征，东部以北东东向凸起、凹陷相间排列为特征。整个坳陷北宽南窄，发育若干个次级古近纪凹陷及分割凹陷的凸起，几个主要的凸起大致沿轴部以右阶斜列形式断续相连，构成北东东—北东向中央凸起带，将坳陷分割成大致平行的两个凹陷带（翟光明和何文渊，2005）。西部凹陷带分为北段和南段，北段基底的主断层以北东向为主，均倾向南东，形成"多米诺"式的西断东翘（超）的半地堑凹陷；南段基底主断层走向为北北东向，倾向相反，轴部拱曲出现孔店凸起等，出现不对称双断式凹陷。黄骅坳陷范围内发育五个凹陷，凸起面积相对局限。除最北端南堡凹陷隶属于冀东油田外，其余四个均位于大港探区。孔店凸起南部的沧东凹陷是渤海湾盆地为数不多的双断式富油气凹陷，其东邻的盐山凹陷形成于沙一段沉积时期，为南段西断东超、北段东断西超的浅凹陷。黄骅坳陷南端的吴桥凹陷以沙河街组为主体，南与德州凹陷相通（张志攀，2014）。黄骅坳陷中部发育的歧口凹陷，是渤海湾盆地内第二大凹陷，以现今沿海岸线附近隐伏断裂带为界，海陆地质构造特点明显不同，西部陆地部分为掀斜断块结构，整体表现为北断南超、堑垒相间的格局，走向为北东向。东部海域地质构造总体呈现碟状断陷特点，南北向呈断阶 + 地堑复合结构，走向近东西向。

黄骅坳陷所在地区结晶基底形成于距今 1700Ma 前，一般认为可划分为西部太行、北部燕山和东南部鲁西三个基岩分布区，三者界限呈"Y"形相交接，交接部位处于黄骅坳陷范围内。黄骅坳陷区古生代以稳定的地台升降为特征，断裂、褶皱和岩浆活动均不发育。晚三叠世古克拉通坳陷开始解体，在北西—南东向挤压应力场的作用下，发生褶皱运动，黄骅坳陷区形成背向斜相间分布的构造格局。早—中侏罗世开始的燕山运动是华北克拉通盆地解体和渤海湾盆地形成的关键地质阶段，打破了古生代近东北向一隆两坳的构造格局，北东—北北东走向的古沧县隆起和北东—北东东走向的古埕宁隆起扭断抬升，控制了盆地基本轮廓，并在大港探区形成与压扭作用有关的压扭性逆断层和花状构造断裂系。至新生代，受郯庐断裂活动控制，从始新世初始断陷向渐新世扩张断陷，经历了多幕断坳演化，形成古近系和新近系两个构造层。古近纪断陷期构造完整，斜坡发育，占坳陷面积的 70%。新近纪坳陷期断裂发育，构造破碎，发育北大港、板桥、南大港等多个复杂断裂带，二者既有差异性，又表现为一定继承性。

二、烃源岩发育特征

黄骅坳陷是一个新生代发育定型的沉积盆地，古近系形成了巨厚的湖相沉积，为油气生成提供了良好的物质基础。古近系具有烃源岩厚度大、生烃母质类型丰富（王振升等，2014）、有机质丰度高的特征，主要生烃层为沧东凹陷孔二段和歧口凹陷沙河街组。沧东凹陷孔二段以暗色泥岩和油页岩为主要生烃岩性，有机质类型以偏腐泥型为主，有机质丰度高，演化程度适中，以大量生油为主，近年勘探证实，沧东凹陷孔二段由于高丰度的泥页岩发育，在泥页岩及其夹层中，页岩油勘探也取得了良好的勘探成效，展现了广阔的勘探前景。歧口凹陷沙河街组烃源岩发育在沙三段和沙一下亚段，在全凹陷均有分布，厚度最大可达 1200m 以上，有机质丰度比较高，TOC 一般都在 1.0% 以上，凹陷北部生烃母质类型以偏腐质型为主，南部以偏腐泥型为主，R_o 变化较大，凹陷周边 R_o 一般在 0.5% 以上，凹陷区 R_o 最高超过 2.0%。生烃中心与沉积中心并不完全重合，生烃强度最大的地区位于高丰度烃源岩发育的歧北次凹。除古近系外，大港探区前古近系普遍发育，以上古生界煤系地层为主的古生界烃源岩也是大港探区重要的工业性生烃层，上古生界石炭—二叠系以煤、碳质泥岩和暗色泥岩为主要生烃岩性，烃源岩分布范围较广，生烃期次多且二次生烃条件好，有机质类型偏腐殖型。从烃源岩热演化程度来看，沧东凹陷孔二段和歧口凹陷沙一段为主要油源岩，古生界石炭—二叠系和歧口凹陷沙三段为主要气源岩。

（一）油源岩特征

黄骅坳陷是一个新生代发育定型的断陷盆地，古近纪断块活动加剧沉积作用，湖泛期是细粒沉积物优势发育段，优质烃源岩发育，为油气生成提供了良好的条件（于学敏等，2011；图 5-9）。古近系烃源岩厚度大、生烃母质类型丰富且有机质丰度高、优质烃源岩发育，烃源岩主要岩性为湖相泥岩、油页岩。歧口凹陷具有生烃层系多、烃源岩厚度大的特点。纵向上发育沙三段、沙二段、沙一段和东营组多套生烃层系，有效烃源岩总厚度为 1500～3200m，主力生烃层系以古近系的沙三段和沙一段为主。沧东凹陷孔二段暗色泥岩和页岩发育、有机质丰度高，是孔南地区的主力烃源岩，为油田持续增储提供了资源保障。

1. 油源岩发育及分布

大港探区的油源岩包括孔二段和沙一段，分别分布在沧东凹陷和歧口凹陷。

沧东凹陷孔二段烃源岩主要发育了一套黑色、深灰色富含有机质的泥岩、灰褐色页岩，除乌马营以南、叶三拨西部及孔店凸起周边之外，在凹陷区均有分布。暗色泥岩厚度一般在 100～250m，分布面积为 1187km²，最大沉积厚度分布在沧东凹陷的王官屯北部及小集断裂构造带，钻井已揭示的暗色泥岩最大厚度达 360m（图 5-10）。油页岩主要分布沉积近湖盆中心区，厚度一般在 25～200m，面积约 882km²，最大沉积厚度分布在沧东风化店地区，钻井已揭示的最大厚度达 260m。南部厚度相对较小，厚值区分布在小集—叶

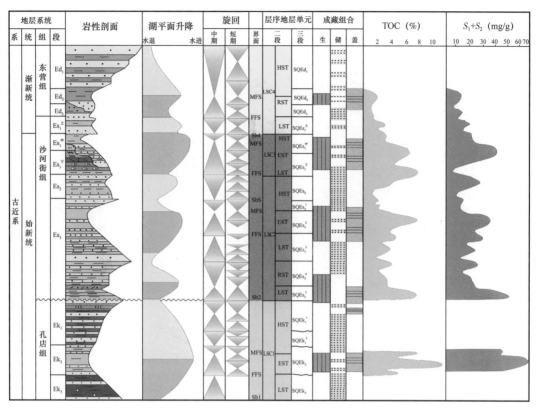

图 5-9 黄骅坳陷层序格架与优质烃源岩发育分布图

三拨地区，钻井揭示最大厚度达 178m。孔二段烃源岩平面上有北厚南薄、由中心向四周逐渐减薄的特点。

沙一段发育暗色泥岩和油页岩两种生烃岩性，暗色泥岩有效厚度为 200～1200m，其中歧口主凹陷区有效烃源岩厚度为 800～1200m，板桥次凹为 200～700m。分丰度级别的烃源岩厚度显示，由"有效"—"优质"的北部边界快速向南收缩，优质烃源岩除板桥残留 50m 厚度外，分布范围仅局限于主凹—埕海地区。不同地区厚度递减幅度差异大，板桥有效烃源岩最厚为 700m，而达到"好"级别的最厚仅有 200m，递减 70%。歧口主凹有效烃源岩厚 1200m，达到"好"级别的厚度中心向歧北低斜坡—埕海低斜坡转移，厚度仅为 400～600m，而"优质"厚度中心向南迁移的特征也更加明显，厚度为 200～400m（图 5-11）。

此外，歧口凹陷的湖盆结构和环境特征造成在沙一段沉积时期，歧口西南缘的广大地区油页岩普遍发育，成为除主力的暗色泥岩之外，又一套比较重要的生烃岩性。沙一下亚段油页岩主要分布在歧口凹陷西南缘湖盆缓坡区（图 5-12），面积达 1700km² 左右，平面上厚度分布较均匀，一般为 10～20m，局部地区为 25～30m；沙一中亚段沉积时期是湖盆最大湖泛期，油页岩沉积范围较沙一下亚段明显缩小，主要分布在歧北—埕海地区，其中以歧北地区厚度最大，钻井揭示油页岩厚度可达 70m 左右，其他地区厚度

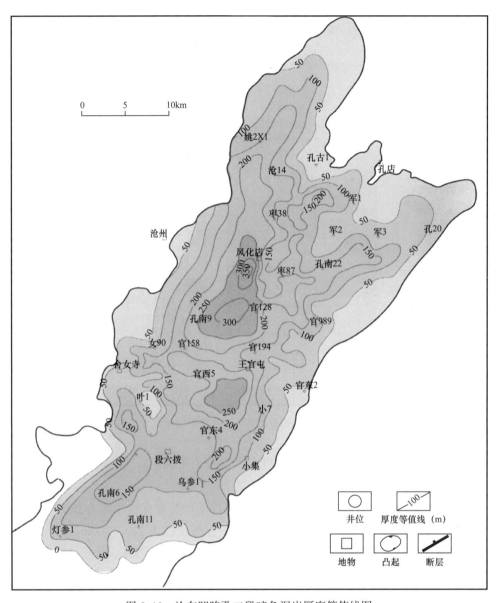

图 5-10　沧东凹陷孔二段暗色泥岩厚度等值线图

明显减薄，一般为 10～20m。

2. 有机质类型

1）孔二段有机质类型

孔二段有机质类型总体以Ⅰ—Ⅱ₁型为主，其中Ⅰ型干酪根占 69%，Ⅱ₁型干酪根占 13%，Ⅱ₂型干酪根占 8%，Ⅲ型干酪根占 10%（图 5-13）。Ⅰ型干酪根主要分布在沧东凹陷的风化店地区和王官屯以西和以北地区，镜下鉴定类型指数平均值一般在 75～90 之间，氢指数均值一般在 550～750mg/g，H/C 原子比为 1.44～1.49。

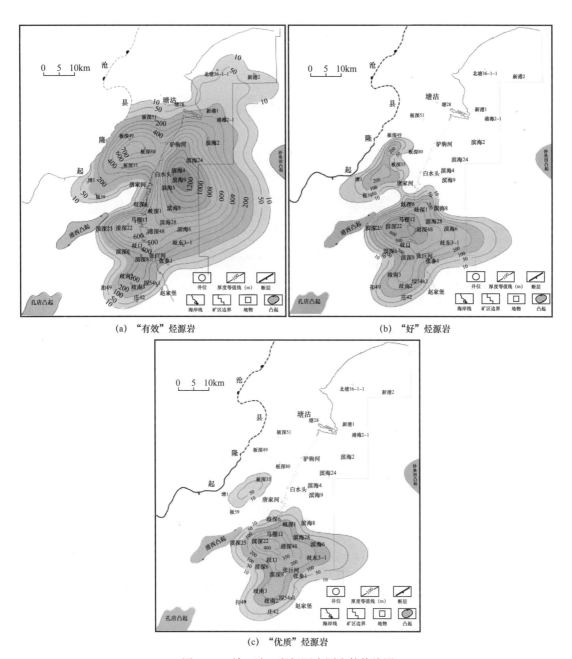

(a) "有效"烃源岩　　　(b) "好"烃源岩

(c) "优质"烃源岩

图 5-11　歧口沙一段烃源岩厚度等值线图

2）沙一段有机质类型

沙一段偏腐泥型有机质比例明显增加，且南部偏腐泥型比例高、中北部偏腐泥型比例偏低的特征更加明显。以沙一下亚段为例，歧口主凹陷区 I—II$_1$ 型占 55.5%，II$_2$—III 型占 45.5%。板桥和北塘次凹偏腐殖型有机质含量较高，沙一段 II$_1$ 型占 29%～31%，II$_2$—III 型占 69%～71%，不含 I 型。平面上有机质类型变化规律明显，从南向北由偏腐泥型变为混合型和偏腐殖型。歧口凹陷西南缘在沙一下亚段沉积期沉积了一套碳酸盐岩和泥页岩

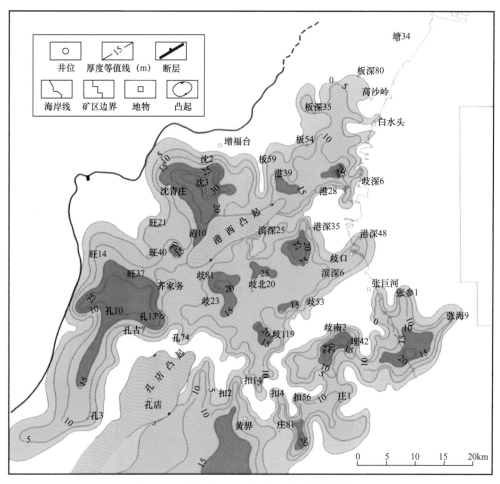

图 5-12　歧口沙一下亚段油页岩厚度等值线图

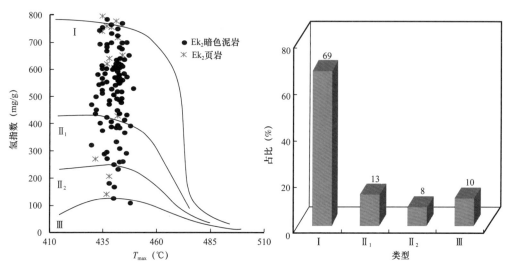

图 5-13　孔二段有机质类型与频率图

地层，外源输入量小，藻类、介形类等低等生物群体繁盛，有机质类型以 I—II$_1$ 型为主，其中 I 型占 60%～80%。歧北低斜坡远离物源，在持续水动力作用下沉积物长距离搬运，裹挟而来的植物碎屑含量增多，有机质类型为 II$_1$—II$_2$ 混合型，二者所占比例相近。滨海斜坡受燕山物源影响，水能量强，陆生植物丰富，滨海 4 井沙一下亚段 II$_2$ 型占 60%，III 型占 40%，沙一中亚段也以 II$_2$—III 型为主，滨海 2、滨海 7 井沙一中、下亚段也以偏腐殖型为主。板桥—新港地区靠近西部沧县隆起和北部燕山物源以 II$_2$—III 型为主，偏腐殖型的特征更加明显。与歧口主凹陷区的烃源岩相比，歧口西南缘沙一下亚段烃源岩具有有机质丰度高、有机质类型好（I—II$_1$ 型为主）、演化程度低等特点。

3. 有机质丰度

1）孔二段有机质丰度

孔二段油页岩发育，沉积环境和其丰度特征都有别于暗色泥岩（表 5-3）。通过对孔二段进行大量的样品分析，表明其泥岩有机质丰度很高，TOC 平均为 3.07%，最高达 9.23%；S_1+S_2 平均为 19.46mg/g，最大为 69.91mg/g；氯仿沥青 "A" 含量平均为 0.35%；HC 平均含量为 2106.44mg/L。各项指标综合评价，已达到好—很好烃源岩的级别。而油页岩的有机质丰度更高，TOC 平均为 4.87%，最高为 8.41%；S_1+S_2 平均为 36.59mg/g，最大为 77.55mg/g；氯仿沥青 "A" 含量平均为 0.63%；HC 平均含量为 3448.43mg/dm^3，各项指标综合评价，已达到很好烃源岩的级别。平面上孔二段高丰度区范围较大，覆盖整个沧东凹陷主体区。

表 5-3 孔二段烃源岩有机质丰度数据表

岩性	层位	TOC（%）	S_1+S_2（mg/g）	氯仿沥青 "A"（%）	HC（mg/L）	综合评价
暗色泥岩	Ek$_2$	3.07（195）0.14～9.23	19.46（135）0.03～69.91	0.35（93）0.003～1.41	2106.44（89）14.23～10332.44	好—很好烃源岩
油页岩	Ek$_2$—	4.87（28）2.32～8.41	36.59（27）1.23～77.55	0.63（14）0.05～2.79	3448.43（13）396.36～14278.81	很好烃源岩

注：平均值（样品数）最小值～最大值。

2）沙一段有机质丰度

歧口凹陷沙一段烃源岩有机质丰度更高，80% 以上分析样品的有机碳含量大于 1%，约 50% 以上的样品有机碳含量大于 2%，平均达到了 2.25%。滨海地区沙一中、下亚段有机碳平均值为 1.52%～2.71%，氯仿沥青 "A" 平均值为 0.1300%～50.8428%。岩石热解分析显示，热解生烃潜量低于 2mg/g 的样品仅占 16% 左右，2～6mg/g 之间的样品占 28%，6mg/g 以上的样品占到了 55% 左右，平均达到了 9.29mg/g。因此，歧口凹陷沙一段总体上是以好和优质烃源岩为主。

平面上，有机质丰度南高北低的特征非常明显。以沙一下亚段为例在歧北斜坡滨深

22 井以南，TOC 平均值为 2.15%～2.60%，歧北斜坡区歧深 6 井 TOC 平均值为 1.59%，歧北低斜坡滨海 8 和滨海 4 井 TOC 平均值为 0.95%～0.78%，滨海Ⅰ号构造的滨海 2 井 TOC 平均仅为 0.5%，从南向北有机质丰度明显降低。另外，自板桥次凹到滨海Ⅰ号地区沙一段有机碳分布自西向东有降低的趋势（图 5-14）。

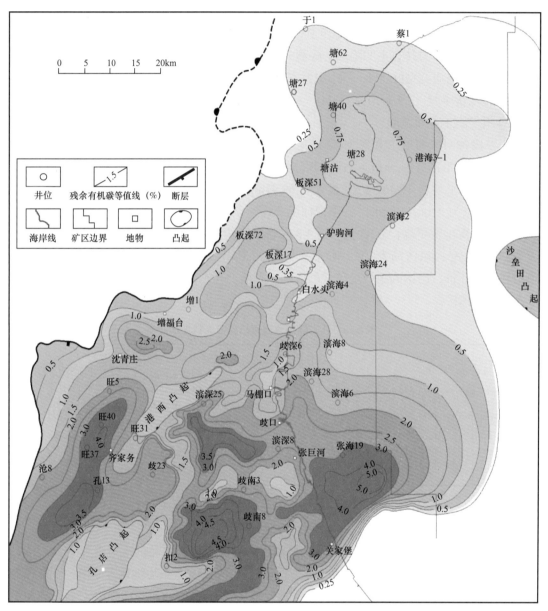

图 5-14　歧口凹陷沙一下亚段残余有机碳等值线图

与歧口主凹陷区的烃源岩相比，歧口西南缘沙一下亚段烃源岩具有有机质丰度高，暗色泥岩、页岩的平均有机碳分别为 2.45%、3.39%，平均氯仿沥青"A"为 0.303%、0.56%，平均生烃潜量为 11.86mg/g、20.33mg/g。

4. 有机质成熟度

1）孔二段有机质热演化特征

由于钻井采样的局限性，烃源岩有机质的成熟度在平面上变化规律，很难通过实测资料进行绘制。本次研究根据 R_o 随深度演化趋势，结合新三维地震资料解释成果，研究镜质体反射率 R_o 的平面演化特征。

孔二段顶界深度除孔店凸起构造带外，埋深基本在 2600m 以深，烃源岩大部分已进入成熟门限。从沧东凹陷孔二段烃源岩镜质体反射率数据的统计结果来看，镜质体反射率 R_o 基本分布区间为 0.5%～1.1%，处于大量生油阶段，平面上除孔店构造带北段之外，孔二段烃源岩均已进入成熟阶段。

2）沙一段有机质热演化特征

沙一上亚段埋藏浅，烃源岩以低成熟为主，沙一中、下亚段烃源岩厚度大，演化程度适中，有机质丰度高，是沙一段的主力生烃层。沙一段有效烃源岩总厚度在凹陷主体为 500～1200m，有机质类型比较丰富。沙一中、下亚段热演化程度比较适中，R_o 一般为 0.6%～1.3%，以大量生油为主，但在深凹区 $R_o > 1.3\%$，正好大量生气。板桥和北塘次凹以低成熟为主，R_o 一般低于 0.7%，沙一下亚段在湖盆中心海域地区可达生气阶段。

（二）气源岩特征

大港探区气源岩包括石炭—二叠系煤系烃源岩和古近系沙三段湖相泥岩。前者在黄骅凹陷中南部分布，后者仅在歧口凹陷发育。

1. 气源岩发育及分布

1）石炭—二叠系烃源岩分布特征

自中晚石炭世—晚二叠世，其沉积环境由海陆交互相逐渐过渡为陆相，相应的岩石组合特征也有较大差异，二叠系中上部石盒子组和石千峰组是以砂泥岩为主的陆相碎屑岩沉积；而烃源岩主要发育在上石炭统太原组、下二叠统山西组，以煤层、碳质泥岩、暗色泥岩为主。该套烃源岩在全区均有分布，由于剥蚀程度的差异性造成厚度差异较大，从 100～300m 不等，整体上具有北薄南厚的特征，在北塘地区厚度为 150m，中部地区在港古 1505 井、海古 1 井区厚度较大，一般为 200～300m，南部地区烃源岩厚度最大，主要分布在王官屯—南皮地区，厚度达 300～450m。按层系划分，石炭系太原组烃源岩全区分布差异不大，而二叠系山西组沉降中心向南迁移。按岩性划分，煤岩、碳质泥岩、暗色泥岩分布特征与总烃源岩分布特征相差不大，同样具有北薄南厚的特征，其中煤岩厚度为 20～40m，碳质泥岩厚度为 40～100m，暗色泥岩厚度为 100～250m，主要分布在港古 1501 井区，孔店北部以及王官屯—南皮一带（图 5-15）。

2）沙三段烃源岩分布

沙三段是歧口凹陷纵向上烃源岩厚度最大、分布范围最广的层系（肖敦清等，2018），有效烃源岩厚度一般为 400～1500m，最大的地区位于歧口主凹的海域，厚度达 1500m；歧北次凹沙三段烃源岩最厚为 1400m；北塘次凹最大厚度为 1000m，并存在大

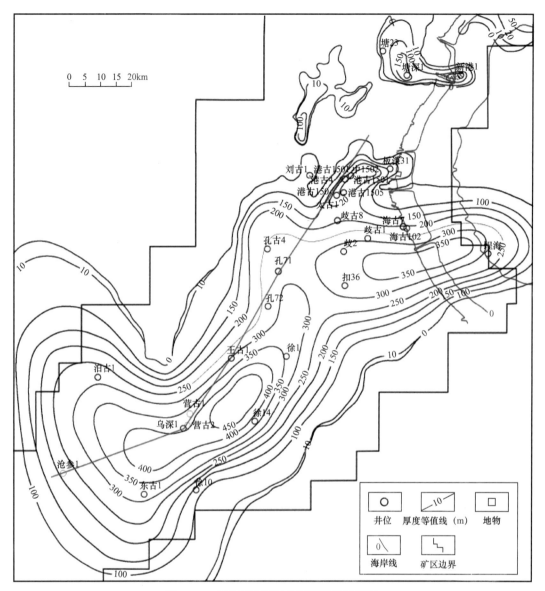

图 5-15　大港探区煤系地层烃源岩厚度图

神堂与汉沽两个厚度中心；板桥次凹沙三段烃源岩厚度在 200~900m 之间，烃源岩厚度由凹陷中心向四周逐渐变薄（图 5-16）。

2. 有机质类型

1）石炭—二叠系有机质类型

根据热解色谱资料，利用类型指数（S_2/S_3），根据类型指数四分法划分标准，Ⅰ型大于 20；Ⅱ₁ 型为 5~20；Ⅱ₂ 型为 2.5~5；Ⅲ型小于 2.5，对黄骅坳陷 7 口井的 194 个样品进行划分，结果表明，石炭—二叠系中以Ⅲ型为主，其次为Ⅱ₂ 型，石炭系中Ⅲ型及Ⅱ₂ 型占 88%，二叠系Ⅲ型及Ⅱ₂ 型占 67%。

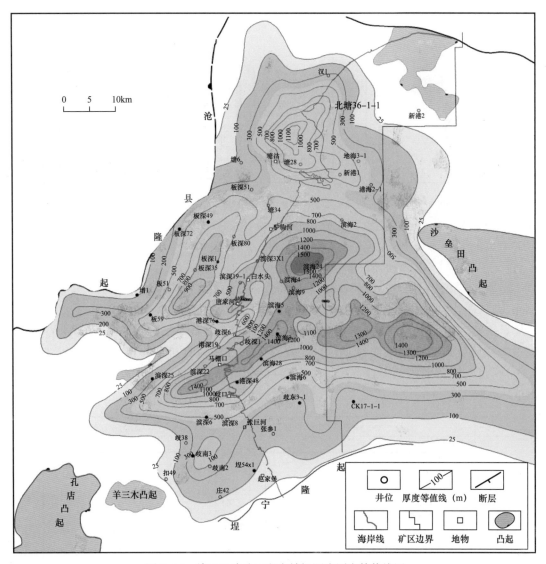

图 5-16　歧口凹陷沙三段有效烃源岩厚度等值线图

2）沙三段有机质类型

歧口凹陷沙三段有机质类型以混合型为主，其中干酪根Ⅰ型有机质占9%，Ⅱ₁型占27%，Ⅱ₂型占49%，Ⅲ型占15%，反映出沙三段以混合型（Ⅱ型）有机质为主、偏腐殖型（Ⅱ₂—Ⅲ型）有机质含量较高的特点。平面上，尽管沙三段在歧口主凹陷区钻遇井较少，但从现有的分析资料来看，从南向北也呈现出由偏腐泥型有机质向混合型和偏腐殖型有机质过渡的趋势（图5-17）。歧口凹陷南部埕海地区沙三段Ⅰ—Ⅱ₁型有机质占沙三段总样品的76%，统计的有机质类型Ⅱ₂—Ⅲ型占93.3%，北部新港地区Ⅰ—Ⅱ₁型为12.3%，Ⅱ₂—Ⅲ型占87.7%。这些数据说明，歧口凹陷沙三段烃源岩有机质类型丰富，既有生油的母质，生气母质也十分丰富，这对歧口凹陷天然气勘探具有重要的意义。

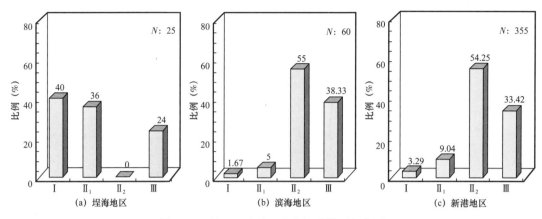

图 5-17　歧口凹陷沙三段有机质类型频率图

3. 有机质丰度

1）石炭—二叠系有机质丰度

大港探区煤层有机质丰度普遍较高，TOC 分布在 20%～80% 区间，S_1+S_2 一般为 20～150mg/g，最大为 191.88mg/g。

对于两套主要的含煤地层，太原组煤层有机质丰度要好于山西组（图 5-18）；碳质泥岩同样为太原组有机质丰度偏高；与煤层不同，泥岩有机质丰度参差不齐，TOC 在 0.25%～14.83%，平均为 4.32%，S_1+S_2 在 0.45～20.14mg/g，平均为 7.91mg/g，且中等及以下样品较多占 50% 以上，层系上山西组略好于太原组。

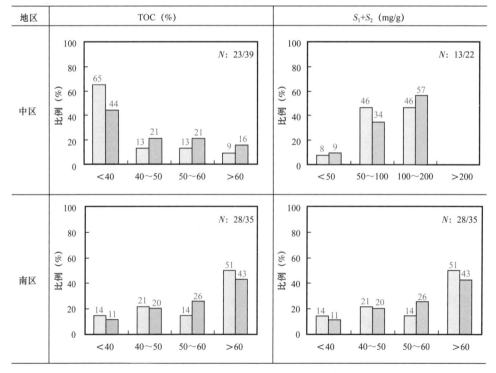

图 5-18　大港探区石炭—二叠系煤岩有机质丰度频率图

平面上煤的有机质分布具有以下特征：煤的有机碳含量普遍大于 50%；中区煤生烃潜量为 83.6～175.7mg/g，平均值为 102mg/g，南区煤的生烃潜量为 68～154.03mg/g，平均值为 88.3mg/g，太原组的生烃潜量高于山西组；整体上南区煤的有机碳含量要高于中区，中区有机碳含量高值区主要分布在北大港、歧口地区，南区有机碳含量高值区主要分布在王官屯、乌马营、徐阳桥一带，暗色泥岩分布与煤类似。

2）沙三段有机质丰度

歧口凹陷沙三段烃源岩残余有机碳含量为 0.5%～2.0%，平均值为 1.23%，氯仿沥青"A"平均值为 0.16% 左右。平面上有机质丰度具有南高北低的特点：歧北、埕海地区有机碳含量一般为 1.0%～2.0%，其中 TOC>1.0% 的样品占 81.2%，TOC>2.0% 的样品占 12.9%，表明该区发育高丰度的优质烃源岩；板桥次凹沙三段残余有机碳含量为 0.5%～1.25%，以位于板桥次凹中心区附近有系统化验分析资料的板深 35 井为例，在沙三段 54 个样品中，TOC 一般为 0.72%～1.64%，最高为 2.29%，平均为 1.2%，其中 TOC>1.0% 的样品占 71.2%，TOC>2.0% 的样品占 3.85%；北部北塘次凹 TOC 一般为 0.51%～1.50%，平均值为 0.95%，最大值高于 2.0%，尽管其有机碳含量平均值较高，但高有机碳值平面分布范围小，同时其氯仿沥青"A"值较低，一般小于 0.12%。因此，平面上歧口凹陷中南部沙三段有机质丰度最高。

4. 有机质成熟度

1）石炭—二叠系有机质热演化特征

从煤系烃源岩有机质丰度、热演化程度、显微组分特征等方面看，该套烃源岩具有较强的生烃能力。但大港探区煤系烃源岩热演化程度差别很大，R_o 值一般为 0.5%～1.5%，埋藏比较深的歧南—歧北以及埕海潜山低部位热演化程度较高，达到 1.5%～2.0% 以上（图 5-19）。部分地区尽管经历了长时期的演化，但烃源岩的成熟度普遍还处于相对较低的水平，孔店地区、港西地区以及徐黑地区 R_o 值在 0.6%～1.0% 之间，以生油为主。王官屯以南成熟度高，呈南高北低，高成熟地区是气，低成熟地区有油有气。经多年勘探证实孔西潜山中生界油藏、乌马营潜山奥陶系气藏均来源于这套煤系地层，证实上古生界煤系烃源岩对潜山油气成藏具有重要的贡献。

2）沙三段有机质热演化特征

歧口凹陷沙三段烃源岩在歧口凹陷区都普遍进入大量生油气阶段。平面上，歧口凹陷西南缘大型缓坡区和北部北塘次凹沙三段烃源岩以成熟阶段为主，R_o 一般为 0.5%～1.1%，在沈青庄—大中旺地区还发育一定范围的低成熟烃源岩。板桥次凹 R_o 为 0.5%～1.8%，其中上部沙三上亚段的 R_o 一般为 0.6%～1.2%，以生油为主，中下部沙三中、下亚段 R_o 一般大于 1.25%，已进入大量生气阶段。从热演化特征来看，歧口凹陷西南缘、北塘浅凹陷和板桥次凹沙三段中上部以生油为主，歧口主凹陷和板桥次凹中深层沙三段既可以生油，也可以大量生气（图 5-20）。

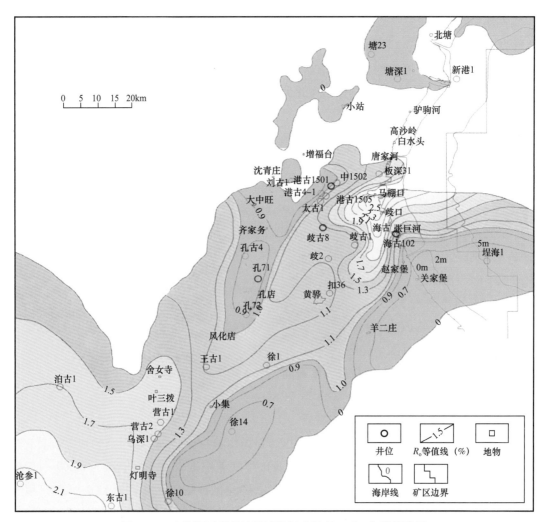

图 5-19　大港探区煤系地层镜质组反射率 R_o（%）等值线图

三、储层发育特征

受构造、沉积、成岩和岩浆活动等因素影响，大港探区内储层类型多样，成岩演化序列完整，现已发现奥陶系、石炭—二叠系、中生界、孔店组、沙三段、沙二段、沙一段、东营组、馆陶组、明化镇组等多套含油层系。另外，受岩浆活动影响，岩浆岩储层在大港探区内具有一定的勘探潜力，常见储层类型有玄武岩、安山岩、蚀变辉绿岩等。本节按照碎屑岩、碳酸盐岩和岩浆岩 3 种类型储层进行阐述。

（一）碎屑岩分布与特征

大港探区碎屑岩储层在古生界陆表海沉积系统和中生界—新生界陆相湖盆沉积系统中均有发育，在不同层系中碎屑岩沉积特征和储层发育主控因素不同（鲜本忠等，2007），下面重点介绍古生界石炭—二叠系、中生界侏罗—白垩系、新生界古近系和新生界新近系

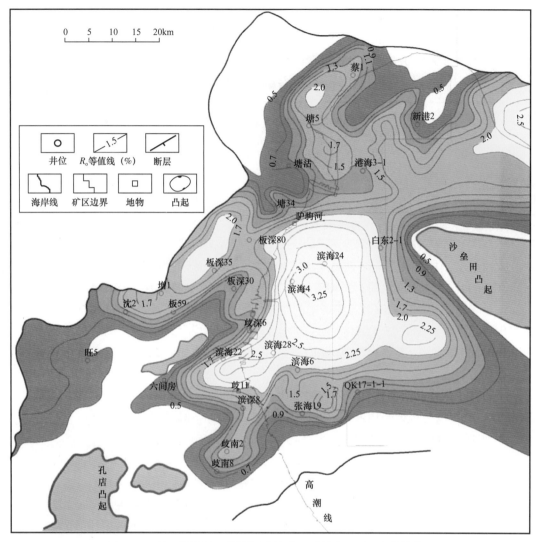

图 5-20　歧口凹陷沙三段烃源岩镜质组反射率 R_o（%）等值线图

碎屑岩储层特征。

1. 石炭—二叠系碎屑岩储层

石炭—二叠系储层主要发育在山西组、太原组和下石盒子组内。太原组储集岩为潮坪相中砂岩、细砂岩、粉砂岩及台地泥晶白云岩。山西组发育三角洲相，储集岩以细砂岩及粉砂岩为主。下石盒子组储集岩主要为中砂岩与细砂岩，含有少量粗砂岩及粉砂岩。

储层内发育的孔隙类型直接决定着储层的孔隙大小及有效性、喉道宽窄及其渗透能力、孔隙与喉道的配位特征等。了解储层中发育的孔隙类型，有利于更准确地评价储层的有效性。下石盒子组为有利的碎屑岩储集空间，原生孔隙与次生孔隙发育，并发育少量裂缝；山西组储集空间以裂缝为主；太原组储集空间主要为碳酸盐溶洞及裂缝。

通过对各组压汞曲线及孔隙结构参数统计，发现下石盒子组具有低排驱压力和中值压力，孔喉半径较大，高进汞饱和度和退汞效率，喉道分选较好，太原组孔隙结构较下石盒子组稍差，山西组最差（表5-4）。通过对上古生界重点层段太原组、山西组和下石盒子组物性数据进行统计分析，得出各组物性特征的差异。

表5-4 上古生界重点层组孔隙结构特征参数表

组名	排驱压力（MPa）	最大连通孔喉半径（μm）	中值压力（MPa）	中值半径（μm）	最大进汞饱和度（%）	残留汞饱和度（%）	退汞效率（%）	分选系数
太原组	0.39	1.98	21.04	0.04	55.59	38.26	0.31	1.86
山西组	2.43	0.21	—	—	27.68	23.08	0.17	4.13
下石盒子组	0.24	8.67	4.31	0.52	74.07	49.23	0.32	0.46

太原组实测样品孔隙度多数处于5%～15%，平均孔隙度为7.89%；实测样品渗透率分布在0.004～24.08mD之间，平均渗透率为1.47mD，多数样品渗透率小于0.1mD。个别样品渗透率孔隙度分布离散，与渗透率的相关性较差，具有裂缝储集空间特征。

山西组实测样品孔隙度整体小于10%，平均孔隙度为5.94%；实测样品渗透率以小于0.1mD为主，平均渗透率为0.08mD。整体物性较为致密，孔隙度与渗透率相关性较差，表现为裂缝储集空间特征。

下石盒子组样品实测物性较太原组、山西组高，平均孔隙度为9.86%，平均渗透率为0.34mD；孔隙度与渗透率相关性较好，为基质孔隙特征，具有优质储层特征。

2. 侏罗—白垩系碎屑岩储层

侏罗系是大港探区重要的潜山含油层，已发现舍女寺、王官屯官142井、东关潜山、赵东潜山等多个油气藏。内幕碎屑岩储盖组合主要与内陆河流相沉积有关。

中—下侏罗统王官屯组发育上、下两套砂组，主河道砂岩与上覆冲积平原河漫滩相和湖相杂色泥岩构成内幕储盖组合。通过岩心观察，发现中生界中—下侏罗统砂岩发育了一系列与河流沉积有关的各种层面构造、层理构造，证实主力储层主要为辫状河河道沉积，具有厚度大，横向分布较为广泛的特点。

下白垩统内幕砂岩储盖组合主要见于孔西潜山、港北潜山，储层以河流相砂岩为主，盖层为湖相及河漫滩相红色泥岩。孔西潜山是白垩系最早发现工业油气的潜山构造，孔古4井等钻探证实，下白垩统砂岩主要为曲流河点沙坝沉积，早期埋深小，保存了较多的孔隙，如孔古4井白垩系3036.75～3043.89m钻井取心分析，最大孔隙度为23.99%，最小为12.49%，平均为20.47%。渗透率最大为120mD，最小为0.1mD，平均为28.24mD，属中高孔、中渗型储层。港北潜山白垩系顶部也发育一套碎屑岩储层，据港古1503井钻探及薄片分析资料分析，岩性主要以石英长石砂岩为主，基岩孔隙发育。该套储层位于港北潜山中生界顶部，历史埋深不超过3000m，压实程度不高，受燕山期风化淋滤作用改造，物性条件得到进一步改善，晶间缝、晶间孔和溶蚀孔发育，面孔率可达到20%左右。

下白垩统碎屑岩储层在平面有一定分布范围，孔西潜山孔古4井、孔古3井，港北潜山港古 1501、1607、16102、1603 等井均有钻遇，但由于该套储层岩心资料及试油资料较少，储层横向分布范围及含油气性尚不明确，待进一步深化研究。

3. 古近系碎屑岩储层

歧口凹陷新近系—古近系碎屑岩储层可划分为早成岩 A 期、早成岩 B 期、中成岩 A 期和中成岩 B 期 4 个成岩演化阶段（图 5-21）：早成岩 A 期深度小于 2200m，伊/蒙混层矿物中蒙皂石层占 60%～80%，以原生孔隙为主；早成岩 B 期深度范围在 2200～3100m 之间，压实作用仍占主导地位，高岭石胶结作用减弱，地层仍处于半开启状态，淡水淋滤溶蚀作用明显，使得先期形成的胶结物部分溶解，但原生孔隙仍占有一定数量，发育混合孔隙类型；中成岩 A 期形成于深度 3100～4000m 之间，胶结物在酸性水的作用下发生方解石和长石溶解，形成中深层的次生孔隙发育带，随着胶结、溶解的交替进行，溶解带与胶结带间隔出现；中成岩 B 期深度一般大于 4000m，岩石已经致密化，以次生溶蚀孔为主，物性纵向演化具有明显分带性，3500m 以深发育两个次生孔隙发育带，深层仍然具有较好储集性能。与济阳坳陷的东营凹陷相比，其古近系早成岩 A 期深度小于 1500m，早成岩 B 期深度在 1500～2200m 之间，中成岩 A 期深度在 2200～3500m 之间，中成岩 B 期深度大于 3500m。表明歧口凹陷在同等深度范围内，成岩演化程度较低，储集物性相对较好。

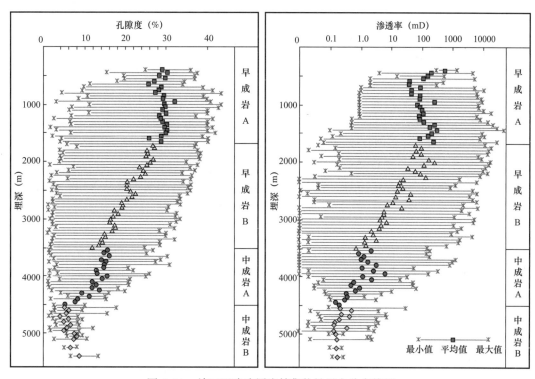

图 5-21　歧口凹陷碎屑岩储集物性垂向分布特征

歧口凹陷古近系储集性能有明显的差异，对同一层系而言，随储集体的持续深埋，储层物性整体呈现降低的趋势，但孔隙度与深度之间并非线性变化关系。歧口凹陷 SQEs₃ 储层纵向上按埋藏深度统计存在 4 个孔隙发育段，埋深在 2500～2900m，孔隙度线性降低趋势明显，说明该深度段内以发育原生孔隙为主，为高孔高渗储层；埋深 3000～3300m，在建设性成岩作用下出现第一个次生孔隙发育段，属中孔中渗储层；埋深 3500～4500m，存在两个次生孔隙发育段，为中低孔中低渗储层。次生孔隙带的发育有效提高了储层的储集性能，为中深层的油气聚集提供了有利条件。

（二）碳酸盐岩分布与特征

大港探区碳酸盐岩储层纵向上主要分布在下古生界奥陶系、上古生界太原组、下白垩统和古近系沙一下亚段，本节主要讨论奥陶系和古近系沙一下亚段碳酸盐岩特征。

1. 下古生界奥陶系碳酸盐岩储层

本区奥陶系不同组段储层发育情况存在较大差异。据统计，奥陶系平均孔隙度为3.68%，平均渗透率为 1.067mD。储层物性变化很大，单块孔隙度最高可达 22.9%（徐 14井峰峰组下亚段），最低为 0.33%；渗透率最高达 36mD（沧参 1 井，下马家沟组上亚段，有裂缝），最低接近于零。不同层位的储集性能存在明显差异。

1）冶里组

岩性以石灰岩为主，沉积环境主要为局限海，不是有利的储集相带。此外该组离下奥陶统顶的不整合面远，溶蚀程度弱。目前无岩心实测物性资料，测井解释孔隙度最高为2.3%，最低为 1.2%，平均为 1.8%；渗透率最高、最低和平均值均为 0.1mD。该段无放空、漏失和油气显示井。

2）亮甲山组

岩性以白云岩和石灰岩为主，沉积环境主要为局限海，局部有潮坪和滩。从沉积相带上来看并不十分有利，但该组紧靠下奥陶统顶的不整合面，发生了一定的溶蚀淋滤，只是不整合间断时间短，溶蚀程度较低，且该组在黄骅坳陷南部发育砂糖状白云岩。目前无岩心实测的物性资料，测井解释孔隙度最高为 9.4%，最低为 0.2%，平均为 2.5%；渗透率最高为 0.6mD，最低为 0.1mD，平均为 0.14mD。该段放空和漏失井共 1 口，无油气显示井。

3）下马家沟组下亚段

岩性以白云岩和膏溶角砾岩为主，沉积环境主要为潮坪，是有利的储集相带。但该组距奥陶系顶的不整合面远（一般为 400～500m），溶蚀程度差。目前无岩心实测物性，测井解释孔隙度最高为 7.1%，最低为 2.6%，平均为 4.3%；渗透率最高为 0.9mD，最低为0.1mD，平均为 0.33mD。该段放空和漏失井共 3 口，见油气显示井 1 口。

4）下马家沟组上亚段

岩性以石灰岩为主，沉积环境主要为局限海，是较差的储集相带。岩心实测孔隙度最高为 6.88%，最低为 0.8%，平均为 2.9%；渗透率最高为 36mD，最低为 0.4mD，平均为 4.36mD。测井解释孔隙度最高为 9.6%，最低为 0.4%，平均为 3.5%；渗透率最高为7.1mD，最低为 0.1mD，平均为 0.7mD。该段放空和漏失井共 3 口，未见油气显示井。

5）上马家沟组下亚段

岩性以白云岩和膏溶角砾岩为主，沉积环境主要为潮坪，是有利的储集相带。但该组距奥陶系顶的不整合面较远（一般为200～300m），溶蚀程度差。岩心实测孔隙度最高为2.9%，最低为0.5%，平均为1.5%；渗透率最高为1.6mD，最低为0.006mD，平均为0.4mD。测井解释孔隙度最高为32.6%，最低为0.6%，平均为7.1%；渗透率最高为0.7mD，最低为0.1mD，平均为0.3mD。该段放空和漏失井共6口，见油气显示井1口。

6）上马家沟组上亚段

岩性以石灰岩为主，夹白云岩，沉积环境主要为开阔海，在一些地区发育潮坪。开阔海是较差的储集相带，而潮坪是有利的储集相带。岩心实测孔隙度最高为12.2%，最低为0.93%，平均为4.6%；渗透率最高为2.8mD，最低为0.001mD，平均为0.4mD。测井解释孔隙度最高为12%，最低为0.7%，平均为5.2%；渗透率最高为20.4mD，最低为0.1mD，平均为1.9mD。该段放空和漏失井共6口，见油气显示井9口，板深7井、板深8井和板深703井获高产油气流。

7）峰峰组下亚段

岩性以白云岩、膏溶角砾岩为主，沉积环境主要为潮坪，是有利的储集相带。岩心实测孔隙度最高为9.5%，最低为1.8%，平均为4.6%；渗透率最高为22.9mD，最低为0.06mD，平均为2.7mD。测井解释孔隙度最高为23.7%，最低为0.6%，平均为7.7%；渗透率最高为7.7mD，最低为0.1mD，平均为2.13mD。该段放空和漏失井共6口，见油气显示井11口，板深8井、板深703井和乌深1井获高产油气流。

8）峰峰组上亚段

岩性以石灰岩为主，沉积环境主要为开阔海，局部地区发育潮坪。从沉积相类型看不利于储层发育，但因该段紧靠奥陶系顶的不整合面，溶蚀程度相对较强。岩心实测孔隙度最高为18.67%，最低为0.33%，平均为3.0%；渗透率最高为12mD，最低为0.001mD，平均为1.8mD。测井解释孔隙度最高为8.6%，最低为0.1%，平均为3.2%；渗透率最高为1.8mD，最低为0.1mD，平均为0.11mD。该段放空和漏失井3口，见油气显示井6口。

综上所述，峰峰组下亚段岩性和沉积相带均有利于储层发育，又接近风化壳，岩心实测孔隙度和渗透率以测井解释的孔隙度和渗透率最高，放空、漏失井数最多，见油气显示井最多，获工业油气流井最多，是最有利的储层位。上马家沟组上亚段次之，其他层段较差。

2. 古近系沙一下亚段碳酸盐岩储层

沙一下亚段碳酸盐岩储层以白云岩为主。基于对控制储层主要因素的认识，综合岩性、构造、储层单层厚以及物性分布特点，对白云岩类储层进行综合储层评价。纵向上滨Ⅰ油组主体以粒屑灰岩为主，白云岩类储层仅在局部分布；板2+3油组总体以半深湖相为特点，泥页岩厚度较大，白云岩类单层厚度薄，分布局限；板4油组是白云岩类储层发育的主要层段。在白云岩类储层中，储集性能发育程度与白云岩化程度相关，白云岩越发育，储集性越好。通过镜下薄片鉴定标定测井参数，进行岩性识别，并分别统计滨Ⅰ和板

4油组白云岩厚度。白云岩分布显示,滨Ⅰ油组白云岩零星分布,厚度也较薄,仅在大中旺和埋海地区分布范围较大(图5-22)。板4油组白云岩分布有一定规模,从滨海断层下降盘沿歧北斜坡东侧到埋海地区,白云岩储层广泛分布,此外大中旺地区白云岩厚度也较大(图5-23)。另外还分析了板4油组单层厚度大于2m的白云岩类的分布,其分布趋势和白云岩分布具有类似的特点。

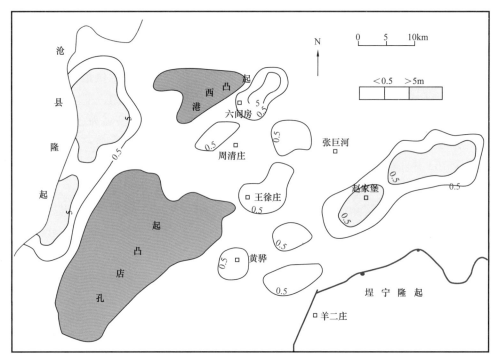

图5-22 歧口西南缘滨Ⅰ油组白云岩等厚图

据统计,白云岩类储层实测物性资料126块/27口,样品点不足以满足平面分布规律的研究,白云岩类孔隙度普遍偏低,主要集中于9%~18%之间,并且储集空间类型复杂,非均质性强,给测井储层定量评价带来相当大的难度。通过实测孔隙度与声波、密度测井等进行多次拟合,最终确定了测井孔隙度计算公式,通过实测孔渗资料与测井计算数据建立关系,相关性较好,在此基础上编制相应的测井孔隙度计算程序。计算滨Ⅰ油组144口井、板4油组224口井测井孔隙度。从孔隙度分布特征来看,滨Ⅰ油组由于白云岩类分布地区局限,单层厚度较薄的影响,孔隙度总体较板4低,分布区间在8%~12%,高值区主要分布于港西凸起西、南侧的六间房、周清庄地区及埋海地区;板4油组白云岩类储层分布范围广、储集性能好,孔隙度集中在12%~18%,高值区主要分布在歧北斜坡、大中旺、沈青庄、扣村和埋海等地区。

四、盖层发育特征

盖层的微观封闭能力参数分布特征和盖层综合封闭能力对于解决天然气藏垂向与平面

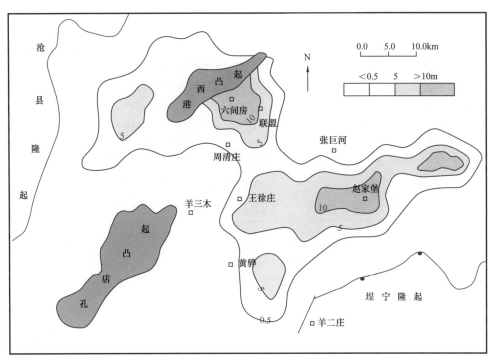

图 5-23 歧口西南缘板 4 油组白云岩等厚图

上分布的复杂性，指导下一步勘探均具有重要意义（史集建等，2011）。

（一）盖层发育及分布

歧口凹陷古近系共发育沙一段中部和东营组两套区域性泥岩盖层，具有发育厚度大、平面分布广、断层错断情况较少的特点（图 5-24）。其他层位的盖层主要发育于砂泥岩夹互层段，厚度较小，平面连续性差，是发育于局部地区的局部盖层。

歧口凹陷沙一段中部区域性盖层呈现出由东南向西北部逐渐增厚的趋势，泥岩累计厚度较大，大部分区域泥岩累计厚度均在 100m 以上，只有该区的南部及西南部有小部分区域累计厚度在 50m 以下，而且在西部有小范围区域缺失了这套盖层；该套盖层累计厚度的高值区主要分布在该凹陷的东北部和西北部，呈现为北东—南西走向的条带状，其中最高值达 500m 以上，位于板 860 井附近，其他部位的高值也在 450m 以上，如板深 27 井、板深 85-1 井、滨海 24 井、板北 11X1 井及港深 79 井附近。

东二段区域盖层泥岩厚度变化趋势和沙一段中部相似，由西南向东北部逐渐增厚，且在西部存在缺失的区域，但不同的是在北大港潜山构造带存在高值区，呈北东—南西走向的条带状，南部也存在局部的异常高点，如张 9 井西部、旺 29 井北部、港 177 井附近；泥岩累计厚度相对于沙一段中部也较小，全区范围内泥岩累计厚度大多在 50～200m 之间；该套区域盖层的高值区还是位于该凹陷的西北部，最高值可达 500m，位于港深 53 井附近。

(a) 东二段

(b) 沙一段中部

图 5-24　歧口凹陷古近系近系区域盖层等厚图

（二）封盖条件

选取歧口凹陷 21 个不同层位的天然气藏，统计其盖层封闭性评价参数及气藏储量丰度数据（表 5-5），建立两者之间的拟合关系（图 5-25），利用前人对高、中、低和特低储量丰度的等级划分标准，确定形成不同储量丰度的盖层厚度、排替压力、扩散系数和封闭能力综合评价参数对应的标准，从而对不同储量丰度油气藏形成的盖层封闭条件进行研究。

表 5-5　歧口凹陷不同储量丰度油气藏盖层封闭性评价参数等级划分表

气田储量 丰度等级	储量丰度 （$10^8 m^3/km^2$）	盖层厚度 （m）	排替压力 （MPa）	扩散系数 （cm^2/s）	盖层封闭能力综合评 价参数
高	>10	>160	>7.6	<0.00002	>0.7
中	5~10	80~160	4.8~7.6	0.00002~0.00005	0.4~0.7
低	1~5	20~80	2.5~4.8	0.00005~0.00015	0.15~0.4
特低	<1	<20	<2.5	>0.00015	<0.15

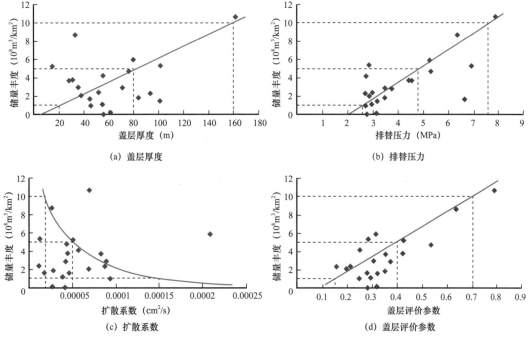

图 5-25　歧口凹陷泥岩盖层评价参数与气藏储量丰度之间关系

从图 5-25 中可以看出，盖层厚度与排替压力与气藏储量丰度呈正相关性，即随盖层厚度和排替压力的增大，气藏储量丰度也随之升高，反之则降低。而盖层扩散系数与气藏储量丰度呈负相关性，即随盖层扩散系数的增大，气藏的储量丰度随之降低，反之则升高。通过储量丰度划分标准，利用以上拟合曲线，得到形成不同储量丰度气藏所需盖层评价参数的标准值。从表 5-5 中可以看出，封闭高储量丰度气藏盖层所需盖层厚度大于 160m，排替压力大于 7.6MPa，扩散系数小于 0.00002cm²/s；封闭中等储量丰度气藏所需盖层厚度为 80～160m，排替压力为 4.8～7.6MPa，扩散系数为 0.00002～0.00005cm²/s；封闭低储量丰度气藏所需盖层厚度为 20～80m，排替压力为 2.5～4.8MPa，扩散系数为 0.00005～0.00015cm²/s；封闭特低储量丰度气藏所需盖层厚度小于 20m，排替压力小于 2.5MPa，扩散系数大于 0.00015cm²/s。

根据表 5-5 的评价标准，分别对歧口凹陷封闭不同储量丰度油气藏所需的沙一段中部和东二段泥岩盖层的厚度、排替压力和天然气扩散系数分布特征进行了研究。

由图 5-26 中可以看出，歧口凹陷沙一段中部泥岩盖层通过厚度封闭高储量丰度油气藏的区域主要分布在凹陷的东北部及中部地区的较大面积内，封闭低储量丰度油气藏与特低储量丰度油气藏的盖层分布的范围较小，主要处于研究区东南和西南边部，其余地区为封闭中等储量丰度油气藏的盖层分布区。东二段封闭不同等级油气藏的泥岩盖层分布特征与沙一段中部泥岩盖层相似，只是封闭高储量丰度油气藏的盖层分布的范围更广。

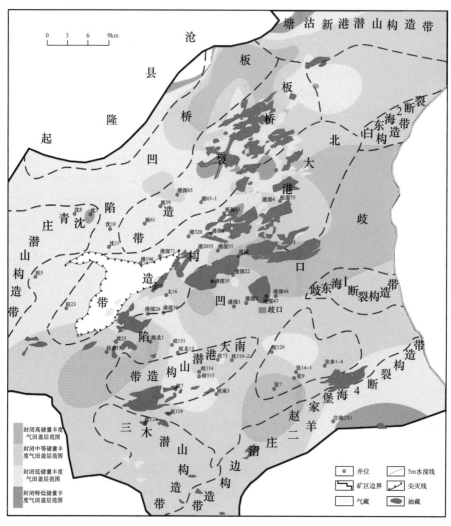

图 5-26 沙一段中部盖层厚度封盖能力评价图

由歧口凹陷沙一段中部封闭不同储量丰度天然气所需盖层排替压力分布图可以看出（图5-27），沙一段中部泥岩盖层通过排替压力封闭高储量丰度油气藏的泥岩盖层主要分布在板桥凹陷北部、歧口主凹以及歧北和歧南两个次凹，封闭低储量丰度油气藏与特低储量丰度盖层主要分布在研究区东南和西北的较小范围内，其余大范围内为封闭中等储量丰度油气藏盖层。

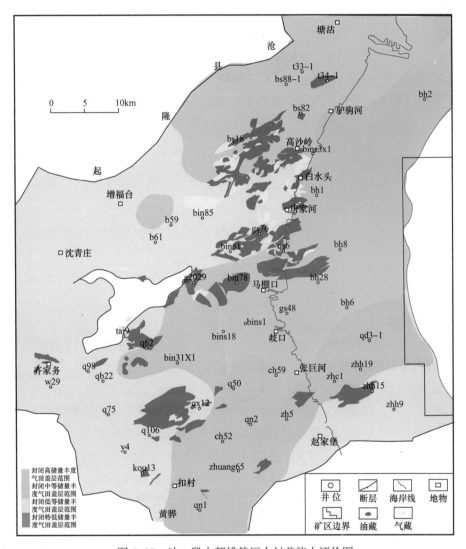

图5-27　沙一段中部排替压力封盖能力评价图

沙一段中部泥岩盖层通过天然气扩散系数封闭高储量丰度油气藏盖层主要分布在研究区东部主凹区，封闭中等储量丰度油气藏盖层较封闭高储量丰度油气藏盖层分布范围稍有扩大，封闭低储量丰度油气藏盖层主要分布在研究区西部广大地区，封闭特低储量丰度油气藏盖层在研究区内未见分布。由此可知，沙一段中部泥岩盖层对于扩散相天然气具有较强的封闭能力。

东二段泥岩盖层的毛细管封闭能力较差，没有封盖高储量丰度油气藏的盖层，封闭中等储量丰度油气藏盖层主要分布在歧口主凹，以及歧北和歧南两个次凹内，其余大范围内为封闭低储量丰度油气藏盖层，封闭特低储量丰度油气藏盖层只在研究区边缘及隆起部位零星分布。东二段泥岩盖层不同等级分布特征与沙一段中部泥岩盖层也较为相似，只是其封闭高储量丰度油气藏盖层和封闭中等储量丰度油气藏盖层的分布范围较小。研究区内也未见封闭特低储量丰度油气藏类盖层分布。

第三节　常规与非常规油气成藏模式

大港探区是复杂的断块油气藏，常规油气包括构造、岩性和潜山等类型，非常规以页岩油为主。

一、油气藏特征

（一）新近系发育多类型构造油气藏

构造油气藏主要指新近系和古近系由于褶皱和断层作用，使岩层变形或错位，形成构造圈闭，油气聚集其中即为构造油气藏（刘玉英和房敬彤，1988）。大港探区已发现的这类油气藏共分为3个亚类，即背斜油气藏、断鼻油气藏、断块油气藏，是大港探区构造带主体区主要的油气藏类型。

1. 背斜油气藏

油气聚集在背斜圈闭中称为背斜油气藏，背斜油气藏包括逆牵引背斜和披覆背斜2种。

逆牵引背斜油气藏是沿铲型或犁型同沉积断层滑塌牵引形成的背斜，一般发育在一、二级主断层下降盘，储量丰度可达（100～370）×10^4t/km²，属于高丰度油气藏。背斜长轴平行于断层走向，两翼不对称，回倾翼短而陡，浅层（新近系）逆牵引背斜顶部张性断层发育，构造比较复杂，常形成复式地堑结构（图5-28、图5-29）。深层（沙河街组）逆牵引背斜因塑性地层发育，晚新近纪产生的断层未能切入深层，因而断裂不发育，构造比较简单。逆牵引背斜圈闭面积的大小与主断层活动强度和规模密切相关。例如港东逆牵引背斜，位于北大港断层下降盘，是一个交织"Y"形复式地堑结构的逆牵引背斜构造，断裂系统向海域方向帚状撒开，港东主断层新近纪活动强烈，断层落差在深部可达800～1000m，延伸长达20km，控制形成规模较大的港东新近纪逆牵引背斜，构造面积为50km²，圈闭幅度为150m。同样位于港东断层下降盘古近纪的马西逆牵引背斜，背斜形态完整，构造简单，构造高点在港深13井、港深5-4井一带，圈闭幅度为170m，构造轴向为北东向，长轴为5km、短轴为3km，面积为14km²。北东走向的港东断层，对沉积和油气聚集、油气藏形成的控制作用极为明显。

新近系逆牵引背斜油气藏，一般含油井段较长，并且主力油层集中，主要分布于歧口地区明化镇组下部和馆陶组上部，油层厚度一般为16～23m。古近系马西背斜油气层平均厚 35.5m，最大为 68.6m。油气产量高，港深 13 井试油射开板 3 油组 3924～3961m，30m/3 层，自喷 11mm 油嘴，日产油 212t，日产气 120368m³。

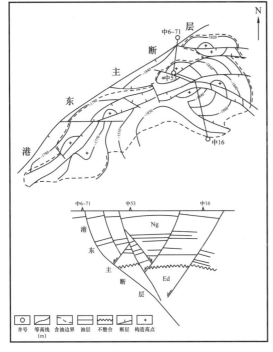

图 5-28　港东逆牵引背斜油藏 　　　　图 5-29　马西逆牵引背斜油藏

披覆背斜油气藏的圈闭比较简单，背斜核心为前古近系高凸起，除王徐庄构造外，其他 3 个构造顶部均缺失古近系。上覆地层具顶薄翼厚的特点，两翼平缓，倾角为 1°～3° 由浅至深构造幅度增大。构造相对简单，仅港西构造断层密度大，平均 1.38km² 有一条断层。构造面积大小取决于古凸起范围大小。如港西凸起面积约 125km²，其新近系披覆背斜圈闭面积亦较大，约 60km²；羊三木凸起范围较小，披覆背斜圈闭面积亦小，为 10km²。油层厚度大，最厚为 50m，一般为 20～30m，而且主力油层集中，一般油层分布在紧靠不整合面以上 30～70m 井段内的储层的上部，仅港西背斜因新近系断层十分发育，具有"断层断多高，油气窜多高"的特点，含油井段长达 300～600m，但其主力油层集中分布于明下段。油层厚薄与储层发育程度有关，如王徐庄油田构造高点储层厚度小，渗透性差，翼部储层厚，物性好，油层也相应增厚。王徐庄油田沙一段下部，构造顶部油层厚 5m，翼部厚 10m。

2. 断鼻油气藏

由断层遮挡的鼻状构造形成的油气聚集，称为断鼻油气藏。断鼻圈闭在坳陷内分布广泛，已发现的油气藏有长芦、唐家河、六间房、周清庄、友谊、马东、叶三拨、段六拨、小集等。这类油气藏一般分布在一、二级构造带主断层的下降盘。另外，众多小型断鼻油藏形态简单，被三、四级断层遮挡独立成藏。

大型断鼻油气藏均被次级断层切割，油气藏复杂。例如唐家河断鼻位于北大港构造带的东北部，是被断层复杂化的大型鼻状构造油气藏，走向为北东向，翼部向东侧歧口主凹陷倾伏，东西长 5km，南北宽 3km，圈闭面积为 15km^2。断鼻发育北东走向和北北西走向两组断层。北东向断层延伸远，断距大，断面倾角 40°～80°，是长期发育的断层，将断鼻分割成若干断块，不但控制油气分布，还对沉积储层有一定影响。北北西向断层起到侧向遮挡作用。该类油藏油水关系复杂，如唐家河断鼻油藏油气水界面受构造控制，断鼻中不同断块不同油水界面，东三段Ⅰ、Ⅲ断块原始油水界面深度为 2600m，Ⅳ断块油水界面深度为 2620m。东一段、馆陶组、明下段纵向多套油水系统。馆陶组厚层块状砂岩形成底水油藏，同一断块内纵向上多套油水系统。

3. 断块油气藏

断块油气藏是大港油田的主要油藏类型之一，可以细分为地垒断块油气藏、抬斜断块油气藏和交叉断层形成的断块油气藏。这类油藏一般分布于主断层上升盘，其圈闭形态为两条背向正断层夹持垒式结构，垒块形态呈单斜或平缓的鼻状，已发现的有枣南、自来屯、官 80 等油气藏。例如孔店南部孔东断层上升盘的官 80 地垒块，形成于渐新世早期，被北东、北西向两组次级断层进一步将垒块分割成多个断块，圈闭面积为 1.5～7km^2。孔东主断层与次级断层共同构成油气运聚网络。官 80 断块枣Ⅱ、Ⅲ砂岩储层发育，物性较好。渗透性砂岩厚 37～70m，孔隙度为 17%～23%，渗透率为 93～294mD；富集程度高，储量丰度为 406×10^{4}t/km^2，原油相对密度为 0.88～0.89，黏度为 76～85mPa·s，凝固点为 33～39℃，胶质沥青质含量为 25%。油井一般能自喷，初产量较高，官 80 井初期平均日产油 40t。

（二）古近系发育多类型地层岩性油气藏

1. 构造、沉积、烃源岩"三元耦合"决定了斜坡区具有规模成藏的基础

歧口凹陷斜坡分布广，范围大，类型多样，盆外、盆内物源顺坡输送形成多种类型的砂体富集带。歧口凹陷优质烃源岩发育、演化程度较高，斜坡是油气长期运聚指向区，大斜坡、大砂体（沉积）与有效烃源岩"三元"耦合，决定了歧口凹陷斜坡区是多层系、多类型岩性地层油气藏叠加连片的大型复式含油气构造带，有利于形成沙三段到东营组多套成藏组合和大面积岩性地层油气藏纵向叠置、横向连片的富油气格局（王文革等，2012）。纵向上，歧口凹陷斜坡区岩性油气藏分布呈现"高油低气"的分布特征，这种特征既表现在同一层段之间，也表现在不同层段之间。同一层位上，斜坡低部位以天然气为主，高斜坡区以油藏为主；在中低斜坡区，沙一段上部和东营组主要以油藏为主，深部沙二段和沙三段则主要以气藏为主（图 5-30）。平面上，板桥斜坡区和歧北低斜坡以凝析气藏、气藏为主，歧北中斜坡和埕北高斜坡以油藏为主。

2. "两期充注、先油后气、差异聚集"决定了斜坡区岩性油气藏具有"高油低气"的分布格局

歧口凹陷油气分布普遍存在"高油低气"的油气分布规律，这种分布格局与烃源岩演化的时序性密切相关。包裹体资料分析结果显示，古近系砂岩中的粒间孔隙及裂缝中存在一定数量的（碳质）沥青和液态原油，表明该区经历了至少两期的油气充注和成藏过程（图 5-31）。从所测样品均一化温度值与储层热史联合判断的成藏期次来看，歧北中低斜

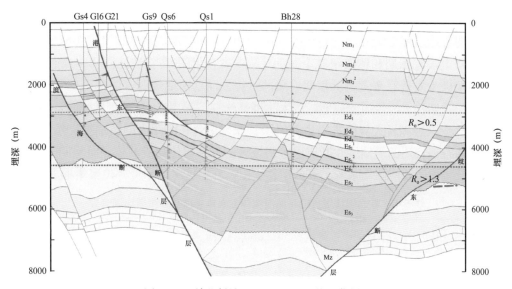

图 5-30　歧北斜坡区 Gs4—Bh28 井油藏剖面

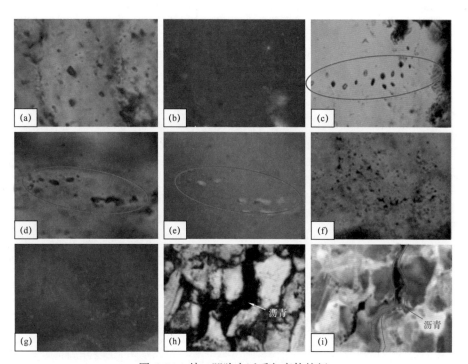

图 5-31　歧口凹陷古近系包裹体特征

（a）B21，2939.9m，穿石英颗粒裂纹中发弱荧光气天然气包裹体与沥青包裹体，透射光；（b）B21，2939.9m，穿石英颗粒裂纹中发弱荧光气天然气包裹体及沥青包裹体，荧光，视域同（a）；（c）Zh10，3419m，穿石英颗粒裂纹中的天然气包裹体，透射光；（d）Qi128-1，2977.47m，穿石英颗粒裂纹天然气包裹体；（e）Qi128-1，2977.47m，穿石英颗粒裂纹中见天然气包裹体，部分包裹体壁见残留沥青，荧光，视域同（d）；（f）B42，2903.13m，石英颗粒内裂纹中天然气包裹体和沥青包裹体，透射光；（g）B42，2903.13m，石英颗粒内裂纹中见发弱黄色荧光天然气包裹体，部分为沥青包裹体，荧光，视域同（f）；（h）Qi91，3034.5m，未见烃类包裹体，微裂缝中少量沥青，透射光；（i）Qi91，3034.5m，微裂缝中少量不发荧光沥青，粒间见发浅黄色荧光油浸染，荧光，视域同（h）

坡区普遍存在两期的充注过程，即东一段沉积末期的早期成藏和明下段沉积中晚期直到第四纪的晚期成藏过程（Gs33 井、Qs1 井、Bs22 井），而晚期成藏过程又可明显分为明下段沉积期、明上段沉积期和第四纪三个时期（表 5-6）。而中高斜坡区同样存在着晚期成藏过程，但却极少发现有东营组沉积期成藏的过程。而这两期烃源岩演化呈现不同的特征，东营组沉积时期沙三段烃源岩成熟，进入生油高峰期，深层形成自生自储油藏；明上段沉积时期，沙三段烃源岩大规模进入生气门限，原来聚集在圈闭内的石油被天然气所排驱，早期存储的石油将逐渐沿储层和断层进入斜坡区的较高部位形成油藏，而晚期生成的天然气，由于低斜坡区断层活动减弱，纵向运移受阻，在斜坡区的中低部位聚集形成气藏。

表 5-6　歧北斜坡区古近系储层流体包裹体类型及成藏期次划分表

井号	深度（m）	层位	均一温度范围（℃）	伴生烃包裹体类型 *	均一温度划分成藏期次
B21	2838.7～2941.2	Ed_3	74.1～153.4	YO、WO、GO	明下段沉积晚期—第四纪
B14-84	3817.5～3825.5	Es_2	114.4～167.1	YO、WO、GO	明下段沉积晚期—第四纪
B42	2903.13～2903.7	Es_3	111.2～150.0	YO、GO、BO	第四纪
Gs33	4117.32～4119.06	Es_1^3	109.5～169.6	YO、WO、GO、BO	东一段沉积末期、明下段沉积晚期、第四纪
Qi128-1	2977.47～2981.01	Ed	99.7～147.5	YO、WO、GO、BO、B	明下段沉积晚期—第四纪
Qi85	3208.5～3208.7	Es_3	102.4～149.2	YO、WO	明下段沉积晚期—第四纪
Qi91	3033.7～3037.1	Ed	103.4～131.2	O、YO、WO、BO	明下段沉积晚期—第四纪
F29	3012.45～3014.29	Es_{3-2}	91～112	YO、WO、	明下段沉积晚期—第四纪
Qis1	4965.5～4986	Es_3	56.7～148.7	WO、GO、BO、B	东一段沉积末期、明下段沉积晚期—第四纪
Qis6	4531.56	Es_3	136～156	O、YO、GO	东一段沉积末期、明下段沉积晚期
Bs6	3510～3570	Es_2	110～149	YO、GO、B	明下段沉积早期、第四纪
Bs6	3781～3860	Es_3	128～153	O、YO、WO、GO、B	明下段沉积中晚期、第四纪
Bs22	4616.5～4617.5	Es_2	110～178	YO、WO、GO、BO、B	东一段沉积末期、明下段沉积中晚期、明上段沉积晚期、第四纪
Bh8	3844～4061	Es_1^1	114～140	YO、WO、GO、BO、B	明下段沉积中晚期、明上段沉积晚期、第四纪
Bh8	3154.4～3671.6	Ed	74～134	O、YO、GO	明下段沉积中早期、明上段沉积晚期、第四纪

　*YO、WO、GO、BO、O 和 B 分别代表发黄色及黄绿色荧光油包裹体、发蓝白色荧光油包裹体、天然气包裹体、沥青包裹体、油浸染和粒间固体沥青。

（三）前古近系发育多层系内幕潜山油气藏

1. 四期盆地叠置，约束潜山内幕地层格架及储盖组合分布

受控于印支期逆冲褶皱、燕山期走滑拉分、喜马拉雅期伸展断陷构造运动，大港探区断层和内幕不整合发育，至少存在 4 个大型区域不整合和 2~3 个地区性角度不整合在前古近系构造层中出现。以不整合面所限定的多套构造层纵向叠置，既造成多层系潜山内幕的复杂化，又为内幕储盖组合的发育奠定了有利的条件，形成 3 大岩类、8 套内幕储盖组合。

2. 印支—燕山期构造反转约束潜山内幕圈闭 "反序" 分布

同渤海湾盆地多数地区一样，黄骅坳陷印支、燕山期构造层与喜马拉雅期构造层反转比较普遍，多数潜山具有 "古高今低" 或 "古低今高" 的特点（吴永平等，2002）。在北大港—千米桥等现今构造斜坡区 "跷跷板" 反转更加明显（图 5-32）。中低位序潜山表现出潜山顶部地层老，岩溶风化壳比较发育，潜山形成相对较早。相反，中高位序潜山残留地层多，潜山顶部地层新，岩溶风化壳不发育，潜山形成时期较晚。印支—早燕山阶段发育的逆冲推覆构造多见于中、低位序潜山；古坳陷或古向斜反转形成的高位序潜山，前中生界构造层结构则较为简单。

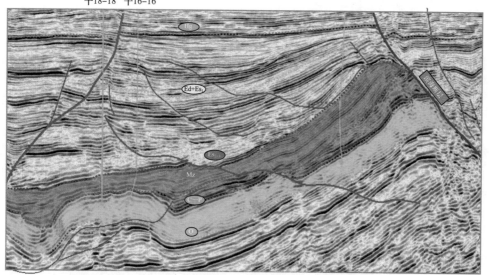

图 5-32　大港探区北大港—千米桥潜山 "跷跷板" 负反转构造地震剖面

3. 多期次差异成岩建造约束潜山内幕储层性能

印支运动以后，黄骅坳陷经历了多幕构造抬升与沉降演化，在上古生界、奥陶系顶及侏罗—白垩系内部出现多期次沉积间断，形成了潜山内幕储层多阶段差异改造。在印支期古隆起区，上古生界和部分奥陶系储层差异性剥蚀，成岩作用以表生风化淋滤作用为主。在印支—燕山期古斜坡区，尽管地层剥蚀作用较古隆起弱，但印支期沉积间断和燕山中晚期沉积间断发育，潜山内幕中生界和上古生界发育多个地层不整合，甚至还可以在地震剖

面中识别出上古生界残丘山和冲沟。而在印支期古向斜区，地层剥蚀作用弱，中、古生界保存完整，潜山内幕主要以平行不整合为主，角度不整合仅见于侏罗系与下白垩统顶部。风化淋滤改造仅限于侏罗—白垩系储层，而石炭—二叠系碎屑岩储层则主要以埋藏成岩演化为主。

4. 断控供烃窗口约束潜山内幕油气充注方式及油藏类型

与渤海湾其他盆地不同，黄骅坳陷区普遍保留巨厚的中生界红层，古生界储层与古近系烃源岩基本不接触，因此不具备"任丘式"沿潜山风化壳充注油气的条件，潜山内幕"新生古储"、油气藏的形成主要靠基岩断裂控制的"供烃窗口"。

中北部的歧口凹陷区，基岩断裂体系发育"大落差、大压差、大供烃窗口"为潜山带内幕多层系油气聚集奠定了有利基础。歧口海域部分，顺向铲式基岩断裂带成为埕北断阶潜山群的控山断层，也使古近系沙三段烃源岩与中、古生界潜山内幕储层呈阶梯状对接，为内幕油气充注奠定了基础。

在中南部的沧东凹陷区，受沧东铲式断层活动影响，形成孔店背斜型潜山构造带，前新生界主要卷入褶皱为主的变形，基岩断裂发育程度较歧口凹陷差。此外，由于中南部中生界—上古生界残留厚度更大，古近系烃源岩很难与古生界储层对接。

二、油气成藏机理与成藏模式

关于油气藏的分类方案，目前大多数学者倾向于将油气藏分为常规油气和非常规油气两大类，常规油气分为构造油气藏和地层—岩性油气藏等，非常规油气狭义上包括致密油和页岩油等。本节以沧东凹陷为例，从烃源岩生排烃特征和油气运聚规律来看，原型洼槽（含包洼的斜坡）作为完整的油气系统，从源外到源内发育有序分布的油气藏序列，即构造、地层—岩性、致密油、页岩油的完整序列（图5-33）。改造型洼槽的内环带成藏序列有一定的差异，主要表现在原洼槽中心后期反转抬升，演化程度低，不具备生烃能力，生烃中心转移至沉积洼槽的中环带，因此，原型洼槽的内环带缺少致密油和页岩油藏。

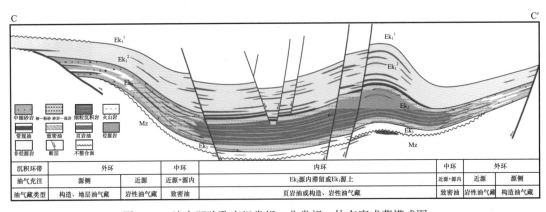

图5-33 沧东凹陷孔店组常规、非常规一体有序成藏模式图

（一）源上复杂断块油藏成藏模式（孔一段断砂控藏）

原型洼槽北部后期改造抬升，形成孔店构造带。该区主要断裂及整体基本格局形成于孔一上亚段—沙河街组沉积期的断陷发育期，该时期为各目的层系圈闭形成期，之后馆陶组、明化镇组沉积后，孔二段烃源岩渐次成熟，为大量生排烃期，油气沿前期发育的主要断裂持续运聚成藏，是孔店构造带主要成藏期，该时期断裂相对不活动，油藏保存条件好。孔二段烃源岩生成的油气沿主要油源断裂向上部运移，在与油源断裂接触发育的逆牵引背斜、挤压背斜、滑塌背斜、断鼻和断块中充注，从而形成5种构造油藏类型（图5-34）。例如，王官屯油田和枣园油田受近东西向的斜切断层切割，在徐西断层根部形成一系列断鼻构造，形成断鼻油藏；枣园油田和乌马营油田等受古近系断层影响，孔二段局部发生挠曲变形形成背斜圈闭，油气沿断裂垂向运移至孔二段顶部，聚集形成背斜油藏。

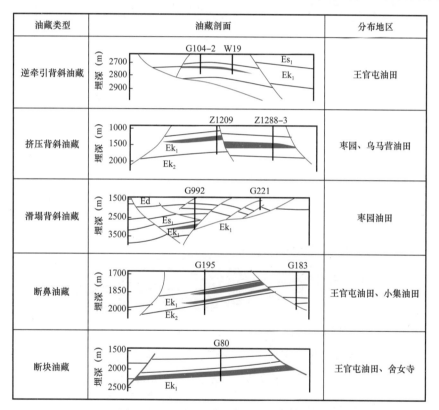

图5-34　沧东凹陷复杂断块油藏类型图

（二）源侧地层—岩性油气成藏模式（孔二段外环为主）

孔二段沉积时期发育4大物源体系10个朵叶体，研究区砂体自湖盆边缘向湖盆中心逐渐减薄，形成砂岩岩性尖灭的格局。一般情况下，外环带的高斜坡处于孔二段有效烃源岩之外，总体成藏条件较差；中斜坡位于辫状河三角洲前缘，主砂体区水下分支河道与河口坝砂体发育，储集性能好。孔二段多物源多期砂体与孔二段生油岩互层式沉积，能自生自储，近源充注，且紧临孔二段湖盆中心，是油气运聚指向区，有利于形成地层—岩性油气藏。此外，孔一段沉积末期，凹陷北部湖盆中心发生构造反转形成孔店构造带，受其影响，原型盆地低斜坡孔二段及沉积形成的砂体也随之反转，形成上倾尖灭岩性圈闭，从而在原内环带形成上倾尖灭岩性油藏（图 5-35）。

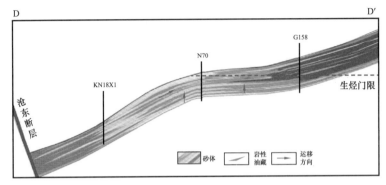

图 5-35　沧东凹陷反转型洼槽源侧地层—岩性油气成藏模式

（三）近源—源内岩性—致密油成藏模式（孔二段中环）

研究区斜坡中低部位暗色泥页岩、灰云岩及致密砂岩储层发育。暗色泥状岩和油页岩有机质丰度高，属于好—很好烃源岩。孔二段烃源岩生成的油气短距离运移至其上下的致密粉砂岩和灰云岩中就近聚集形成致密砂岩油或致密灰云岩油。从源储组合关系看，可以划分为千层饼式、互层式和夹层式三种主要类型（图 5-36）。

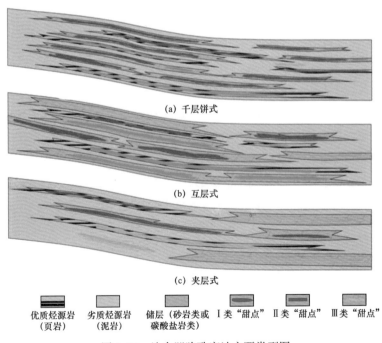

图 5-36　沧东凹陷致密油主要类型图

（四）源内页岩油富集模式（孔二段内环）

洼槽区中心部位主要以细粒沉积岩为主，从宏观上表现为泥页岩岩性。岩石成分分析及镜下鉴定表明，该套细粒沉积岩泥页岩层可以继续划分为厚层灰云岩、厚层长英质页岩、纹层状混积岩及薄层状灰云岩共 4 类。这 4 类细粒沉积岩均具有良好的生烃能力，同时具备一定的储集能力，为典型的源储一体页岩油（蒲秀刚等，2019）。通过对 TOC、S_1、孔隙度、渗透率、脆性矿物含量、试油效果等量化指标以及地层结构、荧光显示级别等半定量参数的归一化综合评价可知，纹层状混积岩模式中富有机质纹层最为发育，是相对最为有利的源储组合模式，其次是薄层状灰云岩模式。需要说明的是，内环带的北侧由于后期抬升，演化程度低，生烃能力差，从而形成 "C" 形环带的页岩油富集有利区（图 5-37）。

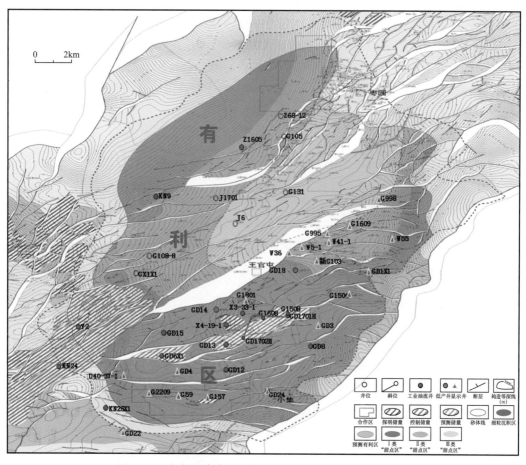

图 5-37　沧东凹陷孔二段内环细粒区页岩油有利区评价图

（五）常规、非常规有序成藏富集规律

沧东凹陷孔二段有效烃源岩分布在深洼区周围，以烃源岩为中心，油气发生横向和垂

向运移输导，形成圈层状油气藏富集模式。从平面上看，从湖盆中心向湖盆边缘依次发育页岩油、致密油、岩性油藏与致密油过渡带、构造油藏，并且构造油藏、岩性油藏和致密油、页岩油等常规、非常规油藏平面上呈环带状分布，空间上呈圈层状分布。其中构造油藏和岩性油藏等常规油藏主要分布在孔店构造带、舍女寺断鼻带、孔东斜坡高部位等，页岩油和致密油等非常规油藏主要分布在湖盆中部。研究区在孔二段沉积时期为坳陷型湖盆，湖盆范围较大，湖平面波动频繁，导致深湖—半深湖相暗色泥状岩和油页岩与辫状河三角洲前缘砂体或灰云岩呈指状互层式接触，因而形成了油藏分布过渡带。过渡带为岩性油藏与致密油共同发育区，两者平面分布具有"互补性"特征，即岩性油藏发育的地区，致密油发育相对较少，反之亦然。湖盆边缘的孔店构造带和舍女寺断鼻带处于构造高部位，是油气运移的主要指向，而且储层物性相对较好，构造圈闭发育，因而主要聚集构造油藏。

洼槽区在纵向上的主要油藏类型分别为构造油藏、岩性油藏、页岩油（致密油）的分布序列。洼槽区上部的孔一段主要发育沿油源断裂分布的断鼻、断块等构造油藏，洼槽内主体以页岩油为主，但在过渡带的 Ek_2^2 和 Ek_2^4 油组发育致密砂岩油藏，在 Ek_2^3 油组和 Ek_2^1 油组下部主要发育致密灰云岩储层油藏。在洼槽的中高部位，则发育常规构造—岩性油藏。

第四节　常规与非常规油气资源潜力

资源评价方法包括统计法、类比法、成因法三大类，不同的资源类型选择不同的评价方法或不同方法的组合，使评价结果更具客观性（李建忠等，2016）。大港探区三种方法都有应用，常规油气资源的评价采用统计法、资源丰度类比法和成因法，最终由三种方法加权取值获得，页岩油采用含油率方法计算。

一、油气资源评价

本节以沧东凹陷为例，探讨凹陷常规与非常规资源评价方法，其中常规石油资源的评价采用统计法、资源丰度类比法和成因法，最终由三种方法加权取值获得，页岩油资源的评价采用小面元容积法和资源丰度类比法获得。对于凹陷资源的整体认识，需要从成因机理方面进行解剖认识，从而揭示常规与非常规油气分布规律。

（一）油气资源评价方法简介

传统成因法计算油气资源量的基本原理是，按照石油天然气成因机理或者假设，通过计算评价单元内烃源岩的生烃量，按照油气运移聚集的主控因素确定运聚系数，两者相乘得到评价单元的油气资源量。目前，随着烃源岩评价技术以及有机地球化学实验分析技术的进步，以盆地模拟为主的成因法，已经能够很好地揭示评价区内各烃源灶的生烃潜力，但由于目前在油气运聚模拟方面还存在诸多的技术难题，尚无法在工业评价中真实重建油气运聚成藏过程，从而难以直接得到各勘探目标的工业聚集量（资源量），尤其是页岩油等富集资源量。本文提出的成因法综合评价常规与非常规页岩油资源的原理是：

（1）通过干酪根溶胀实验模拟方法，建立烃源岩生、排烃及残留烃的演化图版，计算凹陷总生油量、残留烃量及排烃量。

（2）通过刻度区精细解剖，确定不同领域常规油藏运聚系数，并计算常规石油资源量。

（3）采用质量含油率的方法计算页岩油资源量，其计算公式为：

$$Q_油 = Sh\rho\left(0.1S_1K_{s轻} - K_{s吸}\text{TOC}\right) \tag{5-1}$$

式中　$Q_油$——页岩油资源量，10^4t；

　　　S——泥页岩面积，km^2；

　　　h——泥页岩有效厚度，m；

　　　ρ——泥页岩密度，g/cm^3；

　　　S_1——热解游离烃量，mg/g；

　　　TOC——有机碳，%；

　　　$K_{s轻}$——轻烃校正系数；

　　　$K_{s吸}$——干酪根吸附校正系数。

（4）采用步骤（1）的资源分布总量分析常规与非常规石油资源的合理性。

（二）关键参数

1. 烃源岩总生排烃量的确定

孔二段是一套陆相层系，其泥页岩在全区有广泛分布。南起灯明寺地区，北至自来屯地区，西至沧东断裂，东至徐黑断裂。已揭露的剖面为 126～465m，为一套湖侵岩相，主要分为暗色泥页岩、砂泥岩相及少量的碳酸盐岩相三种岩相。暗色泥页岩主要分布于中部，而向东、南和北方向分别发育了细砂—粉砂岩带和富更粗粒沉积岩性。富有机质泥页岩主要分布在深凹区及斜坡区的湖相—半深湖相中，平面上主要集中在风化店一段六拔—小集—王官屯一带，岩性主要为黑色页岩、深灰色泥岩、油页岩、粉砂岩及泥灰岩等。泥页岩累计厚度最高可达 400m，部分井段纯页岩厚度达 70～80m，为孔二段岩性油藏和致密油的形成奠定了物质基础（图 5-38）。

孔二段暗色块状泥岩有机质丰度很高，其 TOC 平均值为 3.07%，最高为 9.23%；S_1+S_2 平均为 19.46mg/g，最大为 69.91mg/g；氯仿沥青"A"含量平均为 0.35%；HC 平均含量为 2106.44mg/dm^3；而页理发育的油页岩有机碳含量明显高于块状泥岩，TOC 平均值可达 4.5%，高值区分布与油页岩厚度中心基本一致。

通过干酪根热模拟和溶胀实验，烃源岩生成和排出的烃量可以更合理的表达出来。事实上，烃源岩滞留油气包括两个部分，一部分是吸附、溶解在干酪根网络中的烃类，另一部分是从干酪根中游离出来到临近的黏土微裂缝及矿物颗粒间孔隙中的烃类（周立宏等，2017）。利用研究区块状泥岩和油页岩热模拟实验，可以明显看出烃源岩总滞留油率、干酪根滞留油率与生油气率以及成熟度密切相关（图5-39）。

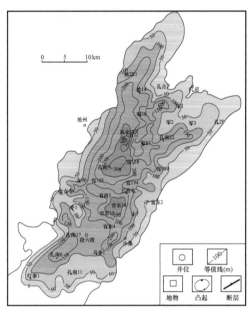 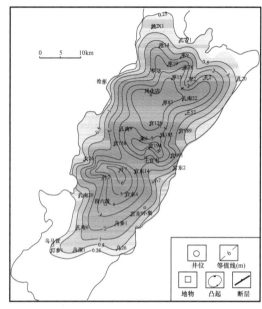

(a) 孔二段暗色泥岩等厚图　　　　　　　　(b) 孔二段暗色泥岩TOC等值线图

图 5-38　沧东凹陷孔二段暗色泥岩厚度与丰度等值线图

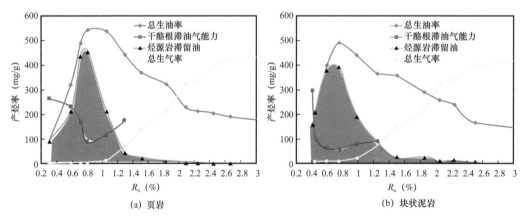

(a) 页岩　　　　　　　　　　　　　　　(b) 块状泥岩

图 5-39　沧东凹陷孔二段烃源岩厚度与丰度等值线图

2. 常规石油运聚系数确定

沧东凹陷孔二段油气富集模式与歧口凹陷北大港构造带富集模式具有一定的相似性，本文选择勘探程度较高的歧北斜坡作为刻度区，用油藏规模序列法计算资源量（姜文亚等，2019），求得运聚系数在 7.2% 左右。通过凹陷类型、生油能力、聚油丰度、供储组合、保存条件和成藏配置六大方面 12 个参数进行定量对比，可以获得不同运聚单元的运聚系数。例如南皮斜坡，各项要素获得类别分值为 27.7（表 5-7），由此类别获得运聚系数为 6.2%。同样，计算孔店构造带、孔东、孔西斜坡运聚系数分别为 5.7%、4.2% 和 14.3%。

表 5-7 南皮斜坡石油运聚系数类比数据

主要地质因素		歧北斜坡（刻度区）	分值	南皮斜坡	分值
坳陷（凹陷）类型		中—新生代半深湖—浅湖占 30% 左右，构造、地层、岩性类	2	中—新生代深湖—半深湖为主，构造带处于凹陷中（占 30% 左右），构造、地层、岩性类	2
生油能力	生油强度（$10^4 t/km^2$）	1200	4	500～800	3
	生油量（$10^4 t$）	34.96	4	17	2
聚油丰度	储量丰度（$10^4 t/km^2$）	53.6	1	40	0.5
	圈闭面积系数	35	2	30	1.7
供储组合	供储方式	直接型，生储油岩上下左右直接接触	3	直接型—面积（跨组）	2.5
	输导条件	自生自储，砂体＋断层	4	自生自储，砂体＋断层	3
保存条件	关键时刻主要生储盖组合破坏程度	无破坏	4	无破坏	4
	不整合次数	Es_3/Pre，N/E	1	N/E	1
	剥蚀面积系数	无	4	无	4
成藏配置期		早期或同期多期配置	3	早期或同期配置	4
合计			32		27.7
聚集系数（%）		7.2		6.2	

3. 页岩油资源量计算关键参数

通过式（5-1）可以看出，页岩油的质量含油率取决于轻烃校正系数和干酪根吸附校正系数。本次资源评价过程中，针对沧东凹陷孔二段 2 口井进行密闭取心并进行热解对比分析测试，与东营凹陷沙四段咸化环境下的烃源岩密闭取心结果一起分析，同样可以得出 R_o 为 0.6%～1.0% 范围内的样品，常规分析测试与密闭取心分析测试的结果 S_1 损失量在 40%～61% 之间，平均值为 49%（图 5-40）；而干酪根吸附校正系数则可采用排烃门限之前的最大吸附量来代替，这是由于随着演化程度的提高，干酪根达到最大吸附量后达到饱和状态，才会有更多的烃量排出。通过生排烃演化参数可以看出（图 5-41），孔二段烃源岩在 2550m 以深开始大力排烃，排烃之前氯仿沥青"A"与 TOC 的比值最大为 0.28，因此，推测干酪根最大吸附量校正系数取值为 0.28。

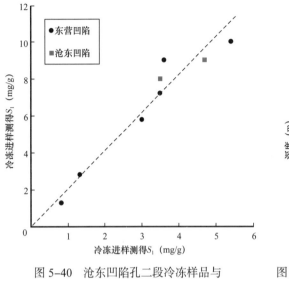

图 5-40　沧东凹陷孔二段冷冻样品与
常规样品热解关系图

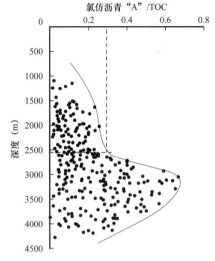

图 5-41　沧东凹陷孔二段氯仿沥青"A"/
TOC 随深度演化曲线

（三）资源评价结果与合理性分析

通过烃源岩精细评价及生排烃模式的建立，计算沧东凹陷孔二段烃源岩总生油量为 $53.52 \times 10^8 t$，其中干酪根吸附量为 $14.17 \times 10^8 t$，烃源岩残留量为 $12.5 \times 10^8 t$，总排烃量为 $26.85 \times 10^8 t$。通过多参数类比体系，确定不同运聚单元的运聚系数为 5.7%～14.3%，计算常规石油地质资源量为 $6.89 \times 10^8 t$。S_1 轻烃校正系数采用密闭取心样品进行实验校正，统计表明恢复系数在 2 左右，而干酪根吸附校正系数采用排烃前最大吸附量，一般在 0.28 左右。由此计算每吨岩石的页岩油质量含油率为 4.88kg，页岩油地质资源量约 $6.8 \times 10^8 t$。

从此次资源评价的结果来看，常规油资源量与排烃量的比值（聚集系数）平均值为 0.25，页岩油资源量占残留烃量的 54%。总体来看，常规与非常规石油资源量大致相当，评价结果较为合理。

二、常规油气资源潜力

统计法、类比法、成因法三大类方法综合评价，大港探区常规—非常规油气总资源量分别是石油 $26.5 \times 10^8 t$、天然气 $5610 \times 10^8 m^3$。

（一）层系分布特征

大港探区石油总地质资源量为 $264800 \times 10^4 t$，由图 5-42 可以看出石油地质资源量主要集中在古近系沙河街组和孔店组，分别占总地质资源量的 51% 和 26%。歧口凹陷主要分布在沙河街组，沧东凹陷资源量主要分布在孔店组。由图 5-43 可见天然气总地质资源量为 $5610 \times 10^8 \mathrm{m}^3$，主要分布在古近系的沙河街组和石炭—二叠系，沙河街组天然气地质资源量占总地质资源量的 49.8%，以板桥和歧口为主；石炭—二叠系天然气地质资源量占总地质资源量的 37%，以潜山为主。

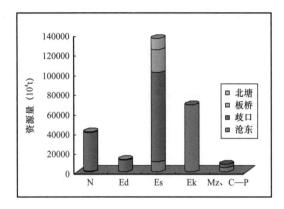

图 5-42　石油资源层系分布图

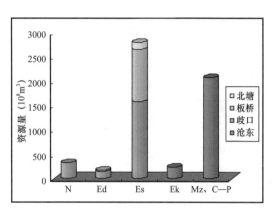

图 5-43　天然气资源层系分布图

（二）深度分布特征

资源量按深度划分为四个等级即中浅层<2000m、2000m≤中深层<3500m、3500m≤深层<4500m 和超深层≥4500m。由图 5-44 可见石油地质资源量主要存在歧口凹陷和沧东凹陷的中深层，占石油总地质资源量的 69.4%。由图 5-45 可见天然气总地质资源量主要集中在深层和超深层，中深层资源量中以歧口凹陷为主，其资源量占中深层总资源量的 41.4%。超深层资源量以潜山为主，其资源量占超深层总资源量的 63%，可见潜山主要天然气资源量存在超深层。

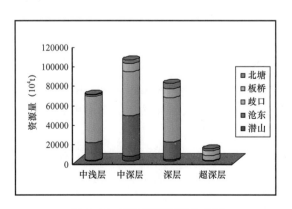

图 5-44　石油资源深度分布图

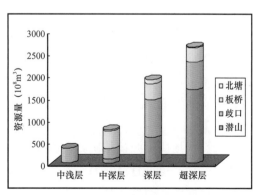

图 5-45　天然气资源深度分布图

（三）环境分布特征

大港探区油气资源按环境主要分平原和滩海两种环境。由图 5-46 可见，平原的石油地质资源量主要分布在歧口凹陷和沧东凹陷，分别占平原石油地质资源量的 38% 和 45%，由此可见歧口凹陷和沧东凹陷是平原石油资源的主要地区。滩海石油地质资源主要集中在歧口凹陷，为 43764.78×10^4t，占滩海石油地质资源量的 93%，由此可见歧口凹陷为滩海主要资源量的集中区。由图 5-47 可见平原天然气地质资源量分布在北塘凹陷、板桥凹陷、歧口凹陷和潜山。以潜山为主，占平原天然气地质资源量的 52.6%。滩海天然气地质资源量主要集中在潜山，占滩海天然气地质资源量的 88%，可见潜山为天然气资源量主要集中区。

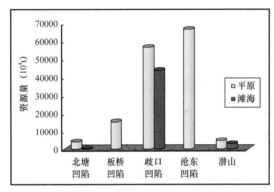

图 5-46　石油资源环境分布图

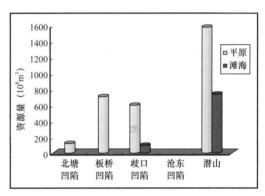

图 5-47　天然气资源环境分布图

（四）品质分布特征

石油地质资源按品质分布依据两种标准，一种是按储层渗透率分类，一种是按原油密度分类。按渗透率分为特高≥1000mD、500mD≤高<1000mD、50mD≤中<500mD、5mD≤低<50mD、特低<5mD。由图 5-48 可见歧口凹陷总资源量主要类型为中渗，占歧口凹陷总资源量的 28%，低渗占 24%，特高渗占 20%，高渗占 19%，其余为特低渗。沧东凹陷主要类型为中渗和低渗，分别占沧东凹陷总资源量的 31% 和 39%。潜山资源量主要类型为中渗和低渗分别占沧东凹陷总资源量的 26% 和 37%。按原油密度可分为轻质<0.87g/cm³、0.87g/cm³≤中质<0.92g/cm³、0.92g/cm³≤重质<1.0g/cm³、超重≥1.0g/cm³。由图 5-49 可见，歧口凹陷主要以轻质油为主，占歧口凹陷总资源量的 55%。沧东凹陷主要以中质油为主，占沧东凹陷总资源量的 63%。潜山主要以中质油为主，占潜山总资源量的 53%。

天然气地质资源按品质分布依据储层渗透率进行分类，按渗透率分为特高≥500mD、100mD≤高<500mD、10mD≤中<100mD、1.0mD≤低<10mD、特低<0.1mD。由图 5-50 可见歧口凹陷主要分为特高和高两类，各占歧口凹陷总资源量的 28% 和 72%。潜山主要分低和特低两种类型，分别占潜山总资源量的 68% 和 27%。

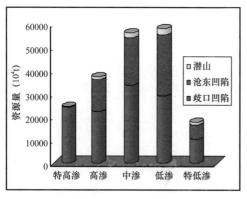

图 5-48　石油资源品质（储层渗透率）分布图

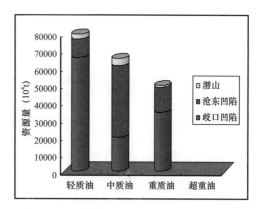

图 5-49　石油资源品质（原油密度）分布图

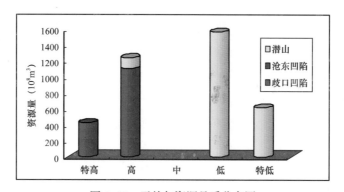

图 5-50　天然气资源品质分布图

三、非常规油气资源潜力

近年来，国内外致密油、致密气、页岩气及煤层气等非常规油气资源评价取得重要进展，评价结果显示非常规油气资源非常丰富，勘探开发前景非常大。大港探区经过近几年的勘探，在黄骅坳陷中北部歧口凹陷西南缘沙一下亚段、歧北沙一下亚段致密砂岩油藏、北塘沙三段油藏及沧东孔二段均发现致密油工业油气，展示了非常规油气良好的勘探前景。

应用类比法，分别计算了大港探区歧口凹陷三个非常规油气评价区带的致密油气资源量（表 5-8、表 5-9），其中北塘致密油地质资源量为 $7696.32 \times 10^4 t$、可采资源量为 $1254.82 \times 10^4 t$，致密气资源量为 $20.00 \times 10^8 m^3$；板桥致密油资源量为 $9341.00 \times 10^4 t$、可采资源量为 $1397.05 \times 10^4 t$，致密气资源量为 $394.00 \times 10^8 m^3$；歧口（歧北＋埕海＋歧南）致密油资源量为 $42109.06 \times 10^4 t$、可采资源量为 $6299.21 \times 10^4 t$，致密气资源量 $1349.00 \times 10^8 m^3$。沧东凹陷整体作为刻度区评价致密油地质资源量为 $11800.00 \times 10^4 t$、可采资源量为 $1770.40 \times 10^4 t$。总计计算大港探区致密油资源量为 $70946.38 \times 10^4 t$，可采资源量为 $10721.48 \times 10^4 t$，致密砂岩气资源量为 $1763.00 \times 10^8 m^3$，可采资源量为 $865.76 \times 10^8 m^3$。其中歧北斜坡沙一段白云岩，沧东凹陷孔二段页岩油资源量占致密油总资源量的 54.5%，是下步非常规油气勘探的重点领域。

表 5-8　大港探区致密油资源量汇总表

区带（区块）	层位	地质资源量（10⁴t）			可采资源量（10⁴t）		
		探明地质储量	待发现地质资源量	总地质资源量	探明可采储量	待发现可采资源量	总可采资源量
北塘	Es₃	504.32	6789.00	7696.32	81.22	1093.00	1254.82
板桥	Es₃	525	1758.00	9341.00	78.75	260	1397.05
歧北	Es₁	5278.00	7921.00	26833.00	791.70	1183.00	4019.80
	Es₂	316	507	1400.00	47.40	63	209.70
	Es₃	269.56	822	2099.56	40.43	123	314.63
埕海—歧南	Es₁	2353.00	1590.00	5845.94	352.95	244	882.39
	Es₂	433.56	946	5930.56	65.04	125	872.69
沧东	Ek₂	0	9416.00	11800.00	0	1392.00	1770.40
合计	Es₁	7631.00	9511.00	32678.94	1144.65	1427.00	4902.19
	Es₂	749.56	1453.00	7330.56	112.44	188	1082.39
	Es₃	1298.88	9369.00	19136.88	200.40	1476.00	2966.50
	Ek₂	0	9416.00	11800.00	0	1392.00	1770.40
总计		9679.44	29749.00	70946.38	1457.49	4483.00	10721.48

表 5-9　大港探区致密气资源量汇总表

区带（区块）	层位	致密气资源量（10⁸m³）					
		地质资源量			可采资源量		
		探明地质储量	待发现地质资源量	总地质资源量	探明可采储量	待发现可采资源量	总可采资源量
北塘	Es₃	0	20	20	0	10	10
板桥	Es₃	30.40	327	394	11.53	127	149.62
歧北	Es₁	0	167	256	0	128	173
	Es₂	48.31	84	132	24.20	42	66.20
	Es₃	15	454	469	7.06	214	221.06
埕海—歧南	Es₃	10.27	476	492	5.14	238	245.88
合计	Es₁	0	167	256	0	128	173
	Es₂	48.31	84	132	24.20	42	66.20
	Es₃	55.67	1277.00	1375	23.73	589	626.56
总计		103.98	1528.00	1763.00	47.93	759	865.76

第五节　剩余油气资源分布及有利勘探方向

大港探区油气资源丰富，剩余资源量较大，除常规油气资源外，非常规油气也具有丰富的资源。在斜坡区、中央隆起带、潜山、海域，天然气及致密油和致密气等领域资源较丰富，勘探潜力大。

从上述油气资源分布可以看出，尽管大港探区历经五十余年的勘探开发，整体勘探程度已经很高，但剩余油气资源仍然较大，尤其是在不同领域、不同地区、不同类型等存在一定的不均衡性，这种不均衡的存在正是潜力所在。

一、剩余油气资源潜力及分布

（一）凹陷油气资源潜力

1.歧口凹陷油气资源潜力

研究表明，歧口凹陷石油总地质资源量为 $18.29 \times 10^8 t$，剩余资源量为 $9.57 \times 10^8 t$，占探区总剩余资源量的 70.21%。北大港、板桥等构造带主体勘探程度高，已进入高效开发阶段，但仍有一定的资源潜力；斜坡区探明率较低，是今后勘探的主战场；滩海区石油地质资源量为 $6.11 \times 10^8 t$，已探明 $2.36 \times 10^8 t$，是大港油田甩开预探的重点地区。歧口凹陷古近系天然气地质资源量为 $3291 \times 10^8 m^3$，而目前探明天然气储量为 $463.26 \times 10^8 m^3$，探明率仅为 14.08%，研究表明，板桥次凹、歧北次凹及潜山具有优越的天然气成藏条件，是下步天然气勘探的首选领域（图 5–51、图 5–52）。

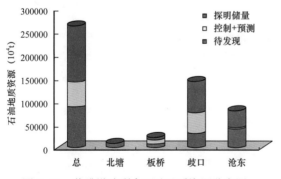

图 5–51　黄骅坳陷剩余石油地质资源分布图

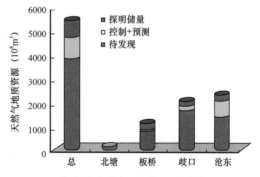

图 5–52　黄骅坳陷剩余天然气地质资源分布图

从油气纵向上分布规律来看，中浅层（<3500m）石油资源丰富，探明程度高，剩余资源主要分布在 3500～4500m 以深的深层，受烃源岩演化程度的控制，超深层（>4500m）石油资源较少，仅占 6.34%；而天然气主要分布在中深层，3500m 以深天然气资源占比超过 77%。由于中浅层勘探程度较高，剩余油气主要分布在中深层（表 5–10）。

表 5-10　歧口凹陷浅、中、深层油气资源分布表

资源分布深度（m）	石油				天然气			
	探明地质储量（10^8t）	总地质资源量（10^8t）	占总资源比值（%）	探明率（%）	探明地质储量（10^8m³）	总地质资源量（10^8m³）	占总资源比值（%）	探明率（%）
中浅层<2000m	4.09	4.99	27.28	81.96	50.12	336.00	7.02	14.92
2000m≤中深层<3500m	3.46	6.02	32.91	57.48	300.88	727.00	15.19	41.39
3500m≤深层<4500m	1.17	6.12	33.46	19.12	320.23	1610	33.65	19.89
超深层≥4500m	0.00	1.16	6.34	0.00	53.98	2112	44.14	2.56
合计	8.72	18.29	—	47.68	725.21	4785	—	15.16

2. 沧东凹陷油气资源潜力

沧东凹陷常规石油总地质资源量为 $8.21×10^8$t，占探区总地质资源量的 30.98%，截至 2017 年底已探明石油地质储量为 $4.15×10^8$t，剩余石油资源量为 $4.06×10^8$t。孔店构造带勘探程度高，计算地质资源量为 $4.80×10^8$t，已探明地质资源量为 $3.45×10^8$t，剩余地质资源量为 $1.35×10^8$t，仍有一定的勘探潜力。斜坡区岩性油气藏勘探程度低，计算地质资源量为 $3.41×10^8$t，探明地质资源量为 $0.78×10^8$t，剩余地质资源量为 $2.63×10^8$t；另外，斜坡—湖盆中心孔二段致密油计算地质资源量为 $1.18×10^8$t，是重要的勘探领域。与歧口凹陷油气纵向分布规律类似，中浅层以石油为主，中深层以天然气为主，中深层油气剩余资源潜力大（表 5-11）。

表 5-11　沧东凹陷浅、中、深层油气资源分布表

资源分布深度（m）	石油				天然气			
	探明地质储量（10^8t）	总地质资源量（10^8t）	占总资源比值（%）	探明率（%）	探明地质储量（10^8m³）	总地质资源量（10^8m³）	占总资源比值（%）	探明率（%）
中浅层<2000m	1.22	1.86	22.66	65.59	8.38	—	—	—
2000m≤中深层<3500m	2.72	4.38	53.35	62.10	1.92	40	4.85	4.80
3500m≤深层<4500m	0.21	1.88	22.9	11.17	—	170	20.61	—
超深层≥4500m	0	0.09	1.1	0	—	615	74.55	—
合计	4.15	8.21	—	50.5	10.3	825	—	1.25

（二）分层系油气资源潜力

大港探区石油资源主要分布在古近系沙河街组和孔店组，分别占总资源量的51%和26%（图5-53）。歧口凹陷总体沙一段剩余资源潜力最大，剩余地质资源量为3.49×10^8t，探明率为36%，沙三段石油剩余资源仅次于沙一段，剩余地质资源量为2.85×10^8t，由于沙三段整体埋深大，深层天然气剩余资源规模大；沧东凹陷资源量主要分布在孔店组，孔一、孔二段分别占总资源量的52%、29%，是沧东凹陷石油勘探的重点层系。天然气地质资源量为5610×10^8m³，主要分布在古近系的沙河街组和石炭—二叠系，沙河街组资源量占总资源量的49.8%，以板桥和歧口为主，石炭—二叠系占总资源量的37%，以潜山为主，如图5-54所示。

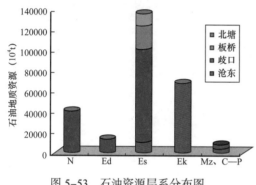

图5-53　石油资源层系分布图

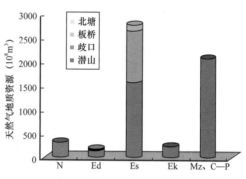

图5-54　天然气资源层系分布图

二、有利勘探方向与目标

（一）富油凹陷斜坡区

黄骅坳陷古近纪发育歧口、沧东两个富油凹陷，斜坡广布，占凹陷面积的70%以上，主要有北塘、板桥、歧北、歧南、埕北、孔东、孔西、南皮等，岩性—地层油气藏成藏背景有利。在系统开展斜坡构造成因、控砂机制和控藏研究的基础上，形成了断陷湖盆多类型斜坡区优势相油气富集理论，明确了断陷湖盆斜坡区可进一步划分为高、中、低三个次级单元，高斜坡地层超剥明显，以三角洲平原沉积为主，砂体多富集于沟槽，以远源阶梯式运移、源外成藏为特色，油藏类型以地层油气藏为主，具有优势运移汇聚相富集特点。中斜坡以三角洲前缘和滩坝沉积为主，古地貌（坡折带）控制砂体发育，油藏类型以上倾尖灭岩性油气藏为主，后期构造活动较弱，有利于油气藏保存，具有优势构造岩性相富集的特点。低斜坡主要发育远岸水下扇和孤立透镜体等重力流成因砂体，烃源条件好，油藏类型以岩性油气藏、致密油气和页岩油气为主，优势源储耦合控制油气富集。"十一五"以来，富油凹陷斜坡区勘探取得重要成果，歧北斜坡、埕海断坡、南皮斜坡形成亿吨级以上规模增储区，板桥斜坡形成千万吨级效益储量区，开辟了新的增储领域。上述四个斜坡的拓展勘探以及孔西斜坡、孔东斜坡、歧南斜坡、北塘斜坡预探突破是下步强化勘探的重点（图 5-55）。

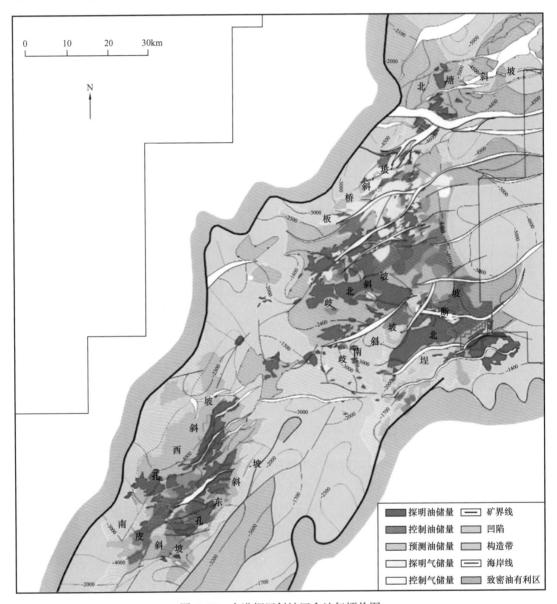

图 5-55　大港探区斜坡区含油气评价图

（二）潜山领域

大港探区潜山经历了印支、燕山和喜马拉雅三期构造活动的叠加改造，新生代断块掀斜、构造反转特征明显，潜山类型多样。中、古生代长期处于负向构造区残余地层厚度大，中—古生界保留较全，奠定了多层系潜山内幕成藏的基础。大港探区发育石炭—二叠系、古近系两套烃源岩层，油气资源丰富，均具有向潜山供油气的条件。在深化成藏要素研究的基础上，与勘探实践相结合，建立了多层系潜山内幕油气成藏模式，明确了潜山内幕储集类型多、储盖组合多。发育火成岩、碎屑岩、碳酸盐岩三大岩性多套储盖组合。以层状油藏为主，岩性、地层、内幕构造及成岩作用的差异控制油藏分布。

大港探区潜山勘探一直以奥陶系深潜山为主要勘探对象，在千米桥、王官屯、埕海等潜山勘探取得突破。经酸压改造，奥陶系试油产量均可达到 $20 \times 10^4 \mathrm{m}^3/\mathrm{d}$ 以上，但受埋深及含硫化氢等因素制约，拓展勘探、效益增储难度大。"十三五"以来，面对严峻挑战，积极转变观念，将埋藏浅、近油源、具多层系含油潜力的高潜山、古近系富油凹陷斜坡区深部的中潜山作为勘探的重点，港北潜山、东关潜山勘探取得重要成果，歧北潜山勘探取得重要突破，进一步揭示出潜山勘探的良好前景，评价认为，歧北潜山、王官屯潜山、埕海潜山、赵北潜山等具有较大勘探潜力，是寻求勘探新突破的重要靶区（图 5-56）。

同时，位于孔南地区的徐黑凸起也是古生界油气藏勘探的有利区。徐黑凸起东西边界被徐西断层、黑东断层限定，主要由古生界翘倾断块构成，面积约 $800 \mathrm{km}^2$。徐黑凸起已钻探井 15 口，徐 13 等 6 口井在石炭系、奥陶系见油浸、油斑、荧光显示，但已试油的 3 口井均出水。徐黑凸起远离新生界富油凹陷，新生古储成藏条件较差。煤系天然气和古生界原生油气藏是勘探的主攻方向。已钻探井中，徐 7 井奥陶系 1327.26～1329.45m 石灰岩裂缝中发现黑色稠油。徐 13 井奥陶系钻井过程中，石炭系 2838.17～2840.47m 井段石灰岩和泥岩岩心裂缝见灰黄色油迹显示，于 3153～3155m 井段槽面见 10% 的气泡和带状油花，原油及天然气均源自石炭系煤系烃源岩。该潜山构造带最大的风险是保存条件。斜坡区反向断层控制断鼻以及调节带附近的低幅度背斜是今后勘探的主攻方向。

（三）非常规油气

歧口和沧东两个富油凹陷发育多层系优质烃源岩，油气资源丰富，具备形成非常规油气的良好条件。近年来通过探索，沧东凹陷孔二段细粒沉积岩、歧口凹陷沙一下亚段白云岩勘探取得新进展，展示了良好的勘探前景。

沧东凹陷是古近纪两期叠合湖盆。孔二段闭塞湖盆平面上发育三个沉积环带，其中内环为细粒沉积带（前三角洲—半深湖），孔西斜坡低部位发育块状"泥质"重力流与大套互层式混合沉积岩类；南皮斜坡低部位主要发育前三角洲砂屑灰云岩沉积，钙质与砂屑含量都较高，白云岩结晶程度也更高，储集性能亦较好。基于官 108-8 等井"铁柱子"与"七性关系"（岩性、含油性、物性、电性、烃源岩特征、脆性和地应力各向异性）的综合研究，孔二细粒致密段纵向上识别出Ⅰ类白云岩类"甜点"两段共 64m，Ⅱ类白云岩类"甜点"两段共 225m。综合分析认为紧邻优质烃源岩（源储紧邻—互层型）的白云岩集中

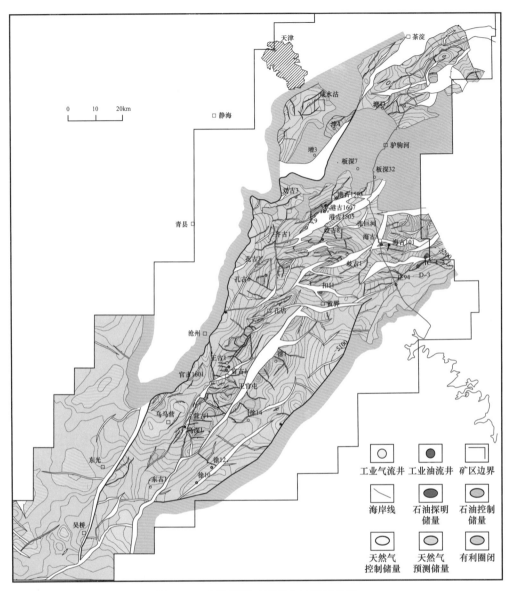

图 5-56　大港探区二叠系含油气评价图

段是细粒相区页岩油勘探的优选目标。以此为指导，以兼探为主，部署实施的官东 6×1、官西 1×1、官东 1608 等井孔二段页岩油勘探均获工业油流，初步落实孔二段页岩油有利分布面积为 260km²，展示了沧东凹陷页岩油较大勘探潜力，为继续探索准备了战场（图 5-57）。

对于歧口凹陷而言，其西南缘具有宽缓的构造背景，沙一下亚段发育砂岩、白云岩两类致密储层，源储互层叠置，大面积接触，利于致密油气聚集。先期部署实施的水平井滨深 1601H，初获成功，证实了歧北斜坡沙一下亚段致密砂岩油具备较好的产油能力，也展示出该区致密油勘探的良好前景。

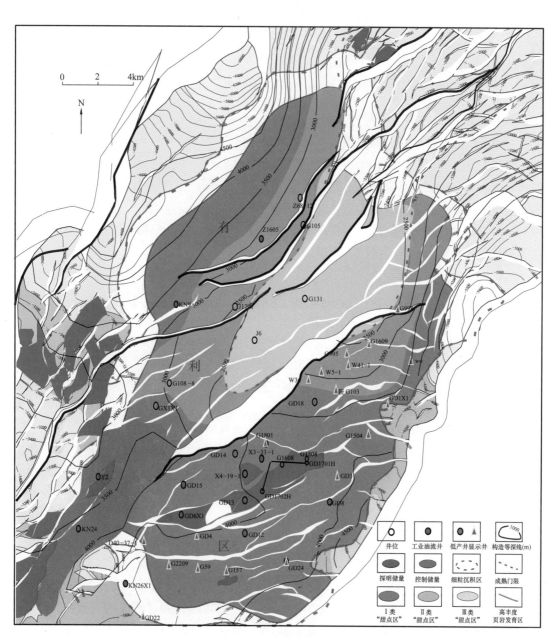

图 5-57　沧东凹陷孔二段页岩油含油评价图

第六章 渤海湾盆地冀中坳陷油气资源潜力与勘探方向

冀中坳陷60余年的油气勘探，经历了多次"实践、认识、再实践、再认识"的发展过程。大量勘探实践表明，地质认识创新是推动油气勘探发展的源动力。只有不断解放思想、创新思维、深化认识，并运用这些认识指导勘探实践，才能使油气勘探不断取得新发现和新突破。冀中坳陷富油凹陷的勘探做法与实践，带来了三方面启示：一是积极转变勘探思路，不断探索新领域、新类型是富油凹陷发展勘探的重要途径；二是高精度三维（连片）地震资料是精细落实圈闭、实现勘探突破的重要基础；三是创新油气成藏新认识与新模式是新领域、新类型取得突破的关键。

第一节 油气勘探新进展与地质理论新认识

冀中坳陷位于渤海湾盆地西部，勘探面积为 $3.2 \times 10^4 km^2$，主要有饶阳、霸县、廊固等3个富油凹陷。古近系的沙三段、沙一段烃源层及新生古储和自生自储发现储量最多、石油资源最丰富的成藏组合，形成了冀中坳陷独特的"环状富集、满洼含油，多类型、多层系复式聚集"的富集规律。随着勘探的不断深入，勘探对象埋藏更深、储层更致密、成藏更复杂，油气接替领域局限等问题凸显，需要新的理论认识指导油气勘探。

2003年以来，针对冀中坳陷富油凹陷的勘探实践，立足富油凹陷"洼槽聚油"理论新认识（赵贤正等，2011），通过不断探索与总结油气勘探理论与富集规律，油气勘探取得了地层—岩性油藏和隐蔽型潜山新领域的重要突破和新发现，揭示了冀中坳陷油气藏的形成与分布规律，促进了高勘探程度区油气成藏理论与认识的不断深化，展现了冀中坳陷广阔的勘探前景和持续发现规模储量的勘探潜力。通过加强富油洼槽区勘探，马西、霸县及束鹿洼槽等获得规模整装储量发现；通过聚焦隐蔽型潜山油藏成藏机理和勘探技术的创新，发现了 AT1x 井、JG21 井、ND1 井等10个高产高效潜山及内幕油藏，实现了潜山油藏的高效勘探与发现（赵贤正等，2012；杜金虎等，2017）；通过积极推动致密油勘探，束鹿凹陷泥灰岩—砾岩致密油勘探获重要突破，钻探3口井均获工业油流，其中 ST1H 井、ST3 井获高产。通过深井钻探 XL1、WA1、WG3、ND1，以及 AT1x、2、3、4 等，揭示出深层发育气源岩，构建天然气成藏模式，ND1、AT1x 深潜山获得了高产气流，上交预测天然气储量超过 $500 \times 10^8 m^3$，这些油气勘探进展，提升了冀中坳陷油气勘探潜力，也带来了一系列地质理论新认识（罗强等，2003；梁狄刚等，2001；王建等，2015；赵贤正等，2014；张文朝等，2011）。

2003 年以来，冀中坳陷在（超）深潜山及内幕、斜坡带、富油洼槽等领域取得了重要发现。随着油气勘探技术的不断进步和油气储量的不断发现，理论研究也进一步深化，发展了"洼槽聚油"理论，形成了隐蔽性潜山和弱构造斜坡油气成藏新认识。

一、（超）深潜山及潜山内幕领域

潜山油藏是华北油田非常重要的勘探领域，随着潜山勘探程度的日益提高，油气成藏条件简单、容易发现的中浅层大中型潜山油藏勘探殆尽，"十一五"以来，通过潜山勘探形势分析，确定了以埋藏更深、外形更隐蔽、成藏更复杂的隐蔽型潜山（深潜山及潜山内幕）为下步勘探方向。但开展隐蔽型潜山油藏勘探面临三大科学和技术难题：一是潜山油藏剩余资源潜力不明；二是隐蔽型潜山成藏机理不清，缺乏成藏模式指导；三是隐蔽型潜山识别、精细落实难度大，缺乏高效勘探技术方法。

针对上述难题，华北油田持续不断深化隐蔽型潜山成藏机理研究，强化工程技术攻关，在隐蔽型潜山油藏成藏机理、成藏模式和勘探技术三个方面取得了重大科技创新，实现了隐蔽型潜山油藏的高效勘探与发现。在冀中坳陷创新构建了牛东超深层超高温潜山油气藏、长洋淀"古生古储"潜山油藏等多种油气成藏新模式，指导油气勘探，发现了 C3、NG8、WG3 等 10 个高产高效深潜山及内幕油藏，突出新领域风险勘探，廊固凹陷河西务潜山带深层奥陶系非均质碳酸盐岩储层潜山勘探获得重大突破，突破了河西务潜山带 40 年来奥陶系超高温深潜山油藏的高产与稳产难关，这些勘探的重大发现显示出潜山及内幕领域重大的勘探潜力（图 6-1，红色圈部分）。

针对隐蔽型深潜山，通过开展供烃方式、有效储层、成藏模式研究，取得新认识：（1）中—新生代四期"叠加改造"控制潜山构造形成，侏罗纪末期西西北—南东东向挤压作用，导致北北东向褶皱；白垩纪的伸展拆离和隆升剥蚀作用，控制潜山地层分布；Es_4—Es_3 沉积时期，发生由东西向伸展向右旋走滑的转变，形成横向潜山构造带；Es_1 沉积时期控盆断陷向内迁移，控制潜山定型。（2）深层潜山具备较好的供烃条件，丰富的油气资源是各种油气藏形成的重要前提条件。与渤海湾盆地其他坳陷相比，冀中坳陷烃源岩层位老、埋藏深，深层油气资源更加丰富，对冀中坳陷隐蔽型深潜山油气藏更是如此。同时，隐蔽型深潜山多属于深洼—低隆型潜山，具有近油源优势，油气藏具有早期形成、早期充注的特点，深层丰富的油气资源为隐蔽型深潜山油气藏的形成提供了良好的资源基础。（3）奥陶系潜山非均质储层物性受"三主因"控制，形成孔缝洞复合型储集空间。沉积微相、白云岩化、岩溶及构造作用控制有利储层形成。云坪与颗粒滩等沉积微相有利于形成孔隙型储层，岩溶、构造作用控制形成岩溶缝洞型储层，岩石类型、裂缝发育程度和岩溶作用强度控制潜山储层的发育和分布。（4）通过油气成藏动力、输导体系、优势运移方向与烃类充注方式研究，明确了中央隆起带、陡坡带和斜坡带等 5 种油气运聚模式，构建 3

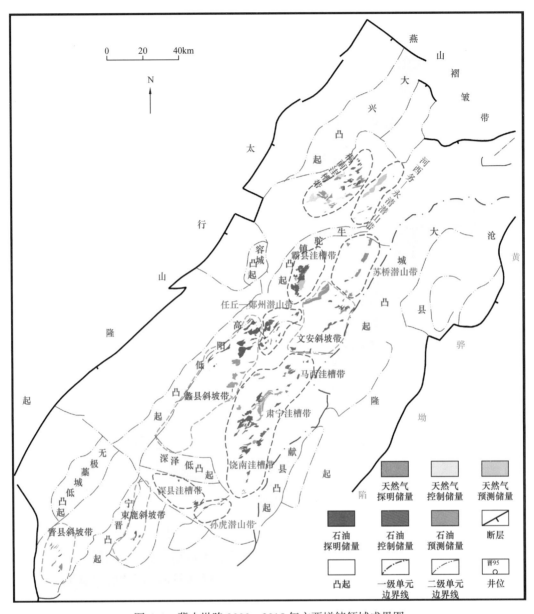

图 6-1 冀中坳陷 2000—2015 年主要增储领域成果图

种成藏模式：① 陡坡带多源单向供烃—断层不整合输导—半开放体系潜山油气运聚模式；② 洼陷带单源立体供烃—直接输导—封闭体系潜山油气运聚模式；③ 缓坡带单源单向供烃—断层不整合输导—半开放体系潜山油气运聚模式；④ 中央隆起带多源多向供烃—断层不整合复合输导—半开放体系潜山油气运聚模式；⑤ 凸起带多源单向供烃—断层不整合输导—半开放体系潜山油气运聚模式。以新认识为指导，优选河西务潜山带为突破口，构建了"层—块复合"奥陶系潜山油气成藏新模式，部署钻探风险探井 AT1x 井获得稳产，开启了华北油田隐蔽型潜山及内幕天然气勘探新阶段。

二、富油洼槽区油气勘探领域

2003 年留西洼槽油气勘探取得突破的同时，洼槽区评价积极向北转移，陆续开展马西洼槽和河间洼槽勘探。针对以往老三维资料品质差、洼槽区资源潜力认识不足、中深层储层特征成因机制不明确、洼槽区成藏特点认识不清等问题：（1）通过开展物探技术创新攻关，提高了资料整体品质；（2）开展资源潜力精细评价，重新落实了马西洼槽区剩余资源量达 $3.3 \times 10^8 t$ ；（3）精细中深层储层成因机制研究，明确沉积微相、异常压力、成岩作用对有效孔隙的控制作用，马西洼槽 3300m 以深发育多个异常超压带，深层仍然有高孔隙带，异常高压带的存在扩大了马西洼槽纵向勘探空间；（4）精细成藏因素研究，构建沿供烃方向潜山周缘的岩性尖灭超剥成藏模式、洼槽中部反向断层遮挡构造油藏和构造—岩性油藏成藏模式以及南马庄斜坡岩性—地层油藏成藏模式。

通过积极转变勘探观念，开展洼槽区地层—岩性油藏勘探，取得了多项勘探新突破。立足富油洼槽丰富的油气资源基础，积极预探洼槽区地层—岩性油藏，在冀中坳陷河间—马西洼槽、霸县洼槽、束鹿洼槽获得规模整装储量，形成了 1 个亿吨级、2 个五千万吨级、1 个三千万吨级规模储量区，展现了洼槽区勘探的潜力（图 6–1，蓝色圈部分）。在廊固凹陷西部地区集束钻探，在沙三上亚段发现含气层，扩展了大柳泉地区天然气勘探层系，同时构建"下油上气"多层系复式成藏模式，开创了大柳泉地区油气勘探新局面，形成了 $6471 \times 10^4 t$ 油气当量储量，进一步证实大柳泉构造是寻找高效天然气储量的有利区。

"十一五"以来，随着断陷地层—岩性油藏勘探继续向洼槽延伸，在正向构造带复式油气聚集理论的基础上，发展形成了陆相断陷"洼槽聚油"理论新认识。以多元控砂、油气优势成藏、主元富集与共生互补性为核心的新理论，促使油气勘探由以往的"定凹探隆（边）"拓展到"定洼探洼"，为实现断陷的整体评价、满凹勘探提供了科学依据，从而提升了洼槽区的勘探价值。"十二五"以来，加强科技攻关，深化洼槽成藏研究，取得四项新进展。

（1）洼槽沉积受边界控洼断层控制，不同洼槽沉积厚度、沉积环境及沉积演化过程等均存在明显差异。洼槽成因类型不同生烃能力不同，冀中坳陷洼槽划分为早期型、继承 Ⅰ型、继承 Ⅱ 型和晚期型四种类型，其中早期型和继承 Ⅱ 型洼槽优质烃源岩发育、生烃能力强，利于发育富油洼槽。（2）洼槽深层储集能力受"三主元"控制，冀中坳陷古近系洼槽中深层储层受有机酸、油气充注、流体超压三主因素控制，形成多个异常孔隙发育带，并具有原生孔隙与次生孔隙共存的特点。（3）洼槽区油气成藏受压力系统控制明显，洼槽区发育三种压力系统：① 常压型洼槽油气富集层系老、埋藏深，以 Ek 和 Es_4 为主；② 单超压型洼槽油气富集于超压层系及其上下的层系，以 Es_3 及上下地层为主；③ 双超压型洼槽在 Ed 和 Es_1 油气富集程度高。地层超压的形成早期是欠压实，强度弱；晚期由于烃源岩大量生烃增压，异常高压的发育与生烃高峰期一致；地层异常高压是源内油气成藏的动力。（4）完善了断陷洼槽油气成藏模式，创新构建了富油洼槽（区）"远源供烃、多级输导、河道砂聚集""断网输导、耦合成藏、复合连片、叠置富集""背景控油、沟道控砂控藏""致密带封堵、主沟道富集"四种成藏模式。创新认识指导富油洼槽勘探，发现饶阳东部洼槽区、霸县洼槽 2 个五千万吨级、柳泉洼槽三千万吨级规模储量区。

三、弱构造斜坡带勘探领域

斜坡带早期以构造油藏为勘探对象，勘探主要集中在中斜坡局部鼻状构造，油藏局部分布，2006 年重新认识，认为蠡县斜坡构造简单，地层超覆明显，明确地层—岩性油藏勘探，"十二五"期间，大力实施"勘探开发一体化"工程，同时，勘探积极向外带甩开，已建成一个中型原油生产基地。

"十一五"以来，文安斜坡勘探成效较差，面对低迷勘探形势，重新开展勘探潜力评价，认为斜坡带为地层超覆与岩性变化带，有利于地层—岩性圈闭发育。通过文安斜坡近五年的持续勘探，实现了多层系、多领域立体勘探的重要成果，整体形成亿吨级规模储量区显示出斜坡带良好的勘探潜力（图 6-1，绿色圈部分）。

通过开展斜坡带成藏模拟研究，形成了弱构造带规模地层—岩性油藏成藏新认识：当断层低效输导时，油气呈多路径运移，易于形成低部位多层系含油；当断层高效输导时，油气沿物性好地层优势通道运移，含油层系相对集中，并呈现油气通过断层向斜坡高部位阶梯状运移。构建了三类弱构造斜坡带油气成藏新模式：（1）宽缓斜坡带为远源阶梯状油气运移成藏模式，以霸县凹陷文安斜坡为代表，斜坡形具有"砂体—断层—砂体"接力输导体系，远源阶梯状油气运移的成藏特征，油气富集程度中等；（2）平缓斜坡带近源"Z"形油气运移成藏模式，以饶阳凹陷西部的蠡县斜坡为代表，斜坡具有近源"一"字形油气成藏特征，油气富集程度较高；（3）窄陡断阶型斜坡近源"Z"形油气运移成藏模式，以束鹿西斜坡为代表，斜坡带具有断裂带复式油气成藏特征，总体油气富集程度中等，局部形成小而肥油藏。

鼻状构造、高砂地比地层及优势物性砂体、断接厚度总体控制了斜坡带油气运聚。斜坡带往往发育一系列与斜坡倾向方向一致的鼻状构造，油气在浮力作用下首先向鼻状构造汇集，然后继续沿鼻状构造脊向上倾方向呈管道状长距离运移，并最终在合适的区域聚集成藏。同时，油气的横向运移主要取决于地层中砂体的连通率，而砂体的连通率取决于其发育程度，砂体越密集发育越容易相互连通，也就越容易形成油气的横向运移。此外，油气的横向运移能力还受优势物性砂体的控制。并通过物理模拟了正韵律砂层、反韵律砂层、复合韵律砂层油气运移的方向性选择。实际地层必然是各种韵律砂体的复合，油气的运移优先选择其中的优势物性砂体，并最终形成物性好、饱和度较高的油层。总之，在弱构造斜坡带，不同层系和组段地层—岩性油藏叠置分布，利于形成规模富集油气成藏区。

冀中坳陷发育 4 套烃源层、3 个富油凹陷、4 种类型储集体和多种类型圈闭，拥有丰富的油气资源和 4 套成藏组合，形成了冀中坳陷独特的以"环状富集、满洼含油""多类型、多层系复式油气聚集""东富西贫、南油北气"为特征的三大富集规律。

第二节　油气地质条件

一、构造特征

冀中坳陷是渤海湾盆地西部一个新生代沉积地层为主的坳陷，是在华北古地台基础上发育起来的，其北与燕山褶皱带相邻，西部以北北东走向的太行山山前断裂为界与太行山隆起相毗邻，东接沧县隆起，南抵邢衡隆起，整体呈北东走向（图6-2）。具有东西分带、

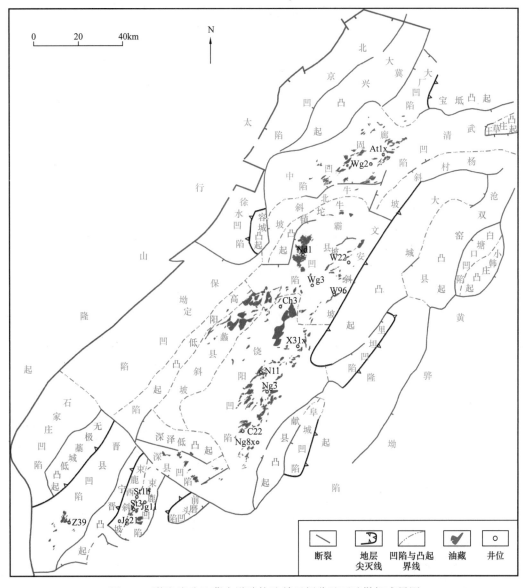

图6-2　渤海湾盆地冀中坳陷构造单元划分及石油勘探成果图

南北分区的构造格局，呈现出"一凸两凹"，即中央凸起带、西部凹陷带和东部凹陷带，这两个凹陷带的构造、沉积、生油及油气分布的特征等有很大差别，其中东部凹陷带是富油凹陷分布带。

冀中坳陷具有幕式演化，多期构造叠合，以伸展构造为主兼有走滑构造的特点。期间发育多种构造样式，还发育有拆离滑覆构造、挤压构造、底辟构造等。尤其在新生代块断翘倾运动的作用下，潜山构造最为丰富，并形成多种类型的潜山油气藏，成为冀中坳陷构造发育的一大特色。

冀中坳陷发育多级构造变换带。其中，徐水—安新和无极—衡水为两个一级变换带，将冀中坳陷分为南、中、北三个伸展构造区，使各区在基底地层、凹陷结构、形成演化、沉积环境以及油气性质等方面都有明显的差异；里兰、八里庄—任南、留路—大王庄、台家庄、荆丘、南柏舍—赵县等6个二级变换带，控制了凹陷内部洼陷的形态、沉积发育、烃源岩展布，是凹陷内部洼陷与洼陷之间的主要分界。

同时，断裂非常发育，断裂不但控制坳陷、凹陷的形成、发育，而且控制了凹陷内的沉积建造、构造带的展布、构造圈闭发育、油气运聚和分布。发育以北北东和北东向为主的断裂网络体系，断层活动自南西向北东，自边缘向中心转移，断层活动具有多期性，冀中坳陷的基底大断层，尤其是控凹边界断层，大都属于基底生长断层，具有活动时间早、活动期次多的特点。

勘探实践表明，在含油气盆地中构造是决定油气分布的重要因素。在本区构造条件下，构造对油气分布的影响主要表现在四个方面：一是断陷盆地断裂和不整合面影响油气运移、圈闭的形成和油气分布。二是构造演化影响油气的分布，本区在地台阶段沉积了中、新元古界和下古生界厚达5400m的碳酸盐岩，且沉积厚度大，分布稳定，为形成缝、洞、孔十分发育的岩溶储集体奠定了物质基础。裂谷盆地阶段，燕山运动Ⅱ幕，构造活动强烈，形成了北东向高阳背斜和相应的配套断裂。这个古隆起在古近纪块断翘倾运动，被断层切割、改造形成了潜山发育区，也是潜山油藏富集区。裂谷盆地断陷期建造了生油凹陷。断陷期古近系沙三段和沙一段发育了优质烃源岩。三是油气沿生油凹陷边缘同生断裂带和中央潜山构造带呈复式油气聚集带分布。冀中坳陷发育了多套烃源层，发育了多种、多类储层，不同层系储层横向相连，经历了多期运动，形成了多种类型圈闭。从而形成了各种油气藏类型，纵向上上下叠置、横向上不同层系油层连片分布的复式油气聚集带。这些构造带位于生油凹陷内，"近水楼台先得月"，油气资源丰富，油气富集。四是新近纪断裂活动是下生上储浅层油气藏形成的关键。

二、烃源岩发育特征

受湖盆发育和沉积环境控制，冀中坳陷发育多套烃源岩，具有良好的成油物质基础。纵向上自老而新发育中—新元古界海相烃源层、石炭—二叠系煤系烃源层、中生界湖相烃源层和古近系湖相烃源层等4套烃源层。其中古近系为最主要烃源层，以沙三段和沙一段生油条件最好，多分布于东部凹陷带内。油源对比证实（梁狄刚等，2001；王建等，

2015），目前探明的油气储量均源于古近系烃源岩，仅少部分来源于石炭系—二叠系和古近系的混源。冀中坳陷北部发育古近系（沙三段、沙四段）暗色泥岩和石炭—二叠系煤系两套主要气源岩，巨厚的古近系暗色泥岩和高演化的石炭—二叠系煤系两套气源岩，具备较强的生气能力。

（一）油源岩特征

冀中坳陷已发现规模油藏的油源，主要来自古近系有机质丰度高、生烃质量好的烃源岩。丰度高、类型好的烃源岩不仅控制含油凹陷资源规模，还控制着资源分布相态。中、低丰度和质量的烃源岩总体上对规模油藏形成贡献较小，但由于厚度大、埋藏深，是凝析油和天然气的重要来源。

1. 有机质发育及分布

古近系湖相泥岩烃源层主要分布在沙一下亚段、沙三段及沙四段—孔店组。沙一下亚段为一套浅湖—较深湖相富氢暗色泥页岩烃源层，累计厚度为50～350m，最厚达506m（宁3井），最大单层厚度为10～75m。主要分布在饶阳凹陷和束鹿凹陷；沙三段烃源岩在整个东部凹陷带内都很发育，北厚（最厚2000m）南薄（最厚500m），主要集中在沙三中、下亚段，大都为淡水湖相沉积，泥岩连续厚度大、有机质丰度高，是冀中坳陷主要生油气层段；沙四段—孔店组烃源岩主要分布在廊固（最厚2400m）、霸县（最厚800m）、晋县凹陷（最厚1000m）及饶阳凹陷南部（最厚200m），北厚南薄。孔店组上部含膏，沙四段中上部夹砂砾岩和火山喷发岩，有机质丰度低，大部分地区为一套差烃源层，只有晋县凹陷沙四段—孔店组烃源岩可溶有机质含量高，具备形成未熟、低熟油条件，是差—中等烃源层（图6-3、图6-4）。

中—新元古界海相烃源岩，在冀中坳陷中部，高阳—博野以西大面积剥缺。仅坳陷南、北两区的廊固、霸县、武清凹陷和深县、束鹿、晋县凹陷，保留一定厚度。有机地化分析，下马岭组、洪水庄组泥页岩有机质丰度较高，生烃质量好，区域分布稳定，是两层主力烃源岩。下马岭组和洪水庄组沉积中心在宣龙坳陷一带，下马岭组泥页岩厚度>300m；洪水庄组泥页岩厚度为140m，向东向南变薄，至保定—天津以北尖灭。冀中坳陷廊固凹陷J101井下马岭组泥页岩最厚为127m，洪水庄组泥页岩最厚为55m；霸县凹陷泥页岩厚度多小于30m。

中生界湖相烃源岩，主要出现在石家庄、北京、大厂、武清、大城等坳陷周边地区。钻井揭示白垩系和侏罗系有厚达千余米的湖相暗色泥岩，并在石家庄凹陷J4井白垩系见到稠油，表明有一定的烃源条件。北京凹陷仅在丰台地堑中发现有侏罗系和白垩系暗色泥岩，累计厚度1600m。其中白垩系暗色泥岩厚1483m，占地层厚度的72%。

2. 有机质丰度

冀中古近系沙一、沙三段优质烃源岩，TOC含量>2.0%，最高达5.7%；氯仿沥青"A"含量>0.15%，是已发现油藏的主要油源层。沙四段—孔店组有机质含量总体低于沙一、沙三段，TOC含量介于0.5%～1.5%。但在湖盆发育中心区和最大湖泛面上下层段，如霸县、廊固凹陷沙四上亚段，晋县凹陷南洼槽孔二段，发育一定规模的烃源岩，TOC含量介于 1.5%～3.0%，氯仿沥青 "A" 介于 0.15%～0.25%，是该区主要油源层。

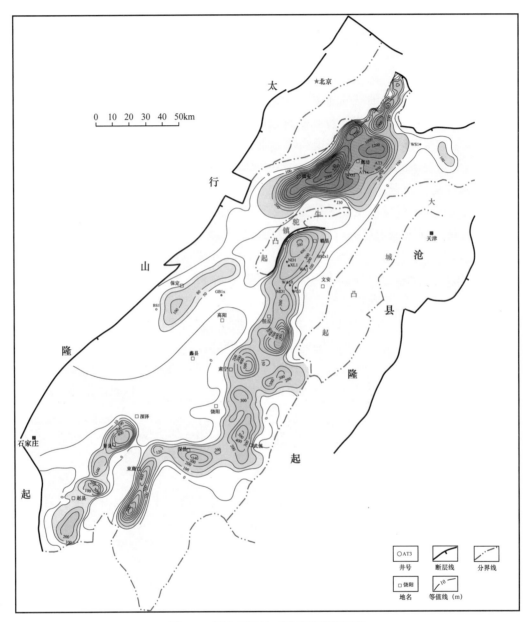

图 6-3 冀中坳陷沙三段烃源岩等厚图

中—新元古界盆地相泥页岩有机质丰度较高，生烃潜力较大。在沉积中心的冀北、宣龙地区，下马岭组页岩平均 TOC 含量为 1.15%，最高达 5.53%；洪水庄组泥页岩 TOC 含量平均为 0.54%，最高为 0.96%，为好—中等烃源岩。在冀中坳陷北部 J101 井，下马岭组泥页岩 TOC 含量变低为 0.21%～0.73%；洪水庄组泥页岩 TOC 含量为 0.14%～1.12%，均值为 0.67%，为中等—差烃源岩。

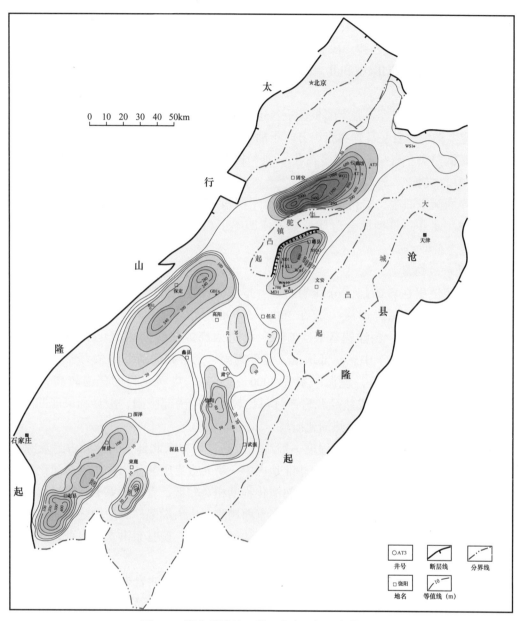

图 6-4 冀中坳陷沙四段—孔店组烃源岩等厚图

中生界烃源岩有机质丰度普遍较低，只有北京凹陷下白垩统烃源岩有机质丰度较高，有机碳含量平均值为 1.10%，氯仿沥青 "A" 含量平均为 0.0896%，S_1+S_2 为 4.31mg/g，达到了中等烃源岩的标准。石家庄凹陷上白垩统含膏段虽然暗色泥岩发育，但有机质丰度很低，有机碳含量平均为 0.23%，烃含量小于 100mg/kg，不具备生烃能力。下白垩统上段含煤，暗色泥岩有机碳含量为 0.68%，氯仿沥青 "A" 含量为 0.0732%，总烃含量小于 150mg/kg，烃与有机碳之比小于 3%，为差烃源层。

3. 有机质类型

依据沉积相、生物相、氧化—还原相以及不溶干酪根和可溶有机质等资料表明，沙一下亚段以 I—II_1 型为主，沙三段有机质类型从湖盆边缘向中心呈不规则环带状展布，边缘是 III 型，逐渐过渡到 II_2 型和 II_1 型，沙四段—孔店组烃源岩有机质类型总体偏差，以 II_2—III 型为主。

中—新元古界海相烃源岩干酪根镜下鉴定，主要为云雾状和絮状藻类，扫描电镜下呈球粒状无定型结构，表明富含类脂组分。干酪根和沥青—芳烃同位素组成判识主要为 I 型有机质和底栖藻类。有机质类型多在 II_1—III 型区间，为露头剖面样品长期风化、干酪根"老化"变差的结果。

中生界的两个凹陷，丰台地堑下白垩统干酪根 H/C 原子比为 1.35～0.8，O/C 原子比均值为 0.15，属 II—III 型混合母质；石家庄凹陷下白垩统干酪根 H/C 原子比仅为 0.47，有机质类型为 III 型。

4. 有机质成熟度

古近系烃源层在各凹陷已分别成熟。一是深洼槽区烃源岩的生烃热演化程度高于斜坡带。比如 Es_3 烃源岩埋深一般在 3000～5000m，R_o 介于 0.8%～1.3%，多处于成熟中—晚期热演化阶段；深洼槽区 R_o>1.8%，已进入高成熟晚期热演化阶段；二是北部地区烃源岩演化程度高于中、南部地区，北部廊固、霸县和武清凹陷主力烃源岩为沙三下亚段和沙四段—孔店组，埋深一般在 4000～8000m，热演化程度普遍较高。R_o 介于 1.3%～2.5% 的高成熟—过成熟烃源岩产气量比较大。中南部饶阳、深县和束鹿凹陷，R_o 介于 0.6%～1.3%，多处于成熟热演化阶段，以成油为主。

中—新元古界烃源岩热演化程度一般都比较高，冀中东北部中—新元古界烃源岩成熟度普遍较高，已进入高成熟阶段。华北地区中—新元古界碳酸盐岩烃源岩热演化程度有北低南高的特点。北区宣龙和冀北坳陷热演化程度相对较低，青白口系下马岭组和蓟县系洪水庄组页岩多处于生油高峰阶段；中南区京西坳陷、广灵坳陷、冀中坳陷热演化程度很高，青白口系下马岭组页岩多处于高成熟凝析油湿气阶段；蓟县系洪水庄组页岩多处于过成熟干气阶段。

中生界丰台地堑中埋深 2000m 以浅的下白垩统上部好生油岩未成熟，2000m 以深的下白垩统下部和侏罗系虽已成熟，但有机质丰度低，母质类型不好（III 型），属差或非生油岩。石家庄凹陷下白垩统 SC1 井 3900m 以深，R_o>1.1%，热解 T_{max} 稳定>450℃，烃源岩已达到生油高峰和凝析油湿气阶段，因此，石家庄凹陷中生界是可以生成一定数量的凝析油和天然气（表 6-1）。

综合评价，冀中坳陷古近系是最主要的烃源岩层，主要发育沙一下亚段、沙三段和沙四段—孔店组 3 个烃源岩层系。沙三段烃源岩是区域主力烃源层，沙一下亚段烃源岩是坳陷中部中浅层重要油源层，沙四段—孔店组烃源岩在廊固凹陷有机质丰度低、类型差、埋藏深，以成气为主；孔店组盐湖相烃源岩在晋县凹陷有机质丰度相对低，干酪根类型好，以成油为主；各凹陷对比，饶阳凹陷烃源条件最好，其次是霸县凹陷及廊固凹陷。下白垩统烃源岩主要分布在西部凹陷带，已进入高成熟演化阶段，但有机质丰度偏低，目前尚未发现与之相关的油气藏。中—新元古界烃源岩，发育中心在冀北坳陷和宣龙坳陷，冀中地区烃源岩厚度减薄，多处于过成熟热演化阶段，未证实与冀中油气有亲缘关系，需进一步研究。中生界湖相烃源岩，由于白垩系勘探程度低，有机地化采样分析还不均衡，其烃源岩潜力还有待今后进一步研究。

表6-1　华北地区下古生界、中—上元古界碳酸盐岩及页岩有机质丰度数据表（据刘宝泉和史习慧，1988）

层位	数据＼地区	冀北地区	廊固地区	霸县地区	饶阳地区	冀中南部地区	冀南地区	平均值
奥陶系	有机碳（%）	0.15（11）	0.16（16）	0.18（6）	0.1（14）	0.11（16）	0.13（5）	0.13（68）
	氯仿沥青"A"（%）	0.0144（4）	0.0282（5）	0.0216（4）	0.0152（8）	0.0174（5）	0.0198（2）	0.021（28）
	总烃（μg/g）	66（4）	241（3）	52（4）	78（8）	47（3）	76（2）	108（24）
	氯仿沥青"A"/有机碳	13.01（4）	16.03（5）	10.11（4）	13.16（8）	15.19（5）	16.29（2）	15.46（28）
寒武系	有机碳（%）	0.13（7）	0.11（4）	0.13（11）	0.11（8）	0.068（15）	0.2（2）	0.1（47）
	氯仿沥青"A"（%）	0.0098（3）	0.0057（1）	0.289（9）	0.103（6）	0.0087（3）	0.328（1）	0.0171（23）
	总烃（μg/g）	69（2）	30.6（1）	172（9）	45.3（6）	45（3）	74.3（1）	91.7（22）
	氯仿沥青"A"/有机碳	10.45（3）	28.5（1）	16.92（9）	10.2（6）	10.96（2）	46.86（1）	17.06（22）
中—上元古界	有机碳（%）	0.122（12）	0.2（30）	0.1（15）	0.06（22）	0.068（13）		0.12（92）
	氯仿沥青"A"（%）	0.0105（12）	0.0114（12）	0.0114（12）	0.0076（6）	0.0087（3）		0.0096（45）
	总烃（μg/g）	63.4（6）	62.6（12）	62.6（12）	41（9）	46（3）		65（42）
	氯仿沥青"A"/有机碳	7.47（12）	6.38（12）	8.92（9）	1.39（9）	15.98（3）		9.09（45）
中—上元古界	有机碳（%）	1.52（11）	0.6（15）	0.25（5）				0.87（31）
	氯仿沥青"A"（%）	0.0386（8）	0.0145（7）	0.0152（5）				0.0243（20）
	总烃（μg/g）	210（7）	66.7（7）	62（4）				121（18）
	氯仿沥青"A"/有机碳	3.5（7）	3.31（7）	6.49（5）				4.32（19）

注：平均值（样品数）。

（二）气源岩特征

冀中坳陷北部发育两种类型气源岩，古近系（沙三段、沙四段）暗色泥岩和石炭—二叠系煤系气源岩，巨厚的古近系暗色泥岩和高演化的石炭—二叠系煤系两套气源岩，具备较强的生气能力，古近系气源岩特征参考油源岩特征。

1.有机质发育及分布

石炭—二叠系煤系烃源岩，为一套海陆交互或陆相沼泽煤系地层，主要分布在坳陷东北部霸县凹陷苏桥—文安地区、廊固凹陷与河西务—武清凹陷，发育煤层、碳质泥岩和深灰色泥岩。煤层分布广泛，但厚度变化较大。苏桥—文安地区煤层厚度一般在10～25m，河西务地区煤层厚度一般在10～15m，武清凹陷一般在10m左右，深县—束鹿凹陷较薄为5～10m。碳质泥岩在深县地区厚度一般为50～120m，文安斜坡和武清凹陷最厚在200m左右；廊固凹陷最薄，一般为20～50m。深灰色泥岩在冀中东北部分布比较均匀，厚度一般为100～200m。总厚度在平面上变化小，一般为200m左右。

2. 有机质丰度

石炭—二叠系烃源岩有机质丰度，霸县凹陷的苏桥—文安地区、武清凹陷和大城凸起最高，其次是廊固凹陷的河西务构造带，深县、束鹿凹陷相对较低。有机碳含量为1%～5%，有机质丰度以中等为主。以武清凹陷煤系烃源岩有机质丰度高，埋藏深，烃源条件最好。煤岩有机碳平均含量为56.1%，碳质泥岩有机碳平均含量为14.41%，煤岩生烃潜力平均为130.5mg/g，碳质泥岩生烃潜力平均为36.86mg/g。武清凹陷为一套较好气源岩。煤岩有机碳平均含量为56.1%，碳质泥岩有机碳平均含量为14.41%，煤岩生烃潜力平均为130.5mg/g，碳质泥岩生烃潜力平均为36.86mg/g。暗色泥岩有机碳平均含量为2.65%，只是生烃潜力和总烃含量相对较低，生烃潜力平均为1.65mg/g，总烃平均为244.8μg/g（表6-2）。

表6-2 冀中坳陷石炭—二叠系煤系烃源岩有机质丰度综合数据表

地区	岩性	有机碳（%）	S_1+S_2（mg/g）	氯仿沥青"A"（%）	总烃（μg/g）	综合评价
霸县凹陷	煤岩	50.14（65）	111.5（53）	2.0548（4）	4796（6）	煤系好烃源岩
	碳质泥岩	15.43（51）	35.47（48）	0.1988（5）	588（5）	
	暗色泥岩	2.65（85）	3.05（85）	0.1037（7）	296（7）	
廊固凹陷	煤岩	41.02（16）	50.05（13）	1.1378（4）	5390（4）	煤系较好烃源岩
	碳质泥岩	14.85（6）	22.5（4）	0.5628（1）	1738（1）	
	暗色泥岩	1.36（21）	2.23（13）	0.0711（2）	497（2）	
武清凹陷	煤岩	56.11（6）	130.5（6）	3.44（3）	1062.98（4）	煤系好烃源岩
	碳质泥岩	14.41（2）	36.86（2）	—	—	
	暗色泥岩	1.65（15）	1.65（15）	0.0534（7）	244.75（7）	中等烃源岩
大城凸起	煤岩	54.47（21）	86.67（18）	2.9983（13）	7251（10）	煤系好烃源岩
	碳质泥岩	8.29（8）	10.89（8）	0.2272（5）	965（3）	
	暗色泥岩	2.10（47）	6.04（34）	0.0878（23）	448（5）	
深县—束鹿凹陷	煤岩	24.39（7）	40.28（7）		958（1）	中等烃源岩
	暗色泥岩	2.03（38）	2.89（37）		407（6）	

3. 有机质类型

北区靠近太行山和燕山隆起，近物源，烃源层母质类型以腐殖型（Ⅲ型和Ⅱ$_2$型）为主，有利于生成天然气。煤系烃源岩总体上为Ⅲ型有机质。

4. 有机质成熟度

石炭—二叠系煤系烃源岩，在中生代末已进入成熟阶段。在没有被古近系覆盖的古隆起上，R_o达 0.6%～0.7%。由于沙四段—孔店组沉积时期遭受强烈抬升剥蚀，生气过程停滞，在东营组—第四系沉积时期再次深埋，使 R_o大于 0.7%。而在河西务—武清凹陷及苏桥—文安地区火成岩侵入区，R_o多大于 1.0%，最高可达到 3.96%，已经达到大量成气阶段。

（三）非常规烃源岩条件

冀中坳陷非常规烃源岩为饶阳凹陷沙一段油页岩及束鹿凹陷沙三段泥灰岩。饶阳凹陷沙一段烃源岩见油源岩特征。

束鹿凹陷中南洼槽相对封闭的湖盆发育了沙三下亚段巨厚的泥灰岩，厚度可达 300～1500m，依据 ST1h、ST2x、ST3 井分析样品的 TOC、S_1+S_2、氯仿沥青 "A"、总烃等综合评价，束鹿凹陷沙三段下亚段泥灰岩有机质丰度，特别是可溶有机质丰度高，为好烃源岩（图 6-5）。沙三段下亚段有机碳含量 1% 以上的面积有 140km^2，氯仿沥青 "A"含量在 0.1% 以上的分布区域也是 140km^2。钻探井分析，沙三段下亚段Ⅰ油组泥灰岩为中等—好烃源岩，Ⅱ油组泥灰岩为好烃源岩，Ⅲ油组泥灰岩为好—很好烃源岩（宋涛等，2013）。

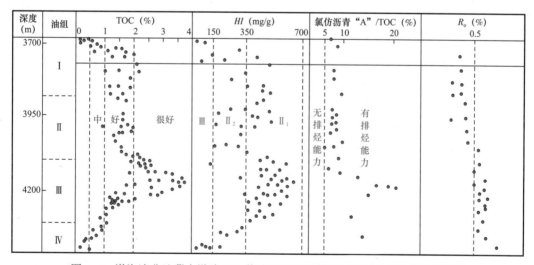

图 6-5　渤海湾盆地冀中坳陷 Stlh 井沙三段下亚段泥灰岩烃源岩地化指标剖面

依据氢指数、P_r/P_h、伽马蜡烷、H/C 原子比等参数综合评价，束鹿凹陷沙三段下亚段Ⅰ—Ⅲ油组 HI 介于 600～800mg/g 之间，属于Ⅱ$_1$型干酪根；Ⅳ油组 HI 介于 200～400mg/g 之间，属Ⅱ$_2$—Ⅲ型干酪根。氢指数较高，350mg/g 以上的Ⅱ$_1$型的泥灰岩分布区域大约有

110km^2。

沙三段下亚段泥灰岩已经成熟，有机质转化率高，普遍具有排烃能力。Ⅲ油组氯仿沥青"A"/TOC 介于 20%～30%，主体为 25%，具有较强的排烃能力；Ⅰ、Ⅱ、Ⅳ油组氯仿沥青"A"/TOC 介于 0～15%，主体为 10%，也具有排烃能力。泥灰岩在馆陶组沉积末期进入成熟门限，开始大量生、排烃，目前整体处于大量生油阶段。总之，束鹿凹陷沙三段下亚段泥灰岩 TOC 高、类型好、转化率高、排烃能力强，为优质成熟烃源岩，是一套主力油气源岩，也是当前致密油气勘探的主要对象。

三、储层发育特征

冀中坳陷钻遇的储集岩有碳酸盐岩、碎屑岩、火成岩和变质岩等 4 类，均已获得工业油气流。其中，元古界—下古生界海相碳酸盐岩、新生界碎屑岩（砂岩为主）储层分布广、厚度大、物性好，是主要的储油层；石炭—二叠系碎屑岩，古近系湖相碳酸盐岩、火成岩，太古界变质岩等储层分布局限，是次要储油层。截至 2017 年底，在已探明石油地质储量中，中元古界—下古生界碳酸盐岩储层占 48.0%，新生界碎屑岩储层占 51.3%，其他类型储层占 0.7%；在已探明天然气地质储量中，奥陶系碳酸盐岩、沙河街组碎屑岩、二叠系碎屑岩、沙河街组火成岩储层分别占 47.2%、42.7%、8.2% 和 1.9%。束鹿凹陷中洼槽发育厚度巨大的泥灰岩、碳酸盐岩、砾岩致密储层。

（一）储层发育及分布

1. 潜山海相碳酸盐岩储层

冀中坳陷碳酸盐岩储层主要发育在中元古界长城系高于庄组、蓟县系雾迷山组和下古生界寒武系、奥陶系，分为潜山型和内幕型 2 类储层，是目前冀中坳陷最高产、高效的储层。

潜山储层储集空间为次生孔隙和裂缝、遭风化溶蚀形成的古岩溶型溶蚀孔洞。储层分布广泛，主要集中分布在长城系高于庄组、蓟县系雾迷山组、寒武系府君山组和奥陶系，为浅海至滨海大陆架的碳酸盐岩台地沉积，其矿物成分简单、结构构造复杂、岩石类型多样，沉积旋回韵律性强。

内幕型储层指储层位于潜山下部或内部，未受到长时间的或较强的大气淡水淋滤作用，即储层形成于（准）同生期至埋藏期的成岩作用，主要分布在被石炭—二叠系覆盖的廊固凹陷、霸县凹陷、深县凹陷、束鹿凹陷和饶阳凹陷。

2. 新生界碎屑岩储层

碎屑岩是冀中坳陷古近系分布最广、最具储集意义的一类储集岩。冀中坳陷钻遇的新生界碎屑岩储层分布于新近系明化镇组、馆陶组和古近系东营组、沙河街组、孔店组。储层按照成因划分为洪（冲）积扇储层、河流相储层、扇三角洲储层、辫状河三角洲储层、滨浅湖滩坝砂储层、近岸水下扇储层和滑塌扇储层 7 类（图 6-6）。

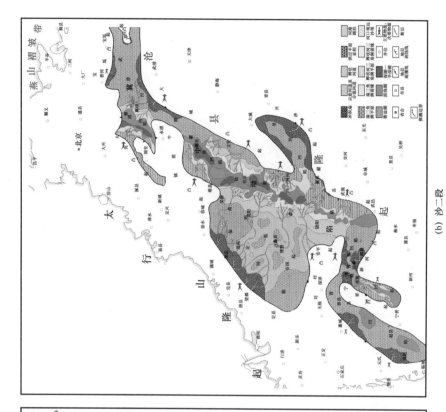

(b) 沙二段

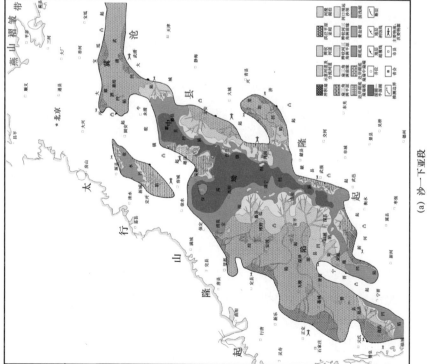

(a) 沙一下亚段

图 6-6 冀中坳陷古近系岩相古地理图

洪（冲）积扇储层具有厚度大、岩性岩相变化大、储层条件和含油性较差等特点，仅在饶阳凹陷的雁翎油田、束鹿西斜坡和陡坡发育。

河流相储层主要发育在新近系馆陶组和明化镇组，其次是东营组、沙一段、沙二段、沙四段和孔店组；砂体分布广、继承性好，储层条件和含油性好，是冀中坳陷古近系—新近系碎屑岩油气藏的重要组成部分。

扇三角洲储层主要发育在沙三段上部，具有分布广、继承性好、储层条件和含油性居中的特点，主要在晋县和束鹿凹陷陡坡带发现了该类油气藏。

辫状河三角洲储层主要发育在大型缓坡带的沙河街组和孔店组，具有分布广、规模大、储层条件和含油性最好的特点，目前已经在河西务沙四段、蠡县斜坡、留西断阶带、晋县凹陷的沙三段—沙四段等发现了砂岩油气藏，是冀中坳陷古近系碎屑岩油气藏最重要的组成部分。

近岸水下扇储层沿断陷湖盆陡坡带呈裙边状分布，具有分布广、储层条件和含油性较好特点，主要在廊固凹陷陡带和柳泉—曹家务构造带发现了水下扇砂岩油气藏。

滑塌扇储层包括近缘滑塌扇和远源浊积砂两种类型，目前仅在廊固凹陷固安地区的沙三下亚段发现，储层条件和含油气性普遍较差。

滨浅湖滩坝砂储层主要在蠡县斜坡低坡带、任丘古高地东坡沙一下亚段、卧佛堂和留西—大王庄地区的沙一下亚段和沙三上亚段发现了该类油气藏。

3. 砾岩—泥灰岩致密储层

束鹿凹陷中洼槽发育厚度巨大的泥灰岩、碳酸盐岩砾岩，纵向上表现为下粗上细的正旋回特征，最大厚度为 1200m，一般为 500～1000m。平面上，不同期的泥灰岩、砾岩体相互叠置。

储集岩类主要为泥灰岩和砾岩，泥灰岩可以划分为纹层状、块状和砾状泥灰岩，矿物成分主要为方解石、白云石，其次为石英、长石和少量黏土矿物。

泥灰岩有溶孔、晶间孔、有机质孔、层间缝和构造缝 5 种孔隙、裂缝类型；孔隙结构以微细喉型为主，纹层状泥灰岩为裂缝（纹层缝）—孔隙型储层，微裂缝和微米级孔隙发育较好。砾岩有砾（粒）间溶孔、砾内溶孔、晶间孔、砾内裂隙、构造缝等 5 种孔隙、裂缝类型。颗粒支撑砾岩裂缝、溶蚀孔洞发育，同时砾内存在大量微孔，溶蚀孔洞多与构造缝密切相关（韩超，2015；赵贤正，2014，2015）。束鹿凹陷纹层状泥灰岩、颗粒支撑砾岩孔缝较发育，物性和含油性好，为致密油储层优势储集岩（图 6-7）。

通过非常规储层实验技术量化表征，储集空间具有孔隙和裂缝双重孔结构；研究表明：孔隙结构模型决定了油气的赋存状态，纹层状泥灰岩具有裂缝—微孔—微细喉孔隙结构模型，油气主要赋存在层间缝、构造缝及较纯的灰泥纹层（灰泥微晶孔）中，砾岩具有裂缝—孔隙（砾间、砾内）—微细喉孔隙结构模型，油气主要赋存在砾间孔、砾间填隙物内微孔、白云岩砾内白云石晶间孔、砾内裂缝、构造缝及溶蚀孔洞中。

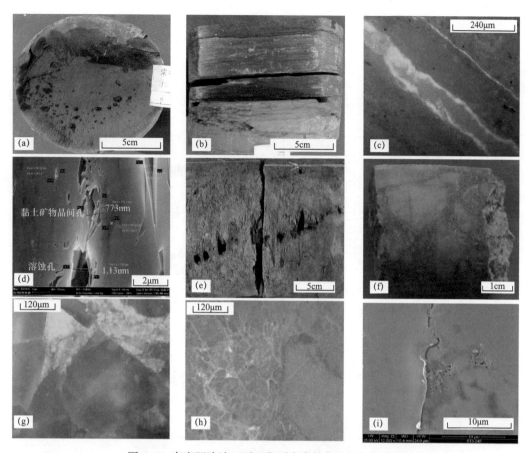

图 6-7　束鹿凹陷沙三下亚段砾岩类储集空间与含油性

（a）束探 3 井，3975.5m，纹层状泥灰岩，层间缝含油；（b）束探 3 井，3688.31m，纹层状泥灰岩高角度裂缝、层间缝含油；（c）束探 3 井，3813.94m，纹层状泥灰岩层间缝含油，发淡黄色光荧光，薄片描电镜；（d）束探 3 井，3981.93m，纹层状泥灰岩，溶蚀孔、黏土矿物晶间孔发育，场发射扫描电镜；（e）束探 3 井，4261.2~4261.6m，颗粒支撑陆源砾岩溶蚀孔洞沿裂缝呈串珠状分布，且含油；（f）束探 2X 井，4170m，陆源颗粒支撑砾岩，填隙物及砾石均含油，井壁钻心；（g）束探 3 井，3897m，颗粒支撑陆源砾岩，填隙物微孔中含油，发淡黄色光，荧光薄片；（h）束探 1H 井，3979.98m，颗粒支撑陆源砾岩，白云岩砾石内晶间孔含油，发淡黄色光，荧光薄片；（i）束探 3 井，4266.53m，颗粒支撑陆源砾岩，晶间微孔及微裂缝发育，场发射扫描电镜

（二）物性特征

1. 潜山海相碳酸盐岩储层

冀中坳陷潜山碳酸盐岩储层在沉积期形成的原生孔隙大部分已经消失，经成岩后生作用，特别是表生期淋滤溶蚀作用和构造应力作用的改造，产生了大量的溶蚀孔洞和构造缝。据岩心及铸体薄片资料，储集空间分为缝、洞、孔三类十余种。

雾迷山组、高于庄组和奥陶系潜山碳酸盐岩储层可划分为缝、洞、孔复合型（主要分布于中—新元古界）、溶洞裂缝型（寒武系和奥陶系）、似孔隙型和微缝孔隙型（奥陶系灰岩）四种。潜山储集空间类型以微缝孔隙型占绝对优势，占总数的 78.6%；似孔隙型、孔洞缝复合型及溶洞裂缝型储集类型占 7.1%。发育四种岩溶（裂缝）发育带，它们相互沟通，形成"缝穿洞、洞连缝，缝孔洞相连"的溶蚀型、高渗透性的碳酸盐岩储集体。深潜山油气藏储层以奥陶系为主，大缝洞的储集空间类型不发育。碳酸盐岩储层往往遭受淋滤溶蚀或因构造应力作用产生大量的断层和裂隙，因而储集能力强，且不因埋深加大而减小（赵贤正，2014）（图6-8）。

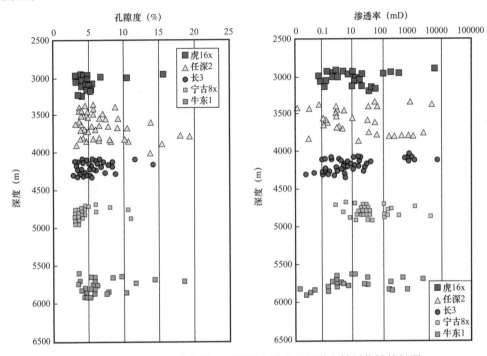

图6-8　渤海湾盆地冀中坳陷不同深度雾迷山组潜山储层物性特征图

从渤海湾盆地奥陶系潜山勘探的情况来看，有石炭—二叠系覆盖的奥陶系潜山未遭受直接的风化淋滤，因而潜山原生储集空间不发育。储集性能和含油气情况都不及无石炭—二叠系覆盖的潜山优越，表现为储层物性差、非均质性强的特点。

2. 新生界碎屑岩储层

冀中坳陷古近系砂岩储层物性，总体上看非均质性强（张文朝等，2011）。据统计，碎屑岩中探明的地质储量约占古近系总探明地质储量的98%，而其他岩类中不足2%。冀中坳陷古近系发育有七种类型储集体，沉积微相控制储集体的储集性能和油气富集。

辫状河道、辫状水道、扇中主水道、辫状沟道等微相的沉积砂体，是冀中坳陷分布最广、发育时期最多和成藏条件最好的一类储集体，主要受坡折带、断折带等控制，水动力条件强、岩性粗、泥质含量低，储层物性好。勘探实践表明孔隙度为13%～35.4%、渗透率为20～1000mD的储层含油性最好，主要控制块状和整装油气储量形成。

分支河道、分流水道、沟道等微相沉积的砂体，储集性能和含油性中等—较好，水动力条件较强，岩性较细，主要受凹陷中带和斜坡内带的控制，砂地比在35%～55%之间，储层条件和含油性中—差，孔隙度一般在13%～18%之间，渗透率为2～144mD，主要控制厚层状油气藏的高产富集。

楔状砂、沟道侧翼、河漫滩、生物滩、河泛平原、水道间、浊积砂等微相与外扇亚相的砂体，由于水动力条件较弱，主要为粉砂岩和泥质粉砂岩，砂地比为10%～35%，孔隙度一般为6%～13%，渗透率为0.7～29.7mD，砂岩中泥质含量高，砂体横向变化快，其储集性能和含油性较差，主要形成薄层状油藏。

冀中坳陷古近系碎屑岩储层物性以东营组和沙一段上部为最好，其次是沙二段砂岩储层。除湖底扇和洪积扇为特低孔特低渗储层外，主要为中孔中渗储层和中、低孔低渗储层，少数为高孔高渗储层和低孔特低渗储层。中孔中渗储层和低孔低渗储层在冀中坳陷均为优质油气储层。在平面上，两种主要储层类型的分布具有一定的区域性，廊固凹陷的柳泉、固安—旧州构造带、霸县凹陷的岔河集、文安斜坡、深县凹陷的深南及束鹿凹陷的荆丘—西曹固地区主要为中孔中渗储层或高孔高渗储层，而廊固凹陷的河西务、饶阳凹陷和晋县凹陷则以低孔低渗储层为主。

同时，近年来中深层研究结果也表明（侯凤香等，2012；操应长等，2015）超压是保护中深层储层物性的重要因素，洼槽区超压带控制了油气成藏，异常高压带对（次生）孔隙发育带和油气运聚具有明显的控制作用；位于异常高压带的地层，深部砂岩储层仍可保持较好的物性，具有良好的成藏条件和勘探前景（图6-9）。

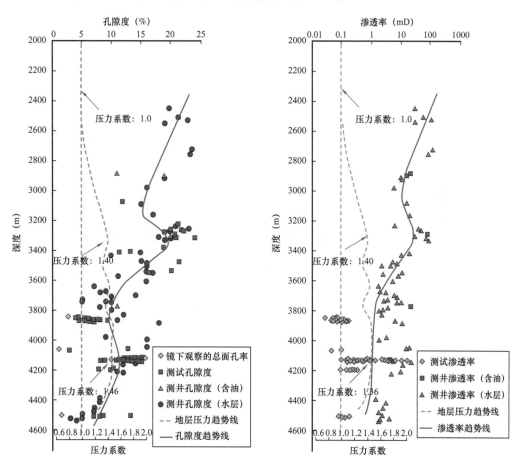

图6-9　冀中坳陷饶阳凹陷C22井异常压力与物性关系图

3. 砾岩—泥灰岩致密储层物性

束鹿凹陷沙三下亚段泥灰岩—砾岩较致密，研究区受母岩类型的影响，泥灰岩和砾岩均较致密，储集性能较差，有效孔隙度<1%的样品约占55%，渗透率<0.1mD的样品约占50%（图6-10）。探井砾岩岩心样品的平均孔隙度为2.12%，渗透率为0.04～8.0mD，泥灰岩的平均孔隙度为2.85%，渗透率为0.01～36.5mD，总体为低孔特低渗储层。相对而言，由好至差依次为纹层状泥灰岩、颗粒支撑陆源砾岩、杂基支撑陆源砾岩、岩屑砂岩、块状泥灰岩（表6-3）。纹层状泥灰岩和颗粒支撑陆源砾岩在本区分布广、厚度大，由于碳酸盐矿物含量高，脆性较好，有利于储层体积压裂改造。

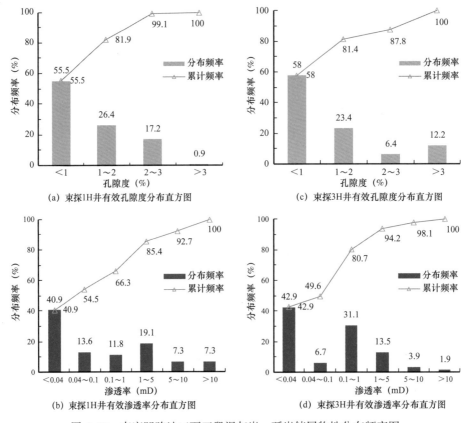

图6-10 束鹿凹陷沙三下亚段泥灰岩—砾岩储层物性分布频率图

表6-3 冀中坳陷束鹿凹陷沙三段下亚段砾岩—泥灰岩岩性—物性统计表

岩性	孔隙度（%）			渗透率（mD）		
	最小值	最大值	平均值	最小值	最大值	平均值
颗粒支撑陆源砾岩	0.60	5.80	2.88	0.04	10.30	0.91
颗粒支撑混源砾岩	0.60	2.50	1.12	0.04	0.57	0.27
杂基支撑陆源砾岩	0.70	1.60	1.07	0.04	5.77	1.30

续表

岩性	孔隙度（%）			渗透率（mD）		
	最小值	最大值	平均值	最小值	最大值	平均值
岩屑砂岩	0.10	4.10	0.94	0.04	2.10	0.25
纹层状泥灰岩	0.20	10.70	0.96	0.04	18.90	2.44
块状泥灰岩	0.10	4.30	0.71	0.04	18.60	0.61

四、盖层发育特征

冀中坳陷主要发育石炭系煤系地层，古近系沙三段、沙一上亚段和东二段湖相泥岩等4套区域性盖层，对油气藏起到了良好的封盖作用。

（一）盖层发育及分布

石炭系盖层主要分布于冀中坳陷东北部地区和沧县隆起（包括廊固凹陷东部、武清凹陷、文安斜坡和大城凸起、里坦凹陷、阜城凹陷等），以及冀中坳陷西南部地区（包括深县、束鹿、石家庄、晋县等凹陷的大部分地区）。岩性主要有铝土质泥岩、暗色泥岩及少量红色泥岩。

古近系沙三段盖层分布于各凹陷的较深部位。岩性以湖相泥岩为主，累计厚度为100～2800m，最大单层厚6～570m。累计厚度廊固凹陷最厚，其次为霸县凹陷和束鹿凹陷，再次为饶阳凹陷东部，而深县、晋县、保定凹陷及蠡县斜坡最薄。

古近系沙一上亚段盖层在各凹陷分布广泛，主要由泥岩组成，累计厚度为50～350m，以霸县—鄚洲、桐柏镇—武清旧城及束鹿凹陷的大部分地区较厚（大于200m），藁城—安国—肃宁—高阳地区及葛渔城—文安—南马庄—武强一线以东较薄。

古近系东二段盖层主要分布于坳陷的东部凹陷带，主要为河流相及湖—沼相紫红色、绿色泥岩及少量浅灰色泥岩，为含螺泥岩段。累计厚度为30～456m，最大单层厚度为15～155m。盖层累计厚度以霸县高家堡地区较厚，其次为鄚洲—高阳—饶阳一线以东地区，其他地区较薄（图6-11）。上述4套区域性盖层与下伏储层构成冀中坳陷4套重要的储盖组合。

（二）封盖条件

在冀中坳陷元古宇—下古生界碳酸盐岩潜山储层之上，不整合覆盖着石炭系或古近系不同层段泥岩，构成良好的区域性分布的储盖组合。盖层累计厚度为100～668m，最大单层厚度为13～51m，其渗透率小于10^{-5}mD，气体突破压力大于2MPa，饱和煤油样突破压力大于10MPa。沙一上亚段泥岩具有良好的封闭性能，为优质区域盖层，以沙一下亚段—沙二段砂体为储层，是冀中坳陷古近系有利成藏组合；东二段含螺泥岩段累计厚度、单层厚度较大，封闭性能良好，为优质区域性封盖层。

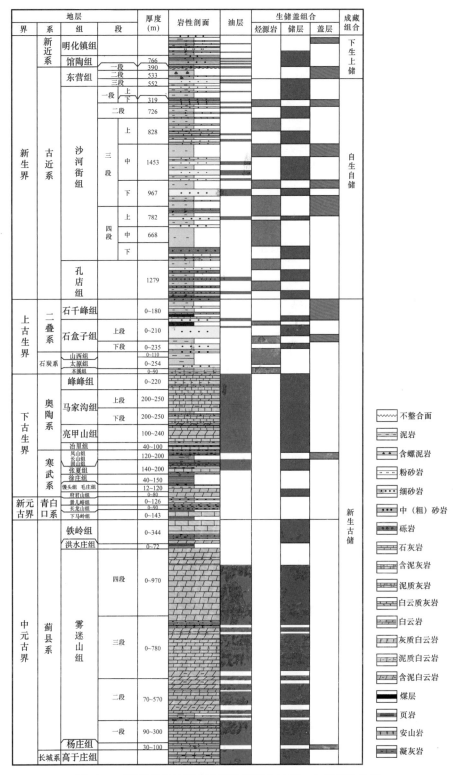

图 6-11 渤海湾盆地冀中坳陷油气综合地层—生储盖柱状图

第三节 油气藏特征与成藏模式

冀中坳陷发育多套烃源层，拥有丰富的油气资源和多套成藏组合，具备形成复式油气聚集带和多种类型油气藏的良好条件。冀中坳陷由两大含油层系构成，一是下古生界—元古宇为主的海相碳酸盐岩含油岩系，二是新生界陆相碎屑岩含油岩系。这两套含油岩系以构造带为单元，形成了冀中坳陷特有的以古潜山油气藏为主体、古近系构造油气藏和地层—岩性油气藏广泛分布的油气富集特征和复式油气聚集带。冀中坳陷复式油气聚集带是由多含油气层系、多油气藏类型、多成藏组合、多油气源及多运移途径组成的油气藏空间组合。典型的复式油气聚集带是由一种油气藏为主体的油藏序列构成的，不同类型的油藏单体往往有规律地发育和依附在特定的构造部位上，以构造带为主体的油藏连片分布特征，构成多种油气藏在纵向上多层叠置，横向上叠瓦排列、连片分布的复式油气聚集带和三维空间的有序展布。

一、油气藏特征

（一）常规油气藏特征

古潜山是油气藏分布的主体，储量多、产量高、储量丰度大，而且分布广泛，油气藏类型也多种多样。具有以潜山为主体的多层油气藏分布特征，中—新元古界碳酸盐岩潜山是渤海湾较为普遍的潜山类型，在冀中坳陷等均有规模发现。其中，冀中坳陷以发育蓟县系雾迷山组碳酸盐岩古潜山油气田而闻名于世，该类油气藏的潜山储层是连续发育的海相碳酸盐岩，厚度大，经过了长期多次溶蚀和构造变动，各种孔、洞、缝极其发育，大部分潜山油气藏多为单一的底水块状油气藏；古近系油藏多为构造—岩性复合油藏，其中尤以构造—岩性油气藏居多。富油凹陷内不同的油气藏类型在空间分布上具有"共生互补性"特征，构造作用强烈的断裂构造带，主要形成构造油藏，构造作用较弱的斜坡区、洼槽区和正向构造翼部易于形成地层—岩性油藏；构造简单的斜坡带弱构造区，具有丰富的油气资源，可形成大规模面积、低幅度构造和岩性等多种油气藏类型。

富油凹陷油气除了具有围绕生油洼槽呈环状分布的特点之外，油气还具有在负向洼槽区、洼槽周缘斜坡低部位、构造围斜部位及二级构造带高部位叠置连片、有序分布的特征，呈现出满洼含油的态势。如在肃宁西洼槽的蠡县斜坡低部位形成了沙一下亚段岩性油藏，在束鹿中洼槽内形成了沙三段泥灰岩岩性油藏，在马西洼槽、河间—留北洼槽、柳泉洼槽形成了沙三段岩性油藏和构造—岩性油藏；在洼槽周缘和正向构造翼部形成了肃宁背斜东翼岩性油藏和构造—岩性油藏，在雁翎潜山东翼形成了沙河街组岩性和地层—岩性油藏；在洼边斜坡区形成了蠡县斜坡、文安斜坡和束鹿西斜坡岩性油藏、构造—岩性油藏和地层油藏发育区。因此，冀中富油凹陷形成了以基岩潜山和古近系构造油气藏为主体，以岩性、地层—岩性、构造—岩性油气藏广泛分布的"满洼含油"为特征，且油气藏大小悬殊，以中小型油藏为主。

冀中坳陷具有南北气、中部油的特征，北区主要包括廊固、武清、霸县和大厂4个凹陷，一是天然气资源相对富集，气藏主要分布在北部。二是坳陷北部油藏的气油比明显高于中、南区。北区的廊固凹陷和霸县凹陷各油田地下气油比一般都在50m³/t以上，最高可达300m³/t。而坳陷中南区各个油田的地下气油比则一般在30m³/t以下，特别是任丘油田最大的雾迷山组油藏，其地下气油比只有4m³/t。

1. 常规石油成藏特征

渤海湾盆地冀中坳陷油藏分布主要受富烃凹陷、储盖配置以及输导体系等因素的控制，不同类型油藏富集的主控因素存在差异。

根据潜山成藏理论认识，研究认为潜山油气成藏主要受成藏动力、输导体系、供烃条件与水动力系统等4要素控制，形成了5种油气成藏机制（表6-4）。以杨税务潜山为例，杨税务潜山主要经过三期（印支、燕山、喜马拉雅）构造运动，形成了"早隆升、早形成、继承性好"的杨税务潜山复合圈闭，具有多油气源、多方式供烃，层块复合聚集，古隆起断裂发育区富集的成藏特征。层块复合型储层是油气藏分布特征的主要控制因素，岩性＋构造共同控制形成杨税务奥陶系区域层块复合裂缝—孔隙型储层，多向多源供烃是潜山及内幕的主要供烃方式，从而形成了三面环洼、三层烃源岩供烃的特征，潜山供油窗口埋深为2000～2500m，Jxw及其上部均具有供烃窗口，断层、不整合联合输导供烃，在奥陶系（峰峰组＋马家沟组）构造古隆起储层发育区及Jxw为厚层块状油气藏，构造翼部储层欠发育区油气层呈层状分布特征，O_1、$\in$及Qb形成多套内幕层状油气藏。

表6-4 潜山油气成藏特征及成藏机制分类表

构造位置	供烃条件	输导条件	运移动力	水动力系统	成藏机制	成藏评价
中央隆起区	多元多项供烃	断层＋不整合输导	异常压力＋浮力	半开放体系	多源多向供烃—断层不整合输导—半开放体系	I
洼陷带	单源立体供烃	直接输导	异常高压	封闭体系	单源立体供烃—直接输导—封闭体系	II
陡坡带	单源立体供烃	直接输导	浮力	半开放体系	多源单向供烃—直接输导—半开放体系	III
缓坡带	单源单向供烃	断层＋不整合输导	异常压力＋浮力	半开放体系	单源单向供烃—断层不整合输导—半开放体系	IV
凸起带	多源单向供烃	断层＋不整合输导	浮力	半开放体系	多源单向供烃—断层不整合输导—半开放体系	V

洼槽区成藏研究表明：（1）洼槽类型决定了烃源岩发育与油气分布，通常继承性洼槽烃源岩发育，利于形成富烃洼槽，如霸县、马西、河间、固安等继承型洼槽对优质烃源岩发育分布具有明显的控制作用。（2）洼槽结构类型控制了多种有利油气聚集带，有利油

气聚集带多分布于洼槽区周缘，多以"离心式"和"向心式"等汇聚方式运移，形成"多环状"和"条带状"等油气分布格局。（3）洼槽区超压带控制了油气运移与成藏，洼槽区超压带是油气运移主要动力。一般在深洼槽区，油气呈源控超压驱动运移，以源内成藏为主；在浅层正常压力段，则以断控压差与层控浮力驱动为主，油气沿断层和砂体垂向网状运移，形成源上油藏；在斜坡带，油气混合驱动，沿断层和砂体阶梯状运移，形成源侧油藏。（4）优势运移通道控制了油气分流与富集。有利油气聚集带多分布于洼槽区周缘，断—砂配置控制了油气聚集带。油气汇聚除了受洼槽结构、动阻力条件和流体势场控制外，主要受油源断裂、"输导脊"和"高渗透性储层"有机配置形成的优势运移通道控制。以河间洼槽为例，河间断层持续控制洼槽结构，洼槽区周缘发育一系列补偿断层形成肃宁环洼断裂带，其主要活动期在东营组沉积期和新近系沉积期，与烃源岩生排烃期时间匹配，是油气垂向运移通道，单井微相分析，肃宁地区东营组、沙一上亚段各砂组为曲流河沉积，边滩砂为主要储集砂体，单砂体厚度薄、规模小、横向变化快。物理模拟实验表明，在顶部存在盖层情况下，油气优先充注渗透性较好的储层，来自主洼槽区优质烃源岩生成的油气沿油源断裂向上运移，"断—砂"耦合油气在渗透砂储层聚集成藏。从而在洼槽隆起区、洼槽区斜坡带、洼槽区陡坡带及洼槽区中深层隐蔽输导、短距离运移形成了不同类型的岩性、构造—岩性油气藏，建立了洼槽区典型油气成藏模式。

2. 常规天然气成藏特征

冀中坳陷已发现的天然气类型较多，既有甲烷含量高达99.04%的干气藏，又有甲烷含量较低、C_2^+湿气含量相对较高的凝析气藏，而油气源主要为古近系湖相烃源岩。冀中坳陷已发现的天然气集中分布在北部的廊固和霸县凹陷，探明和控制地质储量约占全区总量的98%，产层主要为奥陶系和古近系，天然气资源相对富集。依据天然气物理、化学性质，生源组成及形成环境，区内已发现天然气大体上可归属为三种类型：（1）以牛东、杨税务、柳泉气田为代表的油型气；（2）以固安、廊东气藏为代表的生物气；（3）以武清凹陷S50潜山低产气为代表的煤型气。

潜山气藏储层岩性为奥陶系碳酸盐岩与二叠系砂岩，储层有效厚度为9.5～60m，有效孔隙度为2.6%～5.3%，含气饱和度较高，大于75%，气藏压力系数为0.94～1.05。奥陶系油气藏原始压力系数为1.02～1.05，原始地温梯度为2.52～2.90℃/100m。奥陶系油气藏，油环中黑油为普通原油，凝析气为重烃含量较高的凝析气，液体是以汽油为主的凝析油，并含有一定量的硫化氢气体。与奥陶系相比，二叠系的凝析油物性更好，凝析气密度也较小，甲烷含量略高。地层水总矿化度为7630mg/L，水型为碳酸氢钠型，廊固凹陷沙三段发育有大段泥岩，霸县凹陷沙三段和沙四段发育有膏盐层，可作为良好的盖层，具有优越的保存条件。

（二）非常规油气藏特征

非常规油藏包括泥灰岩油藏、砾岩油藏。

1. 泥灰岩油藏特征

束鹿泥灰岩油藏为典型的自生自储源储一体连续型致密油藏，具有整体含油的特征。

从钻井试油等资料看，全泥灰岩井段都有显示；从单井试油来看，无论是浅层还是深层、好储层还是差储层都是纯油层，没有边底水，但存在含油性不均的特征，其影响因素为：（1）烃源岩控藏，洼槽区泥灰岩厚度大、有机质丰度高、排烃强度大等有利因素，有利于洼槽区砾岩、泥灰岩自生自储成藏；（2）斜坡外带储层物性好、但无石炭—二叠系，油气保存条件差；（3）斜坡内带高部位储层，属近源成藏。

因此，泥灰岩油气富集特征是：（1）纵向上暗色泥灰岩全井段含油、油气显示段长，油气在层序界面相对富集，低位域和水进域较高位域富集；（2）平面上陡坡带和斜坡内带断层发育，储层含油性最好，中洼区含油性较好；（3）发育超压和常压两套系统，即断裂不发育区，保存条件好，压力系数高达 0.98～1.39，为超压油藏，产量递减快；而断裂发育区，连通性好，产液量高且稳定，地层压力系数较低为 0.71～0.99，为常压油藏。

2. 砾岩油藏特征

砾岩为源储共生的岩性致密油气藏。在斜坡内带—陡坡带这一区域的砾岩体，与泥灰岩具有交互沉积的特征，属于源包储（底部角砾岩为源盖储）成藏，砾岩体整体含油。从已钻井可知，砾岩油藏为特低孔低渗、非均质性较强的油藏，压力系数高，产量递减快。

3. 非常规石油成藏特征

特有的生储环境造就了泥灰岩源储一体、砾岩源储共生的自生自储成藏模式，束鹿泥灰岩致密油藏，在泥灰岩中包含丰富的有机质，在深埋条件下，发生降解排烃生成大量油气的同时，也形成众多的有机质孔和溶蚀孔隙，为油气存储提供了空间。而在高温增压作用下形成的压力异常缝（微裂缝）则进一步改善了泥灰岩的储集空间和渗流能力，裂缝发育区则成为"甜点区"。

束鹿砾岩体为"源储共生"致密油气藏，包裹在泥灰岩中的砾岩存在欠压实作用，储集空间比泥灰岩发育，泥灰岩生成的油气就近运移到了砾岩体内，形成砾岩岩性油气藏，是沙三下亚段岩性致密油气藏的"甜点区"。

二、油气成藏模式

（一）常规油气成藏模式

基于断陷洼槽区油气成藏特点及成藏新认识、潜山成藏特点，通过解剖已发现的典型油藏，分析成藏主控因素，构建成藏模式，不同地区成藏模式和特征差异明显（表 6-5）。

表 6-5　冀中坳陷典型油藏成藏模式分类

编号	成藏模式名称	成藏特征	代表油藏
a	断网输导、耦合成藏、叠置富集	沙三段、沙一段烃源岩供烃，油源断层垂向与砂体侧向耦合输导	N11
b	源内隐蔽输导、短距离运移	断裂体系发育，水下扇、三角洲前缘砂，深入洼槽优质烃源岩内	X31

续表

编号	成藏模式名称	成藏特征	代表油藏
c	远源供烃、多级输导、河道砂聚集	远源供烃，以断—盖耦合垂向与砂体侧向分流输导，阶梯状成藏	W22
d	"红盖侧运"成藏模式	潜山构造带顶部被非生烃层系覆盖，优质烃源岩与潜山侧向接触	Ng8x
e	"坡腹层状"成藏模式	斜坡构造背景上的低幅潜山内幕圈闭以断层为输导通道聚集成藏	Wg3
f	"古储古堵"成藏模式	洼槽内潜山构造带，碳酸盐岩潜山内幕地层侧向封堵，形成油藏	Ch3
g	"源储共生"型致密油成藏模式	颗粒支撑砾岩被优质烃源岩覆盖或包裹，泥灰岩生成的油气就近运移到砾岩体内，形成"源储共生"砾岩油藏	St3
h	"源储一体"型致密油成藏模式	泥灰岩既是生油岩，又是储层，形成泥灰岩源储一体致密油藏	St1

1. 断陷洼槽区油气成藏模式

研究表明源储对接窗口大小、内幕储层物性与断层输导体系的配置关系，以及保存条件是控制潜山成藏的重要因素（赵贤正等，2008；杜金虎等，2002）。断陷洼槽区油气的富集主要受主生烃洼槽、主成湖区砂体规模和主汇流通道等三大因素所控制（赵贤正等，2012；吴小洲等，2013）。富油洼槽区油气富集，油藏类型多样，不同领域、不同区域油气成藏要素存在差异，基于断陷洼槽区油气成藏特点及成藏新认识，通过解剖已发现典型油藏，分析成藏主控因素，构建成藏模式。以陆相洼槽聚油理论为指导（方杰等，2013），构建了洼槽隆起区源上"断砂耦合、叠置富集"成藏模式、"洼槽斜坡带源侧断盖耦合、多级输导、阶梯状"成藏模式及"洼槽区中深层隐蔽输导、短距离运移"等典型油气成藏模式（赵贤正等，2009，2017；刘华等，2011）（图6-12a—c，表6-5a—c）。以洼槽区"断网输导、耦合成藏、复合连片、叠置富集"成藏模式为例（图6-12a，表6-5a），这类油藏主要富集在洼槽区中浅层，具有两期成藏特征，由沙三段、沙一段烃源岩共同供烃，异常压力与断控压差混合驱动，以肃宁油源断层与砂体耦合输导为主，发育构造、构造—岩性、岩性油气藏，是古近系油藏发现储量规模最多的成藏模式。

2. "新生古储"成藏模式

2000年以来，针对隐蔽型潜山开展成藏机制、主控因素、成藏过程等方面综合研究，创新构建了多种隐蔽型潜山油气成藏新模式、隐蔽型深潜山与潜山内幕成藏模式（图6-12d—f，表6-5d—f），即深陷区"断阶型深潜山"块状油气藏成藏模式，山头型"古储古堵""红盖侧运""大山—峰聚"等潜山风化壳块状油气成藏模式，斜坡带古储古堵古盖"坡腹层状"油气成藏模式，石炭—二叠系覆盖区非均质储层潜山"层—块复合型"油气成藏模式。成藏新模式的建立与深化完善了古潜山油气成藏认识，有效拓展了古潜山尤其是隐蔽型深潜山与内幕型潜山的勘探空间，先后发现了长洋淀深潜山、肃宁深潜山、孙虎潜山、牛东超深潜山、文安斜坡潜山内幕等多种潜山油气藏类型和高产富集潜山油气藏，开启了华北油田隐蔽型潜山勘探的新阶段（杨德相等，2016；金凤鸣等，2016；高长海等，2017）。

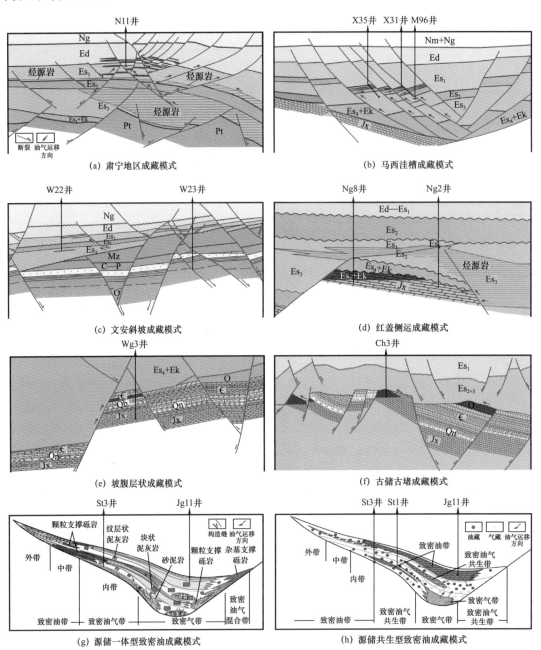

图 6-12　冀中坳陷典型油藏成藏模式图

Jx—蓟县系；Qb—青白口系；Ek—孔店组；Es—沙河街组；Ed—东营组；Ng—馆陶组；Nm—明化镇

（二）常规天然气成藏模式

渤海湾盆地冀中坳陷天然气具成因类型多、成藏模式多样的特点。就目前已发现气藏来看，主要包括新生古储、自生自储、下生上储等 3 种成藏模式（表 6-6）。冀中坳陷大部分潜山气藏都属于新生古储成藏模式，如霸县凹陷牛东断阶潜山带气藏、苏桥—文安地区寒武—奥陶系潜山内幕气藏（高先志等，2011）和廊固凹陷杨税务奥陶系潜山内幕气藏为此类代表，是目前天然气储量发现的主体。

表 6-6　冀中坳陷北部气藏成藏模式分类表

模式类型	供烃源岩	储层层系、岩性	气藏发育地区	代表气藏	成藏模式
新生古储气藏	古近系深层暗色泥岩或石炭—二叠系煤系烃源岩	蓟县系雾迷山组、寒武—奥陶海海相碳酸盐岩	河西务、牛东、苏桥—文安地区寒武—奥陶系等大部分潜山带	安探 1、务古 1、务古 2、牛东 1、文古 3 等潜山气藏	
自生自储气藏	石炭—二叠系煤系烃源岩	石炭—二叠系砂砾岩	苏桥—信安镇潜山	苏 20、文 23 气藏	
	古近系深层暗色泥岩	古近系砂砾岩	冀中坳陷北部古近系分布区，如大兴断层下降盘	京 213、京 39 生物气藏，兴 8、兴 9、固 15、桐 43 等砾岩体气藏	
下生上储气藏	古近系深层暗色泥岩	古近系浅层沙三上亚段—东营组河流相砂岩	河西务、旧州—固安等地区	泉 67、安 313、安 66 等气藏	

霸县凹陷牛东断阶潜山带气藏，以雾迷山组白云岩风化体为储层，有效厚度为 205m，孔隙度为 7.1%，渗透率为 650mD，是冀中坳陷潜山高产储层。储层通过断层、不整合面与高成熟古近系烃源岩接触，气源充足，并形成良好的油气运移通道和优势聚集区。雾迷山组之上直接覆盖了沙四段—孔店组砂岩、泥岩，由于埋藏深 6000m 左右，压实程度高，泥岩或砂岩都可以形成良好的盖层。形成了非常有利的天然气运移、储集、保存组合（梁宏斌等，2002；赵贤正等，2010）。

自生自储气藏包括苏桥地区石炭—二叠系砂岩气藏及廊固凹陷古近系沙三段、沙四段砂砾岩气藏。廊固凹陷西部大兴断层下降盘古近系沙三段、沙四段发育近岸水下扇砾岩体，砾岩体深入泥岩之中形成岩性圈闭。砾岩储集体非均质性强，物性变化较大，但抗压实能力强，埋藏较深保存较好。砾岩体夹于沙三段、沙四段主力生烃层系间，具有充足油源。大套暗色泥岩既是好的生油岩，也是良好的封盖层，构成自生自储自盖的储盖组合关系，空间配置好，可以形成岩性气藏。廊固凹陷洼槽区早期是湖盆主体，后期由于构造反转，中部地层翘倾，发育沙三下亚段巨厚烃源岩层及扇三角洲—远岸浊积扇沉积体系，易形成砂岩上倾尖灭自生自储岩性气藏。

下生上储气藏如廊固凹陷中西部旧州—固安地区沙三中、上亚段断鼻构造油气藏，沙三中、上亚段发育砂岩断鼻圈闭，具备良好储集能力，沙三下亚段厚层成熟的暗色泥岩为供烃源岩，发育旧州断裂及一系列次级断裂作为油气运移通道，油气可沿断层向上运移至中浅层，形成下生上储气藏。

（三）非常规油气成藏模式

冀中坳陷发育有饶阳沙一段下亚段特殊岩性段、霸县沙三段湖相致密砂岩、束鹿凹陷沙三段下亚段泥灰岩及砾岩致密油类型。其中，束鹿凹陷是冀中坳陷致密油条件最好，且目前已取得勘探发现的凹陷。常规油气藏基本是灶外成藏，致密油气藏是灶缘或灶内成藏。研究表明致密油"甜点"发育区主要受优质烃源岩灶和有利储层分布的控制。优质烃源岩分布区控制了致密油分布范围，储层物性较好是"甜点区"重要的条件，储层脆性大是"甜点区"发育的必要条件（赵贤正等，2014），优越的源储配置有利于成藏。扫描电镜、包裹体实验及埋藏史分析表明，泥灰岩生成的油气从东营组沉积早期至明化镇组沉积末期向泥灰岩—砾岩储层持续充注成藏，馆陶组沉积期为充注高峰期。源—储耦合控制致密油气富集，构造作用改善储集空间和渗流能力，影响致密油的富集和分布。

对于致密油而言，源储配置优越有利于成藏，束鹿凹陷致密油存在泥灰岩和砾岩两种类型，特有的生储环境形成了源储一体、源储共生两种致密油气成藏模式（图6-12g—h，表6-5g—h）。

1. 源储一体成藏模式

束鹿凹陷泥灰岩为烃源岩，包含丰富的有机质，在深埋条件下（温度为80～120℃）有机质发生降解排烃，自身产生孔隙和有机酸，而酸性流体溶蚀碳酸盐等矿物产生溶蚀孔隙。束鹿凹陷沙三下亚段泥灰岩碳酸钙含量平均达到82%，在泥灰岩中形成了丰富的溶蚀孔洞，原油以吸附或游离状态，赋存于泥灰岩的有机质孔洞和溶蚀孔洞中。有机质丰度越高，生油的固态干酪根热解生成液体的石油和天然气越多，体积膨胀越大，伴随深部高温增压作用，使得压力越来越大，而泥灰岩较致密，压力难以释放，最终导致微裂缝的形成。微裂缝和这些有机质孔、溶蚀孔洞一起充当烃类的储集空间及渗流通道。泥灰岩生成的油气可以就地储存，或者在层内和层间运移储存，以及运移到泥灰岩直接接触的砾岩体储存。所以有机质丰度越高的地方生油越多，储层发育越好，油藏越富集，这也是泥灰岩能成为源储一体的连续致密油藏，砾岩能成为源储一体的岩性致密油气藏的根本机理所在。

2. 源储共生成藏模式

束鹿凹陷中的颗粒支撑砾岩形成了源储共生型致密油藏，由于在滑塌体近端和冲积扇扇根受到了片流冲刷，使得砾岩杂基中的泥质含量降低，导致砾（粒）间的微孔发育，储层物性变好，从而发育"甜点"储层有利相带（图6-12g）。而泥灰岩既是生油岩，又是有效储层，形成了源储一体型致密油藏，在斜坡带和洼槽区靠近坡折部位的纹层状泥灰岩厚度大、TOC含量高、裂缝发育，为储层有利相带（图6-12h）。优质烃源岩内或紧邻烃源岩发育特殊岩性和砂岩类储层，形成了源储共生的关系（赵贤正等，2015）。

冀中坳陷常规石油地质资源量为 $24.40 \times 10^8 t$，剩余石油地质资源量为 $13.26 \times 10^8 t$，剩余资源依然丰富，主要分布在东部富油凹陷主生烃洼槽区，以沙河街组最丰富，且地层—岩性油藏是剩余资源赋存的主体。致密油地质资源量为 $5.19 \times 10^8 t$，以束鹿凹陷泥灰岩层的致密油资源量最大（为 $1.96 \times 10^8 t$），地质资源丰度可达 $78.97 \times 10^4 t/km^2$。

第四节　常规与非常规油气资源潜力

通过第四次资源评价，对华北油田资源结构进行了进一步的梳理，油气资源潜力和勘探方向比较明确。冀中富油凹陷经过多年的大规模勘探，剩余油气资源依然丰富，仍然是今后深化勘探和寻找规模富集油气藏的现实勘探战场。隐蔽型深潜山与潜山内幕、地层—岩性等新类型油藏勘探领域广阔、潜力大，是未来持续规模发现的重要勘探方向。

一、常规油气资源评价结果

（一）成因法资源量计算结果

成因法计算冀中坳陷12个凹陷不同地质时期的分层系生油量，结果表明冀中坳陷总生油量为 $336.41 \times 10^8 t$，总排油量为 $160.05 \times 10^8 t$。从层位上看，冀中坳陷的沙三段和沙四段为主力供烃层系，沙三段生油量约占总量的50%，沙四段生油量约占总量的38%，通过刻度区解剖结果，6个主要富油凹陷总地质资源量为 $22.84 \times 10^8 t$。

冀中坳陷主力供气源岩为古近系沙三段、沙四段—孔店组烃源岩，其次为石炭—二叠系煤系源岩。成因法计算冀中坳陷总生气量为 $19.5 \times 10^{12} m^3$，其中，古近系烃源岩生气总量为 $13 \times 10^{12} m^3$，主要集中在廊固、霸县及武清三个凹陷，而南部深县、束鹿、晋县凹陷虽然生成了少量气，但基本上为原油伴生气，这也是南部没有形成规模天然气藏的原因之一（赵贤正等，2009）。石炭—二叠系烃源岩的总生气量为 $62445 \times 10^{12} m^3$，模拟计算冀中坳陷总天然气地质资源量为 $5996 \times 10^8 m^3$。北部总生气量为 $14.8 \times 10^{12} m^3$，模拟计算天然气地质资源量为 $4598 \times 10^8 m^3$。

（二）资源丰度类比法油气资源量计算

本次类比法评价按照"层区带"的评价思路，在三次资源评价单元划分的基础上，进一步精细划分评价单元106个，按照刻度区解剖思路（杜金虎等，2002），以层区带为评价单元最终汇总各区带资源量，得出冀中坳陷主要凹陷石油地质资源量为 $23.3 \times 10^8 t$。

冀中坳陷天然气地质资源量为 $3364 \times 10^8 m^3$，其中，霸县凹陷天然气地质资源量为 $1000 \times 10^8 m^3$，廊固凹陷天然气地质资源量为 $1087 \times 10^8 m^3$，武清凹陷天然气地质资源量为 $536 \times 10^8 m^3$。

（三）统计法油气资源量计算结果

对冀中坳陷已发现的 944 个油藏和已探明的 59 个天然气藏储量数据进行分析评价，应用油藏规模序列法对油气资源进行预测，预测最大油藏规模为 $9061.25 \times 10^4 t$，最小油藏规模为 $10 \times 10^4 t$，石油地质资源量约为 $22 \times 10^8 t$；预测气藏总个数 389 个，天然气地质资源量为 $2365.36 \times 10^8 m^3$，最大资源气田 $62.64 \times 10^8 m^3$；天然气地质资源量为 $2247 \times 10^8 m^3$。

（四）油气地质资源潜力综合评价

常规油气依据盆地模拟法、资源丰度类比法以及统计法三大类方法综合特尔菲法计算，冀中坳陷石油地质资源量约为 $24.4 \times 10^8 t$，相对三次资评的结果增长了 $6 \times 10^8 t$，资源探明率为 46%，资源发现率达到 58%。凹陷分布上，东部 6 个主要富油凹陷石油地质资源量为 $22.84 \times 10^8 t$，占坳陷总量的 93.7%。其中，以饶阳凹陷石油地质资源最丰富，达 $13.02 \times 10^8 t$。目前，油气已发现储量也集中在这 6 个凹陷，对比渤海湾其他富油凹陷，除饶阳外，其他凹陷资源丰度均相对较低。

三种方法计算冀中坳陷北部天然气地质资源量在（2247～5996）$\times 10^8 m^3$，冀中坳陷已探明天然气储量超过 $300 \times 10^8 m^3$，冀中坳陷总生气量达到 $19.5 \times 10^{12} m^3$，具备较强供气能力，综合多方法结果，天然气总地质资源量约为 $3364 \times 10^8 m^3$，主要集中在坳陷北部的廊固、霸县和武清三个凹陷，地质资源量高达 $2623.94 \times 10^8 m^3$，占全区总量的 78%。

二、非常规油气资源潜力

冀中坳陷非常规油气主要分源储一体型致密油气资源和源储共生型致密油气资源两种类型。前种类型主要发育在束鹿凹陷，该凹陷主要发育一套巨厚的泥灰岩类致密层，泥灰岩本身既可作为生油层也可作为储层。通过解剖成藏特征及主要影响因素确定适用于华北探区的致密油研究方法（郭秋麟等，2013，2016；金之钧和张金川，1999；吴晓智等，2016），评价冀中坳陷致密油总地质资源量为 $5.19 \times 10^8 t$，可采资源量为 $4745 \times 10^4 t$，地质资源丰度为 $27.04 \times 10^4 t/km^2$，可采资源丰度为 $2.47 \times 10^4 t/km^2$（表6-7）。

表6-7　渤海湾盆地冀中坳陷致密油综合评价结果表

凹陷	层系	岩性	面积（km²）	方法	权重系数	地质资源量（10⁸t）	可采资源量（10⁴t）
束鹿	沙三段下亚段	泥灰岩	248	小面元容积法	0.5	1.96	1669
		砾岩		资源丰度类比法	0.5		

凹陷	层系	岩性	面积（km²）	方法	权重系数	地质资源量（10⁸t）	可采资源量（10⁴t）
饶阳	沙一段下亚段	白云质粉砂岩	1214	小面元容积法	0.5	1.85	1761
				资源丰度类比法	0.5		
霸县	沙三段中—上亚段	砂岩	458	小面元容积法	0.5	1.38	1315

近年来，加强地层—岩性油藏形成与分布规律的研究认识，形成了陆相断陷"洼槽聚油"理论新认识和隐蔽型潜山油气成藏认识，以洼槽区和深层隐蔽型潜山、地层—岩性油藏等新类型、新领域为主，开辟了华北油田油气勘探的新领域，形成了又一次储量增长高峰。

综合勘探发现、地质条件评价和剩余资源潜力，提出冀中坳陷下一步的勘探重点：（1）持续深化富油洼槽区及斜坡带的构造—岩性勘探，扩大储量规模；（2）落实优选河西务、束鹿西斜坡等隐蔽型潜山目标，寻找高效储量；（3）加强致密油"甜点区"综合评价，选择埋藏适中的靶区进行钻探，实现资源接替。

第五节　剩余油气资源分布及有利勘探方向

油气资源潜力预测及勘探方向选择，决定了一个盆地（坳陷或凹陷）是否具备勘探价值，可能的油气突破方向在哪里。同时，也是制定中长期发展战略的重要依据。因此，预测出油气资源规模，以及在不同构造部位、不同层系、不同领域的分布特征，将有力指导油气勘探。本次资源评价结果，使冀中坳陷各凹陷、各领域的勘探潜力更加明晰，也进一步明确了下一步的勘探方向，油气勘探和增储领域将逐渐转向洼槽区地层—岩性油藏、隐蔽型深潜山及致密油藏等新类型、新领域。

一、油气资源探明程度分析

截至 2017 年底，冀中探区上交探明储量为 11.14×10^8t，三级储量为 14.6×10^8t，石油地质资源量为 24.39×10^8t，资源探明率（探明储量／地质资源量）为 43%，资源发现率（三级储量／地质资源量）达到 58%，尤其是饶阳、霸县、廊固等凹陷资源探明率已达到 49%。说明，冀中坳陷已经达到高勘探程度，与目前勘探形式相一致。石油资源丰度以东部 6 个富油凹陷较高，最高为饶阳达到 24.34×10^4t/km²，其次为霸县凹陷 15.96×10^4t/km²。

从目前探明资源分布特点来看，探明石油资源主要分布在沙河街组和潜山。其中沙河街组石油地质资源量占石油地质资源总量的 54.65%，潜山石油地质资源量占石油地质资源总量的 29.32%；沙河街组石油可采资源量占石油可采资源总量的 49.35%，潜山石油可采资源量占石油可采资源总量的 34.154%，因此勘探层系的集中分布和领域分布的特点比较突出。

二、剩余油气资源潜力及分布特征

（一）常规油气资源潜力及分布特征

华北油田第四次资源评价，划分了常规和非常规（致密油气）两个领域的资源评价内容，通过评价，进一步明确各领域、各层位、各区带的资源潜力分布和规律（马学峰等，2019）。

冀中坳陷常规富油气凹陷剩余资源量依然丰富，石油地质资源量为 $24.40 \times 10^8 t$，截至 2017 年底，剩余石油地质资源量为 $13.26 \times 10^8 t$，剩余石油资源主要集中在富油凹陷，亿吨级以上的凹陷有 4 个（饶阳、霸县、廊固和晋县），占冀中坳陷总剩余石油资源的 81%。

天然气总地质资源量为 $3364.2 \times 10^8 m^3$，主要集中在坳陷北部的廊固、霸县和武清三个凹陷，地质资源量高达 $2623.94 \times 10^8 m^3$，占全区总量的 78%；剩余资源量为 $2351.85 \times 10^8 m^3$，占全区剩余资源的 76%，勘探潜力依然很大。其中，廊固、霸县凹陷剩余资源均超过 $1000 \times 10^8 m^3$，是天然气勘探的主攻凹陷。由于南部深县、束鹿等凹陷以生油为主，天然气资源少，且主要为原油伴生气。而西部带的北京、徐水、保定、石家庄凹陷多年来一直没有突破，且已钻井揭示烃源岩多为差—非烃源岩，天然气资源预测结果也仅为 $276 \times 10^8 m^3$。

从洼槽区资源分布看，富油洼槽区是探明油气的主体，油气资源丰度较高、资源相对集中，是富油凹陷剩余油气资源主要分布区，是勘探增储的重要方向。主富烃洼槽控制优质烃源岩的发育与分布（厚度可达 300～400m），处于高生油强度区，也是剩余资源主要分布区。富油洼槽占富油凹陷剩余资源的 55%～79%，留西、河间、霸县、桐南—柳泉洼槽区剩余资源均在亿吨级，其中，河间、杨武寨和柳泉洼槽中晚期扇状断裂体系发育，这有利于形成源上油藏，是冀中坳陷中浅层寻找优质储量的有利区（图 6-13）。

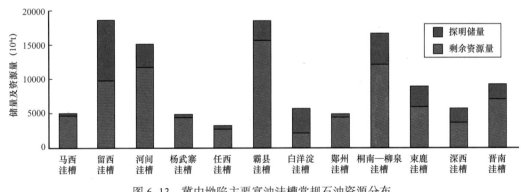

图 6-13　冀中坳陷主要富油洼槽常规石油资源分布

在含油层系分布上，剩余资源主要分布在主生烃层系，以自生自储的沙河街组为主。下生上储的东营组—新近系，石油地质资源量为 $3.76 \times 10^8 t$，占坳陷总量的 15.4%，剩余

地质资源量为 $1.79 \times 10^8 t$；沙河街组总地质资源量为 $13.32 \times 10^8 t$，占总资源量的 54.6%，剩余地质资源量为 $9.84 \times 10^8 t$，占剩余资源的 71%。中—新元古界至下古生界潜山石油地质资源量为 $7.16 \times 10^8 t$，约占坳陷总量的 29.33%；剩余地质资源量为 $1.81 \times 10^8 t$，约占坳陷总量的 13.66%。

从天然气层系分布上看，天然气主要分布在古近系沙河街组、石炭—二叠系、奥陶系、寒武系、蓟县系雾迷山组。沙河街组天然气地质资源量为 $1958.03 \times 10^8 m^3$，约占总量的 58%；潜山中天然气地质资源量为 $1434.63 \times 10^8 m^3$，约占总量的 42%。

从凹陷分布上看，不同凹陷分布有所差异，廊固凹陷与武清凹陷主要分布在沙河街组，占到各自凹陷剩余资源的 70% 以上。霸县凹陷则以雾迷山组剩余资源最丰富，占到凹陷剩余资源的 60% 以上；其次为奥陶系，占到 20% 以上。石炭—二叠系目前发现的储量较少，仅在苏桥—文安地区及大城凸起有发现，虽然盆地模拟法计算资源较多，但在层系内部聚集量相对较小，主要为煤层气。

按油气藏类型划分，冀中坳陷主要有潜山型、构造型及地层—岩性型（包括构造—岩性复合型）三大类。潜山型石油地质资源量为 $7.15 \times 10^8 t$，占石油总资源的 29.3%，剩余地质资源量为 $1.81 \times 10^8 t$，占剩余石油资源的 13.7%；天然气地质资源量为 $1570 \times 10^8 m^3$，占天然气总资源的 46.7%，剩余地质资源量为 $1418 \times 10^8 m^3$，占剩余天然气资源的 46.4%。剩余油气资源主要集中在深潜山及潜山内幕中。从不同油藏类型的资源分布情况来看，三大类型油气剩余资源以地层—岩性型剩余石油地质资源最丰富，其次为构造型。而天然气剩余资源以潜山型最丰富，其次为构造型。

从深度分布上看，埋深在 2000~3500m 中深层石油地质资源量为 $17.39 \times 10^8 t$，占石油总量的 71.3%，剩余石油地质资源量为 $8.41 \times 10^8 t$，占剩余石油总资源的 63.5%；<2000m 的中浅层石油地质资源量为 $3.87 \times 10^8 t$，占石油总量的 15.9%，剩余石油地质资源量为 $2.61 \times 10^8 t$，占剩余石油总资源的 19.7%；>3500m 的深层、超深层石油地质资源量为 $3.13 \times 10^8 t$，占石油总量的 12.8%，剩余石油地质资源量为 $2.23 \times 10^8 t$，占剩余石油总资源的 16.8%。

天然气主要集中在埋深>2000m 的中深层、深层和超深层，地质资源量分别为 $1065.36 \times 10^8 m^3$、$991.33 \times 10^8 m^3$ 和 $851.55 \times 10^8 m^3$。中深层以深资源占总资源量的 87%；埋深<2000m 的浅层地质资源量为 $455.95 \times 10^8 m^3$，占总资源量的 13%。剩余天然气资源主要在深层—超深层，资源量为 $1708.18 \times 10^8 m^3$，占总剩余资源量的 56%。其次为中深层，资源量为 $988.6 \times 10^8 m^3$，占总剩余资源量的 32.4%。

依据地质风险评价与剩余资源分布（图 6-14），结合成藏新认识与勘探进展，优选冀中坳陷多个勘探有利区和勘探领域。富油凹陷的洼槽区地层—岩性油藏和隐蔽型潜山油藏及潜山内幕油藏是常规油持续增储的领域，例如，留西、河间、霸县及柳泉洼槽区，以及蠡县斜坡和文安斜坡是寻找中浅层及深层优质储量的有利区；河西务、泗村店、深西—何庄深潜山带、束鹿潜山带、文安斜坡潜山、南马庄潜山是下一步潜山领域深化勘探的主攻方向和区带。

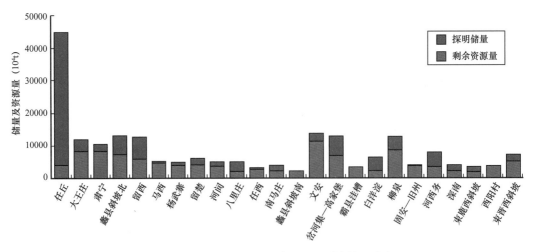

图 6-14　冀中坳陷主要区带常规石油剩余资源分布

从区带分布上看（图 6-15），廊固凹陷中西部、牛东潜山带、码头—泗村店、河西务构造带、苏桥—文安剩余天然气资源量大于 $200 \times 10^8 \mathrm{m}^3$，剩余资源较多。

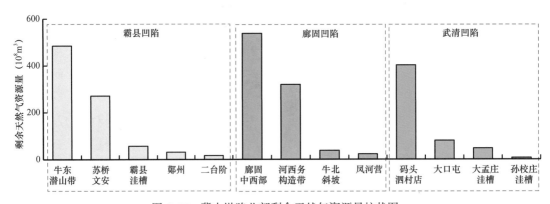

图 6-15　冀中坳陷北部剩余天然气资源量柱状图

（二）非常规油气资源潜力及分布特征

冀中坳陷致密油主要分源储一体型致密油气资源和源储共生型致密油气资源两种类型。前种类型主要发育在束鹿凹陷，该凹陷主要发育一套巨厚的泥灰岩类致密层，泥灰岩本身既可作为生油层也可作为储层。通过小面元与资源丰度两种方法综合预测，冀中坳陷致密油总地质资源量为 $5.19 \times 10^8 \mathrm{t}$，可采资源量为 $4745 \times 10^4 \mathrm{t}$，地质资源丰度为 $27.04 \times 10^4 \mathrm{t/km}^2$，可采资源丰度为 $2.47 \times 10^4 \mathrm{t/km}^2$，冀中坳陷致密油束鹿沙三下亚段泥灰岩致密油地质资源量为 $19585.51 \times 10^4 \mathrm{t}$，占到冀中坳陷致密油地质总资源的 38%，地质资源丰度达到 $78.97 \times 10^4 \mathrm{t/km}^2$，是冀中坳陷致密油资源规模最大，且已取得勘探发现的凹陷。而源储共生型致密油气资源主要分布在饶阳凹陷沙一下亚段页岩、云质岩、泥岩、砂岩互层形成的特殊岩性段以及霸县凹陷沙三中、下亚段致密砂岩中。其中，饶阳凹陷沙一下亚段特殊岩性段致密油地质资源量为 18521.45×10^4t，占到冀中坳陷致密油地质总资源的 35%，地质资源丰度为 $15.26 \times 10^4t/km^2$；霸县沙三中、下亚段致密砂岩地质资源量为 13816.16×10^4t，占冀中坳陷致密油地质总资源的 27%，可采资源量期望值为 1315.76×10^4t，地质资源丰度为 $30.17 \times 10^4t/km^2$。

冀中坳陷致密油具备一定的基础，束鹿洼槽沙三段下亚段泥灰岩的地质资源丰度最大；饶阳凹陷沙一段下亚段特殊岩性段致密油储层段较薄，一般在 10～20m 之间，资源丰度较低。致密油评价显示富集区域基本在富油凹陷的主洼槽区，束鹿洼槽区沙三段下亚段泥灰岩，饶阳中北部马西、肃宁、河间洼槽沙一段下亚段特殊岩性段，霸县岔河集—高家堡沙三段中上亚段致密砂岩段是目前冀中坳陷致密油现实有利的勘探目标区。未来几年，在加强储层"甜点"预测、提高勘探开发技术的基础上，致密油有望成为未来储量接替领域。

三、有利勘探方向与目标

冀中坳陷历经 60 余年的勘探实践表明，已进入成熟高勘探阶段，但随着新的石油地质理论和新技术的应用，高勘探程度区仍然寻到了规模的地质储量。根据资源潜力、勘探程度及油气成藏新认识，综合评价认为，优选出富油凹陷海相碳酸盐岩潜山及潜山内幕勘探领域、洼槽区勘探领域及斜坡带勘探领域、致密油勘探领域四个重点勘探领域为增储有利勘探方向。

（一）海相碳酸盐岩油气勘探领域

潜山油气藏产量高、效益好，是华北油田重要的勘探开发领域。2006 年以来，华北油田加强隐蔽型潜山勘探，发现 ND1、NG8 等 10 个高产高效油藏，有力促进了潜山原油产量的稳定。近年通过对隐蔽型潜山的成藏机理研究表明，发育良好储集体和断层供油通道是隐蔽型潜山成藏的关键，并揭示了潜山顶和内幕成藏受潜山内幕储层物性和断层（不整合面）输导能力耦合控制的机理，并根据源储结构关系，建立了深潜山覆盖供烃、侧向供烃、运移供烃、复合供烃等四种成藏模式，以及潜山内幕复合供烃、侧向供烃等两种成藏模式。上述新认识必将进一步引领支撑潜山的深化勘探。

结合地质认识与勘探新进展，突出多样性潜山勘探，发现优质资源综合评价优选杨税务潜山、泗村店潜山、束鹿西斜坡低幅潜山带、南马庄—文安斜坡潜山内幕为重点勘探目标。落实规模，风险突破，寻求储量接替。

（二）富油洼槽区地层—岩性油藏勘探领域

依据剩余油气资源量，结合研究与勘探新进展，地层—岩性油藏资源潜力大，是实现规模发现的主攻领域：第四次资源评价结果显示，冀中坳陷目前地层—岩性油藏剩余石油地质资源量达 6.02×10^8t，占剩余石油地质总资源量的 44%，还有较大的勘探潜力，是今后华北油田增储上产的主攻领域。从油气分布看，含油凹陷内探明储量主要赋存于富油洼槽内，如饶阳凹陷的马西洼槽、河间洼槽、留西洼槽区探明储量分别占凹陷探明储量的67%、10%、10%，从剩余资源分布看，富油凹陷剩余资源主要集中于主富烃洼槽。据统计富油洼槽占富油凹陷剩余资源的55%～79%，如饶阳凹陷主洼槽剩余资源为 $3.72 \times 10^8 t$，占凹陷剩余资源的78%；霸县凹陷主洼槽剩余资源为 $1.13 \times 10^8 t$，占凹陷剩余资源的73%；总体看，富油凹陷各个主要富油洼槽区的总资源量大、探明储量高、剩余资源量也大，具备深化勘探的资源基础。上述研究认识提出，为将勘探方向转移到洼槽带、负向区的地层—岩性油藏等新领域，提供了科学依据，开辟了富油凹陷油气勘探新战场，发现了饶阳凹陷马西—河间洼槽区、阿尔洼槽区等多个五千万—亿吨级规模增储区。

通过对已经发现富油洼槽的资源分布与烃源岩特征分析，结合资源量、生烃强度为主要划分指标，辅以优质烃源岩厚度、面积和演化程度等指标，提出了冀中河间洼槽区、马西洼槽区、杨武寨洼槽区、留西洼槽区、霸县洼槽区、柳泉洼槽区剩余资源大，是下步勘探的主要富油洼槽。

（三）斜坡带勘探领域

深化弱构造斜坡带油气成藏规律新认识，指出冀中坳陷主要存在宽缓斜坡远源"Z"形油气运移和平台斜坡"一"形油气运移等两种油气运移方式和成藏模式，指导勘探发现了蠡县斜坡、文安斜坡两个亿吨级规模石油储量区。

依据成藏认识，结合剩余资源和目标评价情况，优选蠡县斜坡、文安斜坡、束鹿西斜坡是近期主攻方向，蠡县斜坡带中带已经实现规模发现，通过预探与储量升级结合，扩大勘探，有望形成规模储量接替；继续深化文安斜坡有利沉积储集砂体空间分布刻画研究和岩性圈闭的精细落实，精细勘探，实现已发现储量的升级和效益开发。

（四）天然气勘探领域

冀中坳陷新生界、古生界勘探层系天然气地质资源量为 $3364.2 \times 10^8 m^3$，目前探明天然气地质储量为 $313.4 \times 10^8 m^3$，剩余天然气地质储量为 $3050.8 \times 10^8 m^3$，区域上主要集中在北部的廊固、霸县和武清凹陷。冀中坳陷北部天然气资源富集，不同成因类型天然气分布区域不同。生物成因气藏仅在廊固凹陷大兴断层下降盘、王居—琥珀营构造带和采育—凤河营构造带有所分布，且前人评价这些地区天然气勘探潜力有限。古近系烃源岩与石炭—二叠系煤系烃源岩形成的天然气资源是主要的勘探目标。

从廊固凹陷杨税务潜山勘探获得突破来看冀中坳陷北部石炭—二叠系及潜山的勘探，并且依据资源评价结果及不同区带成藏条件，优选出廊固凹陷中西部及河西务构造带沙河街组扇体砂体作为深层碎屑岩现实勘探领域（王权等，2017；田建章等，2010；钟雪梅等，2018），河西务构造带、苏桥—文安地区及码头—泗村店潜山带作为深层潜山接替领域。

（五）非常规油气勘探领域

近几年，冀中坳陷束鹿凹陷泥灰岩—砾岩致密油勘探获重要突破，钻探 3 口井均获工业油流，其中 ST1H、ST3 获高产，展现了该领域的良好前景。研究认为，冀中坳陷饶阳凹陷沙一下亚段特殊岩性段、霸县凹陷沙三段湖相致密砂岩、束鹿凹陷沙三下亚段泥灰岩—砾岩是坳陷主要的致密油类型。利用容积法、类比法等多方法评价了五个主要富油凹陷的致密油资源潜力，资源量为 $5.19 \times 10^8 t$，还未实现有效动用。因此，致密油气勘探领域可以成为华北油田今后油气勘探的现实接替领域，优选束鹿凹陷沙三段泥灰岩—砾岩，饶阳凹陷沙一段特殊岩性段为主攻方向。

束鹿凹陷泥灰岩—砾岩钻探 ST1H、ST2x、ST3 井分层分段压裂后均获成功，证实为致密油勘探具有较大勘探潜力，饶阳凹陷蠡县斜坡—河间洼槽区沙一段、沙三段特殊岩性段广泛发育，岩性为泥岩、油页岩夹灰质云岩、云质灰岩、薄层砂岩，厚度为 100～600m。储集空间类型主要为方解石或白云石晶间孔和微裂缝，有利面积达 1200km²。目前，针对沙一段、沙三段特殊岩性段试油 8 口，6 口井获低产，证实了该领域的勘探潜力。

第七章 渤海湾盆地南堡凹陷油气资源潜力与勘探方向

南堡凹陷北靠西南庄断层，南邻沙北断层，东北以柏各庄断层为界，是渤海湾盆地北侧一个小型油气富集区，勘探面积为 1932km²。它是在华北地台基底上，经中—新生代的块断运动而发育起来的一个中—新生界北断南超的箕状凹陷，由高尚堡构造带、柳赞构造带、老爷庙构造带和南堡 1 号、2 号、3 号、4 号、5 号构造带等 8 个二级构造带和拾场、林雀、曹妃甸等 3 个洼陷组成。目前已发现明化镇组、馆陶组、东营组和沙河街组多套含油层，主要的勘探层系为沙河街、东营组。

自 2005 年开展第三次油气资源评价以来，南堡凹陷进入快速勘探阶段，中浅层、深层潜山和中深层岩性领域全面开花，页岩油、致密油非常规勘探领域初见苗头，油气储量产量大幅增长。（1）中浅层领域：南堡陆地的高尚堡和老爷庙地区明化镇组、馆陶组持续获得储量发现，同时在南堡凹陷滩海相继发现了南堡 1-1 区、南堡 1-3 区、南堡 1-5 区、南堡 2-3 区等一批中浅层高产富集区块；（2）深层潜山领域：南堡 1 号构造南堡 1-80 井、南堡 1-85 井等钻井在奥陶系潜山不同程度获得工业油气流，展示了南堡油田潜山具有较好的成藏条件；（3）中深层岩性领域：近年来，岩性油藏探明储量占新发现储量的 50%。堡古 1 井、堡古 2 井相继获得高产油气流，高北斜坡带岩性油气藏勘探获得持续发现，展现出巨大的勘探前景；（4）非常规领域：非常规油气勘探初见端倪，南堡 3-20 井和南堡 280 井分别在致密砂岩储层段和含灰泥岩段分别获得油气产能。

第一节 油气勘探新进展

南堡凹陷油气勘探从 20 世纪 60 年代初期开始，先后发现了高尚堡、柳赞、老爷庙、唐海和南堡等 5 个油田，均已投入开发。

一、南堡凹陷油气勘探概况

（一）储量快速增长阶段（1979—2002 年）

这一阶段，勘探以石油地质"复式油气聚集理论"为指导，高尚堡、柳赞、老爷庙和北堡复式油气聚集带为重点，区带整体解剖、评价勘探与滚动勘探相结合，积极探索新地区、新层系，努力开辟新的找油领域。主要开展了三维地震资料的精细处理和目标解释，加强地质综合研究工作，重新评价老区、老井和老资料，总结了一套适合冀东探区特点的复杂断块滚动勘探方法，发现了三个相对整装富集油藏，即柳赞油田柳南区块明化镇组馆陶组油藏和柳北柳 13×1 区块沙三段油藏、高尚堡油田高 104-5 区块馆陶组油藏。

1987—2003 年，二维、三维数字地震技术的运用，提高了构造解释的精度和圈闭识别的可靠程度，提供了一批可供钻探的目标。期间完成二维地震勘探 2781.75km，三维地震勘探 528.06km^2，完钻探井 82 口，获工业油气流井 38 口，探井成功率为 47%，累计探明石油地质储量为 3364×10^{4}t。

（二）重大突破阶段（2002—2007 年）

2004—2007 年在南堡 1 号构造、南堡 2 号构造、南堡 3 号构造、南堡 4 号构造和南堡 5 号构造，部署钻探了探井、评价井 107 口，获工业油气流井 53 口，探井成功率为 49%。2007 年 8 月在南堡滩海落实三级油气当量储量 11.8×10^{8}t，南堡凹陷滩海勘探获重大突破。

（三）深化勘探阶段（2008—2018 年）

1. 南堡油田中浅层深化勘探扩大成果，深层潜山勘探获得新认识

这一时期，南堡陆地工作相对往年有所减少，勘探重心放在南堡滩海地区，在南堡 3 号构造和南堡 2 号—4 号构造结合部位展开勘探，相继发现南堡 3-2 区东一段油藏，在南堡 1 号、2 号构造向低部位扩展，发现南堡 126 区块、南堡 132 区块馆陶组油藏，以及南堡 105×1、南堡 108×1 区块东一段油藏等含油区块，继续扩大南堡滩海勘探成果。同时，冀东油田公司逐步加大南堡 1、2 号构造深层潜山油气藏勘探，钻探潜山井 7 口。南堡 1 号构造南堡 1-80 井、南堡 1-85 井等，南堡 2 号构造南堡 280 井、南堡 282 井等在奥陶系潜山获得工业油气流，展示南堡油田潜山具有较好的成藏条件。

2. 中深层岩性油气藏勘探全面开花

随着南堡陆地的精细勘探、南堡滩海的快速勘探，南堡凹陷主要构造带的主体均发现油田并已实现整体探明，在有限的勘探范围内寻找新的勘探接替领域成为摆在冀东油田勘探工作者面前的严峻问题。通过对南堡凹陷剩余资源潜力的认真分析和盆地整体评价，认为南堡凹陷中深层具备大型岩性油气藏形成的地质背景及资源潜力，明确中深层岩性油气藏为重要的资源接替领域。以整个南堡凹陷为研究单元，系统开展了以层序地层学为主的中深层沉积体系分布与有利储层预测、岩性圈闭区带优选、储集砂体的精细描述等研究工作。

二、油气地质理论新认识

（1）提升了陆相断陷盆地岩性油气藏成藏规律新认识，指导构造—岩性油藏勘探持续获得规模发现，在高北斜坡、南部斜坡带及南堡 4 号构造古近系深层，近五年新增三级地质储量 5029×10^{4}t，深层非常规勘探显示重要苗头。

（2）高柳斜坡带深层沙三段特低渗—致密油藏勘探取得新成果，近几年在高北斜坡区，

以岩性油气藏勘探理论为指导，开展"下洼找油"，新增和落实探明储量 3081×10^4t。高北地区年产量由 2010 年的 3.6×10^4t 上升到 2017 年的 9.18×10^4t。针对致密砂岩储层，采用"混合压裂液＋低密度多粒径陶粒＋速膨型暂堵剂"大规模套管压裂技术，大幅提高储层的产能，致密砂岩油藏勘探展现重要苗头。通过"新井钻探、老井利用、油水井对应压裂、同步注水"等先导试验，提高了单井产能，促进了深层低渗—致密油储量升级与有效动用开发。

（3）完善多类型潜山目标评价方法，南堡 2 号潜山奥陶系风化壳油藏、南堡 3 号潜山内幕毛庄组提交探明储量，明确了风化壳及内幕油气藏下步勘探潜力。

第二节　油气地质条件

一、地层特征

南堡凹陷及周边地区发育太古宇、新元古界、古生界、中生界和新生界（表 7-1），不同构造单元地层分布及厚度差异较大。已钻遇各套地层均见到了不同程度的油气显示或获得工业油气流，主要含油气层位是古近系沙河街组、东营组和新近系馆陶组、明化镇组，其次是寒武系、奥陶系和侏罗系。

二、构造特征

南堡凹陷及周边凸起位于渤海湾盆地黄骅坳陷北部，北依燕山褶皱带，南至渤海海域，是在华北克拉通基底上，发育起来的中、新生代复杂断陷盆地。

根据构造挨级控制原理，南堡凹陷内部细分为高尚堡、柳赞、老爷庙、南堡 1 号、南堡 2 号、南堡 3 号、南堡 4 号、南堡 5 号共 8 个亚二级构造带（图 7-1）。

（一）高尚堡构造带

高尚堡构造带位于南堡凹陷北部，为中生界潜山背景上发育的披覆背斜构造带，勘探面积为 $210km^2$。该构造被沙一段沉积期以来发育的高北断层、高柳断层所分割，划分为高南断鼻、高尚堡断背斜和高北断鼻三个局部构造。

高南断鼻构造位于高柳断层以南，是沙河街组及东营组沉积期发育在高柳断层下降盘的大型断鼻构造，晚期被断层复杂化，表现为断背斜构造特征，主要勘探目的层为沙一段、东营组、馆陶组及明化镇组。

高尚堡断背斜位于高柳断层与高北断层之间，以披覆背斜构造为主体，受沙河街组沉积早期及沙———东营组沉积期两期构造活动影响，一系列北东向及近东西向断层，将背斜构造分割成多个断块。主要勘探目的层为沙河街组。

表 7-1　南堡凹陷及周边地区地层岩性综合表

界	系	组	段/亚段	组代号	接触关系	地层厚度(m)	钻遇地区	主要岩性	生油层和储层油藏类型	沉积环境
新生界	第四系	平原组		Q	角度不整合	214.5~378		土黄色、灰黄色砂泥岩		
新生界	新近系	明化镇组	上段	$N_2m_{上}$		1000~2000		红色碎屑砂砾岩		曲流河
新生界	新近系	明化镇组	下段	$N_2m_{下}$	平行不整合			红色砂泥岩互层	盖层、次生油气藏	曲流河
新生界	新近系	馆陶组		N_1g	角度不整合	300~900		砂砾岩夹薄泥和灰色玄武岩	次生油气藏	辫状河
新生界	古近系	东营组	东一段	E_3d_1		0~728	全区	砂岩、泥岩频繁交互，泥岩性软、造浆	次生油气藏	曲流河、辫状河与三角洲
新生界	古近系	东营组	东二段	E_3d_2		0~426	全区	灰色泥岩为主	盖层	河控湖泊三角洲
新生界	古近系	东营组	东三段 上亚段	$E_3d_3^{上}$		0~448	全区	灰色砂泥岩互层	中等生油层，又为储层	河控湖泊三角洲
新生界	古近系	东营组	东三段 下亚段	$E_3d_3^{下}$		20~425	全区	灰色中细粒砂岩，含砾砂岩，灰色泥岩	中生油层，又为储层	河控湖泊三角洲
新生界	古近系	沙河街组	沙一段 上亚段	$E_2s_1^{上}$		17~394		顶部相似砂岩为主，泥岩互层	披覆背斜、断块油藏	闭塞湖滩、湖湾的滨浅湖
新生界	古近系	沙河街组	沙一段 下亚段	$E_2s_1^{下}$		107~388		灰色、深灰色砂岩，中部以泥岩为主	盖层	闭塞湖滩、湖湾的滨浅湖
新生界	古近系	沙河街组	沙二段	E_2s_2	平行不整合	45~301	高尚堡、柳赞、南堡5号构造	棕红色泥岩为主，顶部为造浆泥岩	盖层	河流成浅湖
新生界	古近系	沙河街组	沙三段 一亚段	$E_2s_3^1$		32~642	高尚堡、柳赞、南堡	粗碎屑砂砾岩	断块、岩性油气藏	河流成浅湖
新生界	古近系	沙河街组	沙三段 二亚段	$E_2s_3^2$		180~310	高尚堡、柳赞、南堡	深灰色泥岩夹薄层灰色砂岩	主要生油层	半深湖、深湖
新生界	古近系	沙河街组	沙三段 三亚段	$E_2s_3^3$		160~662	南堡	粗碎屑砂砾岩	沉积背斜、岩性气藏	水下扇
新生界	古近系	沙河街组	沙三段 四亚段	$E_2s_3^4$		140~320	高尚堡、柳赞	暗色泥岩、油顶岩	主要背斜、岩性油层	半深湖、深湖
新生界	古近系	沙河街组	沙三段 五亚段	$E_2s_3^5$	角度不整合	106~310	高尚堡、柳赞	粗碎屑砂砾岩	沉积背斜、岩性油层	近源冲积、水下扇
中生界	白垩系	下白垩统		K_1	角度不整合	222~1847	西南庄、柏各庄、马头营、石臼坨、乐亭	砂泥岩中夹层状玄武岩	不整合油气藏	河流、湖泊
中生界	侏罗系	中—下侏罗统		J_{1-2}		63~287	西南庄、柏各庄、马头营、石臼坨、乐亭	砂泥岩夹煤层和碳质泥岩	不整合油气藏	河流、湖泊

续表

地层				组代号	接触关系	地层厚度 (m)	钻遇地区	主要岩性	生油层和储层油藏类型	沉积环境
古生界	二叠系	中统	下石盒子组	P_2x	角度不整合	128~263		灰色、深灰色泥岩、碳质泥岩与灰白色中、细砂岩及煤层互层	煤成气、煤层气	沼泽成煤
		下统	山西组	P_2s		96~11				
			太原组	P_1t		40~44	洞河、西河	灰色砂砾岩夹碳质泥岩及煤层		陆相含煤碎屑岩
	石炭系	上统	晋祠组	Cj		41~52		浅灰色细砂岩、夹灰黑色碳质泥岩和煤层		
			本溪组	C_2b	平行不整合	94~99		上部为灰黑色碳质泥岩、深灰色泥岩，夹灰白色中砂岩；下部为铝土质泥岩		
	奥陶系	中统	上马家沟组	O_2s		49~159	老王庄、落潮湾、西南庄、南堡	石灰岩、白云岩、角砾状灰岩	潜山内幕油气藏或不整合油气藏	以碳酸盐沉积为主的稳定型
			下马家沟组	O_2x	平行不整合	52~309		花斑状灰岩、白云岩、泥灰岩		
		下统	亮甲山组	O_1l		63~90		深灰色白云岩、上部夹泥灰岩下部夹泥灰岩		
			冶里组	O_1y	平行不整合	47~112		深灰色白云岩、竹叶状灰岩、泥质条带灰岩		
	寒武系	芙蓉统	凤山组	ϵ_4f		67~158		泥晶灰岩		高能潮间带—潮上带
			长山组	ϵ_4c				竹叶状灰岩 石灰岩与页岩互层		滨浅海
		第三统	崮山组	ϵ_4g		82~106				高能潮间带生物碎屑
			张夏组	ϵ_3z		11~182	西南庄、柏各庄、老王庄、落潮湾、马头营、南堡	细状灰岩	潜山内幕油气藏或不整合油气藏	
			徐庄组	ϵ_3x		17.5~137		灰褐色细状灰岩夹泥页岩		滨浅海低能条件下泥质沉积及碳酸盐
		第二统	毛庄组	ϵ_3mo		18~89		灰色、深灰色泥岩夹灰岩		
			馒头组	ϵ_2m		17~88		紫红色、深灰色泥页岩灰岩		岩台地
			府君山组	ϵ_2f	平行不整合	9~86		深灰色白云岩灰岩夹泥灰岩		
新元古界	青白口系		景儿峪组	Qbj		7~41		泥灰岩		滨浅海海滩及
			长龙山组	Qbc	角度不整合	29~63		页岩夹石英砂岩、含绿色石砂岩	裂缝油气藏	亚浅海
新太古界				Ar_3				肉红色花岗岩		

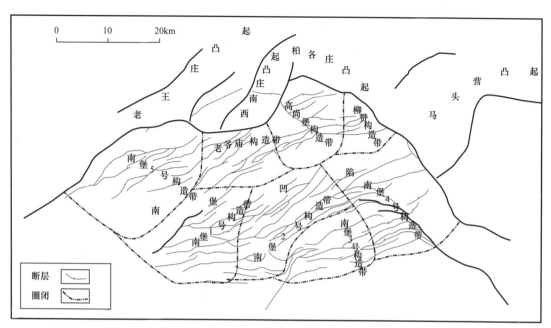

图 7-1　南堡凹陷构造单元分布图

高北断鼻构造带包括高北断鼻和唐海断鼻，为夹持于高北断层上升盘和西南庄断层下降盘之间的两个大型断鼻构造。其中高北断鼻构造以沙河街期发育的北东向断层为主，将断鼻构造分割成多个断块，晚期仅高北断层持续活动，在馆陶—明化镇组浅层形成完整的断鼻构造，主要勘探目的层段为沙三段、馆陶组；唐海断鼻构造受沙一段沉积末期南北向伸展应力影响，沙一段沉积晚期发育一系列近东西向南倾断层，将断鼻构造分割成多个断块，馆陶—明化镇组沉积晚期，断层活动变弱，主要勘探目的层为沙三段、沙一段、东营组及馆陶组。

（二）柳赞构造带

柳赞构造带位于高尚堡构造带东侧，柏各庄断层下降盘，为中生界隆起背景上发育的背斜构造带，勘探面积为 70km^2。以高柳断层和柏各庄断层为界划分为柳赞主体构造带和柳南断背斜两个局部构造。

柳赞主体构造带位于高柳断层以北、柏各庄断层下降盘，划分为柳北断鼻、柳东断鼻及柳中断背斜 3 个局部构造。其中柳北断鼻、柳中背斜发育在柏各庄断层下降盘，构造相对完整；柳中断背斜东侧发育一系列近东西走向、南倾正断层，西侧发育一系列北东走向、北倾正断层，将柳中背斜分割成多个断块。该区主要勘探目的层为沙三段。

柳南断背斜构造位于高柳断层下降盘，沙河街组沉积期及东营组沉积期表现为完整的断鼻构造；明化镇—馆陶组沉积晚期，整体表现为逆牵引背斜构造，被高柳及派生断层分割成多个断鼻、断块构造。该区主要勘探目的层系为明化镇组、馆陶组及东营组。

（三）老爷庙构造带

老爷庙构造带位于南堡凹陷北部，为西南庄断层下降盘被断层复杂化的滚动背斜构造，勘探面积为 80km²，进一步划分为庙北背斜构造带及庙南断鼻构造带。其中，庙北背斜构造带从沙河街组到明化镇组沉积期构造继承性发育，被一系列晚期北东东向断层分割成多个断鼻、断块；庙南断鼻构造带被几条北东东走向、雁列式排列的北倾断层复杂化，鼻状构造呈狭长状，东西向展布。老爷庙构造带主要勘探目的层为沙河街组、东营组、馆陶组和明化镇组下段。

（四）南堡 1 号构造带

南堡 1 号构造带位于南堡凹陷西南部，是在南部低潜山背景上发育起来的古近系披覆背斜构造带，勘探面积为 200km²。根据基底形态、构造背景及断裂发育特征，南堡 1 号构造带可进一步划分为（图 7-1）南堡 1-1 区断鼻构造、南堡 1-3 区复杂断裂带，南堡 1-5 区断背斜构造三个局部构造。

南堡 1-1 区为南堡 1 号潜山背景上，发育在南堡 1 号断层上升盘的断鼻构造，以东营组沉积期近东西向及北东向断层为主，断层活动较弱，晚期断层不发育，从东营组沉积末期到馆陶组沉积早期，发育巨厚的火山岩地层，勘探面积为 100km²，主要勘探目的层为馆陶组、东营组、沙河街组、奥陶系、寒武系。

南堡 1-3 区位于南堡 1 号断层下降盘，是被晚期北东向断层复杂化的断鼻构造带，勘探面积为 50km²，主要勘探目的层为明化镇组、馆陶组及东营组。

南堡 1-5 区为发育在南堡 1-5 潜山背景上的断背斜构造，被东营组沉积期近东西向北倾断层复杂化分割成多个断块，勘探面积为 50km²，主要含油层段为明化镇组、奥陶系、馆陶组、东营组、寒武系。

（五）南堡 2 号构造带

南堡 2 号构造带位于南堡凹陷南部，为南堡 2 号潜山背景上发育的披覆背斜，勘探面积为 150km²。根据潜山背景、断裂发育特征，将南堡 2 号构造划分为南堡 2-1 区断鼻构造、南堡 2-3 区断背斜构造。

南堡 2-1 区断鼻构造位于南堡 2 号断层上升盘，整体为潜山背景上发育的断鼻构造，以东营期断层作用为主，明化镇晚期断层活动较弱，勘探面积 50km²，主要勘探目的层为东营组、沙河街组、奥陶系。

南堡 2-3 区断背斜构造位于南堡 2 号断层下降盘、南堡 2-3 断层上升盘，发育东营组沉积期及明化镇组沉积晚期两期断层，以晚期断层为主，将断背斜构造分割成多个断块，勘探面积为 100km²，主要含油层段为明化镇组、馆陶组、东营组。

（六）南堡 3 号构造带。

南堡 3 号构造带位于南堡凹陷南部，以沙北断层为界与沙垒田凸起相邻，为南堡 3 号潜山背景上发育的披覆构造，勘探面积为 110km²。沙河街组沉积期受南堡 3 号断层控制，整体呈断背斜构造形态；东营组沉积期南堡 3 号断层活动强度变弱，同时受近东西向断层活动控制，整体发育断鼻构造特征；明化镇组沉积晚期，构造进一步复杂化，受北东东向断层控制，发育一系列断鼻构造。主要勘探目的层为馆陶组、东营组、沙一段及沙三段。

（七）南堡4号构造带

南堡4号构造带位于南堡凹陷东南部柏各庄断层下降盘，是一个北西向展布的潜山披覆背斜构造带，勘探面积为330km²。根据潜山背景及断裂发育特征，南堡4号构造带进一步划分为南堡4-1断鼻构造、南堡4-2区断阶带和南堡4-3区断鼻构造。

南堡4-1区断鼻构造位于南堡4号断层上升盘，整体为太古界潜山之上继承性的斜坡背景，在南堡4号断层上升盘继承性发育东倾的断鼻构造，勘探面积为100km²，主要勘探目的层为馆陶组、沙河街组。

南堡4-2区断阶构造位于南堡4号断层下降盘复杂断块区，受北西走向的帚状断层控制形成的节节南掉的断阶，勘探面积为30km²，主要勘探目的层包括馆陶组、东营组。

南堡4-3断鼻构造位于南堡4号构造带北部，受东营组沉积期近东西向断层及晚期断层控制，形成"负花状"断裂构造带，勘探面积为200km²，主要勘探目的层为明化镇组、馆陶组、东营组及沙一段。

（八）南堡5号构造带

南堡5号构造带位于南堡凹陷西南庄断层下降盘，是受西南庄断层控制，发育在基岩鼻状构造背景上的背斜构造，勘探面积为360km²。中生代该构造一直处于隆起状态，后在挤压应力作用下形成北北西走向背斜潜山；沙三段沉积期，火山活动剧烈，与潜山一起控制了南堡5号构造的背斜形态；晚期一系列北东向断层将该构造进一步切割复杂化。构造带东西具有差异性，构造西部呈北西走向，为背斜构造的倾伏翼部，东部为近南北向的穹隆状。主要勘探目的层为馆陶组、东营组、沙一段及沙三段。

三、烃源岩发育特征

南堡凹陷为长期发育的生油凹陷，古近系沙河街组至东营组沉积期，南堡凹陷先后经历了三幕裂陷活动，形成了三套主要烃源岩发育层段，即沙河街组沙三段、沙一段和东营组东三段。

（一）主要烃源岩及分布

研究表明，沙河街组烃源岩是凹陷主力成熟烃源岩，东三段热演化程度低，仅局部深洼有可能达到低熟标准。

沙河街组是南堡凹陷最重要的生油层系，生油量占南堡凹陷的80%左右。从南堡凹陷沉积演化过程来看，裂陷Ⅱ幕的沙三段沉积期，湖盆范围广，水体深，湖相泥岩最发育，是南堡凹陷优质烃源岩形成的最重要时期。其次是沙一段，发育湖相沉积，具备形成烃源岩的地质背景。另外，东营组发育厚层泥岩，是潜在的烃源岩。由多套烃源层系构成的复合生烃系统，是南堡凹陷油气富集的基础。

沙三段沉积期，南堡凹陷湖盆伸展扩张，沉积中心位于拾场—林雀次洼一带，围绕中心发育半深湖—深湖厚层暗色泥岩，主要为深灰色钙质泥岩和灰黑色、深灰色泥岩及油页岩。分布面积为 1200km²，最大厚度超过 700m（图 7-2a）。

沙一段沉积期，南堡凹陷经历了整体抬升后再次沉降的过程，暗色泥岩主要分布在沙一段中上部，主要为浅湖—半深湖相泥岩，分布面积为 1400km²，最大厚度超过 600m，平面上主要分布在林雀—曹妃甸次洼一带（图 7-2b）。

东三段沉积中心位于林雀次洼西部和曹妃甸次洼，暗色泥岩主要分布在林雀次洼和曹妃甸次洼，东三段烃源岩主要形成于浅湖相及半深湖相，在南堡凹陷南部比较发育，分布面积为 1850km²，厚度一般为 300～600m，最大厚度超过 700m。高柳断层以北地区因后期抬升遭受剥蚀，暗色泥岩不发育（图 7-2c）。

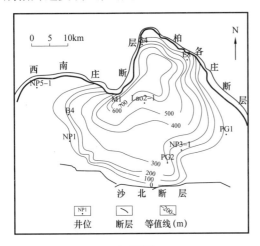

(a) 沙三段

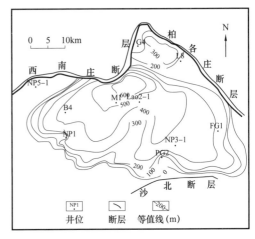

(b) 沙一段

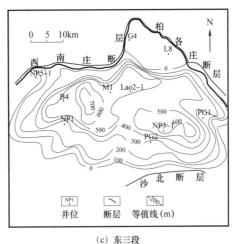

(c) 东三段

图 7-2　南堡凹陷暗色泥岩厚度等值线图

（二）有机质丰度

利用烃源岩总有机碳（TOC）百分含量和岩石热解生烃潜量（S_1+S_2），研究南堡凹陷三个层段有机质丰度。结果表明沙三段烃源岩有机质丰度最高，其次是东三段和沙一段。

1. 总有机碳含量

总有机碳含量是指岩石中所有有机质含有的碳元素的总和占岩石总重量的百分比。南堡凹陷主要烃源岩层系总有机碳测试数据（图7-3）对比表明，沙三段泥岩样品的总有机碳平均含量为1.77%，其中大于2%的样品占38%，证明在沙三段内存在高含总有机碳的优质烃源岩层段；沙一段泥岩样品的总有机碳平均含量为1.24%，总有机碳含量均大于0.5%，其中大于1%的样品占70%，大于2%的样品占21%；东三段泥岩样品总有机碳平均含量为1.11%，其中大于1%的样品占68%，大于2%的样品占10%。

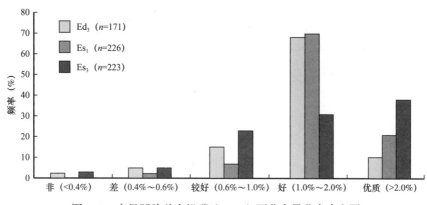

图 7-3　南堡凹陷总有机碳（TOC）百分含量分布直方图

2. 生烃潜量（S_1+S_2）

岩石热解（Rock–Eval）是评价烃源岩的重要方法之一，热解参数S_1表示单位质量岩石中已经生成的烃类，S_2表示岩石中可以生成但尚未转化的烃类。二者之和S_1+S_2表示岩石生烃的潜力，它表示烃源岩残余的和潜在的产油气量，当分析的样品热演化程度较低时，岩石尚未大量排烃，从而可以比较准确地反映岩石可生成油气的总量，主要用来评价有机质丰度。

沙三段暗色泥岩分析样品共264个，岩石热解S_1+S_2含量平均为7.4mg/g，其中大于6mg/g的样品占23%，大于2mg/g占46%；沙一段分析样品共142个，岩石热解S_1+S_2含量平均为2.6mg/g，其中大于2.0mg/g样品占60%；东三段分析样品为10个，S_1+S_2平均含量为5.2mg/g，全部样品均大于2.0mg/g（图7-4）。

按照中华人民共和国石油天然气行业标准《烃源岩地球化学评价方法》（SY/T 5735—2019）中陆相烃源岩有机质丰度评价标准，沙三段有机质丰度最高，其次为东三段和沙一段，均为好—中等烃源岩。

以总有机碳测试数据为基础，综合考虑沉积相展布、地层厚度分布及测井预测总有机碳含量值，对三套烃源岩层系的总有机碳分布进行了预测（范泓澈，2011）。平面上，沙三段总有机碳含量高值区主要在拾场次洼，总有机碳含量大于2.0%的面积约为632km²；沙一段总有机碳含量高值区位于林雀次洼—曹妃甸次洼，总有机碳含量大于2.0%的面积约为563km²；东三段总有机碳含量分布存在两个高值区，分别为林雀次洼和曹妃甸次洼，其中林雀次洼高值区分布范围更为广泛（图7-5）。

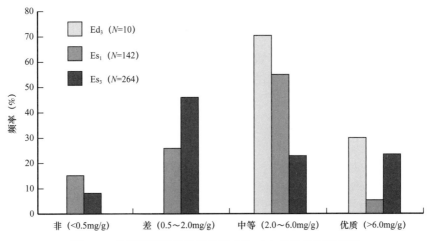

图 7-4　南堡凹陷岩石热解参数（S_1+S_2）含量分布直方图

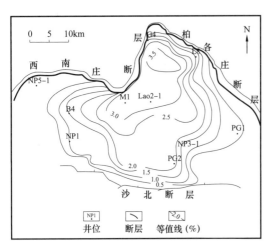

（a）沙三段

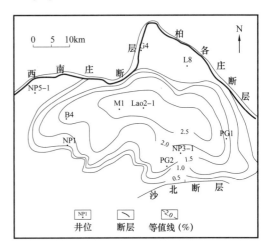

（b）沙一段

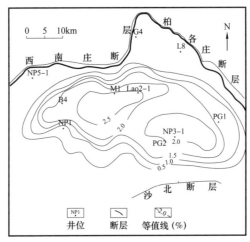

（c）东三段

图 7-5　南堡凹陷总有机碳含量平面分布图

（三）有机质类型

根据干酪根显微组分组成和干酪根元素比值综合划分南堡凹陷烃源岩的有机质类型。

1. 显微组分特征

烃源岩的生烃特征本质上是由显微组分的组成特征决定的，依据不同显微组分的生烃特征不同，将显微组分划分为四类：镜质组、惰质组、壳质组和腐泥组。其中腐泥组利于生油，壳质组可以生油，也可以生气。镜质组和惰质组主要生少量气（金强等，2008；郑红菊等，2007）。

据烃源岩干酪根显微组分分析，南堡凹陷东三段烃源岩干酪根类型以 II_2 型、II_1 型为主，含有少量Ⅲ型；沙一段烃源岩干酪根类型以 II_1 为主，含有少量 II_2 和Ⅰ型；沙三段烃源岩干酪根类型以 II_1 型为主，含有较高含量Ⅰ型，少量 II_2 型和Ⅲ型（图 7-6）。

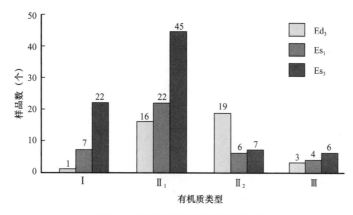

图 7-6　烃源岩有机质类型直方图

2. 干酪根元素组成特征

干酪根主要由 C、H 及可变数量的 O、S、N 等元素组成，在未熟干酪根中这些元素的分布主要取决于有机质的生物来源及有机质的沉积环境。不同生物来源的有机质，由于其原始生物体的化学组成不同，其 H/C 值和 O/C 值也不同，因而，干酪根有机元素的 H/C 值和 O/C 值常用来研究有机质的类型，是干酪根类型评价最为有效的指标，也是与其他有机质类型指标进行对比的标准。东三段烃源岩的 H/C 原子比主要分布区间为 0.8～1.5，O/C 原子比主要分布区间为 0.05～0.15，样品点主要分布在 II_1 型区间内，少量分布于 II_2 型区间，个别在Ⅲ型区间。沙一段烃源岩 H/C 和 O/C 原子比都低于东三段烃源岩，这与各个层段烃源岩的热演化程度有关。沙一段样品点主要分布在 II_1 型区间内，少量分布在 II_2 型区间内。沙三段烃源岩 H/C 和 O/C 原子比相对最低，热演化程度最高，样品分布点集中在 II_1 型区间内，少量分布在 II_2 型区间内（图 7-7）。

综合显微组分与干酪根元素分析，南堡凹陷沙三段烃源岩有机质类型以 II_1 型为主；沙一段烃源岩有机质类型以 II_1 型为主，部分 II_2 型；东三段烃源岩有机质类型以 II_1 型和 II_2 型为主。

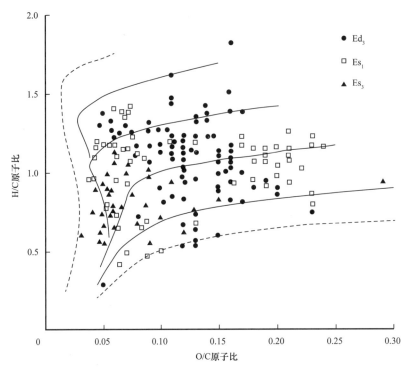

图 7-7　南堡凹陷烃源岩干酪根 O/C 原子比与 H/C 原子比关系图

根据钻井和沉积相预测结果确定了南堡凹陷各层段有机质类型的分布（图 7-8），Ⅰ型干酪根主要分布在生烃洼槽中心，Ⅱ₁ 型干酪根分布范围较广，Ⅱ₂ 型与Ⅲ型干酪根分布在凹陷边缘。

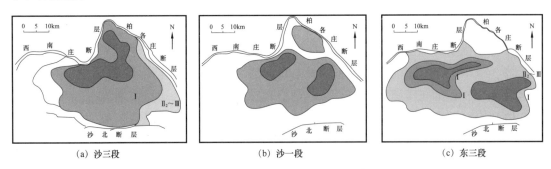

图 7-8　南堡凹陷有机质类型平面分布图

四、储层发育特征

（一）储层发育及分布

1. 明化镇组储层发育特征

南堡凹陷新近系明化镇组下段厚度约为 1000～1200m，主要由一套曲流河沉积的砂泥岩互层组成。根据岩性、电性和旋回性等特征把明化镇组下段自下而上划分为3个油组，即Ⅲ油组、Ⅱ油组、Ⅰ油组，其主要岩性为浅灰色、灰白色细砂岩、含砾不等粒砂岩和灰色、灰绿色以及棕红色泥岩沉积。上部多为厚层泥岩夹块状砂岩和薄层砂岩组成，下部为质纯的厚层泥岩夹薄层砂岩沉积，块状砂岩有向下减少的趋势，总体为砂泥岩互层，由下至上表现为底细中粗顶细的复合旋回沉积特征。其中在Nm下段的中部发育一套厚约100～120m的稳定泥岩段，目前发现的油层绝大多数分布在泥岩段之下的有效储层中，下部的Ⅲ油组为主要含油层段，发育一套曲流河沉积的灰色细砂岩与灰色泥岩的不等厚沉积，地层段视厚度一般为180～200m，岩性主要为浅灰、灰色含砾不等粒砂岩和细砂岩夹灰色、浅棕色泥岩，底部发育厚层块状砂岩，发育含砾不等粒砂岩同Ⅱ油组区别，砂岩自然电位曲线以漏斗形为主，箱形少见。

2. 馆陶组储层发育特征

馆陶组视厚度一般为480～500m，为湖盆坳陷期发育的一套辫状河沉积的砂泥岩互层，地层岩性主要为灰色、灰白色细砂岩、含砾砂岩、砂砾岩夹灰色、灰绿色泥岩。多数井自下而上纵向发育四段式沉积，个别地区为三段（缺少火成岩或底砾岩），每个油组纵、横向划分和对比标志明显。其下部Ⅳ油组发育一套冲积扇沉积的杂色砂砾岩（东部和东北部火成岩不发育区）或薄层砂岩夹玄武质泥岩（西南部玄武岩发育区），地层厚度约为80～220m，目前在其底部高孔砂中获工业油气流；中部Ⅲ油组发育大套火成岩，厚度为5～800m，表现为块状玄武岩或泥化玄武岩，电阻率曲线表现为块状高阻或密集尖峰高阻段，目前仅在少数井的玄武岩裂缝中见油气显示；上部Ⅱ油组为一套低阻薄层灰白色砂砾岩夹薄层泥，顶部为一套分布稳定的10～20m泥岩段，其地层视厚度一般为35～200m，目前是馆陶组的主力油层段；顶部Ⅰ油组为一套厚层块状高阻的砂砾岩段，整体呈两套下粗上细的正旋回组成，地层视厚度为100～280m，目前仅少数井见油气显示。

3. 东营组储层发育特征

南堡凹陷东营组沉积期，受断层长期活动的影响，其盆地原型和沉积中心不同于沙河街组沉积期，该时期西南庄断层东段和柏各庄断层活动剧烈，派生出同向走滑高柳断层，三者成为主控盆缘断裂和主控沉积断裂，导致盆地沉降和沉积中心南移，陆地区的沉积作用基本萎缩（平均厚度为500～600m），滩海区的沉积作用持续发育（可厚达1500～2000m）。东营组自上而下也可分为三段，即东一段、东二段和东三段，它们共同构成了一个完整的层序。东三段为该层序的低水位体系域，处于整体发育冲积扇（水下扇）—扇三角洲或辫状三角洲—浊积—湖相沉积体系，北部陡坡带受西南庄断裂和凸起物源控制，发育七大扇三角洲朵叶体，南部缓坡受沙北断裂和沙垒田凸起影响，预测发育三大辫状河三角洲朵叶体；东二段代表本区东营组沉积期的最大水侵期，沉积了厚达200～400m的加积型泥岩段，发育冲积扇—扇三角洲或辫状三角洲—浊积—湖相组成的沉积序列，以"泥包砂"和薄互层沉积为特征；东一段沉积时期，盆地明显萎缩，水体继续变浅，沉积体系向盆地中心迅速迁移，在北堡地区发育大范围辫状河三角洲平原相沉积，老堡南地区发育的辫状河三角洲沉积体规模明显扩大，扇体前缘中水下分流水道异常发育。

4.沙河街组储层发育特征

沙河街组自上而下可分为三段，即沙一段、沙二段及沙三段，这三段地层在凹陷内的沉积特征和储层特征各有差异。沙三段在凹陷东北部的高尚堡—柳赞地区揭露程度较高，其他地区很少揭露。目前从已有的研究结果看，南堡凹陷沙三段沉积和储层主要表现为以下特点：（1）沉积范围广，沉积厚度大，达1000～1200m以上；（2）下部层序沙三$_5$—沙三$_3$亚段主要由湖泊水进体系域及高水位体系域和低水位体系域构成，发育水下扇、扇三角洲、浊积扇和湖相沉积，其水进体系域内的大段湖相泥岩为最有利烃源层之一；（3）上部层序沙三$_2$—沙三$_1$亚段主要由水进体系域和高水位体系域构成，低水位体系域不发育，主要发育扇三角洲、浊积扇和湖相沉积，其水进体系域的大段湖相泥岩也具有一定的生烃能力；（4）沙三段储层砂岩类型主要为岩屑长石砂岩和长石岩屑砂岩，发育次生溶蚀孔隙、原生粒间孔隙、微孔隙和构造微裂隙四大储集空间，属于中孔低渗、中孔中渗和低孔低渗储层，孔隙度平均值为16.5%，渗透率平均值为68.9mD。沙二段在南堡凹陷内不发育，北堡地区普遍缺失沙二段，高尚堡及柳赞地区仅残留一套由粗碎屑及红色造浆泥岩组成的冲积体系，在凹陷低洼部位的沙二段主要为一套低水位体系域河流冲积体系。沙一段形成于湖水较浅、构造较平静的沉积环境之中，主要为浅水扇三角洲和浅湖相沉积，其岩性可分为上、下两段，上段岩性主要为灰白色、浅灰色砂砾岩、细砂岩、粉砂岩与浅灰色、深灰色泥岩呈不等厚互层，并在高尚堡地区发育有一定程度的生物灰岩；下段为浅灰色细砂岩、粉砂岩与浅灰色泥岩的薄互层。该段浅湖相泥岩生烃能力较差，但具有一定封盖能力，为良好的区域或局部盖层，其内细砂岩也具有一定储集能力，目前在南堡5号构造局部地区已发现少量油气显示。

整体看，南堡凹陷沙一段—沙三段发育低水位体系域半深湖相扇三角洲沉积，夹火山岩层，扇三角洲前缘以含砾砂岩、砂岩与灰色泥岩互层，旋回特征不明显，前扇三角洲以薄砂泥岩互层为特征，厚层火成岩以底部玄武岩和顶部火山碎屑岩组成一个完整的火山喷发旋回，玄武岩以拉斑玄武岩为特征，是南堡凹陷早期强烈断陷活动的产物。

5.前古近系储层发育特征

前古近系储层中寒武系和奥陶系储层主要以碳酸盐岩沉积为主，储集空间主要为缝洞型储层，储层厚度大，非均质性较强。南堡1和南堡2号构造上发现奥陶系油气显示，岩心分析显示该段碳酸盐岩储层属于中奥陶统下马家沟组，属潮坪沉积，以泥晶灰岩为主，具泥晶结构，储集空间主要为裂缝，其孔隙度为0.4%～1.0%，平均为0.7%，渗透率为0.16～9.87mD，平均为2.83mD，属于特低孔、特低渗型孔隙—裂缝型储层，油气主要分布于晚期构造缝中。前古近系中生界侏罗系和石炭系储层目前主要在周边凸起区发现油气，侏罗系储层主要以滨浅湖背景上的扇三角洲前缘沉积为主，且主要以扇三角洲外前缘沉积为主，其岩石由砾岩、砂砾岩、含砾砂岩及砂岩系列组成，且以细砂岩为主，目前揭示的侏罗系储层分布在西南庄断裂—高柳断层—柏各庄断裂以北，西南庄断裂以北及柏各庄潜山是今后寻找侏罗系潜山油藏的有利储集区域。石炭系储层主要沉积类型为扇三角洲沉积体系，北部为平原亚相，向南部过渡为扇三角洲前缘和前扇三角洲亚相，发育砂泥岩薄互层；石炭系内的砂岩、含砾砂岩为储层，其内部碳质泥岩和泥质岩类可作盖层，形成自生自储型组合。

（二）物性特征

明化镇组储层主要发育曲流河沉积，主要岩石类型为岩屑砂岩、岩屑长石砂岩，其砂层厚度大，平均厚约130m，分布广，储层物性普遍表现为高孔特高渗和高孔中渗特点，平均孔隙度为31.2%，平均渗透率为630mD左右，处于早成岩晚期，以原生粒间孔隙为主，多数具有特大孔中喉型孔隙结构，属于最优质储层。如NP1井明化镇组孔隙度平均为28.9%，水平渗透率平均为2563.1mD。不同地区明化镇组储层孔隙度特征可能有所差异。

馆陶组储层主要发育辫状河沉积，砂体厚度大，平均厚约150m，分布广，储层物性普遍表现为高孔中渗特点，平均孔隙度为30.0%，平均渗透率为450mD左右，处于早成岩晚期，以原生粒间孔隙为主，多数具有特大孔中喉型孔隙结构，属于优质储层。

东营组不同沉积时期的储层特征有所不同。东一段沉积环境为进积型扇三角洲沉积，单砂层最大厚度为40m，一般为3～12m，含砂率一般为57%，砂岩主要是长石砂岩，碎屑成分主要是石英和长石，石英含量占50%以上；岩石的分选性为中—好，磨圆度为次圆，少量为次圆—次棱；其胶结类型是孔隙式胶结；其储层有效孔隙度一般为20%～30%，平均为24.9%，渗透率一般大于50mD，平均为445mD，具有特大孔细喉型孔隙结构，综合评价东一段储层为中—高孔隙度、渗透率优质储层。东二段代表本区东营组沉积期的最大水侵期，东二段储层以"泥包砂"和薄互层沉积为特征，岩性为细砂岩、中砂岩及含砾不等粒砂岩，最大单砂层厚度可达25.7m，一般都在3～7m；砂岩的碎屑成分以石英、长石为主，岩屑含量一般在13%～23%；岩石的分选性为中—好，磨圆度为次圆—次棱角及次棱角—次圆；胶结类型是孔隙式胶结。砂岩储层有效孔隙度为14.2%～25.8%，平均为22.2%，渗透率一般大于5mD，平均为170.4mD，为中孔中渗储层。东三$_上$亚段储层岩性为细砂岩、中砂岩及含砾不等粒砂岩；砂岩的碎屑成分以石英、长石为主，次为酸性、中基性喷出岩岩屑及花岗岩岩屑等；岩石的分选性为差—中，磨圆度为次圆—次棱角及次棱角—次圆；胶结类型是孔隙式胶结；砂岩储层有效孔隙度为15%～21%，平均为19.2%，渗透率一般为1～300mD，最高为457mD，平均为113.8mD，为中孔中低渗储层。东三$_下$亚段储层岩性以中、细砂岩及薄层含砾不等粒砂岩为主；砂岩的碎屑成分以石英、长石为主，石英次生加大普遍，长石有溶蚀现象；岩石的分选性中等，磨圆度为次棱角—次圆、次圆及次圆—次棱角；胶结类型是孔隙式胶结；砂岩储层有效孔隙度为10%～21%，平均为16.4%，渗透率一般大于1mD，最高为557mD，平均为27mD，为中孔中低渗储层。储层物性总体表现为从东一段到东三段明显变差（图7-9、图7-10）。

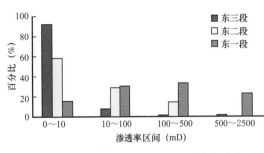

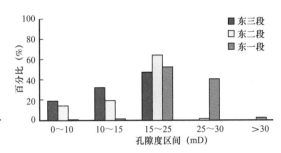

图 7-9 南堡凹陷东营组不同层段孔隙度直方图　　图 7-10 堡凹陷东营组不同层段渗透率直方图

　　沙河街组储层发育滨浅湖相和扇三角洲交互沉积，以中、细砂岩及薄层含砾不等粒砂岩为主，受成岩作用改造影响较大，石英次生加大普遍，长石有溶蚀现象，其储层物性明显低于东营组。以拾场次洼为例，沙三段储层孔隙度一般在 10%～24% 之间，最大孔隙度为 47.54%，最小孔隙度为 2.9%，平均孔隙度为 16.27%（图 7-11）。沙三段储层渗透率一般为 4～160mD，最大渗透率为 1496mD，最小渗透率为 0.1mD，平均渗透率为 47.82mD。按常规评价标准为中孔中渗到低孔—低渗特低渗储层（图 7-12）。

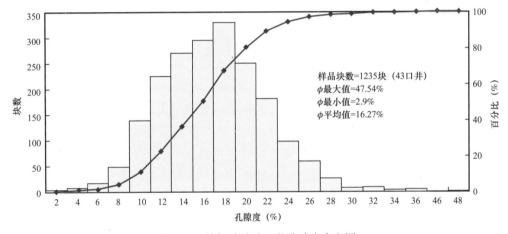

图 7-11 拾场洼陷沙三段孔隙度直方图

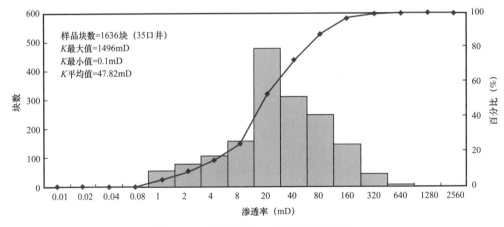

图 7-12 拾场洼陷沙三段渗透率直方图

总体上，拾场次洼随着深度的增加，储层孔隙度、渗透率明显变小（图7-13），压实作用是影响储层物性变差的关键因素。

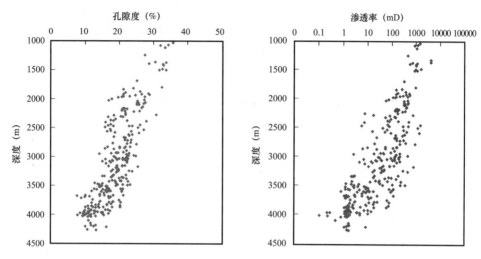

图7-13　拾场次洼储层物性与深度关系图

（三）储层综合评价

储层评价是储层研究的综合结果和认识，是油气勘探的主要依据之一。正确地进行储层评价对石油天然气勘探有着重要意义。

1.储层评价依据

对南堡凹陷古近系储层评价主要是参考行业储层分类标准，根据实际研究制定出合理实用的评价标准，依据有利沉积相带、孔隙类型和结构特征、砂体类型及储集性能等进行储层评价与预测。

有利的沉积条件是控制储层质量的重要因素，研究区主要的沉积相类型主要包括三角洲、扇三角洲、近岸水下扇、浊积扇、湖相等，研究认为三角洲储层物性最好，其次为扇三角洲，近岸水下扇稍次。三角洲沉积相中以三角洲前缘亚相中的水下分流河道、河口坝储层质量最好，扇三角洲中主要的储集体为扇三角洲前缘亚相的水下分流河道，近岸水下扇中以扇中水道的储集性能最好。

研究区孔隙类型包括剩余原生孔、粒间溶孔、粒内溶孔、杂基微孔等，以原生粒间孔隙及次生溶蚀孔隙为主要孔隙类型的砂岩具有高孔隙度、高渗透率和低排驱压力、低饱和度中值毛细管压力以及低的最小非饱和孔隙体积的特征。当同时含有微孔隙时可以改善渗透率，而当含有较多的杂基内微孔时，则会大大降低渗透率，同时也降低孔隙度。

以粒内溶孔为主要孔隙类型的砂岩具有高孔隙度、低渗透率的特点，具大孔细喉型孔隙结构，具有中排驱压力、饱和度中值毛细管压力。以杂基内微孔隙、晶体再生长晶间孔隙为主要孔隙类型的砂岩则具有低—中等的孔隙度、低渗透率和高排驱压力、饱和度中值毛细管压力以及高的最小非饱和孔隙体积百分数的特征。剩余粒间孔的存在并不会改善它的渗透率，只有当含有较多的构造裂缝或经过较强的溶蚀作用时，这类砂岩才有可能具有较高的初产量。

层理及纹理缝，胶结物的晶间孔隙、黏土或其他组分的收缩孔不是砂岩储集岩的主要孔隙类型，只占总孔隙体积的很小部分。

2. 储层分类标准

通过对比根据我国主要油气田所取得的砂岩毛细管压力曲线参数、物性资料和铸体薄片资料鉴定制成的储层分类的标准（表 7-2），南堡凹陷砂岩储层主要以 I 、 II 类储层为主，其次为 III 类储层，IV 类少见。

表 7-2　中国石油储层分类标准

类别	亚类	孔隙类型		粒度范围	物性		毛细管压力特征			最大连通孔喉半径（μm）
		主要的	次要的		孔隙度（%）	渗透率（mD）	排驱压力（大气压）	饱和度中值毛细管压力（大气压）	最小非饱和孔隙体积百分数（%）	
I	a	A 或 E	B, I, C	细、中（粗）	>25	>600	<0.2	<0.7~2	<10	>37.5
	b	A 或 E	B, D, C	中、细	20~30	100~600	0.2~1	0.2	<20	7.5~37.5
	c	A 或 E, B	C	中、细、极细	20~30	100~300	0.2~1	0.2~1	<30	7.5~37.5
II	a	B, G	A, E, I	细、极细	13~20	10~100	1~3	1~3	20~25	2.5~7.5
	b	B, G	A, E	细、极细	13~20	5~50	3~5	3~5	20~35	1.5~2.5
	c	B, G	E	细、粉	12~18	1~20	5~7	5~7	25~35	1.5~2.5
III	a	B 或 F	D, I,	细、极细	9~12	0.2~1	7~9	7~9	25~45	1.07~1.5
	b	B 或 F	D, H	细、粉	7~9	0.1~0.5	9~11	9~11	35~45	0.83~1.07
IV		B 或 F	H	极细、粉	<6（油）<4（气）	<0.1	>11	>90	>45	<0.68

注：A—粒间孔；B—微孔；C—矿物解理缝；D—层间缝；E—溶孔；F—晶间孔；G—剩余粒间孔；H—收缩缝；I—构造缝。

1）好储层

沉积相类型以三角洲前缘水下分流河道、河口沙坝以及扇三角洲前缘水下分流河道为主，颗粒粒度为中、细砂岩，主要的孔隙类型为剩余原生粒间孔或次生的粒间溶蚀孔隙，为 I 类储层。虽然含有少量的杂基及胶结物，使一部分大孔隙为小孔喉所控制，但是主要的孔喉半径都大于 10μm，孔隙度大于 20%，各种微裂缝及纹层和层理缝的存在可以进一步改善其渗透率。

2）中等储层

沉积相类型以扇三角洲前缘水下分流河道、近岸水下扇扇中水道、浊积扇为主，主要的孔隙类型包括剩余原生粒间孔、颗粒内溶孔、杂基内微孔隙，以及胶结物的晶间孔隙，胶结物未充填满孔隙并具有一定数量的粒间溶蚀孔隙，为Ⅱ类储层。由于杂基含量增多，部分粒间孔隙或溶蚀孔隙受杂基内微孔隙喉道所控制。最大连通孔喉半径在 $1\sim7.5\mu m$ 范围内，孔隙度范围在 $12\%\sim20\%$。粒间孔及溶蚀孔含量增多可以改善其储集性，而构造裂缝比较发育可以改善其渗透率。

3）差储层

沉积相类型以三角洲前缘水下分流间湾、前缘席状砂、扇三角洲水下分流河道间、前缘席状砂为主，主要孔隙类型为杂基内微孔隙或者是晶体再生长间隙。粒间孔隙或溶蚀孔隙很少，为Ⅲ类储层。颗粒的粒度为细砂—粉砂，杂基及胶结物含量明显增多，颗粒间几乎全部为杂基及胶结物所充填。孔隙和喉道都很小，在薄片下很难区分。最大连通孔喉半径一般只有 $1\mu m$ 左右。

4）非储层

主要孔隙类型依然是杂基内微孔或者是晶体再生长晶间隙，裂缝和溶蚀孔隙不发育，为Ⅳ类储层。颗粒为粉—极细粒，基底式胶结。压实作用或胶结作用强烈，微孔隙十分细小，晶间孔镶嵌的很紧密，在镜下几乎见不到任何孔隙。

3. 储层综合评价

根据上述储层评价标准，结合各层序沉积相平面分布图、砂地比、孔隙度渗透率平面分布图，可以对南堡凹陷古近系的储层做出最终综合评价与预测。

对南堡凹陷古近系油层物性数据分析发现，砂岩储层中孔隙度最高可超过40%，一般为 $10\%\sim30\%$，集中分布在 $12\%\sim25\%$，对不同含油级别砂岩物性统计发现，不同级别的含油砂岩孔隙度平均值为 $15\%\sim29\%$（表7-3），粗砂岩、中砂岩和细砂岩的物性相对较好，综合分析认为好油层孔隙度下限为12%，含油储层下限为7%（图7-14）。

表7-3　南堡凹陷不同含油级别砂岩物性特征

含油级别	岩石类型	孔隙度（%）	渗透率（mD）	含油饱和度（%）
富含油	砂砾岩、含砾不等粒砂岩、粗砂岩、中砂岩、细砂岩	21.8	664	18
含油	粗砂岩、中砂岩、细砂岩	29	1032	14
油浸	砂砾岩、含砾不等粒砂岩、粗砂岩、中砂岩、细砂岩、粉砂岩	18	87	17
油斑	砂砾岩、含砾不等粒砂岩、粗砂岩、中砂岩、细砂岩、粉砂岩	18	109	12
油迹	含砾不等粒砂岩、粗砂岩、中砂岩、细砂岩	15	87	7
荧光	含砾不等粒砂岩、粗砂岩、中砂岩、细砂岩、粉砂岩	17	53	5

1）滩海地区

滩海地区，东营组发育大面积的三角洲沉积体系，凹陷中心深湖区发育小规模的滑塌浊积扇，砂岩横向变化快、储层非均质性强，砂岩分选性和磨圆度属于中—好。东一段

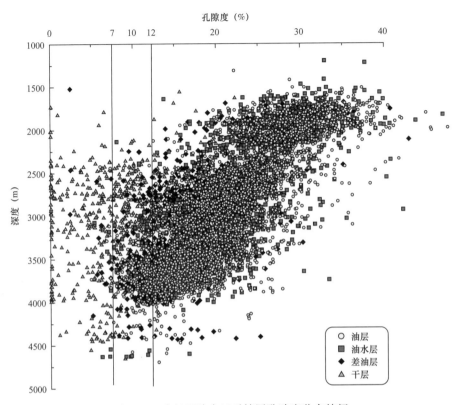

图 7-14　南堡凹陷古近系储层孔隙度分布特征

孔隙度较高，为 20%～30%，渗透率一般大于 50mD，属于中—好储层，砂层厚度一般为60～250m；东二段储层孔隙度在 5%～20% 之间，渗透率平均为 10mD，为中—差储层；东三段孔隙度峰值在 5%～15%，渗透率小于 1mD，为中—差储层。

　　2）老爷庙地区

　　老爷庙地区位于边界断层陡坡带边缘，东营组沉积时期主要发育近岸水下扇沉积体系，前端发育规模较大型滑塌浊积扇、深水浊积扇等重力流沉积，储层主要为中—细砂岩，以长石岩屑砂岩和岩屑长石砂岩为主，孔隙类型包括原生粒间孔、次生溶蚀孔，岩石物性相对较好，东一段孔隙度多为 20%～30%，渗透率变化较大，0.1～1000mD 不等，为中—好储层，东二段孔隙度为 15%～25%，渗透率峰值为 10～100mD，为中—好储层，东三段孔隙度为 10%～20%，渗透率小于 100mD。为中—差储层。

　　3）北堡地区

　　北堡地区位于西南庄断层西缘，东营组沉积时期发育扇三角洲沉积体系，储层以扇三角洲前缘的中细砂岩为主，岩石类型以长石岩屑砂岩和岩屑长石砂岩为主，少量岩屑砂岩，孔隙类型比较多，包括原生粒间孔、次生粒间溶孔、粒内溶孔、铸模孔以及黏土矿物晶间孔。东一段物性较好，孔隙度峰值为 25%～30%，渗透率大于 100mD，为好储层；东二段储层非均质性强，孔隙度为 5%～25% 不等，渗透率相对较差，且分布不均，一般为 0.1～100mD，峰值为 0.1～1mD，为中—差储层；东三段孔隙度峰值为 15%～20%，渗透率为 1～10mD，为中等储层。

4）高尚堡地区

高尚堡地区在高柳断层以北储层主要为东三段、沙河街组扇三角洲砂岩，高柳断层以南，包括沙河街组和东营组扇三角洲、近岸水下扇砂体。岩石类型以长石岩屑砂岩、岩屑长石砂岩为主，成分成熟度低，孔隙类型包括原生粒间孔、次生溶孔以及黏土矿物中的晶间孔。高尚堡地区东一段孔隙度为 10%～20%，渗透率为 0.1～1000mD 不等，为中—差储层；东三段孔隙度为 5%～20%，峰值在 10%～15%，渗透率分布范围为 0.1～100mD，峰值小于 1mD，为中—差储层；沙河街组物性较好，尤其是沙一段、沙三段，孔隙度峰值分别为 15%～25%、15%～20%，渗透率峰值沙一段为 1～100mD，沙三段为 10～100mD。储层为中—好储层。

5）柳赞地区

柳赞地区位于凹陷东北部，沉积相类型有扇三角洲、近岸水下扇，储层主要为砂岩，以沙三段为主。岩石类型包括长石岩屑砂岩和岩屑长石砂岩，孔隙类型包括原生粒间孔、粒间溶蚀孔、铸模孔以及晶间微孔等。柳赞地区沙河街组孔隙度多为 10%～15%，渗透率为 1～1000mD 不等，峰值小于 1mD，为中—差储层。

第三节　油气藏特征与分布规律

南堡凹陷是一个具有多幕断陷活动、多沉积旋回的古近—新近系含油气凹陷，发育了多套烃源岩，具有多种形式的构造样式，历经多期的油气生成、运移和聚集的过程，从而形成了多种类型的复式油气聚集带。

一、油气藏特征

（一）常规油气藏特征

南堡凹陷是一个具有多幕断陷活动、多沉积旋回的古近—新近系含油气凹陷，发育了多套烃源岩，具有多种形式的构造样式，历经多期的油气生成、运移和聚集的过程，从而形成了多种类型的复式油气聚集带。

1. 中浅层（明化镇组、馆陶组、东一段）成藏特征

中浅层油气藏的发育特征与整个渤海湾盆地的成藏规律是基本一致的，其成藏机制都是深部烃源岩，经过断层向上运移，在浅层构造中形成聚集。具体到南堡凹陷，其成藏规律和油气藏分布规律主要表现为以下三个方面。

（1）浅层的油气藏是典型的次生油气藏，有利的构造背景是浅层油气聚集的重要条件，油源断层的发育程度和分布方式是浅层油气聚集的关键因素，在油源断层转换带的油

气最为富集。

（2）边界断层晚期的活动方式和活动强度决定了断层两侧浅层油气的分布，西南庄断层晚期以拉张作用为主，构造活动较弱，有利于下降盘裙边构造带油气的保存；柏各庄断层晚期以张扭作用为主，构造活动增强，有利于上升盘浅层低幅度构造的形成与油气的运移和聚集。

（3）南堡凹陷滩海地区的南堡、老堡和蛤坨构造带具备潜山披覆构造背景，构造规模大，近油源分布，是浅层油气聚集的重要领域，老堡南断背斜、南堡断背斜、北堡西断背斜以及蛤坨断背斜是有利的勘探目标；南堡凹陷陆地地区的高尚堡、柳赞、老爷庙和西南庄裙边构造带是深化浅层勘探的关键领域，高尚堡背斜、柳南背斜、庙北背斜、唐海断鼻是深化浅层勘探的有利目标。

2. 中深层（东二段—沙一段）成藏特征

大量油源对比研究表明，中深层和中浅层的油气主要来自其下伏的沙河街组。目前勘探揭示断层是沟通沙河街组油源的主要通道。根据最新的研究成果，认识到中深层和中浅层的断层活动期为明化镇组沉积期，油气大量生成期也为明化镇组沉积期，活动强烈期与油气大量生成期相匹配，有利于油气成藏。

由于中深层的油藏具有混源的特点，所以具有原生和次生两种成藏机制。就其次生机制来讲，构造尤其是油源断层的作用是成藏过程中的重要因素，油气藏的分布与油源断层分布相关；而作为原生油藏，则表现为受生烃中心的控制，围绕生烃中心分布的构造或岩性圈闭都是油气聚集的场所。而更多的是受构造和岩性双重因素的控制。

从区域上分析，中深层的油气藏分布主要受西南庄和高柳断层以南的构造带控制，主要接受南部凹陷中心的生烃洼陷的油源。凹陷北部所发现的老爷庙油田和北堡油田主要接受南部生烃洼陷的单向油源；而高南地区东营组油藏由于接受了南、北两个生烃中心的油源，其资源丰度明显高于前两个油田（第八章将详细描述）。南堡油田中深层油气分布则受控于储层分布，如南堡3号、4号构造有利砂体发育，油气较为富集高产，而南堡1号、2号构造储层发育差，虽见好的油气显示，但未形成规模储量。

3. 深层（沙河街组）成藏特征

沙河街组现实的勘探领域主要位于凹陷北部的高柳地区，一是因为凹陷北部是沙河街组的沉积和生烃的主要中心，二是处于陆地环境。已发现了高尚堡和柳赞两个亿吨级的油气田。

深层不仅能形成类似高尚堡沙三段构造（断块）油藏，亦可形成斜坡部位上倾尖灭型岩性油藏如高深北高66区块沙三段油藏。而在南堡凹陷南部，由于埋藏深度大，沙三段勘探尚未获得突破。

（二）非常规油气藏特征

为了确定南堡凹陷非常规油气藏类型，本次研究采取类比法，即选取与南堡凹陷相邻的同级别凹陷进行基本石油地质条件对比，根据邻区已发现的非常规油气藏类型并结合本区及邻区相关研究及钻探资料，分析和总结南堡凹陷可能存在的非常规油气藏类型。通过对比南堡凹陷与沧东、歧口凹陷的基本石油地质条件，南堡凹陷在构造特征、沉积特征、烃源岩特征和储层特征等方面与已发现非常规油气藏的沧东、歧口等凹陷有着很强的相似性。由此可以推测，在南堡凹陷应该也存在着与沧东凹陷、歧口凹陷相同的油气藏类型。根据目前大港油田的勘探情况，在歧口凹陷沙一段发现了致密砂岩油气，在沧东凹陷孔二段发现了页岩油气。因此，南堡凹陷古近系也很可能发育有致密砂岩油藏、泥页岩油藏等类型的非常规油气藏。同时南堡凹陷近年来的勘探也相继发现了各种非常规油气，进而证实了南堡凹陷存在着多种非常规油气藏。

二、成藏模式

（一）常规油气藏分布规律

断陷盆地中的油气藏分布往往是围绕着生油凹陷呈环状展布，由于沉积体系、输导体系、成藏动力、圈闭类型及其组合的有序演化，决定了断陷盆地不同类型油气藏分布的有序性。

1. "上油下气"的纵向油气分布

纵向上原生性油气藏分布受烃源岩有机质热演化程度控制，主要与"液态窗"分布范围有关。南堡凹陷油气总体呈现为"上油下气"分布格局，由于沙一段和东三段烃源岩尚未进入生成湿气的高成熟阶段，以此为油源的浅层和中深层油组为油藏；受地层埋藏深度的控制，拾场次洼沙三段烃源岩处于"液态窗"范围，以此为油源的高尚堡和柳赞构造带沙三段油组为油藏，不同的是，林雀次洼和曹妃甸次洼沙三段烃源岩已处于"气态窗"范围，以此为油源的南堡5号构造沙三段和南堡1号至南堡3号古生界潜山油组为凝析气藏。

2. 围绕生烃凹陷呈环带状的平面油气分布

油气勘探实践表明，盆地内油气藏的分布与烃源岩的分布及其生排烃中心具有密切的联系，主要分布在生油区内部和周围。南堡凹陷油气藏围绕生烃中心呈环带状分布特征明显（图7–15），统计表明：烃源岩排烃强度越大的地区其油气储量越大，排烃强度与油气储量基本上呈正相关关系。凹陷内最大的林雀次洼，其累计排烃强度超过 $750 \times 10^4 t/km^2$，主要向其周边的老爷庙、南堡1号、南堡2号及南堡5号构造带供烃，而这四个构造带已发现的油气储量达 $6.65 \times 10^8 t$；其次是拾场次洼，其累计排烃强度在 $350 \times 10^4 t/km^2$，主要向周边的高尚堡、柳赞构造带供烃，而这两个构造带已发现的油气储量达 $2.35 \times 10^8 t$。

南堡凹陷目前已发现的油气藏多为构造类油气藏，这些油气藏的分布格局受次级生烃洼陷控制，油气藏的分布与其距排烃中心的距离呈先增大后减小的规律性变化，其中排烃距离包括横向排烃距离和纵向排烃距离。南堡凹陷已发现油气藏主要分布在横向排烃距离为 0～15km 的范围，其中 5～10km 范围内最多，当横向排烃距离超过 10km，油气藏的个数随排烃距离增加呈减小趋势。

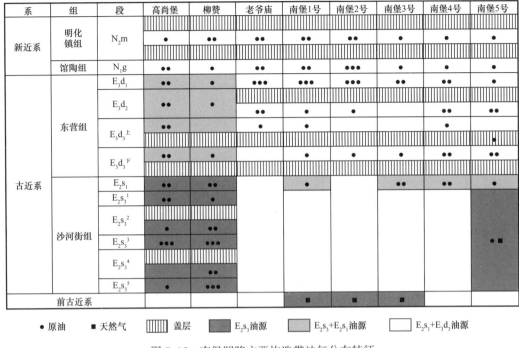

● 原油　■ 天然气　▦ 盖层　▨ E₂s₃油源　▨ E₂s₃+E₂s₁油源　□ E₂s₁+E₃d₃油源

图 7-15　南堡凹陷主要构造带油气分布特征

3. 不同类型油气藏有序性分布

断陷盆地沉积体系、输导体系、成藏动力、圈闭类型及其组合的有序演化，决定了南堡凹陷不同类型油气藏分布的有序性。

1）沉积体系分布

由于南堡凹陷"四面环山"的古地理背景，决定了沉积物四面供给。随着盆地断陷不断沉降、湖水加深，南堡凹陷陡坡（岸）和缓坡（岸）分别发育了众多的冲积扇—扇三角洲沉积体系、冲积扇—辫状河三角洲沉积体系及滨浅湖席状砂—沙坝等。凹陷周缘同沉积断层形成的坡折带内侧，发育了大量的低位扇或浊积扇体等；凹陷中部发育了众多的近、远岸浊积砂体和三角洲前缘滑塌浊积砂体等。不同沉积体系平面分布组合，从盆地边缘向洼陷中心依次形成了冲积扇—扇三角洲—辫状河三角洲发育环、席状砂—沙坝发育环、低位扇发育环和砂岩透镜体发育区，并呈规律性展布（图 7-16）。

2）输导体系类型

断陷盆地不同阶段、不同构造部位发育不同类型的输导体系，陡坡带以砂体—断裂输导体系中的"T"型输导体系为主，缓坡带以砂体—断裂输导体系中的阶梯型输导体系为主，洼陷带以砂体型输导体系为主，盆地边缘地层超剥带则以与不整合相关的输导体系为主。

3）成藏动力

断陷盆地不同部位成藏动力有所不同，从洼陷带到盆地边缘成藏动力依次为异常高压—毛细管压力—浮力—水动力。

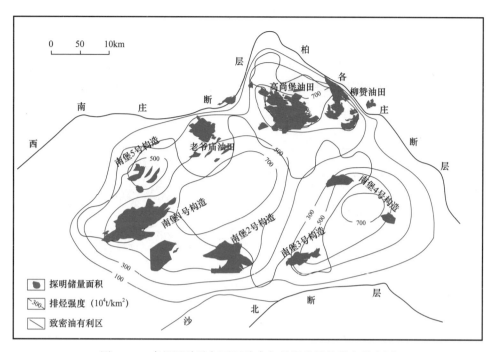

图 7-16　南堡凹陷油气平面分布与烃源岩排烃强度叠合图

4）圈闭类型

南堡凹陷陡坡带内带发育大型滚动背斜或断鼻圈闭，外带发育地层圈闭、断块潜山或砂砾岩体岩性圈闭；缓坡带内带发育中—大型滚动背斜或断阶圈闭，中带多发育反向断块，外带发育地层圈闭；洼陷带发育岩性圈闭。因此，洼陷中心到盆地边缘依次发育岩性圈闭、构造圈闭和地层圈闭。

5）油气藏分布

从洼陷中心到盆地边缘，依次发育高压带岩性或构造—岩性油气藏、过渡压力带（或常压带）构造或构造—岩性油气藏、常压带地层油气藏（图 7-17）；成藏组合，源上成藏组合以常压带构造油气藏为主，其受基底潜山背景控制作用明显，分布在正向构造带主体和周边凸起。源内成藏组合以高压带岩性或构造—岩性油气藏、过渡压力带构造油气藏为主，受控于构造背景与砂体空间展布有效配置，分布在正向构造带主体及其围斜部位和洼陷带。源下成藏组合以常压带地层油气藏为主，分布在正向构造带主体和周边凸起。

（二）非常规油气分布规律

根据研究区已发现的非常规油藏特征，针对典型油藏解剖，分别总结了高尚堡地区沙三段和滩海地区沙一段致密油成藏模式。

致密油气在生成后在排烃的超压作用下直接可以进入储层成藏。因此控制致密油气成藏的主要因素就是烃源岩和储层。烃源岩生烃排出油气，在超压作用下进入临近的致密砂岩储层中，在储层发育的各种次生孔隙中聚集成藏，而向上由于压力的降低，致密储层自身较高的排替压力就能封堵油气继续向上运移，因此油气将在致密储层中进行侧向运移，而控源断层和烃源岩内部的输导砂体也可以控制油气的运移。

1. 高尚堡地区沙三段致密油分布规律

高尚堡沙三段致密砂岩成藏模式主要为源外—超压充注—断砂联合输导—次生孔缝型致密砂岩成藏模式（图 7-18）。

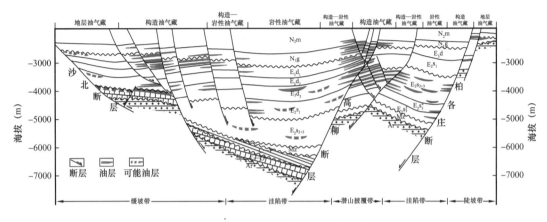

图 7-17 南堡凹陷油气藏有序性分布模式

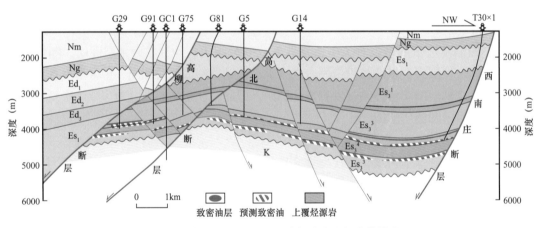

图 7-18 高尚堡地区沙三段致密砂岩油气成藏模式

源外—超压充注—断砂联合输导—次生孔缝型致密砂岩油藏，致密储层位于 Es_3^4 亚段烃源岩之上（高 29 井区）。油气通过控源断层进行垂向运移，紧邻控源断裂的砂体既可以作为油气横向运移的通道，又可以成为油气聚集的储层。超压是油气初期运移和二次运移的主要动力，油气在超压作用下充注进入储层。储层中发育各种次生孔—缝系统是储集油气的主要储集空间。

2. 滩海地区沙一段致密油分布规律

滩海地区沙一段典型的成藏模式主要为源内—超压充注—次生孔缝型致密砂岩成藏模式（图 7-19）。

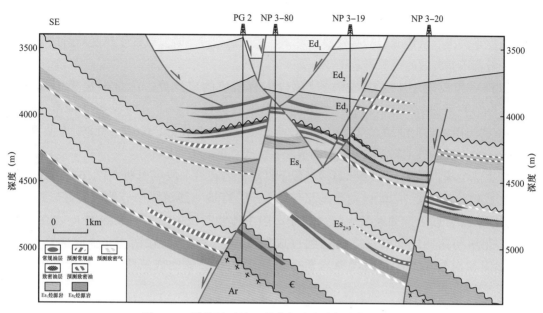

图7-19　滩海地区沙一段致密砂岩油气成藏模式图

　　源内—超压充注—次生孔缝型致密砂岩油藏，与源外成藏模式不同的是，这类致密油藏附近无控源断层，致密油气由于超压作用，直接进入紧邻烃源岩、或与烃源岩互层的砂体中（南堡3-20井区），距离一般在0.5～2m，而砂体厚度相对较薄，且储层多是砂泥互层，此类致密油藏的面积直接决定于烃源岩的展布以及与烃源岩紧邻的致密砂岩储层特征，油气仅发生初次运移，致密储层中的次生孔缝系统也是决定致密油成藏的关键因素。

第四节　常规与非常规油气资源潜力

一、油气资源评价

（一）石油资源评价

本次南堡凹陷盆地级的油气资源评价采用成因法中的盆地模拟法。

　　1.地质模型及关键参数研究与选取

　　本次评价采用成因法中的盆地模拟法进行资源量计算，模拟软件采用北京勘探开发总院研制的Basims6.0软件，地层底界选为沙河街组（沙三段）底部，共划分出11个模拟地层。系统考虑了全区96口井钻井数据，共采集各类数据近3万个，这些井网较好地控制了全区构造和主要区带的分布。

　　2.含油气系统的生烃灶及其演化过程

　　沉积岩石中分散有机质的成熟度是烃源岩评价的重要指标之一，有机质成熟度的高低决定着生成物的性质和数量。因此，对于油气生成而言，丰富的有机质堆积是基础，而热成熟程度是关键。从烃源岩的有效性来看，那些未达到成熟阶段或处于热变质阶段的烃源岩，一般都不是有效的烃源岩。

以镜质组反射率（R_o）来标定烃源岩中有机质的成熟度，这是根据模拟标准井的 TTI—R_o 关系曲线或 Easy R_o 法求出的。根据我国陆相生油岩的成熟度标准，一般将 R_o=0.6% 作为工业油藏的上限，即 R_o 小于 0.6% 为未成熟，0.6%~0.8% 为低成熟；0.8%~1.3% 为成熟；1.3%~2.0% 为高成熟；大于 2.0% 为过成熟。

根据热史模拟结果，南堡凹陷沙三段下部烃源岩在沙一段沉积期（37.16—36Ma）即已达到成熟阶段（图 7-20），主要是北部北 5—高 3105 一线沉降中心地带大量成熟，最大 R_o 达到 1.0% 以上，并大量生烃。现今凹陷主体沙三段生油岩的成熟度 R_o 均在 1.0% 以上，北堡与南堡之间的深陷区达到过成熟（2% 以上）。而在南、北隆起的高部位，由于埋深相对较小，沙三段烃源岩至今仍处于 R_o<1.3% 的成熟阶段，有较好的生烃潜力。

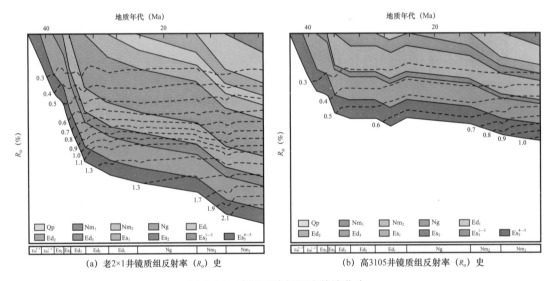

图 7-20　南堡凹陷烃源岩热演化史

东营组烃源岩在馆陶组沉积末期（14.4Ma）进入成熟门限，由于大面积坳陷，成熟范围较大，且后期明化镇组广泛沉积，至今全盆地东营组均处在成熟演化阶段，东营组烃源岩围绕盆地中心广泛成熟，只有局部地区（西部南堡附近）达到过成熟（R_o>1.3%）。

3. 生烃灶的时空分布及演化特征

生烃灶是含油气系统成藏的源泉，因此解析生烃灶的时空演变对于预测油气成藏规律至关重要，下面按照沉降沉积旋回简要论述沙三段和东营组生烃灶演化特征。

沙三段是南堡凹陷含油气系统中最重要的烃源岩层，其生油岩类型为暗色泥岩。由于该套生油岩的有机质丰度都很高（有机碳含量平均为 1.86%），母质类型较好，因此，生烃量巨大。

热史模拟表明，沙三段烃源岩在沙一段沉积末期即达到成熟生烃阶段，东营组沉积末期至馆陶组沉积期（24.6—14.4Ma）达到生油高峰。有效生烃灶的位置与当时的沉降中心基本吻合，生油强度最大的地区分别在北部柳南洼槽（高参 1—高 6）、西部的南堡洼槽（北 30 一带）、中部老 2x1 井一带，以及东南部的曹妃甸洼槽（老海 1—蛤坨 1 以南）地带，生油强度在（240~500）× 10^4t/km^2。其中沙三上亚段的主力生油中心主要位于西部的南堡洼槽一带，生油强度达 250 × 10^4t/km^2。

明化镇组沉积以来，凹陷深部的沙三段烃源岩由于处于过成熟的热演化程度，因而主要生气（含有一定量的裂解气），至今都处在生气窗内，最大生气强度达 450 × 10^4t/km^{2}以上。

因此，沙三段烃源岩的生油高峰主要在东营组沉积末期至馆陶组沉积初期，而生气高峰则持续至今。

东营组是本区含油气系统内另一重要的烃源岩层系，对中浅层油气的成藏至关重要。主要是东三段烃源岩成烃潜力较大，平均有机碳含量达 1.05%，东二段生烃潜力有限。

东三段烃源岩主要在馆陶组沉积末期进入成熟门限，经过明下段沉积期大面积生烃，至明上段沉积末期达到生烃高峰。生烃灶主要位于凹陷沉降中心地带，以柳南洼槽和南堡洼槽生油强度最大达 170 × 10^4t/km^2，生气中心与生油中心一致，只是南堡洼槽由于烃源岩埋藏最深，生气强度较其他洼槽显著增大，达 135 × 10^4t/km^{2}以上。现今东三段生烃灶继承发展，生烃量持续增加。东三段生油量史与生气量史相似，都是在明上段沉积末期达到高峰。

4. 生烃灶的生烃历史定量分析

南堡凹陷含油气系统中沙三段至东二段 5 个层段均有有效烃源岩分布，主力烃源岩是沙三、东三和沙一段，他们构成了该系统成藏的复合生烃灶。不同层系的烃源岩在不同时期由于热演化程度不同，成烃量的大小和供烃范围亦不同。因此，在"定源（灶）"的基础上，定量模拟含油气系统复合生烃灶的成烃演化历史，是实现含油气系统"定量"和"定向"分析的重要前提。

根据地质模型和参数模型，利用含油气系统模拟软件 PetroSys6.0 定量模拟了 6 个层系（其中沙三段分上、下两亚段）烃源岩的生排烃历史，其中的累计生油 / 气量是在各阶段有效生油量基础上累加起来的，代表了该套烃源岩到某阶段的累计最大生油 / 气量，其中的某一部分可能已经裂解为干气（图 7–21）。

从表中可知，3 个模拟烃源岩层系对南堡凹陷含油气系统的成烃贡献是不一样的（表 7–4），以沙三段成烃贡献最大，总生油量达 5413.8 × 10^6t，占南堡凹陷总生油量的 47.5%；其他重要烃源岩层段依次为沙一段和东三段，分别占南堡凹陷总生油量的 44.6%和 7.9%。因此南堡凹陷主力烃源岩层系共有沙三段和沙一段两套，其成烃贡献占了全区的 92.1%。

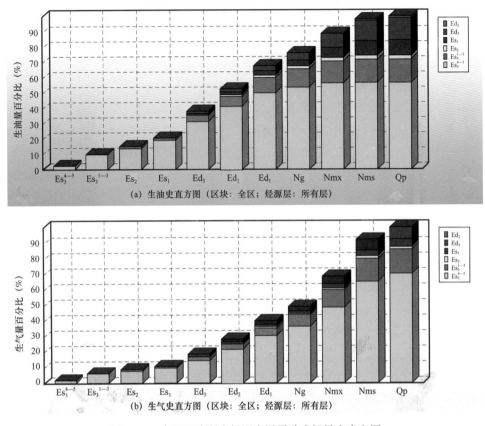

图 7-21　南堡凹陷所有烃源岩层累计成烃量史直方图

表 7-4　南堡凹陷不同烃源岩层的现今累计成烃贡献

烃源岩层	Ed_3	Es_1	Es_3
累计生油（10^6t）	906.1	5109.2	5413.8
贡献率（%）	7.9	44.6	47.5

东三段的生烃潜力一直是油田勘探评价中关心的问题之一。根据现有的资料分析，不难看出，东三段的生烃潜力十分有限。现今生油量只有 906.1×10^6t，仅占全系统总生油量的 7.9%；其生烃灶的生油强度也只有 $14 \times 10^4t/km^2$，不及沙三段最大生烃强度的 1/30；排油强度只有 $2.5 \times 10^4t/km^2$，不能构成有效的供烃灶。

造成东三段生烃潜力小的原因，主要是该段烃源岩埋藏深度不足，热演化程度较低，$R_o < 0.8\%$。仅在林雀及曹妃甸次凹深部有部分达到低熟阶段。

5. 盆地模拟结果

根据盆地模拟结果得出南堡凹陷总生油量为 114×10^8t（表 7-5）。

表7-5　南堡凹陷盆地模拟结果表

单元	高柳	老爷庙	南堡1	南堡2	南堡3	南堡4	南堡5	蛤坨	合计
烃源岩体积（km^3）	185.0	201.0	111.0	231.0	80.6	107.0	106.0	43.0	1064.6
生油量（10^8t）	24.6	13.2	25.3	21.4	7.5	12	8.8	1.2	114.0
排油量（10^8t）	12.5	6.1	6.5	7.3	2.3	4.3	3.3	1.7	44.0

6. 石油资源量

根据生排烃量与运聚系数就可以计算出目标区资源量。本文采用排油量与排聚系数相乘来计算油资源量。南堡凹陷油排聚系数平均取值为29.4%，计算石油资源量为13.01×10^8t。

（二）天然气资源评价

根据盆地模拟结果计算南堡凹陷总生气量为$62576 \times 10^8m^3$，天然气聚集系数参考渤海湾盆地研究成果，取值4%，计算天然气地质资源量为$2512 \times 10^8m^3$（表7-6）。

表7-6　南堡凹陷盆地模拟结果与天然气资源量

单元	高柳	老爷庙	南堡1	南堡2	南堡3	南堡4	南堡5	蛤坨	合计
烃源岩体积（km^3）	185.00	201.00	111.00	231.00	80.60	107.00	106.00	43.00	1064.6
生气量（10^8m^3）	7878	6955	5946	8513	14058	9282	7377	2568	62576
天然气聚集量（10^8m^3）	315	278	238	341	562	371	295	103	2503

二、常规油气资源潜力

（一）深层区带划分与分类

根据南堡凹陷含油气系统模拟，将南堡凹陷深层纵向上划分为2套含油组合，其中源内含油组合平面划分为7个区带，分别为高尚堡—柳赞构造带、老爷庙构造带、南堡1号构造带、南堡2号构造带、南堡3号构造带、南堡4号构造带、南堡5号构造带。源下含油组合划分为6个区带，分别为高尚堡—柳赞构造带、南堡1号构造带、南堡2号构造带、南堡3号构造带、南堡4号构造带、南堡5号构造带。高尚堡—柳赞构造带属于高勘探程度区，其他单元的勘探程度都很低，资源评价只能采用地质类比或地质分析的方法。

（二）深层不同类型区带成藏条件及成藏规律

1. 高柳构造带沙河街组油藏成藏条件及成藏规律

高柳地区是南堡凹陷陆地主力产油区，平面上含油气范围（油气田和油气显示区）分布广泛，纵向上含油气层系众多，其中古近系沙河街组勘探潜力大。随着勘探进程的不断深入，构造高部位构造油气藏已经投入开发，构造较低部位的岩性油气藏勘探已成为油田增储上产的重要接替领域。

1）油气源条件

高柳地区油源主要来自本区沙三段烃源岩。该区沙三段最大沉积厚度达到4000m，成熟暗色泥岩的最大厚度达到900m。有机质类型最好的是沙三$_4$亚段及沙三$_5$亚段暗色泥岩，为II_2—II_1型，2900～3000m以深进入成熟阶段；有机质丰度最好的是沙三$_4$亚段暗色泥岩，其次为沙三$_5$亚段暗色泥岩，总有机碳分别为3.44%和2.58%；氯仿沥青"A"分别为0.1542%和0.1132%；总烃含量分别为846μg/g和731μg/g；热解生烃潜量S_1+S_2分别为19.08mg/g和8.46mg/g。除S_1+S_2值以外，沙三$_4$及沙三$_5$亚段暗色泥岩的其他三个指标均达到了好生油岩标准。该套烃源岩在东营组沉积末期进入生烃高峰，并开始大量排烃。沙三$_4$及沙三$_5$亚段的优质烃源岩为隐蔽油气藏提供了充足的油气资源。

2）储层条件

高柳地区沙三段—沙一段扇三角洲—滨浅湖滩坝储层构成高柳断层以北地区主要油气储集体，其中沙三$_5$亚段储层为冲积扇和扇三角洲沉积砂体，沙三$_4$亚段储层为水下扇和扇三角洲沉积砂体，沙三$_{2+3}$亚段储层为扇三角洲，以水下分流河道砂体、前缘砂体为主要储集砂体，沙三$_1$亚段储层为辫状河三角洲，以分流河道砂体和河口沙坝为主。高柳地区沙三段储层孔隙度一般为10%～20%，渗透率一般为1～1000mD，属于中低孔、中低渗储层。

3）圈闭条件

岩性体预测，7层准层序组识别46个岩性圈闭，叠合面积240km^2。

4）盖层条件

存在两套区域性盖层：沙三$_4$、沙三$_2$亚段，同时沙三$_5$、沙三$_3$、沙三$_1$各亚段砂泥互层，发育有局部盖层。

（1）沙三$_4$亚段区域盖层。

沙三$_4$亚段发育一套半深湖—深湖相厚层深灰、灰黑色泥岩和油页岩地层，有机质丰富、成熟度高，为该区主力烃源岩，其厚度达200～350m，分布广泛，封盖条件良好，可作为沙三$_5$亚段油气藏的区域性盖层。

（2）沙三$_2$亚段区域盖层。

沙三$_3$亚段扇三角洲砂体发育，具有良好的储集性能，为凹陷的主要含油层系。沙三$_2$亚段上部主要为深湖相泥岩，分布广泛，厚度大、连续性好，泥岩厚150～200m，对高柳地区沙三$_3$亚段油气藏的形成和保存发挥了重要作用。

5）配套条件

含油气系统模拟表明，沙三段烃源岩在沙三$_{1-3}$亚段沉积时期进入成熟期，东一段—馆陶组沉积时期进入生烃高峰，并已开始大量排烃。东营组沉积末期的构造运动促进了油气大规模的排烃和运移。因此，形成该套含油气系统的关键时刻为东一段—馆陶组沉积期。

6）成藏规律

高北斜坡带沙三段发育构造—岩性、岩性油藏，优势储层分布是油气富集的主控因素。斜坡带发育构造岩性油气藏，具有储集砂体发育、油层富集程度高的特点。沙三段沉积晚期活动的油源断层，对油气的垂向运移起到重要的作用，在构造高部位发育构造油气藏，沿物源方向发育上倾尖灭型油藏；受砂体及断层影响，油层厚度不一，纵向上具有多套油水系统。

（1）油源条件对油气分布的控制作用。

研究区的烃源岩发育，主要存在沙三$_4$亚段烃源岩。高柳地区丰富的油气源为区内形成大规模的油气聚集提供了雄厚的资源基础。

沙三$_3$亚段扇三角洲砂体发育，具有良好的储集性能，为主要含油层系，厚度达500～600m。沙三$_2$亚段的厚层泥岩可作为直接盖层。沙三$_3$亚段油气成藏具备近油源、储集砂体发育、输导条件有利等成藏条件，因此，前期的分析中沙三$_3$亚段的含油性最好。

（2）异常高压对油气分布的控制作用。

拾场次洼异常高压是油气从烃源岩进入高尚堡地区沙三段砂体，并形成箱内岩性油气藏的根本动力。同时，异常高压的存在还成为油气藏封盖的有利因素。还为油气涌出箱外在柳赞地区、东部、北部陡坡带等地区形成油气聚集提供了动力。

在异常高压发育段，物性明显变好，含油性变好。高66井、高82井含油饱和度在2700m以浅，随埋深增大而减小，在深度大于2700m，含油饱和度随深度增大而增大，正是对应于异常高压带发育的深度临界深度。拾场次洼沙三段平面上异常高压区主要位于高尚堡构造带高66—高11—高75以北的地区，地层压力向洼陷边缘逐渐降低，变为常压。

（3）砂体的岩性边界对油藏边界的控制作用。

在沙三$_3$亚段沉积时期，地层沉积厚度大，各油组沉积储层也很厚，自东北向西南推进过程中逐期到达高尚堡地区，与向西抬升的构造相匹配，已经形成了高5块的上倾尖灭型的构造—岩性油藏。其油藏西部的边界受储层分布的制约，因此，砂体的岩性边界控制了上倾尖灭油藏的边界。寻找不同期次的砂体尖灭与构造相匹配形成的构造—岩性圈闭是下步勘探的有利方向之一。

2. 南部缓坡带成藏条件及成藏规律

南部缓坡以南堡3号为例，南堡3号构造为受北东东向断层控制的断裂构造带。构造继承性发育，局部圈闭由断鼻、断块构成。

1）烃源岩条件

沙一段下部发育一套半深湖—深湖相厚层深灰、灰黑色泥岩地层，有机质丰富，有机质类型较好，成熟度高，为该区主力烃源岩之一，其厚度达200～300m。该套烃源岩在馆陶组沉积末期进入生烃高峰，并开始大量排烃。

2）储层特征

沙一段主要为辫状河三角洲沉积体系的砂砾岩和含砾不等砾砂岩为主，东三段储层以细砂岩为主。沙一段储层孔隙度为 11.1%～28.8%，峰值为 10%～15%，渗透率为 0.12～275mD，峰值为 1～10mD，以中低孔低渗储层为主。

3）圈闭条件

物源来自南西向，向北东方向展布，南堡 3 号构造储层主要受多支辫状河水系共同控制下的辫状河三角洲沉积控制，在平面上表现为多条河道所控制的辫状河三角洲前缘砂体，河道的迁移控制了有利储层的分布，在剖面上则表现为多期砂体相互叠置。结合不同辫状河道控制下砂体的精细对比及优势储层的识别与刻画，进一步落实了构造主体的有利储层发育区，并识别岩性圈闭 8 个，面积 58km²。

4）成藏规律

南堡 3 号构造深层缓坡带，油藏主要受有利储集砂体的分布控制，"优势相带控砂、构造与优势砂体共同控藏"，主体部位以构造和构造—岩性油气藏为主，具有层状油藏特征。围斜部位发育上倾尖灭型的岩性—地层油气藏，不同砂体具有不同的油水界面。

3. 北部陡坡带成藏条件及成藏规律

北部陡坡带以南堡 4 号为例，南堡 4 号构造位于南堡油田的东南部，其西南侧为曹妃甸次洼，西北侧与南堡 2 号构造相连，北东侧为柳南次洼，东侧为柏各庄断鼻构造带。南堡 4 号构造整体特征为北西向展布的潜山披覆构造，被多条北西走向的南倾正断层分为两部分，其中断层下降盘为多个断块组成的鼻状构造，上升盘由低幅度的断块或断鼻组成。构造带展布具有帚状构造特征，向北西侧撒开变宽与南堡 2 号构造相连，为 4～5km，是一个具有良好勘探前景的区带。

1）烃源岩条件

主力烃源岩为沙一段，东三段也有一定贡献。其厚度达 100～200m。在明化镇组沉积末期进入生烃高峰，并开始大量排烃。

2）储层特征

东二段储层岩石类型主要为长石岩屑砂岩，储层中石英、长石、岩屑平均含量分别为 43%、27.5% 和 29.2%，石英含量>岩屑含量>长石含量。岩屑组分主要是中酸性火山岩，其次为石英岩、白云岩，少量石灰岩、硅质岩、千枚岩、泥岩及云母片等。长石以碱性长石为主，少量斜长石，岩屑和长石有一定程度的溶蚀现象。岩石成分成熟度指数为 0.75，成分成熟度中等。填隙物为黏土矿物、方解石、含铁方解石、白云石、铁白云石、泥质及石英次生加大边，碳酸盐胶结物含量明显增多，局部可达 25%，碳酸盐胶结物含量大于杂基含量。胶结类型以孔隙式胶结为主，少量为连晶式胶结。颗粒之间以线接触为主，粒径大小以细粒为主，分选性好—中等为主，风化程度为弱，磨圆度主要为次棱—次圆。东二段储层孔隙度为 11.1%～28.8%，峰值为 13%～19%，渗透率为 0.12～87.7mD，峰值为 1～10mD。

沙一段储层岩石类型主要为岩屑长石砂岩，储层中石英、长石、岩屑平均含量分别为

51.6%、26.4% 和 11%，石英含量＞长石含量＞岩屑含量。岩屑组分主要是中基性喷出岩、变质岩等。颗粒之间以线接触为主，其次为点接触；分选性好，颗粒磨圆度以次棱为主。沙一段储层渗透率为 0.21～59mD，峰值为 1～10mD，以中孔低渗储层为主。

3）圈闭条件

南堡 4 号构造上升盘是一个北倾南抬的斜坡，在沙河街组和东营组之间存在这四个大的不整合面，分别是沙三段和前古近系、沙三段与沙二段、沙二段和沙一段、沙一段和东三段，具有形成岩性—地层圈闭的构造背景。岩性体主要分布于古地貌洼陷区边缘或古低隆带上，同时受到柏各庄断层、高柳断层和南堡 4 号断层活动的控制，在其下降盘多发育扇三角洲、水下扇型地层—岩性圈闭，且形成的圈闭往往是岩性—构造复合圈闭。不同的沉积体系均有其有利相带，如冲积扇的中扇、（扇）三角洲前缘、水下扇中扇、滨浅湖滩砂、河道的点坝、心滩等均为有利相带，是寻找岩性圈闭的决定因素，有利的相带与圈闭的良好配置关系是寻找油气的关键。东二—沙一段扇三角洲和水下扇沉积体系中识别岩性圈闭 15 个，其中东二段岩性圈闭 2 个，东三段岩性圈闭 8 个，沙一段岩性圈闭 5 个，面积约 160km²。

4）成藏规律

（1）物源区控制了水下扇、扇三角洲的大小和规模。

南堡 4 号构造的物源主要来自高柳—柏各庄扇三角洲沉积体系。物源的大小决定了水下扇、扇三角洲的大小和规模。在沙一段沉积时期，受柏各庄断裂活动控制，南部堡古 1 井区在沙一段沉积期一直持续高部位，距物源近，沉积物供给充足，形成的扇三角洲规模大，且粒度相对较粗，储层以含砾不等粒砂岩和细砂岩为主；东营组沉积期，高柳断层活动加剧，构造运动由边界断层迁移到高柳断层上，主要物源方向逐步过渡为高柳扇三角洲为主。受高柳和柏各庄断层活动作用的控制，形成了南堡 4 号构造不同时期的古地形、古地貌的差异，使得南堡 4 号构造带的沉积物供应具有明显的不均一性，有利储层的发育范围由沙河街组沉积期的南部逐步向北部迁移。

（2）沉积体系控制了地层岩性圈闭的分布及储集类型。

南堡 4 号构造属于柏各庄断层下降盘的陡岸带沉积，南堡 4 号上升盘位于坡折断层之上，受古地形控制，与扇三角洲前缘砂体叠合，形成油气藏。是目前勘探的重点领域。南堡 4 号沿下降盘发育水下扇沉积体系，钻探的南堡 4-2 井揭示，中深层储层以细砂岩、粉砂岩为主，孔隙度、渗透率变化较大，属于中低孔渗型储层。下降盘位于曹妃甸生油次洼，断裂沟通油源，可优先捕获油气，关键是油气的保存条件。

（3）层序格架控制地层—岩性圈闭发育程度。

在南堡 4 号构造所发现的沙一段油气藏和东二段油气藏均位于上升半旋回的低位和湖进体系域，因此上升半旋回是地层—岩性油气藏勘探的首选领域。南堡 4 号断层及部分主干断层形成的同沉积断裂坡折带成藏条件良好，是地层—岩性油气藏勘探的主要目标。

（三）深层区带资源评价方法选择与区带地质风险分析

区带地质风险的分析采用概率统计分析方法。从各区带的地质评价系数来看，沙三段高柳和老爷庙评价系数最高，沙一段南堡 3 号、高柳评价系数最高，东二段和东三段南堡4 号、5 号评价系数最高，东一段南堡 1 号和高柳评价系数较高，明化镇组和馆陶组高柳和老爷庙评价系数最高。（表 7-7）

表 7-7　各评价单元不同层系综合地质风险分析

区带	Nm+Ng	Ed$_1$	Ed$_{2+3}$	Es$_1$	Es$_{2+3}$
南堡 1 号	0.15	0.36	0.06	0.03	0.04
南堡 2 号	0.16	0.13	0.06	0.05	0.07
南堡 3 号	0.09	0.04	0.04	0.11	0.04
南堡 4 号	0.15	0.04	0.15	0.08	0.04
南堡 5 号	0.10	0.04	0.13	0.03	0.09
老爷庙	0.18	0.13	0.13	0.07	0.16
高柳	0.28	0.16	0.13	0.21	0.24

（四）深层区带资源计算与综合评价

区带资源量的计算主要采用与具有相似地质条件的刻度区进行类比的方法。并结合其他的计算方法。然后通过所有区带资源量的加和得到凹陷的资源量。

1. 类比法

类比刻度区的选择依赖于类比条件，类比刻度区选择的正确与否直接影响评价结果。因此，选择合适的类比条件和相应的刻度区，并确定相应的类比法，是类比评价中最重要的一环。

类比法计算南堡凹陷石油资源量为 12.14×10^8t。各区带各层系计算资源量的各项参数值及计算结果见表 7-8。

2. 圈闭加和法

采用中国石油勘探开发总院提供的 HYRAS 资源评价软件系统对南堡凹陷资源量进行了计算。各区带的资源计算参数和计算结果见表 7-9。圈闭加和法得到的南堡凹陷石油地质资源量为 11.03×10^8t，可采资源量为 2.4×10^8t。

3. 供油单元法

供油单元法是基于含油气系统模拟的、融合了统计、类比法研究结果的综合成因法。它是在含油气系统典型运聚单元刻度区解剖，以及关键时刻运聚单元油气生、排烃量定量模拟基础上，根据典型刻度区油气运聚系数和可采系数的类比获得各供烃单元的地质资源量和可采资源量，最后得到整个系统的资源量结果。

表 7-8 南堡凹陷资源丰度类比法计算资源量

（面积单位：km^2；资源丰度单位：$10^4 t/km^2$）

评价单元	Nm+Ng		Ed$_1$		Ed$_{2+3}$		Es$_1$		Es$_{2+3}$		前古近系		区资源量（10^8t）	总资源量（10^8t）
	面积	资源丰度	面积	资源丰度	面积	资源丰度	面积	资源丰度	面积	资源丰度	面积	资源丰度		
南堡1号	314.50	16.45	314.50	39.47	314.50	12.05	314.50	6.03	314.50	8.04	80.90	7.64	2.64	
南堡2号	382.80	17.54	382.80	14.25	382.80	12.05	382.80	10.05	382.80	14.06	180.80	8.55	2.76	
南堡3号	156.40	9.87	156.40	4.39	156.40	8.04	156.40	22.10	156.40	8.04	108.30	7.65	0.90	12.14
南堡4号	294.50	14.82	201.40	1.68	201.40	3.03	201.40	7.02	201.40	6.93	74.60	5.53	0.85	
南堡5号	264.50	9.88	264.50	1.68	264.50	2.63	264.50	2.63	264.50	15.59	84.50	3.86	0.89	
老爷庙	159.30	17.79	159.30	5.46	159.30	2.63	159.30	6.14	159.50	27.71	0	0	0.95	
高柳	340	27.67	178	6.72	178	2.63	340	18.43	340	41.56	0	0	3.15	

表 7-9 圈闭加和法计算资源量结果表

（面积单位：km^2；资源丰度单位：$10^4 t/km^2$）

评价单元	Nm+Ng		Ed$_1$		Ed$_{2+3}$		Es$_1$		Es$_{2+3}$		前古近系		区资源量（10^8t）	总资源量（10^8t）
	面积	资源丰度	面积	资源丰度	面积	资源丰度	面积	资源丰度	面积	资源丰度	面积	资源丰度		
南堡1号	314.50	16.45	314.50	39.47	314.50	12.05	314.50	6.03	314.50	8.04	80.90	7.64	2.64	
南堡2号	382.80	17.54	382.80	14.25	382.80	12.05	382.80	10.05	382.80	14.06	180.80	8.55	2.76	
南堡3号	156.40	9.87	156.40	4.39	156.40	8.04	156.40	22.10	156.40	8.04	108.30	7.65	0.90	12.14
南堡4号	294.50	14.82	201.40	1.68	201.40	3.03	201.40	7.02	201.40	6.93	74.60	5.53	0.85	
南堡5号	264.50	9.88	264.50	1.68	264.50	2.63	264.50	2.63	264.50	15.59	84.50	3.86	0.89	
老爷庙	159.30	17.79	159.30	5.46	159.30	2.63	159.30	6.14	159.50	27.71	0	0	0.95	
高柳	340	27.67	178	6.72	178	2.63	340	18.43	340	41.56	0	0	3.15	

本次利用 Basims6.0 系统对南堡凹陷的各烃源岩的生烃史和生烃量进行了模拟。根据南堡凹陷含油气系统的模拟结果，用供油单元法计算的各区带的资源量结果见表 7-10，由此所得的南堡凹陷石油地质资源量为 12.82×10^8t，可采资源量为 2.66×10^8t。南堡凹陷天然气地质资源量为 $2512 \times 10^8 m^3$。

表 7-10　供油单元法计算资源量参数及结果表

区带	南堡 1	南堡 2	南堡 3	南堡 4	南堡 5	老爷庙	高柳	合计
生油量（10^8t）	28.30	19.40	10	16.80	6.03	12.40	22.07	115
油地质资源量（10^8t）	3.49	1.77	0.92	1.81	0.58	1.29	2.96	12.82
油可采资源量（10^8t）	0.70	0.35	0.21	0.38	0.13	0.23	0.66	2.66
生气量（10^8m³）	5945	8513	14058	11850	8012	6955	7878	63211
气地质资源量（10^8t）	608.78	625.66	264.24	216.27	347.17	308.98	140.46	2512
气可采资源量（10^8t）	228.30	264.55	116.70	84.11	139.64	133.14	29.22	996

4. 综合评价

对用各种方法计算的区带的常规资源量进行汇总，得出各区带的资源量（表 7-11）。区带都分别采用了三种方法，即圈闭加和、类比法和供油单元法。在这三个方法中，类比法充分考虑到了各区带间成藏条件的各个环节上的差异性，其可靠程度应该是相对较高的，取权值 0.3；圈闭加和法侧重于油气聚集空间有效体积的分析，同时也考虑到了凹陷内已发现油气藏的聚集丰度和聚集规律，是各种方法中最可靠的，取权值 0.4；供油单元法为成因法，除了在生烃量的计算中比较可靠外，对聚集量计算中运聚集系数的确定比较粗略，权重取权值 0.3。经过汇总，南堡凹陷地质资源量为 11.90×10^8t，可采资源量为 2.44×10^8t。通过各评价单元深度分析，评价深层常规石油地质资源量为 5.5×10^8t，天然气地质资源量为 1979×10^8m³（表 7-12）。

表 7-11　区带资源量汇总表

计算方法（权重系数）	资源量	南堡1号	南堡2号	南堡3号	南堡4号	南堡5号	老爷庙	高柳	合计
资源丰度类比法（0.3）	地质（10^8t）	2.64	2.76	0.90	0.85	0.89	0.95	3.15	12.14
	可采（10^8t）	0.55	0.56	0.21	0.19	0.16	0.19	0.67	2.53
圈闭加和法（0.4）	地质（10^8t）	2.43	2.08	0.81	0.73	0.57	1.02	3.39	11.03
	可采（10^8t）	0.49	0.42	0.16	0.15	0.11	0.21	0.68	2.22
盆地模拟法（0.3）	地质（10^8t）	3.49	1.77	0.92	1.81	0.58	1.29	2.96	12.82
	可采（10^8t）	0.70	0.35	0.21	0.38	0.13	0.23	0.66	2.66
汇总	地质（10^8t）	2.81	2.19	0.87	1.09	0.67	1.08	3.19	11.90
	可采（10^8t）	0.57	0.44	0.19	0.23	0.13	0.21	0.67	2.44
天然气	地质（10^8m³）	608.78	625.66	264.24	216.27	347.17	308.98	140.46	2512.00
	可采（10^8m³）	228.30	264.55	116.70	84.11	139.64	133.14	29.22	996.00

表 7-12　深层区带资源量汇总表

评价单元	资源分布深度	石油地质资源量（10^4t）	天然气地质资源量（10^8m³）
南堡 1 号	深层	6539	57.99
	超深层	3858	336.00
南堡 2 号	深层	6990	58.65
	超深层	5305	432.50
南堡 3 号	深层	4648	62.05
	超深层	810	191.00
南堡 4 号	深层	5087	61.42
	超深层	1505	123.50
南堡 5 号	深层	3577	89.34
	超深层	—	237.81
老爷庙	深层	3222	44.99
	超深层	—	227.00
高柳	深层	13437	56.44
	超深层	—	—
小计	深层	43500	430.88
	超深层	11478	1547.81
合计		54978	1978.69

注：深层为 3500～4500m，超深层大于 4500m。

三、非常规油气资源潜力

近年来，国内外对于各种非常规油气藏的研究和勘探越来越重视，投入也越来越大，并不断取得重大突破，非常规油气已经成为重要的勘探领域。

南堡凹陷油气勘探实践表明，南堡凹陷存在致密砂岩油等非常规油气藏类型。如南堡 2 号构造南堡 280 井沙河街组泥岩段压裂改造后获得了低产油流；南堡 3 号构造南堡 3-20 井沙三段 5543～5594m 段致密砂岩压裂试油日产油 1.7m³，累计产油 28.97m³；南堡 5 号构造沙河街组沙三段多层薄层致密砂岩中见到良好油气显示；高尚堡高 80-12 井沙三₄亚段烃源岩中的泥岩未经措施便获得低产油流；高柳地区沙三₄亚段油页岩和南堡滩海地区沙三段厚层暗色灰质泥岩试油获得油流；这些都展示了南堡凹陷在致密砂岩气等非常规油气藏领域具有一定的勘探潜力。目前，冀东油田已经初步对南堡凹陷的致密砂岩油气展了地质评价工作，并取得了一定的研究进展。

第五节　剩余油气资源分布及有利勘探方向

一、剩余油气资源潜力及分布

（一）常规油气资源富集规律与控制因素

1. 富集规律

1）源内成藏组合

源内成藏组合是指与烃源岩层互层发育的东二段、东三段和沙河街组油气藏组合，这些含油储层位于区域性盖层东二段之下，油气藏分布主要受有利砂体、断裂和层序界面等多因素组合的输导体系控制，属于"自生自储"油气藏，发育构造、岩性、地层和构造—岩性复合油气藏，目前已在高尚堡、柳赞、老爷庙及南堡1号至南堡5号构造带发现油气藏，其主要特征是。

（1）沉积砂体类型多样，储层物性复杂。东二段、东三段和沙河街组发育有扇三角洲前缘、辫状河三角洲前缘、水下扇和浊积砂，受沉积环境及成岩作用影响，储层物性不均一性特征明显。储层物性越好，油气富集程度越高。

（2）油气藏类型有序分布。高部位发育构造油气藏，如高尚堡披覆构造油气藏；斜坡区发育构造—岩性油气藏，如南堡2-52井区东二段油气藏；低部位发育岩性油气藏，如老2×1井区东三段砂岩透镜体型油气藏。

（3）压力系统以弱超压或超压为主。压力系数多在1.2～1.4之间，现今油气发现主体分布于压力过渡区（压力系数1.1～1.3）。

2）源下成藏组合

源下成藏组合是指位于烃源岩层之下的中生界和古生界潜山油气藏组合，以断裂和不整合面为输导体系，具有明显的"新生古储"特征，发育潜山风化壳和潜山内幕油气藏，目前已在周边凸起及南堡1号至南堡3号构造带发现油气藏，其主要特征是。

（1）储层储集空间类型多样，储集性能良好。前古近系储层经过多期构造运动改造和风化淋滤影响，往往具有较好的储集性能，储集空间有孔隙、裂缝和溶蚀孔洞，尤其是裂缝的存在增加碳酸盐岩潜山储层的孔渗性与含油气性。

（2）储层以寒武系和奥陶系为主，储盖组合多。纵向上发育七套储盖组合，自下而上依次为府君山组—馒头组、毛庄组上部—徐庄组、张夏组—崮山组、凤山/长山—冶里组下部、冶里组上部/亮甲山组—下马家沟组下部组合、下马家沟组上部—上马家沟组下部/新生界、上马家沟组中上部—新生界储盖组合。含油层系多，除寒武系张夏组、奥陶系冶里组外，其他层系均获得工业油气流。

（3）油气性质以凝析气为主，地温梯度为3.7℃/100m，压力系数分布在0.97～1.08，属于高温常压系统。

2. 常规剩余油气资源潜力及分布

常规石油剩余地质资源量为 $7.1 \times 10^8 t$，其中探明程度低、剩余资源规模大的领域为深层，占总剩余资源的40.3%；南堡凹陷凝析气剩余资源丰富，具有沙三段、沙一段混源特征，中浅层、中深层油气藏以伴生气或气顶为主，已发现的凝析气藏主要分布在沙三段及古潜山内。重点区带包括：南堡5号、老爷庙沙三段砂岩气藏、南堡1号、2号、3号古潜山气藏。探明程度低、剩余石油资源规模大的单元包括南堡2号、南堡1号、南堡4号，占总剩余资源54.6%；勘探程度低，剩余天然气资源规模较大的单元包括南堡2号、1号、5号及老爷庙地区，占总剩余资源73.5%（图7-22、图7-23）。

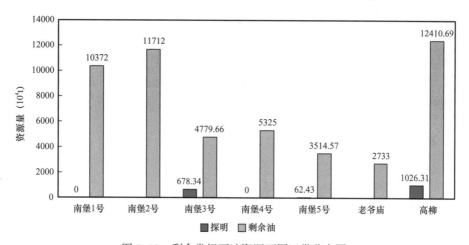

图7-22　剩余常规石油资源不同区带分布图

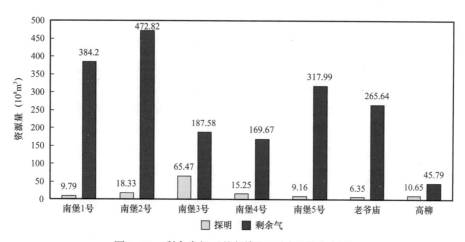

图7-23　剩余常规天然气资源不同区带分布图

（二）非常规油气资源富集规律与控制因素

南堡凹陷非常规资源量为 $6.83 \times 10^8 t$：致密油 $0.72 \times 10^8 t$；页岩油 $6.11 \times 10^8 t$，其中"甜点区" $1.61 \times 10^8 t$；纯页岩层段 $4.5 \times 10^8 t$。南堡凹陷非常规资源勘探及地质认识较低，

主要分布在深层及超深层，其中北部高柳地区具有热演化程度低、原油含蜡量高的特点，勘探开发面临诸多技术挑战及经济风险。

沙三段致密砂岩主要在高尚堡地区最为发育，其次是在南堡 3 号、4 号构造带较为发育，而其他地区致密砂岩发育情况较差，因此高尚堡地区应该是沙三段致密砂岩储层最为发育的地区。纵向上，沙三段致密砂岩在滩海地区埋深大，平均埋深超过了 4000m，而在高尚堡地区埋深则相对较浅，一般在 3000～4000m。这一深度范围包含了 Es_3^3、Es_3^4、Es_3^5 三个亚段，因此垂向上致密砂岩储层的有利发育层位是 Es_3^3、Es_3^4、Es_3^5 三个亚段，其中 Es_3^3 亚段底部 V 油组、Es_3^5 亚段顶部和 Es_3^4 亚段内部，因紧靠 Es_3^4 段烃源岩，因此是致密砂岩油聚集的最有利层段。

通过研究区古近系两个层位泥页岩有利区带的预测分析，发现沙一段泥页岩有利区带位于滩海地区南堡 4 号—5 号构造带的大部分地区，靠近沙北断层的区域对泥页岩油气的成藏不利；而沙三段泥页岩油气的有利区带则与裂缝储层的发育区带基本相当，主要位于高尚堡地区和南部滩海的大部分地区。

二、有利勘探方向与目标

（一）剩余油气资源重点勘探领域

根据现有认识和研究成果，南堡凹陷进入以中深层构造—岩性油气藏勘探为主阶段，天然气藏以及非常规油气藏中致密油将可能成为重要接替勘探领域。

目前南堡凹陷中浅层（Ng—Ed_1）石油资源量探明程度较高，中浅层石油地质资源量为 $5.2 \times 10^8 t$，探明石油地质储量 $3.3 \times 10^8 t$，资源探明率为 63%，已达到高勘探程度；中深层（Ed_2—Es_1）石油地质资源量为 $4.9 \times 10^8 t$（包括高柳 Es_3），探明石油地质储量为 $1.4 \times 10^8 t$，资源探明率为 29%；深层（Es_3）石油地质资源量为 $2.1 \times 10^8 t$，石油资源探明率为 3%，同时南堡凹陷深层天然气资源丰富，剩余天然气地质资源量为 $1615 \times 10^8 m^3$，占南堡凹陷总剩余天然气地质资源量的 79%；南堡凹陷内部及周边凸起发育前古近系潜山，石油地质资源量为 $3928 \times 10^4 t$，目前仅探明石油地质储量 $633 \times 10^4 t$，石油资源探明率为 16%。从勘探领域上看，中深层、深层和潜山勘探潜力大。中深层构造—岩性油气藏和深层天然气藏是十三五勘探的重要领域。

根据剩余油气资源及地质评价结果，下步重点勘探领域及目标是南堡 1 号、2 号、4 号及高柳斜坡区深层常规及非常规油藏以及深层—超深层凝析气（南堡 1 号、2 号、3 号及老爷庙沙三段及古潜山）。

（二）常规与非常规有利勘探目标区

1. 南堡凹陷中浅层

明化镇组—东一段复杂构造油藏具有埋深浅、物性好、产能高的特点，利于效益建产，通过资源潜力与构造带的油藏特征综合评价，南堡 1 号、2 号主体、4 号断裂带为精细评价的重点区带，南堡 2 号东部、5 号及周边凸起为突破勘探的重点区带。

2. 南堡凹陷中深层

中深层和深层（Ed$_2$—Es）油藏主要是以古近系东营组东二段—沙河街组（扇）三角洲中低孔中低渗砂岩为储层形成的自生自储和下生上储式成藏组合。

南堡凹陷是渤海湾盆地内的一个小型断陷盆地，其成盆演化过程中具有构造活动频繁、沉积物源体系发育、沉积相变化快的特点，东二段—沙三段发育多种类型的构造、构造—岩性油藏，是南堡凹陷剩余资源量最为丰富但又勘探程度相对较低的成藏组合，剩余石油资源量为 52880×10^4t，较落实探明储量为 3734×10^4t、可升级控制储量为 4386×10^4t，预测级储量为 12831×10^4t，是未来增储的重点领域。

南堡凹陷中深层依据其物源体系和构造特征可分成三个部分：高柳斜坡、北部陡坡带和南部斜坡。

通过资源潜力与构造带的油藏特征综合评价，高柳沙三段、北部陡坡带的高南—老爷庙东营组和北堡地区东营组为精细勘探的重点区带，南部斜坡带、北部陡坡带的南堡 4 号西支朵体和南堡 5 号构造主体为突破勘探的重点区带。

（三）勘探方向与部署建议

1. 中浅层含油气组合

中浅层勘探应重点加强南堡 1 号、2 号、4 号构造带 Nm 和 Ng 油藏的整体评价，同时兼顾高柳和老爷庙构造带 Nm 和 Ng 的油气成藏条件综合评价。综合研究显示，南堡 1 号和南堡 2 号构造带成藏条件有利，都位于古隆起之上，储层、油源断裂和相关圈闭发育，多口探井已有重要发现并获得工业油流。南堡 4 号构造带位于蛤坨断层下降盘，构造带内发育一系列雁列式展布的断层，这些断层走向由北东向转为北西向并逐渐收拢相交，具有典型的帚状构造形态，也是有利的成藏区。这 3 个地区虽然待发现的资源量少，但实际探明率低，待探明储量丰富，因此仍然为下一步勘探重点区与有利区。

2. 中深层含油气组合

南堡油田中深层构造背景有利，砂体储层发育，油源条件好，勘探潜力大。但经验表明，中深层油气勘探研究存在一些技术难点，比如储层横向变化快，优势储层预测难度大，岩性圈闭有效性的预测难以把握等，钻井失利主要为圈闭问题，其次是储层。

中深层勘探应重点加强区域单斜背景上、以东二段至沙三段为主的第二走滑断阶带或构造围斜部位的构造—岩性油气藏勘探，利用层序地层三维地质体解释技术，识别和追踪扇三角洲和三角洲砂体岩性圈闭。如目前在南堡 1 号、2 号、4 号、5 号构造带已发现岩性地质体近 10 个，有利勘探叠合面积近 120km^2，特别是南堡 5 号构造带在沙一段岩性地质体中已发现大量油气，存在较大的勘探潜力，应加强投入和研究。中深层目前也发现一批以火山岩遮挡或地层超覆为主的岩性—地层油气藏，统计显示，在南堡 1 号、2 和 4 号构造带东营组下部和沙河街组中已发现火成岩侧向封堵圈闭 15 个，圈闭面积约 20km^2，地层超覆圈闭 12 个，圈闭面积约 30km^2，具有较大的勘探潜力。

3. 潜山含油气组合

南堡凹陷潜山勘探应以奥陶系出露区为重点进行勘探，同时兼顾其他中生界有利区进行勘探。按成藏条件的好坏可以划分为 5 类潜山圈闭。综合研究统计显示，以奥陶系为重点的前古近系潜山油气藏的圈闭面积可达 360km^2，发育多个潜山带，预测其油气资源量可达 1658×10^4t，具有较大勘探潜力。如南堡 1 号奥陶系潜山带，其与古近系烃源岩侧向对接，裂缝性储层发育，油源断裂和不整合面发育，成藏条件优越，NP1 井和 NP1–5 井钻探结果显示，该油气圈闭资源量落实，为 I 类有利勘探区。而西南庄—柏各庄凸起断层带潜山，其断层下盘凸起是寻找侏罗系、寒武系及青白口系油藏的有利地区。该断层带埋藏浅，目前勘探形势较好，柏各庄 T7X1 侏罗系与 T2X1 寒武系都有油气发现，西南庄断层上升盘 T19 和 T20X1 分别在奥陶系和寒武系中获工业油气流，该区也为 I 类有利勘探区。

因此下一步应重点进行南堡 1 号潜山、南堡 2 号潜山和西南庄—柏各庄凸起断层带的勘探。

第八章　鄂尔多斯盆地油气资源潜力与勘探方向

鄂尔多斯盆地位于我国中部，盆地本部面积为 $25 \times 10^4 km^2$，是我国第二大沉积盆地，也是我国重要的含油气区。盆地油气勘探历史悠久，自中国陆上第一口油井钻探成功以来，历经近四十年艰辛，逐步发展成为我国第一大油气生产基地。目前已发现了中生界侏罗系、三叠系和古生界二叠系、石炭系、奥陶系五套主要含油气层系。截至 2018 年底，累计探明石油地质储量为 $63.33 \times 10^8 t$（长庆探区为 $51.43 \times 10^8 t$），累计探明天然气地质储量为 $7.36 \times 10^{12} m^3$（长庆探区为 $6.37 \times 10^{12} m^3$）。丰富的油气资源使其成为我国重要的能源战略基地。

第一节　油气勘探新进展

鄂尔多斯盆地是长庆油田从事油气勘探开发的主要工作区域。长庆油田成立于 1970 年，主营鄂尔多斯盆地油气勘探开发业务，生产区域横跨陕、甘、宁、蒙、晋 5 省（自治区），勘探开发面积为 $20 \times 10^4 km^2$。近年来，长庆油田在盆地油气勘探中不断解放思想、创新油气成藏地质理论，拓宽勘探思路，总结油气成藏规律，寻找油气资源新类型、新层系和新领域，石油勘探和天然气勘探均取得了多方面的新进展。

一、油气勘探新进展

（一）石油勘探进展

1. 深化多层系复合成藏地质认识，坚持立体勘探，姬塬发现了我国最大的低渗透油田

姬塬地区位于湖盆西北部，具有长 8 段、长 7 段、长 6 段、长 4+5 段等多层系复合含油特征，经历了"六上五下"的勘探历程。近年来，在多层系复合成藏新认识的指导下，坚持立体勘探、整体评价，探明储量为 $17.2 \times 10^8 t$，三级储量为 $23.3 \times 10^8 t$。尤其是姬塬油田探明储量达 $14.53 \times 10^8 t$，连续 6 年实现了年产原油 $800 \times 10^4 t$ 以上，成为我国最大的低渗透油田。

2. 创建辫状河三角洲沉积新模式，镇北—合水形成新的规模储量区

镇北—合水地区位于盆地西南部，通过研究建立了辫状河三角洲沉积新模式，改变了水下扇沉积砂体不发育的传统认识，2003 年发现了西峰油田。近年来，通过甩开勘探，相继发现了镇北、环江和合水三个亿吨级整装大油田，探明储量为 $8.89 \times 10^8 t$，三级储量

为 $20.91 \times 10^8 t$，实现了年产原油 $500 \times 10^4 t$ 的生产规模。

3. 构建了三角洲—重力流沉积新模式，湖盆中部取得重大发现

南梁—华池地区位于湖盆中部，通过转变勘探思路，构建了三角洲—重力流沉积模式，突破了湖盆中部难以形成有效储集砂体的传统认识，在长 6 发现了华庆大油田，2017 年又在南梁—华池长 8 取得了重大突破。目前已探明储量为 $9.96 \times 10^8 t$，三级储量为 $14.16 \times 10^8 t$，年产原油已连续五年达百万吨以上。

4. 强化地质综合研究，突出精细勘探，陕北老区实现了油藏复合连片

陕北老区位于盆地东部，是延长组勘探开发最早的地区，历经 30 余年，相继发现了安塞、靖安、吴旗三个亿吨级整装大油田。近年来，通过持续开展老区精细勘探，实现了油藏复合连片，在长 6、长 8 落实储量规模超 $4 \times 10^8 t$，累计提交探明储量 $12 \times 10^8 t$，实现了连续 11 年原油产量 $600 \times 10^4 t$ 以上。

5. 深化页岩油成藏机理研究，长 7 段勘探开发取得实质性突破

通过深化页岩油成藏机理及赋存规律研究，攻关形成了长 7 段页岩油"甜点"优选、体积压裂等关键技术，开辟了西 233、庄 183、宁 89 和安 83 四个水平井试验区，成为我国页岩油勘探开发的典范。陇东、陕北发现了新的含油有利区，落实储量规模 $20 \times 10^8 t$，初步实现了整体效益开发。

6. 加强构造油藏成藏研究，盆地西部石油勘探发现高产富集区

盆地西部的彭阳地区和盐池新区位于天环坳陷、西缘冲断带两大构造单元，埋藏深度大、断层发育，成藏条件复杂。彭阳地区通过深化成藏研究，提出了侏罗系古高地发育低幅度构造油藏的新认识，发现了演武、彭阳油田高产油藏群，新增探明储量 $3123 \times 10^4 t$，建成了 $41 \times 10^4 t$ 产能；盐池新区地震、地质结合，精细刻画构造形态，近年来加强甩开勘探，发现了多个高产富集区。

7. 强化源下成藏地质研究，延长组长 9 段、长 10 段新层系勘探取得新进展

强化源下成藏地质研究，坚持打下去，陕北长 10 段新增探明、预测储量 $1.01 \times 10^8 t$，姬塬长 9 段新增探明储量 $7600 \times 10^4 t$。

（二）天然气勘探进展

1. 深化海相碳酸盐岩成藏地质认识，下古生界勘探不断向新领域拓展

自 20 世纪 90 年代靖边气田发现以来，不断完善碳酸盐岩成藏地质理论，建立了构造沉积分异与岩溶分带双重控储模式，气田面积向东西两侧不断扩大，同时在中组合及奥陶系盐下勘探获得重大突破，实现了碳酸盐岩勘探领域的有序接替。截至 2018 年底，下古生界已有三级储量 $9003 \times 10^8 m^3$，靖边气田实现了连续 15 年天然气产量达 $55 \times 10^8 m^3$ 以上，目前已累计产气 $898 \times 10^8 m^3$。

2. 加强勘探技术攻关，盆地东部多层系勘探取得重要进展

盆地东部具有多层系含气、单井产量低的特点。近年来，以提高单井产量为抓手，通过深化多层系气藏富集规律、有效储层控制因素研究，加大压裂改造技术攻关，勘探取得

新突破，形成了新的万亿方大气区，是勘探开发重要的接替领域。截至 2018 年底，已有三级储量 $1.3 \times 10^{12} m^3$，建成年产能 $40 \times 10^8 m^3$，累计生产天然气 $190 \times 10^8 m^3$。

3. 深化沉积砂体主控因素研究，盆地南部上古生界形成新的天然气接替区

通过深化盆地南部上古生界沉积体系研究，持续开展黄土塬地震勘探技术攻关，精细刻画砂体，在宜川—黄龙和陇东地区勘探取得重大突破。新增探明储量 $576 \times 10^8 m^3$，预测储量 $2055 \times 10^8 m^3$，落实有利含气面积约 $5000 km^2$，成为现实的千亿立方米规模储量接替区。

4. 青石峁地区天然气勘探取得重大发现

2019 年积极推进青石峁地区天然气勘探，李 57、李 42、李 53 井在盒 8 段—山 1 段试气分别获 $16.80 \times 10^4 m^3/d$、$5.12 \times 10^4 m^3/d$、$4.18 \times 10^4 m^3/d$（AOF）的工业气流，提交预测储量 $2035.57 \times 10^8 m^3$，勘探取得重大发现。目前区内已有探井 46 口，获工业气流井 8 口，大于 $10 \times 10^4 m^3/d$ 的工业气流井 3 口，形成整装规模储量接替区。

二、油气地质理论新认识

（一）中生界石油

1. 认识一：富有机质页岩形成机理取得重要进展

富有机质页岩形成机理与资源再评价，首先在生烃母质研究方面取得了新进展，近年来，在长 7 段烃源岩中发现了十多种不同形态的金藻休眠孢囊化石，是迄今国内外发现的最古老的金藻化石，将地球上金藻时代往前推进 1 亿多年；泥页岩富有机质触发因素取得新认识，在长 7 段烃源岩中发现了安山玄武岩，初步认为长 7 段沉积期湖盆内部构造活动活跃，局部可能发育水下火山喷发事件，为黑色页岩、暗色泥岩两类有效烃源岩发育创造了有利条件。

2. 认识二：浅水三角洲大面积富砂机制

长 8 段沉积期主要发育四大沉积体系，西南体系受陇西古陆—秦岭近源控制，发育辫状河三角洲；西部体系受陇西古陆近源控制，发育小型扇三角洲沉积；西北体系受阿拉善古陆近源控制，发育辫状河三角洲；东北体系受阴山古陆远源控制，发育曲流河三角洲。长 8 段沉积期湖盆底形控制了砂体展布格局，长 8 段主要受河流和波浪水动力条件控制。

3. 认识三：侏罗系油藏富集机理再认识

井震结合多方法精细刻画前侏罗纪古地貌，改变了以往认为古高地成藏不利的认识，拓展了侏罗系勘探领域；分析低幅构造演化与成藏匹配关系，进一步完善侏罗系油藏成藏理论，识别三种油藏类型：古地貌控制型（延 10 段、富县组）、沉积相控制型（延 9 段以浅）及断层控制型（西缘断块）；七种分布模式：斜坡式、古河式、高地式、河间丘式、分流河道、河道边部及地层断块。进一步明确有利勘探目标。

4. 认识四：新领域勘探地质潜力研究

强化盐池、环西—彭阳新区的地质研究与分析，尤其在断裂系统以及低幅度构造方面，取得了较好的研究成果，同时对于页岩油的研究也取得了较好的进展。

（二）古生界天然气

认识一：创建陆相致密砂岩气成藏理论，首次提出了"广覆式生烃、大面积运聚"的重要认识，建立了大型缓坡型三角洲沉积模式，构建了大面积集群式砂体分布模式，揭示了盆地上古生界储集体的成因机理，实现了致密砂岩气规模化勘探，推动了苏里格 $4 \times 10^{12} m^3$ 大气田的勘探发现与规模储量落实。

认识二：创新完善碳酸盐岩成藏地质理论，首次提出了"构造—沉积分异作用控制含膏云坪和潮缘滩有利沉积相带，有利相带与岩溶分带控制大型风化壳储层发育"的重要论断，并揭示了"增压驱动、双向运移、古地貌控藏"的气藏富集机理，推动了碳酸盐岩天然气勘探从古岩溶斜坡向岩溶高地和岩溶盆地拓展。建立了构造沉积分异与岩溶分带双重控储模式，推动了碳酸盐岩天然气勘探不断向新领域拓展。

第二节　油气地质条件

一、构造特征

鄂尔多斯盆地基底由太古宇及元古宇变质岩组成，沉积盖层仅缺失志留系和泥盆系。其中，中—新元古界、下古生界以海相碳酸盐岩沉积为主，厚 600～4600m；上古生界以河流、湖泊沼泽相沉积为主，厚 600～1700m；中生界以内陆河流、湖泊沼泽相沉积为主，厚 500～3000m（付金华，2002）。盆地构造演化可分为中—新元古代坳拉谷、早古生代浅海台地、晚古生代滨海平原、中生代内陆盆地和新生代周边断陷五个阶段。盆地分为伊盟隆起、渭北隆起、天环坳陷、伊陕斜坡、西缘冲断带和晋西挠褶带共六个一级构造单元（图 8-1）。盆地整体呈东高西低、北高南低、中部为平缓斜坡，周缘隆起并有断层发育的构造形态。

二、烃源岩发育特征

鄂尔多斯盆地发育中生界和古生界两套烃源岩。中生界发育二叠系延长组湖相油源岩；古生界发育上古生界石炭—二叠系煤系气源岩和下古生界海相碳酸盐岩气源岩。目前研究认为石炭—二叠系煤系气源岩是主力气源岩。

（一）油源岩特征

盆地中生界丰富的石油资源与上三叠统湖相富有机质油源层的大规模发育有着密切的关系。晚三叠世，受印支运动的影响，鄂尔多斯盆地在沉积上实现了由海相、过渡相向陆相的根本性转变，区域构造活动使湖盆北西和北东向断裂活动明显加强，基底整体下沉剧烈，湖盆发育达鼎盛期，湖盆范围扩大，水体加深，最大水深达 60m，形成了湖盆最大湖泛期，湖盆的快速扩张形成了大范围的半深湖—深湖相沉积环境，广泛发育大套的深灰—灰黑色碳质泥岩和灰黑色泥（页）岩，构成了三叠系延长组湖相油源岩的主体。

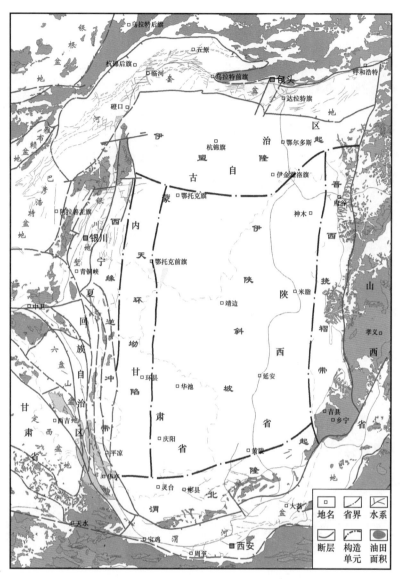

图 8-1　鄂尔多斯盆地构造单元划分图

1.有机质发育及分布

鄂尔多斯盆地中生界三叠系油源岩主要发育在延长组长 6、长 7 和长 9 段。

长 7 段油源岩是延长组沉积期分布范围最广，厚度最大的油源岩，面积达 $5 \times 10^4 km^2$，大部分地区油页岩段厚度在 $10 \sim 50m$ 之间，平均厚度约为 30m，最发育的地区厚度可达 80m 以上。岩性主要为黑色页岩、暗色泥岩，是主力油源岩。

长 9 段油源岩为区带性油源岩，仅在英旺和志丹地区的局部低凹处发育，面积约 $1.5 \times 10^4 km^2$，厚度为 $4 \sim 16m$，规模较小（杨华和张文正，2005）。岩性主要为黑色泥岩。

长 6 段为辅助性油源岩，在盆地分布范围有限，呈薄层状零星分布，岩性主要为黑色泥岩。

2. 有机质丰度

长 7 段油源岩有机质丰度高。泥岩 TOC 含量主要为 6%～14%，最高达 30% 以上；S_1+S_2 为 6.75～22mg/g，平均值为 13.41mg/g；氢指数为 192.33～341.57mg/g，平均值为 242.62mg/g；氯仿沥青 "A" 含量为 0.4%～1.0%，最高可达 2.0%。

长 9 段油源岩具有较高—高的有机质丰度，志丹地区长 9_1 亚段油源岩的平均 TOC 含量为 5.03%，平均生烃潜量为 15.94mg/g；英旺地区长 9_2 亚段油源岩的平均 TOC 含量为 4.03%，平均生烃潜量为 9.90mg/g。油源岩 TOC 含量较大（达到 3%）且分布范围广。

长 6 段油源岩有机质丰度较高，平均 TOC 含量为 2.80%。

3. 有机质类型

长 7 段油源岩有机质类型好，有机母质类型主要为腐泥型—混合型，有机质类型为 II_1—I 型。页岩中含氢组分富集。

长 9 段油源岩有机母质类型为腐泥型，干酪根类型主要为 I—II 型，富类脂组分（>92%），富同位素 $\delta^{12}C$ 有机质。

长 6 段油源岩有机母质类型以 I—II_1 型为主（杨华和张文正，2005；张文正等，2006）。

4. 有机质成熟度

长 7 段油源岩干酪根 R_o 值为 0.61%～0.98%，平均为 0.80%，达到了生油高峰演化阶段；

长 9 段油源岩干酪根 R_o 值为 0.7%～1.0%，已经进入成熟阶段；

长 6 段油源岩干酪根 R_o 值为 0.75%～0.9%，已经进入成熟阶段。

（二）气源岩特征

鄂尔多斯盆地发育两套天然气烃源岩，一套为在海陆过渡相、湖泊沼泽相背景下发育的上古生界石炭—二叠系煤系烃源岩，另一套为在滨浅海相、盆地—斜坡相背景下发育的下古生界暗色泥灰岩、页岩及泥质碳酸盐岩等海相烃源岩。

1. 有机质发育及分布

1）上古生界煤系烃源岩

上古生界煤系烃源岩岩性为煤和暗色泥岩，发育于石炭系本溪组和二叠系太原组、山西组中，在盆地范围内分布较稳定，为盆地主力烃源岩。

煤为主要生烃岩，厚度为 10～25m，整体分布特征为中部较薄，为 2～10m，向西和向东逐渐增厚，局部地区可达 40m 以上。

暗色泥岩为次要生烃岩，主体厚度为 40～120m，其分布特征与煤层相似，呈中部偏薄，为 10～90m，向东西两边逐渐增厚，局部地区可达 200m 以上。

2）下古生界海相烃源岩

下古生界海相烃源岩可分为盆地西南部中—上奥陶统和盆地中东部盐下局限环境两个海相烃源灶。中—上奥陶统在盆地西缘、南缘发育盆地—斜坡相的暗色泥灰岩、页岩及泥质碳酸盐岩，分布广泛，厚度大，一般为 60～200m；中东部地区在靖边西侧及盐洼周边存在盐下烃源岩洼陷，单层厚度一般为 1～3m，累计厚度为 10～25m，具有一定的生烃能力。

2. 有机质丰度

1）上古生界煤系烃源岩

石炭—二叠系煤层有机质丰度在不同地区、不同层位差异不甚明显，均表现为高的有机碳含量、氯仿沥青 "A" 和总烃。有机碳含量为 70.8%～83.2%，氯仿沥青 "A" 为 0.61%～0.8%，总烃为 1757.1～2539.8μg/g，S_1+S_2 为 71.9～78.1mg/g，烃转化率为 6.9%～11.2%。煤是上古生界天然气生成中贡献最大的岩性。

石炭—二叠系暗色泥岩有机质丰度低于煤层，不同层位有机质丰度受沉积环境、沉降幅度和沉积速率的差异而不同。本溪组和太原组暗色泥岩发育于海陆交互环境，有机质丰度相对较高且稳定；山西组暗色泥岩多发育于陆相沉积环境，有机质丰度相对较低且横向分布不均匀。整体有机碳含量为 0.05%～23%，平均为 2.76%，氯仿沥青 "A" 为 0.003%～2.95%，平均为 0.36%，总烃为 524～1900μg/g，平均为 235μg/g。

2）下古生界海相烃源岩

下古生界碳酸盐岩烃源岩主要有泥岩、泥灰岩、石灰岩、白云岩等，整体丰度低，各类烃源岩发育程度及有机质丰度也有所不同。平凉组泥岩有机碳含量为 0.4%～0.5%，S_1+S_2 为 0.37mg/g；泥灰岩有机碳含量为 0.41%，S_1+S_2 为 0.39mg/g；石灰岩有机碳含量 0.31%，S_1+S_2 为 0.38mg/g。马家沟组泥灰岩有机碳含量为 0.19%，S_1+S_2 为 0.12mg/g；石灰岩有机碳含量为 0.21%，S_1+S_2 为 0.17mg/g；白云岩有机碳含量 0.2%，S_1+S_2 为 0.14mg/g。中—上奥陶统在盆地西缘、南缘发育盆地—斜坡相的暗色泥灰岩、页岩及泥质碳酸盐岩，平均有机碳含量为 0.40%，最高为 2.91%，生烃能力较好。

3. 有机质类型

1）上古生界煤系烃源岩

上古生界煤系烃源岩富含生气的镜质组和惰质组占 73.4%，TI 指数为 −41，主要以腐殖型干酪根为主，具有腐殖型气源岩的特征。综合分析表明：石炭—二叠系煤系气源岩主要以Ⅲ型为主，Ⅱ₂型为辅。

2）下古生界海相烃源岩

下古生界海相烃源岩有机质类型为海相腐泥型和混合型生烃母质。成烃的主要生物母体为底栖宏观藻类，其次为浮游藻和疑源类；奥陶系干酪根有机显微组分以无定形为主，约占总量的 80.68%，其次为镜质组、惰性组、壳质组，分别占总量的 18.39%、6.03%、4.86%。生烃母质主要为海相腐泥型和腐泥—混合型。

4. 有机质成熟度

1）上古生界煤系烃源岩

鄂尔多斯盆地上古生界气源岩在盆地大部分地区已进入高成熟阶段，$R_o>1.3$。其中盆地南部庆阳—富县—延长一带最高，处于过成熟干气带，R_o 值大于 2.8，以此为中心，向南北两边和盆地边缘呈环带状降低，至西部横山堡地区和东北部东胜—准格尔旗一带，成熟度最低，R_o 为 0.6～1.0。局部异常的过成熟度区 R_o 最高可达 4.0 以上（图 8-2）。

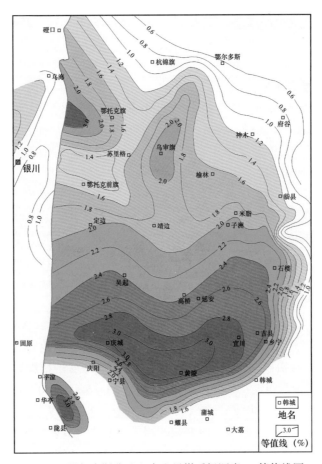

图 8-2　鄂尔多斯盆地上古生界煤系烃源岩 R_o 等值线图

2）下古生界海相烃源岩

奥陶系上部大部分地区烃源岩已进入过成熟阶段（R_o＞2.25%）。奥陶系下部大部分地区处于高熟—过成熟阶段。以延安—延长一带最高，R_o＞4.0%，并以此为中心，向外依次为过成熟中期、过成熟早期、高成熟晚期、高成熟早期、成熟晚期。

三、储层发育特征

鄂尔多斯盆地主要发育中生界侏罗系、三叠系石油和古生界石炭—二叠系、奥陶系天然气两大类型的储层。

（一）石油主要储层及分布

1. 储层发育及分布

鄂尔多斯盆地中生界主要发育侏罗系和三叠系延长组两套石油储层。

（1）侏罗系自下而上发育下统富县组和延安组、中统直罗组和安定组及上统芬芳河组，为陆相河流—三角洲碎屑岩沉积（吕振华等，2016）。主力产层为富县组、延安组和直罗组。该套产层沉积环境主要为河流相及三角洲平原亚相，部分地区为三角洲前缘亚相，岩性多为中—粗粒石英砂岩、岩屑石英砂岩、长石石英砂岩、长石砂岩、长石岩屑砂岩等，以长石石英砂岩为主。

（2）三叠系延长组分为9段，其储层发育及分布情况如下。

长1段主要发育湖相和三角洲相两种沉积相类型。浅湖相发育在靖边以东，安塞以北，陕北横山周边地区。三角洲主要为三角洲平原亚相，分流河道砂体发育，储层岩石类型主要为细粒岩屑长石砂岩和长石岩屑砂岩（范玉海等，2013）。

长2段主要发育三角洲平原亚相和三角洲前缘亚相两种沉积相类型。三角洲前缘亚相主要分布在盆地南部，分布范围有限。三角洲平原亚相分布范围广泛，三角洲平原亚相分流河道砂体和三角洲前缘亚相水下分流河道砂体发育，储层岩石类型主要为细粒岩屑长石砂岩和长石岩屑砂岩。

长3段主要发育三角洲平原和三角洲前缘两种沉积相类型。三角洲平原亚相分流河道砂体和三角洲前缘亚相水下分流河道砂体发育，储层岩石类型主要为细粒岩屑长石砂岩和长石岩屑砂岩。

长4+5段主要发育半深湖相、三角洲平原亚相和三角洲前缘亚相三种沉积相类型。三角洲平原亚相分流河道砂体、半深湖相和三角洲前缘亚相水下分流河道砂体发育，储层岩石类型主要为细粒岩屑长石砂岩和长石岩屑砂岩。

长6段沉积期是湖盆三角洲沉积建造的主要建设期，为主要的储层发育段，主要发育半深湖相、三角洲平原亚相和三角洲前缘亚相三种沉积相类型。三角洲平原亚相分流河道砂体、半深湖相和三角洲前缘亚相水下分流河道砂体发育，储层岩石类型主要为细粒岩屑长石砂岩和长石岩屑砂岩。

长7段主要发育半深湖—深湖相、三角洲平原亚相和三角洲前缘亚相三种沉积相类型。半深湖—深湖相分布范围广，重力流砂体发育，储层致密，储层岩石类型主要为细粒岩屑长石砂岩和长石岩屑砂岩。

长8段主要发育三角洲平原亚相和三角洲前缘亚相两种沉积相类型。三角洲前缘亚相分布范围广，水下分流河道砂体发育，储层岩石类型主要为中—细粒岩屑长石砂岩和长石岩屑砂岩。

长9段主要发育半深湖相—三角洲平原亚相和三角洲前缘亚相三种沉积相类型。水下分流河道砂体发育，储层岩石类型主要为细—中粒岩屑长石砂岩和长石岩屑砂岩（刘显阳等，2011）。

长10段主要发育三角洲平原亚相和三角洲前缘亚相两种沉积相类型。分流河道砂体发育，储层岩石类型主要为细—中粒长石砂岩和岩屑长石砂岩。

2. 物性特征

（1）侏罗系储层物性较延长组好，但变化大，孔隙度一般在11%～23%，平均在16%左右，渗透率一般为1～1800mD，平均为100mD。储层的储集空间以粒间孔为主体，溶蚀孔也有发育，对物性有一定改善作用。

（2）三叠系延长组不同储层特征存在差异。长1段孔隙类型以长石溶孔为主，粒间孔次之，平均面孔率为5.73%，平均孔隙度为15.35%，平均渗透率为9.95mD；长2段孔隙类型以长石溶孔为主，粒间孔次之，平均面孔率为7.54%，平均孔隙度为16.3%，平均渗透率为0.86mD；长3段孔隙类型以长石溶孔为主，粒间孔次之，平均面孔率为4.64%，平均孔隙度为11.8%，平均渗透率为0.72mD；长4+5段孔隙类型以长石溶孔为主，粒间孔次之，平均面孔率为4.66%，平均孔隙度为10.1%，平均渗透率为0.62mD；长6段孔隙类型以长石溶孔为主，粒间孔次之，平均面孔率为2.83%，平均孔隙度为11.6%，平均渗透率为0.50mD；长7段孔隙类型以长石溶孔为主，粒间孔次之，面孔率低，平均孔隙度为8.5%，平均渗透率为0.12mD；长8段孔隙类型以粒间孔为主，长石溶孔次之，面孔率较低，平均孔隙度为8.1%，平均渗透率为0.57mD；长9段孔隙类型以粒间孔为主，长石溶孔次之，面孔率为3.21%～5.93%，平均孔隙度为12.2%，渗透率为5.7mD；长10段孔隙类型以粒间孔和浊沸石溶孔为主，物性较好，平均面孔率为7.21%，平均孔隙度为12.4%，平均渗透率为5.25mD。

（二）天然气主要储层及分布

1. 储层发育及分布

鄂尔多斯盆地主要发育两套天然气储层，即上古生界石炭—二叠系致密砂岩储层和下古生界奥陶系碳酸盐岩储层。

（1）上古生界为一套海陆交互相煤系地层，划分为本溪组、太原组、山西组、石盒子组、石千峰组五个组。

本溪组沉积期，鄂尔多斯盆地东西两个海域并未连通，西部受祁连海的影响，沉降幅度大，沉积厚度较大。乌达地区三角洲沉积发育，砂岩累计厚度达5～10m；中部横山堡地区发育障壁岛砂体，砂岩累计厚度5～10m，储集物性较好。东部受华北海的影响，沉降幅度小，沉降厚度相应变薄，中—粗粒碎屑沉积不发育，仅在杭锦旗地区发育三角洲，砂岩厚度5～10m，在青1—陕47井区砂岩累计10～20m，砂体受海浪作用的改造，储集物性较好。

太原组主要发育四套砂岩，即七里沟砂岩、上马兰砂岩、下马兰砂岩、桥头砂岩，它们主要以点沙坝和河流—浅水三角洲砂体的形式分布在盆地的不同地区，主要发育在盆地东北部。三角洲朵状砂体可延伸较远，砂岩厚度5～15m，在主河道部位砂体厚度大于50m，形成初具规模的砂质储层。

山西组、下石盒子组沉积期，鄂尔多斯盆地区处于大华北盆地的西部斜坡区，区内地形比较平缓，地层厚度变化不大，由于河流摆动频繁，砂体呈广覆式分布，在平面上可划分若干主砂带，其中以盒8段砂体最为发育。各层段砂层在平面上及纵向上互相叠置，构成了上古生界主力含气层。储集岩以三角洲平原分流河道砂岩为主，储集岩性以中—粗粒的石英砂岩为主，物性相对较好。盒8段砂岩层数多，一般为4～8层，单砂层厚度一般为6～10m。山2段砂层数少，一般为2～4层，单砂层厚度一般为4～8m。

（2）奥陶系碳酸盐岩储层主要分布于马家沟组马五段，从上到下分为马五$_{1-10}$共10亚段，气层则分布于马五$_1^1$、马五$_1^2$、马五$_1^3$、马五$_1^4$、马五$_2^2$、马五$_4^1$、和马五$_5$等 14 个亚段或小层。其中，以马五$_{1-3}$储层最好，马五$_4$次之。储层分布广，面积近万平方千米，一般厚度 20～25m，其间白云岩厚 10～13m，单层厚 3～5m。储集岩以细粉晶白云岩为主，次为泥晶云岩、粒屑云岩、含灰细粉晶云岩、含泥粉晶云岩。岩石含石膏及盐结核、斑晶或砾屑等易溶矿物，经过古岩溶作用，形成了孔隙、溶洞、裂缝型风化壳岩溶储层。储集空间主要有晶间孔、溶孔和裂缝，构成孔隙型、裂缝—溶蚀孔洞型和裂缝—微细孔型三种储集类型。

2. 物性特征

（1）上古生界储层岩性主要为石英砂岩、岩屑石英砂岩及岩屑砂岩，石盒子组单砂层厚度为 6～10m，山西组单砂层厚度一般为 4～8m。储集空间以岩屑溶孔、杂基溶孔等次生溶孔为主，局部微裂隙较发育。孔隙度为 0.2%～14%，平均为 7.8%，渗透率在 0.1～2.0mD 之间，平均为 0.7mD，物性相对较好。与石盒子组、山西组相比，本溪组、太原组、石千峰组储层分布范围较小，厚度较薄，物性较差。

（2）下古生界奥陶系碳酸盐岩储层分布于盆地中部，主要为奥陶系顶部风化壳孔洞—裂缝型碳酸盐岩，为一套地台型碳酸盐岩沉积、经历古岩溶作用后以白云岩为主的含气储层，埋藏深度为 3100～3700m，主力气层马五$_{1-3}$，厚度为 20～25m。物性变化大，孔隙度为 4%～7%，渗透率为 5～10mD，属于特低渗透气藏。

四、盖层发育特征

鄂尔多斯盆地中生界油藏和古生界气藏均发育多套成藏组合，不同成藏组合有不同的盖层，其发育特征、分布情况及封盖能力也存在差异。

（一）石油盖层发育特征

1. 盖层发育及分布

中生界主要发育 4 套区域性盖层，其中侏罗系发育 1 套，三叠系延长组发育 3 套。可分为上、中、下三个成藏组合。

下组合以长 7 段主力烃源岩为界，长 8—长 10 段构成上生下储与旁生侧储的组合。长 7 段岩性为一套广泛发育的灰黑—深灰色泥岩、灰色泥质粉砂岩夹黑色页岩与浅绿灰色薄层粉—细砂岩，平均厚约 60m，可作为区域性盖层。

中组合为长 4+5—长 6 段，构成下生上储与自生自储的组合。油源来自长 7 段和部分长 6 段的贡献。长 4+5 段沉积期短暂的湖侵发育的湖相泥岩可作为区域性的盖层。

上组合为长 1—长 3 段的下生上储组合与侏罗系的下生上储组合。长 1—长 3 段构成的下生上储组合，烃源岩依然来自长 7 段，长 3、长 2 段三角洲平原分流河道砂体在鼻状构造的配置下，形成小幅度的构造—岩性油藏，长 1 段湖沼相泥岩作为区域性的盖层。侏罗系的下生上储组合，油源来自下部延长组长 7 段烃源岩（姚泾利等，2013），油藏主要富集在古地貌单元的丘咀斜坡上，储层主要为河道砂，延安组发育的河流间歇期的细粒泥质岩作为直接盖层。

2. 封盖条件

鄂尔多斯盆地中生界油藏盖层封盖能力强，尤其是长7段泥页岩和砂泥岩组合盖层，具有大面积广泛发育、厚度大、渗透性差的特点，对长7段以下油藏形成有效封盖。长4+5段、长1段和延安组湖相泥岩和和砂泥岩也有较好的封盖能力。

（二）天然气盖层发育特征

1. 盖层发育及分布

盆地古生界存在三种不同岩石类型的盖层，即泥岩、铝土岩和碳酸盐岩。

1）泥岩

泥岩是古生界主要的封盖层岩类，包括上古生界石炭系泥岩及下古生界海相泥岩。

上古生界石炭系泥岩在盆地范围内均有分布，纵向上主要分布在本溪组、太原组、山西组、上石盒子组和石千峰组。厚度一般为15～40m，其封盖机理包括毛细管压力、异常高压和烃浓度封闭三种类型，与石炭系的铝土质泥岩一起构成下古生界气藏的区域盖层。

下古生界海相泥岩在各小层中均有分布，其封闭机理以毛细管压力和烃浓度封闭为主。厚度较薄，但一般含有一定量的碳酸盐矿物，而碳酸盐矿物的胶结作用使岩石更加致密，泥岩的封盖能力增强。

2）铝土岩

在盆地大部分地区均有分布，厚度较小，一般小于10m，直接覆盖于奥陶系风化壳储层之上，为毛细管压力封闭。

3）致密碳酸盐岩

广泛分布于下古生界各小层中，以泥灰岩、细粉晶灰岩和泥粉晶云岩为主，为气藏的局部性直接盖层，封闭机理包括毛细管压力和烃浓度封闭两种。当其裂缝不发育时，一般具有较强的封盖能力。

2. 封盖条件

1）泥岩

上古生界泥岩孔隙度为0.88%，渗透率为$2.8 \times 10^{-3} \sim 3.8 \times 10^{-2}$mD，饱含空气突破压力达10MPa左右，扩散系数为1.9×10^{-6}cm^2/s，为较好—好的封盖层。

下古生界海相泥岩孔隙度为0.24%～0.61%，渗透率为$1.2 \times 10^{-6} \sim 3.8 \times 10^{-5}$mD，饱含空气突破压力4～15MPa，平均喉道半径为$3.4 \times 10^{-3} \sim 6.8 \times 10^{-3}$μm，扩散系数为$1.9 \times 10^{-6}$cm^2/s，为较好—好的封盖层。

2）铝土岩

孔隙度小于3.5%，渗透率为6.5×10^{-4}mD，饱含空气突破压力达15MPa，为好的封盖层。

3）致密碳酸盐岩

孔隙度一般为0.23%～0.55%，渗透率为$4.5 \times 10^{-7} \sim 8.5 \times 10^{-6}$mD，饱含空气突破压力2～85MPa，扩散系数为$1.4 \times 10^{-5} \sim 1.9 \times 10^{-5}$cm^2/s，为较好的封盖层。

第三节　油气藏特征与成藏模式

鄂尔多斯盆地油气资源并存，油气藏类型多样。中生界主要有常规石油、致密油和页岩油三种油藏类型；古生界主要有常规气和非常规气（致密砂岩气）两种气藏类型。不同油气藏类型具有不同的成藏地质特征和成藏模式。

一、油气藏特征

中生界油藏划分为三种类型：侏罗系、延长组长 1—长 4+5 段和长 9—长 10 段的油藏划分为常规油；紧临烃源岩的延长组长 6 段和长 8 段油藏划分为致密油；延长组长 7 段划分为页岩油。

古生界气藏划分为两种类型：下古生界碳酸盐岩气划分为常规气，上古生界致密砂岩气划分为非常规气。

（一）常规油气藏特征

1. 常规石油成藏特征

1）主要发育河流三角洲相、湖泊相两种沉积相类型

鄂尔多斯盆地延长组油藏的横向分布受相带变化的控制，储集相带划分为三角洲和湖泊两大沉积体系，前者以三角洲前缘亚相河口坝、水下分流河道砂岩微相为主要储集体；后者以半深湖、深湖浊积砂岩为主要储集体。沉积相带的不同，形成纵向频繁叠加、横向复合交错的、厚度大、分布稳定的大型复合储集体。沉积相控制生油岩的分布范围，而优质烃源岩是油气成藏的重要保证。

2）发育多套有利储盖组合

鄂尔多斯湖盆经历了多次湖盆震荡，致使湖平面发生周期性升降，在此沉积背景下，随着湖盆的振荡运动，湖平面产生周期性湖进、湖退，沉积发育了多套砂—泥岩互层的有利储盖组合。其中长 7 段湖盆迅速扩张，水深加大，湖盆中部地区沉积了一套有机质丰富的暗色泥岩，为中生界提供了充足的油源（姚泾利等，2015）。砂岩是油气储集的良好场所，而泥岩则是很好的盖层，为多油层复合含油富集区的形成奠定了基础。

3）存在有利的石油输导体系和运移动力

侏罗系和延长组上部储层孔隙度、渗透率条件较好，油气运移聚集驱动力以浮力为主。三叠系顶部不整合面和侏罗系古河道砂体共同构成了侏罗系油藏的油气主要运移通道，其石油主要分布在侏罗系古河道内及不整合面附近。在过剩压力的驱动下，同时受裂缝影响，延长组石油沿物性好的砂体运聚成藏，多分布在生烃中心及周边地区（姚泾利等，2015）。

连通的砂体、裂缝体系及地层异常压力为油气向下、向上运移提供良好通道和运移动力。延长组纵向地层过剩压力梯度远大于横向压力梯度，且在垂直裂缝发育地带的低渗透

率地层中纵向渗透率远远大于横向顺层渗透率，因此石油在垂直裂缝发育带中主要做垂向运移（姚泾利等，2015）。

4）构造控制了长3段—侏罗系油藏的分布

构造对长3段以上的油藏起到较强的控制作用。侏罗系主要发育构造油藏及构造—岩性油藏，油藏有统一油水界面，油藏发育在鼻状隆起高部位，构造为侏罗系油藏最主要的控制因素。

2. 常规天然气成藏特征

1）存在上、下古生界两套气源

下古生界常规气来自上古生界海陆过渡相煤系和下古生界海相碳酸盐岩两套烃源岩，气源供给充足。其中，上古生界煤系烃源岩与奥陶系储集体形成了上生下储的配置关系，是盆地下古生界气藏的主要气源；下古生界海相烃源岩有机质丰度整体较低，局部层段存在较好的烃源岩。近年来，在盆地西部奥陶系台缘相带和盆地东部奥陶系盐下发现了自生自储型气藏，证实了奥陶系海相烃源岩的生烃潜力。

2）奥陶系发育多种类型储层

受区域沉积环境差异的控制，鄂尔多斯盆地奥陶系发育多种类型储层，其发育层位和分布区域也各有不同。盆地中东部马家沟组上部发育风化壳溶孔型储层；古隆起东侧（靖边气田西侧）发育以白云岩为主的储层；盆地西部、南部两大台缘斜坡相带发育有效礁滩型储层。

3）奥陶系顶部岩性的差异形成不同类型的岩溶储集体

奥陶纪末期—早石炭世，盆地内部古地势西高东低，奥陶系在遭受长期风化剥蚀及岩溶作用后，自西向东依次发育岩溶高地、岩溶台地、岩溶斜坡以及岩溶洼地。

岩溶高地（台地）区及岩溶斜坡区岩溶作用强烈，形成了以溶蚀角砾岩、古土壤及铝土岩等典型风化残积物为主的沉积，并在距风化壳顶部一定深度范围内发育大小不等的溶洞、溶孔、溶斑和溶缝等，是形成奥陶系有效储层的关键。

盆地中东部奥陶系顶部马家沟组岩性以含膏白云岩为主；西部发育下—中奥陶统，顶部中奥陶统岩性以石灰岩为主。由于不同地区奥陶系顶部出露地层岩性的差异，形成了不同成因类型的孔隙。盆地中东部奥陶系顶部出露地层以马五段薄层含膏白云岩为主，主要发育含膏物质溶解后残余的溶蚀孔洞，且分布较为稳定；盆地中西部奥陶系顶部主要出露下奥陶统马家沟组马四段及桌子山组颗粒白云岩，经风化溶蚀形成了以晶间孔—溶孔为主的储集空间；盆地西部发育中—上奥陶统，地层向西逐渐加厚，天环地区主要出露下奥陶统克里摩里组和中—上奥陶统。克里摩里组以台缘石灰岩为主，经风化溶蚀形成了以规模较大的溶洞、洞穴为主的储集空间。

4）奥陶系发育三套含气组合

按照储层类型及成藏特征，盆地奥陶系海相碳酸盐岩划分为3套含气组合。上部含气组合：主要层位为马五$_{1-4}$，储集空间为含膏白云岩溶孔，以奥陶系顶部铝土质泥岩为盖层，多个含气层分布稳定，连片性好，气藏规模大，是靖边气田的主体；中部含气组合：

主要层位为马五$_{5-10}$白云岩，储集空间以滩相白云岩晶间孔为主，向东侧上倾方向一般相变成致密灰岩，可以成为有效封堵而形成岩性圈闭；下部含气组合：马四段及其以深地层，储层以白云岩晶间孔、晶间溶孔型储层为主，岩性相变可形成岩性圈闭。

（二）非常规油气藏特征

1. 非常规石油成藏特征

非常规油藏有两种，即长6、长8段致密油藏和长7段页岩油藏。其中，长6、长8段致密油藏成藏特征与延长组常规油藏成藏特征相同，不再赘述。

长7段页岩油油源条件优越，成藏配置组合良好，储层条件是油气的富集的主要控制因素。其成藏特征如下：

（1）致密油靠近延长组湖盆中心，长7段深湖相、半深湖相泥岩大面积分布，是盆地主要烃源岩，为油气的形成提供了丰富的油源；

（2）长7段储层直接与烃源岩接触，砂体展布面积较大，分布比较稳定，是油气运移聚集的有利层位；

（3）三角洲平原及三角洲前缘是油气最有利的储集相带，三角洲平原分流河道砂体、三角洲前缘砂体及水下分流河道砂体是油气富集的主要场所；

（4）长7段大面积湖相泥岩，构成了良好的区域性盖层，有利的生、储、盖配合为陇东地区长7段油藏的形成提供了理想的环境。

2. 非常规天然气成藏特征

1）含气层系多，分布面积大

盆地上古生界石炭系—二叠系自下而上，发育本溪组本1段、本2段、本3段3个含气层段，太原组太1段、太2段两个含气层段，山西组山1段、山2段两个含气层段，石盒子组盒1段至盒8段8个含气层段，石千峰组千1段至千5段五个含气层段共19个含气层组。主力含气层段为下石盒子组盒8段、山西组山1段和太原组太1段，单井平均发育气层5～10段，单个气层厚3～8m。

气藏分布主要受沉积砂体和烃源岩的控制。上古生界各层系发育的大型三角洲沉积砂体与"广覆式"分布的煤系烃源岩形成了良好的生储成藏组合，依据源储配置关系，纵向上可划分为源内、近源、远源三套成藏组合，不同的成藏组合在纵向上相互叠置，形成多套含气层系。其中，源内、近源含气组合气源充足，含气饱和度高，气藏规模大；远源组合以次生气藏为主，含气规模相对较小。气层纵向上相互叠置，平面上叠合连片分布，大面积含气，气藏多无明确的边界，在现有的气田内几乎划分不出单个气藏的边界，整个气田由众多中小型岩性气藏或"甜点"组成，从而构成大面积分布的气田面貌。

2）致密气藏具有典型的"低渗、低压、低丰度"特征

鄂尔多斯盆地上古生界天然气藏储层孔隙度小于8%的样品占50.01%，孔隙度为8%～12%的样品占41.12%，孔隙度大于12%的样品只占8.87%；储层渗透率小于1mD的占88.6%，其中小于0.1mD的占28.4%。覆压条件下，基质渗透率小于0.1mD的储层

占89%，具有典型致密气储层特征。

气藏压力系统复杂，多具负压异常。储层压力系数变化较大，为0.77～1.10，负压、常压、超压均有，但以负压为主，约占全盆地测压井层数的80%。气藏内部存在多个压力系统，气藏的连通性较差。由于地层压力系数低，气层厚度薄，气藏自然能量不足，储量丰度低，储量丰度一般为（0.8～1.5）×10^8m³/km²，属于大面积分布的低—特低储量丰度气田。

3）非浮力聚集成藏，圈闭界限不清

鄂尔多斯盆地上古生界砂岩储层致密化时间为晚三叠—中侏罗世，而天然气的大规模生、排烃时间为晚侏罗—早白垩世末期，储层致密时间要早于天然气运聚成藏期。在区域构造非常平缓的背景下，天然气浮力克服不了储层毛细管阻力，天然气难以沿构造上倾方向发生大规模的侧向运移，以一次运移或短距离的二次运移为主，构造对气藏的控制作用不明显，天然气就近运移聚集成藏。油气水分异差，气藏无边、底水，无统一的气、水界限，在不同期次砂体中，存在上气下水、气水倒置以及气水同层等多类型气水赋存状态，气藏圈闭边界不清晰。

4）储层类型多样、微裂缝发育

上古生界天然气储层具有成岩类型多样性和储层强非均质性的特点。空间上，储层岩性、孔隙类型分区、分层位明显；纵向上，本溪组—太原组—山2段石英砂岩储层主要发育粒间孔，盒8—山1段石英砂岩储层主要发育溶孔；平面上，盆地西部大面积发育石英砂岩储层，储集空间以粒间孔、溶孔、高岭石晶间孔为主，物性相对较好。盆地东部地区发育岩屑石英砂岩、岩屑砂岩储层，储集空间以黏土微孔为主，偶见岩屑溶孔以及少量晶间孔和层间微裂隙，物性相对较差。

储层微裂缝和小型裂缝非常发育。裂缝系统主要为垂直缝，次为斜交缝，走向以北西西至近东西向为主，其次为北东东和北东向。裂缝纵向上的沟通作用明显，大面积分布砂体背景下局部发育的相对高孔隙度、渗透率"甜点"在空间上构成良好的匹配，形成良好的孔—缝网状输导体系。

二、油气成藏模式

（一）常规油气成藏模式

1. 常规石油成藏模式

1）三叠系延长组常规岩性油藏成藏模式

延长组大面积分布的储集砂体与长7段优质油源岩形成了有利生储配置，利于石油就近运聚成藏。长7段优质油源岩厚度大、分布范围广，在生油增压作用下，通过砂体和裂缝作为有效输导通道排烃，在长4+5段、长7段以及长9段等储集砂体中形成多层系叠置的大型油藏（赵彦德等，2011；董丽红等，2014），主要发育三种成藏模式（图8-3）：

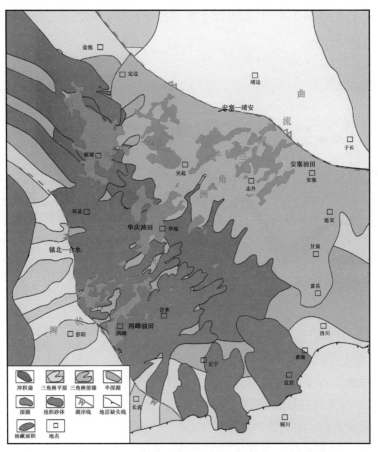

图 8-3　鄂尔多斯盆地延长组常规油藏成藏配置关系与模式图

（1）曲流河三角洲成藏模式：此类型发育多期叠加的分流河道，砂体较稳定，但储层较致密，石油以侧向运移为主，邻近生烃中心的分流河道有利于石油聚集成藏，如东北部安塞油田；

（2）辫状河三角洲成藏模式：此类型发育的分流河道砂体通常较稳定，储层物性好，油藏以上生下储为主，易形成大型岩性油藏，如西北部姬塬油田和西南部西峰油田；

（3）三角洲与重力流复合成藏模式：此类型位置一般位于湖盆中心，砂体展布形态和方向受湖盆演化及底形控制，由于火山等构造事件发育形成大型浊积砂岩，平行湖岸线展布，如湖盆中部华庆油田。

2）侏罗系古地貌成藏模式

侏罗系古地貌型油藏是指油藏受前侏罗纪古河、斜坡及高地等古地貌单元控制的油藏。由于古河下切沟通延长组油源，古河内充填的厚层高渗砂岩作为良好输导层，油气在浮力作用下向古河上部及两侧运移，在合适的圈闭内聚集成藏。由于油气成藏与古河密切相关，油藏在平面上的分布主要位于古河两侧的斜坡、古河内及邻近的高地上（大部分位于斜坡），受古地貌控制明显。油藏类型有岩性—构造油藏、构造油藏、岩性油藏及地层油藏（以岩性—构造油藏为主），其成因上具相关性且受古地貌形态影响和控制，为典型古地貌型油藏（图 8-4）。

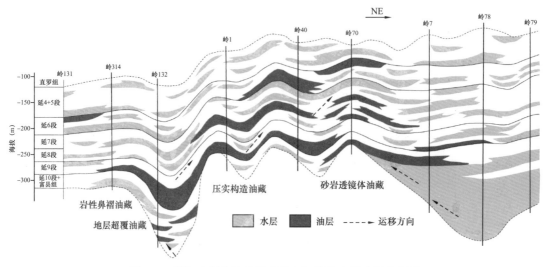

图 8-4　鄂尔多斯盆地侏罗系延安组常规油藏成藏模式图

2. 常规天然气成藏模式

鄂尔多斯盆地下古生界马家沟组马五$_{1+2}$亚段发育岩溶风化壳储层（付金华，2012），马五$_4$、马五$_5$亚段发育白云岩储层，储层与上、下古生界两套烃源岩相配置，形成中东部、西部两大成藏系统，发育两种成藏模式。中东部奥陶系顶部发育"上生下储"的风化壳、白云岩气藏，奥陶系盐下发育"自生自储"的白云岩气藏；西部秦祁海域发育礁滩体、岩溶缝洞及白云岩气藏。其中，中东部风化壳、白云岩气藏为主力气藏。古岩溶作用控制了风化壳储层的展布，混合水白云岩化作用控制了白云岩储层的形成，双向运聚成藏模式控制了不同类型气藏的分布。气藏主体为地层—岩性气藏，在盆地周边还发育构造—顺层岩溶型岩性复合气藏、礁滩体岩性气藏（付金华，2014）（图 8-5）。

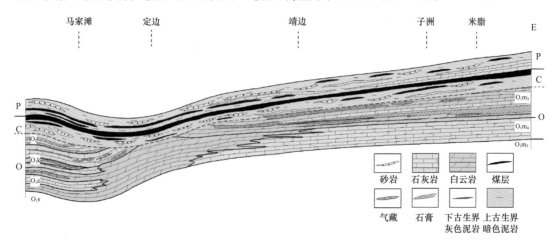

图 8-5　鄂尔多斯盆地下古生界天然气成藏模式图

（二）非常规油气成藏模式

1.非常规石油成藏模式

长7段页岩油成藏模式：在生烃增压和浓度扩散作用下，烃源岩所生成的烃类通过裂缝以及微裂隙等运移通道，通过持续加压充注，石油短距离运移，进入长7段多期叠置发育的细砂岩、页岩与砂岩薄互层及纯页岩中聚集成藏，使得储层含油饱和度呈先快后慢增长，最终含油饱和度高达70%以上，形成高饱和度页岩油油藏（图8-6）。

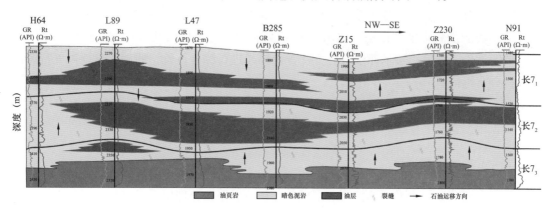

图 8-6　鄂尔多斯延长组长 7 段页岩油成藏模式图

2.非常规天然气成藏模式

鄂尔多斯盆地上古生界石炭—二叠系发育大型缓坡型河流—三角洲沉积，在平缓的沉积古地形背景下，储集砂体纵向上多期叠置，平面上复合连片，并与广覆式煤系烃源岩大面积相互叠置。纵向上形成源内、近缘和远源三套成藏组合，横向上天然气大面积成藏，生烃强度控制大气田的分布范围。储层先致密、后成藏，发育孔缝网状输导体系，天然气近距离运聚，连续成藏，聚集效率高。天然气运移非浮力驱动，气、水难以分异，形成混储状态，天然气局部富集，无统一的气、水边界。稳定展布的上二叠统泥岩构成了气藏良好的区域盖层。气藏主体为岩性气藏、岩性—构造气藏，局部存在砂岩透镜体气藏和构造气藏（图8-7）。

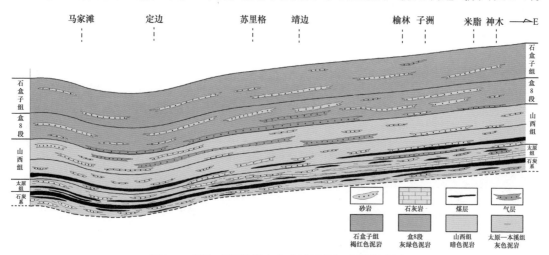

图 8-7　鄂尔多斯盆地上古生界天然气成藏模式图

第四节　常规与非常规油气资源潜力

鄂尔多斯盆地油气资源丰富。"十三五"油气资源评价中，针对盆地中生界常规油、致密油、页岩油和古生界常规气、致密砂岩气等不同资源类型，根据不同层系油气藏成藏地质特征、分布特点和差异性，结合勘探技术的突破及生产实践等因素，按照"层区带"评价思路，分资源类型、分层系、分地区、分深度划分多个层区带，优选体积法、小面元容积法、资源面积丰度类比法、EUR 产能预测法和盆地模拟法共五种方法进行了系统的油气资源评价，并采用特尔菲法对各方法评价结果进行综合评价，明确了盆地油气资源潜力及其分布特征。

一、油气资源评价

（一）石油资源评价

鄂尔多斯盆地中生界石油按照"层区带"评价思路，分侏罗系、三叠系延长组划分层区带和评价单元，共划分 13 个层区带，44 个评价单元，建立 30 个刻度区。其中，侏罗系延安组划分 4 个层区带，12 个评价单元，建立 8 个刻度区；三叠系延长组常规油划分 6 个层区带、19 个评价单元，建立 13 个刻度区；三叠系延长组致密油划分 2 个层区带、9 个评价单元，建立 6 个刻度区；三叠系延长组页岩油划分 1 个层区带、4 个评价单元，建立 3 个刻度区。共采用体积法、饱和勘探法、资源面积丰度类比法、盆地模拟法和 EUR 产能预测法共 5 种方法进行资源评价（表 8-1）。

表 8-1　鄂尔多斯盆地石油资源评价层区带、评价单元、刻度区划分及评价方法体系表

资源类型	层系	层区带	评价单元	刻度区	评价方法
常规油	侏罗系	直罗组	陇东、陕北（2个）	—	资源面积丰度类比法 饱和勘探法
		延 1—延 7 段	姬塬、靖边、陇东（3个）	红井子、马岭（2个）	
		延 8—延 9 段	姬塬、靖边、陇东（3个）	杨井、盘古梁、马岭（3个）	
		富县组—延10段	姬塬、靖边、演武、子午岭（4个）	马坊、盘古梁、马岭（3个）	
	三叠系	长 1 段	姬塬、志靖—安塞、盆地南部（3个）	耿 32、华池（2个）	体积法 资源面积丰度类比法 盆地模拟法
		长 2 段	姬塬、志靖—安塞、盆地南部（3个）	耿 19、化子坪（2个）	
		长 3 段	陕北、陇东、盆地东南（3个）	镇北、南梁（2个）	

续表

资源类型	层系	层区带	评价单元	刻度区	评价方法
常规油	三叠系	长 4+5 段	姬塬、志靖—安塞、陇东、盆地东南（4 个）	堡子湾、坪桥、白豹、环县（4 个）	体积法 资源面积丰度 类比法 盆地模拟法
		长 9 段	姬塬、志靖—安塞、陇东、盆地东南（4 个）	黄 39、白 257（2 个）	
		长 10 段	陕北、盆地南部（2 个）	高 52（1 个）	
致密油	三叠系	长 6 段	姬塬、志靖—安塞、华庆、镇原、盆地东南（5 个）	铁边城、华庆、安塞（3 个）	
		长 8 段	姬塬、志靖—安塞、陇东（华庆—合水）、盆地东南（4 个）	新庄、西峰、吴起东（3 个）	
页岩油	三叠系	长 7 段	姬塬、志靖—安塞、陇东、盆地东南（4 个）	安 83、西 233、顺 111（3 个）	体积法 资源面积丰度 类比法 EUR 产能 预测法

以延长组长 6 段致密油资源评价为例，说明资源评价过程。延长组长 6 段致密油资源评价划分 1 个层区带，3 个评价单元，建立了 3 个刻度区。优选了体积法、资源丰度类比法和盆地模拟法 3 种方法开展资源评价，并对各方法评价结果采用特尔菲法综合评价。

1. 体积法

1）方法原理

体积法主要通过对储层有效储集空间及其含油（气）程度的计算，估算有效储层内的油（气）资源量。体积法应用的关键在于确定含油（气）面积以及有效储层厚度，其他计算参数来源于已提交的探明地质储量区块。计算公式：

$$Q=100A_oH_o\phi S_o\rho_o/B_{oi} \tag{8-1}$$

式中　Q——致密油地质资源量，10^4t；

A_o——面积，km^2；

H——储层厚度，m；

ϕ——有效孔隙度，%；

S_o——含油饱和度，%；

ρ_o——地面原油密度，t/m^3；

B_{oi}——原始原油体积系数。

2）关键评价参数的求取

需要确定的关键评价参数有有效储层厚度、储层含油面积、有效孔隙度、含油饱和度等。

有效储层厚度：通过对含油面积范围内探井测井解释的储层有效厚度进行统计分析得到。根据目前长6段储量提交标准，试油产量2.0t对应的有效储层厚度为4m。

含油面积：主要根据研究区内提交探明储量含油面积圈定原则，以有效储层厚度下限对应储层厚度等值线作为含油边界，结合试油成果及含油显示圈定含油面积。长6段有效储层厚度为4m，相应钻井砂岩厚度为10m。以10m砂体厚度等值线为含油边界，结合各评价单元内试油产量、含油显示，剔除产水井、干层井控制面积，最终圈定含油面积为$2.16 \times 10^4 km^2$。

有效孔隙度：结合研究区或邻区已提交探明储量的有效孔隙度下限，对区内探井有效储层孔隙度进行统计得到。长7段孔隙度主要分布在6%～14%，平均为8.0%。

含油饱和度等其他关键参数均来自刻度区或者研究区内已提交储量的相关参数统计得到。根据密闭取心实际分析的含油饱和度取值70%。原油密度和原油体积系数分别为$0.84t/m^3$和1.26。

3）体积法资源评价结果

应用中国石油资源评价软件（HyRAS1.0）开展致密油资源量计算，长6段致密油资源量为$45.7 \times 10^8 t$，技术可采系数为0.1907，技术可采资源量为$8.7 \times 10^8 t$。

2. 资源丰度类比法

1）方法原理

资源丰度类比法认为相同地质条件具有相似的油气聚集规律，根据评价区与刻度区油气成藏条件的相似性，由刻度区的油气资源丰度推测评价区油气资源丰度，从而计算评价区油气资源量的方法。主要以类比分析为依据，并对评价区进行资源量估算与分析。计算公式：

$$Q=\sum_{i=1}^{n} S_i K_i \alpha_i \qquad (8-2)$$

式中　　Q——评价区的油气总资源量，$10^4 t$；

　　　　S_i——评价区类比单元的面积，km^2；

　　　　K_i——刻度区油气资源丰度，$10^4 t/km^2$；

　　　　α_i——评价单元与刻度区的相似系数。

2）刻度区解剖

应用资源面积丰度类比法首先要建立刻度区。以"三高"原则（勘探程度高、地质认识程度高、资源潜力认识程度高）为基础，同时考虑与评价单元的可比性与操作可继承性，长6油藏常规油评价建立了3个刻度区（表8-1）。以华庆长6油藏刻度区解剖为例，其解剖结果如下（图8-8，表8-2）。

3）建立地质风险评价标准

通过对刻度区解剖，明确了油藏主控因素及各项成藏地质参数对油藏的影响程度，从而建立了延长组常规油地质风险评价标准（表8-3），用以进行评价单元与刻度区类比评价。

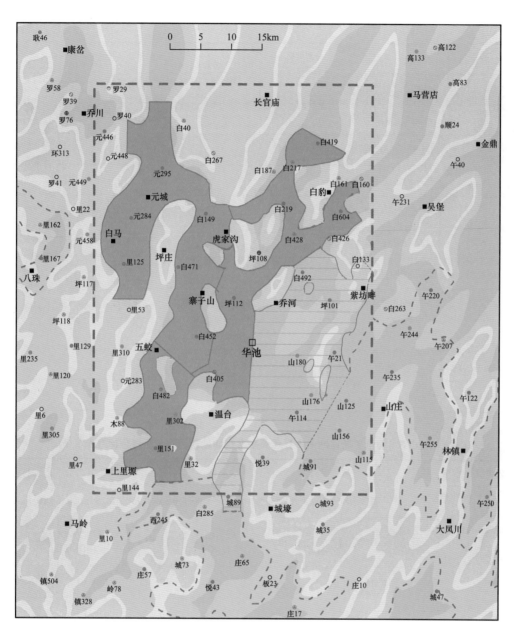

图 8-8　华庆长 6 油藏刻度区勘探成果图

表 8-2　华庆长 6 刻度区解剖结果数据表

参数 \ 刻度区	华庆长 6
地理位置	陕西
构造位置	伊陕斜坡
刻度区类型	岩性油藏

参数　　　　　　　刻度区	华庆长6
刻度区面积（km²）	2800
有效储层厚度（m）	17.64
储层平均孔隙度（%）	11.73
储层平均渗透率（mD）	0.53
三级储量（10⁴t）	78281
地质资源量（10⁴t）	117238
地质资源面积丰度（10⁴t/km²）	41.87
技术可采系数	0.1971
技术可采资源量（10⁴t）	23107
可采资源面积丰度（10⁴t/km²）	7.96
运聚系数（%）	11.32

表8-3　鄂尔多斯盆地中生界延长组常规油地质风险分析评分标准表

参数类型	权重系数	风险参数		评分标准			
		参数名称	权重系数	0.75~1.00	0.50~0.75	0.25~0.50	0~0.25
圈闭条件	0.15	圈闭类型	0.20	构造—岩性圈闭	岩性圈闭	岩性—地层圈闭	地层圈闭
		圈闭幅度（m）	0.30	≥15	10~15	5~10	<5
		圈闭面积系数（%）	0.50	≥20	10~20	5~10	<5
盖层条件	0.05	直接盖层厚度（m）	0.10	≥20	10~20	2.5~10	<2.5
		盖层岩性	0.10	页岩、钙质泥岩	泥岩	粉砂质泥岩	泥质粉砂岩
		盖层面积系数（%）	0.40	≥1.2	1~1.2	0.8~1	<0.8
		盖层以上的不整合数	0.10	0	1~2	3~4	≥5
		断裂破坏程度	0.30	无破坏	破坏弱	破坏较强	破坏强烈

续表

参数类型	权重系数	风险参数			评分标准			
储层条件	0.40	储层沉积相		0.10	分流河道、水下分流河道、河口坝		浊积体、决口扇	远沙坝、天然堤
		储层平均厚度（m）		0.15	≥30	20～30	10～20	<10
		储层百分比（%）		0.10	≥30	20～30	10～20	<10
		储层孔隙度（%）		0.10	≥12	10～12	6～10	<6
		储层渗透率（mD）		0.40	≥1.0	0.5～1.0	0.3～0.5	<0.3
		储层埋深（m）		0.15	≤1500	1500～2000	2000～2500	≥2500
油气烃源岩条件	0.25	烃源岩厚度（m）	油页岩	0.25	≥12	8～12	2～8	<2
			暗色泥岩	0.15	≥30	15～30	5～15	<5
		有机碳含量（%）		0.10	≥5.0	2.0～5.0		<2.0
		有机质类型		—	Ⅰ—Ⅱ$_1$	Ⅱ$_1$—Ⅱ$_2$	Ⅱ$_2$	Ⅲ
		成熟度		—	成熟	高成熟	过成熟	未成熟
		供烃面积系数		0.10	≥1		<1	
		供烃方式		0.05	汇聚流供烃	平行流供烃	发散流供烃	线形流供烃
		生烃强度（10^4t/km^2）		0.20	≥250	150～250	50～150	<50
		生烃高峰时间		—	早白垩世中晚期			
		运移距离	侧向运移（km）	0.10	≤10	10～25	25～50	≥50
			垂向运移（m）	0.05	≤100	150～200	200～500	≥500
		输导条件		—	储层+裂缝	储层	不整合	储层+断层
配套史条件	0.15	区带形成时间与生烃高峰时间的匹配		0.10	早或同时（0.5～1.0）		晚（0～0.5）	
		运移方式		0.65	网状	侧向	垂向	线形
		生储盖配置		0.25	自生自储	下生上储	上生下储	异地生储

4）资源面积丰度类比法资源评价结果

在刻度区解剖的基础上，对各评价单元关键油藏地质参数进行详细统计分析，进而与刻度区进行类比，评价长 6 段致密油资源面积丰度为 $6.2475 \times 10^4 t/km^2$，地质资源量为 $49.6 \times 10^8 t$，技术可采系数为 0.1907，技术可采资源量为 $9.5 \times 10^8 t$。

3. 盆地模拟法

1）方法原理

主要是利用专业软件，对评价区油气资源的生成（生烃）、运移、聚集和成藏过程进行定性、定量模拟，计算评价区内油气的生成总量、排出量、散失量和最终有效成藏量，从而预测盆地油气资源量。计算公式：

$$Q = Q_生 K_聚 \qquad\qquad (8-3)$$

式中　　Q——总资源量，$10^8 t$；

　　　　$Q_生$——总生烃量，$10^8 t$；

　　　　$K_聚$——运聚系数，%。

2）关键评价参数

影响该方法评价结果的最关键参数有烃源岩类型、烃源岩厚度、有机碳含量、生烃强度及生烃量、运聚系数等。

鄂尔多斯盆地三叠系延长组主要发育三套烃源岩，其中长 7 段黑色页岩、暗色泥岩是主力烃源岩，长 9 段黑色泥岩为区带性油源岩，长 6 段黑色泥岩为辅助油源岩。

长 7 段黑色页岩平均厚度达 16m，最厚达 60m，面积为 $5.4 \times 10^4 km^2$。平均 TOC 含量为 13.81%；暗色泥岩平均厚度达 17m，最厚达 124m，面积为 $5.4 \times 10^4 km^2$。平均 TOC 含量为 3.75%。长 7 段烃源岩 R_o 为 0.9%～1.3%，处于生油高峰阶段，平均生烃强度为 $296.79 \times 10^4 t/km^2$，生烃量为 $1255.36 \times 10^8 t$；

长 9 段烃源岩厚度为 4～16m，面积为 $2.8 \times 10^4 km^2$。平均 TOC 含量为 5.03%，平均生烃潜量为 15.94mg/g，平均生烃强度为 $46.72 \times 10^4 t/km^2$，生烃量为 $168.89 \times 10^8 t$。

长 6 段黑色泥岩以薄层状分布为主，面积为 $1.25 \times 10^4 km^2$。平均 TOC 含量为 2.80%，平均生烃强度为 $18.38 \times 10^4 t/km^2$，生烃量为 $26.95 \times 10^8 t$。延长组烃源岩总生烃量为 $1451.20 \times 10^8 t$。长 6 段石油层运聚系数为 0.29%。

3）盆地模拟法资源评价结果

盆地模拟法评价长 6 段致密油资源量为 $51.4 \times 10^8 t$，技术可采系数为 0.1907，技术可采资源量为 $9.8 \times 10^8 t$。

4. 特尔菲法综合资源评价结果

应用特尔菲法，给定各评价方法合理的权重系数，综合评价长 6 段致密油资源量为 $48.0 \times 10^8 t$，技术可采系数为 0.1907，技术可采资源量为 $9.2 \times 10^8 t$（表 8-4）。

表 8-4　鄂尔多斯盆地延长组长 6 段致密油资源评价结果表

评价方法	权重系数	地质资源量（10^8t）	技术可采资源量（10^8t）
体积法	0.5	45.7	8.7
资源面积丰度类比法	0.3	49.6	9.5
盆地模拟法	0.2	51.4	9.8
综合评价		48.0	9.2

鄂尔多斯盆地"十三五"油气资源评价确定盆地中生界石油总资源量为 169.0×10^8t，技术可采资源量为 28.9×10^8t。其中常规油 41.5×10^8t，技术可采资源量为 7.9×10^8t；致密油 87.0×10^8t，技术可采资源量为 16.5×10^8t；页岩油 40.5×10^8t，技术可采资源量为 4.5×10^8t。

（二）天然气资源评价

古生界天然气按照"层区带"评价思路，依据各含气层系沉积特征、不同类型储层及含气性差异，结合最新勘探成果，将上古生界划分为 7 个层区带，25 个评价单元，建立 11 个刻度区；下古生界划分为 4 个层区带，11 个评价单元，建立 3 个刻度区（表 8-5）。采用体积法、资源面积丰度类比法、盆地模拟法和小面元容积法共 4 种方法进行资源评价。

表 8-5　鄂尔多斯盆地古生界层区带、评价单元划分表

资源类型	层系	层区带	评价单元	刻度区	评价方法
致密砂岩气	上古生界	石千峰—上石盒子组	盆地中西部、神木—米脂、盆地南部（3 个）	佳县	体积法、小面元容积法、资源面积丰度类比法、盆地模拟法
		下石盒子组盒 5—盒 7 段	盆地中西部、神木—米脂、盆地南部（3 个）	米脂	
		下石盒子组盒 8 段	杭锦旗、苏里格、盆地西部、神木—米脂、陇东、宜川—黄龙（6 个）	苏里格中部、苏里格东部、米脂	
		山西组山 1 段	杭锦旗、苏里格、盆地西部、神木—米脂、陇东、宜川—黄龙（6 个）	苏里格中部、榆林	
		山西组山 2 段	盆地中西部、神木—米脂、盆地南部（3 个）	苏里格东部、榆林	
		太原组	盆地中西部、神木—米脂、盆地南部（3 个）	神木	
		本溪组	全盆地（1 个）	艾好峁	

资源类型	层系	层区带	评价单元	刻度区	评价方法
常规气	下古生界	马家沟组上组合	靖边、神木—米脂、宜川—黄龙（3个）	高桥	体积法、资源面积丰度类比法、盆地模拟法
		马家沟组中组合	乌审旗—神木、靖边—吴起、榆林—宜川（3个）	苏203井区	
		礁滩缝洞体	西缘岩溶缝洞体、南缘礁滩体（2个）	—	体积法
		奥陶系深层	盆地中部马四段、马三段、马二段（3个）	胡尖山	资源面积丰度类比法、盆地模拟法

以下古生界以马五$_{1+2}$亚段常规气资源评价为例，说明资源评价过程。下古生界以马五$_{1+2}$亚段常规气资源评价划分1个层区带，3个评价单元，建立了1个刻度区。优选了体积法、资源丰度类比法和盆地模拟法3种方法开展资源评价，并对各方法评价结果采用特尔菲法综合评价。

1. 体积法

1）方法原理

方法原理见致密油资源评价实例。天然气体积法计算公式：

$$Q_\mathrm{g} = 0.01 A C_\mathrm{a} H_\mathrm{fg} \phi \left(1 - S_\mathrm{w}\right) \frac{T_\mathrm{sc} P_\mathrm{i}}{T P_\mathrm{sc} Z_\mathrm{i}} \tag{8-4}$$

式中　Q_g——天然气圈闭资源量，$10^8 \mathrm{m}^3$；

　　　A——圈闭面积，km^2；

　　　C_a——含气面积系数；

　　　H_fg——预测气层厚度，m；

　　　ϕ——含气孔隙度，%；

　　　S_w——原始含水饱和度，%；

　　　T_sc——地面标准温度，℃；

　　　P_sc——地面标准压力，MPa；

　　　T——气层温度，℃；

　　　P_i——气层原始地层压力，MPa；

　　　Z_i——原始气体偏差系数。

2）关键评价参数的求取

需要确定的关键评价参数有储层含气面积、有效储层厚度、有效孔隙度、含气饱和度、天然气偏差系数等。

有效储层厚度：通过对含油面积范围内探井测井解释的储层有效厚度进行统计分析得到。根据目前靖边气田马五$_{1+2}$储量提交标准，试气产量$1 \times 10^4 \mathrm{m}^3$所对应的储层厚度下限为2m。

含气面积：主要根据研究区内提交探明储量含气面积圈定原则，以有效储层厚度下限对应储层厚度等值线作为含气边界，结合试气成果及含气显示圈定含气面积。马五$_{1+2}$亚段以2m储层厚度等值线为含气边界，结合各评价单元内试气产量、含气显示，剔除产水井、干层井控制面积，最终圈定含气面积为$2.40 \times 10^4 km^2$。

有效孔隙度：结合研究区或邻区已提交探明储量的有效孔隙度下限，对区内探井有效储层孔隙度进行统计得到。马五$_{1+2}$亚段孔隙度主要分布在1.2%～7.8%，平均为4.9%。

含气饱和度等其他关键参数均来自研究区内天然气藏相关参数统计得到（表8-6）。

表8-6 鄂尔多斯盆地马五$_{1+2}$亚段各评价单元关键参数取值表

关键参数	评价单元	靖边	神木—米脂	宜川—黄龙
渗透率（mD）	分布范围	0.01～10	0.001～3	0.001～2
	平均	2.07	0.587	0.106
含气饱和度（%）	分布范围	60.30～81	30.74～66.8	34.14～78
	平均	75.91	50.36	54.56
气藏中部温度（℃）	分布范围	92.48～118.84	74.35～82.57	74～82
	平均	102.35	78.31	75
气藏中部压力（MPa）	分布范围	22.12～31.48	20.39～24.88	19～24
	平均	28.59	23.64	21
天然气偏差系数	分布范围	0.938～1.022	0.968～1.005	0.968～1.005
	平均	0.977	0.975	0.975

3）体积法资源评价结果

应用中国石油资源评价软件（HyRAS1.0）开展马五$_{1+2}$亚段常规气资源量计算，结果显示，马五$_{1+2}$亚段常规气资源量为$9285.27 \times 10^8 m^3$，技术可采系数为0.60，技术可采资源量为$5571.16 \times 10^8 m^3$。

2. 资源面积丰度类比法

1）方法原理

方法原理和计算公式见致密油资源评价实例。

2）刻度区解剖

应用资源面积丰度类比法首先要建立刻度区。以"三高"原则（勘探程度高、地质认识程度高、资源潜力认识程度高）为基础，同时考虑与评价单元的可比性与操作可继承性，马五$_{1+2}$亚段常规气评价建立了1个刻度区——高桥马家沟组上组合刻度区，其解剖结果如下（图8-9，表8-7）。

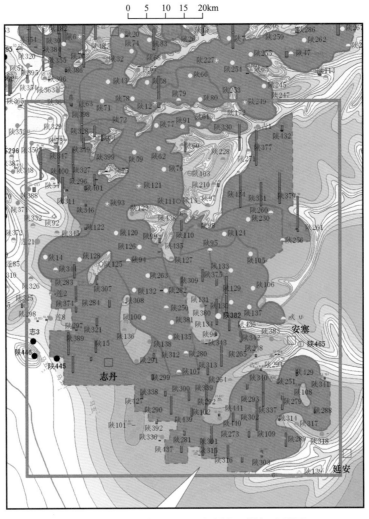

图 8-9 高桥马家沟组上组合刻度区勘探成果图

表 8-7 高桥马家沟组上组合刻度区解剖结果表

参数 刻度区	高桥马家沟组上组合
地理位置	靖边地区
构造位置	伊陕斜坡
刻度区类型	岩性气藏
刻度区面积（km²）	8015
有效储层厚度（m）	5.97
储层平均孔隙度（%）	4.89
储层平均渗透率（mD）	0.8026

续表

参数 刻度区	高桥马家沟组上组合
三级储量（10^8m^3）	2402.92
地质资源量（10^8m^3）	2539.03
地质资源面积丰度（$10^8m^3/km^2$）	0.3168
技术可采系数	0.60
技术可采资源量（10^8m^3）	1523.42
可采资源面积丰度（$10^8m^3/km^2$）	0.1936
运聚系数（%）	1.13

3）建立地质风险评价标准

通过对刻度区解剖，明确了气藏主控因素及各项成藏地质参数对气藏的影响程度，从而建立了下古生界常规气地质风险分析的评分标准（表 8-8），用以进行评价单元与刻度区类比评价。

表 8-8　鄂尔多斯盆地下古生界常规气地质风险分析评分标准

参数类型	权重系数	风险参数		评分标准			
		参数名称	权重系数	0.75～1.00	0.50～0.75	0.25～0.50	0～0.25
圈闭条件	0.05	圈闭类型	0.1	构造—岩性	地层—岩性	岩性	地层
		圈闭幅度（m）	0.7	>8	5～8	2～5	≤2
		圈闭面积系数（%）	0.2	>75	50～75	25～50	≤25
盖层条件	0.05	盖层厚度（m）	0.3	>100	80～100	50～80	≤50
		盖层岩性	0.4	铝土质泥岩	厚层泥岩	泥岩	脆泥岩、砂质泥岩
		盖层面积系数（%）	0.2	>100	80～100	60～80	≤60
		盖层以上的不整合数	0.05	0	1～2	3～4	≥5
		断裂破坏程度	0.05	无破坏	破坏弱	破坏较强	破坏强烈
储层条件	0.35	储层沉积相	0.2	硬石膏白云岩坪	白云岩坪	石灰岩坪	膏盐盆地
		储层平均厚度（m）	0.3	≥5.0	3.5～5.0	2.0～3.5	≤2.0
		储层百分比（%）	0.05	≥80	60～80	20～60	≤20
		储层孔隙度（%）	0.3	≥5.0	3.0～5.0	1.5～3.0	≤1.5

续表

参数类型	权重系数	风险参数			评分标准			
储层条件	0.35	储层渗透率（mD）		0.15	≥1.0	0.5~1.0	0.1~0.5	≤0.1
		储层埋深（m）		0	<1500	1500~2500	2500~3500	≥3500
天然气烃源岩条件	0.25	烃源岩厚度（m）	煤	0.1	>10	8~10	5~8	≤5
			暗色泥岩		>100	60~100	20~60	≤20
		有机碳（%）	煤	0.1	>70	50~70	30~50	≤30
			暗色泥岩		>3	2~3	1~2	≤1
		有机质类型		0.05	III			
		成熟度		0.1	过成熟	高成熟	成熟	未成熟
		供烃面积系数		0.05	>1	0.75~1.00	0.50~0.75	≤0.5
		供烃方式		0.05	汇聚流供烃	平行流供烃	发散流供烃	线形流供烃
		生烃强度（$10^8 m^3/km^2$）		0.5	≥20	15~20	10~15	≤10
		生烃高峰时间		0	白垩纪			
		运移距离	侧向运移（km）	0	—			
			垂向运移（m）		<50	50~100	100~200	≥200
		输导条件		0.05	不整合	储层+裂缝	裂缝	储层
气藏特征	0.30	气藏温度（℃）		0.05	≤60	60~90	90~120	≥120
		气藏压力（MPa）		0.05	≥40	30~40	20~30	≤20
		含气面积系数		0.45	≥0.5	0.3~0.5	0.1~0.3	≤0.1
		含气饱和度（%）		0.45	≥60	40~60	20~40	≤20
配套史条件	0.00	区带形成时间与生烃高峰		—	早或同时（0.5~1.0）		晚（0~0.5）	
		运移方式		—	网状	垂向	侧向	线形
		生储盖配置		—	上生下储			

4）资源面积丰度类比法资源评价结果

在刻度区解剖的基础上，对各评价单元关键气藏地质参数进行详细统计分析，进而与刻度区进行类比，评价马五$_{1+2}$亚段常规气资源面积丰度为 $0.0918 \times 10^8 m^3/km^2$，地质资源量为 $9537.62 \times 10^8 m^3$，技术可采系数为 0.60，技术可采资源量为 $5722.57 \times 10^8 m^3$。

3. 盆地模拟法

1）方法原理

方法原理和计算公式见致密油资源评价实例。

2）关键评价参数

目前研究认为下古生界马五$_{1+2}$亚段天然气主要来自上古生界煤系气源岩。该套烃源岩不同地区生气强度具有以东部为主、西部次之的广覆式生烃特征。东部生气强度最大可达$50 \times 10^8 m^3/km^2$以上；在盆地西缘生气强度达到（$25 \sim 35$）$\times 10^8 m^3/km^2$；与生气强度相一致，东部排气强度可达$40 \times 10^8 m^3/km^2$以上，西缘的排气强度为（$5 \sim 30$）$\times 10^8 m^3/km^2$。

鄂尔多斯盆地上古生界煤系烃源岩总生气量为$601.34 \times 10^{12} m^3$。马五$_{1+2}$亚段常规气藏发育区内煤系烃源岩生烃量为$314.39 \times 10^{12} m^3$。马五$_{1+2}$亚段天然气层运聚系数为0.31%。

3）盆地模拟法资源评价结果

盆地模拟法评价马五$_{1+2}$亚段常规气地质资源量为$9669.79 \times 10^8 m^3$，技术可采系数为0.60，技术可采资源量为$5801.88 \times 10^8 m^3$。

4. 特尔菲法综合资源评价结果

应用特尔菲法，给定各评价方法合理的权重系数，综合评价马五$_{1+2}$亚段常规气地质资源量为$9437.88 \times 10^8 m^3$，技术可采系数为0.60，技术可采资源量为$5662.73 \times 10^8 m^3$（表8-9）。

表8-9 鄂尔多斯盆地下古生界马五$_{1+2}$亚段常规气资源评价结果表

评价方法	权重系数	地质资源量（$10^8 m^3$）	技术可采资源量（$10^8 m^3$）
体积法	0.5	9285.27	5571.162
资源面积丰度类比法	0.3	9537.62	5722.572
盆地模拟法	0.2	9669.79	5801.877
综合评价		9437.88	9437.88

鄂尔多斯盆地"十三五"油气资源评价盆地古生界天然气总资源量为$16.31 \times 10^{12} m^3$，技术可采资源量为$8.88 \times 10^{12} m^3$。其中常规气资源量为$2.99 \times 10^{12} m^3$，技术可采资源量为$1.77 \times 10^{12} m^3$；致密砂岩气资源为$7.11 \times 10^{12} m^3$。

二、常规油气资源潜力

（一）常规油资源潜力

鄂尔多斯盆地常规油地质资源量为$41.50 \times 10^8 t$，截至2018年底，探明储量为$21.24 \times 10^8 t$（长庆探区$17.43 \times 10^8 t$），剩余资源量为$20.26 \times 10^8 t$。其中，三叠系剩余资源量为$16.91 \times 10^8 t$，侏罗系剩余资源量为$3.35 \times 10^8 t$。

（二）常规气资源潜力

鄂尔多斯盆地常规气地质资源量为$2.99 \times 10^{12} m^3$，截至2018年底，探明储量为

$0.68 \times 10^{12} m^3$（长庆探区 $0.66 \times 10^{12} m^3$），剩余资源量为 $2.32 \times 10^{12} m^3$。

三、非常规油气资源潜力

（一）非常规油资源潜力

鄂尔多斯盆地非常规油地质资源量为 $127.49 \times 10^8 t$，截至 2018 年底，探明储量为 $43.43 \times 10^8 t$（长庆探区 $34.00 \times 10^8 t$），剩余资源量为 $84.06 \times 10^8 t$。其中，致密油剩余资源量为 $44.57 \times 10^8 t$，页岩油剩余资源量为 $39.49 \times 10^8 t$。

（二）非常规气资源潜力

鄂尔多斯盆地致密砂岩气地质资源量为 $13.32 \times 10^{12} m^3$，截至 2018 年底，探明储量 $3.93 \times 10^{12} m^3$（长庆探区 $2.84 \times 10^{12} m^3$），剩余资源量为 $9.39 \times 10^{12} m^3$。

第五节　剩余油气资源分布及有利勘探方向

一、剩余油气资源潜力及分布

（一）剩余石油资源分布

盆地中生界石油总地质资源量为 $169 \times 10^8 t$，已探明储量为 $64.67 \times 10^8 t$（长庆探区为 $51.43 \times 10^8 t$），剩余资源量为 $104.32 \times 10^8 t$。

1. 层系分布

中生界石油剩余资源层系上主要分布在延长组长 6 段、长 7 段以及长 8 段，约占延长组剩余资源量的 81.0%（图 8-10）。

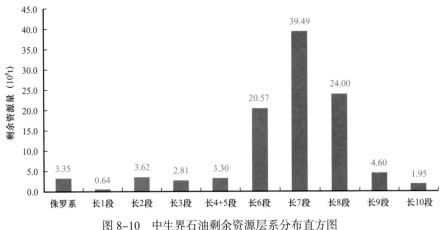

图 8-10　中生界石油剩余资源层系分布直方图

2. 地区分布

中生界石油剩余资源层系情况为：陇东地区剩余资源量为 $55.46 \times 10^8 t$；姬塬地区剩余资源量为 $25.50 \times 10^8 t$，以致密油、页岩油为主；志靖—安塞地区剩余资源量为 $18.52 \times 10^8 t$，以常规、致密油为主；盆地东南剩余资源量为 $4.85 \times 10^8 t$（图 8-11）。

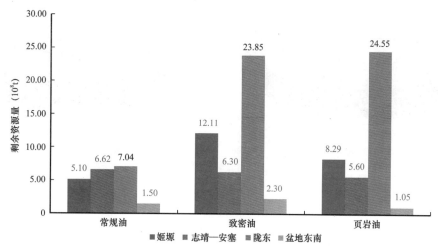

图 8-11　中生界石油剩余资源地区分布直方图

（二）剩余天然气资源分布

盆地天然气总资源量为 $16.31 \times 10^{12} m^3$，探明储量为 $4.60 \times 10^{12} m^3$（长庆探区为 $3.50 \times 10^{12} m^3$），剩余资源量为 $11.71 \times 10^{12} m^3$。

1. 层系分布

盆地常规气剩余资源量为 $2.32 \times 10^{12} m^3$。层系上主要分布在马五$_{1+2}$—马五$_7$亚段、奥陶系深层马四—马二段和礁滩、缝洞体（图 8-12）。盆地致密气剩余资源量为 $9.39 \times 10^{12} m^3$。纵向上分布在盒 8 段、山 1 段和山 2 段（图 8-13）。

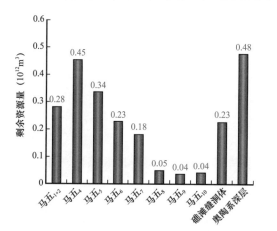

图 8-12　鄂尔多斯盆地常规气剩余资源层系分布图

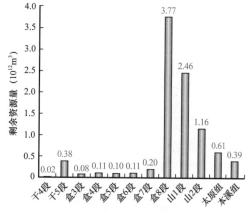

图 8-13　鄂尔多斯盆地致密气剩余资源层系分布图

2. 地区分布

鄂尔多斯盆地常规气剩余资源平面上主要分布在靖边地区、乌审旗—神木地区和盆地东部（图8-14）；盆地致密砂岩气平面上分布在苏里格、神木—米脂和陇东地区（图8-15）。

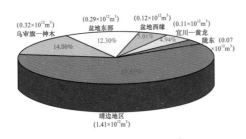 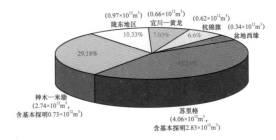

图 8-14　鄂尔多斯盆地常规气剩余资源地区分布图　　图 8-15　鄂尔多斯盆地致密气剩余资源地区分布图

二、有利勘探方向与目标

（一）石油资源有利勘探方向与目标

鄂尔多斯盆地中生界石油勘探主要有两个方向：一是强化陇东、姬塬、志靖—安塞等区长 9、长 10 段新层系勘探部署力度，集中勘探落实规模储量；二是突出盐池西、平凉北、环县西、三边等新区新领域精细勘探，甩开勘探，寻找储量接替。分现实展开区和远景区两个层次。

1. 常规油

1）现实展开区

志靖—安塞地区加大延长组下组合勘探力度，尤其是长 9、长 10 段，实现"安塞下面找安塞"，计划钻井 372 口，新增三级储量 $6.4 \times 10^8 t$。

2）远景区

（1）盐池西加大长 9 甩开勘探力度寻找新发现，不断落实长 8 段含油规模，计划钻井 274 口，新增三级储量 $3.3 \times 10^8 t$；

（2）平凉北深化侏罗系及长 3 段砂体和构造形态研究，寻找低幅度构造油藏，计划钻井 175 口，新增三级储量 $2.9 \times 10^8 t$。

2. 致密油

1）现实展开区

（1）镇北—合水继续加大长 8、长 6 段油层勘探力度，落实规模区储量，计划钻井 576 口，新增三级储量 $7.5 \times 10^8 t$；

（2）姬塬地区继续扩大长 8、长 6 段含油面积，实现油藏复合连片，计划钻井 558 口，新增三级储量 $9.0 \times 10^8 t$；

（3）南梁—华池落实整装储量规模，继续加大长 8、长 6 段勘探力度，不断扩大油藏面积，实现储量升级，计划钻井 347 口，新增三级储量 $5.2 \times 10^8 t$。

2）远景区

（1）盐池西加大长 9 段甩开勘探力度寻找新发现，不断落实长 8 段含油规模，计划钻井 274 口，新增三级储量 $3.3 \times 10^8 t$；

（2）平凉北加大长 8 段甩开力度，力争取得新突破。

3. 页岩油

2019 年，长庆探区页岩油在陇东地区获得突破性发现。有 22 口井获工业油流，其中高产井有 12 口，陇东含油富集区进一步落实。

在西 233、庄 183 井区提交探明储量 $3.59 \times 10^8 t$，在板 11 等井区提交预测储量 $6.93 \times 10^8 t$，新发现国内最大的页岩油油田——庆城油田。庆城油田页岩油纵向上叠合发育，平面上连片分布，提交储量 $10.52 \times 10^8 t$，其中长 71 油层已提交探明储量 $2.30 \times 10^8 t$，提交预测储量 $4.21 \times 10^8 t$；长 72 油层已提交探明储量 $1.29 \times 10^8 t$，提交预测储量 $2.72 \times 10^8 t$。

（二）天然气资源有利勘探方向与目标

苏里格、神木—米脂、盆地南部和靖西地区天然气剩余资源量较大，具有较大的勘探潜力。主要有利勘探方向有两个方面：（1）常规气加大天环北段、奥陶系盐下和盆地周边等新区新领域甩开勘探，寻找勘探接替区；（2）致密砂岩气强化苏里格、神木—米脂、陇东等地区集中勘探，落实规模储量，突出下古生界碳酸盐岩高效勘探，提交优质储量。

1. 常规气

1）现实展开区

下古生界碳酸盐岩围绕靖西中上组合突出效益勘探，提交优质储量。开展盆地东部风化壳气藏工艺技术攻关，深化马五$_4$、马五$_5$亚段成藏地质研究，落实规模储量。计划钻井 64 口，新增三级储量 $6000 \times 10^8 m^3$。

2）远景区

奥陶系盐下落实马五$_{6—10}$亚段含气面积，提交规模储量。探索马四—马一段新层系勘探，预测有利勘探区带。计划钻井 57 口，提交三级储量 $2300 \times 10^8 m^3$。

2. 非常规致密砂岩气

1）现实展开区

（1）苏里格地区细化苏西上古生界气水关系和苏南地质认识，坚持向西、向南甩开勘探，扩大含气面积，计划钻井 25 口，新增三级储量 $2700 \times 10^8 m^3$。

（2）盆地东部深化多层系勘探研究，加快整体勘探步伐，提交规模储量。加大甩开勘探力度，扩大含气范围，计划钻井 80 口，新增三级储量 $6600 \times 10^8 m^3$。

（3）陇东地区落实盒 8、山 1 段含气砂带和含气富集区，寻找下古生界风化壳有利含气区，扩大含气规模。计划钻井 90 口，新增三级储量 $6000 \times 10^8 m^3$；

（4）宜川—黄龙进一步扩大和落实石盒子组、山西组、本溪组及马五$_{1+2}$亚段有利含气面积。计划钻井 49 口，新增三级储量 $3700 \times 10^8 m^3$。

2）远景区

天环北段围绕上古生界盒 8、山 1 段气层，坚持甩开勘探，提交规模储量，兼探下古生界碳酸盐岩储层，寻找新发现。为开发建产准备目标，加快宁夏地区天然气发展。计划钻井 70 口，提交三级储量 $3500 \times 10^8 m^3$。

第九章 塔里木盆地油气资源潜力与勘探方向

塔里木盆地面积为 $56 \times 10^4 km^2$，是我国陆上最大的含油气盆地。塔里木盆地油气勘探有 60 多年的历史，先后在 12 个层系获得油气发现，油气勘探成果丰硕，油气勘探潜力巨大，是我国今后油气增储上产的重要基地之一。近年来，塔里木盆地油气勘探面临油气资源序列倒置、油气资源赋存层逐渐向超深层转变、资源劣质化程度加剧等问题，制约了勘探和开发进展。需要加强盆地油气资源评价研究，进一步落实盆地油气资源规模，夯实勘探开发资源基础，搞清油气资源分布特征，明确盆地剩余油气资源潜力，指导盆地油气勘探工作。

为弄清盆地油气资源潜力，塔里木盆地已开展过三轮盆地油气资源评价，分别是 1981—1985 年第一次油气资源评价、1991—1994 年第二次油气资源评价、1999—2003 年第三次油气资源评价。第一次与第二次油气资源评价期间，塔里木盆地处于油气勘探初期，两次评价结果相当，资源量总量分别为 $184.5 \times 10^8 t$ 油当量、$191.48 \times 10^8 t$ 油当量，此时的油气资源相当于盆地的远景资源。塔里木盆地第三次油气资源评价采用含油气系统划分思路，以盆地评价为基础，以区带评价为重点，以类比法为主，兼顾统计法和成因法，塔里木盆地油气资源量为 $59.94 \times 10^8 t$ 石油和 $79599.43 \times 10^8 m^3$ 天然气，油气资源总量为 $123.37 \times 10^8 t$ 油当量。由于第三次油气资源评价方法体系更加完善，勘探认识得到了深化，该阶段的油气资源量为盆地可探明的资源量。

在这期间，很多学者（庞雄奇等，1998；庞雄奇等，2000；何登发等，1997；王国林，2000；彭平安，2011）先后对塔里木盆地、前陆区和台盆区以及新区开展过油气资源评价。2012 年原国土资源部完成了塔里木盆地油气资源动态评价，评价结果为塔里木盆地石油资源量为 $108.06 \times 10^8 t$，天然气资源量为 $14.25 \times 10^{12} m^3$，油气总量为 $221.60 \times 10^8 t$ 油当量。

2013—2015 年中国石油组织开展了第四次油气资源评价，塔里木油田承担了塔里木盆地四次油气资源评价任务。按照中国石油"四个统一"（统一组织、统一方法、统一标准和统一进度）要求，系统梳理盆地 2003—2015 年的油气勘探进展和地质新认识，重新完成盆地基础图件编制和资评关键参数分析等基础性工作，进行了盆地常规和非常规油气资源重新评价，得到了盆地新的油气资源量，分析了盆地剩余油气资源分布特征，指出今后有利勘探领域和方向，为塔里木油田长远发展规划制定提供了有利支撑。

第一节　油气勘探新进展和地质新认识

2003 年塔里木盆地第三次油气资源评价以后，塔里木盆地在油气勘探方面取得了一批突破性发现，促进了地质新认识的大发展，为重新开展新一轮的油气资源评价提供了坚实的基础。

一、油气勘探新进展

塔里木油田公司已累计完成二维地震勘探 $30.61 \times 10^4 km$，三维地震勘探 $3.87 \times 10^4 km^2$。共钻探井 1029 口，进尺 $565.25 \times 10^4 m$。目前共发现了 12 个工业性含油气层系，分别是震旦系、寒武系、奥陶系、志留系、泥盆系、石炭系、三叠系、侏罗系、白垩系、古近系、新近系、第四系。累计探明石油、天然气地质储量分别为 $9.41 \times 10^8 t$、$1.82 \times 10^{12} m^3$，共探明油（气）田 30 个，已投入开发 25 个。

自 2004 年开始，塔里木油田形成了"立足三大阵地战（库车、塔北和塔中）、快速上产增储、新区新领域积极甩开预探"的勘探思路。通过研究攻关和技术创新，油气勘探相继获得突破。主要的油气勘探进展如下。

（1）整体发现塔中 I 号凝析气田，三级储量超 $10 \times 10^8 t$。2003 年以前已发现塔中 I 号凝析气田，但只获得零星突破，因整体认识不清而停滞不前。2003 年以来，相继整体发现上奥陶统礁滩复合体凝析气田和下奥陶统岩溶不整合大型富油气区带，三级储量已超 $10 \times 10^8 t$。

（2）发现哈拉哈塘亿吨级富油气区带。2009 年，哈 7 井在奥陶系获得工业油流，在以前认为是"凹陷"的哈拉哈塘地区获得突破，之后，在哈 6、新垦、热普、金跃、其格、跃满、哈得逊、富源、玉科等区块相继获得成功，发现了亿吨级的富油气区带。截至"十二五"末，中国石油塔里木油田在塔北控制含油气面积约 $3800 km^2$，累计上交三级储量石油 $6.13 \times 10^8 t$，天然气 $2285.75 \times 10^8 m^3$，油气储量为 $7.95 \times 10^8 t$ 油当量，其中探明石油 $36513.41 \times 10^4 t$，探明天然气 $670.02 \times 10^8 m^3$。

（3）发现大北 3 和克深 2 等一批盐下超深层大气田，探明了库车克拉苏深层白垩系万亿立方米气区。三次资源评价之后，发现大北 3 气田，扩大了大北气田的范围，并使库车地区的天然气勘探深度突破 7000m；发现克深气田，且规模不断扩大；在博孜段、阿瓦特段也获得突破，在库车坳陷已形成克拉苏—大北白垩系万亿立方米富油气区。

（4）整体控制迪北气藏，致密砂岩气勘探获得战略性突破。1998 年 1 月依南 2 井在侏罗系阿合组中测获高产气流，发现了迪北气藏，当年上交预测天然气储量 $1635.24 \times 10^8 m^3$。但随后依据断块成藏模式上钻的依南 4、依南 5 和依深 4 三口探井相继失利。2011 年，迪西 1 井利用氮气钻井，在阿合组获得高产，日产气 $58.98 \times 10^8 m^3$，日产油 $69.6 m^3$。随后部署的迪北 101、102、103 和 104 均获得工业甚至是高产气流。据研究，迪北斜坡带整体表现为单斜，而多口井测试证实阿合组储层是整体含气的，迪北气藏为构造背景下大面积含气的岩性凝析气藏，具有致密砂岩气的特征。2013 年迪北气藏上交控制天然气储量 $564.2 \times 10^{8} \mathrm{m}^{3}$，凝析油 $258.43 \times 10^{4} \mathrm{t}$。

同时在新区新领域勘探也取得了多个战略性突破。

（1）柯东 1 井在塔西南昆仑山前获得突破。2010 月 4 月，塔西南昆仑山前部署的柯东 1 井在白垩系克孜勒苏群测试获得日产气 $9.05 \times 10^{4} \mathrm{m}^{3}$，日产油 $58.48 \mathrm{m}^{3}$ 的工业油气流。这是继 1977 年柯克亚凝析气田发现时隔 33 年后在塔西南昆仑山前获得的又一个重大勘探突破，展现了塔西南山前良好的勘探前景。

（2）古城 6 井在塔中—塔北台隆低部位鹰山组获得战略性突破。2012 年 4 月，在塔中隆起和塔东隆起之间过渡的古城低凸起上部署的古城 6 井在鹰 3 段获得突破，日产气 $26.42 \times 10^{4} \mathrm{m}^{3}$，展现了塔中—塔北台隆低部位鹰山组下部良好的勘探前景。

（3）中深 1 井在寒武系盐下获得战略性突破。2012 年 10 月，塔中地区中深 1 井在中寒武统阿瓦塔格组获得突破，日产油 $5.1 \sim 15.4 \mathrm{m}^{3}$，日产气 $1731 \sim 10301 \mathrm{m}^{3}$；在下寒武统肖尔布拉克组折日产气 $30281 \mathrm{m}^{3}$。2013 年，中深 1C 井在肖尔布拉克组获得日产气 $15.85 \mathrm{m}^{3}$。中深 1 井寒武系原生油气藏发现，取得了塔里木盆地寒武系盐下白云岩的战略性突破。

（4）塔北碎屑岩勘探在多层系实现新突破。2005 年塔北西部探明英买 34–35 志留系潜山油气藏，上交石油地质储量 $1104 \times 10^{4} \mathrm{t}$，天然气 $4.68 \times 10^{8} \mathrm{m}^{3}$。2011 年喀拉玉尔滚构造带玉东 6 井白垩系喜获高产工业油气流。玉东 4 井和玉东 5 井的成功证实玉东 1 古近系岩性气藏存在，圈闭面积约为 $180 \mathrm{km}^{2}$。英买 7 气田的英买 46–1 井在二叠系火成岩潜山顶部常规射孔测试获原油 $1.2 \mathrm{m}^{3}$，是目前中国石油矿权内第一口在该层位见可动油的井。哈拉哈塘哈 6 风险探井石炭系角砾岩段 $5953.0 \sim 5954.5 \mathrm{m}$ 进行 MDT 测试，折日产油 $32.5 \mathrm{m}^{3}$，从而发现哈 6 井区石炭系岩性—地层油藏。热普 3 井在白垩系获油层显示。齐古 1 井三叠系见稠油产出。哈得逊油田北部哈得 18C 志留系 $5490 \sim 5492.5 \mathrm{m}$ 井段完井测试，$4.76 \mathrm{mm}$ 油嘴求产折日产原油 $52 \mathrm{m}^{3}$。2005 年塔北西部发现英买 32 井寒武—奥陶系潜山油藏，于 2008 年基本探明，含油气面积为 $8.73 \mathrm{km}^{2}$，上交探明原油储量 $366.00 \times 10^{4} \mathrm{t}$，天然气 $1.79 \times 10^{8} \mathrm{m}^{3}$。

这些区带勘探的突破和战略性苗头的发现，一方面表明塔里木盆地是一个油气资源丰富的油气盆地，另一方面可为油气资源评价提供大量的可靠参数。

二、油气地质理论新认识

（一）奥陶系和志留系统层为勘探发现奠定了基础

随着奥陶系油气勘探的不断深入，塔克拉玛干地层分区奥陶系具有很好的对比性，即奥陶系受沉积相控制，原始状态为层状分布，塔中、塔北可以拉通，这为奥陶系的地质研究和勘探发现奠定了坚实的基础。完善塔里木盆地奥陶系区划，建立 6 个地层分区、7 个地层小区；将柯坪和塔克拉玛干地层分区原丘里塔格群上亚群细化三分为蓬莱坝组、鹰山组和大湾沟组（表 9–1）。

表 9-1　塔里木盆地奥陶系划分对比表

系	统	阶	柯坪地层分区	塔克拉玛干地层分区				却尔却克—塔东分区
				西克尔—一间房小区	塔中—巴楚小区	轮南小区	英买力小区	
奥陶系	上奥陶统	钱塘江阶	铁热克阿瓦提组				铁热克阿瓦提组	银屏山组
		艾家山阶	印干组		桑塔木组	桑塔木组	桑塔木组	元宝山组
			其浪组	良里塔格组	良里塔格组	良里塔格组	良里塔格组	杂土坡组
			坎岭组	吐木休克组	吐木休克组	吐木休克组	吐木休克组	却尔却克组
			萨尔干组					
	中奥陶统	达瑞威尔阶	大湾沟组	一间房组	一间房组	一间房组	一间房组	
		大湾阶	鹰山组	鹰山组	鹰山组	鹰山组	鹰山组	
	下奥陶统	道保湾阶			鹰山组			黑土凹组
		新厂阶	蓬莱坝组	蓬莱坝组	蓬莱坝组	蓬莱坝组	蓬莱坝组	
寒武系	上寒武统	凤山—崮山阶	下丘里塔格组					突尔沙克塔格群

塔里木盆地志留系划分为柯坪—塔中地层分区和塔东地层分区；塔中地层小区柯坪塔格组上段自上而下细分为第一亚段、第二亚段及第三亚段三个亚段，其他不变；塔中的柯坪塔格组上段与塔北柯坪塔格组上段通过地震不能很好对比，塔中层位高度对应塔北地区原塔塔埃尔塔格组全部或其中一部分。

（二）台盆区确定寒武系—下奥陶统为台盆区主力烃源岩

台盆区主力烃源岩的争论由来已久。2012年中深 1 井在中—下寒武统获得突破后，从地质研究的角度确定寒武系—下奥陶统为台盆区海相原油的主力烃源岩。

本次资源评价研究从烃源岩的分布入手，通过盆地模拟发现，寒武系—下奥陶统的生油量占海相烃源岩总生油量的 86%，从正演的角度进一步确定寒武系—下奥陶统为台盆区主力烃源岩。

（三）建立了两大油气勘探地质理论，有效指导了勘探

通过塔中Ⅰ号坡折带的勘探实践，建立了坡折带勘探理论，发现了我国最早的奥陶纪

珊瑚—层孔虫造礁群落。首次提出了礁滩复合体的概念，建立了高频海平面控制的陡坡台缘加积型礁滩体地质模型；解释了礁滩复合体沿台地边缘成群成带分布规律，断裂是重要的输导条件，古隆起、古台缘是勘探重点区带，形成了"沿台缘、钻礁滩"的勘探思路。

在该理论指导下，塔中地区良里塔格组已累计探明油气 1.38×10^8t 油当量，东部台缘礁滩体已进入稳产阶段，台内礁滩体正在建产，建成了我国奥陶系最大的礁滩复合体凝析气田。塔中台缘坡折带的发现开辟了塔里木碳酸盐岩勘探的新领域，并提出了其他地区坡折带的有利勘探领域，如轮南—哈拉哈塘坡折带、古城坡折带和罗西坡折带，其中，轮南—哈拉哈塘坡折带和古城坡折带已获得突破。

非稳态油藏的概念和设想是在塔里木盆地勘探开发实践中逐渐形成的。2008 年非稳态成藏理论研究成果正式发表（孙龙德，江同文等，2008）。非稳态油藏是指油气处于充注或调整过程之中、尚未形成统一的油气水界面、油气水处于动态平衡状态下的油气富集单元，主要特征表现为在相互连通的储集体内出现多个大幅度倾斜的油气水界面，或油气水关系在侧向上出现倒置，油气性质和含油饱和度在平面上具有渐变性。在时间域内，油气从生成、运移、聚集、成藏、破坏、调整到油藏枯竭是一个连续的全过程。只有当圈闭内的油气水达到相对平衡时才形成经典的油气藏，之前的前油藏阶段和之后的后油藏阶段油气藏都是非稳态的。非稳态油藏形成的主控因素有超晚期构造运动、储层的非均质性等。非稳态油藏研究要以古油藏为起点，以精细的构造演化为重点，储层研究是关键。经研究，构造枢纽带是非稳态油气藏发育的有利区域，古油藏与现今圈闭之间是非稳态油气藏勘探的有利部位，在断裂发育部位油气藏上部可寻找次生的稳态或非稳态油气藏。

在非稳态成藏理论指导下，哈得逊油田在 2002 年滚动勘探了哈得 11 区块、2003—2004 年滚动勘探了哈得 17 区块，均获得成功，三级储量增加 6932×10^4t，使哈得逊油田成为我国第一个亿吨级海相砂岩油田。在该理论指导下，塔中 4 油田在 CⅢ 油组新发现含砾砂岩亚段油藏，新增控制储量 1500×10^4t。

（四）前陆区建立了顶篷构造理论，指导克深富天然气区带发现

顶篷构造是指在强烈挤压作用下，脆性、塑性地层发生分层变形，脆性地层内形成断层及褶皱构造，在其下的可容纳空间内填补了大量的塑性膏盐岩地层，共同形成了一类剖面上表现为似屋脊状的构造组合。顶篷构造的形成平衡了部分上覆地层的负荷，导致膏盐岩层之下深层—超深层仍发育优质储层。由于顶篷效应的存在，使得盐下构造层由挤压宽缓褶皱向高陡冲断构造转化，形成了位于供烃中心之上的叠瓦状冲断构造带，断背斜圈闭沿主断裂成排成带发育。油气始终在顶篷之下的构造带内局限调整，导致大范围叠置连片分布，整体富集。在顶篷构造理论指导下，2008 年发现了克深富天然气区带。

（五）引入致密气概念，推动库车东部天然气勘探

1998 年 1 月库车东部发现迪北气藏。但根据断块成藏模式钻探未取得突破，勘探陷入停滞状态。2009 年，引入致密气概念，认为库车东部迪北地区天然气符合致密气藏

的典型特征：（1）储层致密；（2）源储紧贴，连续成藏；（3）持续充注，非浮力成藏；（4）压力异常，气水倒置；（5）资源量大，储量丰度低等。经重新成图，依南 2 井气柱高度大于圈闭溢出线，证明其不是构造型气藏。2011 年，迪西 1 井获得高产；2013 年，上交控制储量，展现了库车东部致密气良好的勘探前景。

第二节　油气地质条件

塔里木盆地石油地质条件非常优越。塔里木盆地由老到新发育南华系、震旦系、寒武系、奥陶系、志留系、泥盆系、石炭系、三叠系、侏罗系、白垩系、古近系、新近系、第四系。盆地经历了多期构造运动，发育三套优质烃源岩、四套优质区域性储盖组合。目前除了震旦系，其他层系均发现工业油气流（图 9-1）。

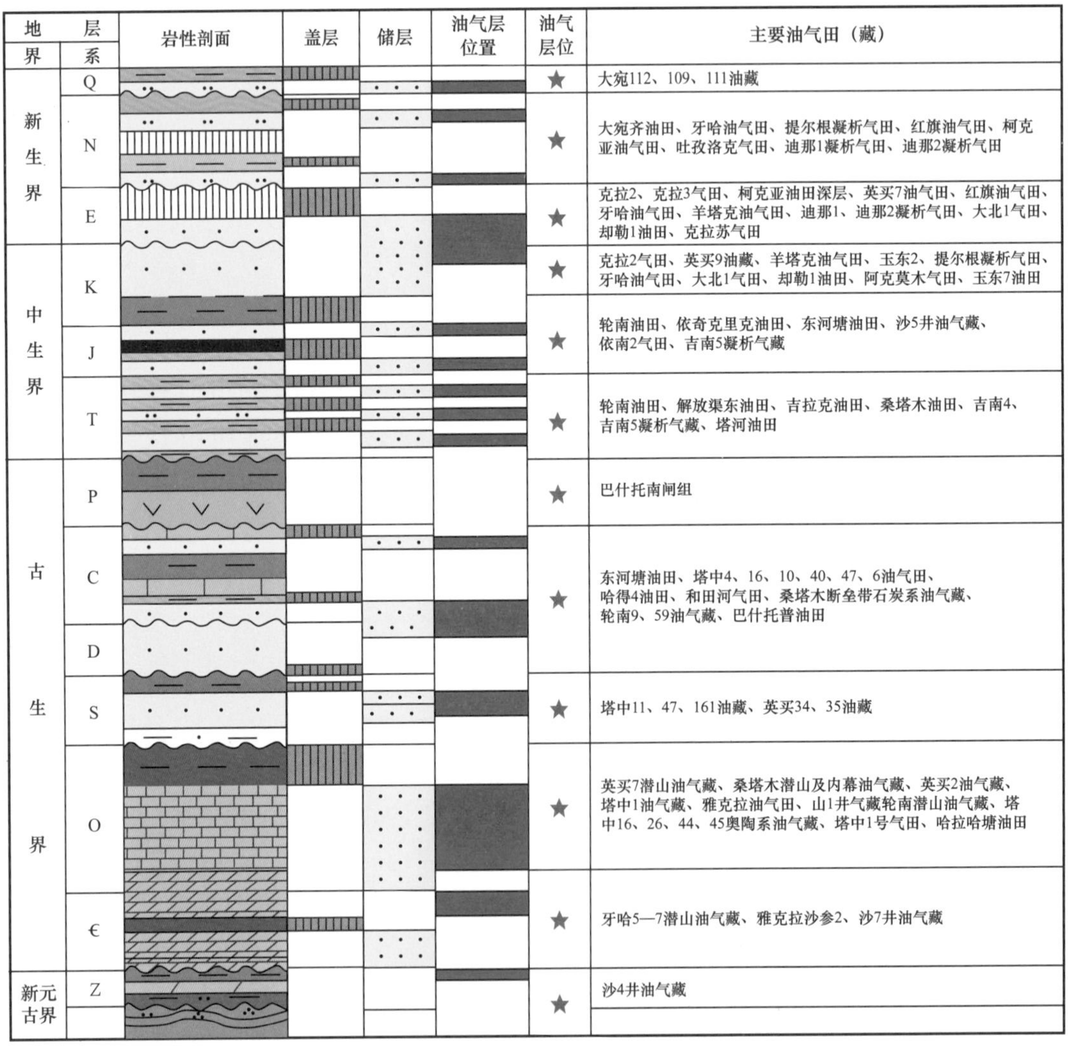

地界	层系	岩性剖面	盖层	储层	油气层位置	油气层位	主要油气田（藏）
新生界	Q					★	大宛112、109、111油藏
	N					★	大宛齐油田、牙哈油气田、提尔根凝析气田、红旗油气田、柯克亚油气田、吐孜洛克气田、迪那1凝析气田、迪那2凝析气田
	E					★	克拉2、克拉3气田、柯克亚油田深层、英买7油气田、红旗油气田、牙哈油气田、羊塔克油气田、迪那1、迪那2凝析气田、大北1气田、却勒1油田、克拉苏气田
中生界	K					★	克拉2气田、英买9油藏、羊塔克油气田、玉东2、提尔根凝析气田、牙哈油气田、大北1气田、却勒1油田、阿克莫木气田、玉东7油田
	J					★	轮南油田、依奇克里克油田、东河塘油田、沙5井油气藏、依南2气田、吉南5凝析气藏
	T					★	轮南油田、解放渠东油田、吉拉克油田、桑塔木油田、吉南4、吉南5凝析气藏、塔河油田
古生界	P					★	巴什托南闸组
	C					★	东河塘油田、塔中4、16、10、40、47、6油气田、哈得4油田、和田河气田、桑塔木断垒带石炭系油气藏、轮南9、59油气藏、巴什托普油田
	D						
	S					★	塔中11、47、161油藏、英买34、35油藏
	O					★	英买7潜山油气藏、桑塔木潜山及内幕油气藏、英买2油气藏、塔中油气藏、雅克拉油气田、山1油藏轮南潜山油气藏、塔中16、26、44、45奥陶系油藏、塔中1号气田、哈拉哈塘油田
	€					★	牙哈5—7潜山油气藏、雅克拉沙参2、沙7井油藏
新元古界	Z					★	沙4井油气藏

图 9-1　塔里木盆地石油地质综合柱状图

一、构造特征

塔里木盆地是一个由古生代克拉通盆地与中—新生代前陆盆地组成的大型复合、叠合盆地，盆地历经多次沉降、隆升，不同构造层呈现不同的复杂构造特征（图9-2），通常以下古生界"四隆五坳"的构造格局将盆地划分为9个一级构造单元（图9-3）：塔北隆起、巴楚隆起、塔中隆起、塔东隆起、库车坳陷、北部坳陷、西南坳陷、塘古坳陷和东南坳陷。在一级构造单元之下，根据其区域结构特征和隆坳形态，又进一步细化出38个二级构造单元。

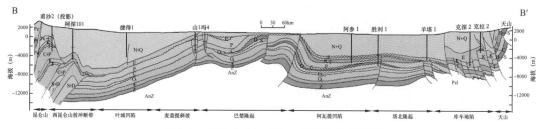

图9-2　塔里木盆地南北向地质结构剖面图

塔里木盆地是长期演化的大型叠合复合含油气盆地，构造演化的长期性、多旋回性和盆地面积的广大，决定了盆地不同地区，甚至同一地区在不同地质时期具有不同的演化历史、原形盆地性质及相应的原形盆地构造分区性。

前震旦纪是盆地基底形成阶段。震旦—奥陶纪是克拉通边缘坳陷阶段。此时盆地内包括库满坳拉槽和塔西克拉通内坳陷。奥陶纪塔西克拉通内坳陷发育英买力—轮南和塔中两个巨型水下隆起。奥陶纪末期库满坳拉槽闭合，中央隆起及其以南、塔北地区大面积遭受剥蚀，中央隆起、塔北隆起初步形成。

志留—泥盆纪为周缘前陆盆地发育阶段。塔里木盆地南缘为北昆仑前陆盆地，克拉通内坳陷以中央隆起、塔北隆起继承性发育为特征。泥盆纪末期构造变形强烈，以发育塔里木南部逆冲带、中央走滑隆起带和塔北前陆隆起带为特征，并遭受强烈剥蚀。石炭—二叠纪为克拉通边缘坳陷和裂谷盆地发育阶段。盆地内石炭纪发育塔西南克拉通边缘坳陷和塔里木克拉通内坳陷，早二叠世发育塔西南克拉通内坳陷和塔里木克拉通内裂谷，晚二叠世发育塔西南克拉通内坳陷。三叠纪为前陆盆地发育阶段，盆地内发育库车前陆坳陷、新和前缘隆起和中部类前陆坳陷。三叠纪末期以大面积隆起剥蚀为特征，包括塔东隆起、塔西隆起、新和隆起，其中以塔东隆起剥蚀量最大。

侏罗—古近纪断陷盆地发育阶段。盆地内侏罗—白垩纪发育分隔性断陷—坳陷盆地，主要包括塔西南断陷、塔东北断陷和塔西隆起；古近纪发育统一的断陷—坳陷盆地，可划分为柯坪—库车断陷、西南断陷、塔东南断陷、民丰断陷、中部隆起和塔南西部断隆等。白垩纪末期构造变形以塔西隆起遭受剥蚀为特征。

新近—第四纪复合前陆盆地发育阶段。盆地内主要发育前陆坳陷、前缘隆起、拉分盆

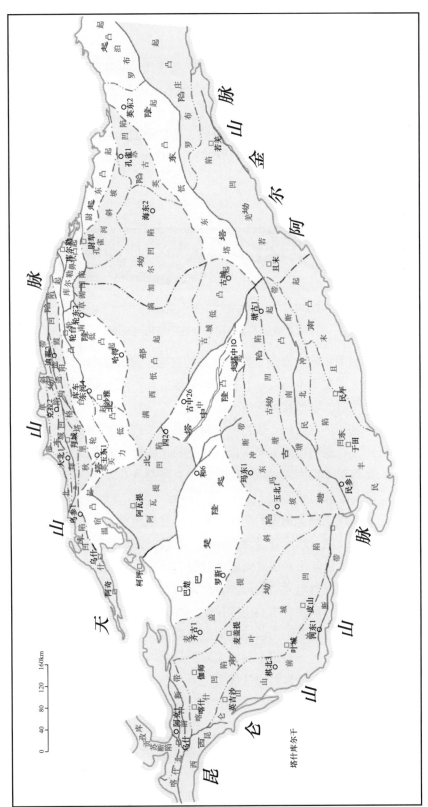

图 9-3 塔里木盆地构造单元划分图

地、走滑隆起等多个构造单元。其中新世中期（吉迪克组沉积期）可划分为阿瓦提—库车前陆坳陷、塔西南前陆坳陷、且末—若羌前陆坳陷、中部复合前缘隆起、民丰拉分盆地和塔南走滑隆起。新近纪末—第四纪盆地构造变形强烈，以发育前陆逆冲带和走滑（扭动）构造变形为特征。据逆冲变形特征柯坪—库车逆冲走滑带可进一步划分为库车逆冲带和柯坪逆冲带。

二、烃源岩发育特征

塔里木盆地烃源岩分布广泛，存在多套层系烃源岩，总体上可分为海相烃源岩和陆相烃源岩。主要烃源岩层系包括寒武系—下奥陶统、中—上奥陶统、石炭—二叠系和三叠—侏罗系（图9-1）。由于构造背景复杂，同一套烃源岩在不同地区成熟度差异明显，从成熟生油阶段至过成熟生干气阶段均有分布。

（一）有机质发育及分布

1. 寒武系—下奥陶统

这套烃源岩分布范围广、厚度大，是对现今油气聚集有着重大贡献的一套古老的有效烃源岩。中—下寒武统烃源岩发育于两个不同的沉积相。从盆地东部古城坡折带以东地区，以欠补偿深水盆地相的黑色泥岩与泥灰岩为主，到盆地中西部塔中隆起、阿瓦提凹陷、巴楚断隆及其周缘地区，以蒸发潟湖相烃源岩为主。截至目前，盆地内共有7口井钻遇该套烃源岩层。其中塔东1、塔东2、库南1、米兰1井位于盆地东部地区，为欠补偿深水盆地相，烃源岩岩性以黑色泥岩为主，欠补偿盆地沉积相烃源岩具有较高的有机质丰度，如库南1井中—下寒武统烃源岩厚336m。塔参1、和4、方1井位于盆地中西部塔中地区及巴楚隆起，烃源岩厚度明显增大的趋势，为蒸发潟湖相，烃源岩岩性以泥质云灰岩为主，残余有机碳平均含量在1.0%左右，TOC≥0.5%的烃源岩厚度可达200多米。如方1井TOC≥0.5%烃源岩厚度最大达195m。

该套烃源岩仅在盆地东部的塔东隆起的盆地相和库鲁克塔格露头区发育，塔东1、塔东2及库南1井钻遇了这套烃源岩层，在盆地中部和西部广阔的台地区，尽管有很多探井钻遇，但未发现有高丰度的烃源岩分布。烃源岩岩性主要为硅质页岩、笔石页岩、泥晶灰岩及泥质泥晶灰岩，TOC≥0.5%的烃源岩厚度为98～152m，库鲁克塔格露头区为70～170m。

2. 中—上奥陶统

中—上奥陶统烃源岩分布范围局限，厚度薄。中奥陶统烃源岩主要分布于柯坪露头、塔中隆起的斜坡部位和古城鼻隆。上奥陶统烃源岩主要分布于柯坪和塔中隆起的斜坡部位，这套烃源岩分布范围也比较局限。印干组主要分布于柯坪露头区，为半闭塞—闭塞欠补偿陆缘海湾相的泥岩夹页岩。柯坪地区以台缘斜坡—盆地边缘相和半闭塞—闭塞欠补偿陆源海湾相沉积，厚度为40～110m；塔中隆起的斜坡部位为台缘斜坡—盆地边缘相，TOC≥0.5%的烃源岩厚度在20～200m。

3. 石炭—二叠系

石炭系有效源岩主要分布在巴楚断隆和塔西南的西南部地区，包含泥岩和碳酸盐岩两类岩性，以泥岩为主。泥质烃源岩以灰色、深灰色、灰黑色泥岩、灰质泥岩为主，碳酸盐岩类烃源岩包括灰黑色灰岩、泥质灰岩、生物碎屑灰岩及白云质生物碎屑灰岩。泥质烃源岩主要发育在下石炭统，分布在巴楚组和卡拉沙依组。巴楚组生屑灰岩烃源岩为台地边缘—台缘斜坡相沉积，烃源岩分布较稳定，厚度在30~56m。卡拉沙依组泥岩属滨海湖泊—沼泽相和近海河流—沼泽相沉积，烃源岩在玛参1井最厚可达97m。泥质烃源岩有两个分布中心，第一个是在西昆仑山前，如和什拉甫剖面烃源岩厚度为285m、库山河剖面为247m；第二个是在和田河的玛参1井附近。下石炭统碳酸盐岩烃源岩总体厚度较薄，烃源岩分布中心在英吉沙一带，厚度大于200m。

上石炭统在西南缘自上而下称塔合奇组、阿孜干组和卡拉乌依组，在达木斯一带，其岩性为深灰色亮晶灰岩、亮晶生屑灰岩和泥晶灰岩，下部主要为碎屑岩和泥岩，以开阔台地为主。下部为滨海沼泽、滨海陆缘相。西南缘东部杜瓦一带，上部塔合奇组和阿孜干组以泥晶灰岩、鲕粒灰岩为主，属开阔台地，下部卡拉乌依组碎屑岩增多，为开阔台地和潮坪相。总体上来看上石炭统泥质烃源岩和碳酸盐岩烃源岩厚度较薄，如和什拉甫剖面泥质烃源岩厚度为31m，碳酸盐岩烃源岩厚度为54m；在沉积中心达木斯剖面泥质烃源岩厚度可达260m，碳酸盐岩烃源岩厚度可达374.6m；莫莫克剖面泥质烃源岩厚度为53m，碳酸盐岩烃源岩厚度为203.6m。因此上石炭统烃源岩的沉积中心在西南缘的达木斯一带。

二叠系烃源岩主要分布于塔西南坳陷的康苏凹陷和西昆仑山山前冲断带西部地区。下二叠统暗色泥岩分布较广，在西南缘较厚、东北部较薄，如拓1井最厚达546m；阳1井厚达1072m，可能有断裂重复所致；在克孜里奇曼剖面只有120m。按上述方法推测，在麦盖提斜坡至和田河一带仍有100~200m的可能烃源岩分布。但生油凹陷主要分布在南缘西部一线。

由于早二叠世时期，塔西南地区已经开始大规模海退，下二叠统暗色碳酸盐岩在其盆地中分布有限，但在西南缘，沉积克孜里奇曼组时，在考库亚断裂与和田河断裂上盘为海相沉积，暗色碳酸盐岩有广泛分布，其中克孜里奇曼剖面最厚为646m，苏1井钻遇厚度为348.5m。

4. 三叠—侏罗系

三叠系烃源岩主要分布在库车坳陷，侏罗系主要发育在盆地周边的库车坳陷、塔西南地区、塔东南地区和库鲁克塔格地区。

库车坳陷是塔里木盆地三叠—侏罗系烃源岩主要分布区（图9-4）。烃源岩主要包括三叠系的黄山街组和塔里奇克组、侏罗系的阳霞组和克孜勒努尔组，其次为三叠系的克拉玛依组和侏罗系的恰克马克组。岩性主要有暗色泥岩、碳质泥岩和煤岩。其中三叠系黄山街组发育湖相泥质烃源岩，三叠系烃源岩整体呈北厚南薄的特点，厚度在0~600m之间，侏罗系烃源岩在克拉2地区和大北1地区最厚，累计厚度可达1000m，其中泥岩厚度达650m，碳质泥岩厚度达330m，煤层累计厚度超过50m。在空间上，沉降中心等于沉积中心，也等于烃源岩发育中心，总体上沉积厚度最大的地区，也是烃源岩发育最好的地区。

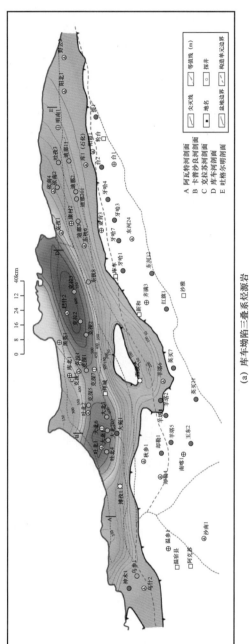

（a）库车坳陷三叠系烃源岩

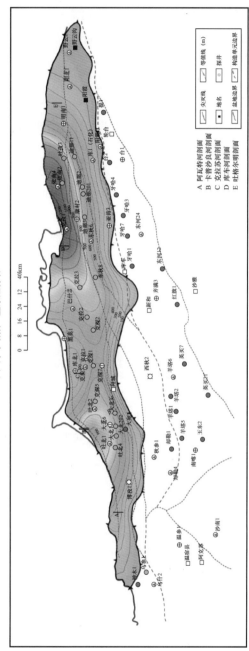

（b）库车坳陷三叠—侏罗系烃源岩厚度等值线图

图 9-4 塔里木盆地三叠—侏罗系烃源岩

（二）有机质丰度

1. 寒武系—下奥陶统

中—下寒武统东部欠补偿盆地相烃源岩单井TOC平均在0.4%～5.5%之间，其中玉尔吐斯组烃源岩TOC高达7%～14%；盆地中西部蒸发潟湖相烃源岩TOC平均在1.0%左右。上寒武统—下奥陶统烃源岩TOC为0.5%～2.67%。因此寒武系—下奥陶统烃源岩均属于较好—好级别。

2. 中—上奥陶统

中—上奥陶统烃源岩TOC在0.5%～5.54%之间，氯仿沥青"A"含量一般大于100μg/g，最高可达1395μg/g，显然是属于较好—好碳酸盐岩烃源岩。

3. 石炭—二叠系

石炭系烃源岩TOC为0.5%～1.89%，叶城凹陷西南部的石炭系露头区TOC为0.2%～0.8%，最高达1.94%。上二叠统烃源岩TOC平均为0.6%，最高可达3.4%。

4. 三叠—侏罗系

三叠系黄山街组为湖相烃源岩，暗色泥岩TOC平均在1%～3%之间，依南2井暗色泥岩生烃潜量达到2.51mg/g。

侏罗系烃源岩为煤系地层。其中泥岩TOC平均在2.5%～3%之间，生烃潜量均值一般为3～6mg/g。碳质泥岩TOC平均在20%以上，少数为10%～20%，热解生烃潜量均值多大于25mg/g，少数达75mg/g。煤岩TOC为55%～70%，热解生烃潜量主要分布于20～40mg/g，最高可达100mg/g以上。

（三）有机质类型

1. 寒武系—下奥陶统

干酪根显微组分研究表明，寒武系—下奥陶统烃源岩的有机质以无定形为主，并见少量的藻类残体，呈较强黄色荧光，恢复的原始生烃母质为以蓝绿藻为主的浮游藻类，有机质类型为Ⅰ型。

2. 中—上奥陶统

半闭塞—闭塞欠补偿陆源海湾薄壳腕足、笔石—始球藻有机相烃源岩生烃母质生物由浮游藻类构成，如始球藻和具刺疑源类等，有机质类型为Ⅱ₁—Ⅰ型；台缘斜坡—盆地边缘相生烃母质生物由浮游藻类和底栖藻类组成，包括各类宏观藻、隐孢子与塔斯马尼亚藻、黏球形藻、丛粒藻。因此中—上奥陶统烃源岩有机质类型为Ⅱ₁—Ⅱ₂型。

3. 石炭—二叠系

卡拉沙依组泥岩属滨浅海湖泊—沼泽相沉积，巴楚组生屑灰岩烃源岩为台地边缘—台缘斜坡相沉积，二叠系烃源岩以湖相沉积为主，有机质类型主要为Ⅱ₂和Ⅲ型。

4. 三叠—侏罗系

烃源岩属滨浅湖—沼泽相沉积，有机质类型主要为Ⅱ₂和Ⅲ型为主。

（四）有机质成熟度

寒武系—下奥陶统烃源岩已处于高—过成熟阶段。在隆起高部位局部地区烃源岩处于高成熟演化阶段（图9-5），如库南1井实测的 R_o 值为1.37%～1.88%。坳陷深处大部分烃源岩处于过成熟演化阶段，如塔东1井实测的等效值为2.0%～3.6%。

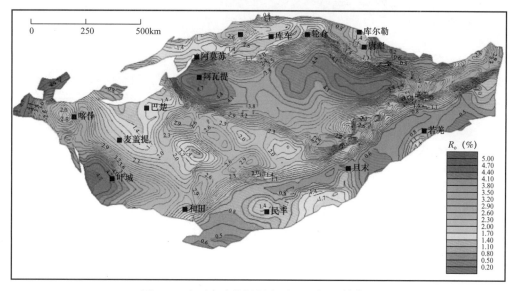

图9-5　中下寒武统烃源岩顶面现今 R_o 等值图

中—上奥陶统烃源岩有机质成熟度在0.81%～1.81%，主体处于成熟演化阶段。

石炭烃源岩在巴楚地区镜质组反射率介于0.68%～0.87%，向西到叶城凹陷有机质成熟度在1.44%～1.94%，处于高—过成熟阶段。二叠系烃源岩在井下处于成熟阶段，野外剖面上成熟度较高，基本处于成熟—高成熟演化阶段。

库车坳陷三叠—侏罗系烃源岩沉积中心成熟度最高，向四周逐渐降低，目前总体处于成熟—过成熟演化阶段（图9-6）。西南坳陷侏罗系烃源岩成熟度普遍较低，处于低成熟—成熟演化阶段。塔东地区侏罗系烃源岩成熟度普遍较低，处于0.5%～0.7%之间，远小于库车坳陷侏罗系烃源岩的成熟度。

三、储层发育特征

塔里木盆地储层条件优越，储层具有类型全、物性好、层位多、埋深大、分布广等特点。储层类型包括碎屑岩和碳酸盐岩，层位上包括震旦系到新近系几乎各个层系。目前，除泥盆系和二叠系未发现工业油气流外，震旦系、寒武系、奥陶系、志留系、石炭系、三叠系、侏罗系、白垩系、古近系、新近系均已获得工业油气流，从而构成塔里木盆地10个重要产油层系（图9-1），其埋深一般在3000～7300m之间，目前有越来越深的趋势。

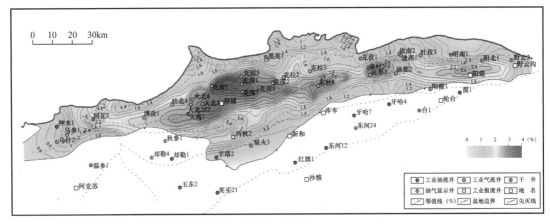

图 9-6 库车坳陷三叠系烃源岩现今成熟度等值线图

（一）储层发育及分布

1. 碎屑岩储层

碎屑岩储层从下古生界的志留系—新生界均有分布。志留系柯坪塔格组储层岩性主要为细粒岩屑砂岩，分布于塔中、塔北地区，储层厚度变化较大，英吉苏地区储层厚度可达1000m以上。

石炭系碎屑岩储层主要发育于底部的东河砂岩段，为一套由西向东逐渐超覆的较典型的无障壁滨岸沉积体系；岩性主要为褐灰色、浅灰色、灰白色细砂岩、中砂岩、粉砂质细砂岩，少量含砾砂岩，具有厚度大（最厚约250m）、分布广的特点。

三叠系是盆地内碎屑岩储层最发育的层段。储层岩性主要为中—细粒岩屑砂岩、长石岩屑砂岩、岩屑长石砂岩，储层厚度平均约200m。在库车前陆区除了乌什凹陷以外的地区，均有三叠系储层分布，岩性主要为岩屑砂岩和长石质岩屑砂岩，厚度为30～500m，呈现出以黑英1井区为中心，厚度向四周减薄的特点。

侏罗系储层在盆地内主要分布于塔北、塔东南地区。塔北轮南、东河塘地区储层厚度平均约80m。在库车前陆区库车坳陷侏罗系储层厚度为30～580m，总体呈现出由北向南逐渐变厚的特点。在西南坳陷分布范围较小，主要在柯东构造带西南地区，厚度为50～120m。

白垩系储层在全盆地均有分布。库车坳陷储层厚度为30～500m，塔北轮台凸起以及满西低凸起北部地区储层平均厚600m。塔西南坳陷白垩系储层厚度为150～1500m，沿昆仑山前呈北西向条带状分布，从山前向盆地方向减薄，总体表现为西厚东薄的特征。

古近系碎屑岩储层在台盆区分布较广。岩性为棕色、棕褐色、棕红色、暗棕色粉砂岩、泥质粉砂岩，细砂岩夹中砂岩、不等粒砂岩。在塔里木盆地西部储层厚度相对较厚，为100～800m，塔北地区储层厚10～50m，塔中南部及塘古西部地区储层一般厚10～300m。

2. 碳酸盐岩储层

石炭系生屑灰岩段厚度较稳定，西部的麦盖提斜坡与巴楚隆起结合带、玛东冲断带碳酸盐岩储层厚度相对较大，为开阔台地相带，储层厚度均在100m以上；局限台地—半局限台地沉积厚度在40～90m之间，塔北地区储层发育厚度小，在5～20m之间。标准灰灰岩段碳酸盐岩储层也较发育，以群苦恰克—玛扎塔格地区为沉积中心，由西向东由开阔台地沉积渐变为局限台地沉积。储层厚度最厚达112m，东部广大地区厚度较稳定，为8～27m。含石灰岩段与顶石灰岩段沉积时期，主要为局限台地沉积，厚度在40～191m之间。

奥陶系良里塔格组储层在巴楚—塔中台地连片分布，厚度分布稳定，多在100m以上，最厚达229m，其次在塔北隆起也呈片状分布，但储层厚度略减薄，厚度在10～126m，此外，在东南隆起的塘南低凸起也有发育，储层呈带状分布，且厚度较大。

奥陶系一间房组储层主要发育在巴楚—塔中台地东北边缘条带、塔北南部轮南低凸起和英买力低凸起、塘古坳陷北部地区。储层厚度不大，在19～48m之间，岩性主要为开阔台地的台内鲕粒砂屑滩夹生物点礁沉积岩类。

奥陶系鹰山组储层主要发育在西南坳陷、塘古坳陷、塔中地区、塔北北部及塔东南地区的东部。优质储层主要集中在塔中—塔北地区及塔西南坳陷，储层厚度一般大于500m。

奥陶系蓬莱坝组，除古塔东盆地外，其他地区广泛发育白云岩沉积。主要有台内埋藏白云岩储层、台缘埋藏白云岩储层、热液白云岩储层、白云岩潜山储层。

寒武系肖尔布拉克组储层特征及分布。野外露头区寒武系肖尔布拉克组主要发育蓝细菌（藻）有关的微生物（藻）白云岩、藻砂屑白云岩和泥粒或粒泥白云岩，其中微生物岩为最主要的岩类，又可分为层纹石、凝块石、泡沫绵层石、叠层石、核形石或藻团粒。中深1井岩性主要包括鲕粒白云岩、砂屑白云岩、砂质白云岩。有效储层厚度为16.1～65.6m，平均41.3m，总体具有"东厚西薄"的特征。

（二）物性特征

1. 碎屑岩储层

志留系柯坪塔格组储层孔隙度平均为8%左右、渗透率平均小于10mD。孔隙类型为各类粒间溶孔及原生粒间孔。储层主要为Ⅲ类储层，局部发育Ⅱ类储层。

石炭系东河砂岩段单井平均孔隙度在1.92%～16.9%，平均孔隙度为8.97%，属中高孔中高渗储层。其优质储层主要发育在塔中和塔北两个地区，满西地区及麦盖提斜坡区也有少量分布。

三叠系平均孔隙度为20%，塔北地区渗透率相对较高，平均200mD左右，其余地区平均渗透率在40mD左右。Ⅰ类、Ⅱ类优质储层主要分布在塔北、满加尔地区以及塔中局部地区，Ⅲ类储层主要分布于阿瓦提、满西、满加尔以及塘古地区。

侏罗系储层孔隙度平均为21%，渗透率差别较大，平均为50～100mD。Ⅰ、Ⅱ类储层主要分布于塔北、满加尔凹陷、英吉苏地区，其余为Ⅲ类储层。

白垩系Ⅰ、Ⅱ类优质储层主要分布于塔北以及满西低凸起北部地区，孔隙度平均值为23%，渗透率平均值约为400mD；Ⅲ类储层主要分布于东南部地区，平均孔隙度为15%，平均渗透率为35mD。

古近系碎屑岩储层孔隙度、渗透率分别在15%和70mD左右，羊塔克及英吉苏地区渗透率达300mD以上。储层以Ⅱ类储层为主，Ⅰ类储层分布在英买力凸起、满加尔凹陷、古城低凸起的南部和若羌凹陷。

2. 碳酸盐岩储层

石炭系生屑灰岩段总体物性较差，平均孔隙度为4.02%，平均渗透率为7.98mD，仅群6井物性中等，孔隙度为5.4%，渗透率为28.7mD；塔北地区储层物性较好平均孔隙度为6%～12%，平均渗透率为3～80mD。

奥陶系良里塔格组储层孔隙度分布在0.18%～6.37%，平均孔隙度为1.45%；渗透率分布在0.0006～190mD，平均1.27mD，属于低孔低渗储层。但试井解释渗透率较高，在3.3～3720mD，平均790mD，属中渗—特高渗储层，更符合实际产能情况。

奥陶系一间房组储层孔隙度变化在0.42%～4.79%，平均值为1.29%，渗透率范围在0.002～320mD，平均为0.725mD，属于低孔、低渗储层，由于孔洞缝的存在，物性有所改善，同时也造成储层非均质性强。

奥陶系鹰山组岩石基质孔隙度、渗透率较低，实测岩心孔隙度为0.01%～19.55%，平均为1.33%，渗透率为0.001～24.15mD，平均0.62mD，基本属于低孔低渗储层，由于孔洞缝的存在，物性有所改善，同时也造成孔渗相关性极差，储层非均质性强。大多数储层经过后期溶蚀改造后有可能成为优质储层。

寒武系肖尔布拉克组储层具有成层性、旋回性、相控性、非均质性特征，呈现"东好西差""中上好下差"的特征。孔隙类型比较丰富，既有微生物原生孔隙、准同生期形成的孔隙，又有埋藏期形成的次生溶孔，成像测井见大量裂缝与溶蚀孔洞。507个样品中，孔隙度>2.5%的样品占45.8%，渗透率>0.1mD的样品占23.9%，总体反映肖尔布拉克组储层具有中高孔—中低渗特征。

四、盖层发育特征

总的说来，塔里木盆地发育了4套区域盖层和多套局部盖层。这四套优质区域盖层分布广泛，厚度巨大，控制着油气富集层位。

（一）盖层的分布特征

1. 中寒武统膏盐岩盖层

该套膏盐岩主要有石膏、盐岩和泥岩夹一些薄层石灰岩组成，厚200～600m，分布于塔里木盆地的中西部地区，覆盖了塔中、塔北和巴楚三大隆起的绝大部分地区，是一套优质区域盖层（图9-7）。

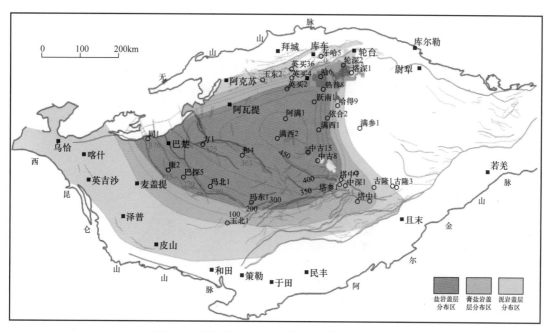

图 9-7 塔里木盆地中寒武统膏盐岩盖层分布图

2. 中—上奥陶统泥岩盖层

该套泥岩主要由大套暗色泥岩夹粉砂质泥岩和泥质粉砂岩组成，部分地区夹有石灰岩。中—上奥陶统泥岩分布广泛，厚度巨大，最厚达 6000m 左右（图 9-8），是一套优质区域盖层，又称"黑被子"。

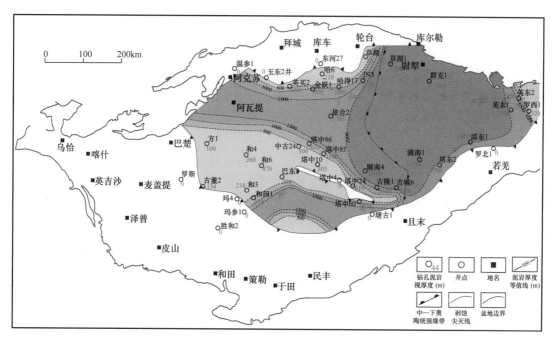

图 9-8 塔里木盆地奥陶系泥岩盖层分布图

3. 石炭系泥岩盖层

本文把石炭系的下泥岩段、中泥岩段和上泥岩段三套泥岩盖层统称为石炭系泥岩盖层。石炭系泥岩盖层主要由棕褐色、灰褐色泥岩、粉砂质泥岩、砂泥岩组成，总厚300m左右（图9-9），在塔里木盆地广泛分布，是一套优质区域盖层，是东河砂岩、生屑灰岩等储层的直接盖层。

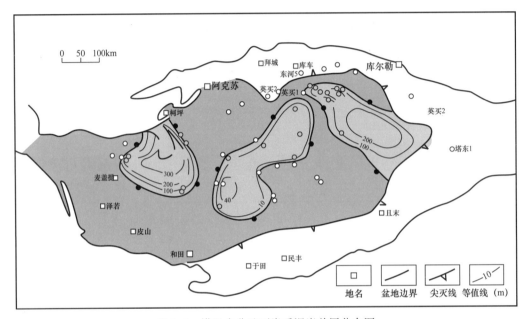

图 9-9　塔里木盆地石炭系泥岩盖层分布图

4. 古近系盖层

古近系盖层主要岩性为棕色、棕红色及灰黄色泥岩、粉砂质泥岩，部分地区夹有石膏层和膏质泥岩，厚100~2000m，覆盖了整个塔里木盆地，是塔里木盆地分布最为广泛的一套区域盖层。在库车地区，古近系盖层主要由大套的盐岩、膏岩、膏泥岩及泥岩组成，东薄西厚，在拜城地区及西秋里塔格地区厚达4000m以上（图9-10）。该套盖层分布广泛，厚度巨大，封盖能力强，是库车地区最重要的一套区域性盖层，据估计库车地区80%的油气资源量分布于该套盖层之下，著名的克拉2气田的产气层即位于该套盖层之下。

（二）盖层的封盖能力

研究表明，中—下寒武统区域盖层膏岩封盖能力强，具有较高的突破压力，通常比普通泥岩高出几个数量级。

中—上奥陶统区域盖层以泥质岩为主，因厚度巨大，封盖能力极强。塔东2井在4086.58m处黑色泥岩的扩散系数为$1.02 \times 10^{-6} cm^2/s$，采用饱和标准盐水突破压力为5MPa，英东1井在3996m的泥岩相对应值为$7.62 \times 10^{-7} cm^2/s$，采用15MPa压力24h未突破，证实了泥岩突破压力较大，达到了好盖层标准。因此，塔里木盆地内近千余米厚的上奥陶统暗色泥岩具备作为区域盖层的优越条件。

石炭系膏泥质岩盖层主要发育于巴楚组下泥岩段、卡拉沙依组中泥岩段及上泥岩段中，岩性主要为泥岩与膏质泥岩。石炭系膏泥质岩区域盖层分布广泛，除雅克拉断凸外，台盆区基本全区覆盖。巴—麦地区 7 口典型钻井实测 20 件样品，膏泥岩突破压力较大，含石膏白云岩突破压力最高为 64MPa，泥岩突破压力最大为 29MPa。

库车前陆盆地古近系巨厚（100～5000m）的膏—盐—泥岩区域性盖层基本封盖了全区，这套膏盐层为非渗透层，不仅非常致密，而且突破压力大（克拉 2 井的突破压力高达 74MPa），具有极高的排驱压力，构成具有特强封闭性的区域盖层。前陆盆地冲断带油气藏对盖层的要求相对较高，克拉 2 气田的压力系数大于 2.0，断裂一直处于活动状态，构造活动往往会在盖层中形成裂缝与小断层，造成油气的散失，但由于膏盐层具有塑性强、易流动的特点，使得裂缝与小断层得以充填，加上膏盐岩强烈封堵性的特征，才使得克拉 2 这个大型气田得以完好保存，从而为"西气东输"奠定了坚实的资源基础。

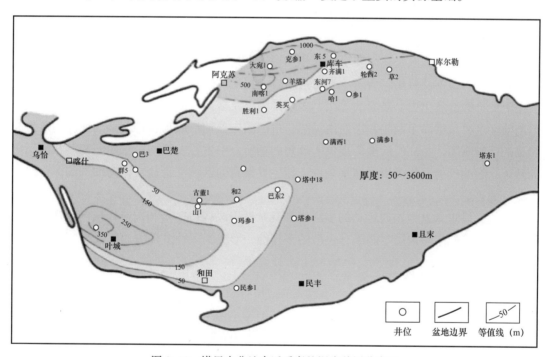

图 9-10 塔里木盆地古近系膏盐泥岩盖层分布图

第三节 常规与非常规油气成藏模式

塔里木盆地是一个由古生代海相克拉通盆地和中—新生代陆相前陆盆地叠合而成的大型叠合复合盆地，发育多套烃源岩，经历了多次生排烃、多期运聚与调整过程，油气藏类型多样、油气相态分布复杂（图 9-11）。

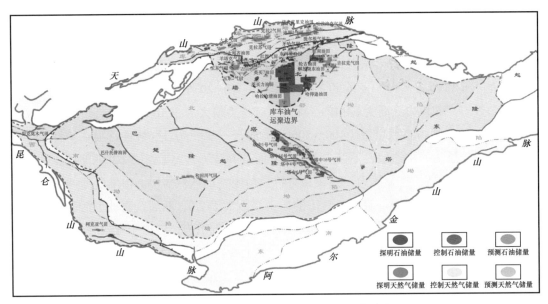

图 9-11　塔里木盆地构造单元划分及油气藏分布图

塔里木盆地台盆区是我国典型的海相油型气富集区，发现的油气藏主要分布在海相碳酸盐岩（奥陶系）及海相碎屑岩（志留系砂岩、泥盆系砂岩）储层中。台盆区具有复杂的沉积历史、构造演化史、多套油源层、多期排烃史及多期形成的多种圈闭类型。塔里木盆地前陆区主要是指库车坳陷和塔西南坳陷，自山前向盆地形成了多排大型的逆冲构造带和相关的褶皱圈闭，为油气的聚集提供了理想的场所。中生界发育的扇三角洲和辫状河三角洲砂体，为油气的聚集提供了储集条件。新生界发育的区域性膏盐岩，为油气的保存提供了良好的盖层。

总之，塔里木盆地构造运动的多样性和复杂性造成构造区带和构造样式的多样性，以及与烃源层、储层和盖层空间组合关系的多样性，形成了多种多样的油气成藏。

一、油气藏特征

由于塔里木盆地台盆区为海相油气系统、前陆区为陆相油气系统，两者油气藏特征截然不同，因此将分台盆区和前陆区来分别介绍塔里木盆地油气藏特征。

（一）常规油气藏特征

除库车东部迪北气藏，塔里木盆已发现油气藏均为常规油气藏。台盆区碎屑岩油气藏以油藏为主，隆起碳酸盐岩油气藏以油藏为主、斜坡部位以凝析气藏为主。库车前陆区以气藏为主、前缘隆起局部为油藏。

1. 常规石油成藏特征

1）台盆区海相碳酸盐岩油藏特征

目前台盆区海相碳酸盐岩已发现、探明的油田（藏）主要分布于台盆区塔中、塔北两个地区，已探明哈拉哈塘、轮古、英买力、塔中良里塔格组、塔中—间房组—鹰山组等多个大型碳酸盐岩油气田，累计探明原油地质储量为 $6.04 \times 10^8 t$。

　　塔北—塔中台隆油气相态整体表现为西油东气、南北油中间气，呈现出塔北—塔中台隆整体含油气的态势，油气相态呈现有序分布（图9-12）。塔北隆起从英买力到轮古以西区块整体以油为主。原油密度由北至南总体呈逐渐减小的趋势。哈拉哈塘北部—塔河12区—轮古西以重质油为主，原油密度为 $0.92\sim1.01g/cm^3$；南缘斜坡为中质—轻质油分布区，局部见挥发油—凝析油，原油密度最低为 $0.7884g/cm^3$。天然气干燥系数总的来说由北至南呈现逐渐增加

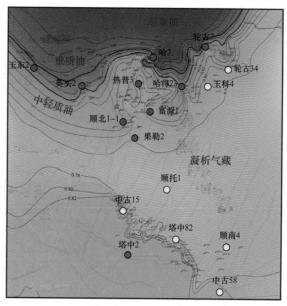

图9-12　塔里木盆地塔北—塔中台隆油气相态分布图

的趋势，北部相对较低，基本低于0.80，南部干燥系数较大，在0.85~0.90之间。

　　塔中地区油气分布具有"东西分段、南北分带"的特征。从气油比平面分布特征看，塔中Ⅰ号坡折带、塔中西部的内带为正常油藏或挥发性油藏。

　　2）台盆区碎屑岩油藏特征

　　台盆区碎屑岩主要包括志留系及泥盆系—石炭系（东河砂岩）海相砂岩和三叠系。台盆区志留系油气显示大面积分布，但始终没有发现大油田，仅发现了塔中11、塔中47、塔中12-50、塔中16井区等油藏。东河砂岩已发现油气田（藏）9个，分别是东河塘、轮南59、哈得逊、塔中40、塔中10、塔中4、塔中16、塔中6及和田河气田。东河砂岩以油藏为主，仅东北部的轮南59油藏为凝析气藏，和田河气田为气藏，其他勘探发现均为油藏。油气藏类型主要为背斜和断背斜型，其次为构造—岩性型。石油以常规油为主，天然气为石油伴生气。塔里木盆地海相烃源岩时代老、埋藏深、距离储层远，油气藏的形成需要断裂作为油气运移通道，断背斜以及断裂附近的背斜构造等具有较好的运聚条件，同时断背斜和背斜圈闭相对容易发现。

　　3）库车前陆区

　　在盆地外围南、北两侧远离烃源岩成熟中心的南部斜坡带以及北部单斜带，烃源岩成熟度较低，R_o 介于0.6%~1.2%，主要形成油藏、油气藏及凝析油含量高的凝析油气藏，如却勒1油藏、羊塔5油藏、英买力—牙哈—提尔根凝析油气田群等，油气相态为油藏、挥发性油藏和凝析气藏（凝析油含量高），气油比较低，一般小于2000m^3/m^3，天然气（或油藏伴生气）干燥系数一般低于0.85，甲烷碳同位素较轻，一般介于-39‰~-35‰，换算天然气成熟度 R_o 介于0.7%~1.1%，主要为成熟阶段生成的煤成气。在南部斜坡带的个别气藏如羊塔1凝析气藏（气油比为8184m^3/m^3）、玉东2凝析气藏（气油比为6293m^3/m^3）

的气油比较高，这是由于这两个气藏的成因为下部的原生油气藏受断裂破坏发生调整在浅层形成的次生油气藏，油气组分的垂向分异作用造成气油比较高。

2. 常规天然气成藏特征

1）库车前陆盆地

库车前陆盆地是中国重要的天然气勘探开发基地之一，是目前天然气储量发现最多、单体气藏规模最大的前陆盆地，油气勘探和研究程度最高。自从克拉 2、迪那 2 和牙哈等大气田发现以来，随着勘探的不断深入，近几年来在克拉苏构造带 6000～8000m 的深层又相继发现了大北、克深 2、克深 5、克深 8 等一批大气田（藏）。

研究表明，库车前陆盆地油气相态差异主要受烃源岩成熟度和成藏过程控制（图 9-13）。三叠系—侏罗系烃源岩成熟生烃中心控制了该区具有"内环干气、中环凝析气、外环油"的油气分布规律。盆内以干气和湿气为主。在盆地中心内部—最大成熟生气中心克深 2—克深 5 井区一线，烃源岩成熟度 R_o 大于 2%，最大达到 3.5% 以上，主要形成高成熟—过成熟的干气藏，天然气干燥系数大于 0.99，天然气成熟度 R_o 介于 1.9%～2.5%，为高成熟—过成熟的煤成气。东、西两端以凝析气为主。在盆地的西端博孜、大北地区以及东端的迪那、依南地区，烃源岩成熟度 R_o 主要介于 1.2%～2.0%，主要形成凝析油含量低的凝析气藏，气油比较高，一般大于 8500m³/m³，天然气干燥系数介于 0.85～0.98，为湿气，天然气成熟度 R_o 介于 1.2%～1.8%，为高成熟的煤成气。

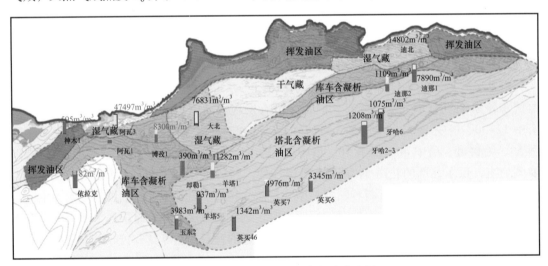

图 9-13　库车前陆盆地油气相态分布图

库车前陆盆地天然气富集规律总体上主要受有效烃源岩、优质区域盖层分布、构造圈闭等多重因素控制（图 9-14）。充足的气源及超压强充注是大气田形成的物质基础，主生气期与构造定型期良好匹配决定晚期高效成藏。克拉苏冲断带位于库车坳陷最大生气中心，生气强度高达（160～320）×10⁸m³/km²。大北—克拉苏构造带紧邻这类优质的生气中心，具备形成 3×10¹²m³ 大气区的资源基础。盐下广泛分布的裂缝—孔隙型储层是油气富集成藏的关键。盐下大量构造圈闭的发育为油气聚集成藏提供广阔空间。膏盐岩滑脱层的发育决定了库车前陆盆地为大冲断带发育型前陆盆地，它控制了盐上、盐间和盐下"三位

"一体"的盆地结构以及盐上两带夹一凹（克—依构造带、秋里塔格构造带、拜城凹陷）和盐下冲断叠瓦构造变形样式。区域性巨厚膏盐岩盖层是盐下油气富集成藏的重要保证。膏盐岩层具有压力封闭和物性封闭双重机制，可与断层联合封堵，为优质区域盖层，控制着油气富集和高效保存。

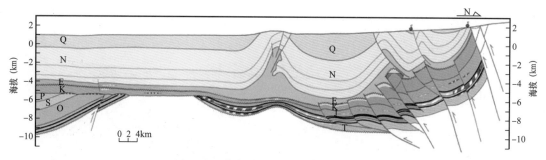

图 9-14　库车前陆盆地油气成藏模式图

2）台盆区碳酸盐岩海相凝析气藏

凝析气藏主要分布在轮古东斜坡、轮南断垒带和桑塔木断垒带以及靠近塔中Ⅰ断裂带的北部斜坡带的下奥陶统和上奥陶统凝析气藏。在哈拉哈塘南部的热普和跃满区块，部分井出现高的汽油比以及出现高蜡原油，预示着该气区块会找到越来越多的凝析气藏。

塔中Ⅰ号断裂带上奥陶统原油总体上具有低密度、低黏度、低胶质 + 沥青质含量、高含蜡、中低含硫的特征。原油的密度为 $0.76\sim0.84g/cm^3$，属于轻质原油，靠近Ⅰ号断裂带的东—中部以及西部的外带区域，原油密度出现低异常区。越靠近Ⅰ号断裂，原油密度、黏度、含蜡量越低。塔中Ⅰ号坡折带天然气干燥系数普遍大于 0.95，为干气。天然气普遍含硫化氢，在平面上的变化具有分带性，硫化氢含量最高达 $16573mL/m^3$。塔中Ⅰ号坡折带上奥陶统礁滩复合体油气藏的温度梯度为 $2.14\sim2.28℃/100m$，压力梯度为 $0.35\sim0.56MPa/100m$，属于正常温压系统。同时塔中Ⅰ号坡折带受碳酸盐岩储层缝洞体系的差异运聚、复杂的断裂体系以及油气的多期成藏、多期改造的影响，塔中Ⅰ号断裂带油气藏为具有复杂的油气分布和油（气）水界面、没有明显的边底水以及基本具有统一的温压系统的微含凝析油的凝析气藏。

台盆区油气成藏主控因素有以下几方面。第一，优质烃源岩是大面积成藏的物质基础。寒武—奥陶系烃源岩平面上大面积分布，多套优质烃源岩、多期生排烃，为大面积成藏提供了坚实的物质基础。第二，古隆起及其斜坡是形成大油气田的地质基础。古隆起及其斜坡是油气运聚成藏的有利指向区，同时也控制了优质储层的发育，保存条件优越。第三，走滑断裂、不整合面是油气成藏的输导格架。走滑断裂及不整合面控制了优质储层的发育，是油气运移的主要通道。第四，岩溶缝洞系统是油气富集的主要场所。奥陶系发育风化岩溶、礁滩体岩溶、埋藏岩溶等多种岩溶类型，形成了多种储层，岩溶缝洞系统是油气富集的主要场所。纵向上，海相碳酸盐岩油气分布可多层复式叠加，但每层均呈准层状分布。第五，盖层是油气保存的关键因素。盖层分为区域盖层、局部盖层和隔层，对油气分布起着非常重要的控制作用。

（二）非常规油气藏特征

目前塔里木盆地非常规油气以致密砂岩气和页岩气为主。非常规天然气研究程度较低，仅发现库车东部迪北致密气藏。本文以迪北气藏为例介绍非常规天然气藏的特征。

（1）整体发育于南倾的宽缓的单斜背景之上，主体位于构造的下倾部位，具备致密砂岩气形成的有利构造条件（图9-15）。

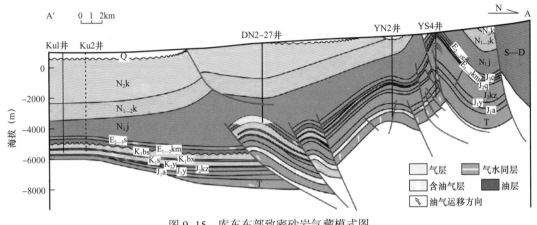

图9-15　库车东部致密砂岩气藏模式图

（2）侏罗系阿合组整个库车东部均有分布，以辫状河三角洲平原—前缘亚相沉积为主，多期砂体叠置连片，储层厚度为100～300m，砂体连通性好。储层孔隙度为1.23%～10.23%，平均为6.9%，渗透率为0.012～84.5mD，平均为0.98mD，为典型的致密储层。

（3）煤系烃源岩发育，热演化程度高，成熟度介于0.8%～2.0%，处于大量生气阶段，气源充足及高的源储压差是致密砂岩气形成的重要保证。此外，侏罗系储层分布广泛且与煤系烃源岩源储共生，紧密相邻，油气近距离大范围充注，有利于形成大面积分布的致密气藏。

（4）现今为异常高压，压力系数介于1.3～1.8，使得致密气藏保持较高的含气饱和度，且储层裂缝发育，有利于天然气高产。

二、油气成藏模式

（一）常规石油成藏模式

1.前陆前缘斜坡构造—岩性油气成藏模式

该类模式主要分布在前陆前缘斜坡与台盆叠置区，油气可来自前陆坳陷侏罗系及台盆区古生界两大烃源岩层，东河油藏、轮南油藏、牙哈油藏和羊塔克油藏等属于该类模式。储层主要为侏罗系湖相和白垩系河流相砂体，经历了2期大量油气充注，成藏时期主要为新近系吉迪克组沉积期。圈闭类型主要为地层超覆、断块和构造—岩性圈闭，由于断层活动对油气运移控制作用较强，主要形成构造—岩性油气藏（图9-16）。

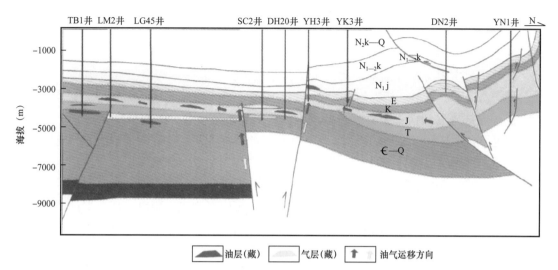

图 9-16　前缘斜坡构造—岩性油气成藏模式

2. 台盆古隆起碎屑岩复合油藏模式

该类成藏模式主要分布在台盆区古隆起碳酸盐岩层上覆地层，含油气层系主要为志留系—三叠系，以低幅度构造—岩性、地层—岩性油藏模式为主。油气来源为寒武系—奥陶系烃源岩，大断层是重要输导通道。油气大量注入主要有 2 期：第一期为志留纪晚期—泥盆纪末期，该期区域盖层没有形成，并且隆升剥蚀作用强烈，油藏被严重破坏，分布广泛的志留系沥青砂岩为该阶段的产物；第二期为二叠纪晚期—三叠纪，该期石炭系和三叠系泥岩发育，成岩作用加强，形成良好区域盖层，使得二叠纪末期和三叠纪形成的油藏得以大量保存。之后的构造运动对台盆区深层改造较小，深层烃源岩形成的高成熟—过成熟天然气很少进入到上述层系（图 9-17）。

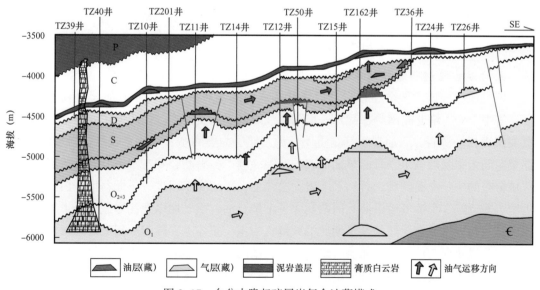

图 9-17　台盆古隆起碎屑岩复合油藏模式

（二）常规天然气成藏模式

1. 前陆盐下挤压背斜天然气成藏模式

该类模式主要分布在前陆坳陷古近系膏盐层下，大北—克深凝析气藏等属于该类模式。前陆盆地形成于中—新生代，烃源岩为三叠系—侏罗系湖相—沼泽相煤系泥岩，储层为古近系底部砾岩和白垩系砂岩，盖层为古近—新近系发育的 2 套膏泥岩，圈闭主要为中—新生界在中新世以来受到强烈挤压作用形成的逆冲背斜。控藏的关键因素为晚期快速生烃作用、膏岩层优越封盖能力、快速沉积欠压实作用形成的优良储层及大型挤压背斜圈闭。具有多期油气充注特征，分别为吉迪克组沉积期、康村组沉积期和库车组沉积期，该时期主体烃源岩已达到高成熟—过成熟阶段，以大量生气为主，同时，盐下大量挤压背斜及膏岩盖层已经形成，在大断裂输导作用下，天然气注入到圈闭聚集成藏（图 9-18）。

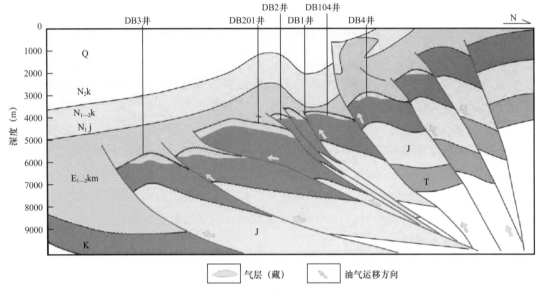

图 9-18　前陆盐下挤压背斜天然气成藏模式图

2. 台盆古隆起碳酸盐岩风化壳—层间岩溶立体组合油气成藏模式

该类成藏模式主要分布在台盆区塔北和塔中的寒武系—奥陶系碳酸盐岩剥蚀—风化区，塔中Ⅰ号、塔北轮南等寒武系—奥陶系油藏属于该类模式。烃源岩主要为寒武系—下奥陶统海相烃源岩，原油裂解气是重要气源。储层为奥陶系、寒武系碳酸盐岩和礁滩体，储集空间为中晚加里东—海西早期形成的溶蚀缝洞，多沿断裂和古水系发育。盖层主要为区域分布的中—上奥陶统、石炭系泥岩。总体上，历经晚志留世—早泥盆世、白垩纪—古近纪、新近纪 3 个油气运聚期。前两期大量汇聚石油，第三期以充注寒武系—下奥陶统形成的高成熟—过成熟天然气及早期原油裂解气为主。整体上，隆起—斜坡之间发育多套碳酸盐岩丘风化面与层间岩溶储层，纵向叠置，横向连片，形成立体组合系统，控制油气分布。值得指出的是，由于裂缝—溶洞非均质性强，分隔层发育，晚期形成的天然气难以完全的驱替石油，现今的气藏主要围绕塔中、塔北两大隆起斜坡分布（图 9-19）。

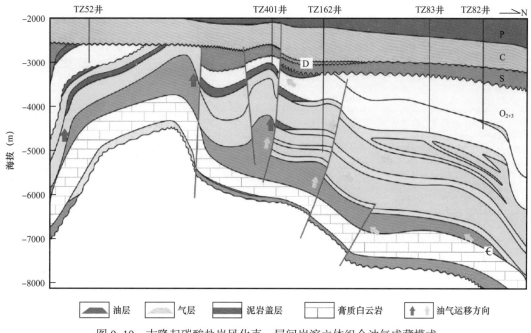

图 9-19 古隆起碳酸盐岩风化壳—层间岩溶立体组合油气成藏模式

第四节 常规与非常规油气资源潜力

本轮次油气资源评价采用以类比法为主、成因法和统计法为辅，三大类方法综合应用的评价方法体系，然后依据各种方法的适用条件及可靠程度，确定不同方法的权重系数，用特尔菲法对全盆地的资源量进行综合计算，从而得到盆地综合资源量。

一、油气资源评价

（一）盆地模拟法资源评价

本次评价的盆地模拟软件使用由中国石油勘探开发研究院开发的微机版盆地综合模拟系统 BASIMS 6.0 版。BASIMS 6.0 软件环境为 Windows XP、Windows7 等 Windows 操作系统。包括数据输入与管理、图形采集与处理、模拟计算、模拟结果展示和其他辅助功能模块，其中模拟计算模块包括地史、热史、成岩史、生排烃史和运移聚集史等。

利用盆地综合模拟系统 BASIMS 6.0，分 18 个评价层系、11 个烃源层、3 大类烃源岩（泥岩、煤岩、石灰岩）进行评价（表 9-2），根据地质历史演化与油气成藏差异性，划分11 个模拟分区进行模拟计算。模拟步骤是：（1）首先进行平面等值图（统一网格）离散化；（2）然后由软件系统自动生成人工模拟井；（3）再直接对所有人工模拟井进行模拟计算；（4）最后形成各类模拟结果图表。

表 9-2 塔里木盆地盆地模拟地层划分方案

序号	地 层	代码	地质年龄（Ma）	烃源层 泥岩	石灰岩	煤岩
1	新生界	Cz	65			
2	白垩系	K	137			
3	侏罗系	J	180	√		√
4	三叠系	T	250	√		√
5	二叠系	P	295	√		
6	石炭系	C	354	√	√	
7	泥盆系	D	410			
8	志留系	S	438			
9	铁热克阿瓦提组	O_3tr	440			
10	桑塔木组	O_3s	442			
11	良里塔格组	O_3l	444	√	√	
12	吐木休克组	O_3t	445			
13	一间房组	O_2y	472	√		
14	鹰山组	$O_{1-2}y$	480	√		
15	蓬莱坝组	O_1p	490		√	
16	上寒武统	ϵ_3	500		√	
17	中寒武统	ϵ_2	513	√	√	
18	下寒武统	ϵ_1	543	√	√	

平面上根据地质历史演化与油气成藏差异性，划分 11 个模拟分区。11 个模拟分区以 9 个一级构造单元为依据进行划分，其中北部坳陷再细分为 3 个区。分区 1 为库车坳陷，分区 2 为塔北隆起，分区 3 为阿瓦提凹陷，分区 4 为满加尔凹陷，分区 5 为巴楚隆起，分区 6 为塔中隆起，分区 7 为塔东隆起，分区 8 为西南坳陷，分区 9 为塘古坳陷，分区 10 为东南坳陷，分区 11 为满西低凸起。该划分方案简单明了，并能反映塔里木盆地不同地区的热史演化、油气生成与油气藏分布的差异性，因而是合理可行的。

塔里木盆地总生油量 5135.98×10^8t，总生气量 984.66×10^{12}m³，总生烃量 12981.86×10^8t。由图 9-20 可以看出，寒武系、奥陶系、侏罗系是盆地主要烃源层，其中寒武系烃源岩生烃量占总生烃量的 42.3%，是盆地内生烃贡献最大的烃源岩。

利用刻度区解剖得到的油气运聚系数（表 9-3），得到盆地成因法常规资源量为石油 97.55×10^8t、天然气 176917.70×10^8m³，油气当量 238.52×10^8t（表 9-4）。

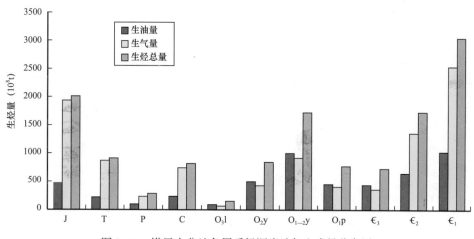

图 9-20　塔里木盆地各层系烃源岩油气生成量分布图

表 9-3　运聚单元油资源量结果表　（单位：10^8t）

烃源层	1	2	3	4	5	6	7	8	9	10	合计
J	0.89	1.69	0.02	0.11	0.10	0.02	0.03	0.28	0.05	0.04	3.23
T	0.83	1.14	0.01	0.09	0	0	0	0	0	0	2.08
P	0	0	0	0	0.05	0.13	0.17	0	0	0	0.35
C	0.10	0.01	0	0	0	0.25	0.15	0	0	0	0.53
O_3l	0.06	0.10	0	0	2.12	0	0	0	0.01	0	2.29
O_2y	0.30	10.29	0.07	0.10	4.44	0.24	0	0	0	0	15.43
$O_{1—2}y$	0.17	13.72	0.46	0.55	2.85	1.52	0	0.01	0.17	0.11	19.57
O_1p	0.01	6.43	0.24	0.24	2.14	0.63	0	0	0	0	9.70
ϵ_3	0.01	2.66	0.22	0.68	0.66	0.44	0	0	0	0	4.67
ϵ_2	0.16	7.91	0.22	0.44	3.99	0.51	0	0.10	0.18	0	13.50
ϵ_1	0.64	17.62	0.31	0.37	6.25	0.56	0.21	0.10	0.14	0.01	26.22
合计	3.16	61.55	1.55	2.60	22.60	4.31	0.57	0.49	0.55	0.17	97.55

表 9-4　运聚单元气资源量结果表　（单位：10^8m³）

烃源层	1	2	3	4	5	6	7	8	9	10	合计
J	11257	2378	287	1419	1604	324	436	24630	4202	1770	48308
T	25211	4371	113	1674	14	0	4	0	0	0	31388
P	0	0	0	0	815	3086	3055	0	0	0	6956

烃源层	1	2	3	4	5	6	7	8	9	10	合计
C	647	67	8	6	0	7469	3189	189	0	0	11575
O_3l	58	37	0	0	1016	0	0	0	10	0	1122
O_2y	191	2907	187	116	2572	331	0	0	0	0	6302
$O_{1-2}y$	81	4349	1144	821	1884	2002	0	0	108	62	10451
O_1p	6	2080	540	293	1574	822	0	0	0	0	5314
ϵ_3	5	930	452	804	559	582	0	0	0	0	3332
ϵ_2	192	6257	1070	1095	8047	1157	0	55	506	0	18380
ϵ_1	752	14626	1729	1402	12372	2103	344	51	387	26	33790
合计	38399	38000	5529	7630	30458	17876	7027	24925	5214	1858	176917.70

（二）区带类比法资源评价

根据塔里木盆地的勘探与研究现状，区带划分主要遵循四个原则：

（1）以行业标准为基础，参照项目办提供的区带划分方案进行划分；

（2）以塔里木盆地二级构造单元划分为基础；

（3）区带的边界主要以盆地二级断裂为主要边界；

（4）对于没有断层的边界，参考地震结构剖面，选择埋深变化中点作为边界线。

根据塔里木盆地的勘探与研究现状，遵循区带划分原则，共划分 39 个评价区带，根据各区带的重点勘探层系进一步划分出 86 个分层系的区带进行地质评价与资源量计算。对每个区带的圈闭、油源、储层、盖层、配套和保存条件等五项成藏地质条件进行统计分析，利用统一的参数、统一的评分标准进行统一评分，与刻度区进行类比。与刻度区的类比可分为直接类比和综合类比两种方法。直接类比是将待评价区与相同类型的刻度区直接进行各项地质条件的类比，通过各项地质条件的评分，将综合分值与相应刻度区的综合分值相比，得到类比相似系数，进而求得待评价区的资源丰度。综合类比是待评价区不与某个特定的刻度区进行类比，而是与某大类（多个）刻度区的地质评分与资源丰度进行综合类比。通常，某大类（多个）刻度区的资源丰度与地质综合评分呈正相关关系，通过数学方法，可建立两者的关系方程（线性、指数、幂次、二项式等），将待评价区的地质综合评分代入关系方程即可得到待评价区的资源丰度。

根据 18 个刻度区的地质评分和资源丰度的计算，分别建立了适合于塔里木盆地的碳酸盐岩和碎屑岩储层的石油与天然气资源丰度类比标准图版。刻度区资源丰度与地质评分的相关性分析表明，线性方程、指数方程和乘幂方程的相关性均较好，其中线性关系拟合相关性最好，相关系数大于 0.89，其次为乘幂方程和二项式方程（表 9-5）。但线性方程在地质评分较小时会出现资源丰度为负值的情况，这时可认为资源丰度为零。因此，区带资源量类比计算可综合采用指数方程、乘幂方程和二项式方程这三个回归方程进行计算。

表 9-5 塔里木盆地刻度区地质评分与资源丰度拟合方程

拟合方法	碳酸盐岩石油区带	碎屑岩石油区带	碳酸盐岩天然气区带	碎屑岩天然气区带
线性方程	$y=312.94x-19.62$, $R^2=0.9192$	$y=258.54x-12.09$, $R^2=0.8981$	$y=48.01x-3.52$, $R^2=0.9355$	$y=41.43x-2.14$, $R^2=0.9779$
二项式方程	$y=1740.75x^2-76.83x$, $R^2=0.93$	$y=2074.82x^2-67.87x$, $R^2=0.91$	$y=287.35x^2-18.22x$, $R^2=0.92$	$y=151.01x^2+0.63x$, $R^2=0.99$
乘幂方程	$y=59308.13x^{3.98}$, $R^2=0.9361$	$y=10454.43x^{2.88}$, $R^2=0.7975$	$y=1163971x^{6.2495}$, $R^2=0.8298$	$y=7579.72x^{3.96}$, $R^2=0.8183$

注：x—地质条件评分系数；y—资源丰度；R^2—相关系数平方。

将分层区带的评分值代入回归方程，求取三种方法获得的资源丰度，然后分别乘以区带有效勘探面积系数获得 86 个层区带的三种关系资源量。根据对计算方法及反复试算结果的对比分析，对直线法、二项式和乘幂法三种资源量计算值分别取权重 0.4、0.4、0.2，获得 86 个分层系区带加权后的综合资源量。将各区带分层系的资源量累加可以获得 86 个综合区带的资源量石油为 73.50×10^8t、天然气为 118463.31×10^8m³。

由于与刻度区的直接类比法有很大的不确定性和随机性，本次舍弃不用；将与刻度区的综合类比结果作为类比法区带资源量的最终结果，资源量石油为 73.50×10^8t、天然气为 118463.31×10^8m³。

（三）层系类比法资源评价

对于层系地质评价，首先对塔里木盆地主要勘探层系的石油地质条件进行分析，分 4 个级别对烃源条件、储层条件、盖层及保存条件、圈闭条件、匹配条件等五大项地质条件拟定各自的评价标准。按照层系评价标准，对各个评价层系的生油条件、储层条件、盖层及保存条件、圈闭条件、匹配条件等五项石油地质要素进行评分；然后将各地质要素的分值，加权相乘计算得到层系的地质综合评价分值；再依照刻度区地质评分与资源丰度的直线、二项式、乘幂三类数学关系，计算得到各层系在三种算法下的资源丰度。最后，按权重 0.4、0.4、0.2 加权计算出其综合的资源丰度，最后与有效勘探面积相乘，就是有利勘探区块的资源量。分前陆区和台盆区对各层系进行了评价，利用资源丰度类比法计算了各层系内的资源量。结果表明，层系类比法全盆地资源量石油为 74.35×10^8t、天然气为 147977.67×10^8m³（包含非常规天然气 3×10^{12}m³，所以常规天然气为 117977.67×10^8m³）。台盆区奥陶系、白垩系、古近系、寒武系、石炭系、前陆区侏罗系、新近系油气总资源量均大于 10×10^8t。其中奥陶系最大，达 64×10^8t；其次是白垩系、古近系、寒武系、石炭系和新近系。从油气探明率看，奥陶系、白垩系、古近系、新近系、侏罗系、寒武系油气资源量大、但探明程度较低，还有很大勘探潜力。

（四）统计法资源评价

统计法主要有油藏规模序列法、油藏发现过程模型法、广义帕莱托法、统计趋势预测法（包括发现率法、进尺发现率法、探井发现率法）等方法。本次评价在分析几种常用统计类方法原理的基础上进行了各种方法的试算，同时结合《塔里木盆地刻度区精细解剖》的研究成果进行方法优选，最终采用油藏规模序列法方法针对各勘探层系进行了统计法资源量的计算。

本次优选油藏规模序列法进行统计法资源量计算。根据针对的对象和层次，油藏规模序列法的应用又可以分为几种方式，包括针对各二级构造单元进行计算、针对各勘探层系进行计算、针对全盆地所有油（气）藏进行计算等。这几种方式的适用性也有差异，本次统计法资源计算采用了针对各勘探层系的油（气）藏规模序列法，对 9 个已有油气藏发现的层系进行计算并汇总统计法资源量。

分别对盆地内 9 个层系发现油气藏按油、气分类登记，对油藏所对应的探明、控制、预测三级储量，分别按折算系数 1、0.71、0.49，折算成探明石油储量。对气藏所对应的探明、控制、预测三级储量，分别按折算系数 1、0.94、0.71，折算成探明天然气储量。按油气分类，以各层系已发现油气藏折探明储量作为样本，用规模序列法，分层系分别计算石油、天然气资源量，计算结果总的石油资源量为 $68.40 \times 10^8 t$，总的天然气资源量为 $843999.91 \times 10^8 m^3$。

层系石油资源量中，奥陶系、石炭系、三叠系已发现资源量排在前三位，已发现油藏规模较大，通过计算预测的石油资源量也排在前三位，分别是 $431821.03 \times 10^4 t$、$88580.59 \times 10^4 t$、$35442.03 \times 10^4 t$，古近系、白垩系次之，预测石油资源量依次是 $31293.72 \times 10^4 t$、$25127.88 \times 10^4 t$，寒武系、侏罗系最少，分别为 $18035.44 \times 10^4 t$、$10516.82 \times 10^4 t$。层系天然气资源量中，白垩系、奥陶系已发现资源量最多，气藏规模巨大，通过计算预测的天然气资源量也大，分别是 $37255.07 \times 10^8 m^3$、$19854.17 \times 10^8 m^3$，古近系、侏罗系、新近系、石炭系次之，预测天然气资源量依次是 $14155.8 \times 10^8 m^3$、$4621.72 \times 10^8 m^3$、$4452.68 \times 10^8 m^3$、$2756.77 \times 10^8 m^3$，志留系已发现天然气资源量最少，预测天然气资源量仅为 $33.6 \times 10^8 m^3$。

（五）特尔菲法综合油气资源评价

上述采用的盆地模拟法、类比法、统计法等方法都有一定的适用范围和局限性，因此根据各种方法的适用条件及可靠程度，采用特尔菲法对全盆地的资源量进行综合计算，从而得到盆地综合资源量。

从方法原理及在塔里木盆地的具体应用看，盆地模拟法在计算时范围涵盖盆地所有地区，计算的资源量也最大。其运聚系数结合刻度区研究相对准确，但在低勘探程度地区由于基础资料限制，计算结果也具有推测性，风险性较大。地质类比法是通过与盆地自身勘探程度较高的刻度区进行类比，评价结果较为接近实际。虽然区带划分和层系勘探领域的主观判断均受勘探程度影响，但总体应能反映盆地内资源分布状况和目前的认识，其资源量应该为盆地总资源量的主体部分。统计法在勘探程度较高的地区较为准确，因塔里木盆地总体处于勘探程度中早期，且部分地区因油气藏发现过少无法使用，使得计算结果偏小。

根据以上对不同方法的评估，特尔菲综合时对不同方法得到的盆地资源量赋予不同的权重，其中成因法权重为 0.1，层系类比法权重为 0.2，区带类比法为 0.5，统计法取权重为 0.2。根据以上权重设置和各方法计算的资源结果，汇总得到全盆地综合资源量（表 9-6）。经计算，塔里木全盆地油资源量为 $75.06 \times 10^8 t$，天然气为 $117396.96 \times 10^8 m^3$，油气当量为 $168.60 \times 10^8 t$。

表 9-6　塔里木盆地常规油气地质资源量结果表

方法体系	盆地模拟法	层系类比法	区带类比法	层系统计法	特尔菲综合
权重	0.1	0.2	0.5	0.2	
石油（$10^8 t$）	97.55	74.35	73.50	68.40	75.06
天然气（$10^8 m^3$）	176917.70	117977.67	118463.31	84399.91	117398.96
油气当量（$10^8 t$）	238.52	168.36	167.89	135.65	168.60

二、常规油气资源潜力

从一级构造单元的资源分布来看，石油资源量最大的单元分别是塔北隆起、塔中隆起和西南坳陷，分别为 $425637.26 \times 10^4 t$、$99014.70 \times 10^4 t$ 和 $61857.60 \times 10^4 t$；天然气资源量最大的单元分别是库车坳陷、西南坳陷和塔中隆起，分别为 $46293.14 \times 10^8 m^3$、$20276.96 \times 10^8 m^3$ 和 $17320.47 \times 10^8 m^3$。总资源量最大的单元分别是塔北隆起、库车坳陷、西南坳陷和塔中隆起，各一级构造单元具体资源量见表 9-7 和图 9-21。

表 9-7　塔里木盆地一级构造单元资源量表

一级构造单元	面积（km^2）	石油（$10^4 t$）	天然气（$10^8 m^3$）	总资源（$10^4 t$ 油当量）	油气比
库车坳陷	24832.00	46362.87	46293.14	415232.54	0.13
塔北隆起	43573.91	425637.26	12050.58	521657.79	4.43
北部坳陷	129210.09	56162.74	13168.43	161090.44	0.54
巴楚隆起	37874.74	16102.57	3272.72	42180.01	0.62
塔中隆起	25366.22	99014.70	17320.47	237026.38	0.72
塔东隆起	36431.83	15621.21	1271.86	25755.53	1.54
西南坳陷	105007.93	61857.60	20276.96	223426.98	0.38
塘古坳陷	79858.00	23703.74	2198.75	41223.69	1.35

续表

一级构造单元	面积（km²）	石油（10⁴t）	天然气（10⁸m³）	总资源（10⁴t 油当量）	油气比
东南坳陷	73871.00	6087.42	1546.06	18406.63	0.49
合计	556025.31	750550.11	117398.96	1685999.99	0.80

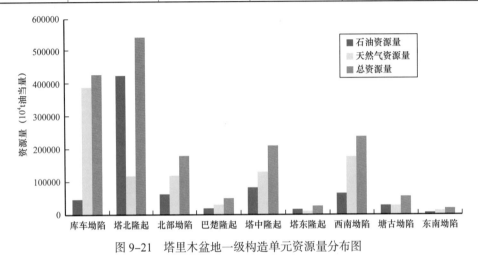

图 9-21　塔里木盆地一级构造单元资源量分布图

从勘探层系的资源分布来看，石油资源量最大的层系分别是奥陶系、石炭系和寒武系，分别为 461471.24×10⁴t、79024.73×10⁴t 和 48357.66×10⁴t；天然气资源量最大的层系分别是白垩系、奥陶系和寒武系，分别为 45855.02×10⁸m³、25870.55×10⁸m³ 和 12855.16×10⁸m³；总资源量最大的层系分别是奥陶系、白垩系和古近系（表 9-8、图 9-22）。

表 9-8　塔里木盆地各勘探层系资源量表

地层	石油（10⁴t）	天然气（10⁸m³）	天然气当量（10⁴t 油当量）	总资源量（10⁴t 油当量）	油气比
N	21557.25	7205.44	57413.83	78971.08	0.38
E	40887.32	15146.03	120685.50	161572.82	0.34
K	43975.23	45855.02	365378.68	409353.91	0.12
J	9875.39	3819.79	30436.55	40311.94	0.32
T	21899.79	1650.06	13147.87	35047.66	1.67
C	79024.73	3370.97	26860.35	105885.08	2.94
S	23501.53	1625.93	12955.64	36457.17	1.81
O	461471.24	25870.55	206139.87	667611.11	2.24
€	48357.66	12855.16	102431.55	150789.21	0.47
合计	750550.11	117398.96	935449.88	1685999.99	0.80

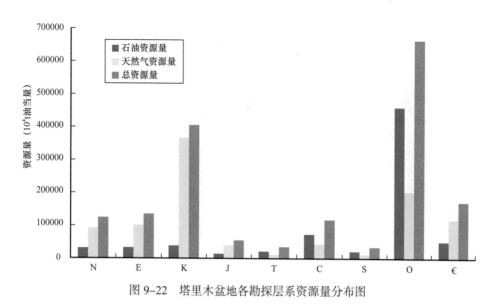

图 9-22 塔里木盆地各勘探层系资源量分布图

从油气资源地理环境来看（表 9-9），石油的资源主要分布在戈壁和沙漠地区，天然气则主要分布在山地和沙漠地区，总体环境均比较恶劣。

表 9-9 塔里木盆地油气资源环境分布表

地理环境	石油（10^8t）	天然气（10^8m^3）	油气当量（10^8t）
戈壁	44.82	21335.78	61.82
沙漠	19.41	37565.02	49.34
山地	10.83	58498.16	57.44
合计	75.06	117398.96	168.60

从深度分布来看，塔里木盆地无论是石油资源还是天然气资源，主要分布在 4500～7000m 范围内；其中，分布在 4500～6000m 和 6000～7000m 的石油资源量占比分别为 47.3% 和 33.4%（图 9-23），天然气资源量占比分别为 46.5% 和 23.4%（图 9-24）；7000～8000m 和 ≥8000m 范围的也占一点比例，石油资源量占比为 8.5% 和 5.9%，天然气资源量占比为 9.3% 和 11.9%。

三、非常规油气资源潜力

随着世界油气地质理论的发展与勘探技术进步，致密气、致密油、煤层气、页岩气、页岩油等非常规油气资源逐渐成为全球油气储量、产量增长的重点领域和研究热点。塔里木盆地的非常规油气资源主要包括致密砂岩气和页岩气两种类型。从目前的勘探情况和落实程度来看，塔里木盆地目前最为现实的两个非常规油气资源领域为库车东部侏罗系致密气和塔东寒武—奥陶系页岩气。

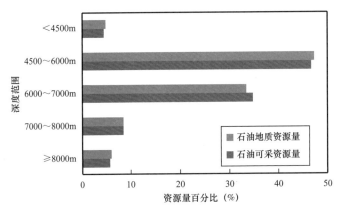

图 9-23　塔里木盆石油资源量不同深度分布比例图

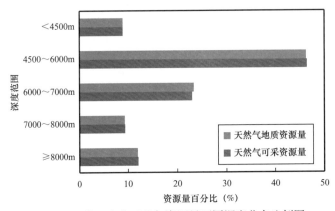

图 9-24　塔里木盆天然气资源量不同深度分布比例图

（一）致密气

自库车东部迪北地区依南 2 井、迪西 1 井获得天然气高产以来，随着勘探认识程度的提高，逐步证实了该区为致密砂岩气藏，也显示了迪北地区致密砂岩气具有很好的勘探开发前景。从成藏地质条件分析来看，整个库车东部侏罗系都具有形成大面积致密砂岩气的有利地质条件，致密砂岩气的分布范围应远大于目前勘探程度较高的迪北气藏。因此，对整个研究区致密砂岩气的地质评价和资源量计算具有重要的意义。

本书对库车东部侏罗系致密砂岩气在石油地质条件分析的基础上进行地质评价，并明确致密砂岩气资源的有利分布区。同时，立足于勘探现状，优选并综合应用适宜评价区的油气资源量计算方法，对库车东部侏罗系致密砂岩气进行资源评价。

库车东部侏罗系致密砂岩气整体勘探程度仍较低，仅在迪北地区部署有 6 口探井，尚未进入开发阶段，没有实际产出。国外针对非常规油气藏资源评价常用的 EUR 类比法、地质模型随机模拟等方法在该区不能使用。所以本次选取资源丰度类比法和体积法两种方法对其进行资源评价，最后利用特尔菲法对研究区资源量两种方法计算结果进行汇总。

1. 资源丰度类比法

根据评价区与类比刻度区的打分结果，选择相似系数接近 1 且资源丰度合理的刻度区作为类比刻度区。确定类比刻度区后，将各级评价区同适配的刻度区类比，计算出相应区带的资源量和资源丰度，由此可以得到全区致密砂岩气的总资源量及资源丰度。

运用资源丰度类比法，最终计算得到库车东部侏罗系致密砂岩气的原地资源量期望值为 $1.1 \times 10^{12} m^3$。保守值（P95）为 $5868.6 \times 10^8 m^3$，中间值（P50）为 $1.078 \times 10^{12} m^3$，最乐观值（P5）为 $1.702 \times 10^{12} m^3$。预计可采地质资源量期望值为 $5890.64 \times 10^8 m^3$。保守值（P95）为 $3114.8 \times 10^8 m^3$，中间值（P50）为 $5760.37 \times 10^8 m^3$，最乐观值（P5）为 $9123.66 \times 10^8 m^3$。

2. 体积法计算资源量

库车东部地区侏罗系储层致密且非均质性强，天然气大面积分布。对于这类非常规油气藏，传统的基于圈闭体积法的资源量计算方法已不适用，但可以借鉴常规油气藏资源量计算的思路，按照储层体积法的思路建立资源量计算模型。

在计算模型建立和参数概率分布模型确定的基础之上，经过 5×10^4 次随机抽样模拟，得到资源量的概率分布及累计概率曲线，预测库车东部地区侏罗系致密砂岩气资源量期望值为 $14345.8 \times 10^8 m^3$，保守值（P95）为 $7829 \times 10^8 m^3$，中间值（P50）为 $13914.7 \times 10^8 m^3$，最乐观值（P5）为 $22132 \times 10^8 m^3$，平均资源丰度为 $4.54 \times 10^8 m^3/km^2$。其中 A 类区致密气资源量期望值为 $2130 \times 10^8 m^3$，资源丰度为 $16.00 \times 10^8 m^3/km^2$，为致密砂岩气勘探开发的最现实领域。

3. 资源量汇总

通过分析类比法和体积法的特点，资源丰度类比法相对切合实际，与地质条件结合紧密，计算结果可以说是较为精确的，体积法是在预设的理想分布模型下由程序直接进行随机模拟计算，可靠性相对较低。因此在对两种方法进行权重系数分配时，应当遵循在研究勘探程度较低的地区进行资源评价时适用的"以类比法为主、统计法为辅"的原则。据此本次给出的两种方法，资源丰度类比法权重系数为 0.6，体积法权重系数为 0.4。

应用特尔菲法将上述两种方法计算的资源量进行汇总，得到整个库车东部致密气的资源量为 $1.23 \times 10^{12} m^3$，其中 A 类区资源量为 $1837.67 \times 10^8 m^3$，资源丰度为 $13.8 \times 10^8 m^3/km^2$，为致密气的有利勘探开发区，B1 区资源量为 $1708.4 \times 10^8 m^3$，资源丰度为 $6.53 \times 10^8 m^3/km^2$，B2 类区资源量为 $5313.73 \times 10^8 m^3$，资源丰度为 $6.53 \times 10^8 m^3/km^2$，为次有利的致密气勘探开发区，其他区块的资源量及资源丰度均较低，勘探开发潜力不大（表 9-10，图 9-25）。

表 9-10　特尔菲法计算资源量表

区带名称	类比法资源量（$10^8 m^3$）				类比法资源量（$10^8 m^3$）				综合法资源量（$10^8 m^3$）			
	P95	P50	P5	期望值	P95	P50	P5	期望值	P95	P50	P5	期望值
A 类区	1285.03	1642.35	2010.08	1642.79	1104	2070	3297	2130	1212.62	1813.41	2524.85	1837.67

续表

区带名称		类比法资源量（10^8m^3）				类比法资源量（10^8m^3）				综合法资源量（10^8m^3）			
		P95	P50	P5	期望值	P95	P50	P5	期望值	P95	P50	P5	期望值
B类区	B1	1131.04	1490.85	1927.45	1509.34	990.6	1915	3304	2007	1074.86	1660.51	2478.07	1708.4
	B2	1389.59	4894.79	9317.25	5086.89	3302	5538	8429	5654	2154.55	5152.07	8961.95	5313.73
	B3	903.18	966.53	1031.91	966.7	533.4	925.7	1438	956.8	755.268	950.198	1194.35	962.74
C类区	C1	993.64	1104.38	1216.61	1106.2	1001	1953	3345	2042	996.584	1443.83	2067.97	1480.52
	C2	166.12	678.87	1515.4	701.65	898	1513	2319	1556	458.872	1012.52	1836.84	1043.39
全区汇总		5868.6	10777.8	17018.7	11013.6	7829	13914.7	22132	14345.8	6652.76	12032.5	19064	12346.5

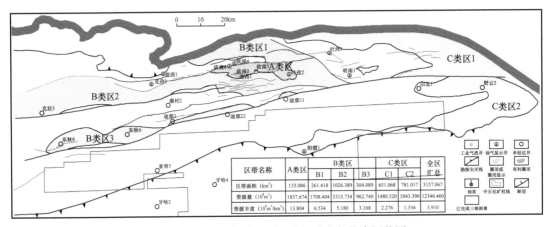

图 9-25　库车东部侏罗系阿合组致密气综合评价图

（二）页岩气

塔里木盆地作为古老海相克拉通盆地，具备页岩气形成的有利条件。2011 年美国 EIA 评价塔里木盆地页岩气可采资源量为 $16.5 \times 10^{12}m^3$；2012 年国土资源部评价塔里木盆地页岩气地质资源量为 $9.9 \times 10^{12}m^3$，可采资源量为 $1.58 \times 10^{12}m^3$。针对塔里木盆地泥页岩地层开展地质评价研究，明确其地质特征、优选有利勘探区带、落实塔里木盆地页岩气资源潜力，具有重要意义。

本书选取资源丰度类比法和体积法对塔里木页岩气的资源量进行计算，最后利用特尔菲法对研究区资源量两种方法计算结果进行汇总。应用特尔菲法将上述两种方法计算的资源量进行汇总，得到塔里木盆地页岩气资源量，其中下寒武统页岩气有利区资源量为 $5150.49 \times 10^8m^3$，中—下奥陶统黑土凹组页岩气有利区资源量为 $8394.01 \times 10^8m^3$，中侏罗统页岩气有利区资源量为 $1136.71 \times 10^8m^3$，下侏罗统页岩气有利区资源量为 $3328.6 \times 10^8m^3$

（表 9-11）。汇总之后得到塔里木盆地海相页岩气有利区（埋深 500～4500m）的资源量为 13544.5×10^8m^3，陆相页岩气有利区资源量为 4465.3×10^8m^3，页岩气有利区总资源量为 18009.8×10^8m^3。由于埋深较大，而且在目前的经济技术条件下，塔里木盆地页岩气为远景资源量，很难开采。

表 9-11　塔里木页岩气资源量综合评价结果表

评价层系	面积（km^2）	资源丰度类比法		体积法		综合资源量	
		地质资源量（10^8m^3）	可采资源量（10^8m^3）	地质资源量（10^8m^3）	可采资源量（10^8m^3）	地质资源量（10^8m^3）	可采资源量（10^8m^3）
黑土凹组	4150	8610.01	1578.5	8070	1614	8394.01	1592.7
下寒武统	2148	4155.48	761.84	6643	1329	5150.49	988.7
中侏罗统	243.48	1049.18	223.82	1268	253.6	1136.708	235.732
下侏罗统	725.68	3141	670.08	3610	722	3328.6	690.848
合计	7267.16	16955.67	3234.24	19591	3918.6	18009.8	3507.98

注：页岩气资源量只计算埋深 <4500m 的资源量。

第五节　剩余油气资源分布及有利勘探方向

塔里木盆地油气资源丰富，尽管经过 60 多年的勘探，已发现大量的油气藏并上交大量三级储量，但剩余油气资源量依然很大。通过地质资源量减去已发现的三级储量得到未发现资源量，研究未发现资源量分布情况来明确塔里木盆地今后油气勘探有利方向。

一、剩余油气资源潜力及分布

依据塔里木盆地资源评价结果，盆地未发现常规石油和天然气地质资源量分别占总量的 62% 和 74%，未发现可采资源量分别占总量的 74% 和 73%，地质资源量和可采资源量比例相当，盆地仍具有较大的勘探潜力（图 9-26）。

通过对盆地各一级构造单元石油和天然气资源量的统计（表 9-12），石油未发现资源量较大的构造单元有塔北隆起、西南坳陷、北部坳陷、塔中隆起及库车坳陷，天然气未发现资源量较大的构造单元有库车坳陷、西南坳陷、北部坳陷、塔中隆起和塔北隆起。因此，库车坳陷、塔北隆起、塔中隆起尽管已发现了很多的油气，发现率已较高，但未来勘探潜力依然很大；此外，西南坳陷的石油和天然气资源潜力都很大，应为战略接替区。

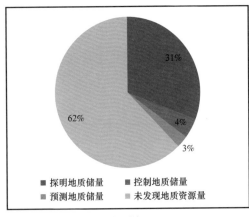
(a) 石油

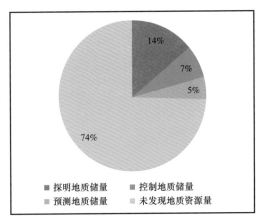
(b) 天然气

图 9-26　塔里木盆地油气资源潜力分布图

表 9-12　塔里木盆地一级构造单元石油资源量汇总表

一级构造单元	面积（km²）	探明储量（10⁴t）	发现率（%）	未发现地质资源量（10⁴t）	总地质资源量（10⁴t）
库车坳陷	24832	2494.90	13.51	40096.97	46362.87
塔北隆起	43574	198959.43	53.46	198090.83	425637.26
北部坳陷	129210	0	0.09	56111.74	56162.74
巴楚隆起	37875	0	0	16102.57	16102.57
塔中隆起	25366	26266.78	46.42	53056.92	99014.70
塔东隆起	36432	0	0	15621.21	15621.21
西南坳陷	105008	3417.02	5.52	58440.58	61857.60
塘古坳陷	79857	0	0	23703.74	23703.74
东南坳陷	73871	0	0	6087.42	6087.42
盆地合计	556025	231138.13	37.74	467311.98	750550.11

　　不同的一级构造单元都有自己独特的成藏组合和勘探目的层，如库车坳陷以白垩系、古近系层位的勘探潜力最大，其中石油分别占 47% 和 31%，天然气分别占 76% 和 12%。塔北隆起石油以奥陶系、石炭系层位的勘探潜力最大，分别占 80% 和 9%；天然气以奥陶系、白垩系层位的勘探潜力最大，分别占 32% 和 22%。塔中隆起石油以奥陶系、石炭系层位的勘探潜力最大，分别占 81% 和 10%；天然气以奥陶系、寒武系层位的勘探潜力最大，分别占 76% 和 21%。西南坳陷石油以古近系、新近系层位的勘探潜力最大，分别占 30% 和 25%；天然气以白垩系、古近系层位的勘探潜力最大，分别占 37% 和 36%。

　　最富油的层系为奥陶系，石油地质资源量为 $46.15 \times 10^8 t$，占全盆地石油资源量的 61.48%，可采资源量为 $12.48 \times 10^8 t$；截至 2015 年底，提交石油三级储量 $22.86 \times 10^8 t$，

剩余资源量为 23.28×10^8t。其次是石炭系，石油地质资源量为 7.90×10^8t，占全盆地石油资源量的 10.53%，可采资源量为 1.15×10^8t，已提交三级储量 2.29×10^8t，剩余资源量为 5.61×10^8t。再次是寒武系，石油地质资源量为 4.84×10^8t，占全盆地石油资源量的 6.44%，可采资源量为 0.63×10^8t，已提交三级储量 0.03×10^8t，剩余资源量为 4.81×10^8t（图 9-27）。

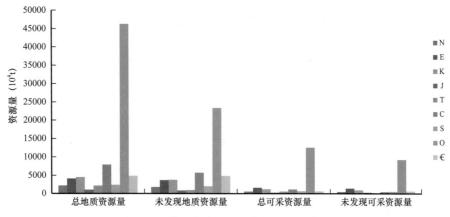

图 9-27 塔里木盆地石油资源层系分布图

层系中天然气最富集的为白垩系，天然气地质资源量为 4.59×10^{12}m³，可采资源量为 2.52×10^{12}m³，已提交天然气三级储量为 1.49×10^{12}m³，剩余资源量为 3.09×10^{12}m³。其次是奥陶系，天然气地质资源量为 2.59×10^{12}m³，可采资源量为 1.42×10^{12}m³，已提交三级储量 0.98×10^{12}m³，剩余资源量为 1.60×10^{12}m³。再次为古近系，天然气地质资源量为 1.51×10^{12}m³，可采资源量为 0.98×10^{12}m³，已提交三级储量为 0.29×10^{12}m³，剩余资源量为 1.22×10^{12}m³。寒武系地质资源量排在第四，总地质资源量为 1.29×10^{12}m³，但由于发现少，目前三级储量只有 26.75×10^8m³，剩余 1.28×10^{12}m³ 没有发现，剩余资源量排在第三位（图 9-28）。

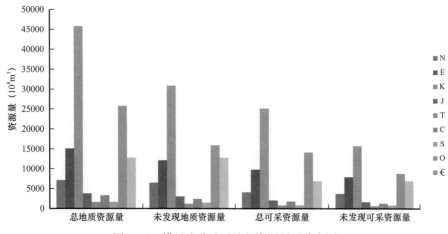

图 9-28 塔里木盆地天然气资源层系分布图

二、有利勘探方向与目标

通过对盆地剩余资源量分析，可以为塔里木盆地油气勘探方向分析提供基础。塔里木盆地剩余石油资源量主要分布在塔北隆起、西南坳陷、北部坳陷和塔中隆起，其中塔北隆起剩余石油地质资源量最多，达到 $19.81 \times 10^8 t$，占全盆地未发现石油地质资源量的 42.4%，是盆地今后石油勘探的主要地区；西南坳陷、北部坳陷和塔中隆起剩余石油资源量均超过 $5 \times 10^8 t$，是今后石油勘探的重要地区（表9-13）。

表9-13　塔里木盆地一级构造单元剩余石油资源量表

构造单元	面积（km^2）	已发现三级储量（$10^4 t$）	总地质资源量（$10^4 t$）	发现率（%）	未发现资源量（$10^4 t$）
库车坳陷	24832	6265.90	46362.87	13.51	40096.97
塔北隆起	43574	227546.43	425637.26	53.46	198090.83
北部坳陷	129210	51.00	56162.74	0.09	56111.74
巴楚隆起	37875	0	16102.57	0	16102.57
塔中隆起	25366	45957.78	99014.70	46.42	53056.92
塔东隆起	36432	0	15621.21	0	15621.21
西南坳陷	105008	3417.02	61857.60	5.52	58440.58
塘古坳陷	79857	0	23703.74	0	23703.74
东南坳陷	73871	0	6087.42	0	6087.42
合计	556025	283238.13	750550.11	37.74	467311.98

天然气剩余资源量主要分布在库车坳陷、西南坳陷、北部坳陷和塔中隆起（表9-14）。其中库车坳陷剩余天然气地质资源量为 $2.96 \times 10^{12} m^3$，西南坳陷剩余天然气地质资源量为 $1.93 \times 10^{12} m^3$，北部坳陷剩余天然气地质资源量为 $1.31 \times 10^{12} m^3$，塔中隆起剩余天然气地质资源量为 $1.01 \times 10^{12} m^3$。可见，塔里木盆地库车坳陷仍是今后天然气勘探的主要场所，同时西南坳陷和北部坳陷也是今后勘探的重要地区。

表9-14　塔里木盆地一级构造单元剩余天然气资源量表

构造单元	面积（km^2）	三级储量（$10^8 m^3$）	总地质资源量（$10^8 m^3$）	发现率（%）	未发现资源（$10^8 m^3$）
库车坳陷	24832	16719.99	46293.14	36.12	29573.15
塔北隆起	43574	4697.67	12050.58	38.98	7352.91
北部坳陷	129210	98.12	13168.43	0.75	13070.31
巴楚隆起	37875	622.11	3272.72	19.01	2650.61
塔中隆起	25366	7181.40	17320.47	41.46	10139.07

构造单元	面积（km²）	三级储量（10⁸m³）	总地质资源量（10⁸m³）	发现率（%）	未发现资源（10⁸m³）
塔东隆起	36432	0	1271.86	0	1271.86
西南坳陷	105008	947.79	20276.96	4.67	19329.17
塘古坳陷	79857	0	2198.75	0	2198.75
东南坳陷	73871	0	1546.06	0	1546.06
合计	556025	30267.08	117398.96	25.78	87131.88

从层系剩余资源量来看（表 9-15、表 9-16），塔里木盆地剩余石油地质资源量主要分布在奥陶系，其次是石炭系和寒武系。其中奥陶系剩余石油地质资源量达到 $23.28 \times 10^8 t$，占全盆地尚未发现石油资源量的 49.8%；石炭系剩余石油地质资源量达到 $5.61 \times 10^8 t$，寒武系剩余石油地质资源量为 $4.81 \times 10^8 t$。白垩系剩余石油地质资源量 $3.75 \times 10^8 t$，古近系剩余石油地质资源量 $3.65 \times 10^8 t$，勘探潜力也不容小觑。其余层系剩余石油地质资源量均小于 $2 \times 10^8 t$。因此奥陶系是塔里木盆地今后石油勘探的最主要层系，其次是石炭系和寒武系，再次是白垩系和古近系。天然气剩余资源量主要分布在白垩系、奥陶系、寒武系和古近系。其中白垩系剩余天然气地质资源量达到 $3.09 \times 10^{12} m^3$，奥陶系剩余天然气地质资源量达到 $1.60 \times 10^{12} m^3$，寒武系剩余天然气为 $1.28 \times 10^{12} m^3$，古近系剩余天然气地质资源量为 $1.22 \times 10^{12} m^3$。这四个层系剩余天然气地质资源量占盆地剩余地质资源量的 82.7%，是塔里木盆地今后天然气勘探的主要层系。

表 9-15 塔里木盆地剩余石油资源量层系分布汇总表

层系	已发现三级储量（10⁴t）	总地质资源量（10⁴t）	未发现地质资源量（10⁴t）
N	3613.51	21557.25	17943.74
E	4337.47	40887.32	36549.85
K	6503.93	43975.23	37471.30
J	998.13	9875.39	8877.26
T	12190.22	21899.79	9709.57
C	22888.10	79024.73	56136.63
S	3823.24	23501.53	19678.29
O	228630.53	461471.24	232840.71
€	253	48357.66	48104.66
合计	283238.13	750550.11	467311.98

表 9-16 塔里木盆地剩余天然气资源量层系分布汇总表

层系	已发现三级储量（$10^8 m^3$）	总地质资源量（$10^8 m^3$）	未发现地质资源量（$10^8 m^3$）
N	673.51	7205.44	6531.93
E	2910.64	15146.03	12235.39
K	14934.44	45855.02	30920.58
J	673.74	3819.79	3146.05
T	394.08	1650.06	1255.98
C	810.51	3370.97	2560.46
S	10.63	1625.93	1615.30
O	9832.78	25870.55	16037.77
€	26.75	12855.16	12828.41
合计	30267.08	117398.96	87131.88

通过对盆地重点勘探领域筛选，认为盆地今后勘探仍需围绕三个阵地战和四个重点区域勘探领域展开。从盆地剩余资源量分析结果看，塔里木盆地库车坳陷、塔北隆起和塔中隆起三个主要勘探地区的剩余油气资源量占盆地剩余油气资源量的比重很大。塔北隆起是塔里木盆地今后石油勘探的主战场，特别是塔北隆起奥陶系是石油勘探的主要领域。库车坳陷仍是塔里木盆地天然气勘探的重点领域，其中白垩系是常规天然气勘探的主要层系，侏罗系是非常规天然气勘探的主要层系。

对于区域勘探，塔里木盆地重点可以围绕以下四个领域开展勘探。

首先是西南坳陷，西南坳陷油气资源非常丰富，有望成为盆地新的接替领域。通过油气资源评价，西南坳陷油气地质资源量为石油 $6.19 \times 10^8 t$、天然气 $2.03 \times 10^{12} m^3$，石油、天然气分别占盆地油、气资源量的 8.2% 和 17.3%。目前认为，柯克亚、群古恰克构造带和柯东构造带是西南坳陷油气最富集的区带。

其次是盆地寒武系盐下，塔里木盆地盐下寒武系已经在塔中中深地区勘探获得突破，中深 1、中深 1C 和中深 5 都获得油气，表明寒武系仍有很大的潜力。通过盆地模拟分析认为寒武系是塔里木盆地台盆区油气主力烃源岩，围绕寒武系寻找原生油气藏成为今后勘探的重点领域。通过资源评价，塔里木盆地寒武系盐下层资源量为石油 $3.52 \times 10^8 t$，天然气 $1.23 \times 10^{12} m^3$，油当量 $13.35 \times 10^8 t$，油、气分别占整个盆地资源量的 4.44%、10.30%。

另一个重要油气勘探领域是库车坳陷秋里塔格构造带。秋里塔格构造带与克拉苏冲断带石油地质条件相似，分别位于拜城凹陷生烃中心的南北两翼，油气生成条件非常优越，而且秋里塔格构造也和克拉苏冲断带一样，发育厚层膏盐岩塑性层，对油气保存非常有利。而且秋里塔格构造位于库车坳陷油气向南运移到前缘隆起带的必经之路，前缘隆起带已经在油气勘探方面获得成功，因此秋里塔格构造带的地理条件非常优越。本次油气资源评价认为秋里塔格构造带石油地质储量为 $1.1 \times 10^8 t$，天然气资源量为 $0.76 \times 10^{12} m^3$，原油探明率仅 12.33%，天然气探明率为 22.87%，仍有很大的勘探潜力。

最后一个油气勘探领域是满西低凸起。目前认为塔中和塔北隆起奥陶系油气系统可能是一个大的含油气系统，满西低凸起是连接塔中和塔北两个隆起的关键部位。通过本次油气资源评价，满西低凸起三级区带油气资源量分别为 $3.8 \times 10^8 t$、$0.9 \times 10^{12} m^3$，油当量为 $10.98 \times 10^8 t$，油、气分别占盆地油气资源量的 5%、7.7%，目前仍没有大规模发现，勘探潜力很大。

此外，塔里木盆地非常规油气资源也比较丰富。从目前评价结果看，塔里木盆地非常规油气主要为致密气和页岩气。其中库车坳陷东部致密气地质认识程度比较高，资源量也比较大，达到 $1.23 \times 10^{12} m^3$，仅在迪北地区勘探获得突破，勘探潜力仍较大。塔里木盆地页岩气资源量达到 $1.80 \times 10^{12} m^3$，但是通过于其他地方的页岩气地质特征进行对比，认为塔里木盆地具有页岩塑性强，含气量低，埋深大的特点，资源潜力比较大，但是效益开发难度很大。

第十章　准噶尔盆地油气资源潜力与勘探方向

准噶尔盆地是一个多旋回叠加复合型含油气盆地，先后经历了 5 次大的盆地演化：（1）石炭纪早期伸展断陷和晚期萎缩消亡残留洋—陆相盆地演化阶段；（2）早—中二叠世的前陆盆地演化阶段；（3）晚二叠世—三叠纪的坳陷盆地演化阶段；（4）侏罗—白垩纪的陆内坳陷盆地演化阶段；（5）新生代以来的再生前陆盆地演化阶段。平面上，多期演化形成盆地隆坳相间的格局，整体划分为 6 个一级构造单元，44 个二级构造单元，具有多个富烃凹陷（图 10-1）（杨海波等，2004）。目前已发现的石油资源多集中在盆地富烃凹陷周缘的正向构造单元上。多期盆地演化形成自石炭系到新近系多套烃源岩、烃源灶、多套储层、多样储集岩石类型、多套盖层、多期断裂—不整合组合、复杂的温—压系统（陈建平等，2016；吴海生等，2017）。这些地质条件纵横向彼此交合与叠加，构成准噶尔盆地纵向多层系立体含油的特征（图 10-2）。盆地油气资源丰富，但油气发现程度差别较大。近年，准噶尔盆地在许多新领域、新类型取得重大突破，展现出良好勘探前景。然而，盆地第三次油气资源评价结果与勘探实际、储量增长之间的矛盾越来越突出，常规、非常规领域的油气资源潜力亟待落实。为此，通过基础石油成藏条件解剖，分析成藏控制因素，总结不同地区、不同层系成藏模式及其富集规律；并基于此开展地质评价参数研究、优选评价方法，开发盆地资源潜力，梳理盆地有利的勘探方向。

第一节　油气勘探进展及地质新认识

2003 年至今，在解放勘探思想、深化地质认识、应用新理论、新技术的基础上，一方面深化西北缘断裂带滚动勘探，老区重新焕发活力，保障了油田千万吨稳产；另一方面，加大新领域勘探力度，实现了盆地油气资源有序接替。主要有以下三个方面的重要突破：（1）跳出断裂带，再上斜坡区，发现环玛湖凹陷东西两个百里新油区；（2）油气并举，发现克拉美丽、玛河两个大中型气田；（3）常规与非常规勘探并重，吉木萨尔凹陷芦草沟组页岩油勘探开发获得阶段性成果。2003—2017 年，共计完钻探井 2078 口，总进尺 $531.9 \times 10^4 \mathrm{m}$，累计探明石油地质储量为 $12.1 \times 10^8 \mathrm{t}$、天然气为 $1853.9 \times 10^8 \mathrm{m}^3$，累计生产原油 $1.71 \times 10^8 \mathrm{t}$、天然气 $454.7 \times 10^8 \mathrm{m}^3$。

一、深化西北缘断裂带复式油气成藏模式，精细勘探成效显著

准噶尔盆地继 2002 年建成我国西部第一个千万吨级大油田及经历了"九五"储量高速增长后，腹部地区勘探目标逐渐显现"低、深、隐、难"，储量增长受到遏制，呈现快

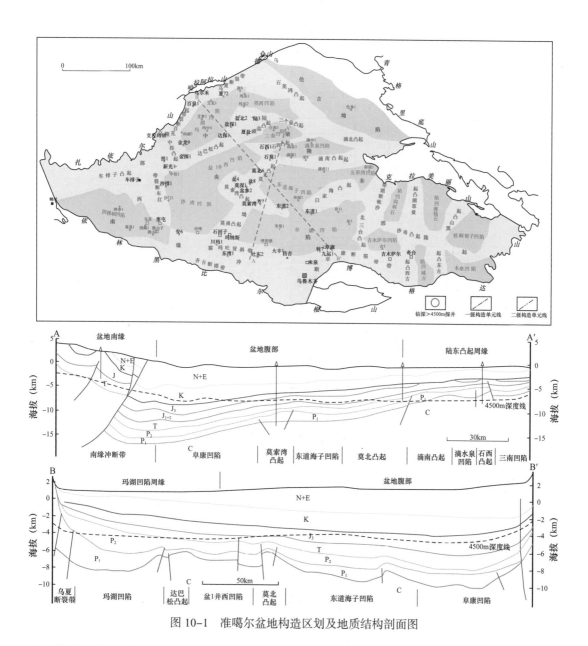

图 10-1　准噶尔盆地构造区划及地质结构剖面图

速下滑的趋势。在此背景下，从 2002—2012 年的 11 年间，重点选择盆地油气最富集的西北缘区带作为重点领域，开始持续在已探明和已开发油区开展滚动精细勘探。

2005 年，在克百断裂带上盘石炭系，部署预探井、评价井 71 口，取得了二区克 92 井、六、七、九区白 4 井两项重要发现，二区克 92 井区、九区检 451 井区两项重要进展，克 94 井、白 7 井、金 2 井等一批探井获重要苗头，当年探明克 92 井区和检 451 井区石炭系石油地质储量为 6428×10^4t。2006 年对断裂带六、七、九区石炭系油藏全面投入油藏评价，部署评价井 14 口，11 口获工业油流。通过一年的滚动评价，查清了六、七、九区石炭系油藏的控制因素，落实了储量规模。2006 年控提交控制石油地质储量 4816×10^4t。

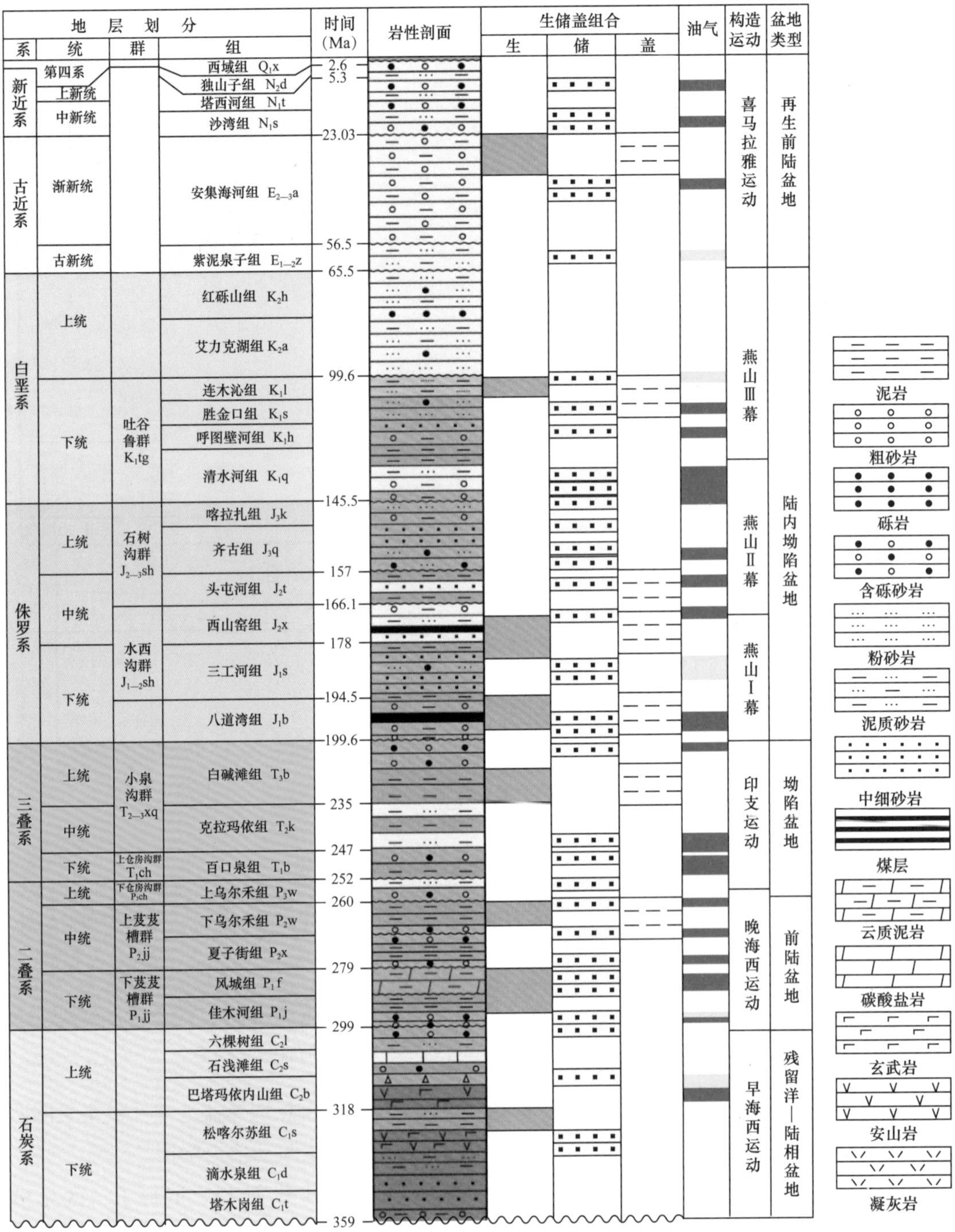

地层划分				时间(Ma)	岩性剖面	生储盖组合			油气	构造运动	盆地类型
系	统	群	组			生	储	盖			
新近系	第四系		西域组 Q₁x	2.6						喜马拉雅运动	再生前陆盆地
	上新统		独山子组 N₂d	5.3							
	上新统		塔西河组 N₁t								
	中新统		沙湾组 N₁s	23.03							
古近系	渐新统		安集海河组 E₂₋₃a	56.5							
	古新统		紫泥泉子组 E₁₋₂z	65.5							
白垩系	上统		红砾山组 K₂h							燕山Ⅲ幕	陆内坳陷盆地
			艾力克湖组 K₂a	99.6							
	下统	吐谷鲁群 K₁tg	连木沁组 K₁l								
			胜金口组 K₁s								
			呼图壁河组 K₁h								
			清水河组 K₁q	145.5							
侏罗系	上统	石树沟群 J₂₋₃sh	喀拉扎组 J₃k							燕山Ⅱ幕	
			齐古组 J₃q	157							
	中统		头屯河组 J₂t	166.1							
		水西沟群 J₁₋₂sh	西山窑组 J₂x	178						燕山Ⅰ幕	
	下统		三工河组 J₁s	194.5							
			八道湾组 J₁b	199.6							
三叠系	上统	小泉沟群 T₂₋₃xq	白碱滩组 T₃b	235						印支运动	坳陷盆地
	中统		克拉玛依组 T₂k	247							
	下统	上仓房沟群 T₁ch	百口泉组 T₁b	252							
二叠系	上统	下仓房沟群 P₂ch	上乌尔禾组 P₃w	260						晚海西运动	前陆盆地
	中统	上芨芨槽群 P₂jj	下乌尔禾组 P₂w								
			夏子街组 P₂x	279							
	下统	下芨芨槽群 P₁jj	风城组 P₁f								
			佳木河组 P₁j	299							
石炭系	上统		六棵树组 C₂l							早海西运动	残留洋—陆相盆地
			石浅滩组 C₂s								
			巴塔玛依内山组 C₂b	318							
	下统		松喀尔苏组 C₁s								
			滴水泉组 C₁d								
			塔木岗组 C₁t	359							

图例: 泥岩、粗砂岩、砾岩、含砾砂岩、粉砂岩、泥质砂岩、中细砂岩、煤层、云质泥岩、碳酸盐岩、玄武岩、安山岩、凝灰岩

图 10-2 准噶尔盆地地层综合柱状图

同年，在乌夏断裂带乌尔禾地区钻探乌 33 井，克拉玛依组获得工业油气流，并于当年提交控制储量 1058×10^4 t。2006 年，乌尔禾地区乌 35 井二叠系、乌 36 井三叠系、夏 79 井侏罗系均获得工业油气流，新增石油三级地质储量超 1×10^8 t，形成亿吨级油气勘探场面。

2007—2010 年，风城 1 井、风南 5 井相继获得重大发现，风城地区新增石油控制储量近亿吨，再次展现出乌夏油区精细勘探的巨大潜力。

此外，西北缘红车拐地区具有多层系含油、多期成藏的特点，"十二五"以来，中拐凸起坚持预探与评价相结合，多层系获得新成果，石炭系、二叠系展现亿吨级场面。2011年至 2012 年，先后在中拐凸起金龙 6、金龙 10 井区石炭系火山岩储层获得工业油流，发现了金龙 10 井区石炭系油藏。随后，针对石炭系凸起进行了整体部署，金龙 11、金龙 14、金龙 101 和金龙 061 等井均获得工业油流，进一步扩大和落实了中拐凸起石炭系的勘探成果。同时，中拐凸起东斜坡带佳木河组、上乌尔禾组勘探也获得新发现，金龙 2 井上乌尔禾组恢复试油获得油流，追加部署的金 201、金 202、金 204 三口评价井也获得成功，最终发现金龙 2 井区块二叠系佳木河组油气藏。金龙 2 井区二叠系佳木河组、上乌尔禾组累计获工业油气流井 20 井 35 层。2013 年，部署探井 6 口，完钻 6 口，新获工业油流井 5井 5 层，总计工业油流井 6 井 7 层，低产油气流 1 井 1 层。2014 年，中佳 2 井区二叠系佳木河组获得工业油流，红 156 井二叠系夏子街组获高产工业油流；金龙 10 井区石炭系储量规模进一步落实升级。

经过多年的精细勘探，形成了西北缘断裂带复式油气成藏新模式，这类成藏模式目前发现石油储量最大，以红车、乌夏、克百 3 个断裂带围绕玛湖凹陷、沙湾凹陷的生烃灶形成石油聚集带。凹陷生成石油沿大型逆掩断裂向上盘运移，在断裂上盘形成断裂控制的断背斜、断块型油藏。呈现由凹陷向老山边界方向，纵向多层系，横向彼此叠加的叠复式聚集（图 10–3）。

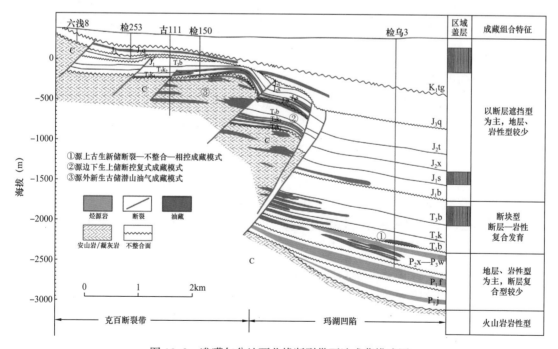

图 10–3 准噶尔盆地西北缘断裂带石油成藏模式图

二、创新玛湖凹陷源上古生新储断裂—不整合—相控成藏模式，指导百里油区发现

2007 年新疆油田通过近三年对环玛湖凹陷区的整体研究，明确玛湖凹陷环带是石油预探的重大战略领域。2010 年首选玛湖凹陷西环带风南斜坡作为油气勘探的战略突破口重上斜坡区。在位于夏子街扇群上的断层岩性目标钻探了玛 13 井，获低产油气流，首次证实了斜坡区前缘相带砾岩优质储层的广泛存在。准噶尔盆地自石炭纪以来，发育大套的陆相碎屑岩沉积，主要为冲（洪）积扇沉积、河流、三角洲、水下扇、湖泊及沼泽沉积体系；其中砾岩储层广泛发育，特别是玛湖凹陷及其周缘二叠—三叠系，其储层无论从其分布面积以及在油气储量和产量上所占的比重均列首位。储层岩性主要为砾岩、砂质砾岩、含砾中粗砂岩，颜色主要有灰色、灰绿色、杂色及褐色。优质储层主要发育于扇三角洲前缘亚相，储集空间类型多样。储集岩的孔隙类型主要为四类，分别为剩余粒间孔、粒内溶孔、基质溶孔（泥质杂基溶蚀、方解石胶结物溶蚀）及缝状孔隙。储集岩孔隙结构普遍较差，毛细管压力曲线形态多为细喉细歪度。由于沉积环境的差异，造成储集体成岩作用类型、孔隙结构、溶蚀作用及孔隙演化特征等不同，但大粒径的砾石其成岩作用很弱，相对分选较好，颗粒支撑的砂质胶结砾岩其孔隙演化有别于正常压实的成岩演化，埋深 6000m 依然存在 10% 左右的孔隙度。

2011 年，为进一步验证玛 13 井区块百口泉组的产能与规模，坚持在夏子街扇群的有利相带钻探了玛 131 井，针对低孔超低渗储层实施了二次加砂工艺，玛 131 井获稳产工业油流，从而发现了风南斜坡百口泉组油藏。之后，多口老井复试又获得工业油气流，在成藏条件分析的基础上构建了环玛湖凹陷百口泉组扇体大面积含油成藏模式。同时，加强了地震、测井、储层改造等一体化技术攻关，按照"直井控制面积，水平井提高产量"部署原则，对环玛湖凹陷整体部署、分步实施，玛 15 井、玛 18 井、玛湖 1 井、盐北 4 井、达 13 井、玛中 2 井等获得重大突破，发现了玛北、艾湖、玛南、盐北、达巴松、玛中等多个油藏群，形成了环玛湖凹陷砾岩领域百里油区。

玛湖凹陷三叠系百口泉组大面积砾岩油藏（支东明等，2016；雷德文等，2015）的发现，创新形成了玛湖凹陷源上古生新储断裂—不整合—相控成藏模式。油源主要来自于风城组生油岩（王小军等，2018），以高角度的通烃源断裂沟通烃源岩与三叠系百口泉组、二叠系上、下乌尔禾组储层，油气通过断裂的垂向沟通，以二叠系发育的不整合面横向输导，富集于主要的储层中。同时，沉积相带对油气分布控制作用明显，扇三角洲前缘亚相控制着储层的物性与含油性。这类型成藏模式除玛湖斜坡区以外在盆 1 井西凹陷东北斜坡区已得到证实，其他富烃凹陷斜坡区应该也有广阔的勘探前景。

三、强化腹部源外沿梁断控阶状成藏模式，实现岩性油气藏领域效益勘探与开发

2002 年，加大该区地震部署、圈闭识别评价和综合地质研究的力度，重点主攻盆地腹部陆西地区侏罗系、白垩系，先后发现石南 6 井东断背斜、石南 10 井东断鼻、石南 11 井北断鼻、石南 10 井北断鼻等目标。优选石南 6 井东断背斜部署了石南 21 井，该井头屯河组获日产油 18.3t，日产气 2120m³，从而发现了石南 21 井区侏罗系头屯河组岩性油藏，并历时三年快速新建产能超 100×10⁴t。2004 年，石南 31 井白垩系清水河组获日产油 45.8m³，日产气 5230m³。当年发现当年探明，新增探明储量为 1782×10⁴t。2009 年，根据构造重新精细解释，发现沿夏盐 1—玛东 4 井之间存在近南北向展布的燕山期低隆鼻状构造带，沿鼻状构造带侏罗系三工河组二段一砂组发育退积型三角洲砂体，具备形成大型岩性—地层圈闭的有利条件。针对上述侏罗系三工河组断块岩性圈闭目标，相继钻探了玛东 4、夏盐 10、夏盐 11 等井。从而发现了夏盐 11—玛东 4 井区侏罗系三工河组岩性—构造油藏，截至 2012 年底，夏盐鼻凸带侏罗系已基本落实 1275×10⁴t 控制储量。2013 年，夏盐 19 井区块快速落实，顺利提交高效、优质、可开发动用储量。

陆梁油田的发现形成了远源型源外沿梁断控阶状成藏模式的新认识，指导了后续盆地多块高效油气田的发现。围绕着盆 1 井西富烃凹陷，其周缘为继承性古凸起，发育深、浅两套断裂体系，来自深部二叠系的油气首先沿二叠系—三叠系中优质储层或不整合运移，遇到深层断裂后向上运移，沿途可能在适当部位成藏（如石西油田）。当深部断裂与浅部断裂桥接时，油气便运移到浅部侏罗系—白垩系储层中成藏。值得指出的是，这类成藏模式以断裂、不整合面、砂体为运移通道，沿古凸起遇圈闭富集成藏，形成古生新储型基东、莫北油藏，同时，也存在新生古储型石西石炭系潜山油藏。此外，北三台地区、白家海地区油气成藏模式也以此类型为主。

四、首次证实盆地石炭系存在规模有效气源岩，创建源内自生自储型油气成藏模式，指导千亿立方米规模克拉美丽气田快速建成

盆地陆梁隆起上的滴南凸起是准噶尔盆地腹部最早展开勘探的地区之一，20 世纪 50 年代开始油气勘探工作。2004 年，滴西 10 井在石炭系获得高产气流，证实了盆地石炭系存在一套优质的有效规模气源岩，从露头和钻井揭示的结果来看，石炭系属于一套海相火山碎屑岩沉积，在盆地不同地区的厚度、岩性发育的特征存在很大差异，在盆地西北缘、北部乌伦古凹陷及腹部地区，以海相火山喷发岩为主，夹少量沉积地层。盆地东部地区石炭系分布广泛，除海相火山喷发岩外，还发育海相细碎屑沉积，是主要烃源岩的发育部位（图 10–2）。2005 年，滴 101 井在侏罗系三工河组获得低产气流。同年 3 月，新疆油田确定了"一年准备，三年突破，五年大发展"的总体思路，明确了盆地陆东—五彩湾为

天然气突破的重要领域。基于此，以石炭系、侏罗系及白垩系为目的层，进行并完成滴南凸起中东段 8 块三维地震的连片处理，满覆盖面积为 2350km^2。同年部署实施 25 口探井，在石炭系、二叠系、三叠系、侏罗系、白垩系获广泛的油气显示，其中 14 口井在不同层系获得工业油气流，滴西 12、滴 201 井在白垩系呼图壁河组获得工业油气流，滴西 13 井在侏罗系头屯河组获工业气流，滴西 14 井在石炭系获得高产气流。2007 年，滴西 17 井、滴西 18 井在石炭系获得高产油气。2008 年，滴西 10 井区、滴西 14 井区、滴西 17 井区、滴西 18 井区新增探明天然气地质储量为 1053.34×10^{8}m^3。千亿立方米的克拉美丽气田诞生并投产（匡立春等，2010）。此后几年，成果持续扩大，2011 年陆南 6 井白垩系中途测试获得高产油流。2011 年完钻的风险探井克美 1 井在石炭系钻遇大套火山岩并见良好油气显示。同年，滴西 33 井、滴西 176 井在石炭系获得工业油气流。

以陆东—五彩湾石炭系火山岩岩藏的发现为代表，形成了源控、梁控、断控及火山岩体控制的天然气聚集，发育不整合型和内幕型两种。石炭系顶界的不整合面是天然气侧向运移的有利通道。滴南凸起—五彩湾凹陷石炭系沿断层发育了多期火山活动，火山机构和火山活动的锥状结构清晰。下伏烃源岩生成的天然气通过断裂沟通向上运移，沿石炭系顶界不整合面运移并聚集在有利目标中。西北缘中拐—五八区天然气也属于自生自储成藏模式，断裂、不整合面、有利岩相带共同控藏，相比陆东石炭系成藏条件基本相同，只不过火山岩沿中拐—五八区斜坡带分布，地层倾角较大。

五、阜东斜坡侏罗系源外沿梁断控阶状成藏模式进一步证实，岩性勘探持续推进

阜东斜坡区油气勘探始于 20 世纪 80 年代，先后发现了北 27 井区侏罗系头屯河组油藏、阜 5 及北 34 井区侏罗系三工河组油藏。阜东斜坡区侏罗系成藏条件好，侏罗系鼻状构造特征明显，断裂发育，其中斜坡区北段勘探程度较低。2009 年，发现了阜东 2 井区、阜东 5 井区侏罗系头屯河组油藏。2010 年阜东 6、阜东 7、阜东 8 井等多口井获工业油流。2011 年，落实三级储量近亿吨。2012 年以来，对阜东斜坡开展整体部署，侏罗系齐古组首次获工业油流。整体上，阜东斜坡区侏罗系岩性勘探屡获重要发现，展现亿吨级规模场面。

六、南缘山前断褶带天然气勘探进展顺利，发现玛河大中型气田

盆地南缘冲断带中上组合的目标主要分布于南缘二、三排构造和四棵树凹陷中。霍玛吐背斜、呼图壁背斜、安集海背斜、四棵树凹陷的卡因迪克背斜、高泉东背斜、高泉北背斜等是有利勘探目标。南缘下组合目的层埋藏深度普遍较大，从储层物性及勘探程度等方面综合考虑，选择上侏罗统喀拉扎组（J$_3$k）、齐古组（J$_3$q）和下白垩统清水河组（K$_1$q）三套规模储层为主要勘探层系（雷德文等，2008）。同时，南缘断褶带发育侏罗系成熟优

质气源岩，具备形成自生自储型大规模天然气藏的可能性。

2002—2008 年间，针对盆地南缘霍—玛—吐相关构造中浅层，研究认为具有"大构造小油气藏"的成藏特点。针对二三排构造中上组合部署了多口探井，5 口井获得了工业油气流，2006 年 9 月 22 日，在玛纳斯背斜部署的玛纳 1 井在古近系紫泥泉子组 2379～2519m 井段进行中途测试，获得日产 $51 \times 10^4 m^3$ 的高产工业气流，发现玛河气田。2008 年探明天然气储量为 $314 \times 10^8 m^3$，这是继 1996 年南缘发现呼图壁气田以来发现的第二个整装高效中型气田。2009—2011 年针对上组合，钻探了霍浅 1、霍浅 2、霍浅 3、金河 1、高泉 2、塔河 1、吐东 1 七口井，除了针对独山子组（N_2d）钻探的高泉 2 井未见油气显示，塔河 1 井在沙湾组见微弱的气测显示，其他井均获得不同程度的油气显示。2005—2011 年针对下组合钻探了托 6、南安 1、西湖 1、喀拉 1 井、齐 6、齐浅 2、齐古 1、独山 1、大丰 1 等 9 口井，南安 1 井八道湾组 509～534m 试油，日产气 2450m^3，770～786m 试油，日产气 $1.513 \times 10^8 m^3$。

七、陆相湖盆细粒自生自储型页岩油勘探获重大突破

吉木萨尔凹陷为准噶尔盆地东部隆起的二级构造带，位于东部隆起的西南部，构造单元面积为 1283km^2。吉木萨尔凹陷芦草沟组是盆地内品质最好的烃源岩，是页岩油勘探有利区层。

针对吉木萨尔凹陷芦草沟组优质烃源岩厚度大、分布广的特点，2010 年 11 月将吉木萨尔凹陷芦草沟组作为页岩油勘探的主攻领域。同时采用页岩油理念对老井进行油层重新识别、优选试油井段、选用针对性的储层改造措施。2011 年 9 月，在吉 25 井芦草沟组 3403～3425m 试油、压裂、抽汲，日产油 18.25t，页岩油勘探获得初步突破。之后在吉 23、吉 171 井、吉 172 井芦草沟组试油，也获产量不等的油流，发现了吉 25 井区块二叠系芦草沟组页岩油，并于 2011 年 10 月提交了预测石油地质储量为 $6115 \times 10^4 t$。

吉木萨尔凹陷中二叠统芦草沟组页岩油的勘探突破，带动了准噶尔盆地非常规油气的勘探，形成了源内自生自储型页岩油新领域。指导了后续玛湖凹陷风城组、沙帐—石树沟凹陷平地泉组（图 10-4）相继获得工业突破。

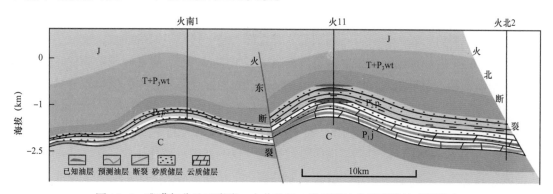

图 10-4 准噶尔盆地五彩湾—大井地区二叠系平地泉组页岩油成藏模式

盆地中—下二叠统云质细粒沉积岩形主要成于咸（碱）化湖环境（图10-5），为一套受机械沉积作用、化学沉积作用、生物沉积作用及受准同生与调整白云岩化等作用影响，沉积的一套主要由粉细砂、泥、碳酸盐等组成的细粒沉积岩。岩石类型以薄层状富集的湖相碳酸盐（白云、石灰）岩、泥岩、（粉、极细、细砂）砂岩及粉细砂、泥、白云石、方解石等混杂的过渡性岩类为主，泥、白云（石灰）岩及粉细砂富集层多呈互层状分布；另外还见有少量碳质泥岩、生屑灰岩、粒屑灰岩、硅质岩、钠长石岩、方沸石岩等特殊岩类及富集的薄层和条带。在玛湖凹陷二叠系风城组还发育碱湖环境形成的层状苏打石岩、碳钠钙石岩、氯镁钠石岩及硅硼钠石岩等特殊的碱湖环境沉积的岩类富集层。

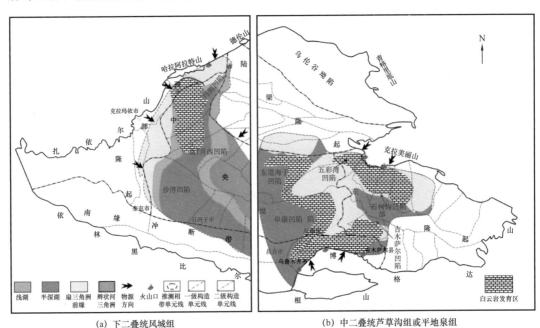

图 10-5　准噶尔盆地中下二叠统页岩油区白云质岩细粒沉积分布（据匡立春等，2010，修改）

尤其吉木萨尔凹陷吉 174 井的钻探，在芦草沟组获取了详细的井下资料，建立了陆相细粒沉积综合评价"铁柱子"，确定了细粒沉积的"七性关系"：（1）岩石类型多样，优势岩性主要有云屑砂岩、白云质粉细砂岩、岩屑长石粉细砂岩；（2）岩性控制物性，白云质粉细砂岩、砂屑白云岩、岩屑长石粉细砂岩物性好；（3）物性控制含油性，物性越好，含油性越好；（4）岩性控制脆性，含油层段的脆性好于围岩；（5）岩性控制敏感性，碳酸盐岩含量越高，黏土含量越低，敏感性越弱；（6）岩性控制烃源岩特性，储层本身具有生油能力，源储一体，频繁互层；（7）储层的破裂压力低于泥岩，地层的闭合应力相对较高。

2012 年，加快推进页岩油地质工程一体化攻关，按照"新老井结合、直井控面、水平井提产"的部署原则，针对芦草沟组专层探井 9 口，其中水平井 3 口。新老井试油井均获油流，其中上"甜点体"5 井 5 层获工业油流，下"甜点体"4 井 4 层获工业油流，发现了十亿吨级的昌吉油田。2013 年始，为了尽快实现吉木萨尔页岩油资源规模有效开发，在井控程度较高的吉 171—吉 172 井区部署了 10 口开发试验水平井组进行开发试验，初期日产油 5.9～40.8m³，有 6 口产量超过 8000t，平均单井累产 7560t，取得了一定的效果。2016 年，在芦草沟组上"甜点体"一类区实施 2 口水平井，Ⅰ类油层钻遇率 92% 以上，采用水平井+细分切割体积压裂工艺，产量大幅提升，一年期累产油突破万吨，平均日产油 30.9～41.3t。两口井高产证实了通过提高钻遇率和优化压裂改造措施可大幅度提高单井产量，坚定了页岩油效益开发的信心。

吉木萨尔凹陷二叠系芦草沟组井控储量约为 11.2×10^8t，初步展现十亿吨级页岩油勘探场面。

八、加大新区新层系风险勘探，接替领域连获突破

随着准噶尔盆地油气勘探由构造型走向岩性、地层型，由常规逐渐走向非常规，盆地油气勘探正面临着重大接替领域准备不足的严峻挑战。2005 年，中国石油集团大力实施资源战略，设立专项资金实施风险勘探，立足"新区带、新层系、新类型"三新领域，加强地质研究，创新地质认识，强化技术攻关，通过风险勘探带动预探部署及突破，为实现油田掌控资源工程发挥了重要作用。截至 2019 年 3 月，准噶尔盆地共部署风险探井 42 口，已完钻 32 口，获工业油气流井 10 井 16 层，其中，玛湖 1 井、盐北 1 井、盐探 1 井二叠系—三叠系试油获工业油流，推动了环玛湖凹陷整体勘探进程和全面突破，成为新疆油田增储上产的主战场。沙探 1 井 2018 年 12 月 9 日在沙湾凹陷二叠系上乌尔禾组 5344～5375m 井段试油获工业油流，成为目前准噶尔盆地在二叠系上乌尔禾组获得油气突破最深的一口井，极大地扩展了盆地二叠系深层的勘探领域。高探 1 井 2019 年 1 月 6 日在盆地南缘白垩系清水河组获千立方米高产油气流，创中国石油准噶尔盆地油气勘探单井最高纪录，打开了盆地南缘油气勘探的新局面。

第二节　油气地质条件

一、构造背景

准噶尔盆地是一个晚石炭世—第四纪沉积的复合型叠合盆地。构造演化极其复杂，早期受古亚洲洋多期开合作用的控制，晚期则受到特提斯洋关闭和青藏高原隆升的影响。盆地基底近似三角形，是三面被古生代缝合线包围且被挤压推覆构造包围着的压性叠合盆地。自古生代晚期以来，先后经历了海西、印支、燕山及喜马拉雅等多次构造运动。盆地内存在前石炭系、中—下二叠统、上二叠统—三叠系、下侏罗统八道湾组—中侏罗统西山窑组，中侏罗统头屯河组—上侏罗统喀拉扎组、白垩系、古近系和新近系—第四系八大构造层，发育有深层（错断石炭系、二叠系）、中层（错断三叠系、侏罗系）、浅层（错断白垩系、新生界）三大断裂（图 10-6）。

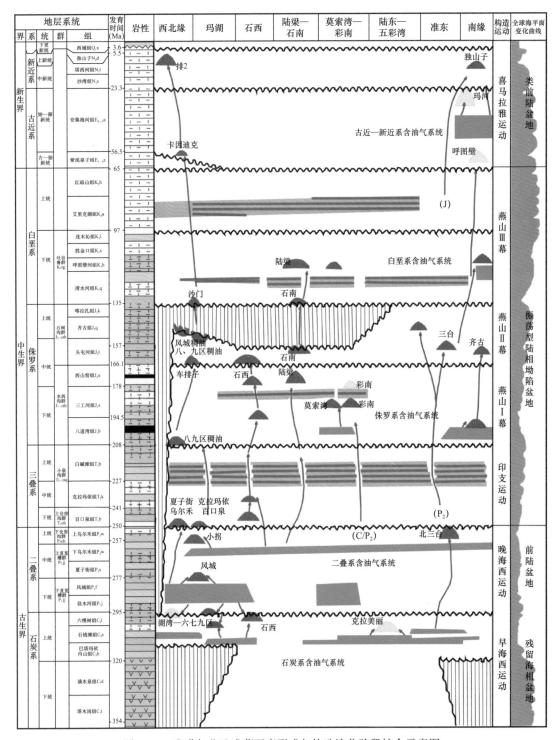

图 10-6　准噶尔盆地成藏要素形成与构造演化阶段综合示意图

　　海西运动中晚期的中—晚石炭世，受西伯利亚板块与塔里木板块相对运动的影响，准噶尔陆块结束了离散为主要运动方式的裂谷环境，进入了以聚敛为主要运动方式的造山环境，陆块边缘海槽全面回返褶皱成山，东、西准噶尔界山及北天山均在此时形成。周缘褶皱山系的升起，使准噶尔陆块相对下陷成为盆地。

二叠纪是盆地形成初期，盆地内部受造山期强烈构造运动的影响，在区域性南北方向的碰撞挤压下，形成了以北西、北西西向为主的大型隆起和坳陷，各个山前坳陷（西北缘山前坳陷、克拉美丽山前坳陷和北天山山前坳陷）间隔排列，形成了盆地早期特有的坳隆（或凹凸）间列的构造格局，使早期沉积产生了明显的分隔性。盆地一级构造单元的划分就是基于二叠纪构造背景。晚二叠世沉积范围逐渐扩大，分割局面初步统一，直到二叠纪末期，盆地处于较为平坦的沉积状态。

从三叠纪至古近纪漫长的陆内坳陷发育阶段，共经历了两次强烈的改造运动——印支、燕山运动。自三叠纪后沉积主要受控于重力的均衡作用，沉积厚度一般表现为南厚北薄。三叠纪末期的印支运动，总的表现为东强西弱、北强南弱，使得盆地周边主控断裂除了同生性活动外还有明显地左右扭动，盆地北缘一些主控断裂还表现为强烈的推覆活动，克拉玛依—夏子街断裂就是在印支期发育起来的。在安集海一带以及在博格达山也叠加了一定程度的逆冲推覆，并对东部地区也产生了明显的影响。

燕山运动在盆地内的表现为西强东弱，盆地腹部从盆1井西凹陷到三个泉凸起一带整体上隆，上侏罗统基本缺失，与此同时，由于一些基底断裂的活动使盆地内部各地的剥蚀程度有所差异。燕山晚期，盆地内部表现为以腹部为中心的整体下沉，白垩系沉积厚度大且稳定。

新近纪至第四纪为再生前陆盆地阶段。此时的喜马拉雅运动对准噶尔盆地有重大的影响，尤其是南缘，强大的挤压应力使北天山快速、大幅度隆升，并向盆地冲断，使盆地南缘发育陆内造山型前陆盆地，而盆地腹部和北部整体抬升，沉积坳陷收缩到南缘沿北天山一线，沉积了数千米的磨拉石建造，促使了该区侏罗系及古近系烃源岩的成熟，同时扭压应力使得盆地南缘形成一系列成排成带的褶皱和断裂。

二、烃源岩发育特征

准噶尔盆地纵向发育多套烃源岩（C、P_1j、P_1f、P_2w、J_1b、J_2x、K_1、$E_{2-3}a$）（图 10-2），主要的生油岩为二叠系风城组、乌尔禾组，白垩系及古近系生油岩仅局部发育于盆地南缘（王绪龙，2013；陈建平等，2016），其余为气源岩，少量生成液态烃。不同层系、不同地区的烃源岩母质类型有差异，热演化生烃过程复杂，同一套烃源岩在不同地区的埋藏深度差异大，使得成藏关键期各不相同。整体上，盆地经由早期石炭纪—二叠纪的"热盆"逐渐演变为中—新生代的"冷盆"，石炭纪末期地温梯度较高，达 43.3℃/km，二叠纪以来逐渐减小至现今，为 22.8℃/km（邱楠生等，2001）。地温场的变化影响着烃源岩早期快速进入生油门限，其后缓慢演化形成较长的生油气窗，为盆地提供充足油源奠定基础。

（一）石炭系气源岩

纵向上石炭系烃源岩为下石炭统滴水泉组泥质岩、松喀尔苏组上亚组碳质泥岩、煤与泥质岩。滴水泉组烃源岩主要发育在克拉美丽山前、五彩湾凹陷，主体为滨海—滨岸沉积，为陆源碎屑及火山喷发岩，沉积水体较浅，弱氧化环境，烃源岩主要为灰黑色泥岩、凝灰质泥岩及沉凝灰岩等（何登发等，2010）。松喀尔苏组上亚组是一套以沉积岩为主、夹有火山岩的沉积层，属于海陆过渡相，气候温暖潮湿，陆源高等植物较为繁盛，烃源岩厚10~300m，主要发育在滴南凸起、滴水泉凹陷、北三台凸起至吉木萨尔凹陷一带，向腹部逐渐变薄。目前能够证实具有油气贡献的石炭系烃源岩主要分布在盆地东部。

准东地区钻揭下石炭统滴水泉组泥岩有机碳含量为0.40%~2.51%，平均含量为1.06%，生烃潜量（S_1+S_2）为0.07~10.71mg/g，均值为0.65mg/g；凝灰岩有机碳含量为0.46%~2.43%，均值为1.01%，生烃潜量为0.1~0.74mg/g。松喀尔苏组上亚组泥岩、碳质泥岩有机碳含量为0.46%~19.26%，均值为4.07%，生烃潜量为0.05~27.2mg/g，均值为3.56mg/g；沉凝灰岩有机碳含量为0.4%~8.36%，均值为1.75%，生烃潜量为0.2~49.12mg/g，均值为4.27mg/g。泥岩、碳质泥岩有机丰度高于沉凝灰岩，整体上松喀尔苏组上亚组达到好烃源岩的标准。并且，松喀尔苏组烃源岩有机质丰度高于滴水泉组，但厚度及分布有限。此外，滴水泉组与松喀尔苏组烃源岩干酪根H/C原子比小于1.1；干酪根镜检为Ⅱ$_2$型和Ⅲ型。滴水泉组干酪根碳同位素值为-27.50‰~-21.98‰，多数表现为Ⅲ型。松喀尔苏组干酪根碳同位素值介于-25.96‰~-21‰，整体显示为一套Ⅲ型母质的气源岩。其成熟度普遍达到高成熟—过成熟，但北三台凸起周缘成熟度普遍较低，最高达到成熟演化阶段（王绪龙等，2010）。

（二）下二叠统佳木河组气源岩

下二叠统佳木河组在准噶尔盆地分布较广，集中于中央坳陷内，是陆内坳陷阶段开始沉积时形成的一套相对复杂的地层。钻井揭示的佳木河组仅分布于西北缘中拐凸起周缘地区，具备生烃能力的烃源岩主要分布在佳木河组下部，以灰色泥岩为主。根据地震解释的结果推断，佳木河组在西北缘存在一个明显的烃源中心，烃源岩厚度向盆地边缘方向加厚，最大可达250m。目前，已发现的中拐凸起南斜坡新光2井、中佳1井佳木河组的天然气源于其自生的天然气，可见佳木河组气源岩对于深层油气聚集具有一定的贡献，需要引起重视（何文军等，2018）。

中拐凸起—五八区佳木河组烃源岩钻井揭露最全，岩性主要为沉凝灰岩和泥岩，有机碳含量为0.08%~19.84%，平均为2.53%；S_1+S_2为0.01~19.31mg/g，平均为2.44mg/g；氯仿沥青"A"含量为0.004%~0.453%，平均为0.054%。佳木河组烃源岩有机碳含量较高，生烃潜量普遍较低，整体上属于差—中等烃源岩。干酪根碳同位素值较重，分布在-23.10‰~-21.81‰，平均为-22.23‰，氢指数绝大多数样品低于100mg/g，约占60%，以腐殖型有机质为主，整体为Ⅲ型气源岩。实测过程中，佳木河组烃源岩可能存在因演化程度高，干酪根有机元素难以反映有机质类型的情况。其镜质组反射率值分布在0.56%~1.80%之间，最高热解峰温T_{max}分布在435~508℃之间，不同地区成熟度差异较大，五八区成熟度高，R_o值在1.4%以上；中拐地区成熟度低，R_o值在0.56%~0.92%之间，处于成熟—高成熟的演化阶段。

（三）下二叠统风城组油源岩

主要分布于玛湖、盆 1 井西、沙湾和阜康四大沉积凹陷。钻井只在玛湖风城地区揭露，是一套封闭—半封闭咸化湖泊环境下形成的灰黑色泥岩和白云质泥岩夹粉细砂岩建造（秦志军等，2016），其他凹陷因埋深大尚未钻遇，但依据油气地球化学研究，确定存在该套烃源岩。据钻遇的烃源岩样品分析，TOC 为 0.42%～4.01%，生烃潜量（S_1+S_2）为 0.47～25.64mg/g，氯仿沥青"A"含量为 0.004%～0.650%。生烃母质以腐泥组为主，其他显微组分含量很低。氢指数主要分布在 200～400mg/g。干酪根碳同位素值分布在 −31‰～−24‰ 之间，且小于 −29‰ 样品占多数，以 I 型、II 型为主。实测镜质组反射率在 0.59%～1.14% 之间，最高热解峰温分布在 417～451℃之间，向凹陷深部盆地模拟显示成熟度不超过 2%，处于高成熟—过成熟阶段。整体为一套丰度高，类型好的成熟—高成熟生油岩。玛湖地区十亿吨级储量主要来自于该套烃源岩的贡献，证实其巨大的生烃潜力（支东明等，2016）。

（四）中二叠统烃源岩

包括西北缘和腹部地区的下乌尔禾组、东部的平地泉组和东南缘的芦草沟组。其分布范围较风城组大，中央坳陷均有分布。下乌尔禾组主要分布于玛湖、盆 1 井西、沙湾凹陷三个主要沉积中心，玛湖凹陷最大厚度超过 250m；盆 1 井西、沙湾凹陷最大厚度超过 200m。芦草沟组分布于博格达山前和吉木萨尔凹陷，地表出露为一套油页岩，吉木萨尔凹陷厚度为 50～210m。平地泉组分布于克拉美丽山前五彩湾—石树沟、阜康、东道海子凹陷，厚度一般为 100～200m，最大厚度可达 250m。

西北缘钻揭下乌尔禾组烃源岩为陆源生源，有机质类型以腐殖型为主，TOC 平均为 1.99%；生烃潜量（S_1+S_2）平均为 1.24mg/g；氯仿沥青"A"平均含量为 0.036%。虽然有机碳含量高，但生烃潜量以及可溶有机质含量不高，推测三个凹陷内可能发育优质的烃源岩。下乌尔禾组烃源岩镜质组反射率分布在 0.54%～1.70%，最高热解峰分布为 435～505℃，目前已进入成熟—高成熟阶段。芦草沟组烃源岩有机质丰度在盆内最高，TOC 平均为 7.60%，生烃潜量（S_1+S_2）平均为 34.95mg/g，氯仿沥青"A"平均含量为 0.444%，干酪根类型以 I—II$_1$ 型为主，镜质组反射率值分布在 0.52%～1.12%，热解最高峰分布在 428～459℃，整体处于低熟—成熟热演化阶段。平地泉组烃源岩也是一套以 I—II$_1$ 型母质为主的烃源岩，TOC 普遍大于 2.0%，生烃潜量（S_1+S_2）为 0.02～131.65mg/g，平均为 14.12mg/g；氯仿沥青"A"含量为 0.002%～0.920%，平均为 0.170%。北三台凸起以北地区平地泉组埋深不大，成熟度低，但阜康凹陷斜坡区埋深大，热演化程度高。

（五）中—下侏罗统烃源岩

中—下侏罗统广泛分布一套辫状河—三角洲—湖沼相含煤沉积建造，几乎覆盖整个盆地，沉积厚度为 200～3800m，为一套以灰绿色、灰黑色为主的碎屑岩。侏罗系烃源岩主要集中在中侏罗统西山窑组、下侏罗统三工河组、八道湾组，八道湾组烃源岩最发育的区域一个分布在沙湾凹陷，最大厚度可到 200m，另一个是沿东道海子凹陷—阜康凹陷，形成两个烃源中心。中—下侏罗统煤系烃源岩泥岩地化统计指标见表10-1。各层组有机质丰度对比看，八道湾组泥岩有机质丰度最好，西山窑组有机质丰度次之，三工河组有机质丰度最差。但从TOC含量频率分布图来看，西山窑组泥岩有机质丰度差异较大，而三工河组有机质丰度整体要偏好。综合来看，八道湾组泥岩有机质最好，三工河组有机质丰度次之，西山窑组有机质丰度最差。烃源岩有机质类型以III型和II_2型为主。其中，西山窑组泥岩属于典型的III型有机质，三工河组和八道湾泥岩主要为III型有机质，含少量II_2型有机质。

表10-1 侏罗系泥质烃源岩有机质丰度统计表

层位	TOC（%）		S_1+S_2（mg/g）		氯仿沥青"A"（%）		总烃含量（‰）	
	范围值	平均值	范围值	平均值	范围值	平均值	范围值	平均值
八道湾组	0.42～5.86	1.68	0.08～29.67	3.03	0.025～4.916	0.555	0.016～2.778	0.273
三工河组	0.40～3.51	1.04	0.04～23.38	1.59	0.007～2.16	0.344	0.016～0.331	0.088
西山窑组	0.40～5.87	1.42	0.05～17.70	2.03	0.016～0.918	0.267	0.002～0.290	0.009

在南缘山前褶皱带，八道湾组烃源岩已经整体进入成熟阶段，R_o变化相对平缓，从边缘的0.5%左右随着埋深逐渐增大进入0.9%～1.0%。在霍玛吐构造带—沙湾—阜康凹陷中，持续的埋藏升温作用，其烃源岩总体进入干气演化阶段，并呈环带状分布。向白家海—莫索湾潜伏隆起方向，R_o变化幅度由陡急逐渐变得宽缓。在前缘隆起斜坡部位，烃源岩总体进入高成熟演化阶段；在前隆的主体部位，烃源岩进入成熟阶段。莫索湾凸起以北地区基本处于低成熟演化阶段（图10-7）。

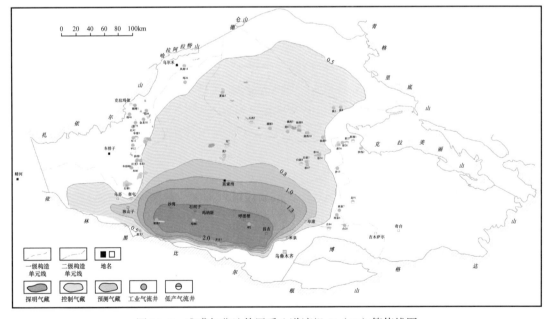

图10-7 准噶尔盆地侏罗系八道湾组R_o（%）等值线图

（六）白垩系及古近系烃源岩

白垩系烃源岩集中发育在吐谷鲁群，分布比较局限，发育在盆地南缘的头屯河、昌吉河、玛纳斯河等地，在霍玛吐背斜带部位发育成熟的烃源岩。母质类型复杂，以Ⅰ—Ⅱ$_1$型为主，存在Ⅲ型。现有露头样品分析显示整体有机质丰度不高，可能存在风化作用的影响。但部分钻井揭示的暗色泥岩有机质丰度明显较高，整体评价其为一套低熟—成熟的中等烃源岩。而另一套集中于南缘地区的烃源岩为古近系安集海河组（王兆明等，2010），集中于安集海河一带，以暗色泥岩发育为主，厚度超过300m。其TOC分布范围较宽，为0.40%～7.54%，平均为0.93%，生烃潜量（S_1+S_2）在0.03～25.30mg/g，平均为3.30mg/g。有机质显微组分以腐泥组和壳质组为主。受埋深限制，目前整体处于低成熟演化阶段。对于盆地石油聚集的贡献来说，白垩系吐谷鲁群以及古近系安集海河组较小。

古近系烃源岩主要集中发育于安集海河组，分布更加局限，主要分布在南缘中西段。烃源岩有机碳含量平均为0.82%，氯仿沥青"A"含量平均为0.0353%，生烃潜力S_1+S_2平均为3.76mg/g；Pr/Ph平均为0.52，规则甾烷C_{27}、C_{28}和C_{29}呈"V"形分布，富含C_{27}甾烷和妊烷；含伽马蜡烷、胡萝烷；干酪根碳同位素值在$-27.521‰$～$-24.415‰$之间。有机质类型为Ⅱ型，大部分处于未成熟阶段，在埋深较大的地区达到成熟。为有机质较为丰富，类型好，局部处于低成熟的较差—较好烃源岩。

三、储层发育特征

准噶尔盆地储层自下而上依次为石炭系、二叠系、三叠系、侏罗系、白垩系、古近系和新近系。不同盆地性质沉积充填了不同的岩石类型，形成了砂岩（新近系—侏罗系）、砂—砾岩（三叠—二叠系）、云质混积岩（二叠系）、火山岩（石炭系）四类多期有效储层（表10-2）。

表 10-2　准噶尔盆地不同地区储层特征参数表

储层类型	砂岩	砾岩	火山岩	云质混积岩
岩心照片	莫10井，J$_1$s，细砂岩	含砂砾岩、砾岩	夏72井，P$_1$f，玄武岩	风20井，天然碱
岩石薄片	芳2井，K$_1$q，中细粒岩屑长石砂岩	盆东1井，T$_1$b 砂质细砾岩	夏202井，P1f 角砾熔结凝灰岩	百泉1井，P$_1$f 云质粉细粒砂岩

储层类型	砂岩	砾岩	火山岩	云质混积岩
孔隙度（%）	6.5～25	2.6～20	0.2～15	5～13
储集空间	原生孔隙 次生孔隙	原生孔隙 次生孔隙	原生孔隙 次生孔隙 裂缝	原生孔隙 次生孔隙 裂缝
有利相带	辫状河、冲积扇、 三角洲	扇三角洲	火山口—近火山口相	咸化湖、三角洲
层位	J、K、N	T、P	C、P_1j、P_1f	P_1f、P_1l
分布	腹部及南缘	玛湖—盆 1 井西斜坡	克拉美丽、车—拐 地区	玛湖凹陷、吉木萨尔 凹陷

（一）石炭系火山岩储层

纵向发育上、下两套火山岩序列组合，中间发育一套沉积岩。上序列以安山岩、玄武岩、流纹岩及火山碎屑岩为储集岩体，下序列则以安山岩、流纹岩以及火山碎屑岩为主（何登发等，2010）。以陆东地区钻揭火山岩储层为例，上序列储层孔隙度分布为 2.9%～25.6%，渗透率为 0.05～10.9mD；以基质溶孔及残余气孔为储集空间，钻井岩性普遍见裂缝，属于双孔介质储层，物性受埋深影响小。这套储层受地层出露地表后淡水淋滤作用的影响，距离不整合面小于 400m 范围内发育两个次生孔隙发育带，控制着优质储层的发育部位，一个紧邻不整合面，另一个距离不整合面 200～300m。此外，美 8 井、滴探 1 井等新钻井在下火山岩序列顶部也获得油气流，显示火山岩内幕也发育良好储层。

（二）粗碎屑的砂—砾岩储层

发育于二叠系佳木河组、夏子街组、上—下乌尔禾组、三叠系百口泉组。以冲积扇—扇三角洲前缘相带为主，岩石类型以灰色、灰绿色含砾粗砂岩、砂质砾岩、砾岩、钙质砂砾岩为主；储层物性非均质性强，物性明显受到泥质含量及胶结物类型控制（庞德新，2015）。该类型储层往往形成于湖盆周缘，沉积期为地表—近地表环境，受季节性河流的冲刷作用强，后期浅埋又受到潜流水的冲刷，细粒及泥质成分含量少，在成岩作用阶段会形成一类颗粒支撑，杂基及胶结物含量较小的中等—好的储层，发育原生粒间孔及少量颗粒溶孔。值得注意的是，该套砾岩储层往往发育浊沸石，对于沸石在储层成岩作用中起到建设性还是破坏作用仍然存在争议。现有认识，早期浊沸石的形成充填了大量原生粒间孔，增强了储层的抗压能力，为后期的溶蚀孔形成提供了基础。

（三）侏罗系—新近系中细粒砂岩储层

是盆地发育最广泛的储层类型，形成于陆内坳陷阶段，以远源、浅水河控三角洲相为主。岩石类型以灰色中—细砂岩为主，盆地内不同地区储层物性差异大。以侏罗系为例，盆地西部隆起砂岩孔隙度为14.3%～19.7%，渗透率为39.8～297.9mD；中央凹陷大部分地区孔隙度则为9.7%～15.6%，渗透率在2.3～51.7mD；而东部隆起区砂岩孔隙度则为11.9%～17.3%，渗透率为3.1～66.3mD。储集空间以原生孔隙及深埋阶段的溶蚀孔为主，原生孔隙随埋深减小。受到埋深的影响，莫索湾凸起以南，侏罗系、白垩系埋深超过4000m，储层物性急剧变差，但深部发育超压，是否存在较优质储层直接影响其勘探价值。从目前中国石化永进油田、董1井及董701井钻遇的侏罗系砂岩储层，埋深近6000m，依然获得可观的油气流，可见盆地腹部有较大的砂岩储层勘探空间。

（四）二叠系细粒云质混积岩储层

目前钻揭的主要分布于玛湖风城地区下二叠统风城组（薛晶晶等，2012）、吉木萨尔凹陷中二叠统芦草沟组以及五彩湾—沙帐地区中二叠统平地泉组。沉积环境为残留海封闭后的咸化湖，储层岩性为碳酸盐岩、泥、粉细砂混和沉积形成的细粒混积岩，是盆地页岩油勘探的重点类型。纵向上，暗色泥岩与云质细粒沉积岩互层分布，平面上云质—细粒沉积岩与烃源岩紧邻叠置分布。其储层有效孔隙度普遍小于12%，覆压渗透率普遍小于1mD，虽然物性较差，但往往含油饱和度高，普遍超过65%，采用常规技术开采缺陷就是可动油饱和度不高，但云质类岩石往往脆性很强，发育微裂缝。受工艺技术水平的提升，近年吉木萨尔凹陷的页岩油进入开发实验阶段，水平井体积压裂很好的改善储层物性，将孔隙体积中不可动流体变为可动流体。

四、储盖组合特征

盆地纵向稳定发育有四套区域性盖层，包括二叠系下乌尔禾组、上三叠统白碱滩组、下侏罗统三工河组及下白垩统吐谷鲁群，其中二叠系下乌尔禾组（图10-8）、上三叠统白碱滩组（图10-9）均形成于湖盆扩张期（湖侵），为盆地内油气富集发挥重要作用。克拉玛依油田油层多集中于中—下三叠统，与其上的白碱滩组泥岩盖层有关。同时，不同地区也发育局部盖层，直接控制着油气藏的分布范围、丰度和规模；例如，西北缘发育有石炭系及下二叠统风化壳、风城组白云质泥岩及上乌尔禾组顶部的滨湖相泥岩、中—下三叠统砂砾岩之间的泥岩隔层等局部盖层。区域性盖层、局部盖层与前述纵向多套、多类型的储层往往都是纵向叠置沉积，形成较优质的配置，对盆地内油气的富集至关重要。

目前盆地大致可划分为七大储盖组合：（1）石炭系和夏子街组发育岩浆岩和砂砾岩裂缝型储层，下乌尔禾组底部较厚的洪泛平原泥岩为盖层；（2）佳木河组上中亚组发育裂缝性储层，在其尖灭线附近存在致密的风化壳可作盖层；（3）上乌尔禾组中部巨厚冲积扇砂砾岩体作储层，上部洪泛平原泥岩作盖层；（4）百口泉组和克拉玛依组下部的砂砾岩与克拉玛依组上部和白碱滩组的湖相泥岩形成的储盖组合，储层仍然以裂缝为主要孔隙类型，可见少量的粒内溶孔；（5）八道湾组下部的砂岩和砂砾岩与中部的湖相泥岩形成的储盖组合；（6）八道湾组上部和三工河组中下部砂岩与三工河组上部的湖相泥岩形成的储盖组合；（7）西山窑组和吐谷鲁群底部砂岩与吐谷鲁组中上部的湖相泥岩形成的储盖组合。

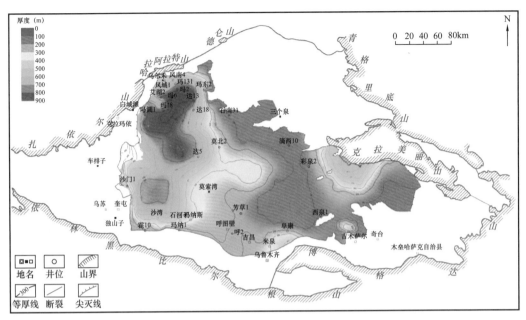

图 10-8　准噶尔盆地二叠系下乌尔禾组厚度图

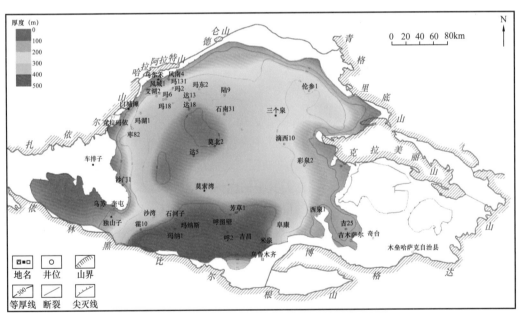

图 10-9　准噶尔盆地侏罗系三工河组厚度图

第三节　油气成藏特征与富集规律

多期盆地演化形成自石炭系到新近系多套烃源岩、多套烃源灶、多套储层、多样储集岩石类型、多套盖层、多期断裂—不整合、复杂的温度—压力系统，通过这些地质条件的纵横向彼此交合与叠加，构成多个叠加的复合含油气系统。依据盆地有效烃源岩分布、油气源对比、油气藏分布等研究，将盆地划分为 5 个复合油气系统（张义杰和柳广弟，2002；王绪龙，2013）：（1）玛湖—盆 1 井西复合油气系统；（2）昌吉复合油气系统；（3）东道海子—大井复合油气系统；（4）吉木萨尔复合油气系统；（5）乌伦古复合油气系统（图 10-10）。这些含油气系统受到盆地多期复合叠加运动的影响，油气成藏特征与富集规律各异。总体而言，准噶尔盆地已发现的 32 个油气田、440 个油气藏，纵向上，石炭系至新近系 26 个层组中均有发现，平面上，除了乌伦古凹陷，在西部隆起、陆梁隆起、东部隆起、中央坳陷和南缘冲断带等五大一级构造单元均有不同程度油气发现。其中，常规油气主要富集在玛湖凹陷、克乌断裂带、红车拐断裂带、腹部侏罗系—白垩系鼻凸带、北三台凸起带、沙帐断褶带、滴南凸起带、南缘冲断带等 8 个油气聚集带（区）内，页岩油主要富集于玛湖凹陷、吉木萨尔凹陷以及五彩湾—石树沟凹陷区。不同油气聚集带（区）内油气的成藏特征及模式均有差异性。

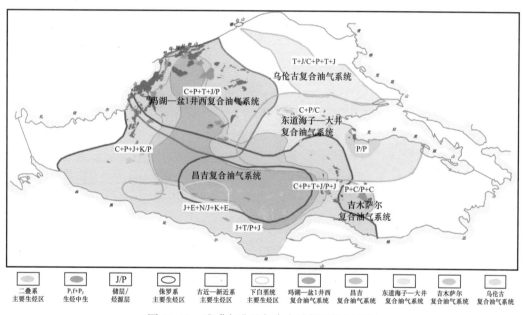

图 10-10　准噶尔盆地复合含油气系统划分图

一、油气富集区（带）及成藏特征

（一）玛湖凹陷油气富集区

近年发现的玛湖凹陷三叠系百口泉组、二叠系上乌尔禾组大面积砾岩油藏是国内外迄今为止发现的凹陷区古生新储型大面积连片成藏实例（匡立春等，2014；雷德文等，2015；支东明，2016）（图 10-11）。平面上玛湖凹陷周缘发育六大物源体系，形成夏子街扇、黄羊泉扇、克拉玛依扇、中拐扇、盐北扇和夏盐扇六大扇体。从上乌尔禾组到三叠系白碱滩组，湖盆逐渐扩大，扇体向老山退覆式发育。陆源碎屑供给充足，沉积时坡度较缓，发育有扇三角洲前缘亚相优质粗碎屑沉积，砂砾岩分布广、厚度大、物性相对较好。其上部发育湖泛泥岩，构成良好封盖条件。同时，扇体主槽部位发育杂色、褐色致密砂砾岩带，主要为泥石流沉积，沿沟谷呈带状分布，扇体间多以扇间泥岩分割，形成扇三角洲平原致密砂砾岩、湖相泥岩、扇间泥岩带对优质前缘相砾岩体共同构成立体遮挡，为扇三角洲前缘砂砾岩储层形成圈闭提供了良好封闭条件。

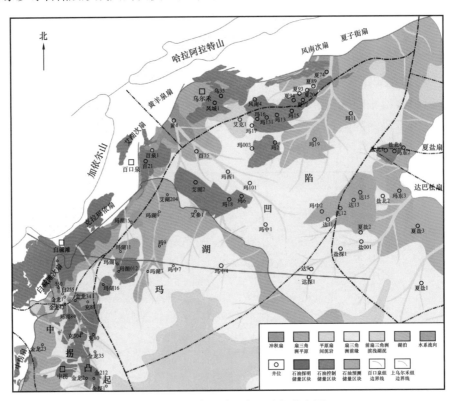

图 10-11　玛湖凹陷及邻区油气分布图

　　玛湖凹陷油气源自玛湖凹陷二叠系风城组烃源岩，于三叠纪末期和晚侏罗世大量生排烃，油源充足。同时，受到盆地周缘老山海西—印支期多期逆冲推覆作用的影响，发育一系列具有调节性质、近东西向的走滑断裂。这些断裂断距不大，断面陡倾（图 10-12），大多断开二叠—三叠系百口泉组。断裂数量较多，平面上成排、成带发育，与主断裂相伴生，两侧不仅发育一系列正花状构造。海西—印支期形成多条近东西向的压扭性断裂，直接沟通下部烃源岩，断裂成为源上跨层运聚的通道。并且，二叠系下乌尔禾组泥岩、三叠系白碱滩组泥岩、侏罗系三工河组泥岩和白垩系吐谷鲁群泥岩均为盖层，分布稳定，油气保存条件好；油气侧向运移的主要通道为二叠系和三叠系顶界的不整合以及层内渗透层，较少发育的断层也起到一定输导作用，为大面积成藏奠定良好的输导条件。

　　此外，风城组为碱湖沉积背景，不仅为该区优质烃源岩，钻井揭示其发育咸化湖盆的细粒沉积，存在云质类细粒储层，发育有云质粉细砂岩等"甜点"储层，可形成源储一体原位聚集的页岩油。

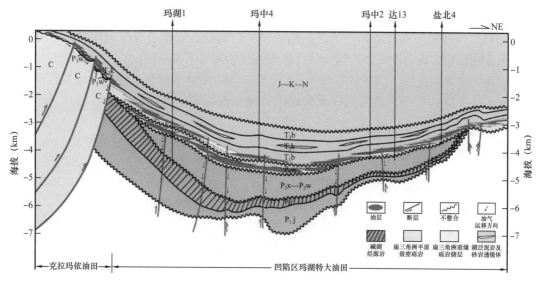

图 10-12　玛湖凹陷玛湖 1—盐北 4 地质结构及油藏分布剖面

（二）克拉玛依—乌尔禾断裂油气聚集带

克乌断裂油气聚集带作为西北缘油气藏分布的主体，自 1955 年克拉玛依油田发现后，一直是准噶尔盆地勘探的重点，至今已发现大小油气藏近百个，成为准噶尔盆地主要产油区。迄今为止，在断裂带上 15 个层组有探明储量，形成西北缘山前百里油区（图 10-11）。现已发现的油气藏类型基本上涵盖了所有的油藏类型，包括背斜（含背斜—岩性）油藏、地层不整合油藏、断块油藏、岩性油藏、断裂—岩性油藏，主要为断裂—岩性油藏和断块油藏。

克乌断裂油气聚集带的油气主要来源于玛湖凹陷及掩伏带的二叠系烃源岩。由于克百断裂带断裂活动活跃，在长期构造活动中形成一组近东西向，一组为北西—南东向的断裂组合体系。由于断裂的切割，使油田形成了北西向南东逐级下降的断阶构造，地层呈由北西向南东倾的单斜。同时，由于推覆作用与沉积作用的同时发生和交替进行，在石炭系、二叠系、三叠系、下侏罗统、中侏罗统和上侏罗统和白垩系之间形成了多个不整合。在这种构造背景下，断裂和不整合面构成了该区油气运移的主要通道并控制油藏的分布位置。

（三）红车拐油气聚集带

红车拐油气聚集带是盆地西北缘另一个重要的油气聚集带。包括中拐凸起、车排子凸起、红车断裂带以及玛湖凹陷南部、沙湾凹陷西部、四棵树凹陷北部等部分地区。红车拐地区发育石炭系、二叠系、三叠系、侏罗系、白垩系、古近系—新近系多套含油层系，也具有多层系含油、多期成藏的特点。

与克乌断裂带成藏背景相似，存在玛湖、盆 1 井西及沙湾凹陷中—下二叠统油气源，发育海西中晚期、印支—燕山早期、燕山晚期三期断裂体系。其中，海西中晚期断裂活动期早，规模大，水平、垂直断距大，可达上千米。印支—燕山早期断裂为海西中晚期形成的断裂到了印支期再次活动以及完全形成于印支—燕山早期的存在于三叠系、侏罗系内部的断层两类，前者表现出了强烈的继承性，同样对构造、沉积具有控制作用；后者规模小、平面延伸短，垂向断距小。同样的，红车拐地区发育石炭系顶面、上二叠统底界、三叠系底界、侏罗系底界、白垩系底界等多个不整合面，对该区油气的侧向运移具有重要的控制作用。不同时期形成的断裂体系与多期不整合面配置构成红车拐地区网状立体输导体系。

（四）腹部侏罗系—白垩系鼻凸油气聚集带

腹部侏罗系、白垩系已经发现了多个油气田。油气主要来源于二叠系风城组和下乌尔禾组湖相烃源岩，而产层则主要集中在侏罗系及白垩系，属典型的源外成藏。

腹部地区发育深层和浅层两类断裂。深层为逆断裂，断距较大，断开层位石炭系—三叠系，为通源断裂。浅层为正断裂，断面较陡，断距中等—小，断开层位为侏罗系—白垩系，为接力通源型油气输导断裂。剖面上，深浅断裂呈"Y"形组合，匹配良好（图 10-13）。油气通过深、浅断裂大规模垂向运移至浅层后，继续沿多套区域不整合及横向连通性较强的毯状砂体进行大规模侧向运移。腹部侏罗系、白垩系发育侏罗系底界、头屯河组底界、白垩系底界三大区域不整合面以及八道湾组一段、三工河组二段、清水河组一段等三套毯状分布的连通砂体，这些区域不整合面、毯状砂体与断裂体系相互配置构成复杂的立体输导网络，为侏罗系、白垩系源外成藏提供了高效输导通道。

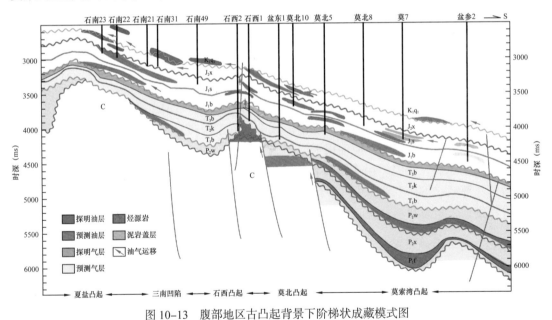

图 10-13 腹部地区古凸起背景下阶梯状成藏模式图

（五）北三台凸起油气聚集带

北三台凸起紧邻阜康凹陷生烃灶，是一个多期叠合古隆起，从石炭纪至今经历了海西、印支、燕山、喜马拉雅等多期构造运动，在石炭系、二叠系、三叠系、侏罗系八道湾组—西山窑组、头屯河组—齐古组、白垩系之间形成多个不整合面，成为油气横向运移的重要通道。同时在石炭系、二叠系，发育逆冲断层，控制了凸起的形成，在三叠系，向下可断至二叠系，多数为正断层，断距小，断层延伸短，与深层断裂纵向相接，在三叠系形成断阶带，在侏罗系发育正断层，与三叠系发育断层形成断接。三套断层纵向上形成相互连接的"三层楼"结构，将二叠系烃源岩形成油气输导到上二叠统梧桐沟组、三叠系、侏罗系，横向上与不整合面和砂体构成了该区立体油气输导网络（图 10-14），形成油气的有效聚集。

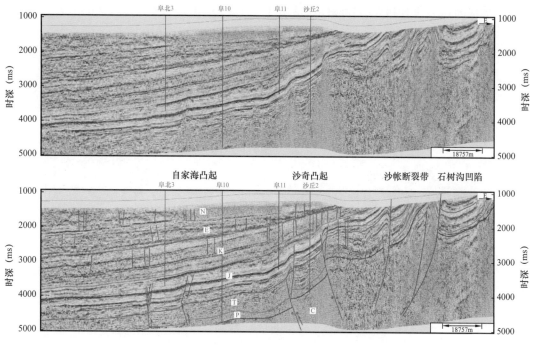

图 10-14 北三台南西—北东向基干地震大剖面

（六）帐北断褶带油气聚集带

该区已发现火烧山油田以及火北 1、沙东 2 等油藏。以下部发育的中二叠统平地泉组为主要烃源岩。该区构造活动较为强烈，为经历过多期次断裂、褶皱的断褶带，油气随着断裂及褶皱发育向构造的高部位调整，形成该地区典型的平地泉组构造型油藏，如火烧山油田、火南油藏。此外，平地泉组裂缝、微裂缝和粒内缝发育，为烃源岩排烃通道和储层运移通道。而在构造相对平缓的区域，源储一体型云质岩油藏没有经过后期构造调整，较好地富集保存在原地，形成页岩油。

（七）滴南凸起—五彩湾石炭系天然气聚集带

滴南凸起发育一系列近东西向的断裂，规模较大的有滴水泉断裂、滴水泉西断裂及滴水泉北断裂。南侧的滴水泉断裂为东道海子凹陷与滴南凸起的边界断裂，断开层位为 K—C。

滴水泉西断裂断距为 0～200m，断开层位为 J—C，区内延伸 45km。北侧的滴水泉北断裂，为东南倾的逆断层。勘探证实，断层附近储层物性大幅度提高。靠近断层的储层更多表现为裂缝型，而远离断层的储层逐渐从裂缝—孔隙型转变为孔隙型。油气会优先选择受断层改造的高孔渗储层运移，天然气富集在断裂带沟通的圈闭中。石炭系顶界的不整合面是天然气侧向运移的有利通道。下伏烃源岩生成的天然气通过断裂沟通向上运移，沿石炭系顶界不整合面运移并聚集在有利目标中。滴南凸起—五彩湾凹陷石炭系沿断层发育了多期火山活动，火山机构和火山活动的锥状结构清晰。天然气沿断裂带垂向运移、调整，沿不整合面横向运移在有利火山岩圈闭中成藏（图 10-15）。

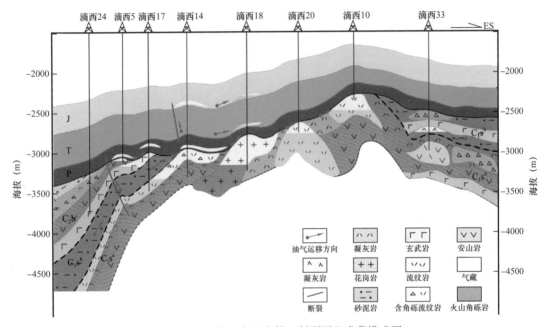

图 10-15　源内—自生自储—断裂原生成藏模式图

（八）南缘冲断带油气聚集带

南缘山前带自西向东划分为四棵树凹陷带、山前冲断带西段和山前冲断带东段三个区带，东西长约 450km，南北宽约 50km，面积为 22522km² 左右，发育二叠系芦草沟组—红雁池组、上三叠统、侏罗系、下白垩统吐谷鲁群、渐新统安集海河组等 5 套烃源岩。目前已经发现独山子、卡因迪克、齐古、甘河、三台等油田，呼图壁、玛河等油气田以及霍10井等多个油气藏。

该区断裂构造与背斜构造形成三排构造带，断裂沟通南缘生烃凹陷与圈闭，是南缘重要的输导体（陈书平等，2007）。山前断裂主要有北天山山前断裂、托斯台断裂、齐古北断裂、霍玛吐滑脱断裂及控制局部构造的安集海断裂、独山子断裂、吐谷鲁断裂、霍尔果斯断裂、玛纳斯断裂等，断裂呈北西西向，可分为深、浅两大断裂系统，深层主要错断侏罗系、白垩系及以深层位，控制着深层构造圈闭的发育。浅层断裂主要为滑脱断

层及其与之相关的背斜构造，两大断裂系统在空间上构成立体输导体系。来自阜康凹陷
及下伏侏罗系烃源岩生成的天然气在封闭条件较好的背斜型圈闭中聚集成藏（图10-16）。

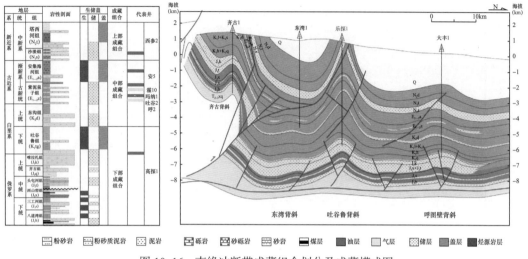

图 10-16　南缘冲断带成藏组合划分及成藏模式图

（九）吉木萨尔凹陷油气聚集带

吉木萨尔凹陷为准噶尔盆地东部隆起的二级构造，位于东部隆起的西南角，吉木萨
尔凹陷面积为 1278km²，凹陷主要发育于晚古生代至新生代，喜马拉雅构造运动造成凹陷
整体由东向西掀斜，地层向东逐渐减薄。其中芦草沟组沉积中心位于凹陷南部，厚度为
300～350m，而北部沉积厚度较薄，厚度仅为 100～200m。

芦草沟组源储一体，储层本身具有生油能力，储层被烃源岩包裹，岩性控制烃源岩特
性。芦草沟组烃源岩以泥岩为主，储层岩性主要为云质岩、粉细砂岩，且与烃源岩互层。
页岩油赋存于其内部集中发育砂屑白云岩、白云质粉砂岩、泥质粉细砂岩的储层段之中，
为典型的咸化湖相页岩油（匡立春等，2015）。

同时，芦草沟组排出的原油，经过断裂的调整，在其上覆的梧桐沟组砂岩储层中聚
集，形成常规石油聚集。纵向上为常规与页岩油共生的复式聚集（图 10-17）。

二、油气成藏模式

复杂的盆地及沉积演化过程，形成多样类型的圈闭，进而形成多种油气藏类型。从目
前盆地勘探发现的油气藏类型分析，整体可划分为构造型、地层型、岩性型以及复合型四
种类型。通过对已发现油藏进行解剖，分析成藏控制因素，总结其成藏模式，不同地区成
藏模式差异明显。

（1）源边下生上储断控复式成藏模式（图 10-3），这类成藏模式目前发现石油储量最
大，以西北缘断裂带围绕玛湖、沙湾凹陷的生烃灶形成石油聚集带。凹陷生成石油沿大型
逆掩断裂向上盘运移，在断裂上盘形成断裂控制的断背斜、断块型油藏。呈现由凹陷向老
山边界方向，纵向多层系，横向彼此叠加的叠复式聚集。

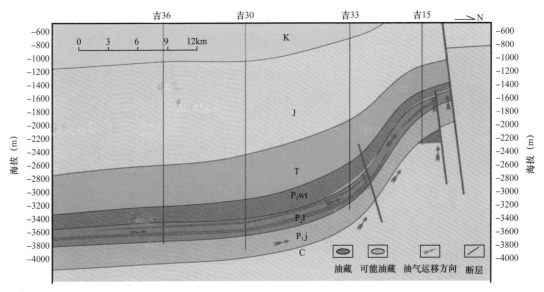

图 10-17　吉木萨尔凹陷芦草沟组页岩油与梧桐沟组油藏模式图

（2）源上古生新储断裂—不整合—相控成藏模式（图 10-12），最为典型的发现为玛湖凹陷三叠系百口泉组大面积砾岩油藏（支东明，2016；雷德文等，2015）。玛湖凹陷油源主要来自于风城组生油岩（王小军等，2018），以高角度的通源断裂沟通烃源岩与三叠系百口泉、二叠系上—下乌尔禾组储层，油气通过断裂的垂向沟通，以二叠系发育的不整合面横向输导，富集于主要的储层中。同时，沉积相带对油气分布控制作用明显，扇三角洲前缘亚相控制着储层的物性与含油性。这类型成藏模式除玛湖斜坡区以外在盆 1 井西凹陷东北斜坡区已得到证实，其他富烃凹陷斜坡区应该也有广阔的勘探前景。

（3）源外沿梁断控阶状成藏模式（图 10-13），这类成藏模式以陆梁油田的发现得以证实。围绕着盆 1 井西富烃凹陷，其周缘为继承性古凸起，发育深、浅两套断裂体系，来自深部二叠系的油气首先沿二叠系—三叠系中优质储层或不整合运移，遇到深层断裂后向上运移，沿途可能在适当部位成藏（石西油田）。当深部断裂与浅部断裂桥接时，油气便运移到浅部侏罗系—白垩系储层中成藏。值得指出的是，这类成藏模式以断裂、不整合面、砂体为运移通道，沿古凸起遇圈闭富集成藏，形成古生新储型基东、莫北油藏，同时，也存在新生古储型石西石炭系潜山油藏（孙靖等，2015）。此外，北三台地区、白家海地区油气成藏模式也以此类型为主。

（4）源内自生自储型页岩油成藏模式（图 10-4、图 10-18），以吉木萨尔凹陷二叠系芦草沟组（鲍海娟等，2016）、玛湖凹陷二叠系风城组以及五彩湾—大井地区二叠系平地泉组最为典型（支东明等，2019）。以烃源岩内夹云质细粒混积岩储层（源储一体）为特征，储层致密，普遍含油。从目前吉木萨尔凹陷、风城地区的页岩油勘探成果显示，页岩油大面积成藏，含油饱和度高，限于经济效益的限制，目前也仅仅集中 3500m 以浅，向深部页岩油应有更大的勘探潜力。

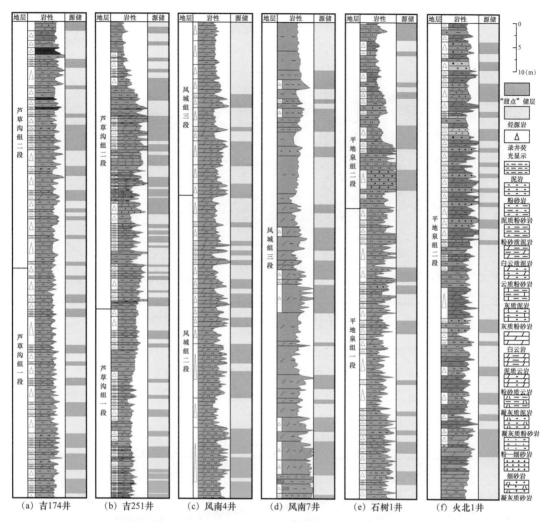

图 10-18 准噶尔盆地二叠系页岩油典型井岩性及源储组合划分（据支东明等，2019）

三、油气分布规律

前已述及，油气源、保存及断裂输导条件是准噶尔盆地成藏的关键控制因素。在这些影响因素的控制下，石油呈现一定的规律分布。

具体而言，平面上已发现油藏均围绕富烃凹陷分布（图 10-19）。围绕玛湖、盆 1 井西、沙湾、阜康、东道海子、吉木萨尔、五彩湾等富烃凹陷，石油富集于这些凹陷周缘的正向构造单元上。纵向上，已发现的出油层位主要分布在盆地 4 套主要的区域盖层之下。例如，对于二叠系烃源岩生成油气，在没有断裂断穿三叠系白碱滩组有效盖层的情况下，油气均被限定在该套盖层之下，即使有断裂断穿盖层，其上部侏罗系区域盖层也能形成有效遮挡。再者，在不同地区的局部盖层对石油聚集也具有控制作用，例如南缘安集海河组膏泥岩盖层控制着南缘油气的分布。

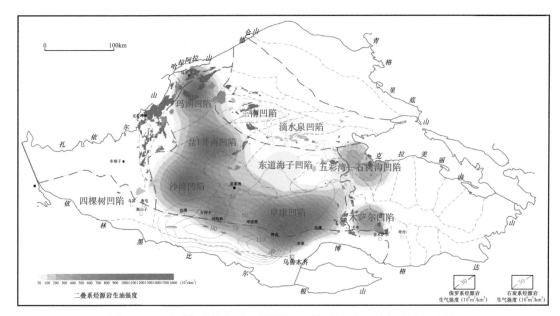

图 10-19　准噶尔盆地主要富烃凹陷、烃源岩分布与油气分布叠合图

此外，盆地内发育的多期断裂对油气富集的调控作用明显，目前发现的油气多集中分布于深大断裂带附近。可以说，无断裂不成藏。无论是陆梁地区的阶梯状成藏，还是克百断裂带的复式成藏，通源断裂的纵向调配，小断裂的控圈、控藏，深层、浅层断裂的接替输导作用至关重要（图 10-20）。

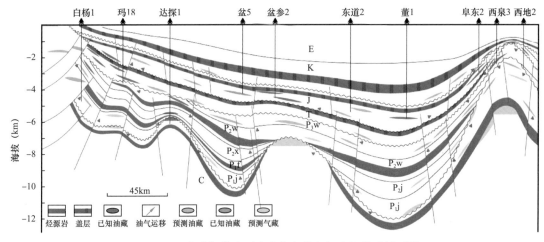

图 10-20　准噶尔盆地石油成藏条件空间配置关系剖面图

第四节　常规与非常规油气资源潜力

通过盆地石油地质条件的解剖，明确不同区域、不同层系的成藏特征与关键成藏要素，并通过解剖获取地质评价参数，这为后续评价方法的优选与资源预测提供最根本依

据。本节依据盆地勘探现状以及不同区、层成藏条件的解剖，在第四次油气资源评价技术规范体系、资源评价的总体思路、方法体系与关键技术的基础上（李建忠等，2016；吴晓智等，2016），确定了适用于准噶尔盆地的以类比法为主导的多方法综合体系（何文军，2017），并以"层区带"开展油气资源潜力评价研究，预测盆地油气资源量，分析剩余油气资源的空间分布，并结合基础地质分析指出盆地有利的勘探方向。

一、石油资源潜力

（一）常规石油资源

常规石油资源量预测基本思路是以盆地模拟方法计算盆地主要烃源岩生、排油量，通过含油气系统分析，划分运聚单元及区带。从盆地26个区带中确定刻度区以及类比评价区，任何一种资源量计算方法，都离不开对刻度区地质资料信息的解剖，例如油气藏类型、控制因素以及储量参数等。要获取地质参数就要对刻度区进行地质解剖，首先获取刻度区成藏关键参数以及用于资源量计算的地质资源参数。建立刻度区基础资料库，为地质类比法的实施提供参考标准。

以克百断裂带为例，从目前探明油气藏分布来看，克百断裂带油气富集受到断裂以及区域盖层的控制，绝大部分的油藏为次生油藏，埋藏浅，保存条件差，遭受生物降解、氧化以及水洗作用。其中，区域性盖层控制油气藏的形成与分布。最明显的特征为目前在克百断裂带发现的油气藏，80%左右的油气储量集中在三叠系白碱滩组这一区域盖层之下，盖层厚度越大油气富集程度越高。此外，断裂对油气藏形成与分布的控制也较为明显。研究认为克百断裂带断裂的活动期次与烃源岩的生排烃时期配置关系良好，为油气的垂向运移提供了必要的条件。加之断裂与盖层的匹配，为形成有效圈闭奠定基础，往往断裂下盘断距大于盖层厚度且小于储层厚度的部位，油气较为富集。通过对克百断裂带成藏条件分析，确定该区地质评价关键参数19项（表10-3）。

表 10-3　准噶尔盆地克百断裂带地质条件解剖参数表

参数	参数名称	侏罗系	三叠系	二叠系	石炭系
圈闭条件	圈闭类型	断块	断块	岩性、构造—岩性	潜山
	圈闭幅度（m）	200	262	340	410
	圈闭面积系数（%）	87.10	30.77	147.60	22.50
盖层条件	盖层厚度（m）	250～500	100～250	100～250	100～250
	盖层岩性	泥岩	泥岩	泥岩	泥岩
	盖层面积系数（%）	90～100	90～100	90～100	90～100
	盖层以上的不整合数	1	2	3	3
	断裂破坏程度	破坏较强	破坏较强	破坏较弱	破坏较强

续表

参数	参数名称	侏罗系	三叠系	二叠系	石炭系
储层条件	储层平均厚度（m）	162	100	544	70
	储层百分比（%）	67	60	34	—
	储层孔隙度（%）	15.36	9.37	5.72	5.27
	储层渗透率（mD）	46.29	2.12	0.34	0.91
烃源条件	供烃方式	平行流	平行流	平行流	平行流
	生烃强度（$10^4t/km^2$）	500～1000	500～1000	500～1000	500～1000
	运移距离（km）	10～25	10～25	10～25	10～25
	输导条件	断层、不整合	断层、不整合	断层、不整合	断层、不整合
配套条件	圈闭与生烃高峰时间匹配	早或同时	早或同时	早或同时	早或同时
	运移方式	网状	网状	网状	网状
	生储盖配置	下生上储	下生上储	下生上储	下生下储

根据克百断裂带目前勘探程度较高，发现油气藏数量较多的实际情况，选择的油气藏（田）规模序列法、油气藏（田）发现过程法、广义帕莱托分布法均较适用，但在应用过程中发现克百断裂带存在三套成藏组合，虽然整体成藏的主控因素为断裂和盖层，但是其他地质条件也具有很大差异，如浅层侏罗系以砂砾岩稠油油藏为主，已发现油藏 52 个，最大油藏为 $1935.11 \times 10^4 t$，而石炭系则以火山岩油藏为主，已发现油藏 39 个，最大油藏为 $3779.65 \times 10^4 t$。如果将克百断裂带各层系按区带整体考虑，其结果油藏规模序列出现分段，不是单一油田规模序列，并且发现过程不符合大油藏先发现小油藏后发现的规律性（图 10-21）。"层区带"子刻度区的建立，以地层为单元进行油气资源量的计算较好地解决了这一问题。

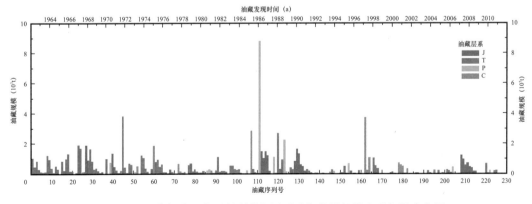

图 10-21　准噶尔盆地克百断裂带各层系油气储量规模发现年限直方图

如克百断裂带石炭系通过 3 种统计法预测总资源量期望值为 $29164 \times 10^4 t$，以最小经济油田规模 $10 \times 10^4 t$ 起算预测油藏总个数 120 个（图 10-22，表 10-4）。统计法预测最大油藏规模与已发现最大油藏规模相差不大，剩余未发现最大油藏规模为 $1266.27 \times 10^4 t$。通过石炭系"层区带"单元的资源量计算，其结果较合理，从预测油藏信息也可以看出，统计法中规模序列法预测结果偏高，油藏个数偏大，发现过程法预测结果相对合理；广义帕莱托分布法预测结果较保守，在红车和乌夏断裂带的资源量计算过程中也发现资料越丰富，统计法预测结果越合理。

表 10-4　克百断裂带石炭系"层区带"统计法资源预测表

项目		油气藏（田）规模序列法（$10^4 t$）	油气藏（田）发现过程法（$10^4 t$）	广义帕莱托分布法（$10^4 t$）	特尔菲综合法（$10^4 t$）
已发现油藏信息	总储量	13805.14			—
	油藏个数	39			—
	最大储量规模	3779.65			—
	最小油田规模	5.18			—
预测油藏信息	总资源量 P95	26766	17826	18227	20939.67
	总资源量 P50	32136	26395	28961	29164
	总资源量 P5	37506	38586	37829	37973.67
	总资源量期望值	32135.98	26394.82	28961.23	29163.93
	最大油藏规模	3695.83	3526.62	3602.54	3608.31
	最小经济油田规模	10	10	10	10
	油藏个数	143	128	87	120
	剩余最大油藏规模	1496.31	1043.92	1524.33	1354.84
	剩余未发现资源量	15410.09	9668.93	12235.11	12438.04

依据盆地地质条件建立区带类比评价方案。以统计法对刻度区资源量进行预测，确定运聚系数（何文军，2017），通过类比法获得类比评价区的运聚系数，最终确定盆地常规石油资源量概率分布 P95 是 $55.36 \times 10^8 t$，P50 是 $79.27 \times 10^8 t$，P5 是 $128.31 \times 10^8 t$，期望值为 $80.08 \times 10^8 t$。常规天然气资源量概率分布 P95 是 $1.57 \times 10^{12} m^3$，P50 是 $2.29 \times 10^{12} m^3$，P5 是 $3.57 \times 10^{12} m^3$，期望值为 $2.31 \times 10^{12} m^3$。

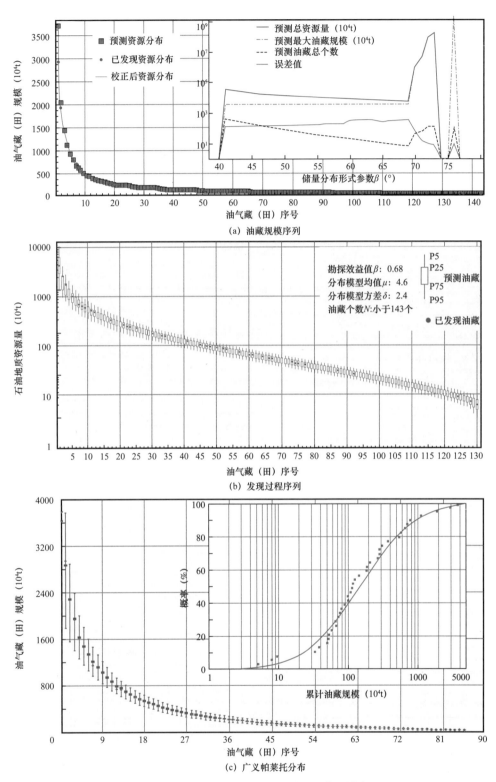

图 10-22　准噶尔盆地克百断裂带统计法油藏规模序列图

（二）页岩油资源

对于准噶尔盆地页岩油资源评价，在评价过程中充分运用新钻井地质资料开展地质参数解剖，选择容积法、EUR（Estimated Ultimate Recovery）类比法、小面元容积法对其进行资源潜力预测（郭秋麟等，2013），根据准噶尔盆地中—下二叠统页岩油形成的地质条件以及勘探程度分析，选取页岩油潜力评价的评价方法与关键参数（图10-23，表10-5），开展盆地页岩油资源潜力预测，

表 10-5　准噶尔盆地二叠系典型页岩油区带地质评价参数统计表

项目	评价参数	吉木萨尔凹陷芦草沟组	玛湖凹陷风城组	五彩湾—石树沟凹陷
构造背景	盆地性质	坳陷盆地	前陆盆地	前陆盆地
	沉积环境	陆相咸化湖盆	陆相盐（碱）湖	陆相咸化湖
	构造变动	稳定	周缘强烈，中心稳定	多期构造运动
烃源条件	总有机碳含量（%）	1.08～26.66/7.6（71）	0.42～4.01/1.18（91）	0.23～20.19/3.44（63）
	母质类型	Ⅰ—Ⅱ型，较少Ⅲ型	Ⅰ—Ⅱ型，少量Ⅲ型	Ⅱ为主，存在Ⅰ型
	成熟度（%）	0.48～1.12/0.78（56）	0.59～1.14/0.73（15）（凹陷中无数据）	0.52～1.02/0.78（15）
	烃源岩厚度（m）	20～260	25～175	10～130
	分布面积（km²）	1500	4258	1000
"甜点"条件	岩性特征	白云质砂岩、白云岩	白云质砂岩、白云岩	粉细砂岩、凝灰质泥岩
	储集空间类型	剩余粒间孔、微孔（晶间孔）、溶孔、溶缝	原生孔、晶间孔、次生溶孔	晶间孔为主、粒间孔、粒内孔
	有效孔隙度（%）	5.52～19.84/9.59	2.02～13/4.4	0.15～21.97/9.96
	埋藏深度（m）	2500～4500	3500～4500	2000～3000
	储层厚度（m）	40～80	50～110	30～60
	压力系数	1.1～1.3	>1.5	常压
	天然裂缝	欠发育	发育	较发育
流体特征	原油密度（地表）（g/cm³）	0.87～0.93	0.833～0.935	0.88～0.90
	气油比（m³/m³）	17	82～110	10～70

注：格式 1.08～26.66/7.6（71）为最小值～最大值/平均值（样品数）。

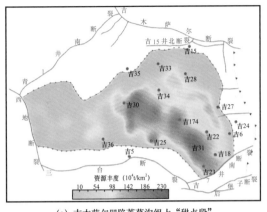
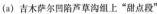
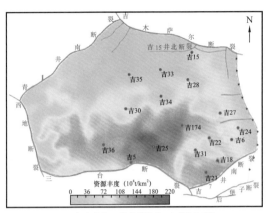

(a) 吉木萨尔凹陷芦草沟组上"甜点段"　　　　　(b) 吉木萨尔凹陷芦草沟组下"甜点段"

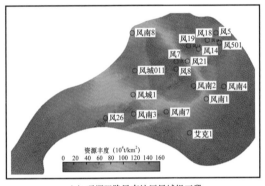
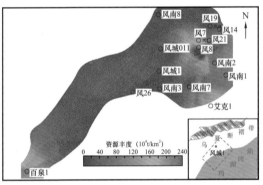

(c) 玛湖凹陷风南地区风城组三段　　　　　(d) 玛湖凹陷风南地区风城组二段

图 10-23　页岩油小面元容积法资源丰度分布（据支东明等，2019）

吉木萨尔凹陷芦草沟组勘探程度较高，作为其他页岩油评价区层的刻度区。通过多种预测方法确定该区页岩油资源量为 12.4×10^8t。其他两个地区以吉木萨尔凹陷芦草沟组为刻度区进行类比评价，同时，尽可能地运用现有资料开展容积法资源量预测，最终确定风城地区风城组页岩油资源量为 4.19×10^8t，五彩湾—石树沟地区平地泉组页岩油资源量为 3.2×10^8t，非常规石油资源量合计约为 19.8×10^8t。

准噶尔盆地常规与非常规石油资源量合计近 100×10^8t，截至 2017 年底，探明石油储量仅 27×10^8t，探明率仅为 27%，仍然处于石油勘探早中期。石油资源在平面的分布具有明显的不均衡性，石油资源主要分布在西部隆起、中央坳陷，其次是陆梁隆起、东部隆起、南缘山前冲断带，最次的是乌伦古坳陷。比较各一级构造单元，石油资源探明率大于 40% 的有三个，由高到低依次是东部隆起、西部隆起、陆梁隆起，南缘冲断带及中央坳陷较低，乌伦古坳陷最低。

纵向上常规石油资源主要分布在三叠系，其次是二叠系和侏罗系，再次是石炭系，白垩系和古近系最少。从石油资源在层系的纵向分布结果看，呈现单峰的近正态分布特征，具体是三叠系石油资源最大，向下到老地层二叠系、石炭系，向上到新地层侏罗系、白垩系、古近系、新近系，资源逐渐减少。

二、天然气资源潜力

常规天然气总资源约为 $2.3 \times 10^{12} m^3$，天然气资源主要分布在南缘冲断带（ $9800 \times 10^8 m^3$ ）、其次是中央坳陷（ $5447 \times 10^8 m^3$ ）、陆梁隆起（ $4508 \times 10^8 m^3$ ），再次为西部隆起（ $2984 \times 10^8 m^3$ ），东部隆起和乌伦古坳陷的量很小。纵向上主要分布在石炭系（ $7626 \times 10^8 m^3$ ，占总量 33% ），其次是侏罗系（ $6158 \times 10^8 m^3$ ，占总量 27% ），再次是二叠系（ $3337 \times 10^8 m^3$ ，占总量 15% ），最后依次是白垩系、古近系—新近系、三叠系（分别为 $2378 \times 10^8 m^3$ 、 $2191 \times 10^8 m^3$ 、 $1381 \times 10^8 m^3$ ，分别占总量的 10% 、 9% 、 6% ）。天然气资源在纵横向分布具有一定的不均衡性，与气源岩的分布密切相关。

盆地探明常规气层气为 $1736 \times 10^8 m^3$ ，探明溶解气为 $2016 \times 10^8 m^3$ ，合计探明 $3752 \times 10^8 m^3$ ，气层气探明率为 7.5% 。探明率最高的是陆梁隆起和西部隆起，均超过 10% ，分别为 17.7% 、 11.6% ，其次是中央坳陷和南缘冲断带，最次是东部隆起和乌伦古坳陷。

第五节　剩余油气资源分布及有利勘探方向

一、剩余油气资源潜力及分布

（一）剩余油气资源在一级构造单元的潜力及分布

盆地石油资源总量为 $800813 \times 10^4 t$ ，总探明率为 30% 。比较各一级构造单元，石油资源探明率最高的是陆梁隆起（ 46% ），其次是西部隆起（ 44% ）和东部隆起（ 40% ），南缘冲断带及中央坳陷较低。

盆地剩余石油资源总量约为 $56 \times 10^8 t$ （表 10-6）。从剩余石油资源分布可以看出，主要集中的分布在西部隆起和中央坳陷，分别约为 $23 \times 10^8 t$ 、 $24 \times 10^8 t$ ，两者合计占盆地剩余石油资源总量的 83% ，南缘冲断带、东部隆起、陆梁隆起剩余未探明石油资源均在 $5 \times 10^8 t$ 以下。西部隆起石油资源丰富，探明程度较高，但剩余石油资源量仍很大，是中长期勘探的重要领域。

盆地天然气资源总量为 $23072 \times 10^8 m^3$ ，总探明率为 7% 。比较各一级构造单元，天然气资源探明率最高的是西部隆起（ 22% ）和陆梁隆起（ 24% ），南缘冲断带、中央坳陷及东部隆起探明率较低，均小于 5% 。

盆地剩余天然气资源总量为 $21055 \times 10^8 m^3$ （表 10-6）。剩余未探明天然气资源分布最多的是南缘冲断带（ $9454 \times 10^8 m^3$ ）、其次是中央坳陷（ $6707 \times 10^8 m^3$ ）、再次为陆梁隆起（ $3417 \times 10^8 m^3$ ）。从探明率与剩余未探明天然气资源的关联分析看，剩余未探明天然气资源主要分布在勘探程度相对较低的南缘冲断带、中央坳陷带，其次是陆梁隆起、西部隆起，东部隆起及乌伦古地区相对较少。

表 10-6 准噶尔盆地一级构造单元剩余常规油气资源量

一级构造单元	面积（km²）	地质资源量		剩余资源量		地质探明率	
		石油（10⁴t）	天然气（10⁸m³）	石油（10⁴t）	天然气（10⁸m³）	石油（%）	天然气（%）
西部隆起	13374	404070	1484	226317	1152	44	22
中央坳陷	38314	255858	6947	239910	6707	6	3
陆梁隆起	19389	49110	4508	26669	3417	46	24
东部隆起	26319	47643	305	28463	297	40	3
南缘冲断带	22752	42599	9800	37026	9454	13	4
乌伦古坳陷	14629	1533	28	1533	28	0	0
合计	134777	800813	23072	559917	21055	30	9

（二）剩余油气资源在各层系的潜力及分布

石油资源探明率最高的是侏罗系（48%），接近 50%，其次是三叠系（37%）、二叠系（29%）、古近系—新近系（23%）、白垩系（21%），均在 20% 以上，最低的是石炭系，探明率为 14%。

天然气资源探明率最高的是石炭系和古近系—新近系，分别为 14%、15%，其次是二叠系（8%）、三叠系（3%）、侏罗系（5%），均低于（10%），最低的是白垩系，仅为 1%。

剩余石油及天然气资源分布最多的是石炭系和侏罗系，其次是二叠系和白垩系，三叠系、古近系—新近系剩余天然气资源分布最少（表 10-7）。

表 10-7 准噶尔盆地层系剩余油气资源量

层位	石油（10⁴t）			天然气（10⁸m³）		
	地质资源量	剩余未探明资源量	探明率（%）	地质资源量	剩余未探明资源量	探明率（%）
N+E	51166	39148	23	2191	1872	15
K	50593	38575	21	2378	2366	1
J	171631	159613	48	6158	5845	5
T	200270	188252	37	1381	1335	3
P	177215	165197	29	3337	3071	8
C	149939	137921	14	7626	6564	14
合计	800813	559917	30	23072	21055	9

值得注意的是，准噶尔盆地页岩油资源潜力巨大，探明率极低。仅吉木萨尔凹陷芦草沟组目前的井控储量近 $11.3 \times 10^8 t$，而这一部分资源仅仅针对页岩油"甜点体"的资源，是目前经济技术条件下可动用的主体部分。事实上，有相当一部分微米—纳米级孔喉中也存在页岩油，以吸附态滞留其中，这一部分资源或可与"甜点"中的可动部分相媲美，足可见准噶尔盆地页岩油剩余资源潜力巨大。

二、有利勘探方向与目标

（一）区带地质风险分析与优选排队

区带的地质风险分析尚不能全面反映区带的资源潜力，还需结合区带的资源，尤其是剩余未探明油气资源，才能更好地反映区带资源潜力，鉴于此，本轮区带优选评价从两个方面综合考虑：一方面是区带石油和天然气地质风险评价；另一个方面是剩余未探明资源总量（油气合并）。其中地质评价值以油气成藏五大项 23 小项打分综合加权获得（胡素云等，2005），以克百断裂带地质评价值为标准，其他各区带地质评价值与之相比进行归一化，经过归一化获得地质评价系数"a"；同样的，以红车断裂带剩余未探明资源量（油当量）为基准，超过该值的按资源评价系数为 1，其他区带剩余未探明资源量与之相比，进而获得归一化后的资源评价系数"b"。最后，将评价系数 a、b 按照公式 $R=\left[(1-a)^2+(1-b)^2\right]^{1/2}$ 计算综合评价系数"R"，用以进行区带优选排队，区带地质优选排队结果见表 11-8。

按综合评价系数 $R>0.45$、$0.45 \geqslant R>0.15$、$R \leqslant 0.15$ 将区带划分为 Ⅰ、Ⅱ、Ⅲ 三类有利区带。其中 Ⅰ、Ⅱ、Ⅲ 三类有利区带分别有 10 个、13 个和 3 个（图 10-24，表 10-8）。

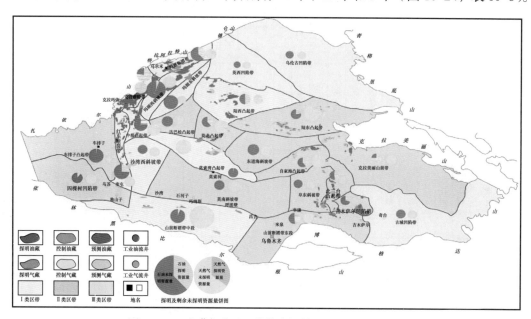

图 10-24 准噶尔盆地区带综合评价及有利区带划分图

表10-8 准噶尔盆地区带油气综合评价排队表

区带名称	类型	所属构造单元	主要目的层	地质评价值	剩余未探明资源量（10⁸ t）	地质评价系数 a	资源评价系数 b	综合评价系数 R	综合排列	有利区划分
玛湖西斜坡	岩性	中央坳陷	T_1b、P、C	0.32	8.42	0.86	1	0.90	1	I
红车断裂带	断块	西部隆起	K、J、T、P、C	0.30	6.83	0.81	1	0.81	2	
乌夏断褶带	断块	西部隆起	J、T、P、C	0.32	6.03	0.86	0.88	0.78	3	
山前断褶带中段	构造	南缘冲断带	E、N、K、J、T	0.21	9.48	0.57	1	0.69	4	
克百断阶带	断块	西部隆起	J、T、P、C	0.37	3.36	1	0.49	0.58	5	
莫索湾凸起	构造—岩性	中央坳陷	K、J、T、P、C	0.26	3.98	0.70	0.58	0.57	6	
玛湖东斜坡	岩性	中央坳陷	T_1b、P、C	0.25	3.25	0.68	0.48	0.51	7	
中拐凸起	构造—岩性	西部隆起	J、T、P、C	0.21	3.84	0.57	0.56	0.51	8	
陆西凸起	岩性	陆梁隆起	K、J、C	0.31	2.31	0.84	0.34	0.47	9	
沙湾西斜坡	岩性	中央坳陷	E、N、J、P	0.24	2.63	0.65	0.39	0.46	10	
达巴松凸起	构造—岩性	中央坳陷	T、P、C	0.18	3.45	0.49	0.51	0.44	11	II
陆东凸起	岩性—地层	陆梁隆起	J、P、C	0.20	2.99	0.54	0.44	0.44	12	
车排子凸起	岩性	西部隆起	N、C	0.15	3.49	0.41	0.51	0.41	13	
阜东斜坡	岩性	中央坳陷	K、J、T、P、C	0.21	2.29	0.57	0.34	0.41	14	
吉木萨尔凹陷	断块	东部隆起	J、P、C	0.22	1.75	0.59	0.26	0.37	15	
白家海凸起	构造—岩性	中央坳陷	J、C	0.26	1.20	0.70	0.18	0.36	16	
东道海子斜坡	岩性	西部坳陷	J、P	0.23	1.40	0.62	0.20	0.36	17	
莫北凸起	构造—岩性	中央坳陷	J、C	0.26	1.07	0.70	0.16	0.35	18	
山前断褶带东段	构造	南缘冲断带	J、T、P	0.24	1.14	0.65	0.17	0.34	19	
四棵树凹陷	构造—岩性	南缘冲断带	E、N、K、J	0.11	0.62	0.30	0.09	0.30	20	
莫南斜坡	岩性	中央坳陷	K、J	0.15	1.65	0.41	0.24	0.29	21	
克拉美丽山前带	构造—岩性	东部隆起	P、C	0.20	0.37	0.54	0.05	0.25	22	
北三台凸起	断块	东部隆起	J、T、P、C	0.11	0.68	0.30	0.10	0.19	23	
古城凹陷	构造—岩性	东部隆起	P、C	0.02	0.31	0.05	0.05	0.05	24	III
英西凹陷	构造—岩性	陆梁隆起	T	0.01	0.09	0.03	0.01	0.02	25	
乌伦古凹陷	构造—岩性	乌伦古坳陷	C	0.01	0.18	0.03	0.03	0.02	26	

Ⅰ类有利区 10 个，依次是玛湖西斜坡、红车断裂带、乌夏断裂带、南缘山前断褶带西段、克百断裂带、莫索湾凸起、玛湖东斜坡、中拐凸起、陆西凸起、沙湾西斜坡。这类区带是盆地中长期现实的勘探领域，尤其是玛湖西斜坡带、红车断裂带、乌夏断裂带、南缘山前断褶带中段等剩余待探明油气资源量大、地质评价高、成藏控制因素规律把握相对清楚，是中长期有利的勘探目标区。

Ⅱ类有利区有 13 个，依次是达巴松凸起、陆东凸起、车排子凸起、阜东斜坡、吉木萨尔凹陷、白家海凸起、东道海子斜坡、莫北凸起、南缘山前断褶带东段、莫南斜坡、克拉美丽山前带、北三台凸起、四棵树凹陷。这些区带相对Ⅰ类区带而言，剩余待探明油气资源总量较少，地质评价偏低，但明显高于Ⅲ类区带，除达巴松凸起目前仅获低产油流外，其他区带均获油气发现并探明油气田。这类区带也是较有利的勘探区，具有较丰富的油气资源和较好的勘探潜力。

Ⅲ类有利区仅有 3 个，按评价高低依次是古城凹陷、英西凹陷、乌伦古凹陷。Ⅲ区带中，英西凹陷油气源岩不落实，古城凹陷、乌伦古地区虽获得油气显示，但油气源岩还有待进一步落实，地质评价整体较低。Ⅲ区带是盆地中长期勘探的远景区。

（二）石油有利勘探方向与目标

基于区带综合优选排队，结合勘探发现实际、地质评价、成藏条件认识几个方面梳理，盆地常规石油领域勘探有利方向有富烃凹陷斜坡区、盆地深层、凸起带三个大方向（何文军等，2019）。

1. 富烃凹陷斜坡区

准噶尔盆地已发现石油资源多集中分布于凹陷周缘的正向构造单元上。但随着近年阜东、沙湾、玛湖东、西斜坡钻探获得突破，预示着凹陷斜坡区存在较大的勘探潜力。这些区层处于生烃灶范围内，发育规模性储层，存在断裂—不整合输导体系，近源成藏条件更加优越。以玛湖凹陷西斜坡为例，西斜坡位于西北缘断裂带下盘、生烃凹陷的上倾方向，是构造高部位的西北缘断裂带油气运移的必经之路。从目前发现情况来看，三叠系、中—上二叠统均呈现富油的特点。受岩性、岩相及物性控制，以岩性型或岩性—构造复合型油藏为主，具有大面积连续分布的特点。玛湖地区仅凹陷斜坡区石油总资源量近 11.1×10^8t，其中三叠系、二叠系石油资源量分别为 7.6×10^8t、3.0×10^8t，探明率不足 10%，剩余待探明资源量约 10×10^8t，整个玛湖地区资源潜力巨大。同时，随着压裂等勘探技术的不断进步，向凹陷、向深部会有更多的低渗透储层得到解放，勘探前景较好。

2. 盆地深层

勘探效益决定目前盆地勘探集中于 4500m 以浅，但盆地深层常规石油资源量近 14×10^8t，占全盆地常规石油资源的 17%。莫深 1、达探 1、盐探 1、大丰 1 等深井、超深井的钻探，相继在盆地 4500m 以深获得一系列重要发现，不仅在深部钻遇有利储层，更是在二叠系获得工业或低产油气流。成藏条件分析认为盆地三叠系—侏罗系—白垩系深层发育相对优质储层；石炭系、中—下二叠统还分布有火山岩等非常规储层，储层物性受埋深影响较小，更加邻近烃源岩，条件更优越。有利的目标区目前以玛湖凹陷—达巴松凸起下二叠统、石炭系，南缘冲断带中下组合挤压背斜—断裂型，腹部侏罗系—白垩系地层—岩性复合型（杨永泰等，2002），西北缘掩覆带的深大构造型等勘探前景好。例如，腹部莫南地区侏罗系深层已提交探明储量不足 $0.2 \times 10^8 t$，但其石油资源量近 $1.6 \times 10^8 t$，预示着其广阔的勘探前景。

3. 凸起带

盆地富烃凹陷周缘的正向构造单元成藏条件有利，仍有广阔的凸起构造带处于低勘探程度，例如中拐凸起东南斜坡、夏盐—达巴松凸起、白家海凸起南部等。这些凸起多位于富烃凹陷的迎烃面，处于生烃灶与已发现油藏富集区之间的油气过路部位，发育不同期次断裂和不整合面，成藏条件非常有利。其中，中拐凸起已探明石油储量为 $1.1 \times 10^8 t$，主要集中在靠近断裂带的区域，其石油资源量约为 $4.1 \times 10^8 t$，依然有近 $3 \times 10^8 t$ 的待探明资源量，潜力依然很大。

（三）天然气有利勘探方向与目标

根据盆地天然气成藏条件和勘探潜力，确定天然气重要的勘探领域有南缘山前冲断带、陆东—五彩湾地区、中拐凸起带、盆地深层等。目前盆地已发现天然气，已获突破的剩余出气点均集中于以上几个领域（杨海波等，2018）。

1. 南缘山前冲断带

南缘山前第一排构造带又称之为齐古背斜带，二三排构造带合称为霍玛吐背斜带。该区是盆地内天然气最主要富集区，但也有石油聚集（主要分布在山前第一排构造带上和霍玛吐背斜带浅层）。

南缘山前冲断带西段 7000m 以浅，古近系、白垩系、侏罗系、三叠系天然气资源分别约为 $2000 \times 10^8 m^3$、$2000 \times 10^8 m^3$、$4000 \times 10^8 m^3$、$300 \times 10^8 m^3$。按成藏组合分类划分，下组合天然气资源量最大，约为 $6300 \times 10^8 m^3$，中组合约为 $2000 \times 10^8 m^3$。目前，天然气勘探仅在中组合探明了约 $300 \times 10^8 m^3$ 天然气，勘探潜力还很大。重点勘探领域是霍玛吐背斜带下白垩统—中上侏罗统以及齐古背斜带下盘的侏罗系及三叠系等掩覆构造。

南缘山前冲断带东段也是天然气有利指向区，侏罗系是气源岩，也是主要富集层，此外可能还有古近系、三叠系等。古近系、侏罗系、三叠系天然气资源量分为 $124 \times 10^8 m^3$、$755 \times 10^8 m^3$、$135 \times 10^8 m^3$。

目前，南缘山前冲断带东段仅在古牧地等少量构造部署实施钻探，在侏罗系已获低产工业气流。整体看，勘探潜力很大，主要勘探目的层是中—上侏罗统，目标类型以构造型为主。

2. 陆东凸起带

除克拉美丽山前带局部有小规模油藏分布外，主体是天然气富集区。石炭系是主要气源岩。天然气主要富集层位是石炭系，其次是二叠系，此外侏罗系、白垩系也有少量分布。石炭系天然气成藏主要受断裂和不整合面控制，具有凹陷生烃、断裂输导、岩性控藏、凸起聚集的特点。纵向上天然气主要分布在石炭系不整合面附近，但近年勘探也证实，天然气在石炭系内幕也已聚集成藏。陆东凸起带天然气地质资源量为 $4168 \times 10^8 m^3$，目前已累计探明约 $1100 \times 10^8 m^3$，探明率约为 25%，剩余待探明资源潜力巨大，应作为准噶尔盆地天然气勘探的主要战场之一。目标类型主要有两种，一种是石炭系不整合面型，另一种是石炭系内幕型。此外，二叠系、白垩系等可作为兼探层。

3. 中拐凸起带

目前已发现的气藏有 5 个，探明天然气地质储量约为 $200 \times 10^8 m^3$，剩余待探明天然气资源量约为 $900 \times 10^8 m^3$。富集层位主要为佳木河组，其次为上二叠统上乌尔禾组与下侏罗统八道湾组，它们的地理分布都严格受佳木河组气源岩分布的限制。该区是形成中小型气田的有利地区。勘探目标类型为断层、地层、岩性及不整合等。目的层应该以佳木河组与上乌尔禾组为主。

中拐凸起带佳木河组天然气有利勘探区，可以细划分为北斜坡带和南斜坡带，北斜坡带与五八区相连，习惯称之为中拐—五八区。北斜坡带佳木河组成藏复杂，既聚集天然气也聚集石油，这种油气局部的差异分布可能与盖层条件有关。中拐南斜坡带主要富集天然气。

4. 盆地深层

前已述及，对埋深超过 4500m 的领域，埋深较大导致可能存在储层风险且深部钻探井下情况复杂、成本高，实施钻探较少。而从目前已实施深井、超深井钻探的结果及研究认为，盆地深层不仅仅是今后重要的石油勘探领域之一，同样也是天然气的有利勘探领域。盆地深部石炭系、二叠系烃源岩在凹陷部位进入高成熟阶段，以生气为主，深部地层中早期充注的原油也可裂解成气；但目前盆地浅层勘探少见来自二叠系的天然气显示，晚期生成的大量天然气是否形成有效聚集仍然存在疑问。但从中拐凸起南部已发现油气藏分布特点来看，在远离沙湾凹陷的断裂带，拐 16 井、拐 15 井等井在浅层白垩系发现油藏，向凹陷斜坡与断裂带过渡区域的拐 303 井和拐 13 井在侏罗系发现带气顶油藏，凹陷斜坡部位的中佳 1 井、新光 2 井及沙排 1 井发现了带油环的气藏，按照差异聚集理论推测沙湾深部储层中应聚集了大规模的天然气，可能存在纯天然气藏。

（四）页岩油有利勘探方向

目前准噶尔盆地页岩油领域的勘探现实，除吉木萨尔凹陷芦草沟组以外，能够证实具有潜力的还有玛湖凹陷风城组、五彩湾—石树沟凹陷平地泉组，这也是本文围绕三个区层展开论述的原因。事实上，其他几个凹陷是否具有页岩油的勘探潜力并无充足的证据，但从地球化学分析，盆地诸如盆 1 井西凹陷、沙湾凹陷、东道海子凹陷和阜康凹陷也存在中—下二叠统烃源岩，是否也具有页岩油资源，现阶段未考虑的原因主要是埋深过大（页岩油领域埋深普遍小于 4500m，成熟度不超过 1.2%）。从近年的研究中发现，盆地深层—超深层烃源岩实测成熟度并没有模拟的那么高，是否存在超压抑制作用还值得深究，但 4500m 埋深对于页岩油气领域的划分对准噶尔盆地来说过于严苛。

对比国外海相页岩油的地质条件，准噶尔盆地二叠系的页岩油劣势主要集中在油品质以及单层"甜点"厚度薄，为试油试采井段的选择设置了门槛。但通过多年的工艺技术攻关，在吉木萨尔凹陷已经成功实现页岩油的工业开采。对标页岩油形成地质条件，玛湖凹陷风城组页岩油形成条件明显优于芦草沟组，埋深是限制风城组页岩油进一步扩大勘探的一个主因，"甜点"集中发育段的横向稳定性可能比芦草沟组差。但埋深大所以存在以成熟—高成熟的轻质油为主的优势，并且烃源岩能够生成一定量的气态烃，可提高原油可动性，这对页岩油的开采至关重要。此外，芦草沟组页岩油钻揭压力系数普遍小于1.4，属于低幅异常高压，其形成很大程度上源于生烃增压；同时由于成熟度不高，干酪根降解形成的石油产生的体积膨胀，并未对高压提供更大的贡献。但玛湖凹陷风城组钻揭的地层压力系数普遍超过1.4，最高可达1.7，从断裂带向凹陷区逐渐增大，对于页岩油的可动用性提供了很大的助力。因此，玛湖凹陷风城组应是目前盆地页岩油勘探的主战场。

五彩湾—石树沟凹陷平地泉组页岩油地质条件较之其他两个地区差，其较强烈的构造变动，较低的成熟度等原因，导致其页岩油丰度不高，但应该存在局部受构造控制的"甜点区"。再加之，地面条件限制了勘探开发的进程，因此，该领域仅能作为远景页岩油领域。对于这个地区，也不排除未来工艺技术水平提升，原位加热技术的成功应用，在保证经济效益的前提下，将其变为现实可采资源。

除以上三个现实领域以外，博格达山前芦草沟组（王越等，2017）、阜康凹陷平地泉组、东道海子凹陷平地泉组推测应该存在成熟度适中的页岩油，可能是下一步页岩油风险勘探与研究的重要方向。但目前的地质资料过于匮乏，尚无可借鉴的认识。

第十一章　四川盆地油气资源潜力与勘探方向

四川盆地历经 65 年的油气勘探工作，从震旦系到侏罗系均发现了油气藏，以气藏为主（油藏主要分布在侏罗系），气藏类型多样，含常规气藏、致密气藏、页岩气藏、致密油藏等 4 种主要油气藏类型，其中常规天然气藏主要发育于中三叠统雷口坡组及其以下的海相碳酸盐岩地层中。四川盆地共开展了四次系统的常规油气资源评价，第三次油气资源评价完成以来（2003 年），地质研究形成大量的新认识，盆地油气勘探持续获得新突破，特别是在二叠系、三叠系礁滩、震旦系—下古生界等领域勘探成效显著，储量高峰增长，导致勘探发现与第三次资源评价结果不匹配。因此重新开展系统的油气资源评价，为实现战略发展目标提供资源依据。

第一节　油气勘探新进展

第三次资评完成以来的近十年时间（2005—2015），四川盆地油气勘探以裂缝—孔隙型储层为对象，以寻找大中型整装气藏为目标，重视新领域发现，油气勘探取得了丰硕的成果和一系列重大进展。

一、发现了中国最大、最古老的碳酸盐岩特大型气田——安岳气田

乐山—龙女寺古隆起继威远震旦系气藏发现后，四十多年一直未有大的进展，但对其地质综合研究一直不断在持续开展。通过 2011 年高石 1 井、磨溪 8 井风险勘探，终于取得了四川盆地加里东古隆起震旦系—下古生界勘探历史性突破。现已基本控制 $7500km^2$ 含气范围，已提交探明储量 $9450 \times 10^8 m^3$，是我国规模最大的海相气田，其中用一年时间高效探明我国最大单体规模海相碳酸盐岩整装气藏——磨溪龙王庙组气藏，提交探明储量 $4403 \times 10^8 m^3$。整体探明高石梯—磨溪地区灯影组台缘带，稳步推进台内评价勘探，优先探明台缘带 $1500km^2$ 含气区，提交探明储量 $4990 \times 10^8 m^3$。

二、三叠系礁滩气藏勘探从川东北拓展到盆地中西部，取得了战略性进展

在川东北下三叠统飞仙关组鲕滩气藏取得重大发现后，持续深化对川东北二叠系、三叠系礁滩的勘探，相继探明了铁山坡、罗家寨两个气藏，同时积极向开江—梁平海槽西侧、台内礁滩和鄂西—城口海槽西侧边缘带扩展勘探，寻找新领域，已发现龙岗、剑阁、铁山等一批大中型气藏。截至 2015 年底，四川盆地中国石油探区在长兴组、飞仙关组共

获三级储量 $3363.56 \times 10^8 m^3$。（曾云贤等，2012）同时，中国石化也获得重大新发现，探明了普光、元坝两个大气田，其中普光气田探明天然气地质储量约为 $4121.73 \times 10^8 m^3$，元坝气田探明天然气地质储量为 $2194.57 \times 10^8 m^3$。

三、取得了盆缘复杂构造区超深层海相碳酸盐岩勘探重大突破

下二叠统在川中、川西地区，资源探明及发现率均较低，2012 年风险探井双探 1 井在栖霞组、茅口组均获高产工业气流，川西下二叠统取得海相勘探的重大新发现。2014 年川中地区南充 1 井、磨溪 31X1 在下二叠统茅口组、栖霞组测试获高产，展示出川中地区下二叠统良好的勘探前景。川西地区上古生界储层认识获得突破，展示川西北、川中地区具良好的勘探前景。川西上古生界龙门山北段复杂构造带气藏埋藏深度大于 7200m，是我国最深的千亿立方米级碳酸盐岩大气田，已提交控制、预测储量 $1300 \times 10^8 m^3$。

四、上三叠统须家河组取得显著勘探成效

近年来，以前陆盆地、岩性油气藏理论为指导，以川中地区为勘探重点区域，采取"整体部署、整体控制、滚动实施、择优探明"的战略，取得了显著的勘探成效。截至 2015 年底，四川盆地须家河组（中国石油矿权内）新增探明储量为 $6525.15 \times 10^8 m^3$，年均增长 $543.76 \times 10^8 m^3$，新增探明是第三次资评前须家河组（香溪群）所获天然气储量总和的 16.5 倍。其中川中地区新增探明储量为 $5346.17 \times 10^8 m^3$，占同期整个四川盆地新增天然气探明储量的 60.95%，形成万亿立方米规模大气区。

五、川中侏罗系致密油勘探取得重要新进展

突破大安寨段储层为裂缝型的传统认识，明确大安寨段主要发育溶蚀孔洞、基质孔、裂缝三大类储集空间，基质孔以微米—纳米级孔喉为主，相对高孔段平面上普遍可见但纵向上局部集中发育，受高能滩相、低能滩相、裂缝、溶蚀作用等多重因素控制。认识到侏罗系石油具有不受局部构造圈闭控制、特低孔特低渗、近源充注、大面积连续分布的典型致密油特征，为非常规油气资源。烃源丰富、相对高孔隙度储层，烃储匹配良好、裂缝发育是高产主控因素。有利区主要分布在三角洲前缘水下主分流河道、浅湖滩坝、紧邻半深湖的介壳滩微相中。探明公山庙油田，新增原油探明地质储量为 $1612.68 \times 10^4 t$，发现双河、天池等含油构造，新增原油预测储量为 $1242.90 \times 10^4 t$。

六、页岩气勘探快速发展，拓展了四川盆地油气能源新领域

引领和示范国内页岩气勘探开发，取得了页岩气勘探开发重要阶段成果。2007 年，率先在国内开始针对页岩气开展专项研究及综合地质评价，2009 年 12 月 18 日开钻我国

第一口页岩气评价井威 201 井，2010 年 4 月 18 日完钻，在筇竹寺组和龙马溪组分别进行了压裂并成功获气。2011 年 2 月完钻中国第一口页岩气水平井威 201-H1 井，压裂并获气。2012 年获批成立"长宁—威远国家级页岩气示范区"，2013 年在长宁 H2 和长宁 H3 平台首次实施了我国页岩气井的"工厂化"钻井作业，首次实施了多口页岩气井的"拉链式"和"同步式"压裂作业先导试验，均获得了成功。四川盆地页岩气资源潜力巨大，四川盆地下古生界志留系龙马溪组和寒武系筇竹寺组两套海相黑色页岩分布稳定，综合评价龙马溪组黑色页岩是当前勘探开发最有利的层系。

四川盆地海相碳酸盐岩产层 18 个，规模优质资源主要分布在深层、超深层。通过勘探实践形成了叠合盆地古老碳酸盐岩多期成藏理论。海相克拉通及其周缘周期性拉张—隆升构造运动，在盆地及周缘形成了四大古裂陷（德阳—安岳古裂陷、开江—梁平海槽、城口—鄂西海槽、川西海槽）、三大古隆起（川中古隆起、川东达州—开江古隆起、泸州古隆起）、五大侵蚀面 [雷口坡侵蚀面（印支早幕运动）、下二叠统侵蚀面（东吴运动）、泥盆—石炭系侵蚀面（云南运动）、下古生界侵蚀面（加里东运动）、灯影组侵蚀面（桐湾运动）]，它们对大中型气田形成分布起到关键性控制作用。其中大型古裂陷控制优质烃源岩生烃中心展布，大型古裂陷边缘、古隆起高部位、古侵蚀面控制优质储层的展布；大型古裂陷、古隆起、古侵蚀面和现今构造背景联合控制多类大中型圈闭的形成，大型地质单元内圈闭继承性演化控制天然气规模聚集（马新华等，2019）。

第二节 油气地质条件

一、构造特征

四川盆地是在上扬子克拉通基础上发展起来的大型叠合盆地，盆地现今地表主要出露侏罗系和白垩系。通过四川盆地及周缘地区不整合面、沉积地层、断裂等构造的分析，综合前人及近年的研究成果，认为四川盆地演化经历了三个阶段：（1）扬子古陆块形成演化阶段；（2）震旦纪—中三叠世稳定克拉通海盆发展阶段；（3）晚三叠世以来的内陆湖盆发展阶段。其动力学演化大体以三叠纪为界，前期以拉张和挤压交替出现，后期以挤压为特色，形成了多期盆地的有序叠置（李忠权，2011）。

盆地基底三大块特征明显，川中为硬性的强磁性的隆起基底，川西及川东为弱磁性或无磁性的柔性坳陷基底。不同的基底结构、沉积环境及后期构造的共同作用下，形成了现今盆内六大构造单元分区，盆缘褶皱山系环绕具有菱形边界的构造盆地（图 11-1）。其中西、北盆缘为强推覆构造带，川东—川南地区为强褶皱构造区，高陡—低陡构造群发育，川中—川西南地区为弱变形构造区，纵向为继承性高带，川北地区为弱变形构造区，纵向为继承性坳陷带。

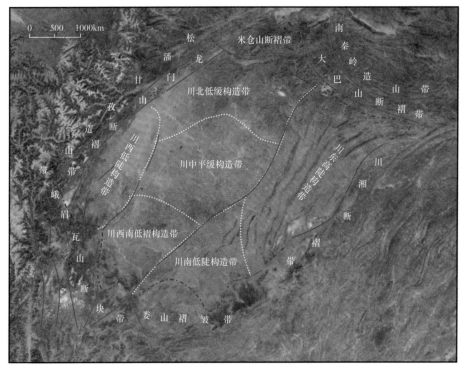

图 11-1　四川盆地构造分区

二、烃源岩发育特征

四川盆地是一个多旋回的构造—沉积盆地，沉积了巨厚的沉积岩层。从沉积环境来看，烃源层包括海相页岩、碳酸盐岩，湖相含煤岩系和碳酸盐岩；从分布情况看，发育 6 套区域性分布的烃源层，包括下寒武统筇竹寺组页岩、下志留统龙马溪组页岩、中二叠统泥灰岩、上二叠统龙潭组含煤地层、上三叠统须家河组含煤地层及侏罗系黑色泥岩。这些烃源岩具有分布广、厚度大、有机质丰度高的特征。在地史演化过程中，烃源岩有机质生成了丰富的油气，为油气成藏奠定了丰富的物质基础。

四川盆地烃源岩在震旦系、寒武系、奥陶系、志留系、二叠系、三叠系和侏罗系都较发育，除三叠系和侏罗系为陆相烃源岩，其余四套均为海相烃源岩。暗色泥岩是四川盆地的主要烃源岩，碳酸盐岩仅在二叠系和其他层系局部地区具有生烃条件。

（一）海相烃源岩

四川盆地海相地层中发育下寒武统筇竹寺组、下志留统龙马溪组、中二叠统、上二叠统共 4 套广覆式分布的烃源岩。下寒武统烃源岩主要为黑色泥页岩，生烃中心位于德阳—安岳地区，厚度为 200～400m，TOC＞2%，生气强度为（100～360）×10^8m³/km²；下志留统龙马溪组烃源岩以黑色泥页岩为主，发育川南和川东两个生烃中心，厚度为 400～700m，TOC＞1.5%，生气强度为（60～280）×10^8m³/km²；中二叠统烃源岩以栖霞组和茅口组灰黑色泥灰岩、泥岩为主，生烃中心位于川北和川中地区，厚度为200～400m，TOC＞2.5%，生气强度为（20～40）×$10^8m^3/km^2$，为盆内最优质碳酸盐岩烃源层；上二叠统烃源岩为龙潭组碳质页岩、煤岩和大隆组硅质泥岩，生烃中心位于川东和川中地区，厚度为80～120m，TOC＞3.6%，生气强度为（30～60）×$10^8m^3/km^2$（表11-1，图11-2），4套烃源层均具有形成大中型气田的物质基础。

表 11-1 四川盆地烃源岩地球化学参数统计

层位	岩类	烃源岩厚度（m）		有机碳含量（%）		R_o（%）	生烃强度（$10^8m^3/km^2$）
		范围	平均值	范围	平均值		
上二叠统	泥质岩	0～142	56.6	0.5～8.0	4.50	2.23	5～60
	碳酸盐岩	0～420	94.6	0.2～2.7	0.47		
	煤	0～14.8	2.3	—	—		
中二叠统	泥质岩	0～38	8.6	0.4～5.2	2.94	2.25	5～46
	碳酸盐岩	100～720	337.0	0.3～3.0	0.80		
下志留统	泥质岩	0～846	317.3	0.3～2.4	1.52	2.52	0～280
下寒武统	泥质岩	0～509	160.5	0.1～4.2	1.24	2.57	0～360

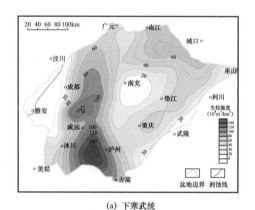

(a) 下寒武统　　　　　(b) 下志留统

(c) 中二叠统　　　　　(d) 上二叠统

图 11-2 四川盆地海相烃源岩生烃强度图

（二）陆相烃源岩

1. 上三叠统

四川盆地上三叠统须家河组为含煤建造，暗色泥岩和所夹煤层是主要烃源岩。暗色泥岩是上三叠统须家河组主要烃源岩，主要发育在须一段、须三段和须五段，须二段、须四段和须六段以砂岩为主，但也有一定厚度暗色泥岩分布。烃源岩厚度西厚东薄，盆地西部泥质烃源岩一般厚 300m 以上，最厚达 1500m，盆地东南部多小于 100m。

煤岩在龙门山山前带最发育，一般厚 10m 以上，具有多层分布特点，层数多者可达数十层，单层厚度大者为 1.0m 左右，累计厚度最大可达 40m 以上。次为盆地中、北部地区。川东及川南地区煤岩厚度较薄，累计厚度多小于 2.5m，局部仅见煤线。以须三段、须四段、须六段相对较发育。

上三叠统泥质烃源岩 TOC 含量为 0.5%～9.99%，平均为 1.83%。盆地中部 TOC 含量相对较低，高值区分布在雅安、绵阳、达州等地区（表 11-2）。

表 11-2　四川盆地上三叠统须家河组泥质岩有机碳丰度分布特征

层位	TOC 含量（%）			
	平均值	最大值	最小值	平均值
须一段	1.65	8.17	0.50	1.87
须二段	2.15	9.99	0.53	
须三段	1.93	9.70	0.50	1.76
须四段	1.46	9.25	0.50	
须五段	2.01	9.60	0.50	1.94
须六段	1.73	9.46	0.53	
须家河组	1.83	9.99	0.50	1.83

R_o 值为 0.42%～6.36%，平均为 1.39%，T_{max} 为 420～570℃，多处于成熟—高成熟阶段，处于坳陷带的川西—川北地区成熟度相对较高，川中—川东地区成熟较低。四川盆地上三叠统须家河组烃源岩生气强度为 0～260×10^8m³/km²，平均为 19.07×10^8m³/km²，盆地西部及北部生气强度相对较高，盆地南部及东部地区相对较低（图 11-3）。

2. 侏罗系

四川盆地侏罗系烃源岩主要发育在下侏罗统，中—上侏罗统为红色碎屑岩建造，不具生烃能力。

自流井组主要为一套内陆河流—湖泊沉积，烃源岩发育在湖泊沉积体系，深湖相—半深水湖相黑色页岩、介壳灰岩都比较发育。区域上，川中、川北和川东地区烃源岩厚度较大。在南充—重庆一线的东北部，侏罗系烃源岩厚度多大于 50m，最大厚度为 379m。其中，川东地区烃源岩厚度为 14.6～379m，平均厚度为142m；川北地区烃源岩厚度为

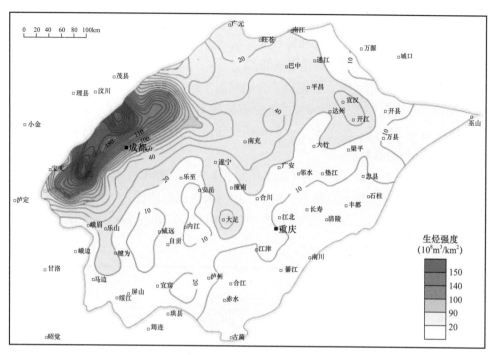

图 11-3　四川盆地上三叠统生烃强度等值线图

15～213m，平均厚度为 96m；川中地区烃源岩厚度为 12～132m，平均厚度为 45m；川西、川南、川西南地区烃源岩厚度较薄，平均厚度都小于 12m，生油气条件差。

早侏罗世湖盆中心在仪陇—达县一带，沉积较厚的深湖相黑色页岩，含大量瓣鳃类、腹足类和介形虫等湖生生物，有机质十分丰富。泥岩 TOC 含量平均为 1.07%，最高可达 31.99%（表 11-3）。盆地内 TOC 含量高值区位于阆中—达州、广安—重庆地区，川南、川东北地区相对较低。

表 11-3　四川盆地下侏罗统自流井组有机碳分布特征表

地区	泥质岩		样品数（个）
	TOC 含量（%）		
	分布范围	平均值	
川中	0.10～3.52	1.24	220
川东	0.10～16.43	1.33	62
川北	0.10～30.70	1.72	43
川西北	0.10～1.33	0.56	34
蜀南	0.10～4.51	0.25	77
盆地	0.10～30.70	1.07	437

下侏罗统烃源岩干酪根碳同位素 $\delta^{13}C$ 为 –29.48‰～–22.58‰，平均为 –26.98‰，与上三叠统烃源岩干酪根碳同位素的分布特征非常接近，下侏罗统烃源岩干酪根展示了河湖相沉积的共同特点，有机质类型主要为 Ⅱ—Ⅲ 型。

烃源岩显微组分分析表明，腐泥组（含壳质组）组分含量高，为41%～85%，大部分烃源岩干酪根样品腐泥组组分达50%以上，有机质类型主要为 Ⅱ₁ 型，部分烃源岩干酪根样品腐泥组组分相对较低，小于50%，而镜质组和惰质组组分相对较高，有机质类型主要为 Ⅱ₂ 型，少数样品为Ⅲ型。

R_o 值为0.09%～2.22%，平均为1.04%，T_{max} 为302～625℃，多处于成熟阶段，其中以川北、川东北地区成熟度相对较高，川中—川南地区成熟较低。

烃源岩生气强度为 $0～36×10^8 m^3/km^2$，平均为 $3.76×10^8 m^3/km^2$，以川北和川东地区平均生气强度较高（图11-4）。

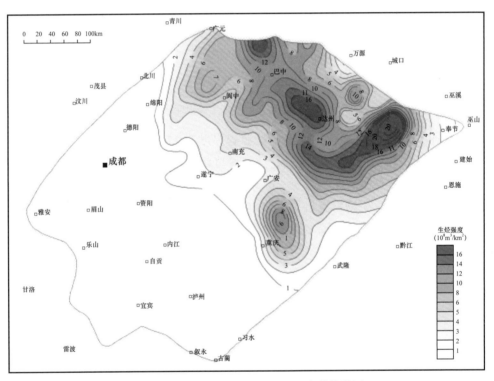

图11-4　四川盆地下侏罗统生烃强度等值线图

三、储层发育特征

（一）常规天然气储层

四川盆地常规气储层分布在震旦系—中三叠统，属于台地沉积环境的碳酸盐岩储层，广泛发育于台地边缘、台地内等浅水环境，分布在各种类型的颗粒滩、生屑滩、藻丘滩体及生物礁体中。在环古隆起带、台缘带、台内裂陷边缘带呈带状或面状分布，具备规模储层发育的基础，通过后期成岩、构造的共同作用，可形成较为优质的孔隙型储层。

目前，四川盆地已经发现了18个海相沉积的油气储层段，平均孔隙度为3.24%，平均渗透率为1.45mD。区域分布的储层包括震旦系灯影组藻粒白云岩、寒武系龙王庙组及洗象池组砂屑白云岩、石炭系黄龙组角砾状白云岩、中二叠统栖霞组—茅口组生屑云岩和岩溶灰岩、上二叠统长兴组生物礁白云岩、下三叠统飞仙关组鲕状白云岩、下三叠统嘉陵江组粒屑白云岩、中三叠统雷口坡组藻粒白云岩。

（二）致密气储层

四川盆地致密砂岩气藏储层整体低孔、低渗，毛细管压力高，含水饱和度高，应力敏感性强，储层非均质性极强，在致密化背景下发育相对优质储层。

四川盆地致密气藏主要发育砂岩储层，局部分布砾岩储层，岩石成熟度较低。以须家河组为例，须二段、须四段、须六段砂岩基质孔隙度平均为5.22%，平均渗透率为0.256mD，总体属低孔低渗和特低孔特低渗储层，局部发育物性较好储层，孔隙类型以裂缝—孔隙型为主，局地见孔隙型储层。须二段、须四段、须六段储层比普遍小于20%，局部可达30%~40%，储层分布面积约为 $14 \times 10^4 km^2$，基本分布于全盆地，大川中地区储层物性相对较好，坳陷区相对较差；纵向上，须二段、须四段、须六段储层物性总体优于须一段、须三段、须五段，以须二段物性最好，次为须四段。侏罗系致密砂岩储层物性以中侏罗统沙溪庙组最好。

川西地区侏罗系、须家河组整体处于深埋、超高压环境下。然而，在如此深埋、超高压环境下，局部发育高孔储层，表现出强烈的平面非均质性。据岩心实测资料，在白龙场、九龙山、文兴场、柘坝场等地，须二段局部孔隙度高达10%以上，这与大量分布的绿泥石胶结和原生粒间孔相关。

（三）致密油储层

四川盆地致密油储层主要为大安寨段碳酸盐岩，储集空间主要为裂缝—孔洞型、孔隙型（含裂缝—孔隙型）、裂缝型；沙一段、凉上段储集空间主要为孔隙型和裂缝—孔隙型。

大安寨段经历了数次湖侵湖退旋回，湖平面升降变化控制了介壳滩在空间上的分布，高能介壳滩和低能介壳滩在不同的演化阶段亦有不同的分布特征。纵向上大一亚段、大三亚段主要发育高能介壳滩，大一 ^{3} 小层中上部发育高能介壳滩，高能介壳滩周缘主要发育低能介壳滩，向湖盆方向，低能介壳滩通常与暗色泥岩呈互层状沉积。Ⅰ类储层主要分布在高能介壳滩发育区，Ⅱ类储层主要分布在高能介壳滩与湖盆中心之间的斜坡区。总体来看，大一亚段和大三亚段主要发育Ⅰ类储层，其次为Ⅱ类储层，而大一 ^{3} 小层以Ⅱ类储层为主，其次为Ⅰ类储层。

凉高山组凉上段储层主要受岩性、岩相控制，储层物性相对沙溪庙组较差，Ⅰ类储层发育在滩坝相粒度较粗的砂体中，Ⅱ类储层则发育于粒度相对较细的滩坝砂中或是粒度相对较粗的细粒席状砂体中，Ⅲ类储层则发育于席状砂体中粒度更细的极细粒砂岩、粉砂岩，当有裂缝伴生且靠近烃源岩时能形成较好的储层。其中Ⅰ类、Ⅱ类储层主要分布在广安—西充—公山庙一带，储层累计厚度通常在 10m 左右，最大可达 20m。在湖盆南部，尽管也有滩坝砂体分布，但烃源岩欠发育，因而成藏困难。

沙一段为河流—三角洲沉积，物性明显好于凉上段湖相碎屑岩砂体，Ⅰ类储层主要发育在公山庙以西三角洲前缘水下分流河道砂，川中地区主要分布在广安、南充、公山庙、营山及龙岗等地区，储层累计厚度通常在 20～40m 之间，最大在 50m 以上。Ⅱ类储层则主要分布在三角洲前缘亚相席状砂体中，粒度较水下分流河道砂体细，泥质、塑性岩屑含量较高，单层厚度较小，通常小于 2m，Ⅱ类储层在川中地区主要分布在西充、营山及川中南部地区。

（四）页岩气储层

与常规油气类似，要形成工业性的页岩气藏，页岩储层必须达到一定厚度从而成为有效的烃源岩和储层。储层厚度是页岩气聚顶是否有充足的有机质和充足的储集空间的重要保障。在有效厚度大于 15m，TOC>2% 以及处于生气窗以上演化阶段的页岩气藏形成基本条件的限定下，页岩厚度越大，所含有机质总量就越大，天然气生成量与滞留量就越大，页岩气藏的含气丰度就越高。

页岩气主要采用有机碳含量、孔隙度、含气量和脆性矿物含量等参数对页岩储层品质进行分类评价。由于页岩非均质性强，储层品质的好坏就会直接对页岩气的富集产生影响。一般来说高有机碳含量、高孔隙度的页岩储层，如果具备好的保存条件，其含气量也高，结合有利于储层改造的高脆性矿物含量，好的页岩储层，页岩气产量也更大。从长宁、威远地区水平井钻探证实，水平段钻遇Ⅰ类储层越多，获得的测试产量也高。好的储层品质是有利于页岩气的富集。好的页岩储层主要发育在深水陆棚相，深水陆棚有机质孔隙更发育，为页岩气提供了充足的储集空间，五峰组—龙马溪组一段深水陆棚有机碳含量平均值为 2.5%，孔隙度约 5%，相对于上部浅水陆棚沉积相带的 TOC 含量更高。因此为天然气在有机孔隙中的吸附和储集提供了更多的空间。并且深水陆棚层间页理缝相对更发育，五峰组—龙马溪组底部页岩为深水陆棚，由于水体相对较深、水动力条件较弱且缺氧，因此更有利于灰黑色碳质页岩的形成，相对于浅水陆棚含碳含粉砂泥页岩、含粉砂泥岩层间页理缝更发育。五峰组—龙马溪组底部深水陆棚相页岩脆性矿物含量和硅质矿物含量均高于浅水陆棚相页岩，岩石破裂压力也相对较低。因此可压裂性更好。

四、盖层发育特征

良好的保存条件是气藏形成的重要因素。寒武系到三叠系沉积数千米厚的泥岩、砂岩、碳酸盐和膏盐为区域盖层，盖层封盖能力强。盆地西南部距离盆地边部的出露区较近、构造变形强度大、断裂较发育、保存条件差、含气性较差。在川东、川东北地区，构造幅度大、断层发育、构造变形及断裂对礁滩气藏油气的保存条件有所影响。

第三节 常规与非常规油气藏特征及成藏富集规律

四川盆地是中国西部大型含油气盆地之一，发育多套含油气层系，气藏类型多样。半个多世纪的规模油气勘探及研究表明，四川盆地常规气藏成藏具有典型特征。

一、常规天然气藏成藏富集规律

四川盆地常规天然气藏主要跨越新元古界、古生界和中生界，历经加里东、海西、印支三大旋回。其规模分布的优质烃源岩、层状分布的优质储层、有利古构造背景、优越的成藏组合是大中型气田形成的关键。

（一）围绕规模生烃中心，大气田近源分布

四川盆地常规天然气藏的分布与烃源岩生烃中心有着密切关系。如震旦系灯影组气藏、寒武系龙王庙组气藏、石炭系气藏及上二叠统—下三叠统礁滩气藏。

下寒武统筇竹寺组烃源岩具广覆式分布特点，德阳—安岳台内裂陷区控制了筇竹寺组优质烃源岩中心，裂陷区内筇竹寺组烃源岩厚度为300～450m，有机碳含量TOC>2%，已发现的安岳气田大型整装震旦系灯影组气藏和龙王庙组气藏均紧邻德阳—安岳裂陷区优质烃源岩发育区（图11-5）。

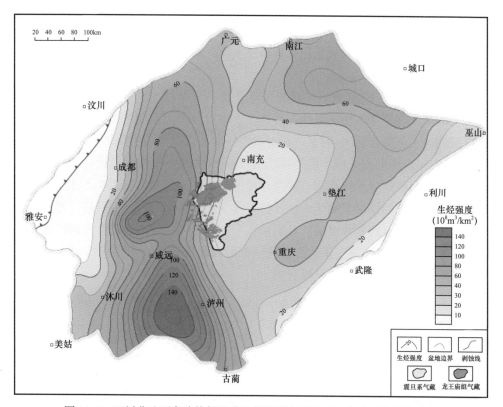

图 11-5 四川盆地下寒武统烃源岩生烃强度与震旦系—寒武系气藏叠合图

与长兴组同期异相的大隆组硅泥质沉积为一套优质烃源岩，该套烃源层主要发育于开江—梁平海槽和城口—鄂西海槽，环台地边缘带分布的长兴组生物礁、飞仙关组鲕粒滩储层及岩性圈闭具有优先捕获油气的优势，形成的大中型礁滩气藏主要环海槽分布，如普光气田、龙岗气田、渡口河气田等。

石炭系气藏天然气主要来自于下伏志留系烃源岩，气藏分布在志留系烃源岩强生烃区内，具有明显的源控特征。

（二）层状规模分布的优质储层是天然气主要富集场所

1. 有利沉积相带控制优质储层的分布

沉积相通过控制储层的发育进而影响油气的富集。在海相碳酸盐岩层系内，主要层系储层和油气藏几乎都是在台缘、台内浅滩相和礁相中发现的（洪海涛等，2011）。该类相带沉积地貌相对较高，风浪作用较强，水的淘洗作用充分，具备形成粗结构、多孔碳酸盐岩的沉积环境。

高石梯—磨溪地区灯四段台缘带沿安岳—德阳台内裂陷槽呈南北向带状展布。开江—梁平海槽西侧台缘带总体上表现出礁滩储层叠置发育的特征，长兴组储层主要分布在成礁旋回的上部或顶部的生屑滩相；飞仙关组鲕滩储层主要分布在旋回中下部，优质鲕粒云岩储层主要分布在台缘早期地貌高地。中—下三叠统主要为浅水碳酸盐岩台地的局限台地及蒸发台地亚相为主，台地内相对凸起的高地上常可形成台内鲕滩、生物滩、砂屑滩等微相，有利于混合水白云石化和早期溶蚀作用形成负鲕孔、晶间孔等，从而成为好的储层。总之，四川盆地碳酸盐岩沉积相带对储层发育、油气富集的控制作用（即"相控藏"）显著。

2. 古侵蚀面改善了碳酸盐岩气藏的储渗条件

盆地内碳酸盐岩存在五个区域性古侵蚀面：雷口坡组沉积期侵蚀面（印支早幕运动）、早二叠世侵蚀面（东吴运动）、泥盆—石炭纪侵蚀面（云南运动）、早古生代侵蚀面（加里东运动）、灯影组沉积期侵蚀面（桐湾运动），与几个重要的产层都有密切的关系，侵蚀改造使碳酸盐岩大面积产生溶蚀孔洞，形成连片的储层，并改善储层孔渗条件。风化岩溶作用可以使侵蚀面附近的储层受到建设性改造，改变滩体储层不连续的局面，形成一定区域内分布的发育条件相近的连片储层。石炭系和中二叠统的储层在区域上大面积展布实际上早已超越了沉积滩体的控制，就是因为其顶部的风化岩溶作用对储层的大面积改造所形成，也造就了气藏群在平面上的规模分布。

（三）继承性叠加古隆起控制影响了油气的富集和运移

乐山—龙女寺古隆起自古生代形成后，继承性发展演化，与德阳—安岳裂陷槽内筇竹寺组优质烃源岩排烃高峰期匹配的古构造高部位是有利的古油藏聚集区，磨溪—高石梯地区在各期构造运动中始终处于构造较高部位，是有利的油气聚集区。该地区灯影组储层普遍富含沥青，含量自顶部向翼部明显降低，表明灯影组古油藏的分布受到古隆起背景上的古构造控制（图 11-6）。勘探表明，震旦系获气气田集中在古隆起顶部及上斜坡，而下斜坡和坳陷带钻探的井均产水。可见乐山—龙女寺古隆起对灯影组气藏形成和分布有重要控制作用。

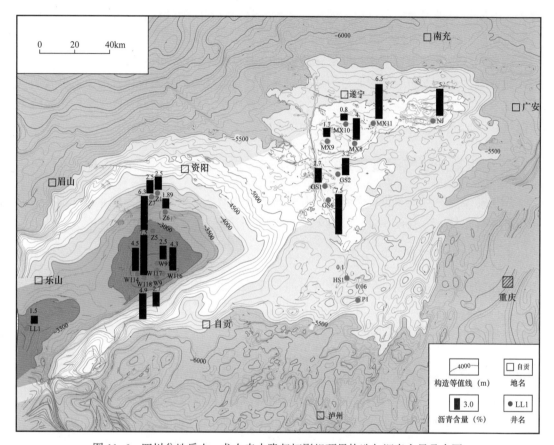

图 11-6　四川盆地乐山—龙女寺古隆起灯影组顶界构造与沥青含量叠合图

继承性发展的印支期开江古隆起与石炭系缺失边界构成大型地层—构造古圈闭，时空上与志留系烃源岩的生排烃高峰期匹配良好，对烃类早期运聚有明显控制作用，已探明的大中型气田大部分分布在隆起顶部至上斜坡部位。另外，印支期泸州古隆起的形成对下三叠统油气运聚的控制作用也十分明显。

（四）优越的成藏组合有利于形成大中型气藏

四川盆地常规天然气藏发育多套生储组合，从下往上依次为：震旦系灯影组（储）—寒武系筇竹寺组（生）、寒武系筇竹寺组（生）—龙王庙组（储）、志留系龙马溪组（生）—石炭系黄龙组（储）、中二叠统（自生自储）、中二叠统（生）—上二叠统（储）、上二叠统、中二叠统（生）—下三叠统（储）。成藏组合主要分为 3 类，分别是近源充注型（下生上储型、上生下储型、旁生侧储型）、远源充注型、自生自储型。

近源充注型其烃源岩与储层接触关系紧密，充注效率较高，如下生上储型的志留系烃源充注石炭系储层形成川东石炭系气藏、上生下储型的下寒武统筇竹寺组烃源充注震旦系灯影组储层形成川中灯影组气藏。旁生侧储型一般是由古地貌差异性形成的，如上二叠统长兴组生物礁气藏为沉积相带侧变，组成生物礁体储层与非礁相烃源岩的成藏组合，形成普光、龙岗等一批大型气田；川中地区灯影组气藏为裂陷两侧筇竹寺组烃源岩侧向充注至灯影组储层形成的高石梯—磨溪气藏。

远源充注型主要指烃源岩与储层距离较远，通过断层、侵蚀面等将天然气运移至圈闭中聚集成藏，如龙王庙组储层通过侵蚀面沟通筇竹寺组气源形成高石梯—磨溪大型整装气田、洗象池组气藏主要通过断裂沟通筇竹寺组气源成藏。自生自储型主要见于中二叠统茅口组气藏，形成了川南气藏群（朱华，2018）。

二、非常规油气藏富集规律

四川盆地非常规油气资源丰富，具有致密油、致密气、页岩气等多种非常规油气，成藏条件各有差异。

（一）致密油成藏富集规律

四川盆地侏罗系致密油呈现"源区控油、近源充注、连续分布、甜点富集"的分布规律，烃源丰富、优质储层、裂缝发育和源储匹配为高产主控因素。

1. 丰富的烃源是致密油成藏基础

由于生烃增压提供了主要的运聚动力，这一基本特征决定了致密油分布必然受优质烃源区控制，也就是说致密油分布在丰富的烃源区，四川盆地现有的5个油田和18个含油构造普遍位于TOC≥1.0%的烃源区内，形成源区控油，这是致密油成藏的基础。在四川盆地侏罗系形成过程中，主要为单一的沉积、沉降盆地，丰富的烃源岩连续分布在浅湖—半深湖沉积相中，因此，四川盆地侏罗系致密油不受构造控制，连续分布，在构造背斜、斜坡和向斜中均有油井分布。

2. 源储匹配是致密油成藏保障

真实岩心一维实验模拟四川侏罗系致密储层地层条件下油驱水石油充注过程，表明其以非达西渗流运移，也就是说致密油由烃源层向储层运聚机制为非达西渗流运移，分为拟线性、非线性、滞流三个阶段，石油首先充注紧邻烃源层的一侧储层，在继续向储层内部充注过程中，在储层孔喉毛细管阻力的作用下，一般含油饱和度逐渐降低，含油储层邻近烃源层，形成近源充注。因此，源储互层、上下或侧向等直接接触的源储匹配模式能更好地保障致密油成藏。

3. 优质储层是致密油富集的关键

碎屑岩储层中的优质储层主要是孔隙度较高、储层物性较好，碳酸盐岩储层中的优质储层则主要是泥质含量低、岩性较纯的纯石灰岩储层。优质储层含油性明显高于其他储层，泥质含量与含水饱和度呈正相关，即随着石灰岩储层泥质含量增加，其含油饱和度降低。公山庙油田沙一段河道砂，因为孔隙度较高，在邻近油源断层的地方常常获得高产油井；公山庙、南充地区凉高山组砂岩储层物性较好，聚集了较多的凉高山组工业油井，甚至是高产油井；大安寨段优质储层主要分布在中台山—八角场—秋林—金华—桂花—莲池—充西一带，因此大安寨段主要油井也分布在这个"C"形环带上。寻找优质储层这样的"甜点"是致密油富集的关键。

4. 裂缝发育是致密油高产主控因素之一

致密油储层主要为低孔、低渗，甚至极低孔、极低渗储层，这导致石油运聚和开采极难。已获得的侏罗系高产油井大多见井漏等钻井显示，岩心中多发育裂缝，岩心薄片分析也常见微裂缝，在常规测井、成像测井上也有裂缝响应特征，高产油井主要分布在构造轴线、转折端、鼻突等褶皱、断裂发育区，甚至压力恢复曲线及生产曲线也说明有双孔介质存在，典型的公山庙油田沙一段河道砂致密油也是靠油源断层运移石油的。可以说裂缝是获得高产的必要条件，因此，裂缝发育是致密油高产主控因素之一。

（二）致密气成藏富集规律

天然气富集、高产主控因素可以概括为"三要素控藏，裂缝控产"，即天然气富集成藏主要受控于高能沉积相、建设性成岩相和局部构造（凸起、小型断裂），（构造）裂缝的发育程度对气藏天然气产量具有关键控制作用，在构造裂缝不发育的情况下，储层人工改造工艺也能提高天然气产量。

1. 高能相带是天然气富集的有利相带

须家河组发育多种沉积体系，气藏主要分布在三角洲沉积体系，特别是三角洲前缘相带是气藏分布的主要相带。三角洲体系中的分支（流）河道砂是气藏富集的主要部位。须二段获得的合川、潼南、龙女寺、磨溪、遂南、界石场—荷包场等气藏基本上均是水下分支河道沉积的有利相带。须四段岩性气藏主要有八角场、充西、广安等，气藏主要位于来自盆地北缘的米仓山、大巴山地区山地物源形成的三角洲平原及三角洲前缘相带中。须六段目前仅发现广安气藏，此外，在龙岗地区须六段也有较好的勘探潜力，其中广安气藏位于三角洲前缘相带，而龙岗地区主要位于冲积平原相带。

2. 优质储层决定了气藏富集的部位

现有工业气流井和低产气井的产气层段分布和所在储层位置的关系表明，天然气层段的富集部位明显受储层发育程度的控制。如广安地区须家河组储层纵向上主要分布在须六段和须四段，目前获工业气流或低产气流的层段均分布在该段；须二段气藏在磨溪、遂南构造主要富集在中上部，须四段气藏在整个层段均有分布。总之，从目前的勘探现状看，须家河组天然气最富集的层段主要是须六段中下部、须四段和须二段上部。

3. 建设性成岩相是天然气富集的关键

砂岩储层的各种成岩相反映了砂岩在成岩过程中所经受的主要成岩作用。影响砂岩的物性，据统计以绿泥石环边胶结成岩相孔渗最好，钙质胶结成岩相孔渗最差。综合成岩相中 I 类（大孔隙＋石英次生加大＋弱溶蚀＋绿泥石环边成岩相）、Ⅱ类（较大孔隙＋石英次生加大＋弱溶蚀成岩相）成岩相的砂岩可以成为好储层或较好储层，大中型气藏（特别是岩性气藏）都分布在两种成岩相区内，表明好的成岩相分布区控制气藏的分布。

4. 断裂和构造控制了天然气富集的场所

川中—川南地区须家河组断裂虽然发育程度较低，但它们对油气的运移和富集却有重要的影响。如广安地区由于广①号断层的存在，使得油气主要富集在广①号断层的下盘，上盘所钻探井的效果明显不如下盘。这主要是因为断层两侧不连通，北部烃源岩生成的油气在由北向南运移过程中，受到了广①号断层的阻挡，因此北部油气主要富集在断层的下盘。

通过对研究区气水分布关系的分析，可以看出，宏观构造格局上，构造高部位以富集油气为主，低部位含水量逐渐增多；局部构造格局上，无论是气井分布受现今局部构造高点、鼻凸或构造转折端控制的气藏，还是现今气井主要受局部有效砂岩储层发育控制的气藏，同样表现出高部位富气、低部位含水增多的现象。

（三）页岩气富集规律

1. 沉积相带是控制页岩气层发育最主要的因素

不同沉积相带中页岩气层储集性能及可压性存在较大的差异，因此沉积相带是控制页岩气层发育最主要的因素。外陆棚相带为页岩气富集较好的沉积相带，从勘探成果来看，外陆棚相带页岩 TOC 含量高，厚度大，分布广，纵向连续分布，具有较好的生烃潜力；有机质孔隙、页理缝也相对发育，能为页岩气提供充足的储集空间，并且该环境下的沉积物中脆性矿物含量更高，岩石破裂压力较低，具有较好的可压裂性（张金川等，2008；聂海宽等，2012；朱彤等，2012，董大忠等，2014）。

2. 后期构造作用改善页岩的储集性能

勘探实践表明，后期保存条件较好、地层压力高能为页岩气的高产提供足够的能量，有利于页岩气藏的高产、稳产。四川盆地及周缘下古生界页岩气井揭示，高产井的页岩气层均处在异常高压区，低产井和微含气井一般都在常压或者异常低压区，页岩气产量与压力系数呈现正相关关系。较高压力系数控制了页岩气的产能。威远页岩气田五峰组—龙马溪组一段页岩气层地层压力系数平均为 1.64，有利于威远页岩气田五峰组—龙马溪组一段页岩气的高产和稳产。

3. 先进的钻完井、压裂工艺及合理的开采工艺是高产、稳产的重要保证

在威远页岩气田页岩气勘探和开发过程中，水平段长度、优质页岩的钻遇率以及井筒的完整性是页岩气井高产的重要前提，通过压裂工艺的不断优化形成了水平井分簇射孔、可钻桥塞分段、大通径桥塞分段、电缆泵送桥塞、连续油管钻塞等配套工艺技术，形成了低伤害、低摩阻、携砂能力较强的滑溜水，并实现即时混配。以上的压裂工艺实现对威远页岩气高效开发，能够实现裂缝网络，且控制范围大，为页岩气流的高产、稳产提供了重要保证。

第四节　常规与非常规油气资源潜力

一、油气资源评价

（一）常规天然气资源评价

系统梳理和总结盆地各含油气层系成藏地质条件与富集规律的基础上，针对四川盆地产油气产层多，各主产层成藏条件、主控因素及分布差异大的情况，以"层"为单元选取不同类型刻度区开展精细解剖，建立相应的天然气地质特征参数体系和参数标准，同时进行层区带划分与评价。运用成因法、类比法计算各层系、各区块天然气资源量，最后通过特尔菲法汇总得到盆地资源量。

1. 刻度区解剖

针对四川盆地特殊的含油气地质条件，引入"层刻度区"概念，在四川盆地各含油气层系中内找出"勘探程度高、探明程度高、地质认识程度高"的区块建立刻度区（表11-4），进行含油气地质条件精细解剖，建立地质评价参数体系和参数评价标准，并编制本层的地质评价打分表（包括生、储、盖、圈、运、保等相关参数）；在此基础之上，运用规模序列法、广义帕莱托法、油藏发现过程法、饱和钻探法等进行刻度区资源量计算，并进行关键参数（运聚系数、可采系数、资源丰度、圈闭密度等）研究，获取其参数分布和参数预测模型，为盆地、区块或区带资源评价中的类比法、统计法和成因法等三大类方法提供评价参数。

表 11-4　四川盆地类比刻度区基本情况简表

刻度区名称	面积（km²）	级别	层系	类型	备注
川北下二叠统	7607	区带	中二叠统	克拉通内低平构造带	孔隙型气藏发育区
川南低陡构造带	20931	凹陷	中二叠统	克拉通内低陡背斜带	裂缝型气藏发育区
川东高陡构造带	25428	凹陷	石炭系	克拉通内高陡背斜带	
大天池—明月峡构造带	3177	区带	石炭系	构造—岩性型	高丰度区带
大池干构造带	2575	区带	石炭系	构造型	中丰度区带
板桥—相国寺构造带	2091	区带	石炭系	构造型	低丰度区带
川东北飞仙关组鲕滩	8074	凹陷	飞仙关组	碳酸盐岩构造—岩性型	
渡口河—罗家寨	1011	区块	飞仙关组	构造—岩性型	高丰度区带
朱家嘴—老鹰岩	1247	区块	飞仙关组	构造—岩性型	中低丰度区带

续表

刻度区名称	面积（km²）	级别	层系	类型	备注
高石梯—磨溪刻度区	8200	区带	龙王庙组、雷口坡组	克拉通内隆起带	
高石梯—磨溪刻度区灯影组台缘带	1264	区带	震旦系	克拉通内隆起带	
高石梯—磨溪刻度区灯影组台内带	5518	区带	震旦系	克拉通内隆起带	
龙岗刻度区	3949	区带	长兴组—飞仙关组	克拉通内坳陷低缓带	礁滩气藏发育区

2. 成因法

成因法的基础是按照油气的成因机理，通过估算盆地烃源岩的生排烃量，再乘以油气运聚系数得到盆地总资源量。本次评价采用了已引入含油气系统研究思路的盆地模拟方法，利用 BASIMS6.0 盆地模拟软件，对盆地六套主要烃源岩（下寒武统筇竹寺组、下志留统龙马溪组、中二叠统、上二叠统、上三叠统须家河组、侏罗系）进行埋藏史、热演化史、生排烃史及生烃强度等研究，定量模拟烃类的生成、运移和聚集过程来预测含油气盆地的油气资源量。

通过盆地模拟，计算出全盆地六套主要烃源岩的总生烃量为 $2800 \times 10^{12} m^3$，其中下寒武统烃源层生烃量最大，上二叠统次之（图 11-7）；区域上，以川东、川南、川中地区生、排烃量大体相当，川西及川北地区较少（图 11-8）。通过盆地模拟的生烃量结果和地质类比选择的运聚系数进行了成因法天然气资源量计算，得到盆地内各层各区块远景地质资源量，总计 $15 \times 10^{12} m^3$。

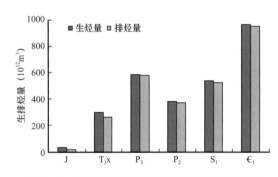

图 11-7　四川盆地主要烃源岩生排烃量直方图

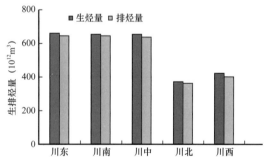

图 11-8　四川盆地五大区块生排烃总量直方图

3. 类比法

1）评价单元划分

四川盆地作为大型叠合盆地，深浅构造层不一致，针对盆地特点，评价单元侧重纵向划分，以层区带或层区块评价为主，即针对不同构造层进行平面上的区带划分。以含油气系统及运聚单元为基础，根据烃源条件、储层条件、构造背景及保存条件，对四川盆地9套主要含气层系震旦系灯影组、寒武系龙王庙组、石炭系黄龙组、中二叠统栖霞组、中二叠统茅口组、上二叠统长兴组、下三叠统飞仙关组、下三叠统嘉陵江组和中三叠统雷口坡组进行针对性的单元划分。共划分层区带58个作为区带资源评价的基本单元，其中一类区24个，二类区24个，三类区10个。

2）评价方法

类比法进行区带资源评价以单个含气层系为例，其评价步骤为：（1）地质系数风险评价：系统整理层区带的各项地质评价参数，对全盆地58个层区带与13个刻度区按层系配对逐一进行油气成藏条件的类比分析，根据地质评价打分表进行打分，得到各区带地质评价系数；（2）资源量计算：通过刻度区资源丰度和各区带地质类比系数，计算出层区带油气资源丰度，最终得到区带资源量。

3）评价结果

类比法天然气资源量计算，汇总得到盆地资源量为 $11 \times 10^{12} m^3$（图11-9）。其中上覆于生烃强度高值区，处于有利沉积相带，且具有优越构造条件的层区带，资源丰度最大，如川中灯影组、龙王庙组、川东石炭系、下三叠统飞仙关组；生储盖匹配程度较差的区带，资源丰度较小，地质资源量相对较小，如川北地区栖霞组。此外，受后期构造变动保存条件较差的区带，地质资源量也较小，如川西地区。

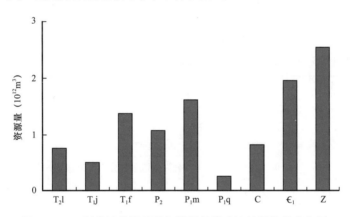

图11-9 四川盆地常规天然气资源量类比法计算结果直方图

4. 特尔菲法汇总

通过对成因法和统计法的资源量结果进行加权计算，计算出四川盆地不同区块、不同层系常规天然气的地质资源量为 $12.5 \times 10^{12} m^3$（图11-10），结合已发现资源量和已探明地质储量，四川盆地常规天然气发现率仅为20%。可见待发现天然气资源潜力大，预示着四川盆地天然气资源勘探仍具有较大的潜力。

（二）致密气资源评价

四川盆地须家河组及侏罗系天然气藏为非常规致密砂岩气。根据地质特征及勘探成

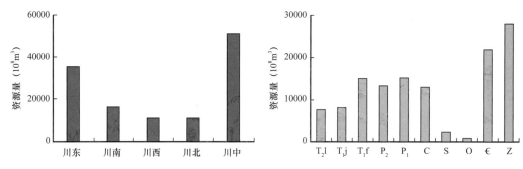

图 11-10　四川盆地各区块、各层系常规天然气地质资源量分布图

果，选用资源丰度类比法、小面元容积法、EUR 类比法分别估算致密气地质资源量。根据构造单元特征，将四川盆地分为川西、川中、川北、川南、川东五个评价单元。致密气资源丰度及可采系数等关键参数由刻度区解剖获得。根据刻度区的选取原则，选择川中地区储量规模较大、勘探开发时间相对较长的广安区块、合川区块作为典型解剖刻度区。

1. 资源面积丰度类比法估算资源量

资源丰度类比法的关键步骤是评价区与刻度区相似系数的计算，这一步骤通过对评价单元地质风险进行评分完成。根据影响致密气成藏的主要因素，选用储层有效厚度、储层物性、含气面积系数、含气饱和度、烃源岩 TOC 等参数对刻度区和评价区进行类比评分。以须四段 C 类区为例，对刻度区及各评价单元关键参数地质风险分析结果进行评分，求得须四段 C 类区不同分区的地质资源丰度（表 11-5）。

表 11-5　以须四段 C 类区（为例）各评价单元与刻度区相似系数计算

参数权重取值			参数值及评价得分											
			广安刻度区须四段 I 类区		川西		川中		川北		川南		川东	
			取值	评分	取值	评分	取值	评分	取值	评分	取值	评分	取值	评分
储层	厚度（m）	0.4	8	0.45	5	0.15	6	0.2	8	0.45	8	0.45	0	0
	孔隙度（%）	0.4	6	0.5	5	0.35	6	0.4	6	0.4	6	0.5	6	0.5
	渗透率（mD）	0.2	0.12	0.5	0.01	0.1	0.08	0.15	0.08	0.27	0.1	0.4	0.1	0.4
气藏特征	含气面积系数（%）	0.5	0.45	0.6	0.4	0.35	0.4	0.35	0.45	0.6	0.45	0.55	0.45	0.55
	含气饱和度（%）	0.5	45	0.4	40	0.25	40	0.25	44	0.4	44	0.4	20	0
烃源岩	TOC（%）	1	1.8	0.5	1.2	0.1	1.4	0.13	1.6	0.13	1.6	0.4	0	0
总得分结果			0.12		0.007		0.011		0.026		0.088		0	
相似系数			1		0.055		0.09		0.214		0.731		0	
地质资源丰度（$10^8 m^3/km^2$）			0.29		0.016		0.026		0.062		0.212		0	

采用相同的地质风险分析评分方法，对侏罗系、上三叠统须二、须六段不同的评价单元分别进行相似系数估算，求得各评价单元的地质资源丰度，进而求得整个盆地致密气的资源量。四川盆地致密砂岩气主要分布在上三叠统须家河组，侏罗系仅占盆地总资源量的9.3%（图11-11）。上三叠统须家河组致密气资源主要富集在须二段，占整个盆地致密砂岩气总资源量的56%，其次为须四段，再次为须六段。

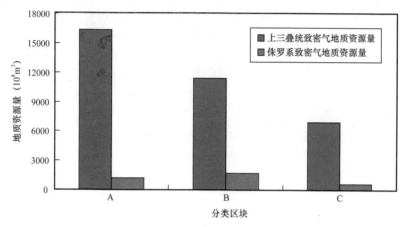

图 11-11　四川盆地各评价单元致密砂岩气资源量分布图

2. 小面元容积法估算资源量

小面元容积法计算地质资源量时，由于储层厚度已知，油气分布面积已知，对结果影响最大的是小面元内部的含气饱和度和油气充满系数。采用中国石油第四次油气资源评价软件（HyRAS1.0）中小面元容积法估算各层系的地质资源量。其中，储层厚度为气层厚度，通过录井、测井解释、试油数据及刻度区解剖结果得来，孔隙度为实测孔隙度值得到的孔隙度分布图，含气饱和度分布图根据油田或含油区块内实测含气饱和度值及类比得到的含气饱和度数据得来。以川中—川西地区须二段为例，介绍小面元容积法资源量估算的过程（图11-12、图11-13）。

须家河组各段小面元地质资源丰度多在 $1.0 \times 10^8 m^3/km^2$ 左右，丰度普遍较低，储层较为发育的川中地区资源丰度相对较高，表明储层是控制致密砂岩气资源丰度的关键参数，计算上三叠统须家河组各层段致密砂岩气资源量，以须二段最丰富，占须家河组总资源量的66.32%（图11-14）。

3. EUR 类比法估算资源量

根据求得的四川盆地须家河组 EUR 的概率分布与井控面积概率分布，采用 EUR 分布类比法的计算公式，即可得到不同层系不同分区的可采资源量。EUR 的概率分布结果采用中国石油第四次油气资源评价软件（HyRAS1.0）中的 EUR 类比法模块求得，不同层系各分区 50% 概率的可采资源量计算。四川盆地须家河组致密砂岩气 EUR 分布类比法计算可采资源量为 $1.21 \times 10^{12} m^3$，地质资源量为 $2.68 \times 10^{12} m^3$，资源量主要富集在须一段和须二段。

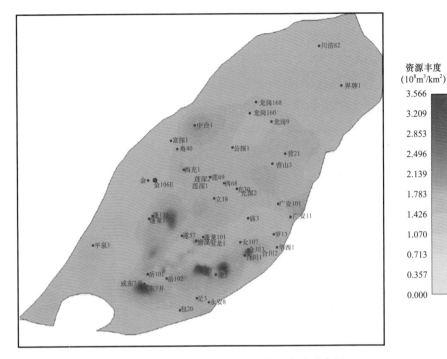

图 11-12　川中—川北地区须二段资源丰度分布图

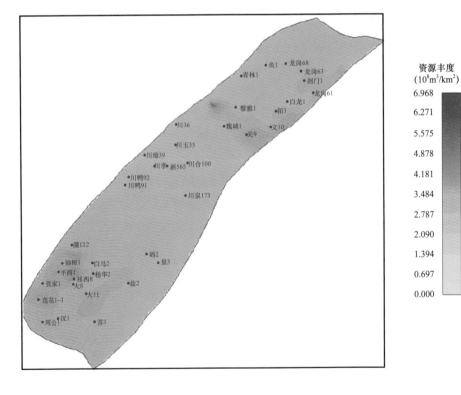

图 11-13　川西地区须二段资源丰度分布图

4.致密砂岩气评价结果

通过专家经验，将面积资源丰度类比法、小面元容积法、EUR 类比法等得到的结果分别赋予权重值，其中资源丰度类比法赋予权重值 0.3，小面元容积法赋予权重值 0.15，EUR 类比法赋予权重值 0.55。加权得出四川盆地须家河组致密砂岩气地质资源量为 $3.15 \times 10^{12} m^3$，可采资源量为 $1.42 \times 10^{12} m^3$（表 11–6）。

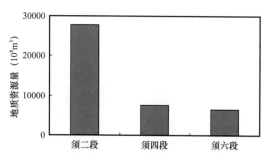

图 11–14　四川盆地须家河组各层段致密砂岩气小面元容积法计算资源量

表 11–6　四川盆地须家河组致密气资源量计算结果汇总

评价方法	权重	地质资源量（$10^{12} m^3$）	可采资源量（$10^{12} m^3$）
资源丰度类比法	0.30	4.16	1.87
小面元容积法	0.15	4.55	2.05
EUR 类比法	0.55	2.68	1.21
特尔菲法综合	1.00	3.15	1.42

另外，在川西和川北地区，侏罗系部分烃源岩达到过成熟阶段，致密气地质资源量为 $0.36 \times 10^{12} m^3$，可采资源量为 $0.16 \times 10^{12} m^3$。

（三）致密油资源评价

1.资源丰度类比法

基于已知区面积资源丰度推测评价区面积资源丰度，然后计算出评价区资源量的方法。首先确定评价区边界和评价区分类，确定类比参数及评价标准，致密油成藏主控因素为源—储关系、保存条件，这是资源丰度类比法中类比参数的选取依据（表 11–7）。

表 11–7　四川盆地致密油地质类比标准表

地质条件	类比参数名称	分值			
		4	3	2	1
储层条件	油层厚度（m）	>15	10~25	5~10	<5
	油层岩性	中砂岩	细砂岩	粉砂岩、白云岩、石灰岩	泥质粉砂岩、泥灰岩
	孔隙类型	溶蚀孔 + 裂缝	基质孔 + 裂缝	溶蚀孔	基质孔
	有效孔隙度（%）	>3.0	2.0~3.0	1.0~2.0	<1.0

续表

地质条件	类比参数名称	分值			
		4	3	2	1
烃源条件	烃源层厚度（m）	>40	20~40	10~20	<10
	TOC（%）	>1.6	1.4~1.6	1.2~1.4	<1.2
	R_o（%）	0.95~1.00	0.85~0.95 或 1.00~1.05	0.70~0.85 或 1.05~1.20	<0.70 或 >1.20
	有机质类型	Ⅰ、Ⅱ$_1$	Ⅱ$_1$、Ⅱ$_2$	Ⅱ$_2$、Ⅲ	Ⅲ
保存条件	保存情况	好	较好	中等	差
	封隔烃源岩厚（m）	>30	20~30	10~20	0~10

本次致密油资源评价，解剖自流井组大安寨段刻度区1个、解剖区5个，沙溪庙组沙一段解剖区3个，凉高山组凉上段解剖区1个。

刻度区、解剖区均作为类比样本进行类比。按碳酸盐岩和碎屑岩分为两类，结合资源丰度、分类评价标准等把刻度区、解剖区分为A、B、C三类。根据刻度区与评价区的地质相似系数计算评价区地质资源量。评价显示，侏罗系致密油资源量以自流井组大安寨段最丰富，次为凉高山组凉一段，自流井组东岳庙段及珍珠冲段最少（图11-15）。

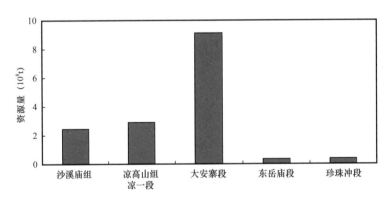

图11-15　四川盆地侏罗系致密油资源分布图（丰度类比法）

2. EUR 类比法

由已开发井EUR推测评价区平均井EUR，然后计算出评价区致密油资源量的方法。评价共选用146口典型井，按已开发井所处位置分为A、B、C三类。统计典型井的EUR，分别建立A、B、C三类井EUR分布概率曲线，求取各类EUR均值、方差、最小值和最大值，并统计各类典型井的平均井控面积和采收率（可采系数）。评价结果显示与丰度类比法相似的变化趋势（图11-16）。

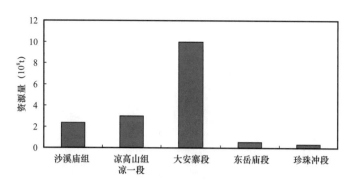

图 11–16　四川盆地侏罗系致密油资源分布图（EUR 类比法）

3. 小面元容积法

将评价区划分为若干面元，由每个面元有效厚度、有效孔隙度等参数，运用容积法逐一计算每个面元资源量。本方法可获得各地质参数、地质资源量及其资源丰度平面分布。对致密油富集规律、"甜点区"划分等有极大帮助（图 11–17）。

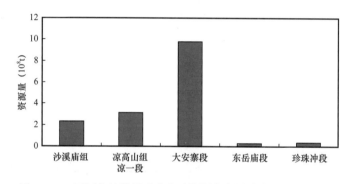

图 11–17　四川盆地侏罗系致密油资源分布图（小面元容积法）

4. 成因法

成因法的基础是按照油气成因机理，通过估算盆地烃源岩生、排烃量，由油气聚集系数得到盆地的总资源量，研究烃源岩生油强度的展布特征和远景资源的分布特征。

选用了恢复原始有机质全岩热模拟参数法来计算侏罗系烃源岩的生油量。该模型中的重要参数有机碳恢复系数、生油率参数已有严格的实验基础数据（图 11–18、图 11–19），重要参数烃源岩厚度、TOC、R_o 等已获得成果平面分布图。

运聚系数是类比刻度区运聚系数而得，根据刻度区、解剖区储层特性、源储匹配关系、保存条件等，分区块获取运聚系数得到资源量（图 11–20）。

5. 致密油资源汇总

将上述 4 种方法计算出的致密油资源概率分布按特尔菲法综合，得到全盆地侏罗系致密油总资源量。影响特尔菲法综合的关键因素，一是前述四种方法计算的资源量概率分布相似程度；二是各方法赋予的权重系数。权重系数取值主要取决于各方法在各层段的可靠程度，成因法计算的资源量多偏大，因此权重较低；东岳庙段和珍珠冲段勘探程度低，权重系数相对其他层系略高；大安寨段勘探程度高且生产井多，EUR 法权重大；大安寨段

451

和东岳庙段储层石灰岩孔隙度低，测井孔隙度等相对误差偏大，小面元法权重系数相对其他层系较低。

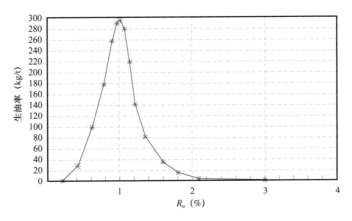

图 11-18　Ⅱ₁型干酪根生油率图版

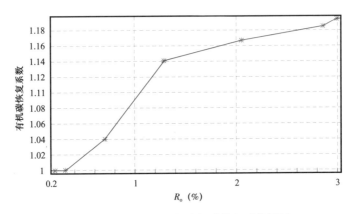

图 11-19　Ⅱ₁型干酪根有机碳恢复系数图版

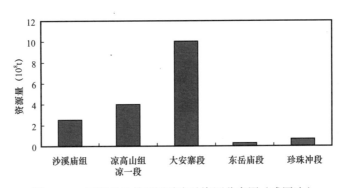

图 11-20　四川盆地侏罗系致密油资源分布图（成因法）

四川盆地致密油地质资源量为 $16.13 \times 10^8 t$，石油总可采资源量为 $1.29 \times 10^8 t$（图 11-21），未发现石油地质资源量为 $14.856 \times 10^8 t$，剩余可采资源量为 $1.28 \times 10^8 t$；石油伴生气总地质资源量为 $3022.48 \times 10^8 m^3$，伴生气总可采资源量为 $230.64 \times 10^8 m^3$。

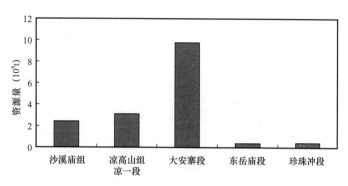

图 11-21　四川盆地侏罗系致密油资源分布图（特尔菲法汇总）

（四）页岩气资源评价

四川盆地按区带划分开展页岩气资源评价尚属首次。本次主要立足于"层"，对四川盆地奥陶系五峰组—志留系龙马溪组和下寒武统筇竹寺组两套主要页岩气层系进行了层区带划分并进行评价。页岩气资源评价分解剖区和盆地级两个层次，其中盆地级的页岩气资源量采用了体积法、资源丰度类比法和特尔菲综合法；重点解剖区运用体积法、分级资源丰度类比法、小面元法和特尔菲综合法。

1. 评价区带划分

以埋深和构造为基础，根据地化条件、储层条件、构造背景、保存条件、压力系数、地表条件等因素，对四川盆地海相页岩地层进行了针对性的区带划分。其中，龙马溪组划分为威远—泸州、长宁—长宁西、涪陵、巫溪和川东高陡构造带 5 个区带；筇竹寺组多埋深超过 4500m，仅蜀南地区埋深较浅，但长宁地区筇竹寺组页岩孔隙度低，含气性差，未达到海相页岩评价标准。因此筇竹寺组仅划分威远—老龙坝 1 个评价区带。

按照有利区评价参数和标准进行分级评价（表 11-8）。其中储集条件、含气性的权重各占 30%，烃源条件和保存条件的权重各占 20%，划分了 Ⅰ、Ⅱ、Ⅲ类区块。龙马溪组威远—泸州、长宁—长宁西、涪陵区块分别划分 Ⅰ、Ⅱ、Ⅲ类区各一个，巫溪划分为 Ⅱ、Ⅲ类区各一个，川东高陡带为 Ⅲ类区；筇竹寺组威远—老龙坝区块分为 Ⅱ、Ⅲ类区各一个。

表 11-8　四川盆地海相页岩气有利区评价参数与标准

地质条件	参数名称	分值			
		4	3	2	1
储集条件	储层厚度（m）	>30	20~30	10~20	<10
	微裂缝发育程度	很发育	发育	一般	不发育
	孔隙类型	粒间孔＋有机质孔	粒间孔＋微裂缝	粒间孔	微裂缝
	有效孔隙度（%）	>4.0	2.0~4.0	1.0~2.0	<1.0
	脆性矿物含量（%）	>40	30~40	20~30	<20

地质条件	参数名称	分值			
		4	3	2	1
烃源条件	烃源层厚度（m）	>40	40~20	20~10	<10
	TOC（%）	>5.0	5.0~3.0	3.0~1.5	<1.5
	R_o（%）	0.85~0.95	0.75~0.85 或 0.95~1.05	0.65~0.75 或 1.05~1.15	<0.65 或>1.15
	有机质类型	Ⅰ、Ⅱ₁	Ⅱ₁、Ⅱ₂	Ⅱ₂、Ⅲ	Ⅲ
含气性条件	含气量（m³/t）	>5	3~4	2~3	<2
保存条件	构造活动强度	弱	较弱	较强	强

2. 参数选取

体积法涉及的关键评价参数为有效页岩储层面积、储层厚度和含气量。

有效页岩储层分布面积采用多参数叠加法，将有机质丰度（TOC≥2.0%）、有机质成熟度（进入生气阶段）、埋深（500m≤埋深<4500m）、地表保存条件（构造平缓、无大的断层）等进行层层叠加，最终确定有效页岩储层分布面积。结合龙马溪组埋深图和构造条件，确定了14个评价区块的有效页岩储层面积（表11-9）。

表11-9 龙马溪组有效页岩气区块等级及面积统计表

层系	区块	面积（km²）			
		Ⅰ类	Ⅱ类	Ⅲ类	小计
龙马溪组	长宁—长宁西	2484	2358	4158	9000
	威远—泸州	1246	8600	9945	19791
	川东高陡	0	0	8775	8775
	涪陵	604	926	765	2295
	巫溪	0	548	8982	9530
	小计	4334	12432	32625	49391
筇竹寺组	威远—老龙坝	0	6007	3048	9055
	天宫堂	0	0	2177	2177
	小计	0	6007	5225	11232

有效页岩厚度是指TOC>2%高伽马黑色页岩有效厚度。四川盆地下志留统龙马溪组底部优质页岩发育，该段页岩TOC值均大于2%，厚度范围为30~55m，平均厚度为40m。下寒武统筇竹寺组底部也发育一套优质页岩，厚度稳定，一般为40~80m，平均约40m。

页岩含气量由解吸气、残余气和损失气组成，前两者为实测得到，损失气为计算得到，本次采用了测井解释方法的含气量数值。龙马溪组长宁—长宁西评价区含气量采用长宁解剖区龙一₁亚段测井解释页岩含气量；威远—泸州评价区采用威远解剖区龙一₁亚段测井解释页岩含气量；涪陵评价区采用了礁石坝的实测含气量，巫溪评价区采用了巫溪2井龙马溪组底部优质页岩段实测含气量；川东高陡评价区参考中国石化礁石坝区块和威远—泸州评价区的含气量。筇竹寺组威远—老龙坝评价区含气量采用威201井和金石1井实测含气量数据（表11–10）。

表11–10 四川盆地龙马溪组页岩气资源量参数取值表（体积法）

层系	评价区块	评价区面积（km²）	有效厚度（m）			含气量（m³/t）			密度（g/cm³）		
			低值	中值	高值	低值	中值	高值	低值	中值	高值
龙马溪组	威远—泸州	19791	30	38.5	54	2.4	4.4	7.2	2.32	2.55	2.66
	长宁—长宁西	9000	30	34	49	2.5	4.5	7.3	2.37	2.53	2.72
	川东高陡	8775	30	41	50	2.5	3.2	5.6	2.47	2.57	2.73
	涪陵	2295	35	40	45	2.43	5	6.9	2.47	2.57	2.73
	巫溪	9530	38	42	55	—	2.76	—	2.4	2.55	2.6
	小计	49391									
筇竹寺组	威远—老龙坝	11232	20	40.4	85	1.08	2.01	3.51	2.56	2.66	2.75
	合计	11232									

应用资源丰度类比法对五峰组—龙一₁亚段页岩气资源量进行评价。首先按照四川盆地海相页岩气有利区评价参数与标准对5个评价区的储层、烃源层、含气性和保存条件进行打分，得到加权评价分（表11–11），再计算相似系数，与长宁解剖区Ⅰ、Ⅱ、Ⅲ类区进行类比，根据相似系数和刻度区的面积资源丰度，求出评价区地质资源量。

表11–11 四川盆地海相页岩气区带评价参数打分表

地质条件	参数名称	权重系数	长宁—长宁西			威远—泸州			涪陵			巫溪		川东高陡
			A	B	C	A	B	C	A	B	C	B	C	C
			分值	分值	分值	分值	分值	分值	分值	分值	分值	分值	分值	分值
储集条件	储层厚度（m）	0.4	4	4	4	4	4	4	4	4	4	4	4	4
	微裂缝发育程度	0.1	2	2	2	3	3	1	4	3	3	2	2	3
	孔隙类型	0.1	4	4	4	4	4	4	4	4	3	4	3	2
	有效孔隙度（%）	0.3	4	3	4	4	3	4	4	3	4	1	1	4
	脆性矿物含量（%）	0.1	4	4	4	4	4	3	4	4	4	4	3	2

续表

地质条件	参数名称	权重系数	长宁—长宁西			威远—泸州			涪陵			巫溪		川东高陡
			A	B	C	A	B	C	A	B	C	B	C	C
			分值	分值	分值	分值	分值	分值	分值	分值	分值	分值	分值	分值
烃源条件	烃源层厚度（m）	0.4	3	3	3	4	4	4	4	4	4	4	4	4
	TOC（%）	0.2	3	3	4	4	2	2	4	4	4	3	3	4
	R_o（%）	0.2	4	4	4	4	4	4	4	4	4	4	4	4
	有机质类型	0.2	4	4	4	4	4	3	4	4	4	4	4	4
保存条件	构造活动强度	1	3	2	1	3	2	1	3	1	1	2	1	1
	含气量（m³/t）	1	4	3	2	4	3	3	4	2	1	2	1	1
	加权平均分		3.62	3.03	2.66	3.77	3.16	2.83	3.80	2.77	2.32	2.63	2.07	2.35
	资源丰度［10⁸m³/km²（TOC>2）］		9.36	6.44	2.58	9.71	5.77	1.65	9.83	5.89	2.25	5.59	2.01	2.28

3. 评价结果

1）筇竹寺组

采用体积法（快速评价法）计算了四川盆地筇竹寺组页岩气资源潜力。四川盆地筇竹寺组页岩气地质资源量期望值为 $3.189 \times 10^{12} m^3$，可采资源量为 $0.6378 \times 10^{12} m^3$（表 11-12）。

表 11-12　四川盆地寒武系筇竹寺组资源量（体积法）

区块名称	评价区面积（km²）	概率（%）	地质资源量（10⁸m³）	可采资源量（10⁸m³）
威远—老龙坝	11232	95	15520	3104
		50	30120	6024
		5	54600	10920
		期望值	31890	6378

2）龙马溪组

采用体积法（快速评价法）评价四川盆地龙马溪组页岩气地质资源量为（14.2887～29.5246）$\times 10^{12} m^3$，期望值为 $21.1555 \times 10^{12} m^3$，资源丰度分级类比法分别评价志留系龙马溪组页岩气资源量为 $17.8055 \times 10^{12} m^3$（图 11-22）。

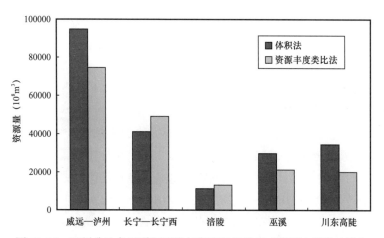

图 11-22　四川盆地龙马溪组页岩气资源量统计表（资源丰度类比法）

4.特尔菲法汇总

通过对资源丰度分级类比法和体积法的资源量结果进行加权计算，计算出四川盆地龙马溪组页岩气地质资源量为 $18.4755 \times 10^{12} m^3$。其中，威远—泸州页岩气地质资源量为 $7.8713 \times 10^{12} m^3$，长宁—长宁西区块页岩气地质资源量为 $4.7557 \times 10^{12} m^3$，巫溪区块页岩气地质资源量为 $2.283 \times 10^{12} m^3$，涪陵区块页岩气地质资源量为 $1.2760 \times 10^{12} m^3$，川东高陡页岩气地质资源量为 $2.2895 \times 10^{12} m^3$（图 11-23）。

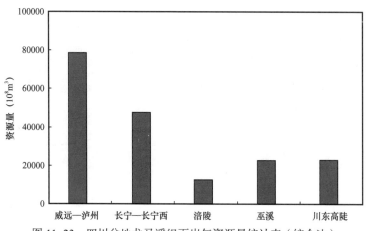

图 11-23　四川盆地龙马溪组页岩气资源量统计表（综合法）

二、常规天然气资源潜力

（一）常规气资源分布

从层系来看，中三叠统—震旦系共 10 个组系具有天然气资源量，地质资源量大于 $2.0 \times 10^{12} m^3$ 的两个层系分别是震旦系灯影组和寒武系龙王庙组（图 11-24），分别占全盆地总资源量的 22.46%、17.28%，两层合计约占 39.74%，即全盆地天然气资源量近一半分布在这两个层组中。资源量在 $1.0 \times 10^8 \sim 2.0 \times 10^8 m^3$ 的层系依次是下三叠统飞仙关组（12.06%）、上二叠统长兴组（10.56%）、下二叠统（12.08%）、石炭系（10.29%）。天然气资源量最少的层系为志留系、奥陶系、中三叠统雷口坡组和下三叠统嘉陵江组，各层系资源量 $< 1.0 \times 10^8 m^3$，占比仅有 0.5%～7%。

区域上，四川盆地五大勘探区块中，以川中区块的天然气资源量最为丰富，总地质资源量和可采资源量分别为 $55726.94 \times 10^8 m^3$ 和 $33148.48 \times 10^8 m^3$，占全盆地总资源量的 40.95%，其中下古生界—震旦系的天然气资源量又占绝对优势，占川中区块的 63.1%。其余区块的资源量排位依次是川东（占 28.53%）、川南（占 12.98%）、川西（占 8.89%）、川北（占 8.66%），其中川东天然气资源主要蕴藏在下古生界—震旦系，约占 33.69%；川南和川西区块的天然气资源主要蕴藏在中二叠统，分别占 47.26%、43.64%；川北天然气资源主要蕴藏在长兴组—飞仙关组，占 45.66%（图 11-25）。

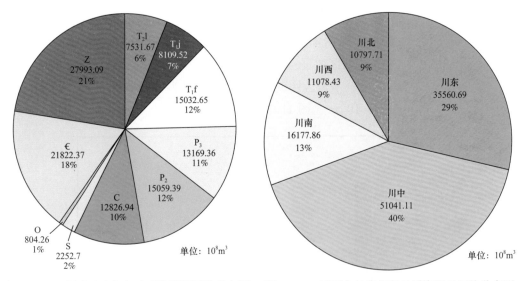

图 11-24　四川盆地常规气地质资源量层位分布图　图 11-25　四川盆地常规气地质资源量区块分布图

（二）资源潜力

从各层系资源转化情况看（图 11-26），待发现资源最多的是震旦系灯影组，达 $19269.54 \times 10^8 m^3$，灯影组资源发现率最高 31.16%，但仍然具有最大的勘探潜力；次为寒武系，为 $16891.16 \times 10^8 m^3$；再次为中二叠统，为 $14098.75 \times 10^8 m^3$。以下依次是飞仙关组（$12536.44 \times 10^8 m^3$）、上二叠统（$11979.76 \times 10^8 m^3$）、石炭系（$10101.93 \times 10^8 m^3$）、雷口坡组（$7027.46 \times 10^8 m^3$）、嘉陵江组（$6745.54 \times 10^8 m^3$）。目前为止，四川盆地常规气的资源发现率只有 18.16%，探明率只有 10.24%，四川盆地常规气各个层系均还有相当大的勘探潜力，尤其是震旦系灯影组、寒武系、中二叠统，待发现资源量均在 $14000 \times 10^8 m^3$ 以上，勘探潜力巨大。

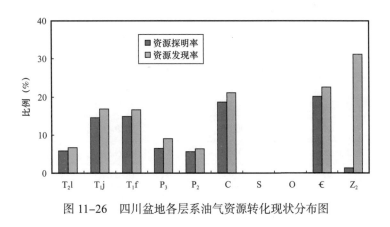

图 11-26　四川盆地各层系油气资源转化现状分布图

三、非常规油气资源潜力

（一）致密油

四川盆地侏罗系致密油为本区主要的石油资源，主要分布在大安寨段，占总石油资源量的 60.61%，其次为凉上段、沙一段，珍珠冲段和东岳庙段占比较小（图 11-27）。从区块来看，四川盆地五大勘探区块中，以川中区块的石油资源量最为丰富，占石油总资源量的 91.29%，其次为川东区块。根据资源评价结果，未发现石油资源量为 $14.857 \times 10^8 t$，占石油总资源量的 92.12%，剩余石油可采资源量为 $1.236 \times 10^8 t$，占石油总可采资源量的 95.96%，其资源潜力巨大。

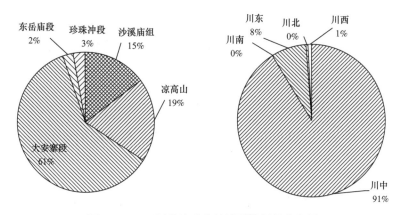

图 11-27　四川盆地致密油地质资源量分布图

（二）致密气

四川盆地致密砂岩气主要分布在上三叠统须家河组，川西侏罗系仅有少量，目前各层系均已开采。纵向上须家河组累计资源量丰富，地质资源量达 $3.15 \times 10^{12} m^3$，资源潜力巨大。其中，川中—川北地区的资源量最为丰富，地质资源量达 $19574.61 \times 10^8 m^3$，川西地区

的地质资源量达 $8065.36 \times 10^8 \text{m}^3$，川南地区的地质资源量仅为 $3743.32 \times 10^8 \text{m}^3$，川东地区的地质资源量仅为 $119.36 \times 10^8 \text{m}^3$（表 11–13）。川西侏罗系地质资源量为 $0.83 \times 10^{12} \text{m}^3$。

表 11–13　四川盆地须家河组致密砂岩气资源量与地质储量对比表

区块名称	评价区面积（km^2）	地质资源量（10^8m^3）	可采资源量（10^8m^3）	三级地质储量（10^8m^3）
川西	36531.03	8065.36	3629.41	3747.02
川中—川北	62220.66	19574.61	8808.58	9872.29
川南	28022.30	3743.32	1684.49	180.06
川东	2200.00	119.36	53.71	3.73
合计	128973.99	31483.60	14167.62	13803.10

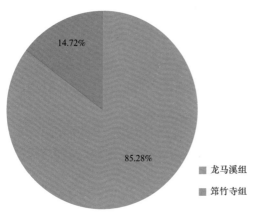

图 11-28　四川盆地页岩气资源纵向分布特征

（三）页岩气资源

四川盆地海相页岩主要分布在志留系龙马溪组和寒武系筇竹寺组。埋深浅于 4500m 的四川盆地页岩气资源量主要分布在下志留统龙马溪组，地质资源量期望值为 $18.4755 \times 10^{12} \text{m}^3$，可采资源量为 $3.6951 \times 10^{12} \text{m}^3$，占比 85.28%；筇竹寺组页岩由于埋深较深，埋深浅于 4500m 的页岩气资源量主要分布在蜀南威远—老龙坝区块，地质资源量期望值为 $3.189 \times 10^{12} \text{m}^3$，可采资源量为 $0.6378 \times 10^{12} \text{m}^3$，仅占 14.72%（图 11–28）。2015 年提交探明储量为 $1608 \times 10^8 \text{m}^3$，本次评价资源量为 $21.66 \times 10^{12} \text{m}^3$，探明率仅为 0.75%，剩余资源量巨大，具有巨大的勘探潜力。

第五节　剩余油气资源分布及有利勘探方向

一、剩余油气资源潜力及分布

通过对各层系待发现资源量进行分析，认为待发现资源量均在 $1.4 \times 10^8 \text{m}^3$ 以上的震旦系灯影组、寒武系龙王庙组、中二叠统，资源勘探潜力巨大，应放在优先勘探的位置。震旦系—下古生界目前勘探集中在川中地区，该区块仍有规模的剩余资源量，具有一定的勘探潜力，同时在川东地区及大巴山山前推覆带已发现较好的烃源岩和储层发育，该地区构造规模大、构造演化复杂的，是下一步值得探索的领域，如获突破可带动川北地区、川东地区震旦系—下古生界的油气勘探。中二叠统在川南地区早期以裂缝型气藏勘探为主，近期在川西北地区寻找白云岩孔隙型储层取得良好的勘探效果，且川中—川西地区中二叠统剩余资源量较大，继续深化该区域基础地质研究，可拓展中二叠统的勘探区块。

石炭系虽然资源发现率已达20%，勘探程度较高，但目前勘探仅在川东石炭系尖灭带附近，其待发现资源量高达$1.0 \times 10^{12} m^3$，目前勘探已发现在川西地区龙门山构造带具有较好的储层，山前构造断裂较为发育，可作为为较好的烃源通道。加强圈闭和保存条件的研究，可作为风险领域甩开勘探领域。

飞仙关组、上二叠统、嘉陵江组与雷口坡组的资源发现率偏低，均小于20%，其中礁滩领域生物礁分布规律较为明晰，但对礁体识别和刻画技术还需攻关，可作为扩展勘探领域。嘉陵江组、雷口坡组转化率仅6%左右，资源潜力均较大，但勘探难度也较大，可作为后备勘探领域。

层系上主攻灯影组、寒武系龙王庙组及中二叠统勘探领域，扩展勘探礁滩领域，风险勘探石炭系，同时嘉陵江组和雷口坡组作为后备勘探领域。

各区块的资源—储量转化分析可见，待发现资源量最多的是川中区块，为$3.5 \times 10^{12} m^3$；次为川东区块，为$2.9 \times 10^{12} m^3$；其余顺次为川南区块为$1.5 \times 10^{12} m^3$、川西区块为$1.1 \times 10^{12} m^3$、川北区块为$1.0 \times 10^{12} m^3$。因此，四川盆地天然气勘探的重点应放在在川中和川东两个区块。这两个区块虽资源发现率已较高，因其天然气总资源丰富，待发现资源仍位居前列。川南区块虽然老气田较多，但资源发现率较低，为8.26%，仍然具有较大的潜力可挖。川西和川北区块，既因总资源量大，又因发现率不高，故待发现资源量可观，是今后应努力开拓的两个后备区块。四川盆地未来勘探方向为发展川中、川东，挖潜川南，开拓川西、川北。

二、有利勘探方向与目标

（一）常规气

1. 层系上主攻灯影组、龙王庙组及下二叠统勘探领域

从各层系的资源—储量转化情况来看，待发现资源量最多的是震旦系灯影组，达$19269.54 \times 10^8 m^3$，灯影组资源发现率最高达31.16%，但仍然具有最大的勘探潜力；其次的寒武系为$16891.16 \times 10^8 m^3$；第三为下二叠统，仍有$14098.75 \times 10^8 m^3$待发现资源量。以下依次是飞仙关组（$12536.45 \times 10^8 m^3$）、上二叠统（$11979.77 \times 10^8 m^3$）、石炭系（$10101.93 \times 10^8 m^3$）、雷口坡组（$7027.45 \times 10^8 m^3$）、嘉陵江组（$6745.53 \times 10^8 m^3$）。从所列的这些数据来看，四川盆地各个层系均还有相当大的勘探潜力。尤其是震旦系灯影组、寒武系、下二叠统，待发现资源量均在$14000 \times 10^8 m^3$以上，资源勘探潜力很巨大，无疑应放在优先勘探的位置。石炭系虽然资源发现率已达21.12%，勘探程度较高，但其待发现资源量高达$10101.93 \times 10^8 m^3$，仍然具有较大的勘探潜力。余下的飞仙关组、上二叠统、

嘉陵江组与雷口坡组的资源发现率偏低，均小于 20%，尤其是雷口坡组和上二叠统，转化率仅 6.72% 和 6.36%，资源潜力均较大，但勘探难度也较大。

2. 区块上发展川中、川东，挖潜川南，开拓川西、川北

从各区块的资源—储量转化情况来看，待发现资源量最多的是川中区块，达 $35320.9948 \times 10^8 m^3$；次为川东区块，为 $29648.81778 \times 10^8 m^3$；第三为川南区块，为 $14840.58169 \times 10^8 m^3$；第四位为川西区块，为 $10558.84408 \times 10^8 m^3$；第五位的川北区块待发现资源量达 $10077.37963 \times 10^8 m^3$。因此，四川盆地天然气勘探的主战场应摆在川中和川东两个区块。这两个区块虽然资源发现率已较高，分别达 30.8% 和 16.62%，但因其天然气总资源丰富（分别为 $3.53 \times 10^{12} m^3$ 和 $2.96 \times 10^{12} m^3$），是 5 大区块中仅有的两个上 $2 \times 10^{12} m^3$ 的区域，因而待发现资源仍位居第一、二名。待发现资源量分别居第三位的川南区块，虽然老气田较多，但资源发现率较低为 8.26%，仍然具有很大的潜力可挖。待发现资源量分别居第四、五位的川西和川北区块，既因总资源量大，又因发现率不高（前者为 4.69%，后者仅 6.67%），故待发现资源量可观，是今后应努力开拓的两个后备区块。

（二）致密油

四川盆地侏罗系致密油主要为直井钻探，水平井钻探只占 1%，未充分应用非常规油气勘探新技术，还有较大的发展前景，在四川盆地侏罗系优选了两个致密油重点勘探区带：一是川中东北部龙岗地区，二是重庆北部开江—垫江地区。

（三）致密气

以资源分布特征为基础，以沉积相、储层孔隙度、厚度、储能系数、地层系数分布为依据，综合目的层埋藏深度、流体性质及分布特征、地层压力分布特征、已有的勘探成果、勘探现状、勘探技术配套情况等多种因素。对四川盆地须家河组预测了 4 个有利勘探区，分别是川西地区灌口—苏码头区块、绵阳—梓潼区块、川中盐亭—西充区块、仁寿—资阳区块。

（四）页岩气

根据页岩气区带资源评价结果，结合埋深、页岩气成藏条件、油气显示与产出情况以及现有的钻井和地面设施等情况，结合页岩气有利区的评价标准和参数，综合认为蜀南地区可作为四川盆地海相页岩气勘探与开发的优先工作区块，其次是川东地区，并优选出威远、富顺—永川、长宁、天宫堂、忠县—丰都、宣汉—巫溪共 6 个页岩气勘探开发的有利区块。

第十二章　柴达木盆地油气
资源潜力与勘探方向

柴达木盆地是中国西部高原唯一的中—新生界大型陆相含油气盆地（郭召杰等，2014；付锁堂等，2016），与中国其他含油气盆地相比，高原持续性隆升背景和成盆多期性改造背景使之具有复杂的地理环境和独特的油气地质条件。

自 1954 年开始油气勘探以来，柴达木盆地经历了勘探起步、整体认识、外围甩开勘探、勘探发展等 4 个阶段（付锁堂等，2014），盆地实现了勘探类型由常规转向非常规、勘探对象由构造转向岩性、勘探深度由浅层转向深层的三大转变，尤其三次资源评价以来，随着油气地质认识的提高，柴达木盆地油气勘探取得一系列新的重大突破与重要进展，相继在昆北、英东、东坪、扎哈泉、牛东、马北、平台、九龙山等地区获得了重大勘探发现和突破（付锁堂等，2016）。这些发现都属于以前未进行资源评价或资源评价程度低以及未进行深入评价的新层系、新地区、新领域，其中部分地区（昆北、英雄岭、东坪—牛东、扎哈泉、马北）发现的油气储量已接近或超过三次资源评价的资源量，伴随油气勘探工作量增加，研究认识深入，工程技术的创新，历次油气资源评价结果已不能适应当前的勘探状况，迫切需要对柴达木盆地进行新一轮油气资源评价研究，搞清各类、各级油气资源的数量与分布。

第一节　油气勘探新进展

近十余年来，青海油田解放思想，转变观念，持续探索，在地质认识和工程技术方面有了长足进步，针对柴达木盆地独特地质条件及成藏机理，创建了源外古隆起—古斜坡、源上晚期构造、富烃凹陷周缘斜坡源内致密—岩性三类成藏模式，接连指导昆北断阶带、英雄岭构造带、阿尔金山前带及扎哈泉斜坡凹陷区四大勘探区带获得勘探新突破，发现落实昆北、英东、东坪、扎哈泉、英西五个亿吨级油气田，新增三级油气地质储量约 $19 \times 10^8 t$（探明油气地质储量为 $4.6 \times 10^8 t$），展现了柴达木盆地良好的油气勘探前景，进一步丰富了油气地质理论及认识，为后续勘探工作提供了参考实践。

一、油气勘探进展

（一）昆北源外勘探发现"标志性"亿吨级油田

昆北断阶带位于昆仑山前，20 世纪 80 年代，针对昆北断裂上、下盘钻探 5 口井均以缺乏烃源岩和有效储盖组合而失利，2007 年以来，依托源外古隆起油气成藏理论，优选断阶带中段的切六号构造钻探切 6 井，获得日产 32.7t 的高产工业油流，切 6 井的成功，结束了尕斯库勒油田发现以后油气勘探的被动局面，此后柴达木盆地油气勘探形势发生重大转折。随后精细评价与外围甩开兼顾，历时三年时间，落实切六、切十二、切十六—切四号 3 个含油区，探明了构造、岩性、地层等多类型油藏，并首次在盆地发现古近系（E_{1+2}）含油层系，截至 2017 年底，昆北油田累计新增探明石油地质储量 $1.13 \times 10^8 t$。

（二）英东源上晚期构造勘探发现"飞跃性"亿吨级油田

英东位于英雄岭构造带东端，地表沟壑纵横，海拔高（3100～3700m），高差大（700m），地下断裂发育、构造复杂，山地地震成像极其困难。20 世纪 50 年代，地震"五上五下"，钻探"三进三出"，始终未获重大突破，一度成为油气勘探的"禁区"。2010 年依托源上晚期构造油气成藏理论以及物探技术山地二维攻关成果，优选构造相对稳定的英东一号构造钻探砂 37 井，在新近系油砂山组见油砂显示 295m/113 层，优选 8 个层组试油均获成功，最高日产油 $29.5 m^3$，日产气 $5.0 \times 10^4 m^3$。随后针对久攻不克的复杂构造山地进行了三维地震采集、处理、解释一体化攻关，历时四年，相继发现英东二号、英东三号以及油砂山断裂下盘 3 个含油新区，累计探明石油地质储量为 $7875.49 \times 10^4 t$，储量丰度达到 $860 \times 10^4 t/km^2$，控制预测石油地质储量超 $3000 \times 10^4 t$。英东油田的发现，实现了复杂山地地震"无影无形"到"有圈有点"的工程技术新飞跃，实现了复杂构造区"晚圈不利藏"到"源上晚圈富优藏"的观念认识新飞跃。

（三）东坪源外勘探展现"连锁性"千亿立方米规模气区

东坪属新生代持续发育的构造隆起区，位于阿尔金山前东段，以往认为，该区缺乏油气供给和有效盖层，不具备油气成藏条件。2011 年，在昆北源外勘探成功经验的指导下，重新梳理侏罗系生烃潜力认识，锁定距侏罗系生烃凹陷最近的东坪一号构造作为首钻目标，钻探东坪 1 井，在基岩风化壳（花岗片麻岩段）获日产 $11.3 \times 10^4 m^3$ 高产气流，此后，在东坪鼻隆东坪二号和坪西一号构造相继发现东坪 3、东坪 17 两个含气新区，并首次发现了古近系含气层以及不同于花岗片麻岩的变质灰岩和钙质片岩基岩含气新类型，揭示了阿尔金山前不同类型基岩均可成藏的新观点，接连指导发现牛中、冷北多个基岩出气点；此外在牛东鼻隆牛东一号外甩发现牛 1 含气新区，首次在盆地侏罗系发现高产气层，至此共落实 5 套含气层系。历时五年，阿尔金山前已探明天然气地质储量为 $519.41 \times 10^8 m^3$，其中基岩层系储量占比为 88%。

（四）扎哈泉源内勘探呈现"指引性"致密—岩性大场面

扎哈泉斜坡属柴西南区持续发育的三大古斜坡之一，以往下凹下坡找油收效甚微，认为凹陷—斜坡区远离物源，欠缺补给，缺乏有效储层，源内大面积成藏也一直存在争议，直至 2011 年，以致密油新理论为指引，结合大型水槽实验，提出了渐—中新世湖盆扩张期富含细粒碎屑沉积，局部层段"满凹含砂"新认识（付锁堂等，2016），据此优选扎哈泉斜坡钻探扎 2 井，在新近系获日产 $17.35m^3$ 高产工业油流，随后石油预探与风险勘探结合，在常规岩性油藏和致密油勘探上均取得重要发现和突破，相继发现扎探 1、扎 7、扎 9、扎 11 四个含油新区，落实 N_2^1、N_1、E_3^2、E_3^1 四套含油层系，历时三年，共落实三级石油地质储量约 $2×10^8t$，其中新近系优质烃源岩段为致密油，具有源储一体控含油规模、滩坝控"甜点"富集的特点，控制、预测石油地质储量近亿吨。扎哈泉岩性油藏勘探的成功，突破了"有源无储"的传统认识，为相似地质背景的七个泉、红柳泉—跃进斜坡等领域提供了勘探指引。

（五）英西源内勘探首现"开辟性"领域新战场

英西位于英雄岭构造带西端，20 世纪 50 年代以来，地面构造勘探阶段发现油砂山、花土沟、狮子沟等浅层（N_2^1—N_1）碎屑岩油藏，至 20 世纪 80 年代初，针对深层（E_3^2）钻探狮 20 和狮 24 井相继获得高产工业油流，随后沿高点、打裂缝，钻探一批探井，仅在狮 20 井区钻获 2 口高产工业油流井，乃至于深层勘探长期停滞。直至以英东发现和工程技术的进步为契机，重新梳理明确英西下干柴沟组上段湖相优质烃源岩伴生发育大面积的碳酸盐岩，具备基质孔、溶蚀孔（洞）和裂缝"三端元"有效储集空间，与优质膏盐岩盖层形成有效储盖配置，共划分了盐间（Ⅰ—Ⅲ油组）和盐下（Ⅳ—Ⅵ油组）两套含油组合、六个油层组。2014 年，针对盐间碳酸盐岩钻探狮 37 井，在下干柴沟组上段 2681.0～2691.0m 井段常规试油日产油 $5.88m^3$，发现了盐间含油新层系，由此迈开了重上英西深层勘探的重要一步。随后持续发现了我国陆上碳酸盐岩领域少见的千吨油井，纵向落实下干柴沟组上段盐间（Ⅰ—Ⅲ）、盐下（Ⅳ—Ⅵ）六套含油层组，平面落实狮 38、狮 41、狮 202、狮 49、狮 52 共五个高产富集区，新增控制、预测石油地质储量 $1×10^8t$。英西油田的发现，突破了以往"找裂缝、探构造"的传统观念，开辟了柴达木盆地咸化湖盆碳酸盐岩领域的新战场。

二、油气地质理论新认识

（一）烃源岩新认识

柴西独特的咸化环境孕育出一套特殊的湖相烃源岩，古近系烃源岩 TOC 总体不高，但产烃潜量较高，有机质类型主要为Ⅰ—Ⅱ型，具有较好的生油潜力。热模拟（烃源岩、干酪根）实验对比分析表明，烃源岩生烃受干酪根、可溶有机质共同作用，具有"可溶有机质低熟早生，不溶有机质高效转化"的成烃机制（图 12-1），且含可溶有机质样品具有较高的液态烃产率，在较低温度时就达到最大的液态烃产率，这为柴西低熟油的来源提供了依据。由此建立了咸化湖盆烃源岩存在"两段式"生油模式：可溶有机质低熟早期生烃，不溶有机质成熟晚期生烃（图12-2）。这一认识极大提升了古—新近系烃源岩的勘探价值。

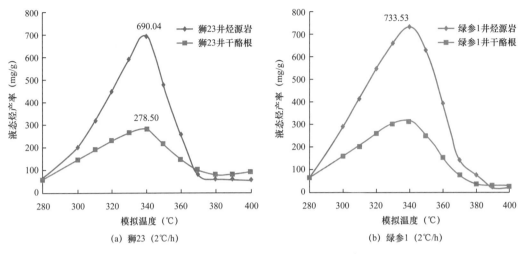

(a) 狮23（2℃/h）　　　(b) 绿参1（2℃/h）

图12-1　柴西下干柴沟组上段烃源岩产烃率图版

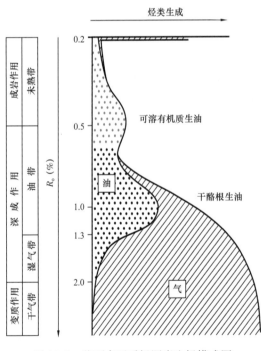

图12-2　柴西古近系烃源岩生烃模式图

柴北缘主要发育中—下侏罗统、中侏罗统两套烃源岩，其中，中—下侏罗统烃源岩岩性主要为湖泊、沼泽相暗色泥岩，有机碳含量分布在 0.75%～6.2% 之间，有机质类型主要为 Ⅱ—Ⅲ 型；中侏罗统烃源岩岩性主要为湖相暗色泥岩，有机碳含量分布在 3.0%～5.8% 之间，有机质类型以 Ⅰ—Ⅱ 型为主。生排烃模拟实验表明中—下侏罗统烃源岩最大生油量为 162mg/g，以生气为主，在 R_o>2.3% 时生气潜力更大，R_o>3.0% 仍有大量天然气生成，具有持续生气的特点（图12-3）；中侏罗统烃源岩液态烃产率高，最大生油量为 400mg/g，以生油为主。柴北缘中—下侏罗统烃源岩分布范围广、厚度大，热演化程度高，大多自上新世以来已进入大量生成天然气阶段，并持续至今；中侏罗统烃源岩现今分布面积、厚度均较小，热演化程度相对较低，但其有机质丰度高、母质类型好，生油量相对较大，受热演化程度限制，生气量则较为有限。

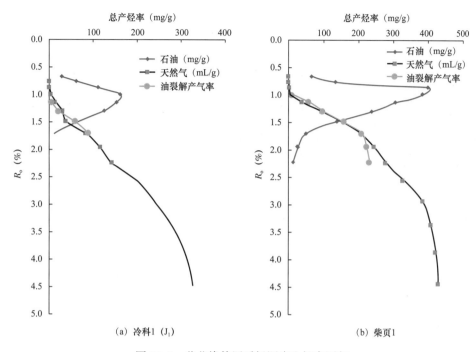

图 12-3 柴北缘侏罗系烃源岩生烃率图版

生物气是柴达木盆地独有的资源，其烃源岩为三湖第四系，主要分布于三湖地区，分布面积为 10000km²，平均厚度为 1000m。对第四系烃源岩开展活性有机质和菌类两大关键要素检测实验研究发现，在热力作用下第四系烃源岩次生活性有机质含量明显增加，大幅提升生物气物质基础，且在 1700～2400m 仍然具有丰富的微生物，表明深部甲烷菌仍大量存在，有利于生物气的生成，生气下限从原来的 1700m（75℃）拓展至 2400m（95℃），纵向上扩展了烃源岩范围。三湖第四系水中微生物丰度高，至今仍处于规模生气阶段，是一个巨大的"天然沼气池"。

（二）储层新认识

三次资源评价以来，伴随新区块的油气勘探突破，柴达木盆地皆发现了物性较好的碎屑岩、碳酸盐岩和基岩三类储层，进一步展现了盆地勘探潜力。

在大型水槽碎屑岩成储机理实验模式指导下，进一步明确碎屑岩在盆地大面积均有分布，打破以往物源短、相带窄的单一观念束缚，指导发现扎哈泉凹陷区岩性—致密油藏发现，从而揭示出盆地凹陷区、腹部及近源或源内层系均是有利勘探方向。而勘探也已证实，碎屑岩不仅平面上分布广，纵向上虽然受压实作用影响明显，但仍存在物性较好储层，近年在冷湖构造带东端的仙西地区在埋深超过 4500m 的渐新统发现了有效碎屑岩储层，岩心物性分析孔隙度平均为 8.4%，渗透率为 0.1～2mD，以及在阿尔金山前冷北斜坡加深钻探的昆 2 井在深度 6630m 的侏罗系取心发现孔隙度大于 10% 的碎屑岩储层，有效储层埋深下限由以往的 4200m 延伸至 6600m，勘探深度得了进一步拓展。

碳酸盐岩主要分布于柴达木盆地西部地区渐新统—上新统，岩性以石灰（白云）岩为主，包括藻灰岩、颗粒灰岩、（含泥、粉砂）泥晶灰（云）岩等类型，以泥晶灰（云）岩为主。该类储层在盆地往往与泥质岩类伴生沉积，成分上表现为砂、泥、石灰岩混合沉积，且单层厚度薄，因此以往多当作烃源岩层统一看待，而受控于古地形、古气候，可划分为三类：一类是以柴西地区跃西地区为代表的滨浅湖相水下低隆起发育的藻灰岩，钻探揭示其平均孔隙度可达 26.4%，平均渗透率可达 66.9mD，且排驱压力低于 0.5MPa，是一套优质储层；一类是以尕斯库勒为代表的斜坡区藻灰岩、灰云岩、泥晶灰岩混合沉积，物性上表现为藻灰岩最好，泥晶灰岩最差的特征；一类是以英雄岭为代表的浅湖—半深湖相洼陷区灰云岩，勘探已证实，该类储层在微观条件下普遍见到大量晶间孔，且薄片大多见荧光显示，除基质孔隙外，还发育裂缝、溶蚀孔、角砾化孔—洞等大尺度的储集空间，有利于油气规模聚集。

三次资源评价以来，盆地首次在山前古隆起和古斜坡发现大规模基岩油气藏，证实基岩具备较好的储层条件。分析其原因，是由于山前基岩长期暴露于地表，在风化淋滤及构造运动作用下，纵向上形成古土壤层、残积层、半风化层、未风化层四段结构，其中储层主要位于残积层和半风化层，厚度超过 500m。破碎、溶蚀、蚀变等成岩后生作用造就了基岩发育裂缝和基质孔（溶蚀缝、溶蚀孔）双重储集空间，具有良好的储集性能。勘探证实，不同岩性的基岩在 1000~5000m 有效储层均发育，孔隙度介于 3.4%~4.8%，具有物性条件不受岩性及埋深控制的特点。

（三）成藏新认识

柴达木盆地现今已发现的油气藏类型多且复杂，但所有的油气藏基本都受控于生烃凹陷，分布于富烃凹陷区及其周缘的隆起和构造带，本次研究总结了柴达木盆地三类成藏新认识。

一是晚期成藏特点决定了晚期形成圈闭的成藏可能。从盆地中—新生代演化过程角度来看，盆内油气藏形成时代比较晚，主要是在喜马拉雅运动中晚期形成。主要发育两期大规模成藏，柴北缘和柴西第一次有规模的成藏发生在喜马拉雅运动中期（N_1—N_2^1 时期），由于构造圈闭只有雏形，圈闭幅度比较小，再加上早期烃源岩进入生烃门限不久，未到生烃高峰，生烃量有限，故不可能发生大规模充注。第二次大规模成藏发生在喜马拉雅运动晚期（N_2^3—Q 晚期），圈闭已经定型，形成了较大的圈闭幅度，而且此时深部主力烃源岩均已达到生烃高峰，而浅部主力烃源岩也已进入生油门限（三湖天然气源岩例外），有充足的烃类可以发生运移和聚集。总体来看，相较于早期油气成藏，晚期油气成藏规模更大，分析其具有两种作用：早先形成的油气藏中持续调整充注，其次在新成型的圈闭中发生首次充注，同时，也可能在先形成油气藏中继续充注的同时发生改造和破坏，在其浅部形成次生油气藏。英东油田就是典型的实例，尽管圈闭形成较晚，定型于狮子沟组沉积末期，但仍形成了罕见的高丰度油气田。

二是喜马拉雅运动晚期之前发育的古隆起区有利于油气聚集。在柴达木盆地中，凡是喜马拉雅运动晚期之前发育古隆起区，无论其自身是否存在有效烃源岩，都发现了重要的油气聚集。无论是柴北缘的南八仙油气田、柴西的尕斯库勒油田，还是三湖地区的涩北气田，都是喜马拉雅构造运动晚期之前就已经发育的古隆起构造。实际上这一规律是由柴达木盆地西部和北缘油气多期成藏的特点所决定的，这是因为喜马拉雅构造运动晚期至今是油气持续充注高峰期，之前发育的古隆起区是油气运聚的有利指向区，自然会捕集到相对更多的油气。三次资源评价以来，柴达木盆地北缘的马北、东坪—牛东、平台地区以及柴西的昆北地区油气勘探相继获得突破，这些地区均位于长期发育的古隆起及古斜坡区，进一步证实古隆起及斜坡区是油气有利分布区。

三是富烃凹陷及其周缘斜坡是岩性—致密油气藏分布有利区。现今柴达木盆地非常规及岩性油气勘探仍处于起步阶段，勘探发现和认识程度均较低。通过扎哈泉—乌南斜坡区的勘探证实，本区发育优质下干柴沟组上段、上干柴沟组烃源岩，在上干柴沟组滨浅湖物性较好的滩坝砂体能够获得较高原油产量，已发现多个"甜点区"，而扎探 1 井下干柴沟组上段烃源岩条件优越但砂体不发育，缺乏有效源储配置，压裂后仅见到油花；因此其有效的源储配置是成藏的关键，而富烃凹陷及周缘斜坡区紧邻优质烃源岩层系上、下或其内部稳定发育的滨浅湖滩坝、浊积体、灰坪及三角洲前缘厚层砂体有效储层，是岩性—致密油气藏的有利目标，利于形成不受构造控制的多"甜点"油藏。2010年以来相继发现的柴西昆北 E_{1+2} 油藏、扎哈泉—乌南斜坡古近—新近系油藏、柴北缘冷东 E_3^2 油藏以及柴西英雄岭西段 E_3^2 油藏，无论处于源内或源外区，均属于凹陷或斜坡背景上发育的岩性油藏，进一步证实岩性油气藏分布范围广阔，勘探前景可观。

第二节　油气地质条件

一、构造特征

柴达木盆地划分为西部坳陷、北缘块断带、三湖坳陷 3 个一级构造单元，12 个二级构造单元和 48 个三级构造带（图 12-4）。

西部坳陷区位于柴达木盆地西部，其西北部与阿尔金山相连，西南部与昆仑山相接，东北部以鄂南断裂为界与北缘块断带相邻，东南部以红三旱四号、船形丘、弯梁构造东倾末端和塔尔丁断裂为界，与三湖坳陷区相邻。

西部坳陷区基底埋藏相对较深，由南（昆仑山前）向北东（盆地内部）逐渐加大，最深处在一里坪地区，大于 $1.7 \times 10^4 \mathrm{m}$。褶皱发育是该坳陷区最主要的构造变形特征，且构造线多以北西—东南向为主。多个背斜近于平行排列，每个背斜带内部又构成右列雁行式排列，主要分布在坳陷中部地区。本区地层以古近—新近系为主，第四系保存较少，目前发现的油田烃源岩、盖层均为古近—新近系，储层也以古近—新近系为主，近年发现基岩风化壳是山前隆起区有利储层。

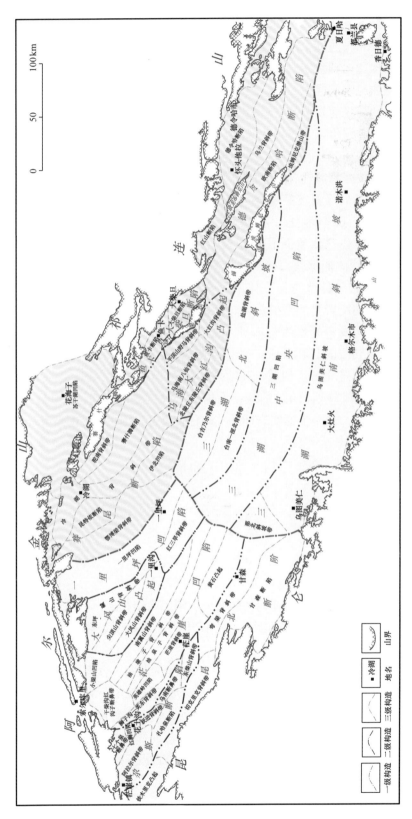

图 12-4　柴达木盆地构造单元划分图

北缘块断带位于柴达木盆地北部，其西北部与阿尔金山相接，东北部与祁连山相连，西部和南部以鄂南、伊北、陵间、黄泥滩、埃南等断裂为界与西部坳陷、三湖坳陷相邻。

北缘块断带基底埋藏相对较浅，由北东（祁连山前）向南（盆地内部）逐渐加深。逆冲断层发育是北缘块断带主要的构造变形特征，多数断层为北西—南东走向的北东倾逆断层，由祁连山向盆地挤压俯冲作用形成。本区褶皱强烈背斜成带分布，组成反"S"形和弧形背斜带。地层以中生界侏罗系、白垩系和新生界为主，中生界向西南方向减薄，新生界向北东方向减薄，反映了中—新生代构造活动的差异性。烃源岩主要发育在中—下侏罗统，储层包括古近—新近系、侏罗系、基岩风化壳等。

三湖坳陷区位于柴达木盆地东南部，其北部以伊北、陵间、黄泥滩、埃南等断裂为界，与北缘块断带相邻，西部以红三旱四号、船形丘、弯梁构造东倾末端和塔尔丁断裂为界，与西部坳陷相邻，南部直抵昆仑山前。

三湖坳陷区以基底稳定、盖层变形弱为主要构造特征，褶皱和断层均较少，背斜构造集中分布在北部，形态宽缓，主要发育于喜马拉雅晚期。地层以第四系和新近系为主，新近系西厚东薄，第四系沉积中心和沉降中心均在三湖附近，最大厚度超过3000m。目前发现的气藏主要位于第四系，烃源岩为第四系和新近系上部。

柴达木盆地是在小地块背景上发育的多旋回复合盆地，具有小型地块成盆背景，基底构造岩相复杂，深大断裂发育，长期处于被动从属的构造演化背景。盆地演化经历了古生代"地块—海槽"成盆旋回和中—新生代"盆地—造山"成盆旋回（图12-5），与西部其他大型含油气盆地相比，古生代成盆演化史缺乏稳定克拉通盆地发育阶段。

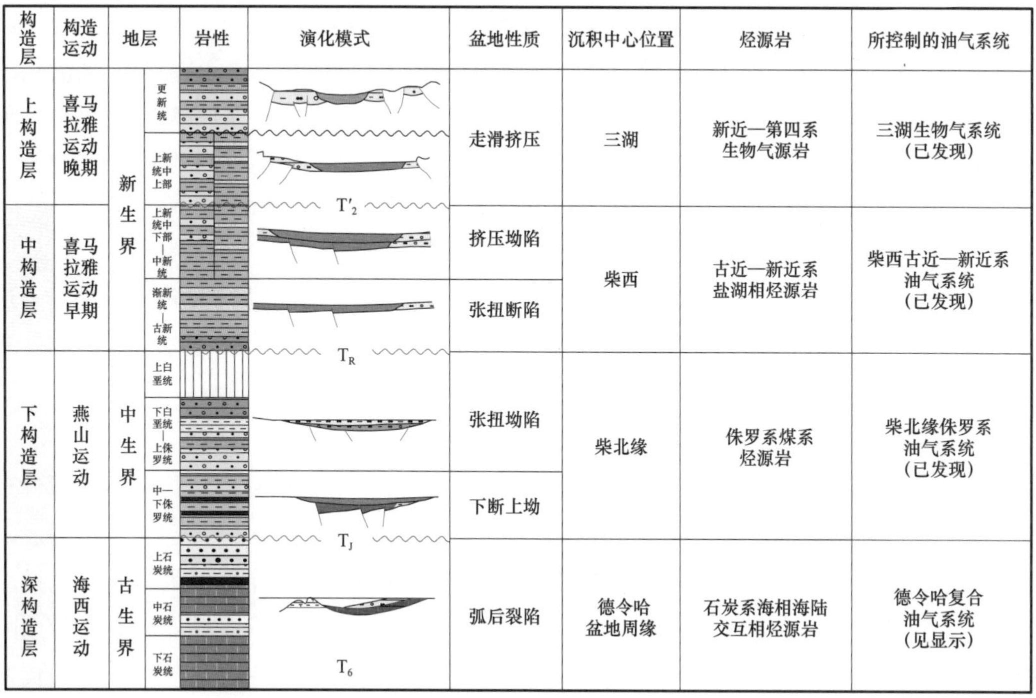

构造层	构造运动	地层	岩性	演化模式	盆地性质	沉积中心位置	烃源岩	所控制的油气系统
上构造层	喜马拉雅运动晚期	新生界	更新统		走滑挤压	三湖	新近—第四系生物气源岩	三湖生物气系统（已发现）
			上新统上部					
			T'_2					
中构造层	喜马拉雅运动早期		上新统上部—中—下新统		挤压坳陷	柴西	古近—新近系盐湖相烃源岩	柴西古近—新近系油气系统（已发现）
			渐新统—古新统		张扭断陷			
			T_R					
下构造层	燕山运动	中生界	上白垩统		张扭坳陷	柴北缘	侏罗系煤系烃源岩	柴北缘侏罗系油气系统（已发现）
			下白垩统、上侏罗统					
			中—下侏罗统		下断上坳			
			T_J					
深构造层	海西运动	古生界	上石炭统		弧后裂陷	德令哈盆地周缘	石炭系海相海陆交互相烃源岩	德令哈复合油气系统（见显示）
			中石炭统					
			下石炭统					
			T_6					

图 12-5　柴达木盆地成盆演化阶段划分图

从盆地构造层发育特征和区域构造沉积演化来看，盆地在早古生代晚期结束了地块古隆起的构造沉积格局。晚古生代以来，地块南北边缘带受南祁连海槽和东昆仑海槽边缘裂陷作用控制，在柴达木地块东北缘和西南缘形成了石炭—二叠系台缘裂陷海陆过渡相沉积盆地。

印支期以来，在印度板块持续向北俯冲，藏北板块多期拼贴的影响下，柴达木盆地长期处于压扭走滑的动力学环境。伴随祁连、昆仑海槽关闭和造山作用，柴达木盆地结束了地块—海槽构造沉积格局，进入盆地—造山构造旋回。

燕山期以来，柴达木盆地经历了早侏罗世局部拉张和中侏罗世—白垩纪的挤压构造演化旋回，形成了侏罗—白垩纪断坳复合盆地，在柴北缘地区和柴西阿尔金山前带形成陆相山前坳陷盆地。

新生代以来，随着柴达木板块向北漂移和青藏高原隆升，柴达木盆地经历了炎热干旱到寒冷干旱的单旋回气候演化，古近纪盆地由于受阿尔金走滑作用，以大型走滑拉分性质为主，新近纪盆地以大型挤压坳陷及后期隆升褶皱性质为主。多期不同性质原型盆地在空间上迁移叠合，形成了现今大型叠合复合盆地。

二、烃源岩发育特征

受燕山运动和喜马拉雅运动控制，柴达木盆地中生界差异剥蚀，新生界沉积中心由西北向东南逐渐迁移，生烃中心随之发生变化，分别形成了北缘中—下侏罗统煤系烃源岩、柴西古近系咸化湖相烃源岩和柴东第四系生物气源岩等3套特点各异的陆相烃源岩（王明儒，2001；袁剑英等，2011；付锁堂等，2012）。此外，柴东德令哈断陷存在一套潜在的石炭系烃源岩，具备一定生油气潜力（陈迎宾等，2014）。其中北缘中侏罗统及柴西古近系烃源岩为生油岩，下侏罗统及柴东第四系烃源岩为生气岩。

（一）油源岩特征

侏罗系烃源岩包括中—下侏罗统，其中，中侏罗统烃源岩有机质丰度高、类型好，热演化程度较低，以生油为主。古近—新近系源岩有机碳总体较低，但产烃潜量却较高，为柴西地区石油资源提供了丰富的物质基础。

1. 有机质发育及分布

中侏罗统烃源岩受燕山构造运动晚期影响剧烈，遭受明显抬升剥蚀，原始沉积分布面貌发生了翻天覆地的变化，现今主要分布于柴北缘冷湖—南八仙构造带以东，沿祁连山周缘呈条带状分布，面积为 $1.2 \times 10^4 km^2$，最大厚度为1000m，其中相对大厚度区包括冷湖—南八仙构造带以东和以北的赛什腾凹陷和鱼卡凹陷，从赛什腾凹陷向冷湖构造带则削蚀尖灭。值得关注的是，中侏罗统大煤沟组七段普遍发育了一套生烃品质很好的油页岩（部分地区为块状的暗色泥岩）。

柴达木盆地古近—新近系烃源岩平面上主要分布于西部坳陷，其中柴西南区古近系优质烃源岩范围更广厚度更大，柴西北区则以新近系优质烃源岩更为发育。

柴西地区烃源岩纵向上主要分布于古近系渐新统下干柴沟组—新近系中新统上干柴沟组，具体包括 E_3^1 上部和 E_3^2—N_1 中下部，优质烃源岩主要集中分布于下干柴沟组上段及上干柴沟组，其中又以渐新统下干柴沟组上段有机质丰度相对更高，是盆地新生界最优质的烃源岩发育段，其有效烃源岩分布面积达 $1.26 \times 10^4 km^2$，厚度达 1000m，包括切克里克—扎哈泉、红柳泉—狮子沟、英雄岭、南翼山—小梁山等富烃凹陷。

受湖盆演化变迁影响，盆地新近系烃源岩分布向北、向东迁移，以柴西北区最为发育。其中，中新统有效烃源岩分布面积为 $1.05 \times 10^4 km^2$，厚度为 600m，其优质烃源岩集中分布于柴西南区扎哈泉—英雄岭一带至柴西北区南翼山—尖顶山一带，是柴西北区新近系含油组合主要的油源岩。

2. 有机质丰度

中侏罗统烃源岩岩性主要为湖相泥岩，TOC 普遍较高，介于 3.0%～5.7%，生烃潜量（S_1+S_2）介于 8～45mg/g，氯仿沥青"A">0.05%，根据暗色泥岩烃源岩评价标准，为好—优质烃源岩，其中祁连山前鱼卡凹陷发育盆地内最好的烃源岩——油页岩，TOC 介于 4%～10%，生烃潜力最高达 123mg/g，平均为 64.3mg/g，氯仿沥青"A"高达 1.55%，平均为 0.96%。

古近—新近系烃源岩岩性以泥岩、泥灰岩为主是一套独特的高原咸化湖相沉积岩。其有机碳含量整体低于国内其他盆地淡水湖相烃源岩，大多小于 1%，但其产烃潜量远高于相同 TOC 含量的淡水湖相烃源岩，介于 0.5～20mg/g。古近—新近系咸化湖相有效烃源岩有机碳含量下限为 0.4%，当 TOC 达到 0.6% 时即成为较好的烃源岩（付锁堂等，2016）。

3. 有机质类型

中侏罗统湖相泥岩以 $Ⅱ_1$ 型为主，氢指数介于 280～650mg/g。

古近系烃源岩有机质类型偏腐泥型，主要为 Ⅰ—$Ⅱ_1$ 型，而新近系烃源岩有机质类型则偏腐殖型，主要属 $Ⅱ_2$—Ⅲ 型，这表明古近系烃源岩的生油能力要强于新近系。

4. 有机质成熟度

从现今热演化程度来看，中侏罗统烃源岩 R_o 总体小于 1.0%，仍处在生油阶段。柴西地区古近—新近系烃源岩热演化程度整体不高，R_o 大多小于 1.0%，其中仅柴西南区狮子沟构造和柴西北区南翼山构造古近系烃源岩成熟度较高，可达 0.9%～1.0%。因此，柴西地区整体以生油为主。但受湖盆迁移、热演化程度及烃源岩母质类型的影响，油气又具有明显的分区性，柴西南区深、浅层均以油为主；而柴西北区浅层以油为主，深层以气为主。

（二）气源岩特征

下侏罗统烃源岩分布面积大、有机质丰度较高、类型为Ⅱ—Ⅲ型，热演化程度较高，以生气为主。生物气源岩主要发育于盆地东部三湖地区，尽管至今仍处于早期成岩阶段，尚未完全固结成岩，但有利于产甲烷菌生存活动，是优质的生物气源岩。

1. 有机质发育及分布

下侏罗统主要分布于冷湖—南八仙构造带及其以西和以南地区，向东部、北部的赛什腾凹陷超覆尖灭，分布面积达 $2.05 \times 10^4 km^2$，一般厚度为500～700m，最大厚度位于伊北凹陷，达2000m。尽管整体上柴北缘下侏罗统烃源岩大面积连片分布，但存在坪东、昆特依、冷西、伊北等生烃凹陷，具有存在多个生烃中心的特点。根据盆地内井下钻遇情况统计，下侏罗统烃源岩的岩石类型主要包括煤、碳质泥岩和暗色泥岩（泥岩、页岩）等三种，有效烃源岩的厚度变化规律与暗色泥岩及地层厚度基本一致。

柴达木盆地东部地区西起那北—落雁山—红三旱四号一带，东至南北霍布逊湖，北以陵间、锡南、埃南断裂为界，南至昆仑山前的边界断裂，面积约37000km²。工区内大小盐湖星罗棋布，习称三湖地区。三湖地区新近纪以来总体为宽缓湖相沉积背景。第四系七个泉组以湖相沉积为主，并与新近系狮子沟组呈整合接触，其岩性剖面主要为湖相砂泥岩互层，岩性以灰色、浅灰色泥岩、砂质泥岩和泥质粉砂岩为主，夹少量灰色、棕灰色粉砂岩、细砂岩和薄层钙质泥岩、黑色碳质泥岩，厚度一般为200～1600m，是三湖地区的主力烃源岩。

2. 有机质丰度

下侏罗统暗色泥岩TOC介于1%～6.2%，生烃潜量（S_1+S_2）介于5%～12mg/g，氯仿沥青"A"＞0.05%，根据暗色泥岩烃源岩评价标准，为好—优质烃源岩；煤系烃源岩TOC为10%～30%，S_1+S_2为20～80mg/g，根据煤系烃源岩评价标准（纪友亮等，2017），为差—中等烃源岩。

三湖地区可作为生物气源岩的沉积物为湖相暗色泥岩和湖沼相高丰度泥岩。暗色泥岩主要以有机碳值（TOC）偏低为主要特点，一般平均在0.3%～0.4%。高丰度泥岩是有机质富集的场所，有机碳值一般在5%以上，平均在10%左右。平面上看，第四系有机碳含量分布各向异性非常明显。

3. 有机质类型

下侏罗统暗色泥岩和煤系烃源岩为Ⅱ₂—Ⅲ型，氢指数主要介于40～300mg/g，T_{max}介于425～445℃。

三湖地区第四系烃源岩有机质类型以Ⅱ—Ⅲ型为主。

4. 有机质成熟度

目前已钻遇揭示的侏罗系烃源岩主要分布在祁连山山前和冷湖构造带构造高部位，深度介于 500～4600m，实测 R_o 介于 0.5%～1.3%。但通过井震结合确定的下侏罗统坪东、伊北和昆特依生烃凹陷埋深达 8000～10000m，因此预测下侏罗统主力生烃凹陷内的热演化程度极高，R_o 达到 3% 以上，处在过熟生干气阶段。

三湖地区第四系烃源岩整体处于未成熟阶段，其 R_o 绝大部分小于 0.5%。

三、储层发育特征

柴达木盆地储层以碎屑岩为主，此外还包括湖相碳酸盐岩储层和基岩风化壳储层，分布层位包括新生界、中生界和基岩。

（一）储层发育及分布

碎屑岩储层包括侏罗系和古近—新近系湖盆沉积的各类砂体，包括与河流相（曲流河和辫状河）、冲积扇、三角洲沉积和滨浅湖亚相沉积有关的砂体，以长石岩屑砂岩和岩屑长石砂岩为主，在盆地中广泛分布。

碳酸盐岩储层是指柴西地区以碳酸盐成分为主的混积岩储层（纪友亮等，2017），主要是指滨浅湖相沉积的生物碎屑灰岩、泥灰岩、泥云岩和半深湖相的泥灰岩。其岩性以泥灰岩和碎屑灰岩为主，局部出现白云质灰岩和灰质白云岩；其中，泥灰岩中泥质含量在 25%～50% 之间，灰质成分在 50%～75% 之间，多呈泥晶结构，也可见斑状亮晶出现。碎屑灰岩主要有生物碎屑灰岩、鲕粒灰岩、藻粒灰岩、球粒灰岩、叠层石灰岩等。混积岩储层主要分布于柴西南古近系渐新统和柴西北区新近系上新统，具有种类多、混积普遍、非均质性强等特征。柴西南渐新统碳酸盐岩发育于红柳泉—尕斯—绿草滩—乌南地区。柴西北上新统碳酸盐岩纵向层数多、埋深跨度大（1000～3000m），分布范围广。

基岩储层主要分布于山前带和古隆起区，储层岩性以岩浆岩、变质岩为主，基岩长期暴露于地表，在风化淋滤及构造运动作用下，纵向上形成古土壤层、残积层、半风化层、未风化层四段结构（孙秀建等，2018），其中储层主要位于残积层和半风化层，厚度超过 300m。破碎作用、溶蚀作用、充填作用、蚀变作用等成岩后生变化造就了基岩发育裂缝和基质孔（溶蚀缝和溶蚀孔）双重储集空间（李建明等，2011），这对油气藏的形成、演化、保存和破坏起着决定作用。

（二）物性特征

针对不同岩性建立了盆地储层评价标准（表 12-1）。总体来说，碎屑岩储层主要受沉积相控制，储层物性平面上总体变化较大，表现为"盆缘好、盆中差，柴北缘优于柴西"的特征；混积岩储层物性条件在柴西地区纵向和平面非均质性较强，分布不甚稳定。目前已发现的基岩储层基本上都属于好—中等储层。

表 12-1　柴达木盆地储层分类评价表

储层岩石类型	岩性	储集空间类型	物性		分类评价
			孔隙度 ϕ（%）	渗透率 K（mD）	
碎屑岩	中—粗砂岩	原生孔	$\phi \geqslant 15$	$K \geqslant 50$	Ⅰ类
	中—粗砂岩	原生孔、次生孔	$10 \leqslant \phi < 15$	$10 \leqslant K < 50$	Ⅱ类
	粉—中砂岩	次生孔	$5 \leqslant \phi < 10$	$1 \leqslant K < 10$	Ⅲ类
	粉—细砂岩	次生孔	$\phi < 5$	$K < 1$	Ⅳ类
碳酸盐岩	藻灰岩、颗粒灰岩、介壳灰岩、泥晶灰岩、灰质白云岩	生物骨架孔、溶孔、铸模孔、晶间孔	$\phi \geqslant 12$	$K \geqslant 5$	Ⅰ类
	颗粒灰岩、介壳灰岩、泥晶灰岩、灰质白云岩	溶孔、晶间孔	$6 \leqslant \phi < 12$	$0.1 \leqslant K < 5$	Ⅱ类
	泥灰岩、泥晶灰岩、灰质白云岩	溶孔、晶间孔	$3 \leqslant \phi < 6$	$0.05 \leqslant K < 0.1$	Ⅲ类
	泥晶灰岩、泥灰岩、灰质白云岩	晶间孔	$\phi < 3$	$K < 0.05$	Ⅳ类
基岩	片麻岩、花岗片麻岩、花岗岩	裂缝、溶蚀孔	$\phi \geqslant 6$	$K \geqslant 1$	Ⅰ类
	花岗岩、花岗片麻岩、片岩	裂缝、溶蚀孔	$4 \leqslant \phi < 6$	$0.1 \leqslant K < 1$	Ⅱ类
	片麻岩、片岩、板岩	裂缝、溶蚀孔、晶间孔	$2 \leqslant \phi < 4$	$0.05 \leqslant K < 0.1$	Ⅲ类
	花岗岩、片麻岩、板岩、片岩	裂缝、溶蚀孔、晶间孔	$\phi < 2$	$K < 0.05$	Ⅳ类

四、盖层发育特征

盖层条件对油气运移成藏非常关键，柴西地区发育区域性盖层，盖层条件较好，柴北缘地区优质盖层相对缺乏，柴东三湖地区第四系尚未固结成岩，盖层封闭能力普遍较差，但其生烃机制及水动力条件形成了特殊的封闭机制。

（一）盖层发育及分布

柴西古近—新近系大多属于湖相沉积，发育区域性盖层，盖层条件较好。柴西南区主要发育泥岩盖层，与其下伏发育的碎屑岩储层匹配，具有良好的储盖组合条件。但在狮子沟—大乌斯及阿尔金山前西段发育区域性盖层，岩性主要为灰泥岩、膏盐岩及泥灰岩。在深层区域性广泛分布膏盐层盖层，厚度大，是深部油气藏的理想盖层。柴西北地区主要发育咸化湖泊相细粒沉积物，盖层发育，钻探岩心中泥岩的孔渗研究认为，泥岩的低渗透率可以保证盖层的封闭性。

柴北缘地区构造隆起区储层条件较好，但缺乏区域性良好盖层，导致早期生成的油气多遭受散失和破坏。东坪构造在基岩之上发育良好区域性膏盐盖层，与下覆基岩缝洞型储层匹配形成了中国陆上最大的基岩气藏。从盖层条件来看，柴北缘地区埋深较大的盖层封盖条件较好，有利于形成规模气藏。

三湖地区第四系处于浅埋藏成岩早期阶段，具有成岩性差、高孔隙度、大孔径、低突破压力的特点，盖层封闭能力普遍较差。

（二）封盖条件

柴西地区湖相细粒沉积分布范围广、厚度大，油气封盖条件相对较好。柴北缘地区碎屑岩发育，储集条件总体较好，但优质盖层相对缺乏。柴东三湖地区第四系尚未固结成岩，但快速埋藏的地质背景、较高的泥岩比例，沉积地层中泥岩盖层及高矿化度地层水等微观封闭机制形成了边生边聚边散失的动态生物气藏。

第三节　常规与非常规油气成藏模式

柴达木盆地已发现多个油气藏，品种多样、类型丰富。从圈闭类型来看，目前柴达木盆地已发现的油气藏中仍以构造油气藏为主，此外，还发现了规模岩性—地层油气藏。

一、油气藏特征

构造油气藏：柴西、柴北缘地区受到较强挤压、走滑构造应力，形成大量构造圈闭，包括背斜、断背斜、断鼻、断块等，有利于形成多种类型的构造油气藏，例如尕斯库勒油藏、英东油气藏、南八仙油气藏、马北油气藏等。柴东三湖地区沉积稳定，构造变形微弱，目前仅在三湖北斜坡发现大型低幅度背斜，是生物气聚集的有利场所，目前已探明并投入开发的生物气藏均为构造气藏，例如涩北气藏、台南气藏等。

岩性—地层油气藏：柴达木盆地岩性—地层油气藏以原生砂岩体地层油气藏及地层不整合遮挡油气藏为主。其中原生砂岩体地层油气藏主要发育于斜坡构造区，由沉积微相、储层岩性或物性变化形成圈闭，例如昆北油田 E_{1+2} 油藏、乌南斜坡 N_2^1 油藏、红柳泉 E_3 油藏、冷湖五号构造—高点 E_3^2 气藏等。地层不整合遮挡油气藏在柴西、柴北缘皆有发现，由地层变化及不整合构成圈闭，例如昆北油田基岩油藏、东坪气田基岩气藏、牛东侏罗系气藏等。

（一）常规油气藏特征

柴达木盆地油气分布严格受生油气中心控制，常规石油主要分布于柴西地区，常规天然气主要分布于柴北缘及柴东三湖地区。

凹陷区古构造油藏：以尕斯库勒油田、南八仙油气田为例，位于富烃凹陷区，油源条件优越，烃源岩生成的大量油气通过断层运移至早期形成的古构造圈闭聚集成藏，形成高丰度油气田。

源外古隆起、古斜坡油气藏：以昆北油田、东坪气田为例，紧邻生烃凹陷区，油气沿深大断裂纵向运移至古隆起、古斜坡区，沿不整合面及有利砂体横向运移，在构造、岩性圈闭中聚集成藏。

源上晚期构造油气藏：以英雄岭构造带、冷湖构造带为例，受浅层滑脱断层及深大基底断裂影响，在纵向上形成双层结构，其中深层往往发育早期就开始形成的背斜、断背斜、断块等构造，定型于上新世早期，形成相对较早；中浅层受喜马拉雅运动晚期强烈逆冲推覆构造作用影响，形成滑脱逆冲断裂，滑脱面往往位于古近系渐新统下干柴沟组上段中，受其控制在滑脱断裂上盘形成背斜、断背斜，构造隆起较晚，一般都形成于上新世中期之后（付锁堂等，2016）。古近—新近系及侏罗系生油、气高峰主要发生在上新世早期和晚期，至今油气持续充注。在新构造运动影响下，构造发生明显变化形成大量构造圈闭，油气沿油源断裂纵向运移，使早期聚集的油气藏发生调整，同时后期形成的油气持续运聚，源圈匹配关系较好，有利于油气成藏。

生物气藏：三湖地区新近系、第四系为整合接触，构造变形及沉积环境变化不大，导致沉积类型差异性不明显，长期均为砂泥岩间互沉积，形成了多套、厚层、持续发育的烃源岩。第四系和新近系沉积有机质可以在产甲烷菌和其他厌氧菌的共同作用下，形成生物甲烷气，且一直处于连续不断地生化产甲烷气阶段。三湖生物气是不断聚集、不断突破、不断散失、不断再聚集的动态成藏过程。

（二）非常规油气藏特征

柴达木盆地非常规油气资源目前仍处于研究及起步探索阶段，根据对烃源岩及沉积储层的研究认识，认为目前盆地非常规资源主要为致密油。

致密油主要分布于柴西地区，以扎哈泉为例，紧邻优质烃源岩层系上、下或其内部发育稳定分布的滨浅湖滩坝、浊积体、灰坪及三角洲前缘厚层砂体有效储层，可形成源储共生的良好配置，利于形成不受构造控制的多"甜点"油藏，其中在储层物性条件相对较好的层段区域形成岩性油气藏，在致密储层中则形成致密油气藏。

二、油气成藏机理与成藏模式

柴达木盆地油气藏分布与古构造关系密切（付锁堂，2010，2015），在综合研究构造演化、生烃史、沉积储层等地质特征的基础上，总结建立了五大类油气成藏模式：（1）富烃凹陷区古隆起油气成藏模式；（2）源外古隆起—古斜坡油气成藏模式；（3）源上晚期构造油气成藏模式；（4）富烃凹陷周缘斜坡区源内致密—岩性油气成藏模式；（5）生物气动态成藏模式。

（一）常规油气成藏模式

常规油气成藏模式包括富烃凹陷古构造油气成藏模式、源外古隆起—古斜坡油气成藏模式、源上晚期构造油气成藏模式及生物气动态成藏模式 4 大类。

1. 常规石油成藏模式

富烃凹陷古构造石油成藏模式：在优质烃源岩分布区发育的早期构造，有利于持续捕获并聚集油气，从而形成高丰度油气田，这种模式的成藏条件极为优越，其成藏的关键因素是具备有效烃源岩，以及早于生排烃期形成的早期古构造圈闭。这种模式以在早期形成的跃进一号古构造上发现的尕斯库勒油田为典型代表。

源外古隆起—古斜坡石油成藏模式：柴达木盆地的盆缘山前区整体具有长期持续发育的古隆起、古斜坡背景，这里自身不发育烃源岩，但若邻近生烃凹陷，往往是油气运聚的有利指向区。油气可沿深大断裂纵向运移至古隆起、古斜坡区，然后沿不整合面及有利砂体横向运移，易于在构造、岩性圈闭中聚集成藏（图12-6）。在这一新的成藏理论指导下，首次在盆缘区发现昆北亿吨级油田，使得盆缘区的勘探地位及资源价值得到了极大提升。

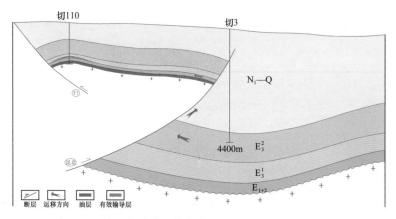

图 12-6　昆北断阶带源外古隆起—古斜坡石油成藏模式图

源上晚期构造石油成藏模式：喜马拉雅运动之前，深层古构造捕获石油形成原生油藏；晚喜马拉雅运动与相关断裂及伴生构造对早期原生油藏进行改造和调整，沟通油源的断裂多次活动，从而提供油气纵向运移的通道，形成了浅层次生晚期油藏。这一成藏模式指导了柴西英雄岭构造带的勘探突破（图12-7），推动发现了英东中浅层高丰度亿吨级油田（李元奎等，2012），并首次总结了"深部持续生烃，断层接力输导，多期复式聚集"的成藏特点（付锁堂等，2016），这大大提升了盆内大型晚期构造带的勘探地位。

2. 常规天然气成藏模式

富烃凹陷区古隆起天然气成藏模式：柴北缘南八仙构造为受早期基岩隆升和晚期冲断褶皱双重作用控制的被断层复杂化的背斜构造（高先志等，2001），古近纪受祁连山向柴达木盆地的逆冲挤压作用，基底卷入式逆冲断层深切下古近系、侏罗系及其基底，形成了早期的构造圈闭（图12-8）。

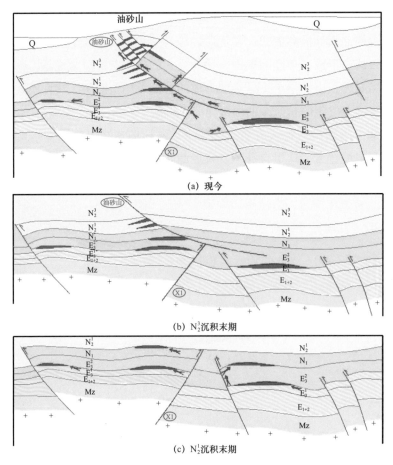

图 12-7 英雄岭地区源上晚期构造石油成藏演化模式图

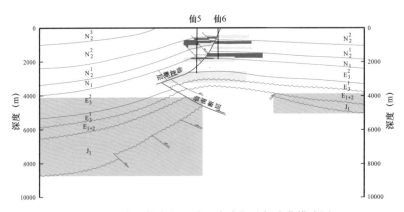

图 12-8 南八仙富烃凹陷区古隆起油气成藏模式图

南八仙地区位于冷湖与伊北富烃凹陷区，油气源条件优越，早期生成的油气沿着基底逆冲断层运移至早期构造圈闭中聚集成藏。这一成藏模式的关键是具备有效烃源岩和相对生排烃期而言早期形成的构造圈闭。

源外古隆起—古斜坡天然气成藏模式：阿尔金山前带整体表现为在向东南倾的大型构造斜坡上发育多个鼻状隆起，包括月牙山—尖北鼻隆、东坪鼻隆和牛东鼻隆。古构造研究（余辉龙等，2002）表明，这些斜坡和鼻隆具有继承性发育的特点，加上一系列北西向、近南北向断裂十分发育，是沟通源储的良好通道，非常有利于凹陷区的油气向山前斜坡区和隆起区的圈闭中运移聚集，在山前形成复合油气聚集带。

阿尔金山前东段紧邻坪西、坪东及昆特依下侏罗统生烃凹陷，下侏罗统烃源岩自始新世早期开始进入生油门限，始新世晚期进入生油高峰，渐新世末期进入生气阶段，现今仍在持续生气。

柴北缘地区构造整体隆升较晚，构造圈闭大多形成于喜马拉雅构造运动晚期，定型于新近纪末期。在下侏罗统烃源岩生油高峰期，盆地腹部构造圈闭大多尚未形成，源圈时空匹配不佳导致早期生成的油气遭受散失，不利于成藏。至上新世末期，构造圈闭形成，下侏罗统烃源岩仍处于生气阶段，持续生成的天然气沿深大断裂纵向运移至古隆起、古斜坡区，沿不整合面及有利砂体横向运移，进入有效圈闭得以保存，形成天然气藏。

源外古隆起—古斜坡天然气成藏模式的关键是生排烃高峰期已隆起的古隆起—古斜坡区距生烃中心 20～80km，具备深大断裂纵向沟通烃源岩，发育区域性不整合面提供天然气横向输导条件，不整合面上、下具备有利储盖组合。

这一成藏理论指导勘探不但发现了马北隆起区气田，而且接连在阿尔金山前和祁连山前获得突破，发现了东坪、平台等气田（图 12-9），在阿尔金山前展现出千亿立方米天然气勘探前景。

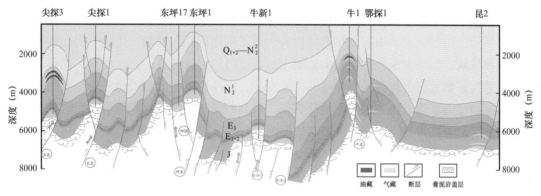

图 12-9　阿尔金山前隆起区源外天然气成藏模式图

源上晚期构造带天然气成藏模式：由于喜马拉雅晚期新构造的强烈运动，盆地构造大多形成于新近纪上新世中期及其之后。柴北缘冷湖构造带表现为盆地内部的晚期隆起带，具有构造反转和浅层断裂发育的特点。深层发育断背斜圈闭，形成于渐新世末期，定型于上新世中期之后，形成相对较早；浅层背斜构造核部被滑脱断裂切割，同时被上下盘次级断裂切割成多个圈闭，在中新世之后开始发育，定型于上新世中期之后（赵寒森，2010）。

冷湖构造带位于伊北下侏罗统生烃凹陷区，下侏罗统生油高峰期为始新—中新世，中新世末期进入生气阶段，现今持续生气。在下侏罗统烃源岩生油高峰期，深层圈闭开始形成，部分油气在深层圈闭中聚集成藏。至上新世末期，构造圈闭形成，下侏罗统烃源岩持续生气，天然气沿深大断裂、不整合面及有利砂体纵向运移至有效圈闭聚集成藏（图 12-10）。

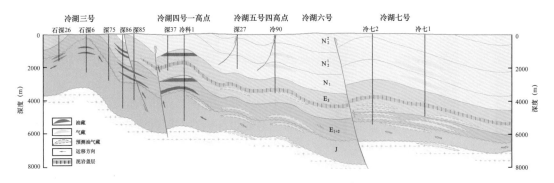

图 12-10　源上晚期构造带油气成藏模式图

生物气动态成藏模式：三湖地区生物气源岩（湖相暗色泥质岩）较为发育，从浅至深多套气源岩发育奠定了该区空间上生气形成的连续性，为生物气的早期成藏和持续成藏奠定了物质基础。而三湖地区新近系、第四系为整合接触，构造变形及沉积环境变化不大，导致沉积类型差异性不明显，长期均为砂泥岩间互沉积，形成了多套、厚层、持续发育的源岩。根据岩心生物产甲烷模拟实验结果，第四系和新近系沉积有机质均可以在产甲烷菌和其他厌氧菌的共同作用下，形成生物甲烷气。

三湖地区弱成岩阶段生物气的成藏，快速沉积和持续生烃是决定成藏的主要机制。一方面，尽管沉积物处于欠压实的早成岩阶段，由于快速沉积和埋藏，生物气仍能够持续保存下来而成藏；另一方面，生物气的连续生成可以对储层进行持续充注补充，表现为下部成藏天然气扩散运移过程对浅层储层的持续充注，以及连续生成的天然气的持续充注，从而维持生物气的聚集。快速埋藏的地质背景、较高的泥岩比例，沉积地层中泥岩盖层及高矿化度地层水等微观封闭机制都是影响三湖地区生物气成藏的重要因素。

三湖地区上新统上部及第四系从接受沉积至今，一直处于连续不断地生化产甲烷气阶段，三湖地区生物气的成藏模式为持续生烃、早期成藏、动态平衡。即生物气在整个生化产甲烷过程中，不断聚集、不断突破、不断散失、不断再聚集的动态平衡成藏模式。

（二）非常规油气成藏模式

目前，柴达木盆地已发现的非常规油气资源主要为致密油资源，非常规油气成藏模式为富烃凹陷周缘斜坡源内致密油—岩性油藏成藏模式。近几年的研究发现，生烃凹陷中发育多期的滨浅湖滩坝、浊积砂体和碳酸盐岩储层，它们夹持或包裹于多套优质烃源岩中，在烃源岩生烃形成的压力差作用下，具有近源优先连续充注的成藏条件，这有利于形成不受构造控制的大面积连片分布的油气藏，其中在储层物性条件相对较好的层段或区域容易形成岩性油气藏，在致密储层中则形成致密油藏（付锁堂等，2016）。在这一成藏理论的指导下，在柴西南区扎哈泉斜坡的致密油及岩性油藏勘探获得了突破，发现了扎哈泉亿吨级油田（图12-11），这展示出柴达木盆地致密油良好的勘探前景。

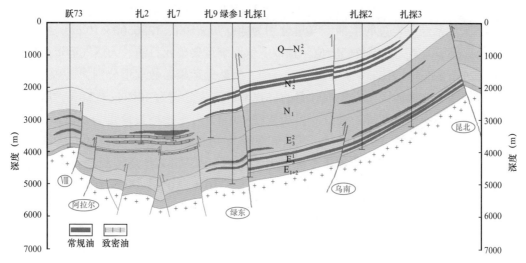

图 12-11　扎哈泉斜坡区源内致密—岩性油藏成藏模式图

第四节　常规与非常规油气资源潜力

根据柴达木盆地油气分布特征、勘探程度、研究现状及评价方法的适用性，选取成因法和类比法开展柴达木盆地常规油气资源评价（郭秋麟等，2016）；由于柴达木盆地致密油勘探尚处在初始阶段，目前达不到 EUR 类比法应用条件，因此重点采用小面元法、资源丰度类比法来评价柴达木盆地致密油资源（郭秋麟等，2015；吴晓智等，2016）。最后运用特尔菲法对致密油资源进行统计分析。评价方法及软件由《中国石油第四次油气资源评价》项目组提供。

一、油气资源评价

（一）常规油气资源评价

1. 成因法

本次成因法评价主要是采用盆地模拟法对盆地油气资源开展评价。根据含油气系统、盆地石油源岩特征、分布及勘探研究情况，分别对柴西古近—新近系油气、柴北缘中—下侏罗统油气及柴东—里坪—三湖地区新近系热成因气开展盆地模拟，采用氯仿沥青"A"法计算德令哈地区石炭系油气资源。盆地模拟是定量模拟盆地形成演化及油气事件发生、发展的动态过程。运用盆地综合模拟系统 Basims6.0 定量地模拟了油气系统的形成和演化，烃类的生成、运移与聚集。综合分析区域构造背景、地层关系、沉积体系、构造样式、水动力类型、热状态、烃源岩特征等地质条件，构建地质模型及数据模型，进行地史、热史、生烃史、排烃史和油气二次运聚史模拟分析，最终模拟得出，柴北缘 J_1、J_2 生油、气量分别为 $385.33 \times 10^8 t$、$15.37 \times 10^8 t$、$1231500 \times 10^8 m^3$、$25100 \times 10^8 m^3$，由此算出柴北缘地区侏罗系烃源岩总的生油、气量分别为 $400.70 \times 10^8 t$、$1256600 \times 10^8 m^3$。根据三次资源评价彭德华等研究成果及经验值，选取下侏罗统运聚单元石油、天然气运聚系数取值分别为 1.2%、1.06%，中侏罗统运聚单元石油、天然气运聚系数取值分别为 1.3%、1.0%，可采系数依据柴北缘地区已发现油气藏的采收率取值为分别为 20.3%、52.8%。据此估算出柴北缘地区中—下侏罗统石油资源量为 $4.82 \times 10^8 t$，可采地质资源量为 $0.98 \times 10^8 t$；天然气地质资源量为 $13304.9 \times 10^8 m^3$，可采资源量为 $7025.0 \times 10^8 m^3$。同样的方法得到，柴西地区古近—新近系常规石油地质资源量为 $27.00 \times 10^8 t$，可采地质资源量为 $5.02 \times 10^8 t$；天然气地质资源量为 $7600 \times 10^8 m^3$，可采资源量为 $4210.6 \times 10^8 m^3$。柴东地区新近系天然气地质资源量为 $4464.0 \times 10^8 m^3$，可采资源量为 $2232.0 \times 10^8 m^3$。

柴达木盆地石炭系主要分布于柴东德令哈断陷，由于勘探程度很低，资料尚不充分，本次采用成因法中的氯仿沥青"A"法对石炭系的常规油气资源进行了估算。计算的德令哈地区石炭系烃源岩的生油、气量分别为 $29.81 \times 10^8 t$、$87099.1 \times 10^8 m^3$，油、气运聚系数参考冷湖及其他凹陷参数，综合取值分别为 3.75%、0.8%，可采系数参考盆地已发现油气藏的采收率取值为 15.0%、55.0%，最终估算得出柴东德令哈断陷石炭系的石油地质资源量为 $1.10 \times 10^8 t$，可采地质资源量为 $0.17 \times 10^8 t$；天然气地质资源量为 $696.8 \times 10^8 m^3$，可采资源量为 $383.2 \times 10^8 m^3$。

2. 类比法

本次主要采用常规与非常规油气资源评价系统 HyRAS1.0 软件对盆底地区基岩、中—下侏罗统、古近系、新近系油气资源开展类比评价，根据构造特征及勘探现状划分了评价单元。

近几年，相继在柴达木盆地马北、昆北、英东、平台、九龙山、东坪、牛东、扎哈泉等地获得了勘探重大突破和发现。马北位于缺乏烃源岩的古隆起区，昆北位于昆仑山前，东坪、牛东位于阿尔金山前，平台、九龙山位于祁连山前古隆起区，这些发现都属于以前未进行深入资源评价或过去资源评价程度低的新地区、新层系、新领域。扎哈泉地区缺乏构造圈闭，与英东地区同样地处柴西南富烃凹陷，目前英东及扎哈泉地区上交的油气地质储量已超过以往对资源的认识，由此设立昆北、英东、小梁山—南翼山、东坪、牛东、马北、三湖北斜坡内带七个刻度区，并完善了冷湖—南八仙刻度区（图 12-12）。

昆北刻度区属新生代坳陷边缘隆起型及岩性、地层型刻度区，本区发育盆缘源外碎屑岩构造及岩性、地层油藏，为柴西南区古近系刻度区。它的各项参数更适用于自身烃源岩条件不佳，成藏模式为源外古隆起、古斜坡成藏模式的地区。因此昆北刻度区对昆北区带和七个泉—砂西区带适用性较好。因此，昆北区带、七个泉—砂西区带可与昆北刻度区进行类比，估算出区带油气资源量。

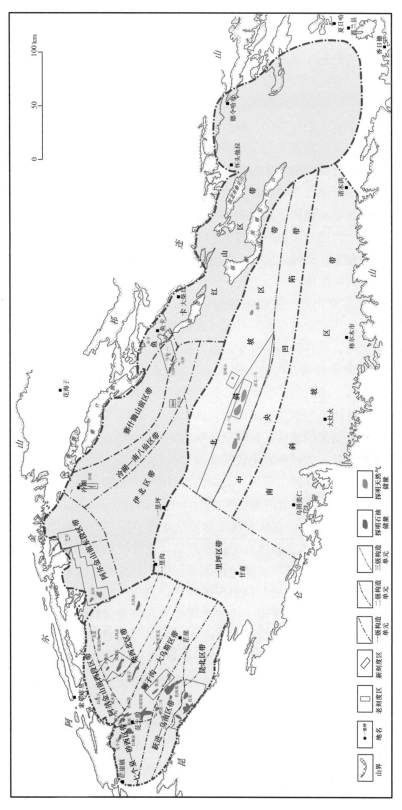

图 12-12　柴达木盆地油气资源评价单元及刻度区分布

英东刻度区为典型的碎屑岩构造油气富集区，主要含油层位为下油砂山组、上油砂山组，代表了柴西地区独特的盆内晚期构造油气藏，为柴西南区新近系碎屑岩刻度区。对英东刻度区各项地质条件分析，得出它的各项参数更适用于柴西地区油源条件，处于生烃凹陷，碎屑岩储层发育，成藏模式为源上晚期构造成藏模式的地区。因此英东刻度区对狮子沟—大乌斯适用性好，而对源外成藏模式的昆北区带适用性较差，狮子沟—大乌斯、跃进—乌南区带可与英东刻度区进行类比，估算出区带油气资源量。

小梁山—南翼山刻度区为柴西北勘探研究程度相对最高的区块，属新生代坳陷内部隆起型刻度区，本区源储组合及油气藏类型具有典型柴西北区特征，所以作为柴西北区刻度区。它的各项参数更适用于油源条件较好，处于生烃凹陷中心或者周缘；储层以混积岩为主，物性较差；晚期构造运动强烈、断裂发育；背斜圈闭条件好；成藏模式为盆内晚期构造油气成藏模式的地区。因此小梁山—南翼山刻度区对柴西北区带适用性很好，而对阿尔金山前西段适用性相对较差。柴西北区带、阿尔金山前西段可与小梁山—南翼山刻度区进行类比，估算出区带油气资源量。

东坪刻度区位于阿尔金山前，主要发现基岩、古近系路乐河组、古近系下柴沟组下段、古近系下柴沟组上段四套含气层系，并且首次在柴达木盆地发现基岩气藏。属于长期持续发育的山前古隆起区，其自身不发育烃源岩，油气主要通过深大断裂纵向沟通、不整合和储层砂体横向输导聚集成藏，代表了柴北缘地区盆缘下侏罗统源外古隆起成藏模式。通过精细解剖东坪刻度区，求取的各项地质参数更适用于具有相似古隆起背景，具有深大断裂—不整合面复合输导体系与生烃凹陷沟通，储盖组合良好，圈闭类型多样，具备源外古隆起—古斜坡油气成藏条件的地区。目前柴北缘地区古隆起区主要发育于阿尔金山前和赛什腾山前，受侏罗系两套主力烃源岩生烃特征及分布影响，目前东坪刻度区对阿尔金山前东段区带适用性更好。对赛什腾山前区带适用性相对较差。因此，东坪区块可与东坪刻度区进行类比，估算出区带天然气资源量。

牛东刻度区位于阿尔金山前，主要发现下侏罗统小煤沟组、古近系路乐河组、古近系下柴沟组下段三套含气层位，是首次在柴达木盆地下侏罗统内部发现整装气藏，拓展了柴达木盆地侏罗系煤型气勘探领域。通过精细解剖牛东刻度区，求取的各项地质参数更适用于下侏罗统内部发育厚层砂岩，储盖配置良好；具有古隆起—古斜坡背景，可形成构造、地层气藏的地区。目前柴北缘下侏罗统煤型气勘探领域目标主要有阿尔金山前东段区带、伊北区带、冷湖—南八仙区带等，受生烃凹陷、成藏特征等因素控制，认为牛东刻度区对阿尔金山前东段区带的适用性好，其侏罗系对于冷湖—南八仙区带、伊北区带等具有一定适用性。因此，牛东区块可与牛东刻度区进行类比，估算出区带天然气资源量。

马北刻度区位于祁连山前，主要发现古近系下柴沟组下段、古近系下柴沟组上段两套含油气层系。本区为古隆起区，不但不发育侏罗系烃源岩，而且新近系遭受强烈剥蚀。油源对比表明油气主要来源于其北部赛什腾凹陷东端的尕西次凹中侏罗统优质湖相烃源岩。马北刻度区发育深大断裂和不整合面复合输导体系与烃源岩沟通，有利于油气长距离运移，为柴北缘中侏罗统刻度区。通过精细解剖马北刻度区，求取的各项地质参数更适用油气来源于中侏罗统凹陷，储层较好、盖层相对较差，具备源外古隆起油气成藏条件的地区。柴北缘中侏罗统主要分布在祁连山周缘，包括赛什腾山前区带和鱼卡—红山区带。由于赛什腾山前区带、鱼卡—红山区带部分区域属山前隆起区，与马北刻度区地质条件相似，此外还有部分区域位于中侏罗统烃源岩分布区，除可形成异地生储油气藏外，还可形成自生自储、下生上储等多种类型油气藏。因此马北刻度区对赛什腾山前区带和鱼卡—红山区带部分地区具有较好适应性，对其优质烃源岩分布区适应性相对较差。赛什腾山前区带、大柴旦—红山区带、北陵丘区块可与马北刻度区进行类比，估算出区带油气资源量。

冷湖—南八仙刻度区位于伊北凹陷，主要发现基岩、侏罗系、路乐河组、古近系下柴沟组上段、新近系上干柴沟组及新近系下油砂山组多套含油气层系。本区发育下侏罗统烃源岩，烃源岩面积广，厚度大，油气运移以侧向运移为主，晚期垂向运移显著。油气分布受断裂构造的控制，油气田往往与沟通油源及圈闭的断层相伴生。通过精细解剖冷湖—南八仙刻度区，求取的各项地质参数更适用油气来源于下侏罗统凹陷，圈闭完整、储盖组合配置较好，断裂发育，具备生烃凹陷区晚期隆起油气成藏条件的地区。柴北缘源上天然气成藏主要包括鄂博梁—葫芦山、冷湖—南八仙区带。因此，冷湖—南八仙刻度区对鄂博梁—葫芦山区带和冷湖—南八仙区带部分地区具有较好适应性，可与冷湖—南八仙刻度区进行类比，估算出区带油气资源量。

三湖北斜坡刻度区为柴东三湖凹陷第四系生物气藏的典型刻度区，其勘探程度高，地质认识和成藏特征研究深入。由于三湖地区生物气源岩条件、储层条件和储盖组合均具有独特性。气源岩是以第四系近代沉积有机质为主，经产甲烷菌生物降解产生大量天然气。本刻度区的各项参数对柴东三湖凹陷勘探程度较低的区块具有很好的适用性，而对柴达木盆地西部坳陷和北缘块断带适用性则差。

下面以英东刻度区解剖为实例，开展英东刻度区油气资源量评价。

1）刻度区概况

英东刻度区为典型的碎屑岩构造油气富集区，代表了柴西地区独特的盆内晚期构造油气藏，面积为 320.8km²，地理位置位于青海省海西州茫崖，区域构造位于青海省柴达木盆地西部坳陷区英雄岭冲断隆起带南缘，北邻油砂山油田，西邻尕斯库勒油田，南接乌南油田。

自 2010 开始钻探，共完成探井 40 口；实施二维地震 117.36km，三维地震已全覆盖，处于中高勘探阶段。刻度区现已落实含油气面积 18.5km²，三级油气地质储量为 1.2×10^8t（以油藏为主，含少量溶解气及气层气）。

本书将英东地区作为柴西地区区带（区块）级刻度区之一，主要因为其是柴西地区典型的碎屑岩构造油气藏，代表了柴西地区独特的盆内晚期构造油气藏，勘探程度较高，基础资料齐全，研究认识程度高。英东刻度区以三维地震边界作为刻度区边界，区内包括英东一号、英号二号、英东三号 3 个构造圈闭（图 12-13）。

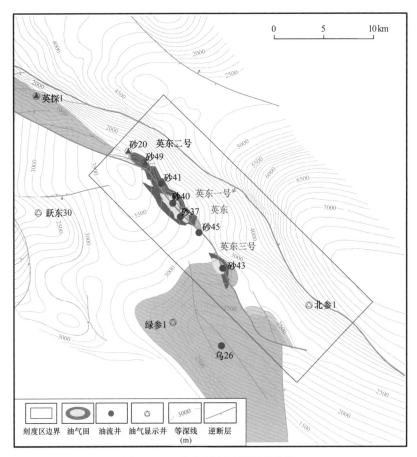

图 12-13　英东刻度区勘探成果图

2）刻度区成藏地质条件

英东刻度区位于英雄岭生烃凹陷，其外围探井岩心分析显示有机碳含量相对较高，平均为 0.8%，优质烃源岩段有机碳含量达 1%～2%，有机质类型主要为 II_1 型，具有较强的生烃能力，油气源条件优越。本区产油层段主要为新近系上、下油砂山组，发育三角洲前缘及滩坝沉积砂体，分选磨圆相对较好。储层岩性为含砾中砂岩、细砂岩、粉砂岩，储集空间以粒间孔为主，物性普遍较好，表现为中高孔、中高渗特点。刻度区上、下油砂山组发育多层泥岩盖层，岩性以棕黄、棕红色湖相泥岩为主，平面上分布较为稳定，对油气有良好的封盖保护作用。

刻度区中浅层（上组合）圈闭以构造圈闭为主，发育层位为上、下油砂山组。类型主要为背斜、断背斜及断鼻等。目前已发现圈闭 12 个，地震 T_2' 反射层圈闭总面积为 $36.32km^2$，圈闭面积系数为 12.26%。刻度区主要烃源岩为下干柴沟组烃源岩，主要储层为上、下油砂山组砂岩，区域性盖层为上下油砂山组泥岩；圈闭的形成时间与生烃高峰时间同时；油气主要通过断层垂向运移、储层侧向运移，生储盖配置为下生上储型（表 12-2）。

表 12-2 英东刻度区地质条件参数表

		刻度区名称	英东
刻度区成藏条件	烃源岩条件	烃源岩厚度（m）	900～1100
		泥岩有机碳含量（%）	0.8～2.0
		有机质类型	$I - II_1$
		成熟度 R_o（%）	1.1
		供烃方式	汇聚流供烃
		生烃高峰时间	N_2
		运移距离（km）	<5
		输导条件	断层＋储层
	储层条件	储层岩性	细砂岩、粉砂岩、含砾中砂岩
		储层沉积相	N_2^2 三角洲前缘亚相，N_2^1 滨浅湖滩坝
		储层平均厚度（m）	210
		储层百分比（%）	26
		储层孔隙度（%）	N_2^2 16.6，N_2^1 15.6
		储层渗透率（mD）	N_2^2 79.3，N_2^1 56.4
		储层埋深（m）	N_2^2 200～1000，N_2^1 900～3000
	圈闭条件	圈闭类型	构造
		圈闭幅度（m）	200～500
		圈闭面积系数（%）	12.26
刻度区成藏条件	保存条件	盖层厚度（m）	单层3～5，累计100～300
		盖层岩性	泥岩
		盖层面积系数（%）	100
		盖层以上的不整合数	1
		断裂破坏程度	弱
	配套条件	区带形成时间与生烃高峰时间的匹配	同时
		运移方式	断层垂向运移、储层侧向运移
		生储盖配置	下生上储或自生自储

3）刻度区资源潜力

英东刻度区主要采用了油藏规模序列法、油藏发现过程法、广义帕莱托分布法等三种方法分别计算，最后应用特尔菲法加权统计分析得出其地质资源量与可采资源量。

（1）油藏规模序列法。

当油藏规模变化率 K 值为 54 时，英东刻度区 8 个油藏均分布于序列中，拟合效果好。拟合显示已发现最大的油藏，未发现油藏的石油地质储量为 $12820.97 \times 10^4 t$，石油可采储量为 $2603.85 \times 10^4 t$。该方法预测出英东刻度区石油地质资源量为 $23573.97 \times 10^4 t$，石油可采资源量 $5351.3 \times 10^4 t$（图 12-14、图 12-15）。

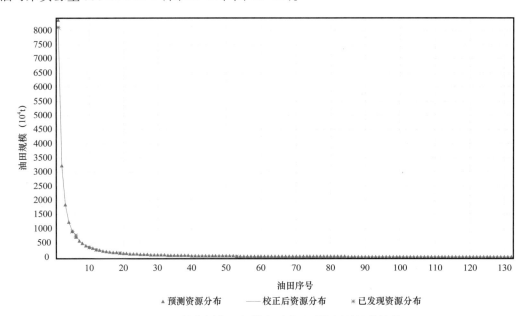

图 12-14　英东刻度区规模序列法地质资源量计算结果

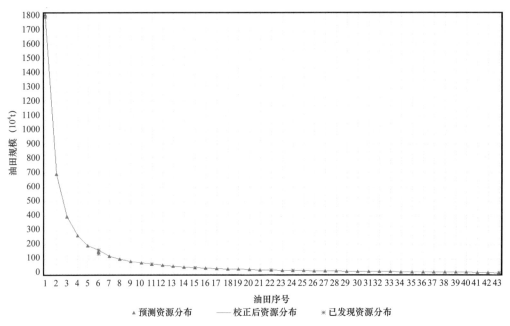

图 12-15　英东刻度区规模序列法可采资源量计算结果

（2）油气藏发现序列法。

当油田个数 N 为 50，勘探效率系数 β 为 0.45，平均数 μ 值为 4.916，方差 α 值为 2.52 时，英东刻度区 8 个油藏均分布在序列中，拟合效果好，拟合显示已发现最大油藏。该方法预测出英东刻度区石油地质资源量为 23712.9×10^4t（图 12–16）。

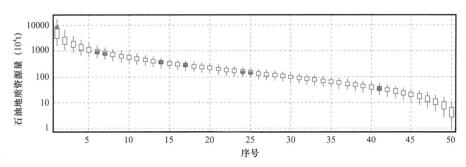

图 12–16　英东刻度区油藏地质储量序列图

当油田个数 N 为 50，勘探效率系数 β 为 0.45，平均数 μ 值为 3.107，方差 α 值为 2.52 时英东刻度区 8 个油藏均分布于序列中，拟合效果好。预测出石油可采地质资源量为 5382.83×10^4t（图 12–17）。

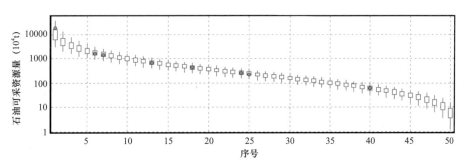

图 12–17　英东刻度区油藏可采储量序列图

（3）广义帕莱托法。

采用广义帕莱托分布法，取最小值为 60.003，油藏规模分布系数 λ 值为 0.602，最大值为 6064，油藏规模中位数 γ 值为 732.185 时，英东刻度区的 8 个油藏均位于序列图中，拟合效果较好，由此最终该方法预测出石油地质资源量为 27404.58×10^4t，石油可采资源量为 6220.84×10^4t（图 12–18、图 12–19）。

（4）特尔菲法。

本次计算过程中，广义帕莱托法进行油藏计算时拟合效果一般，所以权重较少，其余两种方法拟合效果均较好，权重系数平均取值。因此最后确定的石油权重系数分别是 0.4、0.4、0.2。采用特尔菲法对油藏规模序列法、油藏发现序列法、广义帕莱托法等计算的地质资源量和可采资源量进行综合评价。其中三种方法石油权重系数分别为 0.4、0.4 和 0.2，经计算，英东刻度区最终期望值石油地质资源量是 25067.8×10^4t，可采资源量为 5690.4×10^4t（表 12–3）。

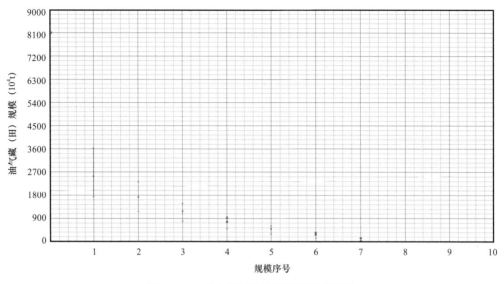

图 12-18 英东刻度区地质资源量序列图

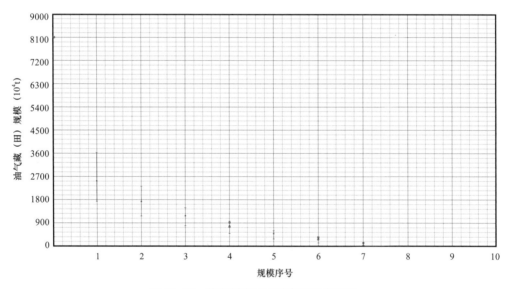

图 12-19 英东刻度区可采资源量序列图

表 12-3 英东刻度区石油资源量计算结果表

资源量估算方法	权重系数	地质资源量（10^4t）	权重系数	可采资源量（10^4t）
油藏规模序列法	0.4	23573.97	0.4	5351.3
油藏发现序列法	0.4	23712.9	0.4	5382.83
广义帕莱托法	0.2	27404.58	0.2	6220.84

续表

资源量估算方法		权重系数	地质资源量（10^4t）	权重系数	可采资源量（10^4t）
资源量汇总	5%		32913.8		7471.48
	50%		21802.9		4949.26
	95%		17000.4		3859.1
	期望值		25067.8		5690.4

同样的方法对昆北、小梁山—南翼山、东坪、牛东、马北、冷湖—南八仙及三湖北斜坡刻度区进行详细解剖，采用油气藏规模序列法、油气藏发现序列法、广义帕莱托法、特尔菲综合法估算出各刻度区资源量，各区带与相应的刻度区进行类比，估算出各区带资源量，进而得出柴达木盆地石油地质资源量为 28.49×10^8t，可采资源量为 2.70×10^8t；天然气地质资源量为 53760.9×10^8m^3，可采资源量为 13284.73×10^8m^3。采用成因法与类比法的评价结果较为相近，反映评价结果可靠。其中，成因法评价的天然气资源量要大于类比法的评价结果，且类比法是油气资源评价国际主流趋势，其结果被认为相对更客观、更可靠，因此最终采用了类比法评价结果，将柴东德令哈地区石炭系成因法评价的资源量一并计入，最终计算出柴达木盆地常规石油地质资源量为 29.59×10^8t，可采资源量为 5.54×10^8t；天然气地质资源量为 32126.99×10^8m^3，可采资源量为 15899.93×10^8m^3。

（二）非常规油气资源评价

结合古近系、新近系烃源岩分布特征、储层沉积特征及埋深等地质条件综合分析，柴达木盆地近期具备勘探开发价值的非常规油气资源为柴西致密油。它可划分为三大类型，分别是柴西中新统湖相碎屑岩致密油、柴西南渐新统碳酸盐岩致密油和柴西北上新统碳酸盐岩致密油。

由于柴达木盆地致密油勘探尚处在初始阶段，勘探程度极低，以往未对其开展过资源评价。因此，本次选取了小面元容积法和类比法分别评价了以上 3 类致密油资源，通过特尔菲法综合评价得出柴达木盆地致密油资源量为 8.58×10^8t，可采地质资源量为 0.697×10^8t（表 12-4）。

表 12-4　柴达木盆地致密油资源评价结果汇总表

评价单元	岩性	面积（km^2）	地质资源量（10^8t）	可采资源量（10^8t）	地质资源丰度（10^4t/km^2）	可采资源丰度（10^4t/km^2）	可采系数（%）
柴西南渐新统碳酸盐岩	石灰岩	1350	1.40	0.084	10.35	0.62	6
柴西中新统湖相碎屑岩	粉砂岩	1800	3.29	0.264	18.29	1.47	8
柴西北上新统碳酸盐岩	石灰岩	4900	3.89	0.350	7.93	0.71	9
合计			8.58	0.697			

二、常规油气资源潜力

从层系上来看，常规石油和天然气资源量最大为新近系，其次为古近系；从一级构造单元来看，西部坳陷区新近系常规石油资源量最大，北缘块断带则是古近系常规石油资源量最大；三湖坳陷以第四系常规天然气资源量最大（表12-5）。

表12-5 柴达木盆地各地区各层系常规石油和天然气资源量汇总表

盆地名称	面积（km²）	一级构造单元	含油气层系	石油资源量（10⁴t）		天然气资源量（10⁸m³）		溶解气资源量（10⁸m³）	
				地质	可采	地质	可采	地质	可采
柴达木盆地	12100	西部坳陷	N	133360.00	23170.00	1938.00	1164.00	407.11	71.93
			E	108360.00	21810.00	4377.00	2335.00	286.35	50.22
			基岩	2120.00	430.00				
		北缘块断带	N	10704.21	2743.92	1960.49	1061.20		
			E	18643.52	3547.72	3028.62	1557.99		
			J	2005.30	266.49	3235.94	1745.40		
			C	11000.00	1650.00	696.79	383.23		
			基岩	9697.76	1792.76	3232.45	1690.41		
		三湖坳陷	Q			9193.70	3730.70		
			N			4464.00	2232.00		
各层系汇总			Q			9193.70	3730.70		
			N	144064.21	25913.92	8362.49	4457.20	407.11	71.93
			E	127003.52	25357.72	7405.62	3892.99	286.35	50.22
			J	2005.30	266.49	3235.94	1745.40		
			C	11000.00	1650.00	696.79	383.23		
			基岩	11817.76	2222.76	3232.45	1690.41		
合计				295890.80	55410.90	32126.99	15899.93	693.46	122.15

从深度上看，常规石油资源量主要分布在西部坳陷区中浅层＜2000m地区，其次是西部坳陷区2000m≤中深层＜3500m地区；常规天然气资源主要分布于三湖坳陷中浅层＜2000m地区（表12-6、表12-7）。

表 12-6　柴达木盆地常规石油资源深度分布表

盆地名称	一级构造单元	深度	层系	石油资源量（10⁴t）	资源分配率（%）	深度资源量（10⁴t）
柴达木盆地	西部坳陷	中浅层＜2000m	N、E、基岩	243840.0	54	132380.00
		2000m≤中深层＜3500m			26	63240.00
		3500m≤中深层＜4500m			10	23460.00
		超深层≥4500m			10	24760.00
	北缘块断带	中浅层＜2000m	N、E、J、C、基岩	52050.8	21	10704.21
		2000m≤中深层＜3500m			36	18643.52
		3500m≤中深层＜4500m			25	13005.30
		超深层≥4500m			19	9697.76
深度资源量汇总		中浅层＜2000m	N、E、J、C、基岩	295890.8		143084.21
		2000m≤中深层＜3500m				81883.52
		3500m≤中深层＜4500m				36465.30
		超深层≥4500m				34457.76

表 12-7　柴达木盆地常规天然气资源深度分布表

盆地名称	一级构造单元	深度	层系	天然气资源量（10⁸m³）	资源分配率（%）	深度资源量（10⁸m³）
柴达木盆地	西部坳陷	中浅层＜2000m	N、E、基岩	6315.00	28	1748.00
		2000m≤中深层＜3500m			8	512.00
		3500m≤中深层＜4500m			28	1791.00
		超深层≥4500m			36	2264.00
	北缘块断带	中浅层＜2000m	N、E、J、C、基岩	12154.29	16	1960.49
		2000m≤中深层＜3500m			25	3028.62
		3500m≤中深层＜4500m			32	3932.73
		超深层≥4500m			27	3232.45
	三湖坳陷	中浅层＜2000m	Q、N	13657.70	67	9193.70
		2000m≤中深层＜3500m			18	2432.00
		3500m≤中深层＜4500m			9	1219.20
		超深层≥4500m			6	812.80

盆地名称	一级构造单元	深度	层系	天然气资源量（10^8m^3）	资源分配率（%）	深度资源量（10^8m^3）
深度资源量汇总		中浅层＜2000m	Q、N、E、J、C、基岩	32126.99		12902.19
		2000m≤中深层＜3500m				5972.62
		3500m≤中深层＜4500m				6942.93
		超深层≥4500m				6309.25

三、非常规油气资源潜力

目前盆地具备经济勘探开发条件的非常规油气资源为柴西地区致密油资源，包括柴西中新统碎屑岩致密油、柴西南渐新统碳酸盐岩致密油和柴西北上新统碳酸盐岩致密油。目前勘探研究表明，柴西地区致密油分布于优质烃源岩发育区，生油条件优越，其"甜点"富集的关键是有利的储集条件。

（一）柴西中新统碎屑岩致密油

柴西中新统优质烃源岩主要分布于柴西南扎哈泉—柴西北小梁山一带，其内部所夹薄层湖相碎屑岩储层，岩性以细—粉砂岩为主，分选较好，杂基含量少，有利于致密油富集。研究认为，其"甜点"富集因素主要为具备浅湖相滩坝砂体沉积条件、储层溶蚀孔发育。

（二）柴西南渐新统碳酸盐岩致密油

柴西南区渐新统烃源岩是盆地古近—新近系中最优质的生油岩，其中发育藻灰岩和石灰（白云）岩储层，有利于致密油富集。柴西南渐新统致密油"甜点"的富集因素包括沉积环境为水体较为平静的水下低隆起，有利于形成藻滩，沉积藻灰岩；储层中白云石含量较高，晶间孔发育，如发育高角度裂缝可极大改善储层渗透性能。

（三）柴西北上新统碳酸盐岩致密油

柴西北区上新统普遍发育有效生油岩，其中储层岩性主要为泥晶灰岩和藻灰岩，可以形成致密油。柴西北上新统致密油"甜点"的富集因素有沉积环境为水体较为平静的水下低隆起，有利于形成藻滩，沉积藻灰岩；储层中泥质含量较少或白云石含量相对较高，溶蚀孔发育。

第五节　剩余油气资源分布及有利勘探方向

柴达木盆地石油主要集中分布于柴西南区，天然气主要集中分布于柴北缘地区，盆地致密油资源现今勘探程度极低，仍有大量剩余致密油资源未发现，研究认为此类资源也大多集中分布于柴西。

一、剩余油气资源潜力及分布

柴达木盆地常规石油资源总量为 $29.59 \times 10^8 t$，常规天然气地质资源量为 $32126.99 \times 10^8 m^3$。现已探明石油地质储量为 $6.83 \times 10^8 t$，探明天然气地质储量为 $3989.28 \times 10^8 m^3$。剩余常规石油地质资源量为 $22.76 \times 10^8 t$，剩余天然气地质资源量为 $28137.71 \times 10^8 m^3$。反映柴达木盆地油气勘探仍然具有较大潜力。

常规石油主要集中分布于柴西南区（剩余常规石油地质资源量达 $17.96 \times 10^8 t$），特别是柴西南狮子沟—大乌斯、跃进—乌南、阿尔金山前西段等区带剩余石油资源丰度相对较高。

致密油资源主要分布于柴西地区，现实有利区为跃东—扎哈泉—乌南中新统致密油现实有利区、小梁山—南翼山上新统致密油区现实有利区及红柳泉—跃进渐新统致密油现实有利区。

常规天然气主要集中分布于柴北缘地区，特别是东坪、牛东和鄂博梁—葫芦山区块等区块剩余天然气资源丰度较高，其次阿尔金山前西段、冷湖—南八仙和赛什腾山前区带剩余天然气资源丰度相对较高。

二、有利勘探方向与目标

柴达木盆地常规油气资源主要分布于三大含油气系统，分别位于西部坳陷、北缘块断带及三湖坳陷，分别为柴西古近—新近系油气系统、柴北缘侏罗系油气系统、柴东三湖地区第四系生物气系统。

从盆地剩余油气资源来看，剩余石油资源主要分布于柴西地区，特别是柴西南狮子沟—大乌斯、跃进—乌南区带剩余石油资源丰度相对较高，反映柴西地区仍为柴达木盆地石油勘探的重点区域。

剩余天然气资源则主要分布于盆地中心及其周缘，其中尤以阿尔金山前东段、伊北凹陷、柴西北及三湖北斜坡区剩余天然气资源丰度最高。由此可见，柴北缘煤型气、柴西油型气及柴东生物气均具备勘探潜力。目前，柴东第四系生物气勘探程度相对较高；柴北缘煤型气勘探已发现大型气田，是近几年柴达木盆地天然气勘探主攻领域，总体勘探程度不高，仍有待进一步深化；柴西北古近—新近系油型气仍处于探索起步阶段，目前已展露良好苗头。

根据本次油气资源评价成果，柴达木盆地盆缘古隆起及斜坡区、盆内凹陷—斜坡带、盆内晚期构造带剩余油气资源丰富，是近期重点勘探领域。

（一）盆内大型晚期构造带勘探领域

在喜马拉雅晚期新构造运动作用下，由柴西至柴北缘，柴达木盆地内部发育成排成带的大型晚期构造背斜隆起构造带，普遍形成于新近纪上新世中期之后。以往认为，晚期构造圈闭定型太晚，对早期生成的油气起到调整、破坏作用，不利于成藏，因此勘探程度相对较低。

1. 柴西地区

近年来，通过大量深入研究，认为柴西地区晚期构造圈闭形成期与古近—新近系烃源岩生油高峰期匹配较好，对油气成藏具有建设性作用。在这一源上晚期构造成藏模式指导下，在英东发现了高丰度的油气田。揭示柴西地区众多晚期构造是有利油气勘探目标。

其中，英雄岭构造带油源优越，储层条件好，具备上、中、下组合整体含油的优势。目前其剩余石油资源量仍有 $5.62 \times 10^8 t$；剩余天然气资源量为 $1429.62 \times 10^8 m^3$，仍然具有较大勘探潜力。

柴西北区大型晚期构造带圈闭面积大，油源条件好。剩余资源丰度相对较高，是今后油气勘探有利接替区。目前浅层上组合石油合作开发成效显著，近期钻探在中组合见到良好天然气显示，进一步揭示其潜力。

2. 柴北缘地区

在柴北缘下侏罗统烃源岩分布区，同样分布若干晚期构造带。根据侏罗系烃源岩最新研究成果认为，下侏罗统烃源岩进入生油高峰早，自中新世至今始终处于生气高峰。晚期构造圈闭形成于上新世之后，不利于捕获早期生成的石油，却有利于天然气聚集，其下组合距烃源岩更近，保存条件更好，有待深入探索。因此，柴北缘地区的晚期构造带，是天然气勘探有利目标。

其中，鄂博梁—冷湖构造带位于下侏罗统生烃凹陷，天然气剩余资源丰度高。深层钻探在侏罗系内幕见到良好天然气显示，值得深入探索。

（二）盆缘古隆起—斜坡勘探领域

以往认为富烃凹陷区才有利于油气勘探。近年通过勘探研究，创新了柴达木盆地源外古隆起—斜坡区油气成藏模式，指导马北古隆起、昆仑山前西段昆北断阶带、祁连山前西段平台古隆起、阿尔金山前东段东坪和牛东鼻隆等区油气勘探接连获得重大突破。

长期发育的古隆起有利于油气运聚，结合柴达木盆地烃源岩分布情况，邻近生烃凹陷的阿尔金山前、祁连山前西段具备良好勘探前景。

1. 阿尔金山前东段

紧邻伊北侏罗系生烃凹陷，是油气长期运聚指向，有利于形成各类气藏，剩余天然气资源丰富。目前在高断阶已获重大发现，低断阶距烃源岩更近，是下步有利重点勘探区带。

2. 阿尔金山前西段

紧邻柴西北生烃凹陷，下组合有利于油气成藏。整体勘探程度不高，有待深入探索。

3. 祁连山前西段

邻近中侏罗统优质烃源岩，已发现了冷东近源构造—岩性油气藏、平台—驼南源外古隆起气藏和九龙山源内斜坡岩性油藏，展示该区良好勘探前景。目前勘探程度仍不高，是下步勘探有利目标。

（三）盆内凹陷—斜坡带岩性及非常规油气勘探领域

柴达木盆地生烃凹陷众多，包括柴西地区古近—新近系切克里克—扎哈泉凹陷、红狮凹陷、英雄岭凹陷、小梁山—南翼山凹陷；柴北缘地区侏罗系伊北凹陷、坪东凹陷、昆特依凹陷、冷西次凹、赛什腾凹陷、马海尕秀—鱼卡凹陷，石炭系德令哈凹陷；柴东地区第新近系—第四系—里坪—三湖凹陷等。

目前凹陷—斜坡区岩性及非常规油气刚刚起步，初步已在扎哈泉斜坡取得良好成效，潜力仍较大。

1. 柴西新近系凹陷—斜坡区

有效烃源岩分布范围广，油气源充足。烃源岩与低渗储层匹配，为形成源内致密油和岩性油藏提供了良好条件。

2. 柴北缘中下侏罗统凹陷—斜坡区

烃源岩面积广、厚度大，资源丰富，石英砂岩厚度大，源储组合优越。其埋深适中、碎屑岩储层发育区是侏罗系源内、近源油气勘探有利区域。

3. 柴东—里坪—三湖凹陷斜坡区

第四系生物气生气强度大，剩余资源丰富。岩性为砂泥岩互层，储盖配置良好，砂体尖灭发育，物性横向变化大，是岩性生物气藏有利分布区。

第十三章 吐哈、三塘湖盆地油气资源潜力与勘探方向

吐哈油田主要围绕吐哈盆地和三塘湖盆地开展油气勘探工作，通过盆地生储盖组合配置、成藏模式等石油地质条件系统研究，认为吐哈盆地烃源岩主要为侏罗系煤系烃源岩和二叠系桃东沟群湖相烃源岩，这两套烃源岩生油强度较大的地区均位于台北凹陷主体沉降区，具备形成大油田的物质基础。侏罗系主要为正向分异、逆向分异、垂向分异及混合型4种成藏模式；二叠系为侧向长距离运聚、古斜坡成藏模式；三叠系为源内垂向运聚、自生自储油气成藏模式。三塘湖盆地主要发育二叠系芦草沟组盐湖相烃源岩和石炭系哈尔加乌组两套烃源岩，二叠系条湖组致密油为他源充注、断—缝输导、"甜点"富集的成藏模式；石炭系卡拉岗组为源上风化壳成藏模式。地质理论指导了勘探突破，勘探突破深化了地质理论，近几年的油气勘探，在火山岩油气成藏理论、致密油气成藏理论、复式油气聚集带理论等方面取得了明显的进展。

第一节 吐哈、三塘湖盆地油气勘探新进展

近10年来，吐哈油田油气勘探取得了4个方面的主要进展，主要有吐哈盆地二叠系扩展勘探、侏罗系精细勘探、三塘湖盆地条湖组致密油、石炭系火山岩，随着石油地质理论的发展，吐哈油田勘探领域不断扩大，在盆地基底、地质体、油气赋存状态等油气地质方面也取得了一些理论创新和地质新认识。

一、油气勘探进展

（一）吐哈盆地二叠系梧桐沟组勘探突破

20世纪90年代吐哈盆地在鲁克沁构造带发现了三叠系亿吨级稠油富集带，油气成藏规律研究认为。鲁克沁构造带油气2期成藏，且油气来源于北部胜北洼陷，在此新认识的指导下，向北部二叠系深洼区近源勘探，寻找高成熟度的稀油油藏，部署的玉北1井在二叠系梧桐沟组获得高产工业油流，玉北二叠系梧桐沟组新层系取得突破。

玉北梧桐沟组油藏是以二叠系桃东沟群湖相暗色泥岩为烃源岩，以二叠系梧桐沟组、扇三角洲前缘水下分流河道沉积的砂岩为储层，以二叠系梧桐沟组上部泥岩为盖层的下生上储式大型油气富集带。围绕鲁西和库木这2大古凸起发育玉北扇体和英也尔扇体，油气

围绕两大扇体聚集成藏，二叠系梧桐沟组为层状油藏，砂体平面分布直接控制油藏展布，砂体发育又受两大扇体控制，也就是扇体控制着油藏规模。

（二）三塘湖二叠系条湖组凝灰岩致密油勘探突破

2012 年，三塘湖盆地马朗凹陷腹部的芦 1 井首次在条湖组钻遇良好显示的凝灰岩储层，压裂后获油流，发现了马中二叠系凝灰岩致密油藏，之后马 55、马 56 井相继获得工业油流，条湖组凝灰岩致密油获得新层系、新类型勘探突破（图 13-1）。

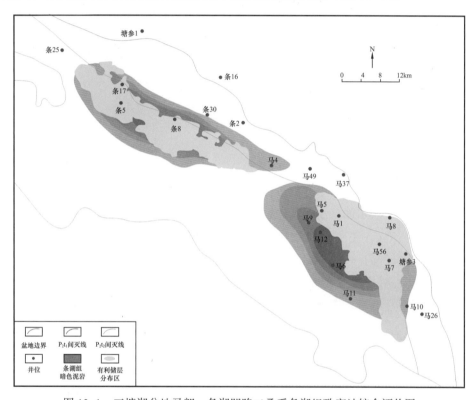

图 13-1　三塘湖盆地马朗—条湖凹陷二叠系条湖组致密油综合评价图

三塘湖盆地二叠系条湖组凝灰岩致密油是一种特殊类型的非常规油气资源，凝灰岩储层是空落的火山灰沉入富含有机质的湖盆中，在凝灰岩固结成岩过程中，上部的有机质生烃产生的有机酸使凝灰岩发生脱玻化作用，产生大量的晶间微孔、溶蚀微孔、基质微孔和微裂缝，单孔体积小、数量大、总孔隙度高，但火山灰粒径小、孔喉小，主要集中在 0.05～0.1μm，储层渗透率很低，普遍小于 0.1mD。后期来自于下部芦草沟组的成熟油气沿断裂垂向运聚，在条湖组凝灰岩中聚集成藏。该致密油藏常规试油无产能或无法达到经济产量标准，属于典型的致密油范畴。马中条湖组凝灰岩致密油藏具有"大孔隙度、特低渗透率、高含油饱和度"特征，储层单一、大面积连片分布的特征（梁浩，2014）。古沉积洼地控制了凝灰岩的发育，脱玻化凝灰岩有利储层控制了油藏的平面展布。

（三）三塘湖盆地石炭系火山岩油气勘探突破

早在 20 世纪 90 年代三塘湖盆地的塘参 3 井就在厚层玄武岩上部见到了丰富的油气显示，但受当时储层改造规模和工艺的限制，仅获得了低产油流，未获勘探突破，加之当时国内火山岩油藏突破的实例并不多见，盆地火山岩能否作为有效储层聚集成藏，大多持怀疑态度，并未引起大家的足够重视。2006 年在深入开展烃源岩、储层研究的基础上，在马朗凹陷部署的马 17 井在石炭系卡拉岗组风化壳储层获得高产工业油流，石炭系火山岩首次在盆地取得突破。之后在下部的石炭系哈尔加乌组也发现了内幕性火山岩油藏。石炭系火山岩油藏是以哈尔加乌组泥岩、碳质泥岩为烃源岩，以火山岩风化壳和火山喷发间断面为储层的盆地内新发现的一套含油气系统，扩展了勘探领域，深化了火山岩油气勘探新理论。

二、油气藏特征与成藏模式

（一）三塘湖盆地哈尔加乌组新的烃源岩层系

三塘湖盆地重点针对石炭系开展勘探，打破以往认为石炭系火山岩就是盆地基底的认识，新发现了石炭系哈尔加乌组烃源岩层系，在盆地内广泛分布。钻井揭示哈尔加乌组烃源岩厚度在 40～150m，主要为陆源有机质为主的碳质泥岩和暗色泥岩（李玉婷，2018）。烃源岩有机质丰度较高，碳质泥岩是主要生油岩，有机碳含量平均为 4.94%，生烃潜量平均为 17.33mg/g，总烃平均为 4065mg/g，有机质类型以 II 型为主，占总量的 70% 以上，综合评价为好—很好烃源岩，该套烃源岩是牛东火山岩油藏油气的主要来源。

（二）吐哈盆地二叠系梧桐沟组新的含油层系

在精细油气运移研究基础上，认为鲁克沁稠油来源于北部胜北洼陷二叠系桃东沟群湖相烃源岩，按照稠油近洼方向找稀油的思路，在鲁克沁油田北部火焰山上部署的玉北 1 井新发现了二叠系梧桐沟组砂砾岩储层，上部的梧 3 段含砾细砂岩物性及含油性好，为扇三角洲平原、扇三角洲前缘水下分流河道砂体沉积，储层厚度为 9～35.8m，孔隙度为 13%～19%，下部的梧 1 段沉积相主要为冲积扇的扇根—扇中，岩性以厚层（150m）块状砂砾岩为主，顶部发育细砂岩，油层厚度为 6～43m，孔隙度为 12%～17%。

（三）形成条湖组凝灰岩致密油新的油气成藏模式

三塘湖盆地条湖组凝灰岩致密油藏是国内仅有的以凝灰岩为储层的油藏，在深化储层成因机理和油气成藏主控因素后，明确了条湖组凝灰岩致密油藏的"自源润湿、他源充注、断—缝输导、大面积成藏、甜点富集"成藏模式（马剑，2016），本章第四节有详细介绍，这里不再赘述。

第二节　吐哈盆地油气地质条件

吐哈盆地主要发育侏罗系西山窑组、八道湾组煤系烃源岩以及二叠系桃东沟群湖相烃源岩，这两套烃源岩生油强度较大的地区均位于台北凹陷主体沉降区，具备形成大油田的烃源基础。储层主要为侏罗系、三叠系和二叠系3套层系，沉积微相类型主要有扇三角洲、辫状河三角洲前缘水下分流河道、扇三角洲扇中辫状河道、河口坝等。4套区域性盖层为 J_2s_1 泥岩、J_2q_2—J_3q 泥岩与粉砂质泥岩、K_1 泥岩、（K_2—E_2）sh 石膏与泥岩。形成上下两套含油气系统和多套生储盖组合。

一、区域地质特征

（一）构造单元划分

吐哈盆地位于新疆东部，是在海西期褶皱基底上发育起来的以晚古生代、中—新生代沉积地层为主的山间沉积盆地（王昌桂，1998）。盆地四面环山，北部是博格达山，南部是觉罗塔格山，西北是喀拉乌成山，东北部为哈尔里克山。盆地东西长660km，南北宽60~100km，总面积为51505km²，有效勘探面积为35000km²。盆地在褶皱基底上沉积了厚达近万米的二叠系、三叠系、侏罗系、白垩系、古近系、新近系和第四系。二叠系上、下统间，三叠系、侏罗系、白垩系之间，白垩系库木塔克组与连木沁组、新近系之间，古近系始新统、渐—中新统之间为不整合（或假整合）接触，其余系、统、群、组间以整合接触为主。

依据盆地布格重力异常、磁力异常及盆地下古生界基底坳隆构造格局，吐哈盆地共划分为吐鲁番坳陷、了墩隆起和哈密坳陷3个一级构造单元、10个二级构造单元（表13-1）。

表13-1　吐哈盆地构造单元划分一览表

序号	一级构造单元	面积（km²）	序号	二级构造单元	三级构造单元	面积（km²）
1	吐鲁番坳陷	24496	1	台北凹陷	胜北洼陷	12295.40
					丘东洼陷	
					小草湖洼陷	
			2	科牙依凹陷		978.67
			3	托克逊凹陷		2593.07
			4	台南凹陷		1567.85
			5	布尔加凸起		1469.36
			6	鲁西凸起		2344.99
			7	塔克泉凸起		3246.68

序号	一级构造单元	面积（km²）	序号	二级构造单元	三级构造单元	面积（km²）
2	了墩隆起	10322				10322.00
3	哈密坳陷	16687	1	三堡凹陷		2366.71
			2	火石镇凹陷		5730.26
			3	黄田凸起		8590.18
全盆地		51505				51505.46

依据吐哈盆地地层充填和构造发育特征，吐哈盆地经历了由初期的分割性凹陷盆地（断陷期）到统一坳陷盆地（包括统一坳陷期、广盆期），其构造演化大致可以划分为5个阶段：（1）早—中二叠世多凹陷（断陷）期；（2）晚二叠—早三叠世（仓房沟组沉积期）统一坳陷期；（3）中晚三叠世（小泉沟组沉积期）—侏罗纪早期多旋回陆内前陆期；（4）白垩纪坳陷期；（5）新生代晚期陆内前陆盆地与盆地萎缩期。

（二）地层特征

吐哈盆地沉积地层由前侏罗系和侏罗系及其上覆层系两大套构造层所组成。前侏罗系包含二叠系、三叠系，侏罗系及其上覆地层主要包含有下侏罗统八道湾组、三工河组，中侏罗统西山窑组、三间房组和七克台组，上侏罗统齐古组和喀拉扎组，白垩系和古近系（图 13-2）。

二、烃源岩发育特征

烃源岩是油气生成的物质基础，吐哈盆地主要发育了中—下侏罗统水西沟群煤系烃源岩、中二叠统桃东沟群湖相烃源岩两套烃源岩。

（一）侏罗系有机质特征及分布

侏罗系煤系烃源岩纵向上主要分布于中侏罗统西山窑组和下侏罗统八道湾组，岩性主要为煤岩、碳质泥岩和暗色泥岩（徐论勋等，2004）。平面上主要分布于托克逊凹陷、台北凹陷和哈密的三堡凹陷（刘俊田等，2012），其中台北凹陷是最主要的生烃凹陷，煤系烃源岩累计厚度最大可达 1100m 左右，其中煤岩厚度在 100～200m 之间。

西山窑组暗色泥岩分布除了墩隆起以外的广大地区，厚度一般为 200～400m，最大厚度为 600m 以上（表 13-2），其中托克逊凹陷、胜北洼陷暗色泥岩厚度最大在 400m 以上，丘东洼陷最厚大于 600m，小草湖洼陷最厚在 500m 以上（图 13-3）。西山窑组暗色泥岩有机碳含量平均为 1.46%，类型主要为 III 型干酪根，R_o 在 0.48%～1.0%，平均为 0.72%，热演化程度主要处于低熟阶段，综合评价为中等—好烃源岩。

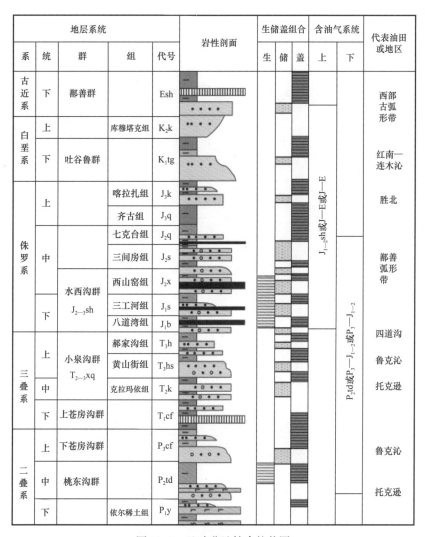

图 13-2　吐哈盆地综合柱状图

表 13-2　吐哈盆地西山窑组、八道湾组、桃东沟群暗色泥岩综合评价表

层位	凹陷	洼陷	烃源岩厚度（m）	样品数	平均值		母质类型	演化程度	总体评价	井或露头
					TOC（%）	S_1+S_2（mg/g）				
J_2x	台北	胜北	457.0	206	1.30	1.80	Ⅲ、Ⅱ	低—成熟	较好	L1 井
		丘东	600.0	334	1.10	1.30	Ⅲ、Ⅱ	低—成熟	较好	S1 井
		小草湖	547.0	153	1.20	1.40	Ⅲ、Ⅱ	低—成熟	较好	G8 井
	托克逊		547.0	64	1.00	0.53	Ⅲ	未—低熟	差	TC2 井
	三堡		452.0	22	2.70	1.40	Ⅲ		较好	H3 井

续表

层位	凹陷	洼陷	烃源岩厚度（m）	样品数	平均值 TOC（%）	平均值 S_1+S_2（mg/g）	母质类型	演化程度	总体评价	井或露头
J₁b	台北	胜北	710.0	59	1.90	2.80	Ⅲ、Ⅱ	成熟	好	QS1 井
		丘东	798.0	152	1.80	3.30	Ⅲ	成熟	好	LS2 井
		小草湖	460.0	8	1.40	1.80	Ⅲ	成熟	较好	G1 井
	托克逊		975.0	82	2.00	2.50	Ⅲ、Ⅱ	低熟	较好	TC1 井
	三堡		888.0		1.00	1.10			较好	H3 井
P₂td	台北		200.0		5.20		Ⅱ₂、Ⅲ		好	TELG
	台南		222.5	9	0.91	0.10	Ⅲ	成熟	较好	SQ1
	托克逊		85.2	7	2.48	2.55	Ⅲ	低熟	较好	T2
	三堡		200.0	53	1.22		Ⅱ₂、Ⅲ		较好	DNH

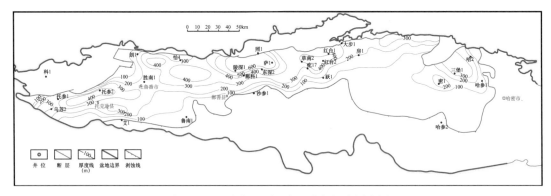

图 13-3　吐哈盆地西山窑组暗色泥岩厚度图

八道湾组暗色泥岩厚度一般在 100～200m，其中托克逊凹陷暗色泥岩最厚在 900m 以上，胜北和丘东洼陷厚度最大在 700m 以上，小草湖洼陷最厚在 400m 以上；三堡凹陷的 H3 井最厚，大于 800m。八道湾组暗色泥岩有机碳含量平均为 1.62%，类型以Ⅱ—Ⅲ型为主，R_o 在 0.84%～1.06%，平均为 1.04%，主要处于成熟阶段。油源对比认为，台北凹陷油源岩主要是西山窑组暗色泥岩，其热演化程度处于低熟—成熟阶段，下侏罗统八道湾组烃源岩是次要油源岩，热演化程度处于成熟阶段，综合评价为中等—好烃源岩。

（二）二叠系有机质特征及分布

湖相烃源岩主要发育于中二叠统的桃东沟群，以暗色泥岩为主，主要分布在台北和台南凹陷，托克逊凹陷和哈密南缘的火石镇凹陷零星分布（图 13-4）。烃源岩厚度一般在 50～200m 之间，台南地区烃源岩厚度为 50～200m，台北凹陷烃源岩厚度推测在 100～300m 之间。烃源岩有机碳含量平均为 2.45%，类型为Ⅱ₂—Ⅲ型，热演化程度处于低熟—成熟阶段，综合评价为一套中等—好的烃源岩。

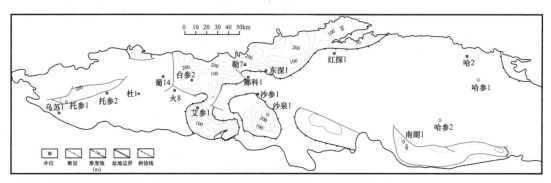

图 13-4　吐哈盆地桃东沟群暗色泥岩厚度图

三、储层发育特征

吐哈盆地发育从二叠系至第四系的完整沉积，储层类型以砂岩孔隙型为主，储层的分布受沉积相带的控制。其相类型主要是各类三角洲砂体、河道砂体、滨湖滩坝砂体及少量冲积扇砂体和湖底扇砂体。储层横向变化快，连续性差，顺砂体走向延伸远，纵向上砂泥交互叠置。其中，二叠系梧桐沟组、三叠系克拉玛依组、中—下侏罗统、白垩系和下古近系砂体是主要的储层段。

（一）储层发育及分布

1. 二叠系

储集砂体在托克逊凹陷甚是发育，砂层厚度在托北 1 井最大，达到 800m 左右，并以此为中心，向周边逐渐减薄，砂岩平均厚度推测在 450m 左右。在台北凹陷，二叠系砂体分布范围比较小，凹陷北部砂层厚度比较大，最厚达到 450m，往南到凹陷中心部位，厚度快速减薄；凹陷南部二叠系砂体沉积比较薄（李俊翔，2017），目前钻井揭示二叠系梧桐沟组砂岩厚度均在 50m 左右。

2. 三叠系

三叠系砂体以克拉玛依组最为发育，北部山前砂岩累计厚度达 300m 左右，凹陷中央胜北—鄯善一线砂岩厚度小于 100m，南部鲁克沁克拉玛依组砂岩厚度 400m 左右（李逸群等，2016）。南部砂层厚，向北逐渐减薄（图 13-5）。

侏罗系砂体发育的程度和在平面上的展布具有一定的继承性，储集砂体主要分布于凹陷西部斜坡、凹陷南缘斜坡和北部山前，具体主要体现在西部弧形带、红连带、鄯善弧形带和环小草湖南缘带。中侏罗统以西山窑组三、四段和三间房组中段砂层最为发育，累计厚度可达 800m 以上。下侏罗统砂层厚度相对比较小，平均在 200m 左右，最厚可达 400m（图 13-6）。

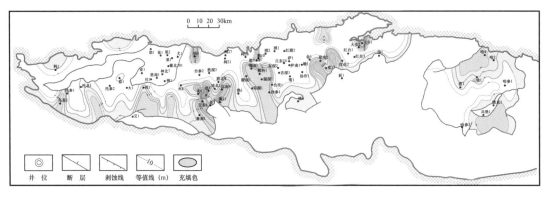

图 13-5　吐哈盆地中—上三叠统克拉玛依组砂层厚度图

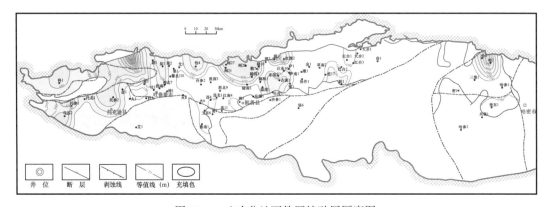

图 13-6　吐哈盆地下侏罗统砂层厚度图

　　白垩系和古近系砂体主要分布于盆地南北缘，以冲积扇和扇三角洲沉积为主，分布相对比较局限。

（二）物性特征

　　储层物性是表征储层特征最重要的参数。在吐哈盆地前侏罗系中，纵向上以三叠系克拉玛依组储层物性最好，平面上以台北凹陷南缘和台南物性最好。在侏罗系，以中侏罗统三间房组砂层物性比较好，下侏罗统物性最差；对上含油气系统而言，纵向上白垩系、古近系和新近系物性最好；平面上，西部弧形带古近系、红连白垩系物性最好，侏罗系西部弧形带、鄯善弧形带相对较好，胜北物性最差（表 13-3）。

表 13-3　吐哈盆地储层物性统计表

层位	凹陷	孔隙度（%）			渗透率（mD）			综合评价
		最小值	最大值	中值	最小值	最大值	中值	
N+E	台北凹陷	5.0	30	21.70	0.05	846.0	6.55	中孔低渗
K		9.0	28.9	20.50	0.12	843.0	6.26	中孔低渗
J_3k		4.9	22.6	14.60	0.08	301.0	8.87	低孔低渗

续表

层位	凹陷	孔隙度（%）			渗透率（mD）			综合评价
		最小值	最大值	中值	最小值	最大值	中值	
J_2q	台北凹陷	3.7	23.9	14.20	0.05	1690.0	1.94	低孔特低渗
J_2s		2.7	27.5	13.40	0.01	1760.0	4.60	低孔特低渗
J_2x		0.3	21.5	9.77	0.01	964.0	1.10	特低孔特低渗
J_1b		2.0	9.0	5.86	0.05	62.0	0.50	特低孔特低渗
T_2k	台北凹陷南缘	6.1	36.2	24.60	0.10	4556.3	19.00	中孔低渗
	台北凹陷中东部	2.3	11.8	6.30	0.10	33.0	2.60	特低孔特低渗
	托克逊凹陷	1.6	17.2	11.80	0.01	240.0	18.26	低孔低渗
P	台北凹陷	3.1	38.3	22.20	0.10	4820.0	86.00	中孔中渗
	托克逊凹陷	2.4	12.2	6.70	0.10	120.0	3.18	特低孔特低渗

（三）储层综合评价

储层综合评价是确定有利储层分布区的关键，储层综合评价主要是依据储层特征（包括沉积相类型、储层厚度等）、孔渗发育程度、孔隙类型、压汞资料和埋藏深度来进行综合分析和评价，制定出储层评价标准表，从而确定有利储层分布区。

吐哈盆地主要目的层大多具有中低孔、中低渗和低孔、低渗或特低渗的特点，结合孔隙结构特征、物性参数间的相互关系（图 13-7、图 13-8）、钻井试油成果等，制定出吐哈盆地砂岩储层综合评价表（表 13-4）。其中，Ⅰ类和Ⅱ类储层为有利储层，一般为高产储层；Ⅲ$_1$类为较有利储层，一般为中产至低产储层；Ⅲ$_2$类储层产能一般都较低，一般要通过压裂才能获得经济产量；Ⅳ类储层为风险勘探层，在油源和气源条件好、裂缝发育、颗粒溶蚀较强时可形成含油气藏；Ⅴ类储层基本为油的无效储层，在裂缝发育下可形成裂缝型油气藏，对气而言可发育致密颗粒溶孔储层型气藏。

图 13-7 克拉玛依组储集空间类型典型照片

（a）红台 304，2915.19m，中粗粒长石岩屑砂岩；（b）托 2，2787.89m，粗—中粒长石岩屑砂岩，剩余粒间孔不发育；

（c）哈 6，3355.26m，细粒长石岩屑砂岩，未见孔缝

图 13-8　台北凹陷东部西山窑组储集空间类型典型照片

（a）温 10，3355.26m，J$_2$x，粗粒长石岩屑砂岩，剩余粒间孔、颗粒溶孔；（b）红台 304，2915.19m，J$_2$x，中粗粒长石岩屑砂岩，剩余粒间孔、颗粒溶孔；（c）红台 2301，2844.24m，J$_2$x，细中粒长石岩屑砂岩，构造缝

表 13-4　吐哈盆地砂岩储层综合分类评价表

分类参数＼类型		I 类中高孔中高渗	II 类中孔中渗	III 类低孔低渗		IV 类特低孔特低渗	V 类非渗透层
				III$_1$	III$_2$		
		粗孔中粗喉道	中孔中粗喉道	中孔中细喉道	小孔细喉道	微孔微喉道	微孔微喉道
物性	孔隙度（%）	＞25	20～25	15～20	10～15	6～10	＜6
	渗透率（mD）	＞1000	100～1000	10～100	1.0～10	0.3～1.0	＜0.3
面孔率（%）		＞12	9～12	4～9	2～5	0.5～2.0	＜0.5
压汞特征	r（μm）	＞10	5～10	1.5～5.0	0.5～1.5	＜0.5	＜0.3
	R$_{max}$（μm）	＞50	20～50	5.0～20	1.5～5.0	1.0～1.5	＜1.0
	P$_d$（MPa）	＜0.01	0.01～0.05	0.05～0.10	0.1～0.5	0.5～1.0	＞1.0
	曲线形态	I	I、II	II	II、III	III	IV
主要孔隙类型		原生粒间孔	剩余原生粒间孔、颗粒溶孔	剩余原生粒间孔、颗粒溶孔	颗粒溶孔、剩余原生粒间孔、晶间孔	微孔、颗粒溶孔、晶间孔、微缝	微孔、微缝
勘探对象分类		有利勘探层			压裂投产层	风险勘探层	裂缝勘探层

　　依据吐哈盆地砂岩储层综合分类评价标准，吐哈盆地古近系和白垩系主要介于 II 类和 III 类之间，主要为中低孔中低渗储层；上侏罗统喀拉扎组主要介于 III 类和 IV 类之间，主要为低孔低渗和特低渗储层；中侏罗统七克台组整体为 III 类储层，其次为 II 类和 IV 类；中侏罗统三间房组储层整体上为 II 类和 III 类储层，而 IV 类和 V 类储层分布局限，仅在胜北洼陷的胜北、连木沁，小草湖洼陷的金 1 井区等深洼陷区，以及北部山前带的恰勒坎地区、鄯勒地区分布，其次是房 1 井区；中侏罗统西山窑组整体上为 III 类和 V 类储层，

Ⅱ类和Ⅳ类储层分布局限；三叠系克拉玛依组Ⅰ类、Ⅱ类储层主要分布于鲁克沁带玉东以及以东地区，吐玉克往西至玉西主要为Ⅲ类储层分布区，其他地区均为Ⅳ类储层分布区；二叠系在盆地南缘玉北、鲁克沁、英也尔主要为Ⅱ类和Ⅲ类储层，其他地方则为Ⅳ类和Ⅴ储层。

四、盖层发育特征

吐哈盆地主要发育了 4 套区域性盖层，即 J_2s_1 泥岩、J_2q_2—J_3q 泥岩与粉砂质泥岩、K_1 泥岩、（K_2—E_2）sh 石膏与泥岩。

（一）盖层发育及分布

J_2s_1 盖层主要以河流、三角洲及浅湖相沉积的泥岩夹粉砂质泥岩。该套盖层分布范围大，分布于吐鲁番坳陷的大部分地区，但厚度较小，在 100～700m 之间。

J_2q_2—J_3q 盖层主要为滨浅湖相的泥岩、砂质泥岩夹粉砂岩。该套盖层主要发育于台北凹陷，分布稳定，厚度大，岩性较纯，厚度在 200～1200m，厚度中心位于台北凹陷中部的胜北—丘东地区。

K_1、（K_2—E_2）sh 盖层主要为滨浅湖相的泥岩、砂质泥岩夹粉砂岩及石膏，这 2 套盖层主要发育于台北凹陷西部，分布稳定，厚度大，岩性较纯，厚度在 400～1600m。

（二）封盖条件

J_2s_1 盖层孔隙度为 1.24%～11%，渗透率为 1.22×10^{-7}～3.68×10^{-5}mD，突破压力为 5～10MPa，总体评价为Ⅱ类盖层。

J_2q_2—J_3q 盖层孔隙度为 0.54%～6.87%，渗透率为 1.87×10^{-7}～9.39×10^{-6}mD，突破压力 0.5～10MPa，总体评价为Ⅰ类盖层，是盆地内一套最重要的区域性盖层。

K_1、（K_2—E_2）sh 盖层总体评价为Ⅰ类盖层。

第三节　三塘湖盆地油气地质条件

三塘湖盆地发育了上石炭统、中二叠统、中—上三叠统及侏罗系水西沟群等 4 套烃源岩，其中上石炭统和中二叠统是两套最主要的烃源岩，中—上三叠统烃源岩局部发育，侏罗系水西沟群因尚未进入生烃门限，为一套无效烃源岩。发育多套储层，分别为上石炭统哈尔加乌组、卡拉岗组火山碎屑岩储层，中二叠统芦草沟组石灰岩、白云岩、凝灰岩储层，中侏罗统碎屑岩储层。发育 3 套区域盖层，第 1 套为晚二叠统芦草沟组的泥岩、泥灰岩、钙质泥岩、油页岩和凝灰岩组合；第 2 套是晚侏罗世的大套红色和灰色泥岩；第 3 套是中侏罗统西山窑组中上部的暗色泥岩，形成上中下 3 套含油气系统与多套生储盖组合。

一、区域地质特征

（一）构造单元划分

三塘湖盆地是在阿尔泰褶皱带与北天山褶皱带共同作用形成的改造型盆地，盆地的形成演化分为 5 个阶段，即泥盆纪—石炭纪盆地基底形成阶段、早二叠世雏形盆地发育阶段、晚二叠世前陆盆地形成及演化阶段、中生代坳陷盆地发育阶段和新生代再生前陆盆地阶段（鲁海鸥，2012）。根据构造特征、沉积组合等特点，将盆地分为东北冲断隆起带、中央坳陷带和西南逆冲推覆带 3 个一级构造单元（孙自明，2001）。按中央坳陷带内部结构和断裂特征，又将其自西北向东南进一步划分为"五凹四凸"9 个二级构造单元（欧阳征健，2006），即汉水泉凹陷、石头梅凸起、条湖凹陷、岔哈泉凸起、马朗凹陷、方方梁凸起、淖毛湖凹陷、苇北凸起和苏鲁克凹陷（图 13-9）。

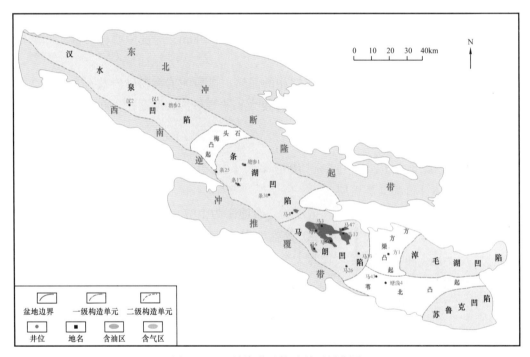

图 13-9 三塘湖盆地构造单元划分图

（二）地层特征

三塘湖盆地是一个在前古生界基底上发育起来的以古生界、中生界为主体的内陆沉积盆地，在前石炭系基底之上沉积了达 9000m 左右的石炭系、二叠系、三叠系、侏罗系、白垩系、古近系、新近系和第四系（刘学峰，2002）（图 13-10）。在石炭系上下统之间、系与系之间为不整合接触，其他系内的群与组或组与组之间以整合接触为主。

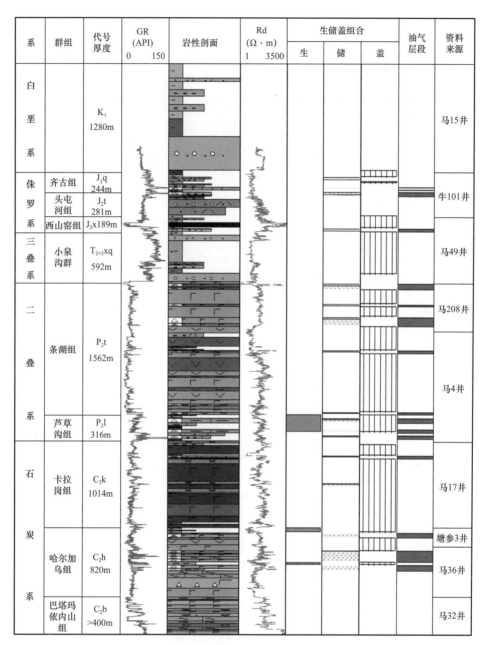

图 13-10　三塘湖盆地地层综合柱状图

二、烃源岩发育特征

勘探实践和油源对比表明，三塘湖盆地目前已发现的 8 个层系的油气主要来源于上古生界中二叠统芦草沟组和上古生界中石炭统哈尔加乌组两套烃源岩，围绕这两套烃源岩纵向上共发育两套含油气系统。哈尔加乌组烃源岩主要为海相、海陆过渡相成熟烃源岩，芦草沟组烃源岩为咸化湖相低熟烃源岩。

（一）有机质发育及分布

三塘湖盆地条湖凹陷和马朗凹陷的侏罗系至二叠系，由于沉积环境的变迁、构造运动的差异，烃源岩的发育程度无论是纵向上还是横向上差异都很大。哈尔加乌组烃源岩是目前发现的主力烃源岩之一，主要位于哈尔加乌组上部，分布在条湖、马朗凹陷，烃源岩较薄，最大单层厚度为18m，一般累计厚度小于100m，源地比较低，地震资料推测盆地东南部一带烃源岩相对更发育。中二叠统芦草沟组也是盆地内最重要的一套烃源岩，主要分布在条湖凹陷和马朗凹陷南缘，均具有南厚北薄的特征，平面上马朗凹陷南缘厚度最大，最大厚度可达700m（图13-11）。

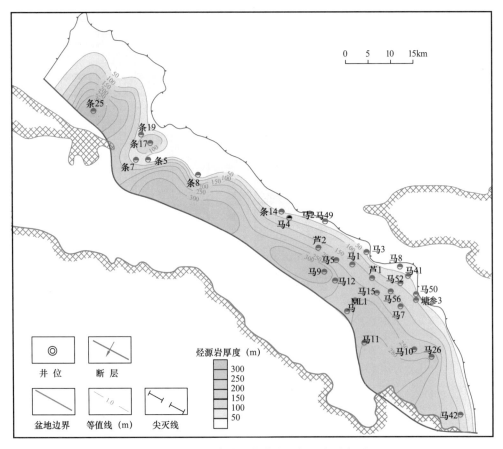

图 13-11　三塘湖盆地芦草沟组烃源岩厚度图

生油岩依据岩性可分为煤、碳质泥岩、暗色泥岩、钙质泥岩和碳酸盐岩5类。上石炭统哈尔加乌组烃源岩岩性主要为暗色泥岩、碳质泥岩和凝灰质泥岩，少量油页岩、煤、砂质泥岩、白云质泥岩和石灰岩。中二叠统芦草沟组主要发育暗色泥岩、钙质泥岩和碳酸盐岩（包括泥灰岩、白云岩），其中暗色泥岩在马朗、条湖凹陷分布最广，马朗凹陷最厚可达376m（马5井），条湖凹陷奎苏煤矿剖面出露达400m；钙质泥岩、碳酸盐岩分布范围广，厚度大，在条 5 井和马 9 井发现钙质泥岩（包括白云质泥岩）200m 和 266m，碳酸盐岩为 102m 和 31m，预测最厚部位在马朗凹陷靠近南缘推覆带，其变化趋势与暗色泥岩变化趋势一致。

（二）有机质丰度

上石炭统哈尔加乌组烃源岩中暗色泥岩和碳质泥岩有机质丰度都很高（表 13-5），马朗凹陷有机碳平均含量高达 5.30% 和 7.85%、氯仿沥青"A"平均含量为 0.5500% 和 0.8798%、总烃平均为 0.2670% 和 0.3968%、生油潜力平均为 18.18mg/g 和 34.38mg/g，有机质丰度各项指标均属好烃源岩范围；条湖凹陷以碳质泥岩为主要烃源岩各项指标也都属好烃源岩范围。中二叠统芦草沟组烃源岩中，暗色泥岩有机质丰度也高，马朗凹陷有机碳平均含量高达 5.44%、氯仿沥青"A"平均含量为 0.6919%、总烃平均为 0.4932%、生油潜力平均为 14.34mg/g，有机质丰度各项指标均属好烃源岩范围；条湖凹陷有机质各项指标也都属于较好烃源岩范围。从纵向上看哈尔加乌组烃源岩有机质丰度要好于芦草沟组烃源岩。

表 13-5　三塘湖盆地古生界烃源岩有机质丰度数据

地区	层位	岩性	有机碳（%）	氯仿沥青"A"（%）	总烃（%）	生油潜力（mg/g）	评价
条湖凹陷	P₂l	暗色泥岩	3.06（21）	0.0118（2）	0.0070（2）	13.95（92）	较好
	C₂h	碳质泥岩	31.03（4）	1.3924（3）	0.5090（3）	108.30（4）	好
马朗凹陷	P₂l	暗色泥岩	5.44（35）	0.6919（35）	0.4932（35）	14.34（36）	好
		钙质泥岩	5.66	0.2900	0.1526	12.82	
		泥灰岩	4.33			10.18	好
	C₂h	暗色泥岩	5.30（41）	0.5500（4）	0.2670（3）	18.18（41）	好
		碳质泥岩	7.85（84）	0.8798（12）	0.3938（10）	34.38（84）	好
		泥灰岩	5.61（3）			25.28（3）	好

注：表中数据均为平均值，括号内为样品数。

从烃源岩平面对比来看，马朗凹陷有机质丰度明显优于条湖及其他凹陷，马朗凹陷均属好烃源岩，而条湖凹陷中二叠统芦草沟组暗色泥岩仅达到较好烃源岩标准。

（三）有机质类型

从三塘湖盆地烃源岩类型指标来看，哈尔加乌组、芦草沟组烃源岩主要为一套潟湖—近海湖泊沉积，并伴有湖沼相沉积，有机质来源中低等水生生物占有很大的比例，并有陆生高等植物混入，在显微组分组成上，具有高等植物物质与低等水生生物以不同比例混源的特点。但是盆地内烃源岩的分布存在着比较明显的差别，马朗凹陷上石炭统哈尔加乌组烃源岩以Ⅰ、Ⅱ型有机质为主，条湖凹陷仅有的样品属于Ⅱ₁型有机质；而中二叠统芦草沟组烃源岩富氢组分较高，Pr/Ph均小于1，有机质类型最好，为Ⅰ—Ⅱ型有机质（图13-12）。这种复杂多变的有机质类型反映了沉积成岩环境和生源输入的多样性。

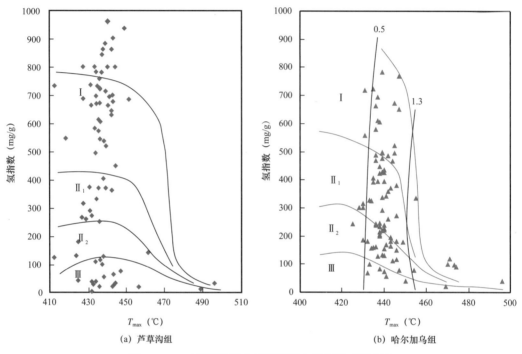

图13-12　三塘湖盆地主要烃源岩有机质类型划分图

（四）有机质成熟度

通过对盆地各类烃源岩 R_o、T_{max}、OEP 及甾萜烷异构化程度等综合分析认为，三塘湖盆地烃源岩成熟度总体上较低（图13-13）。烃源岩成熟度在纵向上变化不大，目前发现的主要分布于马朗凹陷的上石炭统烃源岩已经进入成熟阶段或生烃高峰期，R_o 值一般在 1.0%～1.3% 之间，中二叠统烃源岩 R_o 值一般在 0.8%～1.1% 之间，其甾烷 2 项成熟度指标 $C_{29}20S/20$（S+R）和 $C_{29}\alpha\beta\beta/\sum C_{29}$ 分别为 0.188 和 0.32，表明其处于低成熟阶段。从平面来看，条湖凹陷演化程度比马朗凹陷高，上石炭统 R_o 值条湖凹陷要高于马朗凹陷1个百分点；中二叠统 R_o 值条湖凹陷的条5井显示演化阶段可达成熟阶段，明显高于马朗凹陷约3个百分点。从各项成熟度指标反映的特征来看，南边的成熟度相对比北面要高一些。

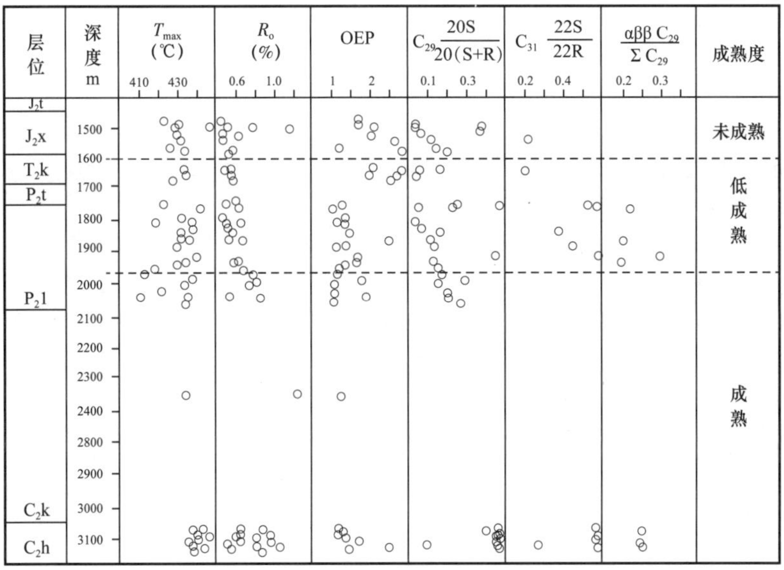

图 13-13　三塘湖盆地烃源岩有机质热演化图

三、储层发育特征

通过对钻井岩心资料分析，可知三塘湖盆地发育多套储层，从层位上来看，主要有石炭系、二叠系和侏罗系，类型分别为火山岩风化壳、碳酸盐岩、凝灰岩和碎屑岩 4 类。（1）上石炭统卡拉岗组、哈尔加乌组火山岩风化壳储层，主要有火山喷发间歇期受风化侵蚀等作用形成的风化壳型储层，因构造作用形成的岩性以玄武岩和安山岩为主的裂缝型火山岩储层；（2）二叠系芦草沟组碳酸盐岩储层，储层岩性以泥晶灰岩、泥晶白云岩、灰质泥岩和白云质泥岩为主，为中—低孔、特低渗储层；（3）二叠系条湖组凝灰岩储层，储层岩性以凝灰岩、凝灰质砂岩为主，储层孔隙度较高，但渗透性较差，以微孔为主；（4）侏罗系西山窑组碎屑岩储层，储层岩性为 1 套位于西山窑组底部分布较为稳定的砂岩或砾状砂岩，厚度一般在 10～20m，为中低孔、中低渗储层。

（一）储层发育及分布

上石炭统卡拉岗组火山岩风化壳储层岩性主要有玄武岩、安山岩、二者间过渡型的玄武安山岩（或安山玄武岩）以及流纹岩，其中玄武岩和安山岩多发育有气孔和杏仁。平面来看，北部的牛圈湖—牛东一带玄武岩类比例较高，其次为火山角砾岩和凝灰岩，到马中区块则以沉凝灰岩、凝灰岩为主，表明牛圈湖—牛东一带依然以火山活动为主，马中区块仍是以接受喷发物的堆积或沉积为主，发育一定量的砂泥岩。至于南部的马 26—马 32 井一带，则是一火山喷发与正常沉积都有所发育的过渡性区域。

二叠系芦草沟组碳酸盐储层主要分布于条湖凹陷、马朗凹陷中南部，大多探井均有钻遇，而且有油气显示，部分井已经获得了工业油流，是目前致密油的主要储集岩性。碳酸盐岩岩石学特征以马 1 井为例，碳酸盐岩储层共有 4 种类型，分别为泥晶灰岩、泥晶白云岩、灰质泥岩和白云质泥岩，因为后两种碳酸盐含量较高，因此也可以归为碳酸盐岩储层。

（二）物性特征

火山岩储层一般具有致密的特点，因此孔隙度和渗透率低。虽然有些喷发岩如玄武岩气孔发育，但多被后期充填，且连通性差，不能形成有效的储层。只有那些经过长期风化改造过的火山岩，才能形成风化壳储层，储层物性明显改善，成为油气运移和储集的场所，形成有效储层。

卡拉岗组储层岩心分析孔隙度最大为 32.9%、最小为 0.3%，主要分布在 3%～14% 之间，占分析样品数的 82.4%，岩心分析平均孔隙度为 9.94%；岩心分析渗透率最大为 65.1mD，最小的小于 0.05mD，且大部分小于 0.05mD，约占分析样品数的 70%，（有效值）平均为 3.0103mD，渗透率值总体较低。根据火山岩储层评价标准，牛东、马中、牛圈湖区块卡拉岗组储层集中在中孔、低—特低渗范围（图 13-14）。

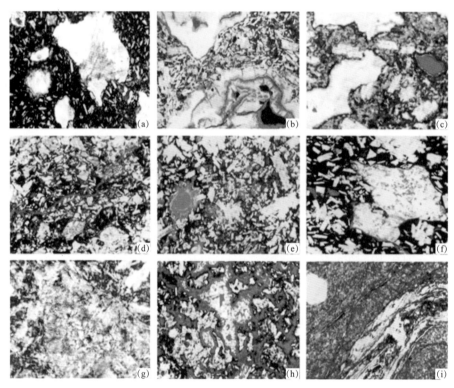

图 13-14　储层孔隙类型

（a）杏仁状气孔；（b）收缩缝；（c）杏仁晶间孔；（d）微收缩缝晶屑溶孔；（e）基质溶孔；
（f）杏仁状溶蚀孔；（g）基质微溶孔、微孔；（h）自碎缝和气孔；（i）构造缝

由于在岩心物性分析选样时，含裂缝岩心、风化后破碎岩心、溶蚀作用强的岩心往往都难以选样分析，能够选样进行分析的样品基本是较差储层基质部分，实验结果主要反映

较差基质物性特征，实验分析值比真实物性要小。

　　芦草沟组碳酸盐岩储层的储集空间主要为孔隙和裂缝（图 13-15）。马朗凹陷芦草沟组孔隙度平均为 5.39%、渗透率中值＜0.01mD，属于低孔、特低渗储层，平面上马朗凹陷北部好于南部，条湖凹陷与马朗凹陷变化规律一致。芦草沟组的碳酸盐岩裂缝发育，并有多期形成，但前期裂缝大都被充填，因此对油气的储集也没有太大的意义。从岩心资料来看，碳酸盐岩的后期裂缝也较为发育，并形成大量的孔隙，但由于缺少垂向裂缝的沟通，所以碳酸盐岩储层只是属于中—低孔、特低渗的储层。

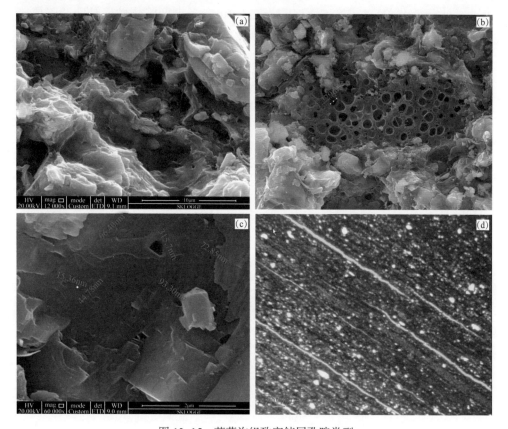

图 13-15　芦草沟组致密储层孔隙类型

（a）粒间孔；（b）有机质微气孔；（c）白云石晶内微孔；（d）层间缝

　　条湖组凝灰岩致密油储层岩性主要为沉火山碎屑岩（以细粒沉凝灰岩为主）、（凝灰质）砂岩。马朗凹陷南部对应层段主要为粗粒火山碎屑岩或沉火山碎屑岩，但无油气显示。北部凝灰岩以马 7、马 15、马 56、条 27 为代表，岩性主要为粉砂—泥级的沉凝灰岩，少量细粒级，岩心发育纹层状、波状纹理及块状或不明显正粒序层理，见泄水构造、同沉积同生凝灰岩岩屑，并发育一定量的生物碎屑；凝灰岩化学成分为长英质，碎屑组分为晶屑、玻屑、火山灰（尘）等火山碎屑物质，发育黄铁矿、泥粉晶碳酸盐等自生矿物；凝灰岩与浅湖相深色泥岩互层，本身吸附较多有机质，纯凝灰质层段基本不含陆源黏土，生物屑、晶屑等长轴顺层水平排列，但没有经过一定的水动力搬运作用，因此认为该类型地层为火山爆发、火山灰漂移、空降、浅湖环境沉积的凝灰岩。南部陡坡带以粗粒沉积为主，颗粒分选、磨圆差，火山灰或泥质充填，具快速近距离堆积特征。马朗凹陷中北部细粒沉凝灰岩致密油储层微孔［4 类微孔即基质微孔、脱玻化晶间微孔、溶蚀微孔（微洞）、微缝］、微洞缝发育。具中高孔、特低渗、微细孔喉特征，孔喉比低，孔喉分选好。马朗各井孔隙度一般在 4.0%～20.0% 之间，平均为 12.66%，具中高孔隙的特征；向凹陷中部孔隙度减小，凹陷南部孔隙度较低，一般小于 10%；各井渗透率平均值均较低（有具体数值的进行平均为 0.6970mD），一般小于 0.5mD，所有样品渗透率大于 0.01～1mD 的约占 54%，而小于 0.05mD 的占 38% 左右（图 13-16）。条湖凹陷物性比马朗凹陷要差，物性样品较少，分布不明显，孔隙度平均为 9.88%，渗透率平均为 0.42mD，因此条湖组凝灰岩储层具中低孔、特低渗特征。

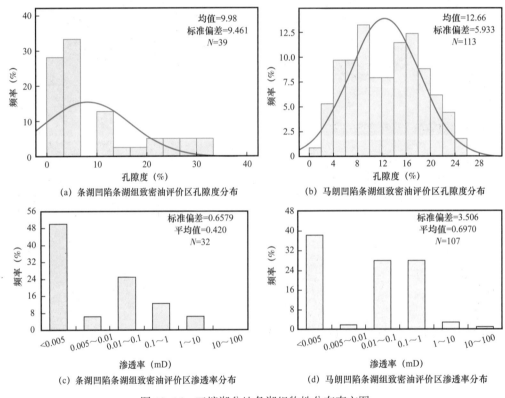

图 13-16　三塘湖盆地条湖组物性分布直方图

第四节　常规与非常规油气成藏模式

吐哈盆地是典型的煤成烃盆地。已发现的油气田，油气主要赋存于中—下侏罗统中，主要分布于台北及台南凹陷的 6 个主要含油气富集带。即鄯善弧形带、北部山前带、红台—小草湖带、红连带、西部弧形带及鲁克沁带。

一、油气藏特征

吐哈盆地已发现油气藏类型丰富多样，构造油气藏类型占90%以上，既有相对完整、简单的背斜、断背斜及断鼻构造，也有相对复杂的断块构造。按其储层性质及特点，台北凹陷东部油气藏以低孔低渗及特低渗储层为主，台北凹陷西部以及台南凹陷油气藏则以中孔中高渗储层为主。油气藏流体性质既有天然气、凝析油、弱挥发性轻质油，又有普通黑油及稠油。盆地油气藏均属异常低温正常压力系统。

（一）常规油气藏特征

吐哈盆地已发现的油气藏中，以构造型常规油气藏为主，这里选取有代表性的葡北1号三间房组背斜油藏和红台2号西山窑组气藏解剖成藏特征。

1.常规石油成藏特征

葡北油田位于吐哈盆地西部弧形带上，包括葡北1号和葡北6号2个构造。主力油藏三间房组、七克台组油藏为背斜构造砂岩层状油藏，构造完整，断层不发育。葡北1号三间房组油藏为一构造形态较完整的短轴背斜，呈近北东走向，构造长轴长4.46km，短轴长1.44km，圈闭面积为6.64km^2，闭合幅度为110m。三间房组砂组主要接收了一套三角洲外前缘亚相沉积，主要砂体类型为远沙坝或席状砂，总的特点为砂层厚度小，泥岩厚度大，沉积旋回多为进积形成的反旋回。三间房组储层物性较好，平均孔隙度为17.00%，平均渗透率为103.40mD，为中孔隙度低渗透率、中渗透率储层。

葡北油田地面原油性质具有低密度（0.7742～0.8329g/cm^3）、低黏度（1.34～2.74mPa·s）、低凝固点（-5～17℃）、低含蜡量（1.83%～11.70%）的特点。葡北油田地层原油性质具有地饱压差小（5.82～9.85MPa）、原油密度低（0.5134～0.5619g/cm^3）、原始气油比高（439～600m^3/m^3）、地层油体积系数大（2.2104～2.7415）、原油收缩率高（54.80%～63.52%）、原油压缩系数大（3.74×10^{-3}MPa^{-1}）及原油饱和压力高（29.44～34.18MPa）的特点。

葡北油田位于印支期古凸背景上，西高东低。东南部大致以晚印支期以来继承性发育的逆冲边界断裂为界，与胜南、胜北洼陷相邻，中晚燕山期在博格达山和喀拉乌成山的挤压作用下，使得中—上侏罗统和白垩系遭受剥蚀和超覆缺失。葡北背斜在侏罗纪末期形成雏形，喜马拉雅期改造定型。圈闭以完整背斜为主，并发育断鼻、断块构造。水西沟群主力烃源岩浅埋，热演化程度低，晚喜马拉雅期才得以深埋。持续深埋的胜北洼陷的高熟油气，沿着断裂垂向运移，向西部高部位的葡北构造带聚集成藏，晚喜马拉雅期是葡北油田的主要成藏期。

2.常规天然气成藏特征

红台构造带位于台北凹陷东部的小草湖洼陷的东南缘，红台2号气藏位于红台构造带的红台2号西山窑组断背斜上，长轴长5.5～6.5km，短轴长2～3km，圈闭面积为8.87km^2，闭合幅度为160m，闭合线海拔为-1310m，高点海拔为-1250m，高点埋深为

2093m。西山窑组油气层段砂层相对发育，主要为细砂岩，为冲积扇扇中前部辫状河河道沉积砂体，共划分了 5 个砂层组，5 个砂组平均储层厚度为 35.8m，岩心平均孔隙度为 7.8%、渗透率为 0.44mD，属特低孔隙度、特低渗透率储层。

根据红台区块气样地面分析结果，气体密度在 0.782~0.897kg/m³ 之间，平均甲烷含量为 77%~86%，乙烷含量为 6.0%~8.8%，氮气含量为 1.5%~6.6%，二氧化碳含量为 0.1%~0.3%，气体不含硫。

根据区块上各井所取的气样 PVT 分析结果，红台 2 块三间房组气藏上的凝析油含量在 76.7~259.0g/m³ 之间，总体偏低，而且各气藏的地露压差普遍在 0~2.8MPa 之间，表明气藏已基本饱和。气体摩尔组分 C_1 含量在 78.8%~82.5% 之间、C_2~C_6 在 14.0%~16.3% 之间、C_{7+} 在 0.23%~1.49% 之间。

（二）非常规油气藏特征

吐哈探区非常规油气主要分布于三塘湖盆地二叠系条湖组凝灰岩致密油藏中，位于盆地牛东油田马 56 块，该油藏是国内唯一一个以凝灰岩为储层的非常规油藏，并实现了水平井开发动用，年产油达到了 20 多万吨。

条湖组最主要储层为凝灰岩，是由粒径小于 2mm 的火山喷发物（即火山灰）所形成的岩石，具有典型的凝灰结构。由于颗粒细小，一般是不能作为储层，但是凝灰岩在特定的沉积环境和外界因素作用下，凝灰岩的物质成分发生蚀变，可以成为有效储层。条湖组凝灰岩是在火山喷发后期火山灰"空降"水中形成的，为一套以火山尘沉积为主的凝灰岩。条湖组沉积时期，气候潮湿，有机质丰富，成岩环境偏酸性，有机质热演化正处于有机酸形成高峰期或紧随其后，有利于长石与玻屑的大量溶蚀而形成溶蚀微孔或微洞。马 56 井岩心 CT 扫描可见凝灰岩微孔隙比较发育，虽然单个孔隙体积很小，孔隙大小主要是纳米—微纳米级，但数量巨大，且分布比较均匀。根据马 56 块、芦 104H 块取心井铸体薄片、扫描电镜资料及全岩 X 衍射资料分析统计，条二段凝灰岩储层物质成分好，基质孔隙十分发育，颗粒类型为中酸性玻屑、晶屑，并以 SiO_2 成分为主；条二段凝灰岩储层抗压实作用强，火山碎屑粒间微孔保存好，脱玻化作用强，晶间微孔发育，发育 4 类微孔，即基质微孔、脱玻化晶间微孔、溶蚀微孔（微洞）、微缝；面孔率为 0.1%~1.9%，平均为 0.9%，孔隙连通性好，具有中孔、特低渗微孔发育型特征。

芦草沟组二段烃源岩为条二段凝灰岩油藏提供了丰富的油源。通过分析条湖组原油的地球化学特征，发现条湖组原油与芦草沟组二段烃源岩具有较大的相似性。综合油—岩和油—油对比分析结果，确定马朗凹陷条湖组致密油除了少量来源于自身之外，主要来源于芦草沟组二段烃源岩。

断—缝和风化壳是芦草沟组油气运移的主要输导通道。马朗凹陷条湖组一段在二叠纪末期区域抬升遭受风化淋滤改造，形成凹陷北部区域型风化壳，成为油气横向运移的主要通道；条湖组二段为湖相沉积，发育过渡相的碎屑岩沉积，具有良好的储集潜力，特别是条湖二段底部发育一套中酸性长英质中高孔特低渗沉凝灰岩特殊储层；下部的芦草沟组主力烃源岩生成的大量烃，通过断裂和风化壳向上垂向运移储集到条湖组凝灰岩储层中，断—缝输导形成源—储有效沟通。

总之，条湖组致密油具有"自源润湿、他源充注、断—缝输导、大面积成藏、甜点富集"的成藏模式。

二、油气成藏机理与成藏模式

吐哈盆地油气成藏主控因素差异较大，通过分析烃源岩条件、储层条件、生储盖配置关系，结合油气分布规律及成藏机理剖析，归纳出吐哈盆地二叠系、三叠系、侏罗系成藏的主要控制因素，总结建立了上含油气系统 4 种成藏模式和下含油气系统 2 种成藏模式（李剑鹏等，2014）。

（一）常规油气成藏模式

1. 上含油气系统成藏模式

1）正向分异成藏模式

由于重力分异作用影响，油气沿运移路径发生正向分异，试油结果反映出沿构造下倾方向的钻井气油比逐渐降低的规律，在距离生烃中心较远的构造形成以气为主的聚集，而在距离较近的构造则形成油藏或油气藏（图 13-17a）。红台—疙瘩台构造带的原油聚集属于这种模式。在距离小草湖洼陷中心较远的红台构造形成以气为主的聚集，而在运移方向的源头（疙瘩台构造）主要为油藏或油气藏。

2）逆向分异成藏模式

油气运移方向上主要发生逆向分异作用，气在下油在上，气在运移方向上的下倾部位，油在运移方向上的上倾部位。鄯善弧形带属于这种成藏模式（图 13-17b）。早白垩世生烃凹陷煤系烃源岩热演化程度低，在构造带的西山窑组聚集了低熟煤型气，三间房组储层中早期油气聚集较少。古近纪以后，生烃凹陷煤系烃源岩生成以液态烃为主的油气，液态烃无法大量进入储层物性差的西山窑组，而是通过运移进入西山窑上部的三间房组形成油藏，而少量的天然气仍可补充西山窑组早期聚集的天然气藏，形成上油下气的特点。这种模式的主要影响因素为烃源岩成熟度、储层物性、成藏期及保存条件（苏传国等，2009）。

3）垂向分异和浅层次生气藏成藏模式

构造位于演化程度高的生烃凹陷附近，最初在西山窑组、三间房组和七克台组聚集形成原生油气藏，后期由于喜马拉雅期的近南北向的断裂发育，使油气垂向运移作用明显，天然气优先向浅部运移，在浅层的白垩系或古近系中运移和聚集形成次生气藏。鄯善弧形带及红连—七克台带浅层属于此种成藏模式。这种模式主要受烃源岩演化程度和断裂及浅层保存条件的控制（图 13-17c）。

4）混合型油气成藏模式

天然气侧向运移距离远，成藏期晚，主要为油藏中溶解气，是水西沟群煤系油同期生成运移的煤型气。西部弧形带的油气聚集属于这种模式。在新近纪由于断裂活动强烈，使得侏罗系油藏遭到部分破坏，油气沿断裂向上运移进入白垩系和古近系储层中而形成次生油气藏。新近纪晚期七克台组泥岩生成的湖相油可以沿着砂体和断裂侧向运移进入西部弧形带，形成湖相油的聚集成藏，或与煤系油混合形成混合油。但天然气均为煤型气（图 13-17d）。

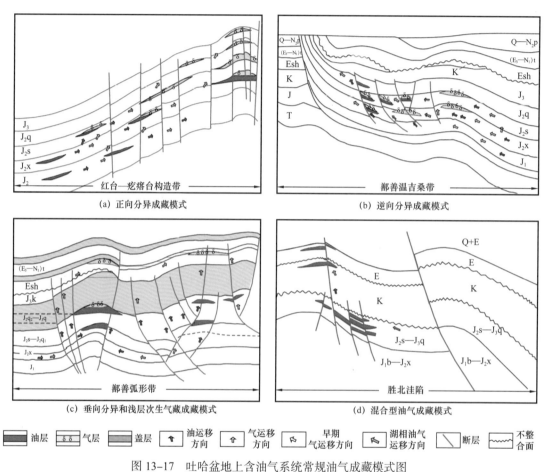

图 13-17　吐哈盆地上含油气系统常规油气成藏模式图

N$_2$p—葡萄沟组；（E$_3$—N$_1$）t—桃树园组；Esh—鄯善群；J$_3$k—喀拉扎组；J$_3$q—齐古组；J$_2$q—七克台组；J$_2$s—三间房组；J$_2$x—西山窑组；J$_1$b—八道湾组

2. 下含油气系统油气成藏模式

1）侧向长距离运聚，古斜坡成藏模式

胜北洼陷的桃东沟群烃源岩在侏罗纪中期进入成熟阶段，油气沿库木凸起的二叠系梧桐沟组、三叠系克拉玛依组、七克台组储层，由低部位向高部位运移至鲁克沁—红连带聚集成藏，从平面上来看，二叠系梧桐沟组油藏主要发育在鲁克沁构造带中北部（白国娟，2017），三叠系克拉玛依组油藏主要发育在南部的鲁克沁地区（图 13-18a）。鲁克沁东部地区燕山期以来，构造运动较弱，断层难以断至侏罗系，油气主要在梧桐沟组聚集成藏。

该油气成藏模式主要是油气沿古构造斜坡长距离侧向运聚成藏，因此桃东沟群生烃中心周缘埋藏较浅的古鼻隆是下步油气勘探的有利方向。

2）源内垂向运聚，自生自储油气成藏模式

该类油气成藏模式主要发育在吐哈盆地东西两翼，托克逊凹陷的乌苏—伊拉湖构造带（图13-18b）和三堡凹陷的四道沟构造带（图13-18c），这2个区域油气均来自于三叠系烃源岩，凹陷中心三叠系小泉沟群烃源岩生成的油气，沿油源断裂或砂层向正向构造高部位同层组运聚成藏，形成自生自储型油藏。从平面上来看，油藏主要位于三叠系小泉沟群成熟烃源岩发育区内。

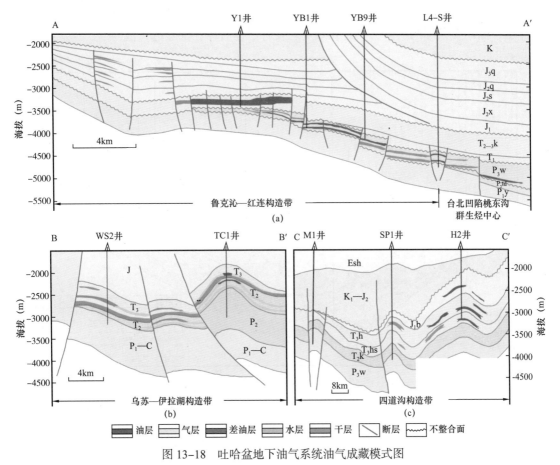

图13-18 吐哈盆地下油气系统油气成藏模式图

J₃q—齐古组；J₂q—七克台组；J₂s—三间房组；J₂x—西山窑组；T₂₋₃k—克拉玛依组；P₃w—梧桐沟组；P₂td—桃东沟群；

P₁y—依尔稀土组；Esh—鄯善群；J₁b—八道湾组；T₃h—郝家沟组；T₃hs—黄山街组；T₂k—克拉玛依组

（二）三塘湖盆地非常规油气成藏模式

三塘湖盆地条湖组凝灰岩储层致密，孔隙较小，但微孔发育，整体孔隙度较大，具备油气富集的空间。原油主要来自下部芦草沟组，烃源岩质量较好，生烃潜力大，油源充足，但运移距离较远，印支—燕山期构造产生了大量的垂向断裂和裂缝，为油气的垂向输导提供了通道，芦草沟组烃源岩在白垩纪达到成熟并开始大量生排烃，断层活动期和生排烃期匹配性较好，最重要的是凝灰岩自身含有一定量的有机质，能够生成少量的液态烃，对原有岩石矿物起到了润湿作用，在充注动力一定的情况下，大大减小了毛细管阻力，使油气能够进入凝灰岩致密储层中聚集成藏，并且充满度很高，凝灰岩的含油性还受凝灰岩成分的控制，玻屑凝灰岩和凝灰质粉砂岩的含油性较高，凝灰质砂砾岩和熔结凝灰岩含油性差；另外，凝灰岩之上为一套以凝灰质泥岩和泥岩为主的地层，厚度较大，油气封盖条件亦较好，所以凝灰岩致密油藏的形成模式可以归纳为"自源润湿、他源充注、断—缝输导、大面积成藏、甜点富集"的成藏模式，润湿性改变是其能够大面积富集的关键（图 13-19）。由于芦草沟组烃源岩在自下而上的排烃过程中，油气运移会经过条湖组一段的储层，因而在条湖组一段玄武岩和凝灰岩发育区也有存在油藏的可能。

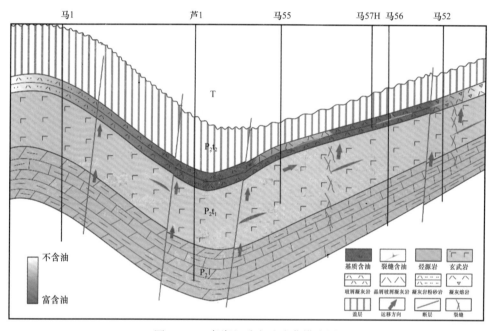

图 13-19　条湖组致密油成藏模式图

第五节　常规与非常规油气资源潜力

本次资源评价是采用自下而上的方式进行资源评价，即先对各区带进行资源评价，然后进行全区汇总得出全盆地的资源结果。

吐哈盆地常规石油分布于上下 2 个含油气系统中，石油地质资源量为 $10.1 \times 10^8 t$，剩余资源量为 $6.1 \times 10^8 t$，剩余资源量占总资源量的 60.2%。其中，上含油气系统地质资源量为 $4.8 \times 10^8 t$，占总资源量的 47.9%，剩余资源量为 $2.2 \times 10^8 t$，占剩余资源量的 36.3%；下含油气系统地质资源量为 $5.3 \times 10^8 t$，占总资源量的 52.1%，剩余资源量为 $3.9 \times 10^8 t$，占剩余资源量的 63.7%。

吐哈盆地常规天然气资源评价主要采用类比法，部分区带采用了统计法和成因法。盆地常规气主要分布于上含油气系统中，地质资源量为 $2434.6 \times 10^8 m^3$，剩余资源量为 $1412.6 \times 10^8 m^3$，占总资源量的 58.0%。

一、油气资源评价

本次资源评价共建立和解剖 11 个刻度区，涵盖了吐哈探区已发现的所有油气资源类型，既有常规油气，也有火山岩油藏、致密油、稠油油藏、致密砂岩气藏和煤层气，从级别上来看，既有凹陷、运聚单元，也有区带、刻度区，级别和类型全面（表 13-6），为本次资源评价提供了类比样本和参数。刻度区的关键参数主要有运聚系数、资源丰度、可采系数等，油气成藏地质条件、油气藏类型和对应的级别是影响刻度区关键参数的主要因素。

表 13-6　吐哈探区第四次油气资源评价刻度区汇总表

序号	类别	刻度区名称	面积（km^2）	级别类型	刻度区类型	
1	完善	台北凹陷	10100	凹陷	常规	
2		丘东次凹	3100	运聚单元	常规	
3		鄯善弧型带	841	区带	常规	
4		神泉—雁木西	443	区带	常规	
5		红南—连木沁	371	区带	常规	
6	新建	牛东 C_2k 火山岩	99.19	区带	常规	火山岩油气
7		牛圈湖—马中 P_2l 致密油	160.11	区块	非常规	致密油
8		巴喀 J_1b 致密气	94.8	区带	非常规	致密砂岩气
9		鲁克沁 T_2k	103	区带	常规	稠油
10		沙尔湖 J_2x 煤层气	670	运聚单元	非常规	煤层气
11		牛圈湖 J_2x	166.67	区带	常规	

油气资源丰度是单位面积内油气资源量的多少，它是反映油气的富集程度，是类比法使用最为常用和主要的地质参数。吐哈盆地除鲁克沁 T_2k 稠油刻度区资源丰度较高外，为 $147.4 \times 10^4 t/km^2$，其余刻度区石油资源丰度在（$4.4 \sim 24.8$）$\times 10^4 t/km^2$，天然气资源丰度在（$0.2 \sim 1.0$）$\times 10^8 m^3/km^2$，三塘湖盆地牛东 C_2k 火山岩、牛圈湖 J_2x 低压油藏刻度区资源丰度在（$49.7 \sim 56.9$）$\times 10^4 t/km^2$，明显高于吐哈盆地。这也与刻度区的范围有关，三塘湖盆地油气资源主要集中在马朗凹陷，这两个刻度区均位于油气资源最为富集的马朗凹陷，同时刻度区的范围过于集中在已发现油田，是造成三塘湖盆地刻度区资源丰度较高的主要原

因，这些因素在类比评价中要充分考虑。

二、常规油气资源潜力评价

（一）评价方法体系及资源量计算

本次资源评价主要采用了项目提供的常规与非常规油气资源评价系统 HyRAS1.0 软件的三大类十余种方法。评价方法的选择主要依据评价对象的级别、范围、勘探程度、认识程度和资源探明程度等多因素综合分析，同时结合油气资源评价各方法的适用范围来确定。对于盆地级别的常规油气资源评价，勘探程度、认识程度和资源探明程度比较低的盆地，采用氯仿沥青"A"法和资源丰度类比法进行资源评价。对于勘探程度高、认识程度高和资源探明程度高的盆地，采用盆地模拟法、趋势外推法、运聚单元法、统计法进行综合评价（贺永红等，2002）。对区带资源评价，对"三高"区带采用统计法和运聚单元法进行综合评价，对"三低"区带采用类比法和运聚单元法进行综合评价。本次区带常规油气资源评价主要采用类比法，部分区带采用了统计法和成因法（苟红光等，2016；张品等，2018）。非常规油气资源评价主要应用了分级 EUR 类比法、分级资源丰度类比法、小面元容积法和快速评价法（表 13-7）。

表 13-7　吐哈探区资源评价方法与应用对象

评价单元	方法分类	方法名称	主要应用对象
盆地评价	成因法	盆地模拟法	吐哈、三塘湖盆地
		氯仿沥青"A"法	吐哈、三塘湖、民和和银额盆地
区带评价	类比法	资源丰度类比法	吐哈、三塘湖、民和和银额盆地各评价区
	成因法	运聚单元法	吐哈盆地各评价区、三塘湖盆地石炭系各评价区
	统计法	规模序列法	吐哈、三塘湖盆地各刻度区，吐哈盆地部分评价区
		发现过程法	吐哈、三塘湖盆地各刻度区，吐哈盆地部分评价区
		广义帕莱托法	吐哈、三塘湖盆地各刻度区
非常规资源评价		分级 EUR 类比法	三塘湖致密油各评价区
		分级资源丰度类比法	三塘湖芦草沟组致密油各评价区，吐哈盆地致密气
		小面元容积法	三塘湖致密油各评价区、刻度区，吐哈盆地致密气
		快速评价法	三塘湖致密油各评价区、刻度区，吐哈盆地致密气和煤层气

类比法包括面积丰度类比法和体积丰度类比法，主要是在刻度区解剖基础上，通过其他区带与刻度区石油地质条件的对比，确定评价区的相似系数，进而获得评价区带的资源丰度（包括面积丰度和体积丰度）。用各评价区的面积分别乘以其资源丰度，计算可得评

价区的地质资源量和可采资源量。本次区带级资源量计算主要采用了统计法中的油气藏规模序列法（吕学菊等，2016）和油气藏发现序列法（张建良和孔祥礼，2001）。成因法为一类特殊的体积资源量评价方法，主要通过对烃源岩中烃类的生成量、排出量和吸附量、运移量以及散失损耗量等计算，确定油气藏中的油气聚集量。

每种评价方法都有其适用条件、资料要求和评价结果的可能性，同一个区带用不同方法计算出的资源量，往往差别较大。因此，要比较客观准确地预测油气资源潜力，就需要依据每种方法的适用条件、资料状况、地质认识等确定加权系数，应用特尔菲法将多种不同方法计算出的资源量进行合理的综合，从而得到统一的资源量——区带资源量，然后进行全区汇总得出全盆地的资源结果。依据以上原则，对吐哈盆地上、下含油气系统石油、天然气资源量进行了计算。

（二）吐哈盆地常规油气资源潜力

在分析成藏条件、建立成藏模式的基础上，依据资源类型、油气运聚单元分含油气系统进行区带划分，将吐哈盆地上含油气系统划分为 8 个评价区带，自西向东分别是北部山前带西段、西部弧形带、火焰山带、胜北带、红连—七克台带、鄯善弧形带、北部山前带东段、红台—疙瘩台带。下含油气系统划分为 6 个评价区带，自西向东分别是乌苏—伊拉湖带、鲁克沁—红连带、北部山前带、鄯善温吉桑带、环小草湖带、四道沟带。区带级刻度区上含油气系统选用鄯善弧形带、神泉—雁木西刻度区，下含油气系统选用红南—连木沁、鲁克沁克拉玛依组刻度区；凹陷级刻度区选用台北凹陷刻度区；运聚单元级刻度区选用丘东次凹刻度区。这些刻度区为类比法石油资源量计算提供了参数依据。应用不同级别刻度区精细解剖的结果和地质参数，对各级别评价区带进行地质资源量和剩余资源量的计算。

1. 上含油气系统石油资源量计算

本次区带常规油气资源评价类比法主要应用了面积丰度类比法和体积丰度类比法。在上含油气系统的 8 个区带中，对西部弧形带、红连—七克台带、北部山前带西段和红台—疙瘩台带等 4 个区带分别用面积丰度类比法和体积丰度类比法进行了资源量计算，其余 4 个区带（鄯善弧形带、胜北带、北部山前带东段、火焰山带）仅用面积丰度类比法进行了资源量计算。

本次区带常规油气资源评价中部分区带使用了统计法进行资源量计算。西部弧形带、红连—七克台带和北部山前带西段 3 个区带勘探程度较高，发现的油气藏比较多，具备统计法计算资源量的条件，应用了统计法中的油藏规模序列法、发现序列法进行了资源量计算。鄯善弧形带虽然应用面积丰度法计算了石油资源量，但由于选用了自身的刻度区，相似系数为 1，该刻度区符合"三高"要求，资源量计算分别采用统计法中的油藏规模序列法、油气藏发现序列法和广义帕莱托分布法等 3 种方法，因此鄯善弧形带也等同于使用了统计法进行了资源量计算。

部分区带常规油气资源评价使用了成因法中的运聚单元法，就是从运聚单元中提取待评价区带的生油（气）量、排油（气）量，然后乘以区带运聚系数，得到评价区带的地质资源量。西部弧形带、红连—七克台带和北部山前带西段等 3 个区带还采用了成因法计算石油地质资源量，其生油量分别为 14.2×10^8t、22.7×10^8t、9.3×10^8t，石油运聚系数分别为 6%、3% 和 3%。

根据前面 3 类评价方法的结果，对各个区带利用特尔菲法综合计算地质资源量。其中，西部弧形带、红连—七克台带和北部山前带西段 3 个区带资源量汇总分 2 步进行，首先将类比法和统计法所确定的地质资源量进行特尔菲综合计算，然后将所得数据再与成因法计算所得的数据按照合适的权重系数进行综合，最终得到地质资源量。特尔菲法综合计算吐哈盆地上含油气系统石油地质资源量为 48354.2×10^4t。

2. 上含油气系统天然气资源量计算

上含油气系统天然气资源量计算采用了与石油相同的评价区带和基本相同的评价方法。在上含油气系统的 8 个区带评价中，其中西部弧形带、红连—七克台带、北部山前带西段、红台—疙瘩台带 4 个区带分别用面积丰度类比法和体积丰度类比法对天然气资源量进行了计算，其余的鄯善弧形带、胜北带、北部山前带东段、火焰山带 4 个区带仅用面积丰度类比法对油气资源量进行了计算。西部弧形带、红台—疙瘩台带 2 个区带勘探程度较高，发现的气藏比较多，适合运用统计法中的气藏规模序列法和气藏发现序列法进行评价；其中西部弧形带采用的气藏规模序列法，红台—疙瘩台带采用气藏规模序列法和气藏发现序列法。运用特尔菲法加权得出各区带天然气地质资源总量为 $2434.6 \times 10^8m^3$。

3. 下含油气系统石油资源量计算

下含油气系统勘探程度相对较低，本次评价主要使用类比法，刻度区选用鲁克沁 T_2k 刻度区。综合考虑勘探程度、钻井揭示的油气显示，以及各区带的地质认识，对各区带进行逐一打分，再按照类比评价的评分标准进行打分汇总，确定评价区的相似系数，计算出吐哈盆地下含油气系统各评价区带常规石油地质资源量为 52549.1×10^4t。

在类比法、统计法及成因法计算结果基础上，上、下含油气系统合计得出吐哈盆地常规石油地质资源量为 10.1×10^8t，天然气资源量为 $2434.6 \times 10^8m^3$。

（三）三塘湖盆地常规油气资源潜力

三塘湖盆地发育上、下 2 个含油气系统，在分析成藏条件、建立成藏模式的基础上，依据资源类型、油气运聚单元分含油气系统进行区带划分，将三塘湖盆地上含油气系统划分为 2 个评价区带，下含油气系统划分为 4 个评价区带。区带级刻度区上含油气系统选用牛圈湖 J_2x 刻度区，下含油气系统选用牛东 C_2k 火山岩刻度区，这 2 个刻度区为类比法石油资源量计算提供了参数依据。应用不同方法对各级别评价区带进行了地质资源量和剩余资源量的计算。

三塘湖盆地上含油气系统以二叠系芦草沟组为主要烃源岩，西山窑组为储层发现的油藏虽然单个油藏的储量较大，但数量较少，不适用统计法计算资源量。因此对上含油气系统石板墩—西峡沟带、牛圈湖—马北带 2 个区带只能采用类比法进行资源量计算，计算盆地上含油气系统石油地质资源量为 $19458.4 \times 10^4 t$。

三塘湖盆地下含油气系统区带资源量计算主要采用了面积丰度类比法和成因法，依据条湖凹陷条中带和石板墩带、马朗凹陷牛圈湖—牛东带和黑墩带的石油地质条件，按照类比评价的评分标准进行打分，确定不同评价区与牛东卡拉岗组刻度区的相似系数，进而获得各评价区的石油资源丰度。用各评价区的面积分别乘以其资源丰度，计算可得各评价区的石油地质资源量。面积丰度类比法计算盆地下含油气系统石油地质资源量为 $24811.7 \times 10^4 t$。

三塘湖盆地下含油气系统 4 个区带还使用了成因法中的运聚单元法计算区带资源量，依据盆地模拟计算各区带的生油量，乘以各区带的运聚系数即可得到各区带的石油地质资源量。牛东刻度区的运聚系数是 8.4%，利用地质类比法的相似系数即可得到各评价区带的运聚系数，条中带、石板墩带、牛圈湖—牛东带和黑墩带的石油运聚系数分别为 4.5%、4.6%、5.5% 和 4.5%。成因法计算下含油气系统石油地质资源量为 $27055.6 \times 10^4 t$。

由于成因法计算的资源量一般较大，面积丰度类比法计算的资源量比较符合地质实际，因此面积丰度类比法和成因法方法权重系数分别取 0.75 和 0.25。特尔菲法综合计算三塘湖盆地下含油气系统石油地质资源量为 $25312.3 \times 10^4 t$。上、下含油气系统合计得到三塘湖盆地石油地质资源量为 $44770.8 \times 10^4 t$。

三、非常规油气资源潜力评价

本轮油气资源评价主要对吐哈盆地水西沟群致密砂岩气和三塘湖盆地条湖组、芦草沟组两套致密油开展了非常规油气资源评价。在深入开展了评价区的基本石油地质条件研究的基础上，把握了评价区烃源岩、储层分级等主要评价参数，应用了 EUR 类比法、小面元容积法、资源丰度类比法和快速评价法等 4 种方法开展了吐哈探区非常规油气资源评价，明确了探区的非常规油气资源潜力和分布，为科学决策部署提供了依据。

（一）吐哈盆地致密砂岩气资源量计算

吐哈盆地侏罗系水西沟群致密气主要分布于台北凹陷，随着近年来对致密油气勘探投入的加大和研究认识程度加深，在台北凹陷东部陆续发现了巴喀、阿克塔什、红旗坎、丘陵、温吉桑、红台等致密油气区带，并在巴喀构造带获得致密砂岩气的突破，展示了良好的前景。

根据吐哈盆地侏罗系致密砂岩气的具体地质条件及资料状况，EUR 类比法暂时无法使用，因此采用小面元容积法、资源丰度类比法和快速评价法 3 种方法计算地质资源量，最终采用特尔菲法进行资源汇总。综合分析地质条件的差异，将吐哈盆地水西沟群致密砂岩气纵向上分为西山窑组和下侏罗统 2 个层系，平面上分为托克逊凹陷、台北凹陷和哈密坳陷 3 个评价区，分别采用不同方法计算，最终汇总为盆地资源量。

小面元容积法是体积法的一种，通过输入有效储层厚度、孔隙度、含气饱和度、天然气充满系数、地层温度、原始地层压力等多种等值线图，并提取相应地层的构造数据和边界数据，作为计算的参数依据。小面元容积法计算吐哈盆地水西沟群致密砂岩气总地质资源量为 $4758.9 \times 10^8 m^3$，其中西山窑组致密砂岩气地质资源量为 $1938.1 \times 10^8 m^3$，下侏罗统致密砂岩气地质资源量为 $2820.8 \times 10^8 m^3$。

资源丰度类比法是一种由已知区推测未知区的方法。类比法使用的基本假设条件是某一评价区和某一高勘探程度区（刻度区）有类似的油气地质条件，那么它们将会有大致相同的含油气丰度（面积丰度、体积丰度）。本次资源评价采用面积丰度类比法，刻度区采用本盆地的巴喀下侏罗统致密砂岩刻度区。资源丰度类比法计算吐哈盆地水西沟群致密砂岩气地质资源量为 $4788.8 \times 10^8 m^3$，其中西山窑组致密砂岩气地质资源量为 $1964.3 \times 10^8 m^3$，下侏罗统致密砂岩气地质资源量为 $2824.5 \times 10^8 m^3$。

快速评价法是体积法计算资源量中的一类，因其评价过程简单、快速所以命名为快速评价法，但对石油地质的非均质性考虑不足而缺点也十分明显。快速评价法计算吐哈盆地水西沟群致密砂岩气地质资源量为 $5068.1 \times 10^8 m^3$，其中西山窑组致密砂岩气地质资源量为 $1961.3 \times 10^8 m^3$，下侏罗统致密砂岩气地质资源量为 $3106.8 \times 10^8 m^3$。

根据以上 3 种方法的优缺点及采用地质资料、分析数据的多少程度，采用不同的权系数应用特尔菲法进行资源量汇总，其中小面元法和类比法因考虑地质条件较多，权重系数均为 0.4，而快速评价法简单但准确度略低，权重系数为 0.2，汇总后即可获得各个评价区带的致密砂岩气资源量以及全盆地的致密砂岩气总资源量为 $5087.7 \times 10^8 m^3$。

（二）三塘湖盆地条湖组致密油资源量计算

三塘湖盆地条湖组致密油资源评价在地质评价和认识的基础上，评价单元分为条湖、马朗 2 个评价区，分别采用了小面元法、丰度类比法、快速评价法、EUR 类比法共 4 种方法进行了资源量计算，4 种方法权重系数分别取 0.5、0.2、0.2、0.1，加权计算得到三塘湖盆地条湖组致密油的地质资源量为 $14312.4 \times 10^4 t$，可采资源量为 $798.0 \times 10^4 t$。

第六节　剩余油气资源分布及有利勘探方向

依据本次资源评价结果，通过地质评价结果和剩余资源潜力 2 项参数，进行区带的优选排队，优选有利勘探领域和区带，明确了探区未来的勘探领域和主攻方向。

一、剩余油气资源潜力及分布

（一）吐哈盆地

吐哈盆地上含油气系统石油资源主要分布于台北凹陷各个区带之中，从平面分布来看，石油地质资源与剩余地质资源量均主要分布于鄯善弧形带，其次为西部弧形带、胜北带，这 3 个区带的石油资源丰度均较高（图 13-20）。下含油气系统石油资源分布于台北、哈密、托克逊各个凹陷，其中台北凹陷依然是主要油气资源分布区。台北凹陷细分为

4 个区带，即鲁克沁—红连带、北部山前带、鄯善温吉桑带和环小草湖带。从平面分布来看，石油地质资源主要分布于鲁克沁—红连带，剩余资源主要是鲁克沁—红连带和北部山前带，其次是鄯善温吉桑带和环小草湖带。

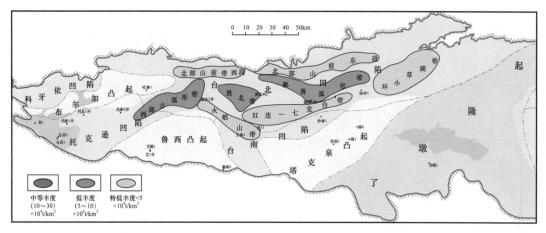

图 13-20　吐哈盆地上含油气系统剩余石油资源丰度分布图

吐哈盆地油气剩余资源主要包含二叠系、三叠系、侏罗系、白垩系和古近系等 5 个层系，剩余资源量为 $6.1 \times 10^8 t$。其中，剩余资源量主要分布于侏罗系（占 34.5%）、二叠系（占 32.2%）、三叠系（31.5%），而白垩系（占 1.1%）和古近系（占 0.7%）占比较少。

天然气主要分布于上含油气系统，剩余资源量为 $1412.6 \times 10^8 m^3$。主要分布于鄯善弧形带、红连）—七克台带以及胜北带，其中胜北带剩余天然气资源丰度最高（图 13-21）。剩余资源量主要分布于侏罗系，占剩余资源量的 95.5%，而白垩系（占 2.9%）和古近系（占 1.6%）占比较少。

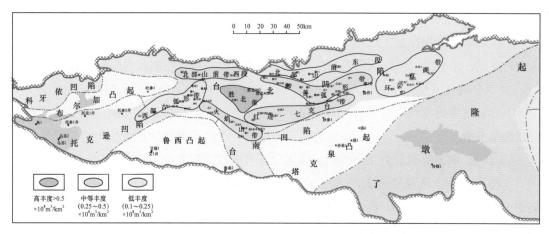

图 13-21　吐哈盆地上含油气系统剩余天然气资源丰度分布图

（二）三塘湖盆地

三塘湖盆地常规剩余油资源量为 $3.4 \times 10^4 m^3$，其中西山窑组剩余资源量为 $1.3 \times 10^8 m^3$，占总剩余资源量的39%。

1. 上含油气系统西山窑组剩余油气资源分布

三塘湖盆地上含油气系统西山窑组剩余石油地质资源量约为 13228×10^4t，占总资源量的 67.9%。且富集于马朗凹陷牛圈湖—马北带的碎屑岩储集体中。马朗凹陷剩余油资源占总量的 77.8%，主要分布在牛圈湖—马北带南部，条湖凹陷占 22.3%，分布在石板墩—西峡沟带。油藏为下生上储式成藏模式，断裂和不整合面作为主要运移通道（图 13-22）。

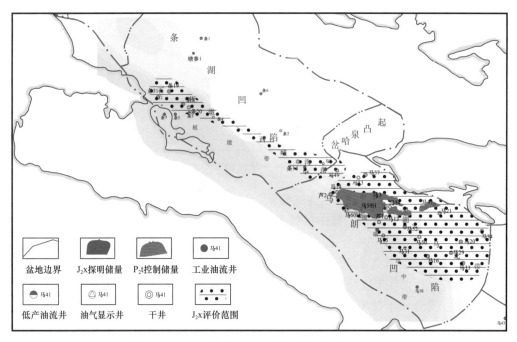

图 13-22　三塘湖盆地上含油气系统剩余资源分布

马朗凹陷仍是勘探的主战场，马中构造带及其西南地区是主攻方向，应以岩性油气藏为主；条湖凹陷南缘也可作为勘探的主力区，以局部构造和岩性油藏为勘探目标。

2. 下含油气系统剩余油气资源分布

下含油气系统发育两套储层，分别是上石炭统卡拉岗组和哈尔加乌组。其中哈尔加乌组以内幕型成藏模式为主，由于发现和认识程度低，本次不做评价；卡拉岗组油气资源量为 2.5×10^8t，剩余资源量为 2.1×10^8t，以风化壳型成藏模式为主。

卡拉岗组剩余资源量为 2.1×10^8t，主要分布在马朗凹陷，目前已探明的石油主要富集于火山岩风化壳油藏中，且全部集中在马朗凹陷东北部斜坡区。盆地探明率较低，仅为 20.6%。剩余资源量也主要分布在马朗凹陷，占 65.5%，条湖凹陷占 34.6%，可见对石炭系火山岩油藏，马朗凹陷仍是目前主要的勘探区域，而条湖凹陷是今后勘探的主要领域。依据火山岩成藏条件，北部斜坡区（条中带、牛圈湖—牛东带）是主攻方向，油藏类型仍以风化壳型成藏为主（图 13-23）。

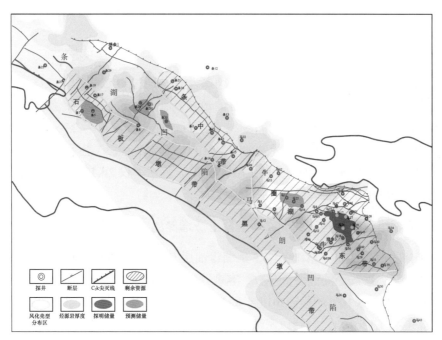

图 13-23　下含油气系统三塘湖盆地卡拉岗组剩余资源分布

二、有利勘探方向与目标

吐哈盆地经历了多期构造运动，造成了沉积过程中的多旋回性，形成了多套生储盖组合。不同的储盖组合由于自身的发育特征及油源条件的影响，其吸纳和保存油气的能力具有差别。本次资源评价按照项目设计的总体要求，采用多因素地质评分法确定各层系油气地质资源量。通过综合地质评价，确定了资源在层系上的分布，提出了下步的勘探主攻方向。

（一）侏罗系仍然是近期增储上产的主力层系

根据实际地质情况层系多因素地质评分，评价结果侏罗系石油地质资源量最大，勘探潜力和效益最佳。侏罗系常规石油地质资源量约占盆地常规油气地质资源量的 42.6%，侏罗系天然气地质资源量占盆地天然气地质资源量的 94.5%。另外，非常规水西沟群致密砂岩气资源也分布在侏罗系水西沟群。

从剩余地质资源量来看，侏罗系仍然是盆地内资源潜力最大的层系。过去数十年的勘探，侏罗系共探明石油地质储量为 $2.2 \times 10^8 t$，占盆地探明储量的 54.9%；探明天然气地质储量为 $932.6 \times 10^8 m^3$，占盆地天然气探明储量的 91.3%；从未探明资源序列来看，侏罗系剩余的地质资源量最大，未探明石油地质资源量为 $2.1 \times 10^8 t$，占盆地上含油气系统常规油气剩余未探明地质资源量的 95.0%；未探明天然气地质资源量为 $1367.4 \times 10^8 m^3$，占盆地上含油气系统常规油气未探明天然气地质资源量的 96.8%。侏罗系在过去的勘探开发中承担了"主力军"的角色，今后仍将担负盆地增储上产的重任。

（二）二叠系、三叠系是近年和今后一段时期增储上产的主战场

依据现有地质资料的认识和近几年的勘探发现，通过对二叠系、三叠系成藏地质条件的综合评价和资源量估算，三叠系石油地质资源量为 $3.1 \times 10^8 t$，探明石油储量为 $1.1 \times 10^8 t$，剩余石油资源量为 $1.9 \times 10^8 t$；二叠系石油地质资源量为 $2.2 \times 10^8 t$，探明石油储量为 $0.3 \times 10^8 t$，剩余石油地质资源量为 $1.9 \times 10^8 t$。总体来看，二叠系、三叠系石油地质资源量为 $5.3 \times 10^8 t$，探明石油地质储量为 $1.4 \times 10^8 t$，探明率仅 26.4%，剩余资源量多，勘探潜力很大，是后期油田增储上产的主攻领域。

（三）条湖组致密油是三塘湖盆地近期上产增储的主要层系

依据现有的地质认识，精细落实了条湖组油层有效厚度、孔隙度、含油饱和度、含油面积、油气充满系数等关键评价参数，客观计算条湖组致密油地质资源量为 $1.4 \times 10^8 t$，可采资源量为 $798.0 \times 10^4 t$，截至 2015 年底探明致密油地质储量为 $0.3 \times 10^8 t$，剩余致密油地质资源量为 $1.1 \times 10^8 t$，剩余致密油主要位于马朗凹陷，占剩余致密油地质资源量的 72.6%。条湖组一段火山岩顶部凝灰岩是致密油发育的主要层段，纵向上，凝灰岩储层发育在火山岩旋回顶部，为一套静水环境下形成的蚀变沉凝灰岩；平面上，储层受近火山口稳定湖盆区控制，火山机构两翼洼地储层厚度大，通道及湖盆周缘薄。油层在地震剖面上表现为负相位、高连续特征，一般位于块状或层状空白、低频反射的火山熔岩顶部，井震结合可以有效识别油层的平面展布规律和有利勘探目标区。

（四）石炭系 2 类油藏是三塘湖盆地未来的重点勘探层系

三塘湖盆地石炭系以哈尔加乌组为烃源岩，共发育卡拉岗组顶部风化壳油藏和哈尔加乌组源储共存内幕型油藏，本次计算石炭系石油地质资源量为 $2.5 \times 10^8 t$，已探明石油地质储量为 $0.4 \times 10^8 t$，剩余石油地质资源量共 $2.1 \times 10^8 t$，其中马朗凹陷剩余地质资源量为 $1.14 \times 10^8 t$，占剩余石油地质资源量的 50.2%，是未来石炭系油气勘探的重点领域。石炭系哈尔加乌组油源充足，卡拉岗组、哈尔加乌组 2 套主力储层，油质轻，单井产量高，剩余预测储量多，马朗凹陷多个出油点储量有待升级探明，条湖凹陷腹部的储量有待进一步探明，资源潜力大，是进一步精细勘探和扩展的重点领域。

第十四章 酒泉盆地油气资源潜力与勘探方向

玉门是中国最早发现和利用石油的地区之一，始于 1939 年 8 月勘探开发的老君庙油田是我国最早采用现代技术开发的油田，被誉为"中国石油工业的摇篮"。酒泉盆地面积为 22000km²，具有常规油及非常规油两种资源类型，中国石油第四次资源评价盆地内石油地质资源量为 $6.46 \times 10^8 t$，主要分布在古近系、白垩系和古生界，共发现 7 个油田，探明石油地质储量为 $1.9 \times 10^8 t$，油气资源总体探明率较低，仍具有较大的勘探潜力。

第一节 油气勘探新进展

近十年来，酒泉盆地酒东坳陷油气勘探获得重要突破，发现酒东长沙岭 K_1g_3 油藏；酒西坳陷精细勘探取得新进展，在青西凹陷东部鸭西地区白垩系及古近—新近系相继获得新发现，盆地整体认识进一步提升。

一、盆地地质认识进一步深入，评价单元更为落实

前期认为青西凹陷为两凹夹一凸的地质结构，西部为红南次凹，东部为青南次凹，两个次凹之间为青西低凸起，红南次凹可能具有与青南次凹相似的成藏条件。经过青探 1 井、兴隆 1 井等重点探井钻探，红南次凹目的层缺失。前期认为石大凹陷南部发育与窟窿山构造带相似的青头山构造带，部署了青山 1 井，该井钻探缺失白垩系，大红圈次凹勘探潜力变小。

二、青西油田探明地质储量为 $6994 \times 10^4 t$，形成 $50 \times 10^4 t$ 生产规模

三次资评末期，由于窟窿山地区的白垩系裂缝性油藏勘探取得突破性进展，该地区成为了玉门油田分公司的主要勘探领域。从 2004 年至今，在窟窿山先后钻探探井 20 余口，落实含油面积 13.38km²，提交探明储量 $1967.17 \times 10^4 t$。青西油田累计探明储量为 $6993.37 \times 10^4 t$，可采储量为 $1118.91 \times 10^4 t$，形成 $50 \times 10^4 t$ 生产规模，累计产油 $424.83 \times 10^4 t$。

三、鸭西地区白垩系勘探评价获得新发现，展现出规模增储潜力

鸭西地区白垩系立体勘探获得新发现，构造高部位 K_1g_{2+3} 油藏面积进一步扩大，构造低部位 K_1g_1、K_1g_0 油藏获得突破。2005 年运用岩性油藏的勘探思路，在鸭儿峡扇三角洲前缘钻探鸭西 1 井，在 K_1g_1 段日产油 12.54m³，鸭儿峡白垩系 K_1g_1 发现油藏。至今，在鸭西共钻探井 12 口，落实含油面积 12.34km²，提交探明储量 $1851.89 \times 10^4 t$。2013 年重新

评价鸭儿峡顶部白垩系 K_1g_{2+3} 油藏，落实含油面积 $5.24km^2$（原面积为 $3.27km^2$），新增探明石油地质储量为 $1085.16 \times 10^4 t$。2014 年，鸭儿峡北部鸭西 10 井在 K_1g_0 段获日产油 77t，鸭西 10 井获高产油气流突破两项认识禁区：一是证实鸭儿峡白垩系 121 断层以北成藏；二是鸭儿峡白垩系深层发育块状砂砾岩体。青西凹陷北部深层白垩系是玉门油田又一增储上产的重要地区。

四、酒东坳陷营尔凹陷油气勘探获得突破，建成年产 $10 \times 10^4 t$ 的酒东油田

酒东坳陷的油气勘探主要集中在营尔凹陷，凹陷南北长约 45km，东西宽 30km，总面积为 $1300km^2$，为一断坳叠置的中、新生代沉积凹陷，目的层系为下白垩统，第三次油气资源评价地质资源量为 $1.14 \times 10^8 t$。虽然凹陷内有多口探井获得油气流，但未获实质性突破。2005 年按照"古隆起、近油源、新层系"的思路三上长沙岭，在长沙岭构造钻探长 3 井，获得工业油流，发现下白垩统下沟组 K_1g_1 油藏。长 3 区块提交探明含油面积为 $2.42km^2$，石油地质储量为 $168.07 \times 10^4 t$，长 4 区块提交控制含油面积为 $11km^2$，石油地质储量为 $840 \times 10^4 t$。同时通过对凹陷"三上三下"油气勘探得失和油气地质条件的综合分析，深化凹陷油气成藏条件认识，从而带动了勘探思路的三个转变：（1）下白垩统油气源内聚集成藏，勘探区域由周边向凹内转变；（2）成藏条件对比分析，勘探层系由 K_1g_1 向 K_1g_3 转变；（3）长沙岭具断块油藏的特点，勘探目标由背斜油藏向断块油藏转变。2008 年针对 K_1g_3 部署长 7 井获得高产油流，发现了下白垩统下沟组 K_1g_3 油藏。随后部署的 6 口探井相继获得工业油流。长沙岭 K_1g_3 油藏提交探明含油面积为 $14.96km^2$，探明石油地质储量为 $1022 \times 10^4 t$，建成了年产 $10 \times 10^4 t$ 的酒东油田。2016 年借鉴 K_1g_3 成功经验，重新认识长沙岭 K_1g_1，在长 2 块部署长 19 井获成功，长沙岭 K_1g_1 油气勘探继续取得新进展。

第二节　油气地质条件

一、构造特征

酒泉盆地经历断坳叠置的发展过程，后期经过挤压改造，盆地内不同时期的断层活动作用各异，相互切割。根据中生代断裂、盆地隆凹格局及早白垩世沉积特征，将盆地分为酒东坳陷、嘉峪关隆起、酒西坳陷 3 个一级构造单元，其中酒东坳陷包括营尔凹陷、马营凹陷、盐池凹陷、金塔凹陷、天泉寺凸起、清水凸起 6 个二级构造单元；酒西坳陷包括青西凹陷、南部凸起、石大凹陷、鸭北凸起、赤金凹陷和花海凹陷 6 个二级构造单元，石大凹陷又可分为石北次凹（断陷）、石北低凸起、大红圈次凹（断陷）3 个次一级构造单元。

（一）盆地基底形成及演化

酒泉盆地基底分属不同的大地构造位置，大致以宽台山—合黎山北缘断层为界，盆地

南部属走廊过渡带，而盆地北部分属华北地台阿拉善地块、塔里木板块敦煌地块。盆地南部、北部基底结构存在较大差异。

自前震旦系结晶基底形成至三叠纪为酒泉盆地基底演化阶段，其演化历史与周缘板块的相互作用密切相关。经历两期拉张和挤压，基底构造演化经历了震旦—早奥陶纪大陆边缘裂谷—被动大陆边缘发展阶段、奥陶—志留纪活动大陆边缘阶段、晚志留世末—早泥盆世碰撞造山和前陆盆地阶段、中泥盆世—二叠纪造山后拉张断陷和被动大陆边缘阶段、三叠纪弧后前陆盆地五个发展阶段。经历晚三叠世末期的印支运动，酒泉盆地所在的祁连北侧走廊过渡带及华北板块阿拉善地块和塔里木板块敦煌地块整体抬升剥蚀夷平，构成了酒泉中—新生界盆地基底。据重、磁和地面露头资料，祁连北侧走廊过渡带与华北地台阿拉善地块、塔里木板块敦煌地块基底结构存在较大的差异，大致以宽台山—合黎山北缘断层为界，酒泉盆地南部走廊过渡带发育震旦系—下古生界浅变质基底和上古生界—三叠系沉积盖层，而北部的华北地台阿拉善地块、塔里木板块敦煌地块主要发育前震旦系结晶基底，震旦系—下古生界、上古生界—三叠系不发育（图14-1）。酒泉盆地这种基底的差异影响了中—新生代盆地叠合演化。

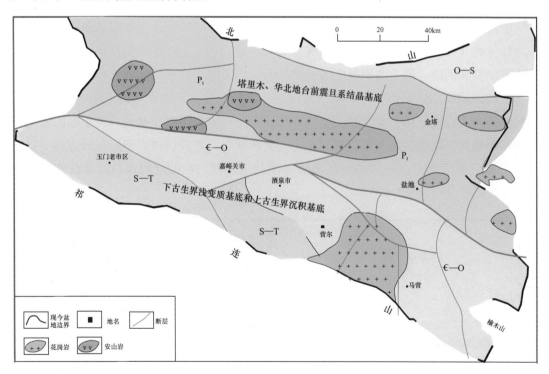

图 14-1　酒泉盆地基底结构图

（二）中—新生代盆地类型及形成机制

酒泉盆地划分为中生代早白垩世断陷盆地、新生代古近纪挤压陆内坳陷盆地和新近纪以来陆内前陆盆地三种沉积盆地类型，是三种不同类型盆地的叠合盆地。

1. 早白垩世断陷盆地

早白垩世期间，中蒙联合地块内部发生强烈的地壳伸展作用，在中蒙边界地区形成了许多伸展断陷盆地，如海拉尔盆地、松辽盆地、二连盆地、银根盆地、走廊白垩纪盆地和蒙古的戈壁盆地等，这些盆地虽相互独立，被基底剥露区所分隔，但它们在早白垩世期间应是一个统一的断陷盆地体系，孟庆任等（2002）称之为中蒙边界地区早白垩世伸展盆地体系，认为其形成与地壳浅部的伸展作用相关，动力学成因机制很可能与增厚岩石圈的重力垮塌有关。张晓东等（2005）认为是由于西伯利亚板块向东南相对运动，产生一个从西到东发散的地幔对流应力场，使地幔对流物质向东流动，形成了早白垩世的伸展断陷盆地群。中蒙边界地区早白垩世伸展盆地体系位于中国、蒙古国及俄罗斯边界地区，横跨兴蒙褶皱带、华北板块，为北东—南西向延伸的裂陷盆地带，向西南终止于青藏高原北缘的祁连褶皱带。走廊盆地群及其邻区的白垩纪盆地形成机制为区域拉张作用（郑孟林等，2003；李明杰等，2004；潘良云等，2006），从早白垩世开始酒泉盆地处于区域伸展构造环境，是中蒙边界地区早白垩世伸展盆地体系西南缘的一个断陷盆地（潘良云等，2012）。

酒泉盆地早白垩世赤金堡—下沟组沉积期发育一系列北北东、北东向张性正断层和与之伴生的北西西向张性正断层，形成一系列北东向相对独立的次级凹陷，以嘉峪关隆起为界，发育酒西、酒东两大断陷区，酒西断陷区发育青西凹陷、石大凹陷、花海凹陷三个次级凹陷，酒东断陷区分布有营尔凹陷、马营凹陷、盐池和金塔等多个次级凹陷，嘉峪关隆起区没有早白垩世沉积。早白垩世赤金堡—下沟组沉积期具有典型断陷盆地的隆凹相间结构，次级凹陷大都为东断西超的箕状凹陷，在控凹边界断层下降盘赤金堡—下沟组地层厚度大，往次凹斜坡区地层逐渐超覆减薄，次凹之间以凸起和低凸起相隔（图14-2）。

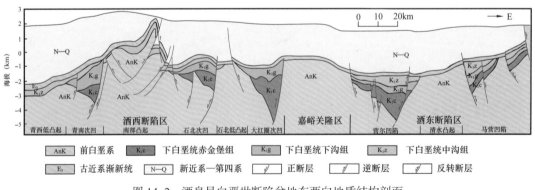

图14-2　酒泉早白垩世断陷盆地东西向地质结构剖面

中沟组沉积期，沉积范围扩大，酒西和酒东断陷区基本表现为两个统一的断陷区，地层沉积受北东东向正断层控制作用较弱，分割性不明显。酒西断陷区除鸭北凸起、南部凸起外均有中沟组沉积；酒东断陷区内均有中沟组沉积，以营尔凹陷沉积最厚。在早白垩世中沟组沉积时期，盆地伸展作用减弱，发生伸展后热回沉，形成了酒西和酒东两个统一的平缓碟形坳陷，此时的酒泉盆地处于断陷、坳陷转换期，应属断陷期后伸展坳陷盆地。

李奋其（2004）认为酒泉盆地早白垩世构造沉降曲线具有由陡变缓两段式沉降和由快变慢的沉积速率。其中，赤金堡—下沟组（140—119Ma）斜率最大，反映构造沉降速率最大，具有强烈沉降的特征；中沟组（119—97.5Ma）构造沉降曲线平缓，斜率较小，反映缓慢沉降的特征。总体表现为伸展断陷盆地（赤金堡—下沟组沉积期）—断陷期后伸展坳陷型盆地（中沟组沉积期）的两段式构造沉降曲线特征。

利用早白垩世次级凹陷沉积地层最大厚度对其最大沉积速率进行了估算，其结果与上述早白垩世的构造沉降曲线相似（表14-1）。酒泉盆地早白垩世断陷期最大沉积速率下沟组沉积期大于赤金堡组沉积期和中沟组沉积期，反映断陷盆地不同阶段沉降幅度，下沟组沉积期是盆地强烈断陷阶段，沉降速率最大，赤金堡组沉积期为盆地初始断陷期，沉降速率次之，中沟组沉积期为断坳过渡期，沉降速率最小。

表 14-1 酒泉盆地早白垩世断陷期最大沉积速率表

沉积地层	地层绝对年龄（Ma）	青西凹陷		营尔凹陷		石大凹陷		花海凹陷	
		最大沉积厚度（m）	最大沉积速率（m/Ma）	最大沉积厚度（m）	最大沉积速率（m/Ma）	最大沉积厚度（m）	最大沉积速率（m/Ma）	最大沉积厚度（m）	最大沉积速率（m/Ma）
赤金堡组（K_1c）	140—125	3400	227	2200	147	1700	113	2000	133
下沟组（K_1g）	125—119	2200	336	1200	200	1200	200	1600	266
中沟组（K_1z）	119—97.5	130	60	1200	56	600	28	1200	56

火山岩发育特征也表明酒泉盆地及邻区早白垩世处于区域伸展环境（李奋其，2004）。在酒泉盆地西南部的旱峡和阿尔金南缘红柳峡等露头区发现中生界火山岩，旱峡火山岩以夹层产于下白垩统下沟组中，岩石类型主要为碱性玄武岩、橄榄粗玄岩、碱玄岩；红柳峡地区的火山岩与下沟组黑色泥页岩呈整合接触，同位素年龄 106.6 ± 2.2—$112.0 \pm 0.6Ma$，火山岩喷发时间在早白垩世下沟组沉积期，根据酒泉盆地下白垩统火山岩岩石类型、岩石组合、矿物学特征、岩石化学特征、稀土元素地球化学特征和微量元素地球化学等特征研究认为酒泉盆地下白垩统火山岩具有幔源岩浆的特征。

另外，酒泉盆地青西凹陷下白垩统内发育白云岩、泥质白云岩，研究认为是"白烟型"喷流岩—热水沉积白云岩（范铭涛等，2003；郑荣才等，2003）。喷流岩包括"黑烟型"和"白烟型"两种类型，均被认为是产于伸展盆地内、与深部热流体密切相关的特殊岩类，既包括与洋中脊部位伸展作用有关的大洋盆地，也有大陆内部的裂谷盆地（Jean-Jacques 和 Tiercelin，1994）。酒泉盆地"白烟型"喷流岩—热水沉积白云岩空间分布、岩石的矿物组合和结构、构造特征主要显示热水沉积性质，其展布与北东向控凹边界断裂一致，也暗示酒泉盆地在早白垩世强烈伸展作用的发生，而且表明深部热流活动较强。

2. 古近纪陆内挤压坳陷盆地

受印度板块向北与欧亚板块拼贴挤压、青藏高原远端逆冲作用的影响，北祁连褶皱带隆升并向北逆冲推覆，从晚白垩世开始，酒泉盆地由拉张构造环境转为挤压构造环境。对北祁连山褶皱带隆升、逆冲推覆时间研究文献较多，认为北祁连山由南向北逆冲推覆时间从新近纪开始（赵贤正等，2004；李明杰等，2005；陈汉林等，2006；杨树锋等，2007），宋春晖等（2001）和方小敏等（2004）通过对酒泉盆地沉积相和沉积速率及沉积物重矿物的分析，结合磁性地层测量结果确定了北祁连山褶皱带开始隆起的确切时间分别为 8.3Ma、8.26Ma，认为北祁连山褶皱带隆升逆冲时间相当于新近纪上新世疏勒河群牛胳套组（N_2n）开始沉积时期。

酒泉盆地新生代构造演化及盆地发育类型与北祁连褶皱带构造演化密切相关，潘良云等（2012）通过对酒泉盆地新生代沉积、构造研究和生长断层转折褶皱、生长地层分析，认为北祁连褶皱带和酒泉盆地在晚白垩世和新生代可能经历三期构造演化过程。早白垩世末，北祁连褶皱带和酒泉盆地开始受挤压，整体隆升，遭受剥蚀，缺失了晚白垩—始新世沉积；古近纪渐新世，北祁连褶皱带开始隆升，但此时并未发生往北的大规模逆冲推覆变形，北祁连褶皱带这期隆升对应于渐新世白杨河组（E_3b）这套生长地层，时间在 29.5—24.5Ma 之间，这一过程持续到新近纪中新世，新近纪中新世弓形山组（N_1g）、胳塘沟组（N_1t）沉积时，祁连山已基本夷平；新近纪上新世，由于青藏高原剧烈抬升，远端强烈的碰撞挤压作用传递到北祁连褶皱带，祁连褶皱带北缘开始发生强烈隆升，并向北侧的酒泉盆地逆冲推覆，这期逆冲推覆变形对应于新近纪上新世疏勒河群牛胳套组（N_2n）这套生长地层，变形开始时间在 8.3—9Ma 之间，一直持续到现在。北祁连褶皱带新生代不同时期构造变形特征不同，控制了酒泉盆地演化和盆地类型。

古近纪渐新世由于北祁连褶皱带和阿尔金断裂带的隆升，酒泉盆地因山前岩石圈负荷增大而发生挠曲，盆地整体下沉，在北祁连造山带北缘和阿尔金断裂带的南缘形成了狭长的挤压坳陷沉降带，形成了陆内挤压坳陷盆地，当时的盆山面貌与现今不同，盆地南缘在现今边缘以南 30km 外（陆浩民等，2006），当时北祁连褶皱带北缘应该有渐新世沉积，只是由于后期的北祁连褶皱带的逆冲推覆，被剥蚀。渐新世地层沉积不受断层控制，由坳陷向南部祁连山和西部的阿尔金山系或北部的斜坡区逐渐超覆减薄、尖灭，略呈不对称的碟形坳陷。

经晚白垩世—古近纪早期的抬升剥蚀，古近纪中晚期（始新—渐新世）酒泉盆地接受陆内挤压坳陷型沉积。酒泉盆地始新—渐新世沉积地层主要沿祁连山呈北西西向或沿阿尔金山前呈近东西向展布，分布于酒西、酒东两个坳陷，沉积中心分别位于酒西坳陷的西部和酒东坳陷营尔地区。总体表现为酒西坳陷阿尔金山前厚度大，可达近千米，酒东坳陷沉积中心最大厚度 300m 左右。由于阿尔金断裂强烈左行走滑扭动，在靠近该断裂带与祁连褶皱带交汇的部位，即酒西坳陷的西部形成明显的拉分角，沉降加快，接受巨厚的沉积（图 14-3）。始新—渐新世酒泉陆内坳陷盆地沉降速率较早白垩世断陷盆地小得多，沉降速率最大的地区位于阿尔金山前，约为 80m/Ma，青西地区最大沉降速率为 56m/Ma，而酒东坳陷营尔地区沉最大降速率仅 24m/Ma，沉降速率反映始新—渐新世盆地处于缓慢沉降阶段。

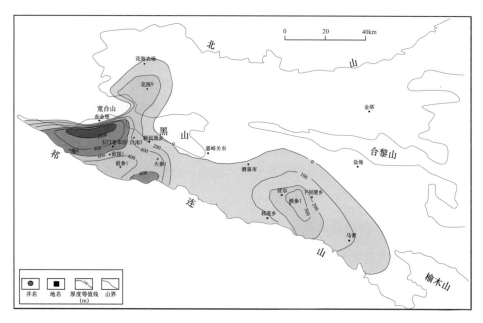

图 14-3 酒泉盆地古近系残余厚度图

3. 新近纪陆内前陆盆地

新近纪开始，尤其是上新世以来，由于青藏高原剧烈抬升，北祁连褶皱带发生强烈隆升，并向酒泉盆地逆冲推覆，酒泉盆地演化为挤压型的陆内前陆盆地，控制盆地的断层为祁连山褶皱带北缘逆冲断裂。此时的酒泉盆地具有较典型的前陆盆地结构特征，由北祁连褶皱带往北依次发育前陆冲断带、前陆坳陷（前渊）、前陆斜坡、前陆隆起及隆后坳陷。前陆冲断带构造变形强烈，下古生界浅变质岩长距离逆掩在新生界之上，前陆坳陷中沉积了巨厚的新近系—第四系，在巨大的构造负荷和沉积负荷作用下，属于前陆坳陷的酒西、酒东地区沉降幅度大，新近系—第四系沉积巨厚，地层由前陆坳陷向前陆斜坡超覆减薄，在前陆隆起上超覆或剥蚀殆尽，隆后坳陷也沉积了较厚的新近系—第四系，剖面上表现为南厚北薄的不对称楔形（图 14-4）。平面上，盆地呈北西西向平行北祁连褶皱带展布，前陆坳陷（前渊）紧邻北祁连褶皱带发育。

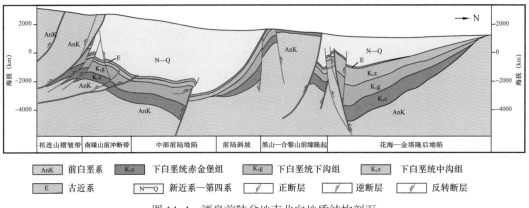

图 14-4　酒泉前陆盆地南北向地质结构剖面

酒泉新近纪陆内前陆盆地的形成是北祁连褶皱带向酒泉盆地挤压逆冲推覆产生的构造负荷作用挠曲沉降的结果，因北祁连褶皱带的快速隆升、风化剥蚀及河流搬运的相互作用，在酒泉盆地南部快速堆积了巨厚的新近—第四纪陆相沉积物，以前陆坳陷区沉积厚度最大，前陆坳陷区存在两个沉降中心，一个位于前陆坳陷西部的红南地区，夹持于祁连山和阿尔金褶皱带之间，地层残余厚度达 4000m 以上，另一沉降中心位于酒东营尔地区，最大残余厚度达 3000m 以上。隆后坳陷新近系—第四系最大厚度在 1000m 左右，沉降中心分布位于西部的花海地区和东部的金塔地区。黑山—合黎山前缘隆起区地层较薄，大部分地区超覆或剥蚀缺失新近系—第四系。

（三）中—新生代盆地叠合演化

酒泉盆地中—新生代为典型的叠合盆地，盆地叠合界面是古近系与下白垩统之间的区域不整合面。酒泉盆地在中、新生代动力学性质和构造体制发生了根本的改变。侏罗—早白垩纪为伸展构造体制，晚白垩世时期，受印度板块向北与欧亚板块拼贴挤压的影响，盆地由拉张构造环境转为挤压构造环境，新生代随青藏高原的隆升和祁连褶皱带往北逆冲推覆作用，挤压作用愈来愈强烈。

中、新生代盆地原型和盆地结构发生了根本的变化。中生代早白垩世断陷期酒泉断陷盆地发育酒西和酒东两个断陷区，由多个东断西超、呈北东向展布的次级箕状凹陷组成断陷群，区域上属于蒙甘拉张断陷体系；新生代为祁连褶皱带北缘的陆内坳陷盆地和前陆盆地，原型盆地呈北西西向平行祁连褶皱带展布，具有挤压坳陷盆地和前陆盆地的结构特征。

酒泉中—新生代叠合盆地之间相互作用、相互制约。一方面，中生代早白垩世断陷盆地对新生代陆内坳陷盆地和前陆盆地具有控制作用，如早白垩世断陷盆地隆凹格局对新生代陆内坳陷盆地和前陆盆地沉积具有一定的控制作用，前陆坳陷和隆后坳陷在酒东、酒西两个断陷区沉积较嘉峪关隆起区厚度大得多，前陆冲断带多条北北东向的新生代横向走滑调节断层利用了早期北东向的伸展断层；另一方面，新生代陆内坳陷盆地和前陆盆地改造了中生代早白垩世断陷盆地，如早期断陷期的张性正断层普遍由于挤压发生反转，或被北西西向的逆冲断层切割，除早期控凹边界断层和营尔凹陷内部次级张性正断层经改造后有所保存外，其他凹陷内部次级张性正断层几乎被后期改造消失殆尽。

二、烃源岩发育特征

酒泉盆地在祁连山前发育一系列呈北东向展布、分割性很强的下白垩统不对称箕状断陷或半地堑断陷，酒西坳陷的生油凹陷为青西凹陷和石大凹陷，酒东坳陷发育的主要生油凹陷为营尔凹陷。

（一）烃源岩分布

青西凹陷主要烃源层为下白垩统赤金堡组和下沟组，烃源岩形成于半深湖—深湖相、微咸—半咸水、偏碱性的沉积环境，形成一套湖相泥岩和湖相碳酸盐岩优质烃源岩（陈建军，2004）。青西凹陷赤金堡组暗色泥岩平均厚度为480m，分布面积为148.7km²（图14-5）；下沟组暗色泥岩平均厚度为479m，分布面积为261km²（图14-6）。石大凹陷赤金堡组暗色泥岩平均厚度为127m，分布面积为471.9km²（图14-7）；下沟组暗色泥岩平均厚度为134m，分布面积为640.8km²（图14-8）。

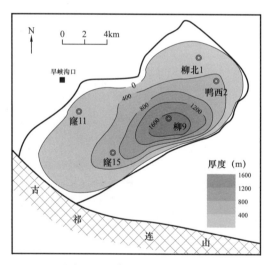

图 14-5　青西凹陷赤金堡组
暗色泥岩厚度等值线图

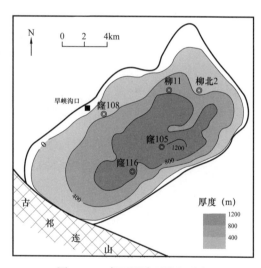

图 14-6　青西凹陷下沟组暗色
泥岩厚度等值线图

酒东营尔凹陷主要烃源岩层为下沟组上段、下沟组下段和赤金堡组，中沟组烃源岩厚度大，有机质丰度高，但成熟度低，不是主要烃源岩（陈建平等，1995）。

营尔凹陷下沟组上段厚度较大的暗色泥岩主要分布在北部次凹和南部次凹，累计暗色泥岩厚度介于100~300m，北部厚度最大为350m，南部厚度最大为300m（图14-9）。下沟组下段暗色泥岩厚度介于100~500m，北部厚度最大为500m，南部厚度最大为

450m。赤金堡组暗色泥岩沉积范围小但厚度大，介于400~1400m，北部厚度最大为1600m，南部厚度最大为1200m（图14-10）。

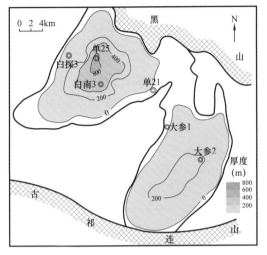

图14-7　石大凹陷赤金堡组暗色泥岩厚度等值线图

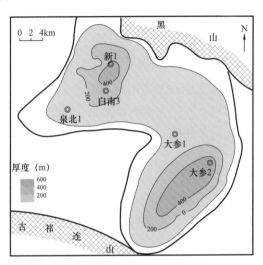

图14-8　石大凹陷下沟组暗色泥岩厚度等值线图

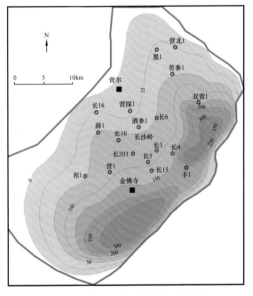

图14-9　营尔凹陷下沟组上段暗色泥岩厚度（m）等值线图

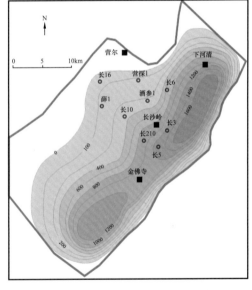

图14-10　营尔凹陷赤金堡组暗色泥岩厚度（m）等值线图

（二）有机质丰度

酒泉盆地各凹陷不同层位的暗色泥岩有机质丰度存在差异（表14-2），但烃源岩普遍发育于下白垩统下沟组与赤金堡组。

酒西青西凹陷下沟组和赤金堡组烃源岩达到中等—好烃源岩标准，赤金堡组烃源岩有机质丰度高于下沟组。赤金堡组 TOC 含量介于 2.83%～1.60%，平均为 2.17%；产烃潜量（S_1+S_2）最大值达 11.16mg/g，最小值为 0.85mg/g，平均值为 4.13mg/g。下沟组 TOC 含量在 0.08%～6.89% 之间，均值为 1.54%；产烃潜量分布介于 0.02～36.06mg/g，平均为 5.79mg/g；氯仿沥青"A"含量分布于 0.008%～1.2528% 之间，平均为 0.2685%；总烃含量分布介于 23.92～5049μg/g，平均值为 890.19μg/g。

石大凹陷赤金堡组和下沟组暗色泥岩均达到中等—好烃源岩标准（表 14-2）。石北次凹和大红圈次凹的赤金堡组烃源岩 TOC 均值分别高达 1.86% 和 1.99%；产烃潜量均值分别为 10.17mg/g 和 9.66mg/g；氯仿沥青"A"含量平均分别为 0.0879% 和 0.0279%；总烃含量平均值分别为 48.62μg/g 和 46.98μg/g。石北次凹和大红圈次凹下沟组烃源岩 TOC 也有较大变化范围，均值分别为 1.14% 和 1.67%；产烃潜量均值分别为 10.34mg/g 和 9.64mg/g；氯仿沥青"A"均值分别为 0.1072% 和 0.0336%；总烃含量均值分别为 43.92μg/g 和 42.47μg/g。

花海凹陷下白垩统烃源岩的有机质丰度均高于酒泉盆地其余凹陷，且自下而上具有逐渐变好的趋势。赤金堡组烃源岩 TOC 分布介于 0.36%～3.69%，平均值为 2.03%；但产烃潜量最大值仅 5.61mg/g，最小为 0.11mg/g，均值为 2.05mg/g（表 14-2）。下沟组下、上两段烃源岩 TOC 含量分别介于 0.94%～7.26% 和 1.67%～3.8%，均值分别为 2.65% 和 2.86%；产烃潜量分别介于 1.29～44.11mg/g 和 2.96～15.02mg/g，平均值分别为 9.15mg/g 和 8.97mg/g；氯仿沥青"A"分别分布于 0.0439%～0.397% 和 0.0714%～0.1826%，均值分别为 0.1658% 和 0.1326%；总烃分别介于 163～1775μg/g 和 346～983μg/g，均值分别为 785μg/g 和 689μg/g。中沟组下、上两段烃源岩有机质丰度较高，其中中沟组下段烃源岩 TOC 含量介于 1.71%～6.93%，平均值为 4.24%，氯仿沥青"A"含量介于 0.0798%～0.5946%，平均为 0.2361%，总烃分布在 309～1998μg/g，平均为 809μg/g，生烃潜量（S_1+S_2）介于 3.66～44.71mg/g，均值为 19.42mg/g；中沟组上段烃源岩 TOC 含量介于 1.68%～11.76%，均值为 5.15%，生烃潜量均值为 24.12%，氯仿沥青"A"分布在 0.0525%～0.3463% 之间，平均为 0.1895%，总烃含量介于 138～725μg/g，平均为 430μg/g。

酒东营尔凹陷下白垩统赤金堡组和下沟组下、中段三套烃源岩均为中等烃源岩，下沟组上段和中沟组烃源岩为好烃源岩。赤金堡组 TOC 介于 0.12%～1.7%，平均为 0.62%；产烃潜量为 11.2～0.04mg/g，均值为 1.62mg/g；氯仿沥青"A"含量介于 0.004%～0.2912%，平均为 0.0828%；总烃含量介于 7～2289μg/g，平均 591μg/g。下沟组下、中、上三段烃源岩的有机质丰度均比较高，TOC 平均值分别为 0.88%、0.97% 和 1.55%；产烃潜量平均值分别为 2.49mg/g、3.1mg/g 和 5.33mg/g；氯仿沥青"A"平均值分别为 0.0389%、0.0664% 和 0.0877%；总烃含量平均值分别为 304μg/g、232μg/g 和 596μg/g。中沟组烃源岩有机质丰度最高，TOC 平均为 1.51%，氯仿沥青"A"平均为 0.12%，总烃为 627.14μg/g，生烃潜量平均为 7.49mg/g（表 14-2）。

表 14-2　酒泉盆地烃源岩有机质丰度表

凹陷	次凹	层位	TOC（%）	氯仿沥青 A（%）	总烃含量（μg/g）	生烃潜量（mg/g）
青西凹陷		K_1c	1.60～2.83 2.17（24）			0.85～11.16 4.13（39）
		K_1g	0.08～6.89 1.54（412）	0.0080～1.2528 0.2685（45）	23.92～5049.00 890.19（45）	0.02～36.06 5.79（695）
石大凹陷	石北	K_1c	0.10～7.18 1.86（172）	0.0019～0.3333 0.0879（101）	26.45～72.26 48.62（66）	1.07～54.79 10.17（58）
		K_1g	0.06～4.65 1.14（86）	0.0044～0.5571 0.1072（46）	34.33～55.34 43.92（21）	1.50～24.34 10.34（39）
	大红圈	K_1c	0.59～4.87 1.99（15）	0.0245～0.0308 0.0279（3）	41.79～51.23 46.98（3）	5.81～12.53 9.66（5）
		K_1g	0.51～4.16 1.67（44）	0.0152～0.0535 0.0336（4）	41.58～42.92 42.47（3）	0.1～25.61 9.64（12）
花海凹陷		K_1z_2	1.68～11.76 5.15（16）	0.0525～0.3463 0.1895（11）	138～725 430（6）	14.68～32.16 24.12（16）
花海凹陷		K_1z_1	1.71～6.93 4.24（24）	0.0798～0.5946 0.2361（11）	309～1998 809（6）	3.66～44.71 19.42（23）
		K_1g_2	1.67～3.8 2.86（21）	0.0714～0.1826 0.1326（4）	346～983 689（4）	2.96～15.02 8.97（20）
		K_1g_1	0.94～7.26 2.65（20）	0.0439～0.397 0.16588（12）	163～1775 785（12）	1.29～44.11 9.15（19）
		K_1c	0.36～3.69 2.03（12）	—	—	0.11～5.61 2.05（11）
营尔凹陷		K_1z	0.12～14.45 1.51（492）	0.0046～0.556 0.12（36）	25.88～3122 627.14（70）	0.04～62.95 7.49（493）
		K_1g_3	0.08～4.47 1.55（167）	0.0034～0.7331 0.0877（83）	16～4870 596（87）	0.10～41.60 5.33（167）
		K_1g_2	0.08～3.28 0.97（131）	0.0036～0.3746 0.06643（24）	21～839 232（21）	0.03～14.80 3.1（123）
		K_1g_1	0.13～2.52 0.88（128）	0.0015～0.157 0.0389（24）	8～1231 304（23）	0.10～8.30 2.49（128）
		K_1c	0.12～1.7 0.62（127）	0.004～0.2912 0.0828（34）	7～2289 591（34）	0.04～11.20 1.62（96）

注：最小值～最大值　平均值(样品数)。

（三）有机质类型

青西凹陷下白垩统烃源岩内水生有机质和陆生有机质均有分布，呈现高等植物来源显微组分与低等水生生物来源显微组分混合生物来源的面貌。赤金堡组烃源岩类型明显差于下沟组，赤金堡组烃源岩则以 II_2 型为主，下沟组烃源岩 II 型占优势，部分 I 型和 III 型（图 14-11、图 14-12）。石大凹陷下白垩统下沟组与赤金堡组烃源岩以 II 型为主。石北和大红圈次凹烃源岩母质类型未见明显差异（图 14-12）。花海凹陷赤金堡组有机质类型以 II_2 型为主，部分 III 型；下沟组下、上两段有机质类型均以 III 和 II_2 型为主，少量 I 型；中沟组下、上两段烃源岩以 I 和 II_1 型为主（图 14-13）。酒东坳陷营尔凹陷四套主力烃源岩有机质类型均以 II 型为主，另外还有一定数量的 I 型和 III 型干酪根（图 14-11、图 14-13）。

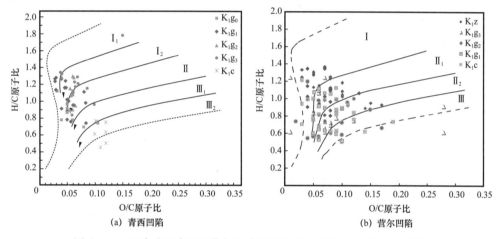

图 14-11　酒泉盆地青西和营尔凹陷各层烃源岩干酪根元素组成关系图

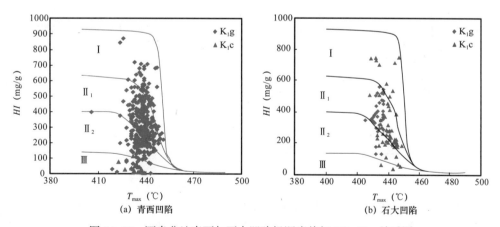

图 14-12　酒泉盆地青西与石大凹陷烃源岩热解 HI—T_{max} 关系图

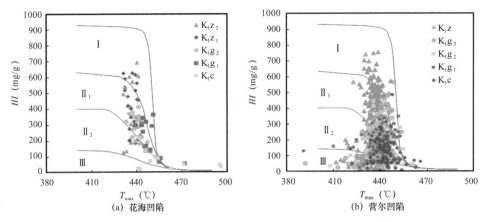

图 14-13　酒泉盆地花海与营尔凹陷烃源岩热解 HI—T_{max} 关系图

（四）有机质成熟度

酒泉盆地各凹陷的热演化程度呈现明显差异，其中营尔凹陷最高，花海凹陷和青西凹陷次之，石大凹陷最低。青西凹陷生烃门限为 3500m，主力烃源岩处于成熟阶段，石大凹陷生烃门限为 2000m，处于成熟阶段，花海凹陷生烃门限为 1500m，处于成熟—高成熟阶段（图 14-14）。

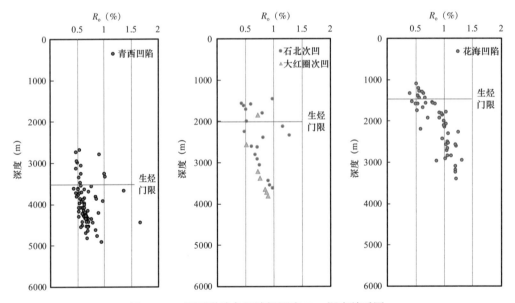

图 14-14　酒西坳陷各凹陷烃源岩 R_o—深度关系图

酒东营尔凹陷南部和北部次凹烃源岩的热演化程度存在明显差异（图 14-15），从南向北生烃门限深度逐渐变浅。南部次凹烃源岩生烃门限深度为 4600m 左右，生油高峰在 5600m 左右；长沙岭构造带烃源岩生烃门限深度在 2800m 左右，生油高峰在 4800m 左右；北部次凹烃源岩生烃门限深度在 2200m 左右，生油高峰在 3900m 左右。

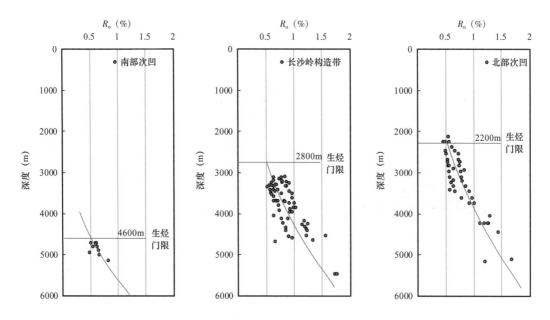

图 14-15 营尔凹陷不同区块下白垩统泥岩 R_o—深度关系图

三、储层发育特征

酒西坳陷发育古近系、下白垩统、古生界志留系储层。按岩性分为碎屑岩、变质岩和碳酸盐岩三类。古近系储层岩性主要为冲积扇和河流相砂岩；下白垩统储层在各凹陷均有分布，储层岩性包括湖相砂砾岩与白云岩，白云岩主要分布在青西凹陷。古生界志留系储层岩性主要为海相变质岩和白云岩，分布在鸭儿峡古潜山油藏。

青西与石大凹陷古近—新近系自上而下发育有白杨河组 K、L、M 和火烧沟组 E_3h_{2+3} 四套层状砂岩储层，主要为冲积扇、辫状河三角洲相沉积砂体，砂地比最大可达 70% 以上，砂体厚度较大。储层除 M 层为中孔低渗储层外，其他三套均属中孔中渗储层。K、L、M 储层发育在南部凸起的石油沟、老君庙、鸭儿峡古近—新近系油田。三套储层孔隙结构复杂、岩性相似，但物性差异大。K 层砂岩孔隙度在 20.4%~21.8% 之间，平均为 21.1%；渗透率平均为 220mD，储层平均单层厚度为 4.8m。L 层砂岩孔隙度为 10.0%~28.0%，平均为 23.0%，渗透率为 10~350mD，储层平均单层厚度为 5.5m。M 层砂岩孔隙度为 14.0%~22.1%，平均为 20.0%；渗透率为 5~77mD，平均为 24mD。E_3h_{2+3} 储层发育在石北次凹白杨河油田和单北油田，砂岩孔隙度为 13.2%~32.6%，平均为 22.7%；渗透率为 400~600mD，平均为 500mD，储层平均单层厚度为 5.6m。

青西与石大凹陷下白垩统下沟组碎屑岩储层主要分布在青西凹陷鸭西白垩系油藏及窟窿山油藏，岩性主要为辫状河三角洲砾状砂岩，主要分布在凹陷边缘，砂地比最大可达 80% 以上。总体上储层物性差，孔隙度为 7.5%~11.5%，平均为 9.0%；渗透率为 1.06~4.60mD，平均为 2.62mD，属特低孔特低渗储层（图 14-16）。下沟组碳酸盐岩储层分布在青西—柳沟庄油田，岩性主要为砾岩、砂岩和泥质白云岩，砾岩、砂岩的储集空间以碎屑内微孔、微裂缝为主，泥质白云岩主要为微裂缝、杂基内微孔、晶间孔和溶孔。储层非均质性强，物性差，孔隙度最小为0.01%，最大为14.2%，平均为3.5%；基质渗透率低，平均只有2.1mD，但裂缝的发育极大地改善了储层的渗透性。该套储层单层厚度小，平均为4.8m，但累计厚度大，平均累计厚度达55m。

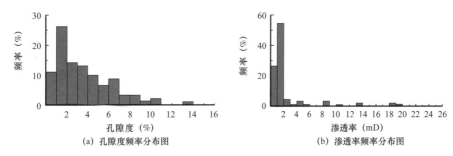

(a) 孔隙度频率分布图   (b) 渗透率频率分布图

图14-16　青西凹陷下白垩统下沟组孔隙度和渗透率频率分布图

鸭儿峡古潜山油藏下古生界储层主要为变质岩，在局部发育有白云岩。储集空间为裂隙和构造裂隙，其次为白云岩溶洞，储层物性差，基质孔隙度平均只有2.34%，空隙渗透率一般小于0.1mD。

花海凹陷下白垩统碎屑岩储层在下沟组、赤金堡组均有发育，储层厚度大，孔隙类型以粒间孔、杂基内微孔为主，含少量微裂缝（图14-17），储层物性差，在垂向上从下到上储层物性逐渐变好。

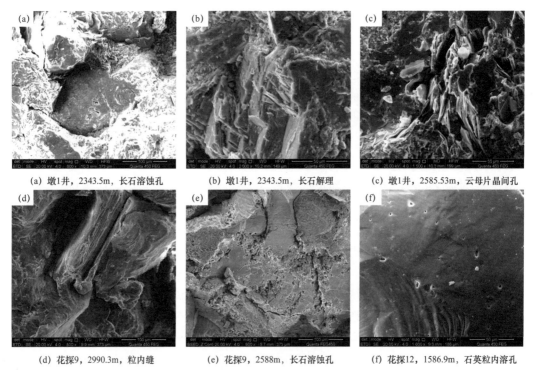

(a) 墩1井，2343.5m，长石溶蚀孔   (b) 墩1井，2343.5m，长石解理   (c) 墩1井，2585.53m，云母片晶间孔

(d) 花探9，2990.3m，粒内缝   (e) 花探9，2588m，长石溶蚀孔   (f) 花探12，1586.9m，石英粒内溶孔

图14-17　花海凹陷下白垩统砂岩储层扫描电镜照片

下沟组储层主要为三角洲—半深湖亚相砂岩，砂体厚度相对较大，砂地比最大可达到90%以上，凹陷中央砂地比较低，岩石成分成熟度较低，岩石的结构成熟度中等，孔隙型胶结。平均孔隙度为9.8%，平均渗透率为1.04mD，为特低孔特低渗储层。赤金堡组储层为洪积扇—三角洲砂岩，砂岩成分成熟度中等，结构成熟度较低，砂地比在凹陷边缘最大达90%以上，胶结类型为孔隙型、接触型；储层物性差，平均孔隙度为3.22%，平均渗透率为0.93mD，为超低孔超低渗储层（图14-18）。

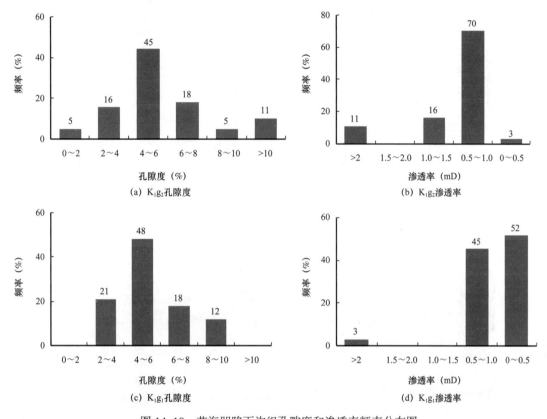

图14-18　花海凹陷下沟组孔隙度和渗透率频率分布图

营尔凹陷长沙岭构造带储层主要发育在下沟组的 K_1g_3 段和 K_1g_1 段，岩性为辫状河三角洲砂体和浊积扇砂体，砂体多夹于厚层泥岩段中，主要在凹陷边缘比较发育，砂地比在北部边缘最大达70%以上。K_1g_3 段孔隙度为5.39%～25.64%，平均孔隙度为15.17%，渗透率为1.001～1050.630mD，平均渗透率为182.410mD，属中孔中渗储层；K_1g_1 段平均孔隙度为10.25%，平均渗透率为4.23mD，属低孔特低渗储层（图14-19）。

砂岩分选性中等—好，磨圆度呈次棱角状—次圆状，胶结物成分主要为方解石和白云石，胶结类型主要为孔隙型。储集空间以次生孔隙为主，原生孔隙主要为粒间孔、杂基内微孔、碎屑内微孔，次生孔隙主要为粒间溶孔、粒内溶孔、构造—溶蚀缝（图14-20）。

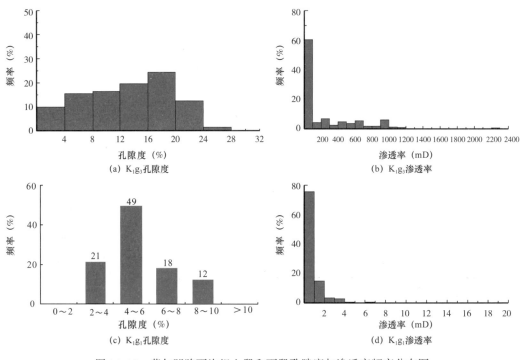

图 14-19　营尔凹陷下沟组上段和下段孔隙度与渗透率频率分布图

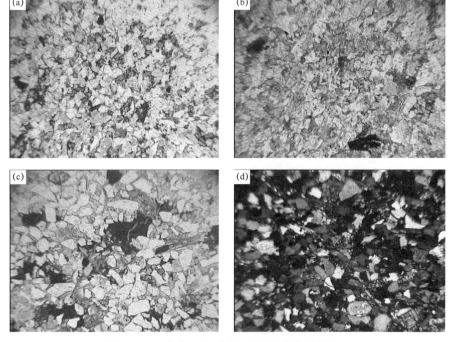

图 14-20　营尔凹陷下沟组砂岩扫描电镜照片

（a）长 4 井，4437.45～4437.55m，细粒长石砂岩，孔隙类型主要为粒间溶孔；（b）长 4 井，4549.14～4549.30m，含云细粒长石砂岩，孔隙类型为杂基内微孔、粒间溶孔和碎屑内溶孔；（c）长 8 井，3992.60～3992.62m，细砂岩中见裂缝；（d）长 8 井，4012.74～4012.80m，细砂岩中粒间溶孔发育

四、盖层发育特征

盖层是圈闭形成的基本要素之一。老君庙油田开发之初，就发现了间泉子段油层之上石油沟段是良好的盖层，并称之为"巧克力"泥岩（BC层）。

（一）盖层的地质特征

在酒西坳陷发现的古近系油气藏中，盖层主要是泥岩，即渐新统白杨河组石油沟段，岩性以棕红色泥岩为主，夹天青色砂质条带。石油沟段另一特点是普遍含石膏，一些地区石膏成层，在盆地西南部的局部地区，石膏层最大厚度达9m。盆地东部营尔凹陷泥岩中夹薄层石膏3～4层，单层厚度为0.8m，累计厚度为2～3m。另外，红柳峡、磁窑口石膏层可达10m，花海凹陷井下普遍钻遇石膏层。

酒西青西凹陷下白垩统碎屑岩油藏、白云岩油藏，它们之上均有中沟组厚层泥岩及石膏层为盖层，其上又有石油沟段区域性封闭层覆盖，封盖能力较强。因此，从岩石类型而言，盆地西部地区油藏的盖层是泥岩与石膏层间互层，为油气聚集提供了良好的遮挡条件。

酒泉盆地石油沟段厚度分布，青西凹陷最大厚度达134m，鸭儿峡—石油沟一带均在30～45m之间，白杨河地区在20～30m之间，营尔凹陷多为30m，均达到了盖层厚度要求的范围。砂质岩占石油沟段总厚度的百分比统计表明，青西—老君庙—石油沟一带，含砂量低于10%，磁窑口、马营一带低于10%，北部斜坡带大于20%，两者之间介于10%～20%。

（二）盖层分布范围

1. 区域性盖层

酒泉盆地渐新统白杨河组石油沟段，分布广泛，厚度适中，泥岩渗透率极低，是良好的区域性盖层，在盆地西部若干油田的实例中已得到了证实。在营尔、花海地区亦是很好的封盖层。区内油气显示及油层均在石油沟段之下（甘油泉油层除外），是盆地内良好的区域盖层（图14-21）。

2. 地区性盖层

青西凹陷、营尔凹陷下白垩统中沟组泥岩盖层，在它的分布范围内，能有效地阻止油气垂直运移，形成油气聚集。

3. 局部盖层

营尔凹陷酒参1井在下白垩统下沟组中部钻遇高压层，它实际成为油气良好的封盖层。

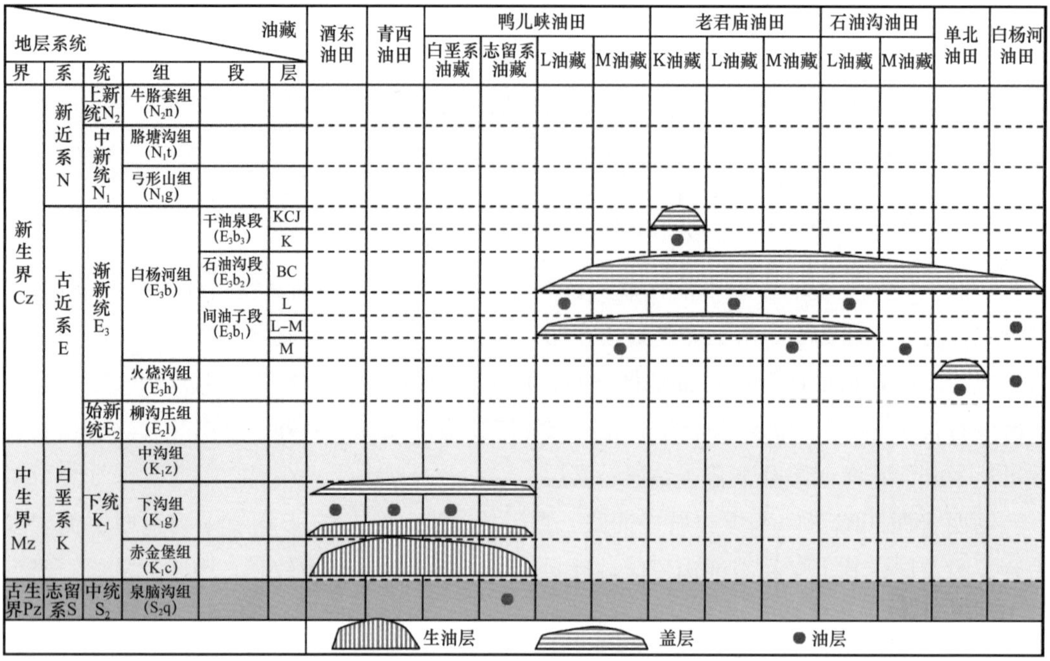

地层系统						油藏		鸭儿峡油田				老君庙油田			石油沟油田			
界	系	统	组	段	层	酒东油田	青西油田	白垩系油藏	志留系油藏	L油藏	M油藏	K油藏	L油藏	M油藏	L油藏	M油藏	单北油田	白杨河油田
新生界 Cz	新近系 N	上新统 N2	牛脑套组 (N2n)															
		中新统 N1	脑塘沟组 (N1t)															
			弓形山组 (N1g)															
	古近系 E	渐新统 E3	白杨河组 (E3b)	干油泉段 (E3b3)	KCJ													
					K													
				石油沟段 (E3b2)	BC													
				间油子段 (E3b1)	L													
					L-M													
					M													
			火烧沟组 (E3h)															
		始新统 E2	柳沟庄组 (E2l)															
中生界 Mz	白垩系 K	下统 K1	中沟组 (K1z)															
			下沟组 (K1g)															
			赤金堡组 (K1c)															
古生界 Pz	志留系 S	中统 S2	泉脑沟组 (S2q)															

图例：生油层　盖层　●油层

图 14-21　酒泉盆地生储盖组合

第三节　常规油成藏模式

酒泉盆地在发展演化过程中，经历了早白垩世断陷盆地阶段、新生代古近纪挤压陆内坳陷盆地和新近纪以来陆内前陆盆地三个不同类型盆地的演化阶段，盆地属于早期断陷盆地与晚期坳陷盆地构成的叠合盆地。酒泉盆地中—新生代叠合盆地的演化控制了油气成藏。

一、油藏特征

新近纪是酒泉盆地主要成藏期。新近纪至第四纪强烈的逆冲推覆，形成了窟窿山、老君庙两排冲断带，同时改造白垩系储层，裂缝发育，并提供了油气运聚的动力。挤压形成的背斜、鼻状构造等地质构造单元是主要的油气聚集场所。酒西青西凹陷主要为构造—岩性（裂缝）油藏，局部构造、断裂密集带控制油气分布，岩相控制油气富集，裂缝决定单井的产能高低；老君庙构造带主要为构造油藏；酒东营尔凹陷主要为断块、构造—岩性油藏。

二、成藏机理与成藏模式

酒泉盆地断陷期构造层供烃、断陷—坳陷期双构造层聚集，形成断坳叠合盆地的源内、源侧和源外三类成藏系统，其成藏机理有一定差异（陈建平等，2001；孙庭斌等，2006）。

在青西凹陷断陷区柳沟庄和窟窿山油藏属源内成藏，断陷期构造层的下沟组下部和赤金堡组上部为有效烃源岩，有机质丰度高、类型好，油源丰富。源储一体、源内生烃增压是油气初次运移的主要动力，二次运移作用微弱，经过初次排烃的烃类可以就近在邻近储层中聚集。源内主要发育两类储层，柳沟庄地区的半深湖亚相泥质白云岩储层和窟窿山地区的扇三角洲前缘亚相砂岩储层。其中，柳沟庄地区的烃源岩层段白云岩类发育，孔隙度总体较低，形成致密油藏；窟窿山地区由于前陆挤压作用造成地层裂缝发育，主要形成自生自储式的裂缝油藏和岩性—构造油藏（图14-22）。

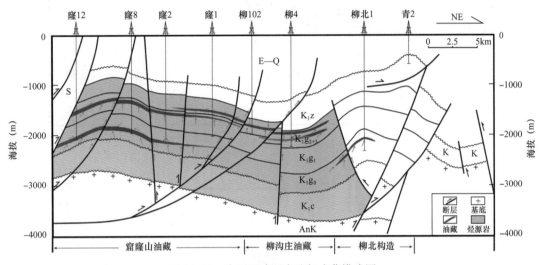

图14-22　青西凹陷源内油气成藏模式图

邻近青西凹陷有效烃源灶侧缘的鸭儿峡地区属源侧成藏系统，该区烃源岩不发育，油气主要来自青南次凹。在509断裂带阶梯状构造背景下，地层向东逐步抬升，由断层、不整合和沉积古地形共同构成了源侧成藏模式（图14-23）。下沟组为主力烃源岩，赤金堡组有少量贡献，油源条件好，发育多套储层，主要有下白垩统扇三角洲前缘亚相砂岩储层、渐新统三角洲前缘亚相砂岩储层和河流相砂岩储层、志留系潜山裂缝储层，与生烃凹陷部分烃源岩存在良好的对接关系。油气通过烃源岩生烃增压动力进入储层后，进行了短距离的侧向调整，509断裂带纵向上的输导作用，使油气沿断层垂向运移，形成了多层系多类型油藏叠加连片的复式油气聚集区。

隆起区的老君庙—石油沟为源外成藏系统典型代表，以构造油气藏为主，主体为背斜型油藏（图14-24）。新近纪开始，老君庙构造带圈闭逐渐形成，此时青南次凹下沟组烃源岩逐渐成熟，509断裂带作为生烃凹陷的边界断层，起到垂向输导油气的作用，通过该断层输导的油气部分在邻近部位聚集，部分沿基底与白垩系、古近系的角度不整合面进行远距离运移，最终聚集在老君庙构造带圈闭中。在圈闭形成和改造过程中，油气成藏随之调整，直到现今油气仍处于运聚过程中。

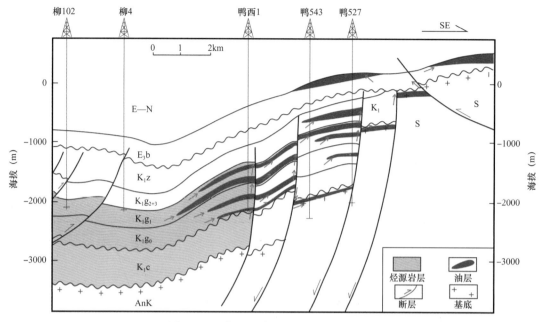

图 14-23 青西凹陷源侧油气成藏模式图

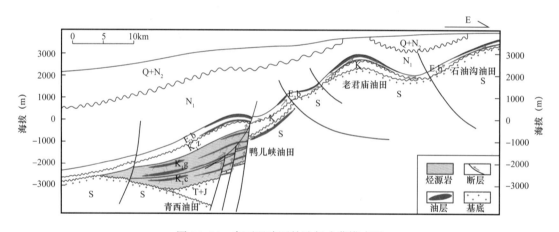

图 14-24 青西凹陷源外油气成藏模式图

　　酒东营尔凹陷与青西凹陷不同，其油气主要赋存于断陷期构造层内，坳陷期构造层目前尚未发现油气，油气成藏具有源内及源侧成藏特征。通过油源对比、油藏静态解剖、油气成藏过程分析及油气运移研究，发现营尔凹陷南、北次凹油气成藏有显著差异。南部成藏模式具有异常压力发育、晚期生烃、流体系统封闭的特征，油气以自生自储为主，由于压力隔层发育，油气垂向运移困难，多以连续性砂体为运移通道，在异常高压的驱动下，沿封闭断层侧向层内短距离运移，在砂体上倾尖灭和断层遮挡的部位聚集成藏，多形成岩性和构造岩性油气藏（图 14-25）。这种成藏模式下，受断层及高压层强烈分割影响，油气不能大规模侧向运移，接受的供烃范围小，因此烃源岩发育的非均质性导致不同断块圈闭和纵向不同层位的含油非均质性强，油水关系复杂。

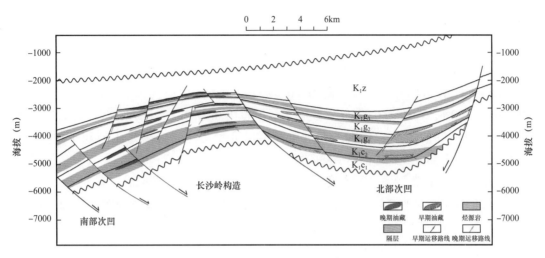

图 14-25　营尔凹陷油气成藏模式

长沙岭下沟组上段油藏为源内成藏系统。长 3 区块由于靠近凹陷内部，砂体不发育，砂地比小于 0.2，受断层分割砂体规模较小，孤立分布，连通性差，油气由下沟组上段烃源岩排出后，就近成藏，以岩性油藏为主，油藏中含水率高。长 2 区块离物源相对较近，砂体连通性强（砂地比大于 0.2）并且与断层走向一致，下沟组上段中上部有效烃源岩向上排烃至邻近砂体后，沿断层走向向构造高部位运移，在向上排烃条件差的地方向下排烃，但是有限。

长沙岭下沟组下段油藏亦为源内成藏，发现两类原油。一类以长 3 井下沟组下段顶部原油、长 2 和酒参 1 井赤金堡组原油，油气主要沿油源断层垂向运移至物性好的砂体中聚集成藏。另一类为长 4、长 5 和长 301 井下沟组下段和下沟组中段中的原油，具赤金堡组和下沟组下段混源特征，油气排出后就近在长沙岭构造斜坡部位的构造—岩性圈闭中聚集成藏。

第四节　常规与非常规油气资源潜力

酒泉盆地拥有常规油及非常规油资源，中国石油第四次油气资源评价结合盆地内最新的勘探成果及油气地质认识，客观评价了盆地常规与非常规油气资源，为下步重点勘探领域及区带优选、勘探部署方案提供可靠的资源依据。

一、油气资源评价

常规油采用成因法（盆地模拟法）、统计法（油藏规模序列法、趋势外推法和圈闭加和法等）和地质类比法等 3 大类方法进行评价。非常规致密油采用体积法、小面元法和资源丰度类比法进行资源量的计算与评价。下面以青西—老君庙刻度区为例进行详细介绍。

通过对刻度区烃源岩、储层、盖层、圈闭等条件进行地质评价，依据评价结果进行刻度区参数研究和地质打分。

（一）烃源岩条件

青西—老君庙刻度区原油来自青西凹陷下白垩统烃源岩。青西凹陷下白垩统下沟组有效烃源岩厚度为200～1300m，面积为260km²，有机碳含量为0.08%～6.89%，平均为1.54%；氯仿沥青"A"含量为0.080%～4.996%，均值为1.588%；总烃含量为0.037%～3.900%，均值为0.924%；热解生烃潜量为0.10～23.32mg/g，均值为6.70mg/g，已达到较好—好的烃源岩标准。有机质类型以Ⅱ型为主，含少量Ⅰ型和Ⅲ型，R_o为0.4%～1.3%，大部分烃源岩已达成熟阶段。

赤金堡组有效烃源岩厚度为800～2000m，面积为150km²，有机碳含量为1.60%～2.83%，平均为2.17%。有机质类型也以Ⅱ型和Ⅲ型为主，R_o为0.6%~2.2%，烃源岩达成熟—高成熟阶段。因此，赤金堡组和下沟组构成了青西凹陷的主力烃源岩。

（二）储层条件

刻度区内已发现的储油层有古近系砂岩、白垩系砂砾岩和白云岩、下古生界变质岩和白云岩，储集空间类型有孔隙型、裂缝型和混合型（孔隙、裂缝、溶孔两者或两者以上共存），中低孔渗储层约占80%。

古近系白杨河组自上而下发育有K、L、M三套层状砂岩储油层，三套储层岩性相似、但物性差异大（图14-26—图14-29），岩石孔隙结构复杂。

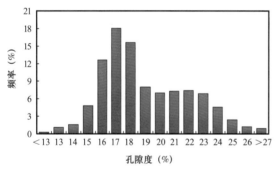

图14-26　古近系孔隙度频率分布图

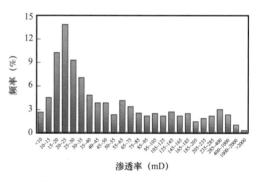

图14-27　古近系渗透率频率分布图

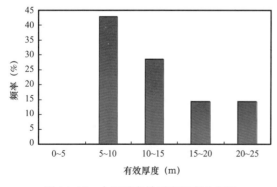

图14-28　古近系有效厚度频率分布图

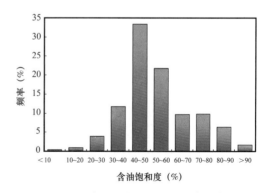

图14-29　古近系含油饱和度频率分布图

K层砂岩孔隙度为20.4%～21.8%，平均为21.1%，渗透率平均为220mD，含油饱和度平均为68%。储层平均单层为4.8m，油层平均厚度为55m，有效厚度为13m。

L层岩石成分主要为石英，其次为长石，岩石的成分成熟度和结构成熟度较高。砂岩孔隙度为10.0%～28.0%，平均为23.0%；老君庙、石油沟和鸭儿峡三个油田的渗透率差异大，介于10～3500mD，平均分别为620mD、30mD和358mD。含油饱和度老君庙油田平均为77%，石油沟油田平均为60%，鸭儿峡油田平均为68%。三油田油层厚度变化大，老君庙、石油沟和鸭儿峡油田储层单层厚度平均分别为5.9m、6.0m和4.6m，有效厚度为12m、16m和10m。

M层岩石成分为石英、长石和燧石。石油沟油田砂岩孔隙度平均为22.1%，渗透率平均为30mD，含油饱和度平均为54.0%。老君庙油田孔隙度为14.0%～22.0%，平均为19.4%；渗透率为5～77mD，平均为24mD，但空间分布不均匀；含油饱和度为29%～61%，平均为53.5%。在石油沟油田油层厚度为45～65m，有效厚度为18m，老君庙油田油层厚度为60～70m，有效厚度为25m。

白垩系储层类型有碎屑岩和碳酸盐岩，其中碎屑岩储层分布在鸭西白垩系油藏，沉积相为扇三角洲，储层分上下两套，上套主要是一套砾状砂岩、含砾不等粒砂岩，平均油层有效厚度为51m；下套为砂砾岩及砾状砂岩，平均油层有效厚度为44m。储层物性表现为上套储层含油性好于下套储层，总体上储层物性差，孔隙度为7.5%～11.5%，平均为9.0%；渗透率为1.06～4.60mD，平均为2.62mD；含油饱和度为35%～75%，平均为55%（图14-30—图14-33）。

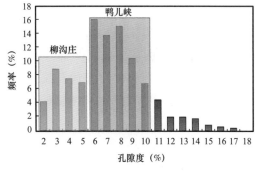

图14-30　白垩系孔隙度频率分布图

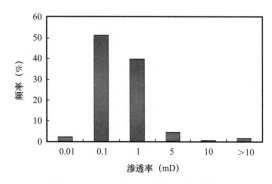

图14-31　白垩系渗透率频率分布图

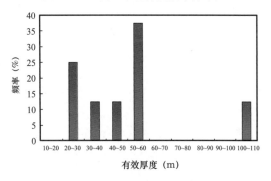

图14-32　白垩系有效厚度频率分布图

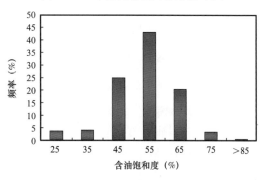

图14-33　白垩系含油饱和度频率分布图

碳酸盐岩储层分布在柳沟庄油田，储集空间以碎屑内微孔、微裂缝为主，泥质白云岩主要为微裂缝、杂基内微孔、晶间孔和溶孔。储层非均质性强，物性差，孔隙度最小为0.01%，最大为14.2%，平均为3.5%；基质渗透率低，平均只有为2.1mD，但裂缝的发育极大地改善了储层的渗透性。该套储层含油饱和度较低，平均只有45%，但有效厚度大，平均单层有效厚度4.8m，平均累计厚度55m。

古生界储层为一套厚层海相变质岩，岩性主要为变质岩，有板岩、千枚岩和变质砂岩，在局部发育有白云岩。储层物性差，基质孔隙度平均只有2.34%，空气渗透率一般小于0.1mD，含油饱和度平均为70%。储集空间为风化裂隙和构造裂隙，其次为白云岩溶洞，该套储层单层厚度大，平均达121m。

（三）盖层条件

渐新统白杨河组石油沟段泥岩为古近系油藏的区域性盖层，该套地层为湖相沉积，岩性以棕红色泥岩为主，总厚度为30～130m，普遍含石膏，石膏层最大厚度达9m，石膏层和泥岩一起构成了良好的盖层。与各砂岩储层间互的泥岩则构成了各小层的局部盖层。

下白垩统中沟组厚层泥岩及石膏层为鸭西白垩系和柳沟庄白垩系油藏的区域性盖层，上覆于下白垩统各储层之上的泥岩为局部盖层。位于鸭儿峡下古生界古潜山的下白垩统泥岩为下古生界潜山油藏的盖层。

（四）圈闭条件

青西—老君庙构造带横跨酒西坳陷南部凸起和青西凹陷二个二级构造单元，控制了下白垩统赤金堡组沉积的青西凹陷东边界断层509断裂将构造带分成了两部分，位于断裂上盘的石油沟、老君庙和鸭儿峡古近—新近系构造均为不对称的穹窿背斜或断鼻构造，三个构造从东往西呈燕列式分布，构造相互独立，且被断层复杂化，含油圈闭属典型的构造圈闭。

青西—老君庙构造带刻度区紧邻或直接位于酒西坳陷的主要生烃凹陷—青西凹陷内，由于凹陷的下白垩统往构造带方向逐渐抬升，因此青西—老君庙构造带刻度区是凹陷内油气的运移指向区。刻度区内同生断裂、局部断层和裂缝发育，构成了油气向圈闭运移的良好通道。因此，刻度区上的圈闭具备了很好的成藏条件。

（五）刻度区资源潜力

利用了统计法中的油藏规模序列法、油藏规模发现序列法、圈闭加和法和趋势外推法对青西—老君庙构造带刻度区的资源量进行了估算。

青西—老君庙刻度区古近系在5%概率下地质资源量为12720×10^4t、可采资源量为5291×10^4t；50%概率下地质资源量为10310×10^4t、可采资源量为4289×10^4t；95%概率下地质资源量为9100×10^4t、可采资源量为3786×10^4t；地质资源量和可采资源量期望值

分别为 10727×10^4t 和 4462×10^4t，采收率为 41.6%。

青西—老君庙刻度区白垩系在 5% 概率下地质资源量为 11104×10^4t、可采资源量为 1888×10^4t；50% 概率下地质资源量为 10330×10^4t、可采资源量为 1756×10^4t；95% 概率下地质资源量为 9628×10^4t、可采资源量为 1637×10^4t；地质资源量和可采资源量期望值分别为 10365×10^4t 和 1762×10^4t，采收率为 17.0%。

青西—老君庙刻度区古生界在 5% 概率下地质资源量为 1935×10^4t、可采资源量为 348×10^4t；50% 概率下地质资源量为 1823×10^4t、可采资源量为 328×10^4t；95% 概率下地质资源量为 1658×10^4t、可采资源量为 298×10^4t；地质资源量和可采资源量期望值分别为 1809×10^4t 和 326×10^4t，采收率为 18.0%。

二、常规油气资源潜力

酒泉盆地常规石油总地质资源量为 48733.8×10^4t；可采资源量为 10631.6×10^4t。三级地质储量为 22031.3×10^4t，探明可采储量为 5520.8×10^4t；待发现地质资源量为 26702.5×10^4t，待发现可采资源量为 5110.8×10^4（图 14-34）。

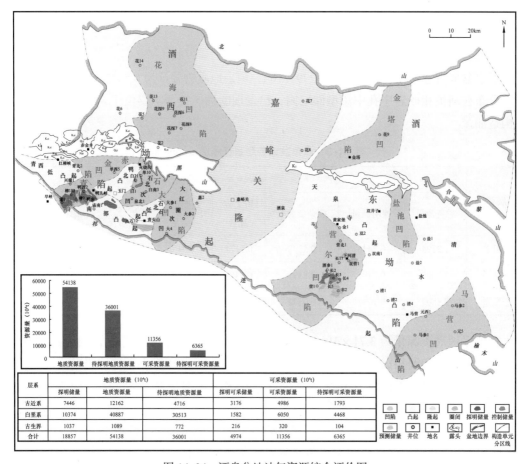

层系	地质资源量 (10^4t)			可采资源量 (10^4t)		
	探明储量	地质资源量	待探明地质资源量	探明可采储量	可采资源量	待探明可采资源量
古近系	7446	12162	4716	3176	4986	1793
白垩系	10374	40887	30513	1582	6050	4468
古生界	1037	1089	772	216	320	104
合计	18857	54138	36001	4974	11356	6365

图 14-34　酒泉盆地油气资源综合评价图

三、非常规油气资源潜力

盆地内非常规油气资源主要为致密油，主要分布在青西凹陷和花海凹陷，地质资源量为 $1.29 \times 10^8 t$，探明地质储量为 $0.19 \times 10^8 t$。其中，青西凹陷柳沟庄地区下沟组致密油储层厚度大、裂缝发育、资源丰度高，是致密油的有利发育区，资源量为 $0.7103 \times 10^8 t$。花海凹陷下沟组烃源岩有机碳丰度高，但成熟度较低，整体为致密储层，钻井普遍见到油气显示，有 3 口井获低产油流，具备寻找致密油藏的物质基础，致密油地质资源量为 $0.5788 \times 10^8 t$。

第五节　剩余油气资源分布及有利勘探方向

酒泉盆地发育有酒西、酒东两个坳陷，酒西坳陷整体探明程度高，资源量相对较大，发育有古近系、白垩系、下古生界志留系三大含油层系，发现了老君庙、石油沟、鸭儿峡、白杨河、单北、青西共 6 个油田。酒东坳陷资源探明程度相对较低，在营尔凹陷长沙岭构造带发现酒东油田。

一、剩余油气资源潜力及分布

酒泉盆地古近系地质资源量为 $1.279 \times 10^8 t$，剩余地质资源量为 $0.5349 \times 10^8 t$（表 14-3），主要分布在河流相砂岩中孔中渗型储层内，已发现的油气资源主要位于老君庙构造带，多为构造油藏。

表 14-3　酒泉盆地各层系资源量统计表

层系	地质资源量（$10^8 t$）			可采资源量（$10^8 t$）			资源探明率（%）
	总资源量	探明储量	剩余资源量	可采资源量	探明可采储量	剩余可采资源量	
古近系	1.2794	0.7446	0.5349	0.5171	0.3176	0.1995	58.2
白垩系	3.7095	0.8497	2.8599	0.5464	0.1281	0.4183	22.9
志留系	0.1809	0.1037	0.0772	0.0320	0.0217	0.0103	57.3

白垩系地质资源量为 $3.71 \times 10^8 t$，剩余地质资源量为 $2.86 \times 10^8 t$（表 14-3），主要分布在扇三角洲砂岩和湖相白云岩低孔低渗储集体内，具有近源短距离运移聚集成藏特征，已发现油气资源主要位于窟窿山构造带、老君庙构造带和长沙岭构造带，多为构造—岩性油气藏。

下古生界志留系地质资源量为 $0.1809 \times 10^8 t$，剩余地质资源量为 $0.0772 \times 10^8 t$（表 14-3），已发现的油气资源主要位于老君庙构造带西段，分布在变质岩储层内，为中生古储近源成藏。

酒西坳陷青西凹陷为Ⅰ类生烃凹陷，青西凹陷—南部凸起复合含油气系统总石油地质资源量为 $3.09 \times 10^8 t$，占全盆地地质资源量的59.8%，剩余地质资源量为 $1.56 \times 10^8 t$，占全盆地剩余地质资源量的45.0%，仍是目前勘探的主攻地区。近期重点勘探目标是青西凹陷—南部凸起油气系统内的老君庙构造带和窟窿山构造带。老君庙构造带剩余资源量为 $1.1849 \times 10^8 t$，窟窿山构造带剩余资源量为 $0.3777 \times 10^8 t$（表14-4）。

表14-4 酒泉盆地主要勘探目标资源量统计表

序号	目标区块	层系	地质资源量（$10^8 t$）	探明储量（$10^8 t$）	剩余资源量（$10^8 t$）	成藏模式
1	窟窿山构造带	古近系、白垩系	0.8744	0.4967	0.3777	源内
2	老君庙构造带	古近系、白垩系和古生界	2.2172	1.0323	1.1849	近源、源外
3	白杨河构造带	古近系和白垩系	0.3342	0.0500	0.2842	近源
4	长沙岭构造带	白垩系	0.7031	0.1191	0.5840	源内、近源
5	营北构造带	白垩系	0.1786		0.1786	源内、近源
6	南部次凹	白垩系	0.4656		0.4656	源内、近源
7	大红圈次凹	白垩系	0.1861		0.1861	
8	盐池凹陷	白垩系	0.0248		0.0248	
9	马营凹陷	白垩系	0.0854		0.0854	
10	金塔凹陷	白垩系	0.1148		0.1148	

二、有利勘探方向与目标

酒泉盆地是玉门油田目前主要油气勘探生产区，经历近八十年的勘探开发和综合研究，已进入油气精细勘探阶段和复杂油气藏的攻坚阶段。通过系统开展盆地整体结构、沉积体系与储层特征研究及富油气凹陷成烃成藏规律研究，深化了酒泉中—新生代断坳叠合盆地的油气生成、运移和聚集成藏规律认识，基本明确了下步油气勘探领域、方向及重点区带。

盆地油气资源评价成果和油气勘探实践表明，四个含油气系统的四大凹陷区及其周边地区仍是下步油气勘探有利区（范铭涛和马国福，2005）。

酒西坳陷青西凹陷为Ⅰ类生烃凹陷，青西凹陷—南部凸起复合含油气系统总石油地质资源量为 $3.09 \times 10^8 t$，占全盆地地质资源量的59.8%，剩余地质资源量为 $1.56 \times 10^8 t$，占全盆地剩余地质资源量的45.0%，仍是目前勘探的主攻地区。石大凹陷已经发现商业油气田，综合评价为Ⅱ类凹陷，是下步勘探的接替区。花海凹陷有一定的油气资源，见到低产油流，综合评价为Ⅲ类凹陷，具有致密油勘探潜力。

酒东坳陷油气资源主要分布在营尔凹陷，2005年之前在凹陷内有多口探井获得油气流。2005年按照"古隆起、近油源、新层系"的思路在长沙岭构造钻探长3井，获得工业油流，发现 K_1g_1 油藏，其后从长3区块出发立足于整个营尔凹陷开展勘探，长4等井获工业油流，但未能获得规模性的探明储量。2008年采集长沙岭二次三维地震资料，大幅度提高了资料品质，通过系统分析凹陷的油气富集规律，基于"近源成藏、构造高部位有利储集相带内油气相对富集"的认识，勘探重点转向长沙岭构造南翼（近油源且储层发育）和相对构造高部位，针对 K_1g_3 部署长7井获得高产油流，发现了长沙岭构造下白垩统下沟组 K_1g_3 油藏，随后部署的一批探井和开发试验井相继获得工业油流，发现了酒东油田，打开了营尔凹陷勘探开发的新局面。

通过对盆地内各凹陷或区带剩余资源量的统计和评价，近期重点勘探领域为白垩系构造—岩性勘探领域、古近系构造勘探领域、志留系变质岩潜山勘探领域和致密油勘探领域。重点勘探区带是青西凹陷—南部凸起老君庙构造带、窟窿山构造带、鸭儿峡构造带及柳北构造带，营尔凹陷的长沙岭构造带及南部次凹，石北次凹的白杨河构造带，花海凹陷的中央构造带和中南部洼陷区等。

参考文献

白国娟.2017.鲁克沁北一区二叠系梧桐沟组储层特征及其对注水开发的影响［J］.新疆石油天然气,13
　（2）:10-14,26.

鲍海娟,刘旭,周亚丽,等.2016.吉木萨尔凹陷致密油有利区预测及潜力分析［J］.特种油气藏,23
　（5）:38-42.

操应长,张会娜,葸克来,等.2015.饶阳凹陷南部古近系中深层有效储层物性下限及控制因素［J］.吉
　林大学学报（地球科学版）,45（6）:1567-1579.

陈汉林,杨树峰,肖安成,等.2006.酒泉盆地南缘新生代冲断带的变形特征和变形时间［J］.石油与天
　然气地质,27（4）:488-493.

陈建平,陈建军,张立平,等.2001.酒西盆地油气形成与勘探方法新认识（一）［J］.石油勘探与开发,
　28（1）:19-22.

陈建平,黄第藩,霍永录,等.1995.酒东盆地营尔凹陷油气生成和运移聚集［J］.石油勘探与开发,（6）:
　1-7+99.

陈建平,王绪龙,邓春萍,等.2016.准噶尔盆地油气源、油气分布与油气系统［J］.地质学报,90（3）:
　421-450.

陈书平,漆家福,于福生,等.2007.准噶尔盆地南缘构造变形特征及其主控因素［J］.地质学报,81（2）:
　151-157.

陈迎宾,胡烨,王彦青.2014.柴达木盆地德令哈坳陷石炭系烃源岩评价［J］.特种油气藏,21（5）:43-
　47.

迟元林,萧德铭,殷进垠.2000.松辽盆地三肇地区上生下储"注入式"成藏机制［J］.地质学报,74（4）:
　371-377.

迟元林,云金表,蒙启安,等.2012.松辽盆地深部结构及成盆动力学与油气聚集［M］.北京:石油工业
　出版社,16-35.

董大忠,高世葵,黄金亮,等.2014.论四川盆地页岩气资源勘探开发前景［J］.天然气工业,34（12）:
　1-15.

董大忠,蒋远江,杨涛,等.2005.石油地质理论与勘探技术进步在资源评价中的作用［J］.石油学报,
　26（增刊）:18-24.

董大忠,邹才能,李建忠,等.2011.页岩气资源潜力与勘探开发前景［J］.地质通报,30（2/3）:324-
　336.

董丽红,安思谨,王变阳,等.2014.鄂尔多斯盆地三叠系延长组长7、长9油页岩分布特征与油气富集
　关系［J］.非常规油气,1（1）:17-21.

杜金虎,何海清,赵贤正,等.2017.渤海湾盆地廊固凹陷杨税务超深超高温奥陶系潜山油气勘探重大突
　破实践与启示［J］.中国石油勘探,22（2）:1-12.

杜金虎,杨涛,李欣,等.2016.中国石油天然气股份有限公司"十二五"油气勘探发现与"十三五"展

望［J］.中国石油勘探，21（2）：1-15.

杜金虎，邹伟宏，费宝生，等.2002.冀中坳陷古潜山复式油气聚集区［M］.北京：科学出版社.

杜金虎.2010.松辽盆地中生界火山岩天然气勘探［M］.北京：石油工业出版社.

杜金虎.2017.松辽盆地中央古隆起带（北部）天然气成藏条件分析及勘探前景［J］.中国石油勘探，22（5）：1-14.

范泓澈，黄志龙，袁剑，等.2011.高温高压条件下甲烷和二氧化碳溶解度试验［J］.中国石油大学学报（自然科学版），35（2）：6-11.

范铭涛，马国福.2005.酒泉盆地油气勘探潜力研究［J］.石油学报，26（B03）：69-72.

范铭涛，杨麟科，方国玉，等.2003.青西凹陷下白垩统湖相喷流岩成因探讨及其意义［J］.沉积学报，21（4）：560-564.

范玉海，屈红军，王辉，等.2013.鄂尔多斯盆地西部延长组下组合异常压力与油气分布［J］.新疆石油地质，34（1）：14-16.

方杰，吴小洲，王居峰.2013.黄骅坳陷下古生界深潜山油气聚集条件及成藏因素分析［J］.中国石油勘探，18（4）：11-18.

方小敏，赵志军，李吉均，等.2004.祁连山北缘老君庙背斜晚新生代磁性地层与高原北部隆升［J］.中国科学（D辑），34（2）：9-106.

冯子辉，王成，邵红梅，等.2015.松辽盆地北部火山岩储层特征及成岩演化［M］.北京：科学技术出版社，17-35.

冯子辉，印长海，齐景顺，等.2010.大型火山岩气田成藏控制因素研究——以松辽盆地庆深气田为例［J］.岩石学报，26（1）：21-32.

付广，徐凤鸣.2003.盖层厚度对封闭能力控制作用分析［J］.天然气地球科学，14（3）：186-190.

付广，张发强，吕延防.1998.厚度在泥岩盖层封盖油气中的作用［J］.天然气地球科学，9（6）：20-25.

付立新，楼达，冯建元，等.2010.歧口凹陷中位序、低位序潜山地质特征及油气勘探潜力［J］.天然气地球科学，21（4）：559-565.

付丽，梁江平，白雪峰，等.2016.松辽盆地北部扶余油层致密油资源评价［J］.大庆石油地质与开发，35（4）：168-174.

付锁堂，关平，张道伟.2012.柴达木盆地近期勘探工作思考［J］.天然气地球科学，23（5）：813-819.

付锁堂，马达德，陈琰，等.2016.柴达木盆地油气勘探新进展［J］.石油学报，37（增刊1）：1-10.

付锁堂，马达德，郭召杰，等.2015.柴达木走滑叠合盆地及其控油气作用［J］.石油勘探与开发，42（6）：712-722.

付锁堂，袁剑英，汪立群，等.2014.柴达木盆地油气地质成藏条件研究［M］.北京：科学出版社.

付锁堂.2010.柴达木盆地西部油气成藏主控因素与有利勘探方向［J］.沉积学报，28（2）：373-379.

付晓飞，吴桐，吕延防，等.2018.油气藏盖层封闭性研究现状及未来发展趋势［J］.石油与天然气地质，6（3）：454-474.

傅家谟，秦匡宗.1995.干酪根地球化学［M］.广州：广东科技出版社，459-468.

高长海，查明，赵贤正，等．2017．渤海湾盆地冀中坳陷深层古潜山油气成藏模式及其主控因素［J］．天然气工业，37（4）：52-59．

高瑞祺，蔡希源．1997．松辽盆地油气田形成条件与分布规律［M］．北京：石油工业出版社，104-107．

高瑞祺，张莹，崔同翠．1994．松辽盆地白垩纪石油地层［M］．北京：石油工业出版社，260-263．

高先志，陈发景，马达德，等．2001．南八仙构造油气成藏模式及其对柴北缘勘探的启示［J］．石油实验地质，23（2）：154-159．

高先志，吴伟涛，卢学军，等．2011．冀中坳陷潜山内幕油气藏的多样性与成藏控制因素［J］．中国石油大学学报（自然科学版），35（3）：31-35．

高志前，樊太亮，王惠民，等．2005．塔中地区礁滩储集体形成条件及分布规律［J］．新疆地质，23（3）：283-287．

葛岩，黄志龙，唐振兴，等．2013．长岭凹陷葡萄花油层油源及成藏控制因素分析［J］．断块油气田，20（4）：409-412．

苟红光，赵莉莉，梁桂宾，等．2016．EUR 分级类比法在致密油资源评价中的应用：以三塘湖盆地芦草沟组为例［J］．岩性油气藏，28（3）：27-33．

顾家裕．1996．塔里木盆地沉积层序特征及其演化［M］．北京：石油工业出版社．

关德师，牛嘉玉，郭丽娜，等．1995．中国非常规油气地质［M］．北京：石油工业出版社，1-120．

郭建宇，张大林，邓宏文，等．2007．低勘探程度区域油气资源评价方法［J］．油气地质与采收率，13（6）：43-45．

郭秋麟，陈宁生，刘成林，等．2015．油气资源评价方法研究进展与新一代评价软件系统［J］．石油学报，36（10）：1305-1314．

郭秋麟，陈宁生，吴晓智，等．2013．致密油资源评价方法研究［J］．中国石油勘探，18（2）：67-76．

郭秋麟，胡素云，张庆春，等．2004．双序列法及其在油气资源评价中的应用［J］．石油勘探与开发，30（5）：50-52．

郭秋麟，米石云，胡素云，等．2006．盆地模拟技术在油气资源评价中的作用［J］．中国石油勘探，11（3）：50-55．

郭秋麟，谢红兵，黄旭南，等．2016．油气资源评价方法体系与应用［M］．北京：石油工业出版社．

郭秋麟，闫伟，高日丽，等．2014．3 种重要的油气资源评价方法及应用对比［J］．中国石油勘探，19（1）：50-50．

郭秋麟，周长迁，陈宁生，等．2011．非常规油气资源评价方法研究［J］．岩性油气藏，23（4）：12-19．

郭旭升．2017．上扬子地区五峰组—龙马溪组页岩层序地层及演化模式［J］．地球科学，42（7）：1069-1082．

郭召杰，付锁堂，程丰，等．2014．走滑叠合盆地构造及其控油气作用：柴达木盆地研究新进展［C］//中国地球科学联合学术年会：专题 53：环青藏高原盆地体系构造过程与油气聚集论文集，2368-2369．

国土资源部油气资源战略研究中心．2009．新一轮全国油气资源评价［M］．北京：中国大地出版社，1-383．

韩超，田建章，赵蕊，等．2015．束鹿四陷沙河街组三段下亚段泥灰岩—砾岩致密储层储集空间类型及成因［J］.石油学报，36（增刊1）：31-39.

韩刚，张文婧，任延广，等.2011.松辽盆地北部徐家围子断陷火山岩储层成因机制［J］.地球物理学进展，26（6）：2114-2121.

韩国猛，吴雪松，崔宇，等.2019.渤海湾盆地黄骅坳陷二叠系致密砂岩储层特征、主控因素及发育模式［J］.中国石油勘探，24（4）：509-519.

韩霞，田世澄，张占文，等.2006.辽河断陷西部凹陷双台河口地区油源及运聚机理研究［J］.特种油气藏，13（2）：36-42.

何登发，白武明，孟庆任.1998.塔里木盆地地球动力学演化与含油气系统旋回［J］.地球物理学报，41：77-87.

何登发，陈新发，况军，等.2010.准噶尔盆地石炭系烃源岩分布与含油气系统［J］.石油勘探与开发，37（4）：397-408.

何登发，李洪辉.1998.塔西南坳陷油气勘探历程与对策［J］.勘探家，3（1）：37-42.

何文军，费李莹，阿布力米提·依明，等.2019.准噶尔盆地深层油气成藏条件与勘探潜力分析［J］.地学前缘，26（1）：189-201.

何文军，王绪龙，杨海波，等.2017.准噶尔盆地典型刻度区选择及其资源量计算方法体系建立［J］.天然气地球科学，28（1）：62-73.

何文军，王绪龙，邹阳，等.2019.准噶尔盆地石油地质条件、资源潜力及勘探方向［J］.海相油气地质，24（2）：75-84.

何文军，杨海波，费李莹，等.2018.准噶尔盆地新光地区佳木河组致密砂岩气有利区资源潜力综合分析［J］.天然气地球科学，29（3）：370-381.

贺永红，王志勇，李新宁.2002.BASIMS4.5盆地模拟软件在吐哈盆地的应用［J］.吐哈油气，7（3）：286-288.

洪海涛，谢继容，吴国平，等.2011.四川盆地震旦系天然气勘探潜力分析［J］.地质勘探，31（11）：37-41.

侯凤香，董雄英，吴立军，等.2012.冀中坳陷马西洼槽异常高压与油气成藏［J］.天然气地球科学，23（4）：707-712.

侯启军，冯志强，冯子辉，等.2009.松辽盆地陆相石油地质［M］.北京：石油工业出版社，1-277.

侯启军，何海清，李建忠，等.2018.中国石油天然气股份有限公司近期油气勘探进展及前景展望［J］.中国石油勘探，23（1）：1-13.

侯中帅，周立宏，陈世悦，等.2018.大港探区上古生界储层类型与控制因素［J］.中国矿业大学学报，47（5）：1021-1037.

胡见义，徐树宝，童晓光.1986.渤海湾盆地复式油气聚集区带的形成和分布［J］.石油勘探与开发，1：1-8.

胡守志，王廷栋，付晓文，等.2005.四川盆地中部震旦系天然气勘探前景研究［J］.石油实验地质，27（3）：222-225

胡素云，郭秋麟，谌卓恒，等 . 2007. 油气空间分布预测方法［J］. 石油勘探与开发 . 34（1）：113-117.

胡素云，柳广第，李剑，等 . 2005. 区带地质评价参数体系与参数分级标准［J］. 石油学报 . 26（B03）：73-76.

胡素云，田克勤，柳广弟，等 . 2005. 刻度区解剖方法与油气资源评价关键参数研究［J］. 石油学报，26（增刊）：49-254.

胡素云，田克勤，柳广弟，等 . 2005. 刻度区解剖方法与油气资源评价关键参数研究［J］. 石油学报 . 26（B03）：49-54.

胡望水，吕炳金，张文军，等 . 2005. 松辽盆地构造演化及成盆动力学探讨［J］. 地质科学，40（1）：16-31.

胡振华 . 2014. 辽河坳陷东部凹陷沙三段火成岩成因及储集特征［J］. 油气地质与采收率，21（4）：46-50.

黄少英，杨文静，卢玉红，等 . 2018. 塔里木盆地天然气地质条件、资源潜力及勘探方向［J］. 天然气地球科学，29（10）：1497-1505.

黄文明，刘树根，马文辛，等 . 2011. 四川盆地东南缘震旦系—下古生界储层特征及形成机制［J］. 石油天然气学报，33（7）：7-12.

霍秋立，曾花森，付丽，等 . 2011. lgR 测井源岩评价方法的改进及其在松辽盆地的应用［J］. 吉林大学学报（地球科学版），41（2）：586-591.

纪友亮，马达德，薛建勤，等 . 2017. 柴达木盆地西部新生界陆相湖盆碳酸盐岩沉积环境与沉积模式［J］. 古地理学报，19（5）：757-772.

贾承造，赵政璋，杜金虎，等 . 2008. 中国石油重点勘探领域——地质认识、核心技术、勘探成效及勘探方向［J］. 石油勘探与开发，35（4）：385-397.

贾承造，赵政璋，赵文智，等 . 2005. 陆上主要含油气盆地油气资源与勘探潜力［J］. 石油学报，26（增刊）：1-6.

贾承造，郑民，张永峰 . 2012. 中国非常规油气资源与勘探开发前景［J］. 石油勘探与开发，39（2）：129-136.

贾承造，邹才能，李建忠，等 . 2012. 中国致密油评价标准、主要类型、基本特征及资源前景［J］. 石油学报，33（3）：343-350.

贾承造 . 1997. 中国塔里木盆地构造特征与油气［M］. 北京：石油工业出版社 .

姜传金，冯肖宇，詹怡捷，等 . 2007. 松辽盆地北部徐家围子断陷火山岩气藏勘探新技术［J］. 大庆石油地质与开发，26（4）：133-137.

姜文亚，王娜，汪晓敏，等 . 2019. 黄骅坳陷沧东凹陷孔店组石油资源潜力及勘探方向［J］. 海相油气地质，24（2）：55-63

姜振学，李峰，杨海军，等 . 2015. 库车坳陷迪北地区侏罗系致密储层裂缝发育特征及控藏模式［J］. 石油学报，36（2）：102-110.

金成志 . 2014. 松辽盆地北部陆相非均质致密油整体勘探开发 "2+3" 模式［J］. 大庆石油地质与开发，33

（5）：9–15.

金凤鸣，侯凤香，焦双志，等 . 2016. 断陷盆地断层—岩性油藏成藏主控因素：以饶阳凹陷留107区块为例 ［J］. 石油学报，37（8）：986–995.

金凤鸣，王鑫，李宏军，等 . 2019. 渤海湾盆地黄骅坳陷乌马营潜山内幕原生油气藏形成特征 ［J］. 石油勘探与开发，46（3）：521–529.

金强，朱光有，王娟 . 2008. 咸化湖盆优质烃源岩的形成与分布 ［J］. 中国石油大学学报（自然科学版），32（4）：19–23.

金之钧，张金川 . 1999. 油气资源评价技术 ［Z］. 北京：石油工业出版社 .

金之钧，张金川 . 2002. 油气资源评价方法的基本原则 ［J］. 石油学报，23（1）：19–23.

康玉柱 . 2010. 中国油气地质新理论的建立 ［J］. 地质学报，84（9）：1231–1274.

匡立春，吕焕通，王绪龙，等 . 2010. 准噶尔盆地天然气勘探实践与克拉美丽气田的发现 ［J］. 天然气工业，30（2）：1–6.

匡立春，唐勇，雷德文，等 . 2012. 准噶尔盆地二叠系咸化湖相云质岩致密油形成条件与勘探潜力 ［J］. 石油勘探与开发，39（6）：657–667.

匡立春，唐勇，雷德文，等 . 2014. 准噶尔盆地玛湖凹陷斜坡区三叠系百口泉组扇控大面积岩性油藏勘探实践 ［J］. 中国石油勘探，19（6）：14–23.

匡立春，王霞田，郭旭光，等 . 2015. 吉木萨尔凹陷芦草沟组致密油地质特征与勘探实践 ［J］. 新疆石油地质，36（6）：629–635.

雷德文，陈刚强，刘海磊，等 . 2017. 准噶尔盆地玛湖凹陷大油（气）区形成条件与勘探方向研究 ［J］. 地质学报，91（7）：1604–1619.

雷德文，瞿建华，安志渊，等 . 2015. 玛湖凹陷百口泉组低渗砂砾岩油气藏成藏条件及富集规律 ［J］. 新疆石油地质，36（6）：642–647.

雷德文，唐勇，常秋生 . 2008. 准噶尔盆地南缘深部优质储层及有利勘探领域 ［J］. 新疆石油地质，29（4）：435–438.

李春华，于鹏，毛俊莉等 . 2013. 辽河坳陷东部凸起上古生界致密砂岩气成藏特征 ［J］. 特种油气藏，20（1）：19–22.

李奋其 . 2004. 酒泉盆地形成机制与演化 ［D］. 成都：成都理工大学 .

李宏军，李会慎，曾建宏，等 . 2005. 南皮斜坡孔二段油气分布规律及主控因素分析 ［J］. 特种油气藏，22（1）：56–61

李建明，史玲玲，汪立群，等 . 2011. 柴西南地区昆北断阶带基岩油藏储层特征分析 ［J］. 岩性油气藏，23（2）：20–24.

李建忠，郭斌程，郑民，等 . 2012. 中国致密砂岩气主要类型、地质特征与资源潜力 ［J］. 天然气地球科学，23（4）：607–615.

李建忠，吴晓智，郑民，等 . 2016. 常规与非常规油气资源评价的总体思路、方法体系与关键技术 ［J］. 天然气地球科学，27（9）：1557–1565.

李建忠，郑民，陈晓明，等．2015.非常规油气内涵辨析、源—储组合类型及中国非常规油气发展潜力［J］．石油学报，36（5）：521-532

李建忠，郑民，郭秋麟，等．2019.第四次油气资源评价［M］.北京：石油工业出版社．

李剑鹏，李永胜，王志勇．2014.吐哈盆地低熟气形成机制、成藏条件及资源潜力基础［J］.中国石油和化工标准与质量，（10）：167.

李俊翔．2017.吐哈盆地火焰山地区前侏罗系及构造特征与储层预测研究［D］.成都：西南石油大学，1-46.

李明杰，谢结来，潘良云．2005.祁连山北缘冲断带西段构造特征［J］.地学前缘，12（4）：438-444.

李明杰，郑孟林，曹春潮，等．2004.北山—阿拉善地区侏罗纪—白垩纪盆地的叠合演化［J］.石油与天然气地质，25（1）：54-57.

李丕龙，张善文，宋国奇，等．2005.济阳成熟探区非构造油气藏深化勘探［J］.石油学报，24（5）：10-15.

李晓光，陈振岩．2006.辽河坳陷古近系碎屑岩储层孔隙演化特征探讨［J］.古地理学报，8（2）：251-258.

李晓光，刘宝鸿，蔡国钢．2009.辽河坳陷变质岩潜山内幕油藏成因分析［J］.特种油气藏,16（4）：1-12.

李逸群，鞠传学，张宪国．2016.鲁克沁构造带克拉玛依组沉积模式及储层特征［J］.内蒙古石油化工，（3）：128-131.

李玉婷，黄志龙，安成龙，等．2018.三塘湖盆地石炭系哈尔加乌组上、下段烃源岩特征及差异［J］.天然气地球科学，29（1）：75.

李元奎，奎万仓，铁成文，等．2012.柴达木盆地英东地区地质综合评价及勘探目标优选［J］.地球学报，33（1）：57-64.

李忠梅，许名文，袁淑琴，等．2014.埕北低断阶沙二段原油特性及油源分析［J］.海洋石油，34（3）：46-50

李忠权，应丹琳，李洪奎，等．2011.川西盆地演化及盆地叠合特征研究［J］.岩石学报，27（8）：2362-2370

梁狄刚，陈建平，张宝民，等．2004.塔里木盆地油气藏形成与分布规律［M］.北京：石油工业出版社．

梁狄刚，陈建平，张宝民，等．2005.塔里木盆地陆相油气的生成石油工业出版社［M］.北京：石油工业出版社．

梁狄刚，冉隆辉，戴弹申，等．2011.四川盆地中北部侏罗系大面积非常规石油勘探潜力的再认识［J］.石油学报，（1）：8-17.

梁狄刚，曾宪章，王雪平，等．2001.冀中坳陷油气的生成［M］.北京：石油工业出版社．

梁浩，李新宁，马强，等．2014.三塘湖盆地条湖组致密油地质特征及勘探潜力［J］.石油勘探与开发，41（5）：570.

梁宏斌，降栓奇，杨桂茹，等．2002.冀中坳陷北部天然气类型、成藏模式及成藏条件研究［J］.中国石油勘探，7（1）：17-33.

林铁锋，张庆石，张金友，等.2014.齐家地区高台子油层致密砂岩油藏特征及勘探潜力［J］.大庆石油
　　地质与开发，33（5）：36-43.

刘朝全，姜学峰.2018.2017年国内外油气行业发展报告［M］.北京：石油工业出版社.

刘成林，杜蕴华，高嘉玉，等.2008.松辽盆地深层火山岩储层成岩作用与孔隙演化［J］.岩性油气藏，
　　20（4）：33-37.

刘海艳.2015.辽河坳陷潜山油气资源参数体系研究与评价［J］.特种油气藏，22（6），56-60.

刘华，蒋有录，徐昊清，等.2011.冀中坳陷新近系油气成藏机理与成藏模式［J］.石油学报，32（6）：
　　928-936.

刘俊田，翟亚梅，苟红光，等.2012.吐哈盆地托克逊凹陷油气成藏地质条件及勘探潜力［J］.新疆石油
　　天然气，8（3）：1-6.

刘启，舒萍，李松光.2005.松辽盆地北部深层火山岩气藏综合描述技术［J］.大庆石油地质与开发，24
　　（3）：21-23.

刘若冰，田景春，魏志宏，等.2016.川东南地区震旦系—志留系下组合有效烃源岩综合研究［J］.天然
　　气地球科学，17（6）：824-828.

刘显阳，邓秀芹，赵彦德，等.2011.姬塬地区长9油层油气运移规律及模式探讨［J］.岩性油气藏，23
　　（5）：9-15.

刘学锋，刘绍平，刘成鑫，等.2002.三塘湖盆地构造演化与原型盆地类型［J］.西南石油学院学报，（4）：
　　13-16+5-4.

刘玉魁，邬光辉，胡剑风，等.2004.塔里木盆地库车坳陷依南2气藏特征解析［J］.天然气工业,24（7）：
　　12-18.

刘玉英，房敬彤.1988.渤海湾盆地箕式凹陷缓坡带油气藏形成条件及富集程度初步探讨［J］.石油勘探
　　与开发，25（3）：21-26.

卢双舫，黄文彪，陈方文，等.2012.页岩油气资源分级评价标准探讨［J］.石油勘探与开发，39（2）：
　　249-256.

卢玉红，钱玲，鲁雪松，等.2015.迪北地区致密气藏地质条件及资源潜力［J］.大庆石油地质与开发，
　　34（4）：8-14.

鲁海鸥.2012.三塘湖盆地构造特征研究［D］.西安：西安石油大学.

鲁雪松，杨文静，柳少波，等.2014.塔里木盆地刻度区资源量计算方法比选［J］.中国石油勘探,19（5）：
　　41-48.

陆浩民，郭召杰，赵泽辉，等.2006.新生代酒西盆地沉积特征及其与祁连山隆升关系的研究［J］.高教
　　地质学报，10（1）：50-61.

陆加敏，刘超.2016.断陷盆地致密砂砾岩气成藏条件和资源潜力：以松辽盆地徐家围子断陷下白垩统沙
　　河子组为例［J］.中国石油勘探，21（2）：53-60.

吕学菊，邹辰，黄兄，等.2016.统计法在苏北盆地曲塘次凹古近系石油资源评价中的应用［J］.地质学
　　刊，40（3）：463-468.

吕振华，齐亚林，孟令涛．2016.鄂尔多斯盆地西北部地区侏罗系成藏主控因素研究［J］.新疆石油天然气，12（1）：19-24.

罗强，苏强，王宗礼，等．2003.华北油田第三次油气资源评价研究［R］.华北油田勘探开发研究院．

马剑．2016.马朗凹陷条湖组含沉积有机质凝灰岩致密油成储—成藏机理［D］.北京：中国石油大学．

马新华，杨雨，文龙，等．2019.四川盆地海相碳酸盐岩大中型气田分布规律及勘探方向［J］.石油勘探与开发，46（1）：1-13.

马学峰，杨德相，王建，等．2019.渤海湾盆地冀中坳陷石油地质条件、资源潜力及勘探方向［J］.天然气地球科学，24（3）：8-20.

门广田，杨峰平，印长海，等．2009.徐深气田火山岩气藏类型与成藏控制因素［J］.大庆石油地质与开发，28（5）：34-39.

蒙启安，白雪峰，梁江平，等．2014.松辽盆地北部扶余油层致密油特征及勘探对策［J］.大庆石油地质与开发，3（5）：23-29.

蒙启安，门广田，张正和．2001.松辽盆地深层火山岩体、岩相预测方法及应用［J］.大庆石油地质与开发，20（3）：21-24.

孟庆任，胡健民，袁选俊，等．2002.中蒙边界地区晚中生代伸展盆地的结构、演化和成因［J］.地质通报，21（4-5）：224-231.

孟卫工，孙洪斌．2009.辽河坳陷古近系碎屑岩储层［M］.北京：石油工业出版社．

聂海宽，包书景，高波，等．2012.四川盆地及其周缘下古生界页岩气保存条件研究［J］.地学前缘，29（5）：51-55.

宁维坤，付丽，霍秋立．2010.松辽盆地松科1井晚白垩世沉积时期古湖泊生产力［J］.吉林大学学报（地球科学版），41（2）：586-591.

欧阳征健，周鼎武，冯娟萍，等．2006.新疆三塘湖盆地走滑构造特征与油气勘探［J］.现代地质，（2）：277-282.

潘良云，谢结来，李明杰，等．2006.酒泉盆地白垩纪—新生代区域构造演化与油气勘探［J］.石油与天然气地质，27（1）：62-68.

潘良云，曾佐勋，李明杰，等．2012.酒泉中新生代断坳叠合盆地及控油作用［J］.地质学报，86（4）：535-547.

庞德新．2015.砂砾岩储层成因差异及其对储集物性的控制效应——以玛湖凹陷玛2井区下乌尔禾组为例［J］.岩性油气藏，27（5）：149-154.

庞雄奇，陈章明，Ian Lerche.1998.地质因素对源岩评价结果的影响及其相对贡献量大小模拟［J］.沉积学报，16（1）：52-57.

庞雄奇，金之钧，左胜杰．2000.油气藏动力学成因模式与分类［J］.地学前缘（中国地质大学，北京），7（4）：507-514.

庞正炼，陶士振，吴松涛，等．2013.四川盆地侏罗系致密油形成条件与运聚特征［J］.地质论评，59（z1）：757-758.

蒲秀刚, 金凤鸣, 韩文中, 等. 2019. 陆相页岩油甜点地质特征与勘探关键技术——以沧东凹陷孔店组二段为例 [J]. 石油学报, 40 (8): 997–1012.

蒲秀刚, 时战楠, 韩文中, 等. 2019. 陆相湖盆细粒沉积区页岩层系石油地质特征与油气发现——以黄骅坳陷沧东凹陷孔二段为例 [J]. 油气地质与采收率, 26 (1): 46–58.

谯汉生, 纪友亮, 姜在兴, 等. 1999. 中国东部大陆裂谷与油气 [M]. 北京: 石油工业出版社.

秦永霞, 姜素华, 王永诗, 等. 2003. 斜坡带油气成藏特征与勘探方法——以济阳坳陷为例 [J]. 海洋石油, 23 (2): 14–20.

秦志军, 陈丽华, 李玉文, 等. 2016. 准噶尔盆地玛湖凹陷下二叠统风城组碱湖古沉积背景 [J]. 新疆石油地质, 37 (1): 1–6.

邱楠生, 王绪龙, 杨海波, 等. 2002. 准噶尔盆地地温分布特征 [J]. 地质科学, 36 (3): 350–358.

邱振, 邹才能, 李建中, 等. 2013. 非常规油气资源评价进展与未来展望 [J]. 天然气地球科学, 24 (2): 238–246.

曲延明, 舒萍, 王强. 2006. 兴城气田火山岩储层特征研究 [J]. 天然气勘探与开发, 29 (3): 13–16.

任延广, 齐景顺, 董景海, 等. 2009. 松辽盆地北部深层天然气地质特征及勘探方向 [J]. 大庆石油地质与开发, 28 (5): 28–32.

任延广, 朱德丰, 万传彪, 等. 2004. 松辽盆地北部深层地质特征与天然气勘探方向 [J]. 石油地质, 33 (4): 12–16.

邵红梅, 茂庆云, 姜洪启. 2006. 徐家围子断陷营城组火山岩气藏储层特征 [J]. 天然气工业, 26 (6): 29–32.

史集建, 付广, 吕延防, 等. 2011. 歧口凹陷沙河街组一段中部区域盖层封气能力综合评价 [J]. 石油与天然气地质, 32 (54): 671–681

宋春晖, 方小敏, 李吉均, 等. 2001. 青藏高原北缘酒西盆地 13 Ma 以来沉积演化与构造隆升 [J]. 中国科学 (D 辑), 31 (增刊): 155–162.

宋国奇. 2002. 多因素油气聚集系数的研究方法及其应用 [J]. 石油实验地质, 24 (2): 168–171.

宋涛, 李建忠, 姜晓宇, 等. 2013. 渤海湾盆地冀中坳陷束鹿凹陷泥灰岩源储一体式致密油成藏特征 [J]. 东北石油大学学报, 37 (6): 47–54.

苏传国, 黄卫东, 白喜俊, 等. 2009. 吐哈盆地天然气成藏地质条件与富集因素分析 [J]. 天然气地球科学, 20 (1): 50–56.

孙洪斌, 张凤莲. 2002. 辽河断陷西部凹陷古近系砂岩储层 [J]. 古地理学报, 4 (3): 83–92.

孙洪斌, 张凤莲. 2009. 断陷盆地优质储层的成因——以辽河坳陷古近系沙河街组储层为例 [J]. 岩性油气藏, 21 (1): 51–54.

孙靖, 宋永, 薛晶晶, 等. 2015. 准噶尔盆地莫索湾—莫北地区八道湾组深部致密储层发育特征及演化模式 [J]. 天然气地球科学, 26 (12): 2275–2280.

孙亮, 邱振, 朱如凯, 等. 2015. 致密页岩油气赋存运移机理及应用模型 [J]. 地质科技情报, 34 (2): 115–119.

孙龙德, 江同文, 徐汉林, 等. 2008. 非稳态成藏理论探索与实践 [J]. 海相油气地质, 13 (3): 11-16.

孙庭斌, 潘良云, 张宏伟, 等. 2006. 酒泉盆地构造—地层油气藏勘探研究 [J]. 石油地球物理勘探, 41 (S1): 37-42.

孙玮, 刘树根, 王国芝, 等. 2010. 四川威远震旦系与下古生界天然气成藏特征 [J]. 成都理工大学学报 (自然科学版), 37 (5): 484-489

孙秀建, 杨巍, 白亚东, 等. 2018. 柴达木盆地基岩油气藏特征与有利区带研究 [J]. 特种油气藏, 25 (6): 49-54.

孙雨, 陈晨, 马世忠, 等. 2013. 松辽盆地扶新隆起带南部扶余油层油气运移机制与成藏模式研究 [J]. 地质论评, (3): 501-509.

孙自明, 熊保贤, 李永林, 等. 2001. 三塘湖盆地构造特征与有利勘探方向 [J]. 石油实验地质, (1): 23-26+37.

汤良杰, 金之钧, 庞雄奇. 2000. 多期叠合盆地油气运聚模式 [J]. 石油大学学报 (自然科学版), 24 (4): 67-70.

田建章, 张锐锋, 李先平, 等. 2010. 冀中坳陷北部天然气成藏系统及勘探方向 [J]. 西南石油大学学报, 32 (3): 67-74.

童晓光, 张光亚, 王兆明, 等. 2014. 全球油气资源潜力与分布 [J]. 地学前缘, 21 (3): 1-9.

王成, 马明侠, 张民志, 等. 2006. 松辽盆地北部深层天然气储层特征 [J]. 天然气工业, 26 (6): 25-28.

王春江, 罗斌杰, 郑国东, 等. 1993. 吐鲁番盆地原油成因及地球化学特征 [J]. 沉积学报, (3): 72-81.

王红军, 马锋, 童晓光, 等. 2016. 全球非常规油气资源评价 [J]. 石油勘探与开发, 43 (6): 850-863.

王建, 王权, 师玉雷, 等. 2015. 冀中坳陷霸县凹陷古近系超深层油气成因分析 [J]. 天然气地球科学, 26 (1): 21-27.

王明儒. 2001. 柴达木盆地中新生代三大含油气系统及勘探焦点 [J]. 西安石油学院学报 (自然科学版), 16 (6): 8-12.

王能全. 石油对外依存度70% 可怕吗? [W].

王权, 操义军, 习帆, 等. 2017. 渤海湾盆地廊固凹陷天然气成因类型及分布规律 [J]. 天然气地球科学, 28 (9): 1363-1374.

王社教, 李峰, 郭秋麟, 等. 2016. 致密油资源评价方法及关键参数研究 [J]. 天然气地球科学, 27 (9): 1576-1582.

王社教, 蔚远江, 郭秋麟, 等. 2014. 致密油资源评价新进展 [J]. 石油学报, 35 (6): 1095-1105.

王文革, 郑玉梅, 冯建元, 等. 2012. 歧口凹陷潜山分布规律与油气勘探方向 [J]. 录井工程, 23 (3): 93-97.

王文庆, 李岳桐, 卢刚臣, 等. 2017. 黄骅坳陷中部潜山地质特征及油气勘探方向 [J]. 断块油气田, 24 (5): 613-617.

王小军, 王婷婷, 曹剑. 2018. 玛湖凹陷风城组碱湖烃源岩基本特征及其高效生烃 [J]. 新疆石油地质,

（1）：9–15.

王兴志，张帆，蒋志斌，等.2008.四川盆地东北部飞仙关组储层研究［J］.地学前缘［中国地质大学（北京）；北京大学］，15（1）：117–122.

王绪龙，赵孟军，向宝力，等.2010.准噶尔盆地陆东—五彩湾地区石炭系烃源岩［J］.石油勘探与开发，37（5）：523–530.

王绪龙.2013.准噶尔盆地烃源岩与油气地球化学［M］.北京：石油工业出版社.

王学军.2007.油藏规模序列法在垦东地区资源预测中的应用［J］.油气地质与采收率，14（2），7–9.

王一刚，文应初，洪海涛，等.2007.四川盆地三叠系飞仙关组气藏储层成岩作用研究拾零［J］.沉积学报，25（6）：831–839.

王越，张奉华，林会喜.2017.博格达山周缘芦草沟组混合沉积控制因素及模式［J］.新疆石油地质，38（6）：686–692.

王招明，李勇，谢会文，等.2017.库车前陆盆地超深油气地质理论与勘探实践［M］.北京：石油工业出版社.

王招明，杨海军，潘文庆，等.2017.超深缝洞型海相碳酸盐岩油气地质理论与勘探实践［M］.北京：石油工业出版社.

王招明，张丽娟，王振宇，等.2007.塔里木盆地奥陶系礁滩体特征与油气勘探［J］.中国石油勘探，（6）：1–7.

王招明，张丽娟，王振宇，等.2008.塔里木盆地奥陶系碳酸盐岩岩石分类图册［M］.北京：石油工业出版社.

王招明.2004.塔里木盆地油气勘探与实践［M］.北京：石油工业出版社.

王招明.2014.塔里木盆地库车坳陷克拉苏盐下深层大气田形成机制与富集规律［J］.天然气地球科学，25（2）：153–166.

王兆明，罗晓容，张立强，等.2010.准噶尔盆地南缘安集海河组烃源特征及成藏条件［J］.地质科学，45（1）：256–267.

王振升，滑双君，于学敏，等.2014.歧口凹陷沙河街组烃源岩分级评价及优质烃源岩分布［J］.天然气地球科学，（12）：1896–1902.

王振宇，李宇平，陈景山，等.2002.塔中地区中—晚奥陶世碳酸盐陆棚边缘大气成岩透镜体的发育特征［J］.地质科学，（37）增刊：152–160.

文龙，曾云贤，徐亮，等.2012.四川盆地长兴组—飞仙关组礁、滩分布的控制因素及有利勘探区带［J］.天然气工业，32（1）：39－44.

邬光辉，吉云刚，赵仁德，等.2007.一种油气资源量计算新方法及其应用［J］.天然气地球科学，18（1）：41–44.

吴海生，郑孟林，何文军，等.2017.准噶尔盆地腹部地层压力异常特征与控制因素分析［J］石油与天然气地质，38（6）：1135–1138.

吴河勇，梁晓东，向才富，等.2007.松辽盆地向斜油藏特征及成藏机理探讨［J］.中国科学：地球科学，

37（2）：185–191.

吴河勇，王跃文，梁晓东，等 . 2015. 向斜成藏理论及其石油地质意义［J］. 地学前缘，22（1）：181–188.

吴河勇 . 2009. 石油向斜成藏理论：松辽盆地低渗透油藏成藏机理［D］. 北京：中国科学院地质与地球物理研究所 .

吴小洲，牛嘉玉，吴丰成，等 . 2013. 渤海湾盆地奥陶系潜山内幕油气成藏主控因素研究［J］. 海相油气地质，18（1）：1–12.

吴晓智，王社教，郑民，等 . 2016. 常规与非常规油气资源评价技术规范体系建立及意义［J］. 天然气地球科学，27（9）：1640–1650.

吴永平，付立新，杨池银，等 . 2002. 黄骅坳陷中生代构造演化对潜山油气成藏的影响［J］. 石油学报，23（2）：16–21.

鲜本忠，王永诗，周廷全，等 . 2007. 断陷湖盆陡坡带砂砾岩体分布规律及控制因素——以渤海湾盆地济阳坳陷车镇凹陷为例［J］. 石油勘探与开发，34（4）：429–436.

肖敦清，姜文亚，蒲秀刚，等 . 2018. 渤海湾盆地歧口凹陷中深层天然气成藏条件与资源潜力［J］. 天然气地球科学，29（10）：1409–1421.

谢会文，陈新伟，朱民，等 . 2017. 塔里木盆地玛扎塔格断裂带变形特征、演化及对深层油气成藏的控制［J］. 地球科学，42（9）：1578–1589.

徐国盛，徐燕丽，袁海锋，等 . 2007. 川中—川东南震旦系—下古生界烃源岩及储层沥青的地球化学特征［J］. 石油天然气学报，29（4）：45–51.

徐论勋，李建民，李景义 . 2004. 吐哈盆地台北凹陷侏罗系烃源岩特征［J］. 江汉石油学院学报，26（2）：13–14.

薛晶晶，孙靖，朱筱敏，等 . 2012. 准噶尔盆地二叠系风城组白云岩储层特征及成因机理分析［J］. 现代地质，26（4）：755–761.

杨池银，于学敏，刘岩，等 . 2014. 渤海湾盆地黄骅坳陷中南部煤系发育区煤成气形成条件及勘探前景［J］. 天然气地球科学，25（1）：23–31.

杨德相，蒋有录，赵志刚，等 . 2016. 冀中坳陷洼槽地质特征及其与油气分布关系［J］. 石油地球物理勘探，51（5）：990–1001.

杨海波，陈磊，孔玉华 . 2004. 准噶尔盆地构造单元划分新方案［J］. 新疆石油地质，6（25）：686–688.

杨海波，王屿涛，郭建辰，等 . 2018. 准噶尔盆地天然气地质条件、资源潜力及勘探方向［J］. 天然气地球科学，29（10）：1518–1530.

杨海军，韩剑发，孙崇浩，等 . 2011. 塔中北斜坡奥陶系鹰山组岩溶型储层发育模式与油气勘探［J］. 石油学报，32（2）：199–205.

杨海军，李曰俊，李勇，等 . 2016. 塔里木盆地南部玛东早古生代褶皱—冲断带［J］. 岩石学报，32（3）：815–824.

杨华，李士祥，刘显阳，等 . 2013. 鄂尔多斯盆地致密油、页岩油特征及资源潜力［J］. 石油学报,34（1）：

1–10.

杨华，张文正.2005.论鄂尔多斯盆地长7段优质油源岩在低渗透油气成藏富集中的主导作用：地质地球化学特征［J］.地球化学，34（2）：147–154.

杨树峰，陈汉林，程晓敢，等.2007.祁连山北缘冲断带的特征与空间变化规律［J］.地学前缘，14（5）：211–220.

杨永泰，王社教，培东宏，等.2002.准噶尔盆地腹部深层成藏条件及勘探领域分析［J］.石油勘探与开发，29（4）：32–34.

姚建军，陈孟晋，华爱刚，等.2003.川中乐山—龙女寺古隆起震旦系天然气成藏条件分析［J］.石油勘探与开发，30（4）：7–9.

姚泾利，邓秀芹，赵彦德，等.2013.鄂尔多斯盆地延长组致密油特征［J］.石油勘探与开发，40（2）：150–158.

姚泾利，胡新友，范立勇，等.2018.鄂尔多斯盆地天然气地质条件、资源潜力及勘探方向［J］.天然气地球科学，10：1465–1474.

姚泾利，赵彦德，邓秀芹，等.2015.鄂尔多斯盆地延长组致密油成藏控制因素研究［J］.吉林大学学报（地球科学版），45（4）：983–992.

姚泾利，赵彦德，刘广林，等.2018.鄂尔多斯盆地三叠系长9段多源成藏模式与富集规律［J］.石油勘探与开发，45（3）：1–11.

于学敏，何咏梅，姜文亚，等.2011.黄骅坳陷歧口凹陷古近系烃源岩主要生烃特点［J］.天然气地球科学，22（6）：1001–1008.

余辉龙，邓宏文，胡勇.2002.从古地磁资料看柴达木盆地古构造环境［J］.石油勘探与开发，29（6）：41–44.

袁剑英，付锁堂，曹正林，等.2011.柴达木盆地高原复合油气系统多源生烃和复式成藏［J］.岩性油气藏，23（3）：7–14.

袁淑琴，于长华，董晓伟，等.2011.歧口凹陷埕海断坡区古近系油气成藏条件与富集因素分析［J］.新疆地质，29（1）：71–89.

袁选俊，林森虎，刘群，等.2015.湖盆细粒沉积特征与富有机质页岩分布模式——以鄂尔多斯盆地延长组长7油层组为例［J］.石油勘探与开发，42（1）：34–44.

翟光明，何文渊.2005.从区域构造背景看我国油气勘探方向［J］.中国石油勘探，10（2）：1–8.

张革，杨庆杰，戴国威，等.2014.大庆长垣扶余油层成藏特征及勘探潜力［J］.大庆石油地质与开发，33（5）：30–35.

张辉，彭平安.2011.烃源岩有机碳含量恢复探讨［J］.地球化学，40（1）：56–62.

张建良，孔祥礼.2001.油田（藏）规模序列法在复杂断块老油田滚动勘探开发中的应用［J］.断块油气田，8（6）：32–34.

张金川，聂海宽，徐波，等.2008.四川盆地页岩气成藏地质条件［J］.天然气工业，28（2）：151–156.

张宽，宫少波，胡根成，等.2004.中国近海第三轮油气资源评价方法述评［J］.中国海上油气，16（4）：

217–221.

张雷，卢双舫，张学娟，等 . 2010. 松辽盆地三肇地区扶杨油层油气成藏过程主控因素及成藏模式 [J] . 吉林大学学报（地球科学版），40（3）：491–502.

张品，苟红光，龙飞，等 . 2018. 吐哈盆地天然气地质条件、资源潜力及勘探方向 [J] . 天然气地球科学，29（10）：1531–1541.

张水昌，梁狄刚，张宝民，等 . 2005. 塔里木盆地海相油气的生成 [M] . 北京：石油工业出版社 .

张文朝，崔周旗，降栓奇，等 . 2011. 冀中坳陷古近系沉积、储层与油气 [M] . 北京：石油工业出版社 .

张文婧，任延广，陈均亮，等 . 2008. 松辽盆地徐家围子断陷挤压变形特征 [J] . 大庆石油地质与开发，27（4）：21–25.

张文正，杨华，李剑锋，等 . 2006. 论鄂尔多斯盆地长 7 段优质油源岩在低渗透油气成藏富集中的主导作用 [J] . 石油勘探与开发，33（3）：289–293.

张文正，杨华，杨奕华，等 . 2008. 鄂尔多斯盆地长 7 优质烃源岩的岩石学、元素地球化学特征及发育环境 [J] . 地球化学，37（1）：59–64.

张晓东，王颖，李桂荣 . 2005. 北方侏罗、白垩系盆地形成、演化及地球动力学背景 [J] . 大庆石油地质与开发，24（5）：6–9.

张晓东，于晶，张大智，等 . 2014. 徐家围子断陷沙河子组致密气成藏条件及勘探前景 [J] . 大庆石油地质与开发，33（5）：86–91.

张义杰，柳广弟 . 2002. 准噶尔盆地复合油气系统特征、演化与油气勘探方向 [J] . 石油勘探与开发，29（1）：36–39.

张占文，高庆胜，吴铁生，等 . 1995. 辽河盆地东部凹陷天然气的地球化学特征及成因分类 [J] . 天然气地球科学，27（6）：1–8.

张志攀 . 2014. 黄骅坳陷歧口凹陷新生代主要断裂与油气成藏 [J] . 天然气地球科学，（5）：679–684.

赵寒森 . 2010. 柴北缘冷湖构造带构造特征及其对油气成藏的控制 [D] . 西安：西安科技大学 .

赵靖舟，戴金星 . 2002. 库车油气系统油气成藏期与成藏史 [J] . 沉积学报，20（2）：314–319.

赵靖舟，李启明 . 2005. 塔里木盆地油气藏形成与分布规律 [M] . 北京：石油工业出版社 .

赵文智，胡素云，瞿辉 . 2005. 含油气系统研究思路与方法在油气资源评价中的应用 [J] . 石油学报，26（增刊）：30–34.

赵文智，胡素云，刘伟，等 . 2015. 论叠合含含油气盆地多勘探"黄金带"及其意义 [J] . 石油勘探与开发，42（2）：1–12.

赵文智，胡素云，沈成喜，等 . 2005. 油气资源评价的总体思路和方法体系 [J] . 石油学报 . 26（B03）：12–17.

赵文智，胡素云，沈成喜，等 . 2005. 油气资源评价方法研究新进展 [J] . 石油学报 . 26（B03）：25–29.

赵文智，王兆云，王东良，等 . 2015. 分散液态烃的成藏地位与意义 [J] . 石油勘探与开发，42（8）：401–413.

赵文智，王兆云，王红军，等 . 2011. 再论有机质"接力成气"的内涵与意义 [J] . 石油勘探与开发，38

（2）：129-135.

赵贤正，姜在兴，张锐锋，等. 2015.陆相断陷盆地特殊岩性致密油藏地质特征与勘探实践：以束鹿凹陷沙河街组致密油藏为例［J］.石油学报，36（增刊1）：1-9，30.

赵贤正，蒋有录，金凤鸣，等.2017.富油凹陷洼槽区油气成藏机理与成藏模式：以冀中坳陷饶阳凹陷为例［J］.石油学报，38（1）：67-76

赵贤正，金凤鸣，王权，等.2008.华北探区断陷洼槽区油气藏形成与分布［J］.中国石油勘探，13（2）：1-8.

赵贤正，金凤鸣，王权，等.2009.陆相断陷洼槽聚油理论与勘探实践：以冀中坳陷及二连盆地为例［M］.北京：科学出版社.

赵贤正，金凤鸣，王权，等. 2011.陆相断陷盆地洼槽聚油理论及其应用：以渤海湾盆地冀中坳陷和二连盆地为例［J］.石油学报，32（1）：18-24.

赵贤正，金凤鸣，王权，等.2012.渤海湾盆地牛东1超深潜山高温油气藏的发现及其意义［J］.石油学报，32（6）：915-927.

赵贤正，金凤鸣，王权，等.2014.冀中坳陷隐蔽深潜山及潜山内幕油气藏的勘探发现与认识［J］.中国石油勘探，19（1）：10-21.

赵贤正，金强，梁宏斌，等.2010.冀中坳陷北部天然气成因类型与勘探前景［J］.特种油气藏，17（4）：1-5.

赵贤正，蒲秀刚，姜文亚，等.2019.黄骅坳陷古生界含油气系统勘探突破及其意义［J］.石油勘探与开发，46（4）：621-632.

赵贤正，蒲秀刚，王家豪，等.2017.断陷盆地缓坡区控砂控藏机制与勘探发现——以歧口凹陷歧北缓坡带为例［J］.石油学报，38（7）：729-739

赵贤正，王权，金凤鸣，等.2012.高勘探程度区富油气凹陷二次勘探方法及应用［J］.中国石油勘探，6：1-9.

赵贤正，王权，金凤鸣，等.2012.冀中坳陷隐蔽型潜山油气藏主控因素与勘探实践［J］.石油学报，33（增刊1）：71-79.

赵贤正，夏义平，潘良云，等.2004.酒泉盆地南缘山前冲断带构造特征与油气勘探方向［J］.石油地球物理勘探，39（2）：222-227.

赵贤正，周立宏，蒲秀刚，等.2017.断陷湖盆斜坡区油气富集理论与勘探实践——以黄骅坳陷古近系为例［J］.中国石油勘探，22（2）：13-24.

赵贤正，周立宏，蒲秀刚，等.2018.断陷盆地洼槽聚油理论的发展与勘探实践——以渤海湾盆地沧东凹陷古近系孔店组为例［J］.石油勘探与开发，45（6）：174-184.

赵贤正，周立宏，肖敦清，等.2016.歧口凹陷斜坡区油气成藏与勘探实践［J］.石油学报,37（S2）：1-9.

赵贤正，朱洁琼，张锐锋，等.2014.冀中坳陷束鹿凹陷泥灰岩—砾岩致密油气成藏特征与勘探潜力［J］.石油学报，35（4）：613-622.

赵彦德，刘显阳，张雪峰，等.2011.鄂尔多斯盆地天环坳陷南段侏罗系原油油源分析［J］.现代地质（中国地质大学），25（1）：85-93.

赵彦德，姚宜同，黄锦绣，等.2014.应用含氮化合物分布研究鄂尔多斯盆地西南部延长组长3油藏原油运移与充注［J］.现代地质（中国地质大学），28（4）：832-840.

赵泽辉，徐淑娟，姜晓华，等.2016.松辽盆地深层地质结构及致密砂砾岩气勘探［J］.石油勘探与开发，43（1）：12-23.

赵政璋，杜金虎.2012.致密油气［M］.北京：石油工业出版社.

郑红菊，董月霞，王旭东，等.2007.渤海湾盆地南堡富油气凹陷烃源岩的形成及其特征［J］.天然气地球科学，18（1）：78-83.

郑孟林，曹春潮，李明杰，等.2003.阿尔金断裂带东南缘含油气盆地群的形成演化［J］.地质论评,49（3）277-285.

郑民，贾承造，冯志强，等.2010.前陆盆地勘探领域三个潜在的油气接替区［J］.石油学报，31（5）：723-729.

郑民，李建忠，吴晓智，等.2018.我国常规与非常规天然气资源潜力、重点领域与勘探方向［J］.天然气地球科学，29（10）：1-15.

郑荣才，王成善，朱利东，等.2003.酒西盆地首例湖相"白烟型"喷流岩—热水沉积白云岩的发现及其意义［J］.成都理工大学学报（自然科学版），30（1）：1-8.

支东明，曹剑，向宝力，等.2016.玛湖凹陷风城组碱湖烃源岩生烃机理及资源量新认识［J］.新疆石油地质，37（5）：499-506.

支东明，宋永，何文军，等.2019.准噶尔盆地中—下二叠统页岩油地质特征、资源潜力及勘探方向［J］.新疆石油地质，40（4）：389-401.

支东明，唐勇，杨智峰，等.2019.准噶尔盆地吉木萨尔凹陷陆相页岩油地质特征与聚集机理［J］.石油与天然气地质，40（3）：524-534.

钟雪梅，王建，李向阳，等.2018.渤海湾盆地冀中坳陷天然气地质条件、资源潜力及勘探方向［J］.天然气地球科学，29（10）：1434-144

周立宏，陈长伟，韩国猛，等.2018.断陷湖盆异重流沉积特征与分布模式——以歧口凹陷板桥斜坡沙一下亚段为例［J］.中国石油勘探，23（4）：11-20.

周立宏，韩国猛，牟智全，等.2013.箕状断陷缓坡带油气成藏模式——以歧北斜坡为例［J］.石油地质与工程，27（1）：27-31.

周立宏，李洪香，王振升，等.2011.歧北斜坡地层岩性油气藏精细勘探与发现［J］.特种油气藏,18（6）：31-37.

周立宏，蒲秀刚，陈长伟，等.2018.陆相湖盆细粒岩油气的概念、特征及勘探意义：以渤海湾盆地沧东凹陷孔二段为例［J］.地球科学，43（10）：3625-3639.

周立宏，于超，滑双君，等.2017.沧东凹陷孔二段页岩油资源评价方法与应用［J］.特种油气藏,24（6）：1-6.

周陆扬，刘怀山，姜建群，等.2007.辽河盆地东部凹陷欧利坨子地区原油性质与成因［J］.石油实验地质，29（5）：490-494.

周翔，舒萍，于士泉，等．2018.松辽盆地徐深9区块营一段火山岩气藏储层特征及综合评价［J］.天然气地球科学，29（1）：62-72.

周总瑛，白森舒，何宏．2005.成因法与统计法油气资源评价对比分析［J］.石油实验地质，27（1）：67-73.

朱芳冰，肖伶俐，唐小云．2004.辽河盆地西部凹陷稠油成因类型及其油源分析［J］.地质科技情报，23（4）：55-58.

朱华，杨光，苑保国，等．2018.四川盆地常规天然气地质条件、资源潜力及勘探方向［J］.天然气地球科学，29（10）：1475-1485.

朱彤，包书景，王烽，等．2012.四川盆地陆相页岩气形成条件及勘探开发前景［J］.天然气工业，32（9）：16-21.

邹才能，董大忠，王社教，等．2010.中国页岩气形成机理、地质特征及资源潜力［J］.石油勘探与开发，37（6）：641-653.

邹才能，董大忠，杨桦，等．2011.中国页岩气形成条件及勘探实践［J］.天然气工业，31（12）：26-39，125.

邹才能，陶士振，侯连华，等．2011.非常规油气地质［M］.北京：地质出版社．

邹才能，陶士振，侯连华，等．2013.非常规油气地质［M］.北京：地质出版社，343-350.

邹才能，陶士振，袁选俊，等．2009."连续型"油气藏及其在全球的重要性：成藏、分布与评价［J］.石油勘探与开发，36（6）：669-681.

邹才能，陶士振，袁选俊，等．2009.连续型油气藏形成条件与分布特征［J］.石油学报，30（3）：324-330.

邹才能，杨智，张国生，等．2014.常规—非常规油气"有序聚集"理论认识及实践意义［J］.石油勘探与开发，41（1）：14-26

邹才能，杨智，朱如凯，等．2015.中国非常规油气勘探开发与理论技术进展［J］.地质学报，89（6）：979-1007.

邹才能，翟光明，张光亚，等．2015.全球常规—非常规油气形成分布、资源潜力及趋势预测［J］.石油勘探与开发，42（1）：13-25.

邹才能，张国生，杨智，等．2013.非常规油气概念、特征、潜力及技术——兼论非常规油气地质学［J］.石油勘探与开发，40（4）：385-399

邹才能，朱如凯，吴松涛，等．2012.常规与非常规油气聚集类型、特征、机理及展望——以中国致密油和致密气为例［J］.石油学报，33（2）：173-187.

British Petroleum Company. 2019. BP statistical review of world energy 2019［R］. London：British Petroleum Company.

Feng Zhiqiang. 2008. Volcanic rocks as prolific gas reservoir：A case study from the Qingshen gas field in the Songliao basin［J］. NE China. Marine and Petroleum Geology，25（1）：416-432.

Jean-Jacques, Tiercelin. 1994. 东非裂谷坦葛尼喀湖的热液喷口［J］.世界地质，13（4）：12-14.

Kvenvolden, K A. 1988. Metane hydrate—A major reservoir of carbon in the shallow geosphere ? [J] . Chemical Geology, 71: 41–51

Pepper A S, Corvi P J. 1995. Simple kinetic models of petroleum formation. Part I : oil and gas generation from kerogen [J] . Marine and Petroleum Geology, 12 (3): 291–319.

Redding C E, M Schoell, J C Monin, et al. 1979. Hydrogen and carbon isotopic composition of coals and kerogens [J] . Adcances in organic geochemistry, New York, Pergamon press, 711–723.

Ungerer P. 1993. Modelling of petroleum generation and migration [M] //BORDENAVE M L. Applied petroleum geochemistry, Paris : Editions Technip.

White D A, Gehman H M. 1979. Methods of estimating oil and gas resources [J] . AAPG Bulletin, 63 (12): 2183–2192.

Zhao Xianzheng, Jin Fengming, Wang Quan, et al. 2011. Niudong 1 Ultra–deep and Ultra–high Temperature Subtle Buried Hill Field in Bohai Bay Basin : Discovery and Significance [J] . Acta Petrolei Sinica, 32 (6): 915–927.